기분파

피부미용사 필기

(주)에듀웨이 R&D 연구소

지음

피부미용사 필기 추가모의고사 다운로드 방법

1. 아래 기입란에 카페 가입 닉네임을 볼펜(또는 유성 네임펜)으로 기입합니다. (연필 기입 안됨)

2. 본 출판사 카페(eduway.net)에 가입합니다.

3. 스마트폰으로 이 페이지를 촬영한 후 본 출판사 카페의 '(필기) 도서-인증하기'에 게시합니다.

4. 카페매니저가 확인 후 등업을 해드립니다.

카페 가입 닉네임

EDUWAY
에듀웨이

김효정
- 수성대학교 뷰티스타일리스트과 학과장
- (사)한국뷰티산업진흥협회 회장

(주)에듀웨이는 자격시험 전문출판사입니다.
에듀웨이는 독자 여러분의 자격시험 취득을 위한 교재 발간을 위해 노력하고 있습니다.

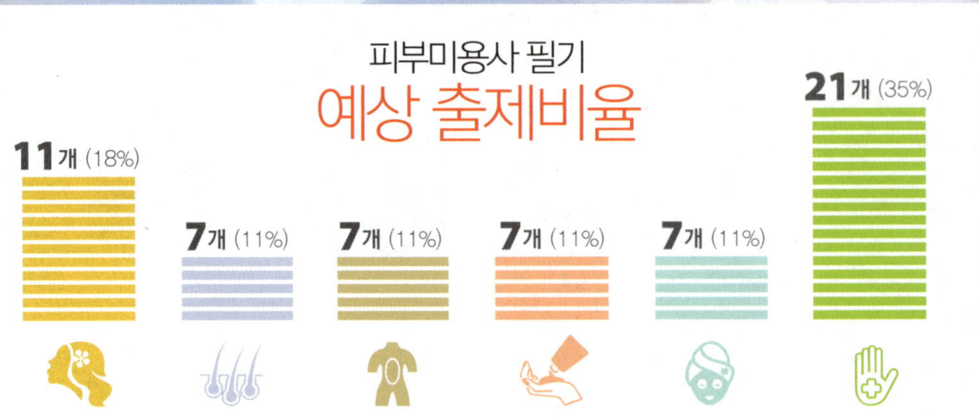

※ 최근 상시시험의 출제비율입니다. 회차에 따라 약간의 변동이 있을 수 있습니다.

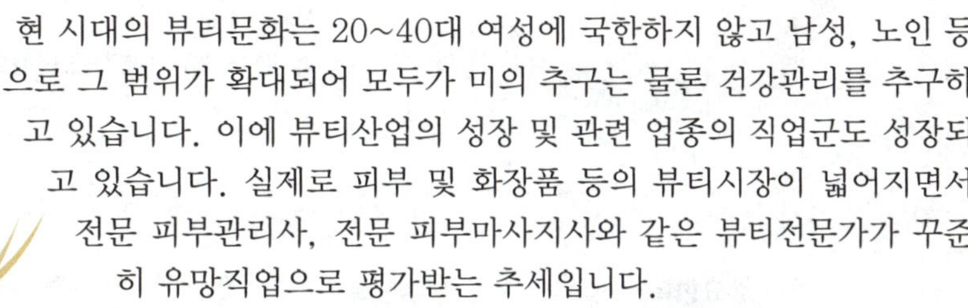

현 시대의 뷰티문화는 20~40대 여성에 국한하지 않고 남성, 노인 등으로 그 범위가 확대되어 모두가 미의 추구는 물론 건강관리를 추구하고 있습니다. 이에 뷰티산업의 성장 및 관련 업종의 직업군도 성장되고 있습니다. 실제로 피부 및 화장품 등의 뷰티시장이 넓어지면서 전문 피부관리사, 전문 피부마사지사와 같은 뷰티전문가가 꾸준히 유망직업으로 평가받는 추세입니다.

이에 예비 피부관리사들이 '피부미용사' 필기시험을 대비함에 있어 보다 쉽게 합격할 수 있도록 이 책을 집필하였습니다.

【이 책의 특징】

1. 이 책은 NCS(국가직무능력표준)에 기반하여 새롭게 개편된 출제기준에 맞춰 교과의 내용을 개편하였습니다.
2. 핵심이론은 쉽고 간결한 문체로 정리하였으며, 수험생에게 꼭 필요한 내용은 충실하게 수록하였습니다.
3. 최근 시행된 상시시험문제를 분석하여 출제빈도가 높은 문제를 엄선하여 실전모의고사를 수록하였습니다.
4. 최근 개정법령을 반영하였습니다.

이 책으로 공부하신 여러분 모두에게 합격의 영광이 있기를 기원하며 책을 출판하는데 도움을 주신 ㈜에듀웨이 출판사의 임직원 및 편집 담당자, 디자인 실장님에게 지면을 빌어 감사드립니다.

㈜에듀웨이 R&D연구소(미용부문) 드림

출제 기준표

Examination Question's Standard

- **시 행 처** | 한국산업인력공단
- **자격종목** | 미용사 (피부)
- **직무내용** | 고객의 상담과 피부분석을 통해 위생적인 환경에서 얼굴, 신체부위별 피부를 피부미용기기 및 기구와 화장품을 이용하여 피부미용관리를 하는 직무이다.
- **필기검정방법** | 객관식 (전과목 혼합, 60문항)
- **필기과목명** | 해부생리, 미용기기 · 기구 및 피부미용관리
- **시험시간** | 1시간
- **합격기준**(필기) | 100점을 만점으로 하여 60점 이상

주요항목	세부항목	세세항목
1 피부미용이론	1. 피부미용개론	1. 피부미용의 개념 2. 피부미용의 역사
	2. 피부분석 및 상담	1. 피부분석의 목적 및 효과 2. 피부상담 3. 피부유형분석 4. 피부분석표
	3. 클렌징	1. 클렌징의 목적 및 효과 2. 클렌징 제품 3. 클렌징 방법
	4. 딥 클렌징	1. 딥 클렌징의 목적 및 효과 2. 딥 클렌징 제품 3. 딥 클렌징 방법
	5. 피부유형별 화장품 도포	1. 화장품도포의 목적 및 효과 2. 피부유형별 화장품 종류 및 선택 3. 피부유형별 화장품 도포
	6. 매뉴얼 테크닉	1. 매뉴얼 테크닉의 목적 및 효과 2. 매뉴얼 테크닉의 종류 및 방법
	7. 팩 · 마스크	1. 목적과 효과 2. 종류 및 사용방법
	8. 제모	1. 제모의 목적 및 효과 2. 제모의 종류 및 방법
	9. 신체 각 부위(팔, 다리 등) 관리	1. 신체 각 부위(팔, 다리 등)관리의 목적 및 효과 2. 신체 각 부위(팔, 다리 등)관리의 종류 및 방법

주요항목	세부항목	세세항목
1 피부미용이론	10. 마무리	1. 마무리의 목적 및 효과 2. 마무리의 방법
	11. 피부와 부속기관	1. 피부의 구조 및 기능 2. 피부 부속기관의 구조 및 기능
	12. 피부와 영양	1. 3대 영양소, 비타민, 무기질 2. 피부와 영양 3. 체형과 영양
	13. 피부장애와 질환	1. 원발진과 속발진 2. 피부질환
	14. 피부와 광선	1. 자외선이 미치는 영향 2. 적외선이 미치는 영향
	15. 피부면역	1. 면역의 종류와 작용
	16. 피부노화	1. 피부노화의 원인 2. 피부노화현상
2 해부생리학	1. 세포와 조직	1. 세포의 구조 및 작용 2. 조직구조 및 작용
	2. 뼈대(골격)계통	1. 뼈(골)의 형태 및 발생 2. 전신뼈대(전신골격)
	3. 근육계통	1. 근육의 형태 및 기능 2. 전신근육
	4. 신경계통	1. 신경조직 2. 중추신경 3. 말초신경
	5. 순환계통	1. 심장과 혈관 2. 림프
	6. 소화기계통	1. 소화기관의 종류 2. 소화와 흡수
3 피부미용 기기학	1. 피부미용기기 및 기구	1. 기본용어와 개념 2. 전기와 전류 3. 기기 · 기구의 종류 및 기능
	2. 피부미용기기 사용법	1. 기기 · 기구 사용법 2. 유형별 사용방법

주요항목	세부항목	세세항목
4 화장품학	1. 화장품학개론	1. 화장품의 정의 2. 화장품의 분류
	2. 화장품제조	1. 화장품의 원료 2. 화장품의 기술 3. 화장품의 특성
	3. 화장품의 종류와 기능	1. 기초 화장품 2. 메이크업 화장품 3. 모발 화장품 4. 바디(body)관리 화장품 5. 네일 화장품 6. 향수 7. 에센셜(아로마) 오일 및 캐리어 오일 8. 기능성 화장품
5 공중위생관리	1. 공중보건학	1. 공중보건 기초 2. 질병관리 3. 가족 및 노인보건 4. 환경보건 5. 식품위생과 영양 6. 보건행정
	2. 소독학	1. 소독의 정의 및 분류 2. 미생물 총론 3. 병원성 미생물 4. 소독방법 5. 분야별 위생 · 소독
	3. 공중위생관리법규 (법, 시행령, 시행규칙)	1. 목적 및 정의 2. 영업의 신고 및 폐업 3. 영업자준수사항 4. 면허 5. 업무 6. 행정지도감독 7. 업소 위생등급 8. 위생교육 9. 벌칙 10. 시행령 및 시행규칙 관련사항

CBT 수검요령

computer-based testing

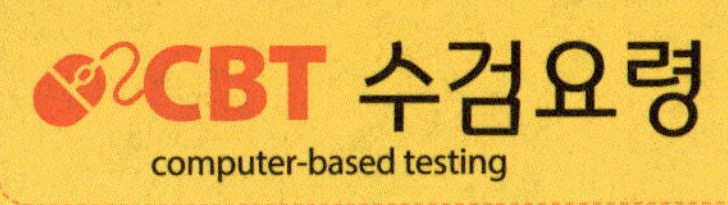

수시로 현재 [안 푼 문제 수]와 [남은 시간]를 확인하여 시간 분배합니다. 또한 답안 제출 전에 [수험번호], [수험자명], [안 푼 문제 수]를 다시 한번 더 확인합니다.

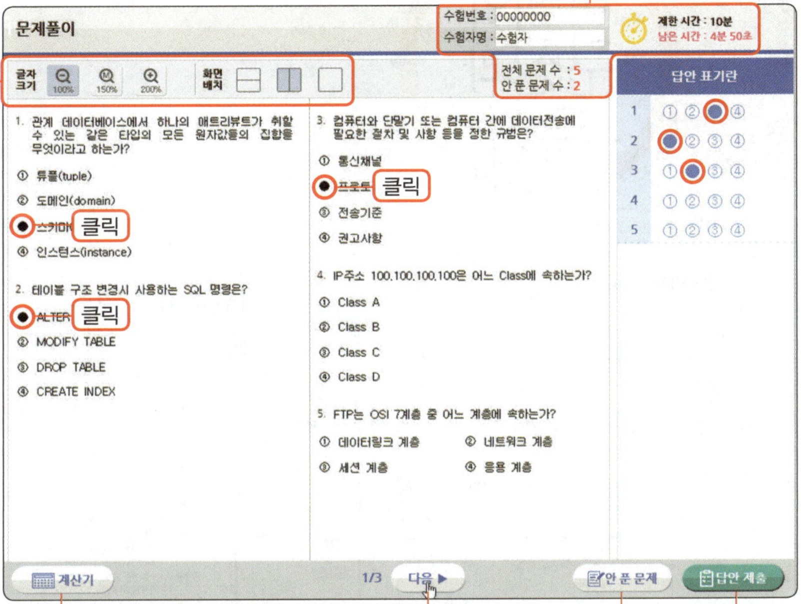

글자 크기 및 화면 배치 조정

시험을 보기 편한 글자 크기로 변경할 수 있으며, 한 화면에 문제 배열 방식을 2문제/2단/1문제로 조정할 수 있습니다.

정답 체크

문제의 번호에 정답을 클릭하거나 [답안 표기란]의 각 문제 번호에 정답을 클릭합니다.

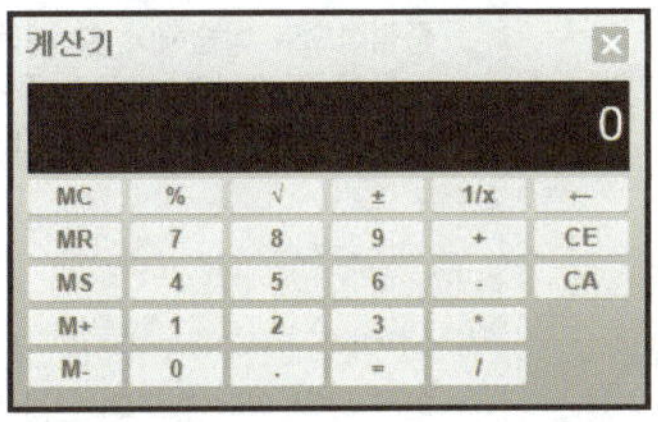

만약 계산이 필요한 문제가 나올 경우 [계산기]를 눌러 손쉽게 계산할 수 있습니다.

현재 화면의 문제의 정답을 표기한 후 다른 문제를 풀려면 화면 아래의 [다음 ▶]을 누릅니다.

문제를 모두 푼 후 만약 상단의 [안 푼 문제 수]를 확인하고 만약 풀지 않은 문제가 있다면 [안 푼 문제]를 누릅니다. 그러면 풀지 않은 문제번호가 나타납니다. 문제번호를 누르면 해당 화면으로 이동됩니다.

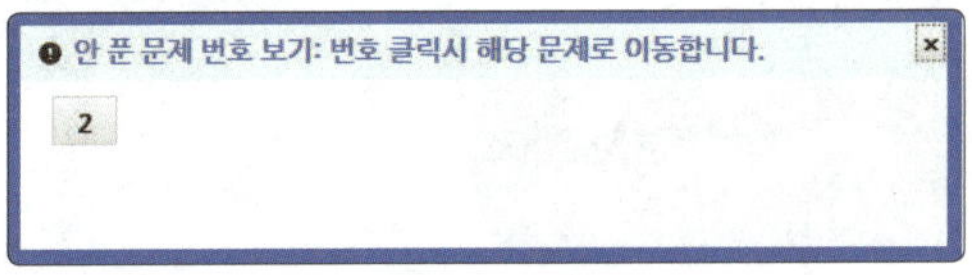

답안을 제출하면 바로 합격여부가 확인됩니다.

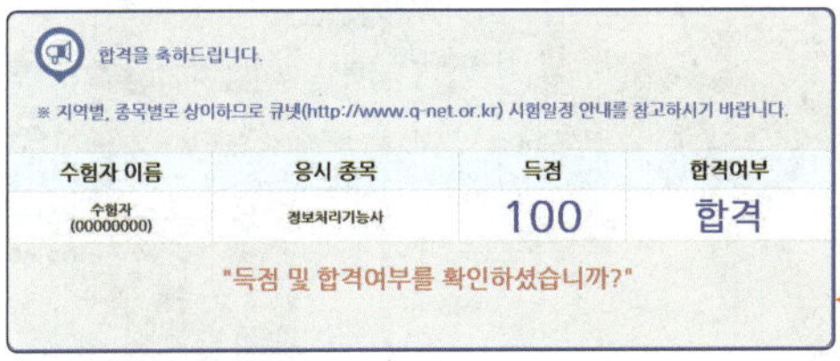

문제를 모두 푼 후 [답안 제출]을 클릭합니다. 만약 실수로 답안을 모두 체크하지 않고 제출할 수 있으므로 2회에 걸쳐 주의 화면이 나타납니다. 이상이 없다면 [예] 버튼을 누릅니다.

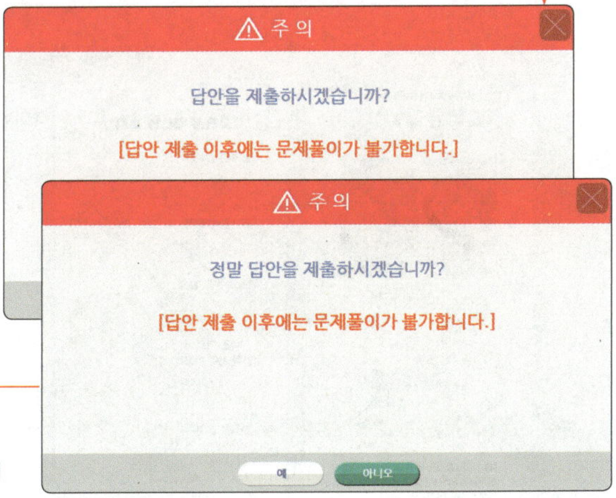

※ 위 그림은 산업인력공단에서 제공한 자격검정 CBT 웹 체험 서비스 안내의 화면으로 실제 시험화면과 다를 수 있습니다.

자격검정 CBT 웹 체험 서비스 안내

큐넷 홈페이지 우측하단에 CBT 체험하기를 클릭하면 CBT 체험을 할 수 있는 동영상을 보실 수 있습니다. (스마트폰에서는 동영상을 보기 어려우므로 PC에서 확인하시기 바랍니다)

※ 시험 전 약 20분간 CBT 웹 체험을 할 수 있습니다.

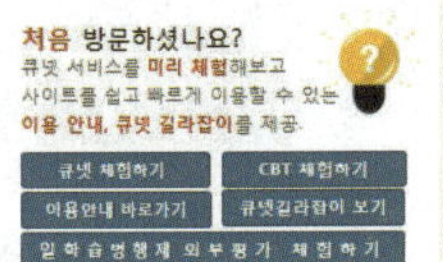

이 책의 구성과 특징

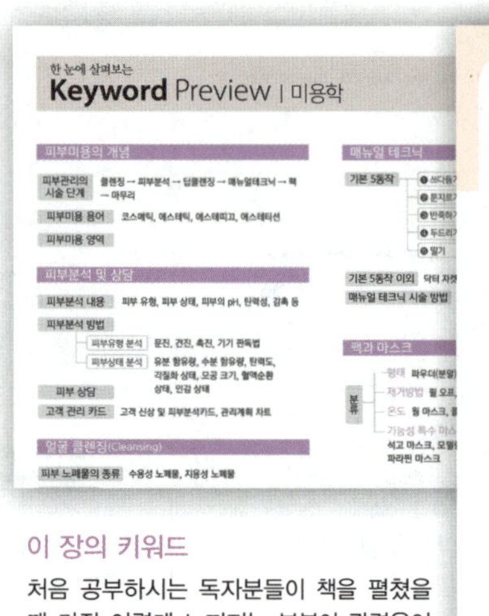

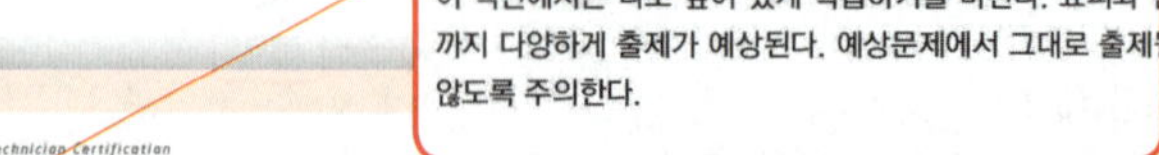

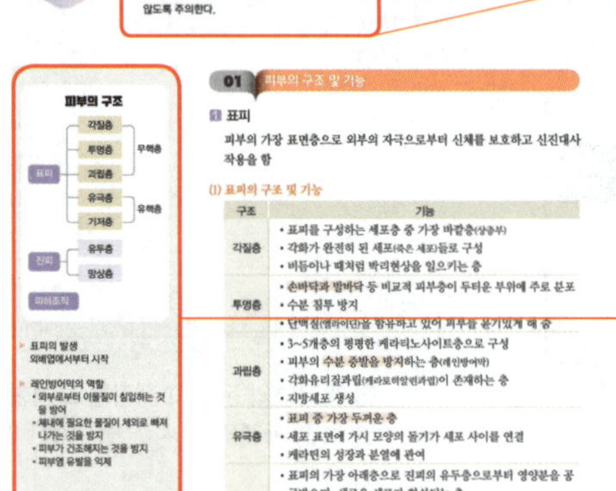

이 장의 키워드

처음 공부하시는 독자분들이 책을 펼쳤을 때 가장 어렵게 느껴지는 부분이 관련용어입니다. 이에 각 장에 핵심키워드를 정리하였습니다. 핵심용어를 충분히 눈에 익히면 보다 쉽게 이론을 학습하실 수 있습니다.

출제포인트

각 섹션별로 기출문제를 분석·흐름을 파악하여 학습 방향을 제시하고, 중점적으로 학습해야 할 내용을 기술하여 수험생들이 학습의 강약을 조절할 수 있도록 하였습니다.

Check! Terms!

이론 요약 옆에 별도의 단을 마련하여 수험준비에 유용한 부분. 시험에 언급된 관련 내용, 그리고 내용 중 어려운 전문용어 등을 설명하였습니다.

NCS 학습모듈 반영

새롭게 변경된 출제기준에 맞추어 NCS 학습모듈을 반영한 이론 정리!

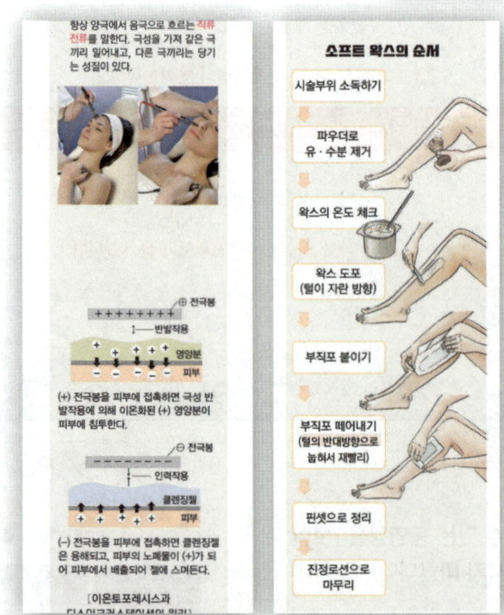

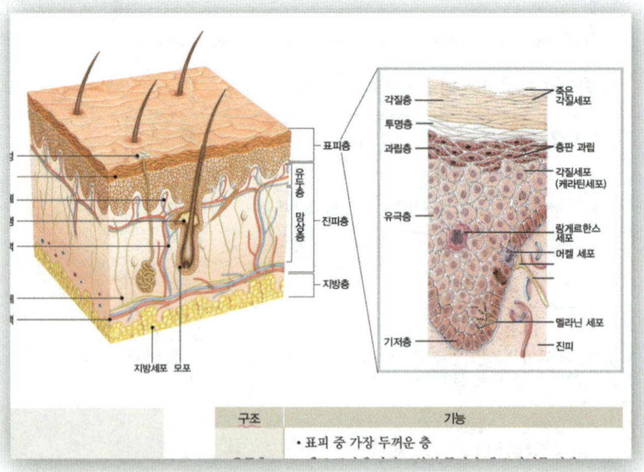

고퀄리티 삽화와 관련 이미지

이론 이해를 돕기 위한 상세한 이미지를 삽입하였습니다.

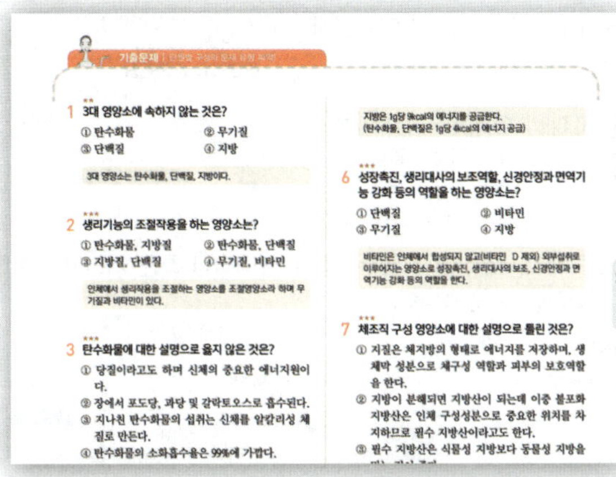

기출문제

각 섹션 바로 뒤에 기존 관련자격시험과 연계된 기출문제를 정리하여 예상가능한 출제동향을 파악할 수 있도록 하였습니다. 또한 문제 상단에 별표(★)의 갯수를 표시하여 해당 문제의 출제빈도 또는 중요성을 나타냈습니다.

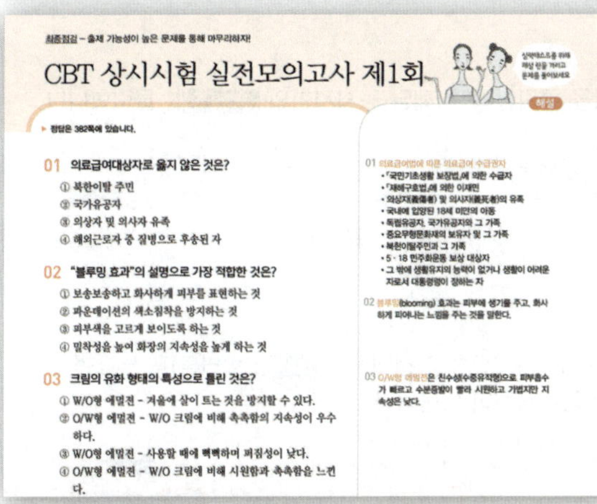

CBT 상시시험 실전모의고사

에듀웨이 전문 위원들이 최근 시행되는 CBT 상시시험을 분석하여 최신경향의 출제비율 및 출제경향을 바탕으로 출제빈도가 높은 문제를 엄선하여 실전모의고사를 수록하여 적중률을 극대화했습니다.

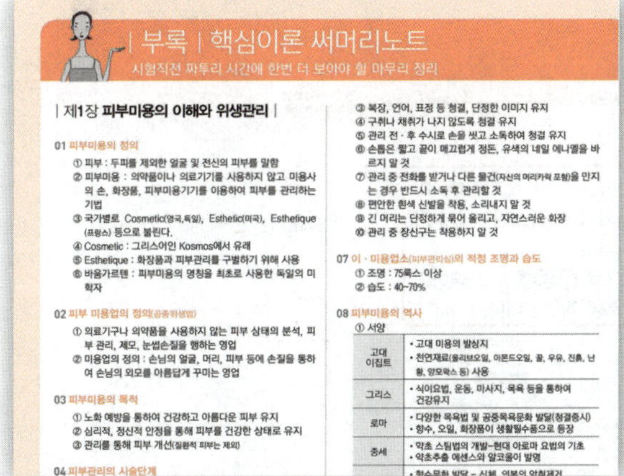

핵심이론 써머리노트

시험 직전 한번 더 체크해야 할 부분을 따로 엄선하여 시험대비에 만전을 기하였습니다.

필기응시절차

Accept Application - Objective Test Process

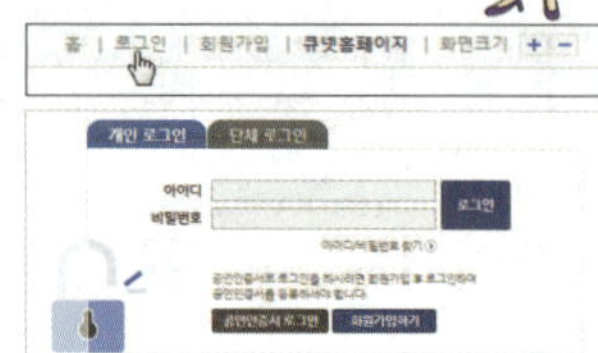

01 시험일정 확인

1 한국산업인력공단 홈페이지(**q-net.or.kr**)에 접속합니다.

2 화면 상단의 로그인 버튼을 누릅니다. '로그인 대화상자가 나타나면 아이디/비밀번호를 입력합니다.

※ 회원가입 : 만약 q-net에 가입되지 않았으면 회원가입을 합니다.
(이때 반명함판 크기의 사진(200kb 미만)을 반드시 등록합니다.)

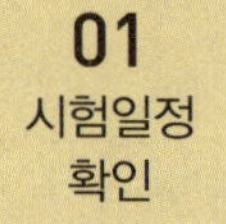

3 메인 화면에서 원서접수를 클릭하고, 좌측 원서 접수신청을 선택하면 최근 기간(약 1주일 단위)에 해당하는 시험일정을 확인할 수 있습니다.

응시시험	접수기간 (시험기간)	선택
20■■년 상시 기능사 ■회 필기	20■■년 5월 24일 (목) 오전 10:00 ~ 20■■년 5월 29일 (화) 오후 06:00 [20■■년 6월 2일 (토) ~ 20■■년 6월 8일 (금)]	접수하기

02 원서접수현황 살펴보기

4 좌측 메뉴에서 원서접수현황을 클릭합니다. 해당 응시시험의 현황보기 를 클릭합니다.

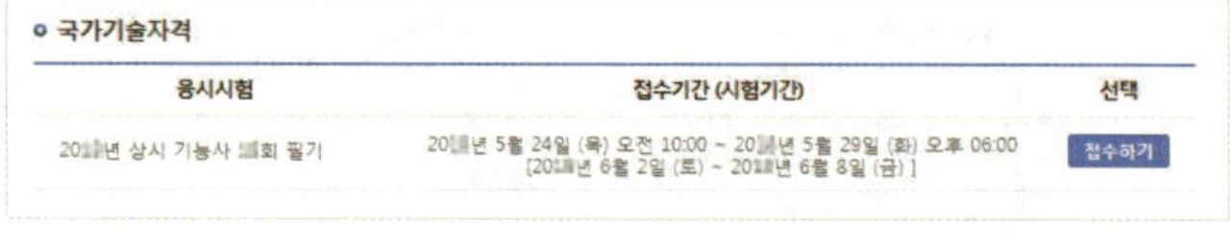

	응시시험	접수기간	보기
원서접수	20■■년 상시 기능사 ■■회 필기	20■■년 5월 24일 (목) 오전 10:00 ~ 20■■년 5월 29일 (화) 오후 06:00	현황보기
원서접수안내			
원서접수일정			
원서접수신청			
원서접수현황			
환불안내			

5 그리고 자격선택, 지역, 시/군/구, 응시유형을 선택하고 (조회버튼)을 누르면 해당시험에 대한 시행장소 및 응시정원이 나옵니다.

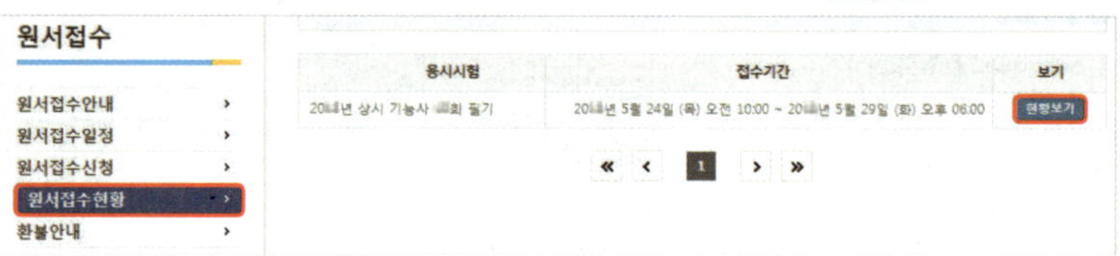

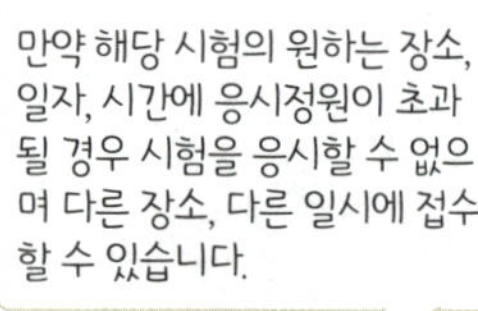

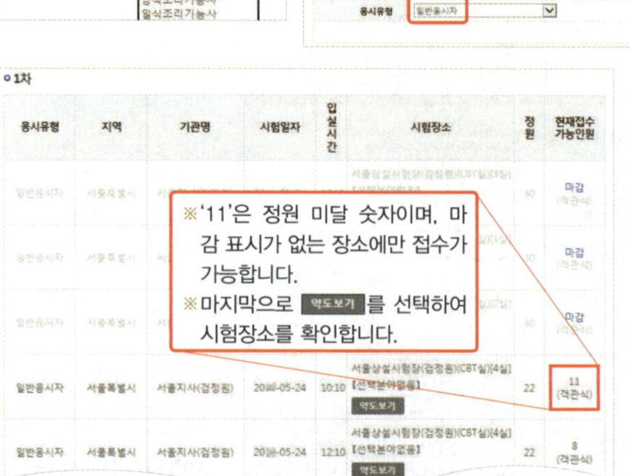

응시유형	지역	기관명	시험일자	입실시간	시험장소	정원	현재접수 가능인원
일반응시자	서울특별시				서울상설시험장(검정원)(필기실3실)	40	마감 (객관식)
일반응시자	서울특별시						마감 (객관식)
일반응시자	서울특별시					40	마감 (객관식)
일반응시자	서울특별시	서울지사(검정원)	20■■-05-24	10:10	서울상설시험장(검정원)(CBT실)(4실) [전북분야응용] 약도보기	22	11 (객관식)
일반응시자	서울특별시	서울지사(검정원)	20■■-05-24	12:10	서울상설시험장(검정원)(CBT실)(4실) [선택분야응용] 약도보기	22	8 (객관식)

6 시험장소 및 정원을 확인한 후 오른쪽 메뉴에서 '원서접수신청'을 선택합니다. 원서접수 신청 페이지가 나타나면 현재 접수할 수 있는 횟차가 나타나며, 접수하기 를 클릭합니다.

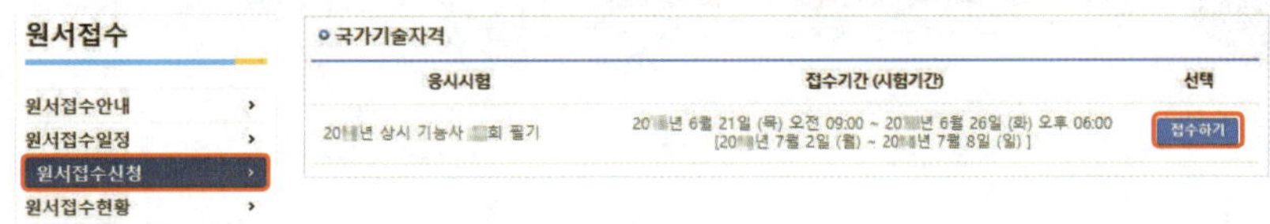

7 응시종목명을 선택합니다. 그리고 페이지 아래 수수료 환불 관련 사항에 체크 표시하고 다음(다음 버튼)을 누릅니다.

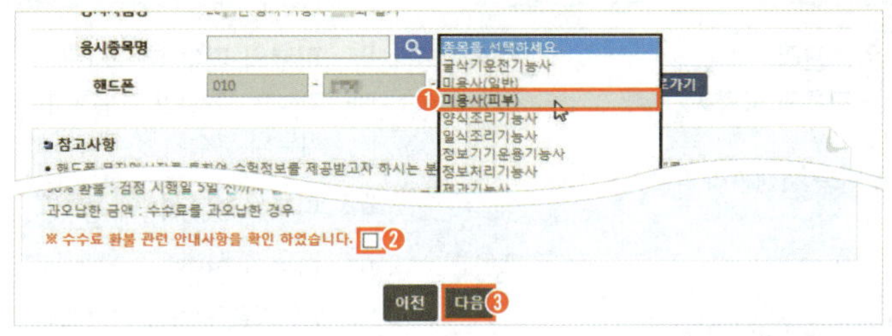

8 자격 선택 후 종목선택 – 응시유형 – 추가입력 – 장소선택 – 결제 순서대로 사용자의 신청에 따라 해당되는 부분을 선택(또는 입력)합니다.

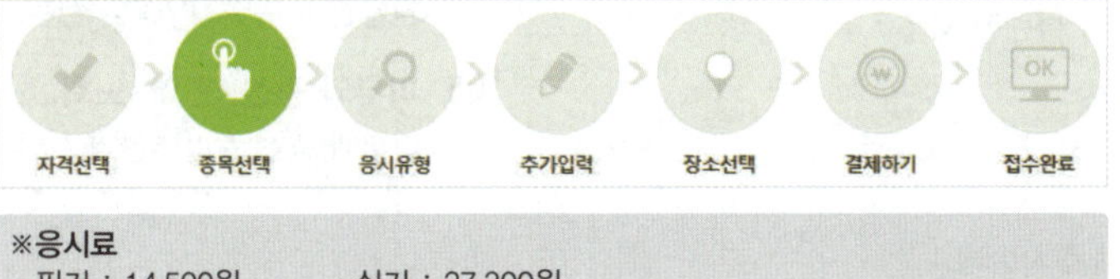

※**응시료**
· 필기 : 14,500원 · 실기 : 27,300원

필기시험 당일 유의사항
1 신분증은 반드시 지참해야 하며, 필기구도 지참합니다(선택).
2 대부분의 시험장에 주차장 시설이 없으므로 가급적 대중교통을 이용합니다. (시험장이 초행길이면 시간을 넉넉히 가지고 출발하세요.)
3 고사장에 시험 20분 전부터 입실이 가능합니다.(지각 시 응시 불가)
4 CBT 방식(컴퓨터 시험 – 마우스로 정답을 클릭)으로 시행합니다.

· 합격자 발표 : 인터넷, ARS, 접수지사에서 게시 공고
· 실기시험 접수 : 필기시험 합격자에 한하여
  실기시험 접수기간에 Q-net 홈페이지에서 접수

※ 기타 사항은 한국산업인력공단 홈페이지(q-net.or.kr)를 방문하거나 또는 전화 1644-8000에 문의하시기 바랍니다.

Contents

2010~2011년 공개기출문제 6회분 및
모의고사2회분, 에듀웨이 카페(자료실)에
확인하세요!

스마트폰을 이용하여 아래 QR코드를 확인하거나,
카페에 방문하여 '카페 메뉴 > 자료실 > 피부미용사'에서
다운받을 수 있습니다.

Course Preview

과제 01

얼굴 관리

딥클렌징은 아하, 효소, 고마쥐, 스크럽 중 한 가지 타입이 지정됩니다.
아래 표는 제1과제 얼굴관리의 과제별 주요 과정을 비교 · 정리한 것이므로 충분히 숙지하시기 바랍니다.

1 관리계획표 작성 : 10min

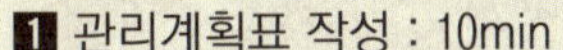

2 클렌징 15분

소독 및 준비	포인트메이크업 지우기	클렌징 도포
시간배분 1min →	← 6min →	← 1min →

눈 → 입술

데콜테 → 목 → 턱 → 입술 → 볼 → 코 → 눈 → 이마 → 마무리

3 눈썹정리 5분

소독 및 준비	눈썹정리	마무리
시간배분 1min →	← 3min →	← 1min →

눈썹정리 (빗기 – 자르기 – 뽑기 – 밀기)

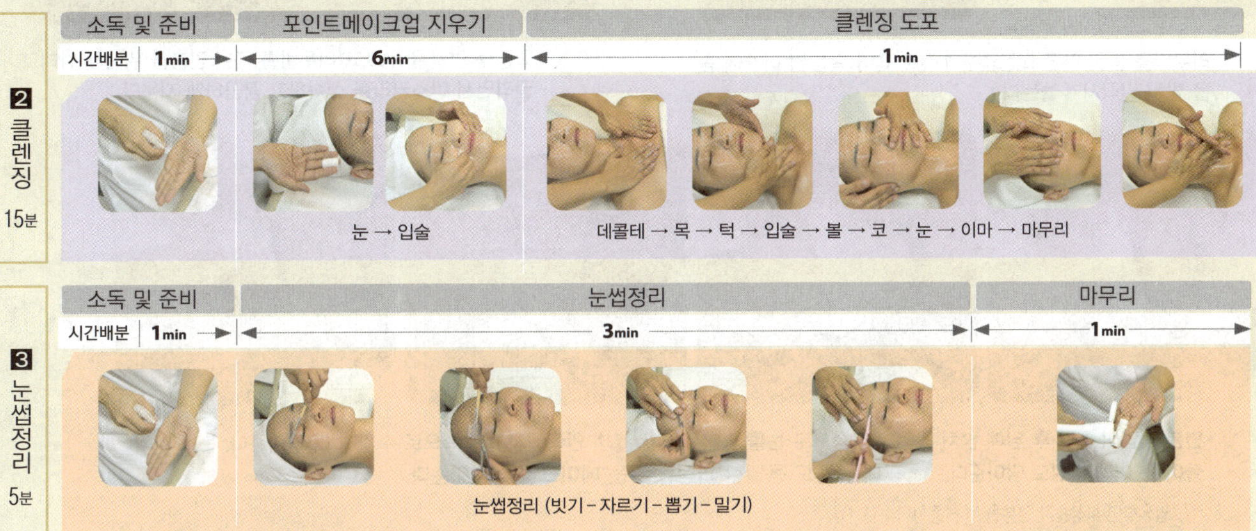

4 딥클렌징 10분

소독 및 준비	패드 부착 및 귀막기	제품 도포 및 과정
시간배분 0.5min →	← 1min →	← 3.5min →

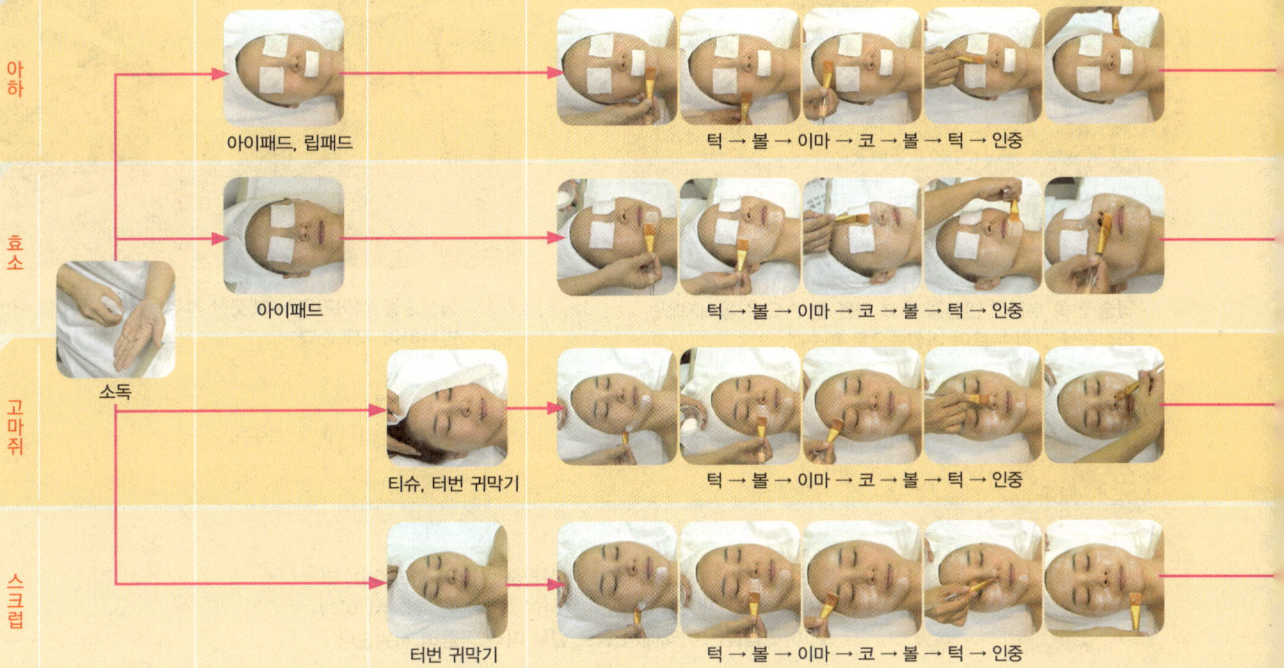

아하
아이패드, 립패드
턱 → 볼 → 이마 → 코 → 볼 → 턱 → 인중

효소
아이패드
턱 → 볼 → 이마 → 코 → 볼 → 턱 → 인중

소독

고마쥐
티슈, 터번 귀막기
턱 → 볼 → 이마 → 코 → 볼 → 턱 → 인중

스크럽
터번 귀막기
턱 → 볼 → 이마 → 코 → 볼 → 턱 → 인중

4 마스카라 지우기

화장솜을 뒤로 1/3을 접어
속눈썹 아래에 받친다.

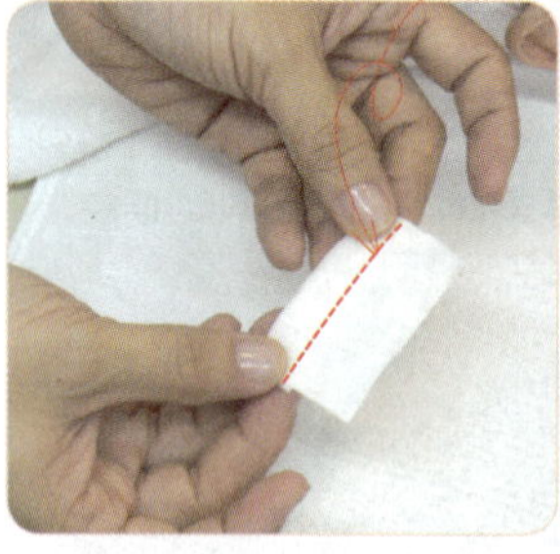 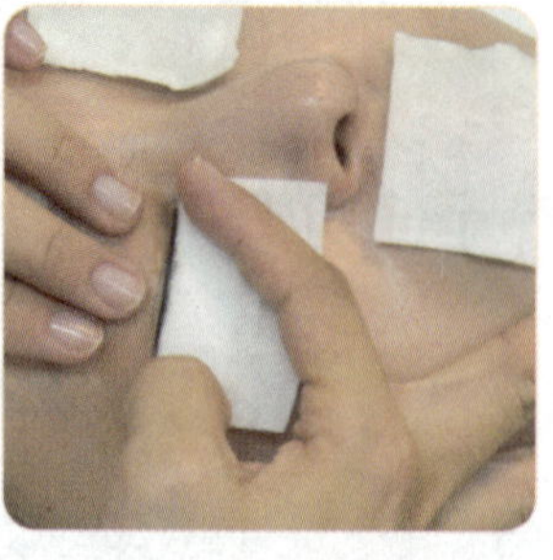 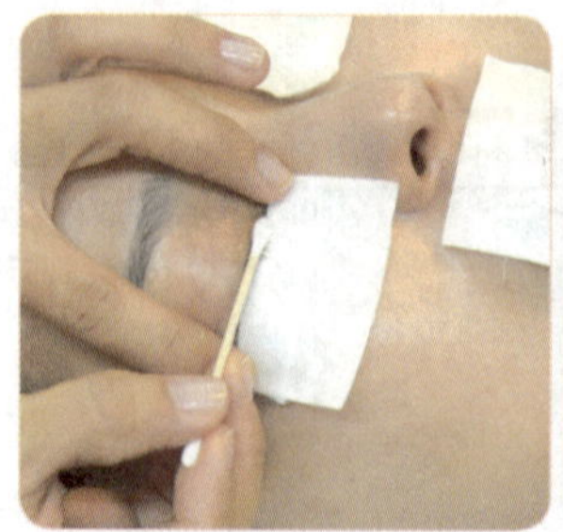 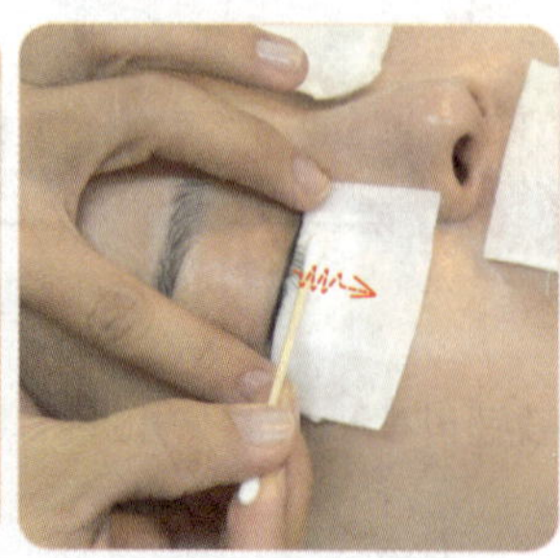

1 리무버를 묻힌 다른 화장솜을 1/3로 접어 속눈썹 아래에 솜을 받쳐 밀착시켜 놓는다.

2 화장솜 양끝을 누르고 리무버를 묻힌 면봉을 위에서 아래로 굴리면서 마스카라를 신속하고 꼼꼼하게 지운다.

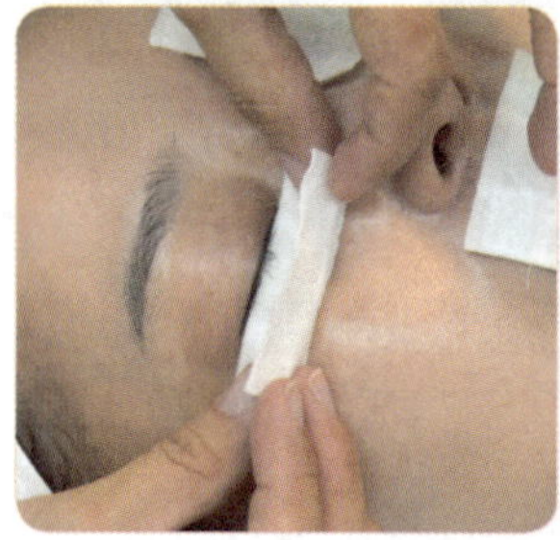 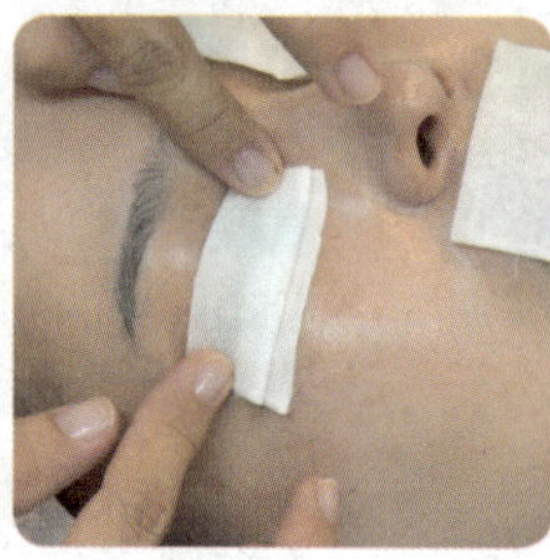 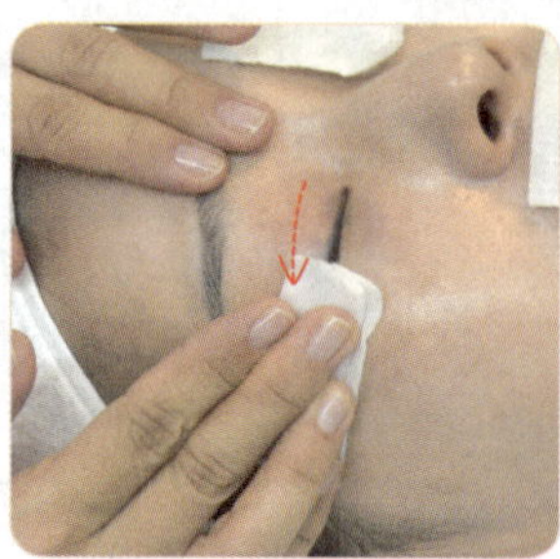 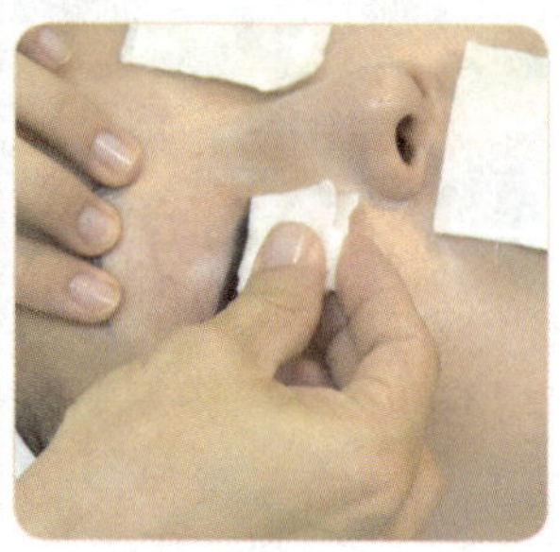

3 면봉 작업이 끝난 후 밑에 받쳐 있던 화장솜으로 눈을 덮어 살짝 누르며 안쪽에서 바깥쪽으로 수차례 더 닦아준다. 눈을 살짝 들어 눈 아래 부위도 닦아준다. ※ 반대편 눈도 동일한 과정으로 눈 메이크업을 지워준다.

팁 | 필요하면 화장솜과 면봉을 더 사용한다.

5 립 메이크업 지우기

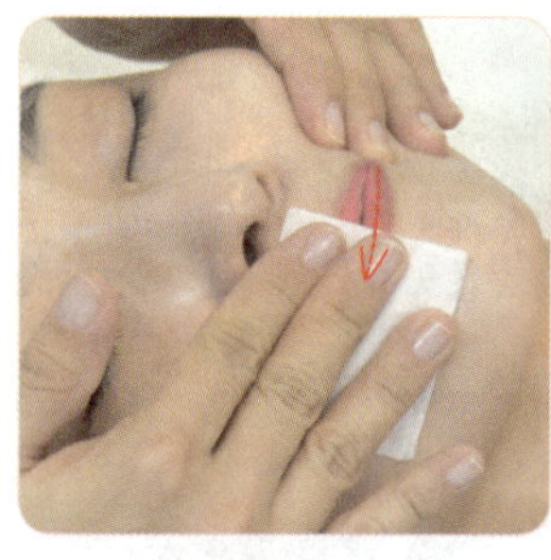 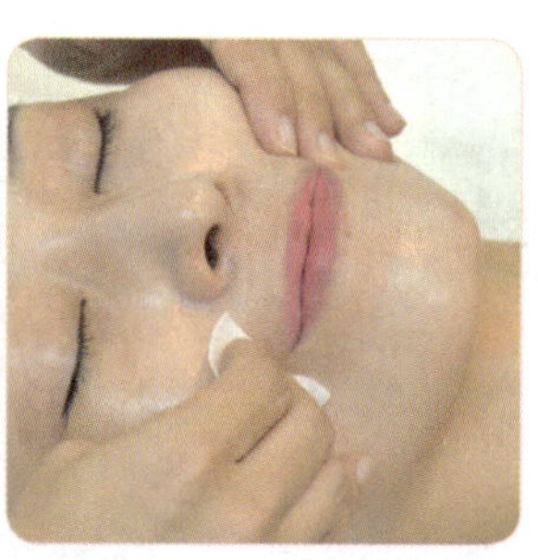 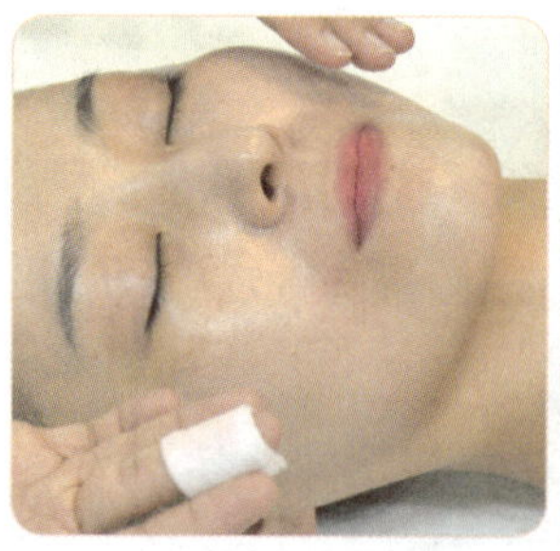

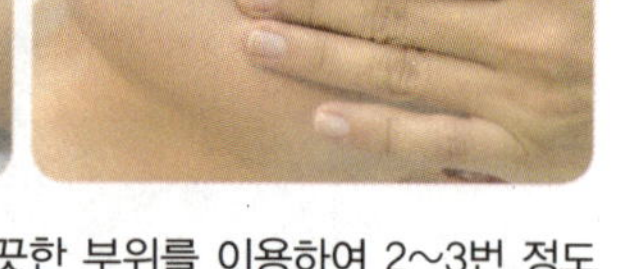

1 입술 한쪽 부분에 텐션을 주고 다른 한 손으로 올려져있는 화장솜을 살짝 누르며 바깥쪽으로 빼준다.

2 화장솜을 접어가면서 깨끗한 부위를 이용하여 2~3번 정도 반복하여 지워준다.

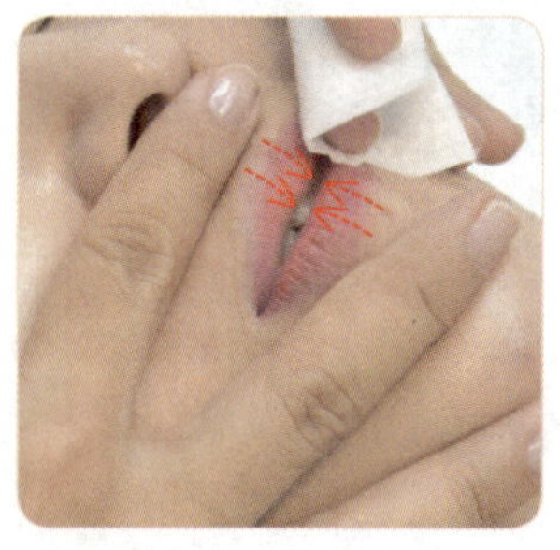

3 2, 3지를 이용하여 윗입술과 아랫입술을 살짝 벌려주고, 리무버를 적신 새 화장솜을 이용하여 윗입술은 위에서 아래로, 아랫입술은 아래에서 위로 결을 따라 꼼꼼히 지워준다.

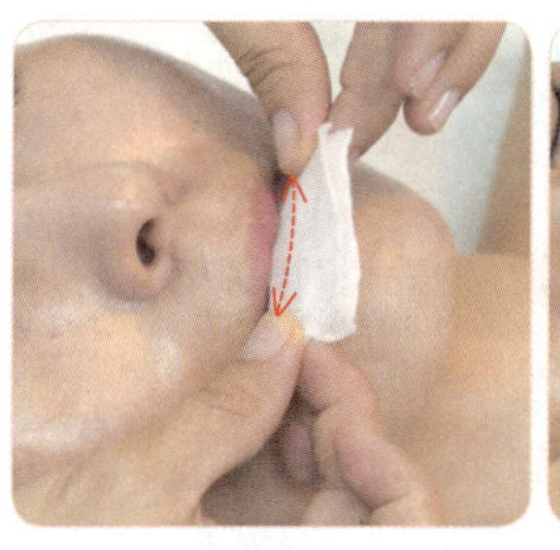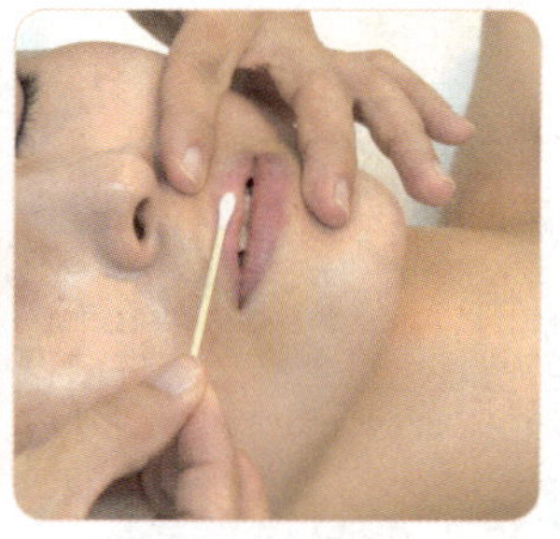

4 화장솜을 접어 입술 안쪽을 좌우로 왕복하며 닦아준 후 리무버가 묻은 면봉으로 입술 안쪽과 닦이지 않은 부위를 꼼꼼히 지워주며 묻어나지 않도록 마무리한다.

| 감점요인 |
- 아이 & 립 메이크업을 꼼꼼하게 지우지 않았을 때

| Checkpoint |
- 포인트 메이크업으로 주어진 시간을 다 쓰지 않도록 연습을 통해 숙련된 테크닉으로 신속하고 정확하게 작업한다.

02 | 클렌징 도포 동작

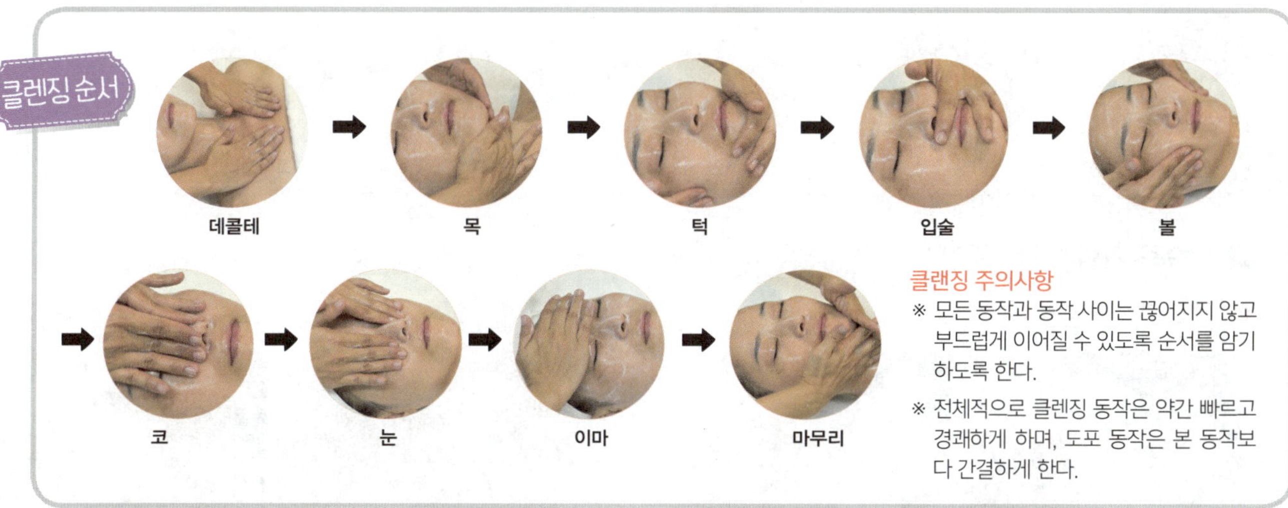

클랜징 주의사항

※ 모든 동작과 동작 사이는 끊어지지 않고 부드럽게 이어질 수 있도록 순서를 암기하도록 한다.

※ 전체적으로 클렌징 동작은 약간 빠르고 경쾌하게 하며, 도포 동작은 본 동작보다 간결하게 한다.

1 클렌징 로션 준비하기

시술준비하기

알코올 솜으로 유리볼을 소독한 후 클렌징 로션을 적당히 펌핑한다.

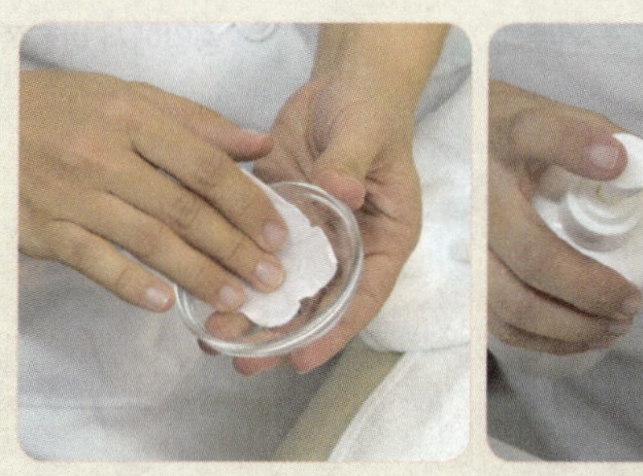

| Checkpoint |
- 도포 동작은 짧고 간결하게 하되 제품이 잘 펴지도록 부드럽고 밀착력 있게 한다.
- 모델의 눈이나 입에 제품이 들어가지 않도록 주의한다.

9 클렌징 동작 – 마무리

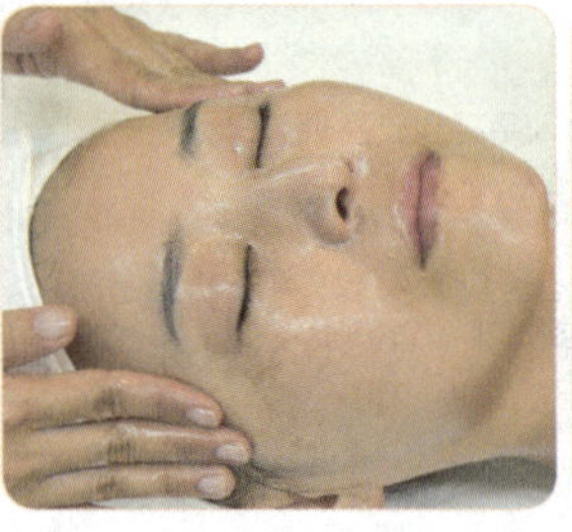 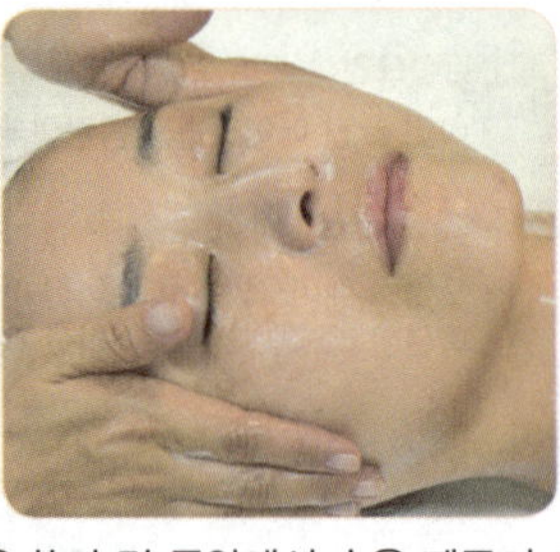 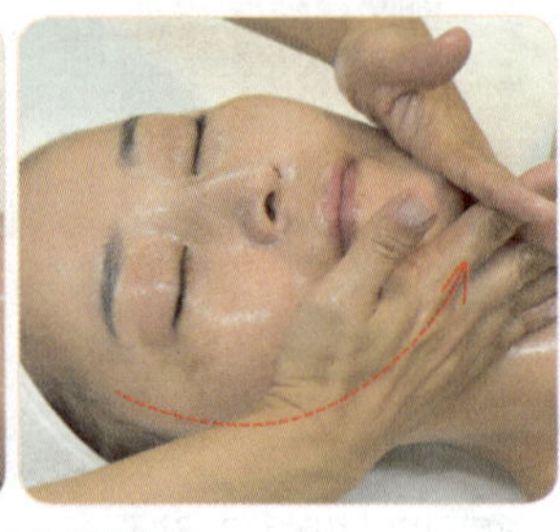

 1. 마른수건 또는 키친타월을 미리 준비하여 손에 유분기를 제거한 후 마무리 작업을 한다.
2. 터번을 다시 매만지거나 손에 유분감이 느껴질 때는 수시로 손 소독을 한다.

양손을 자연스럽게 얼굴 옆 라인을 쓸며 턱 중앙에서 손을 빼주며 마무리한다.

04 | 클렌징 마무리 (티슈 – 해면 – 온습포 – 토너정리)

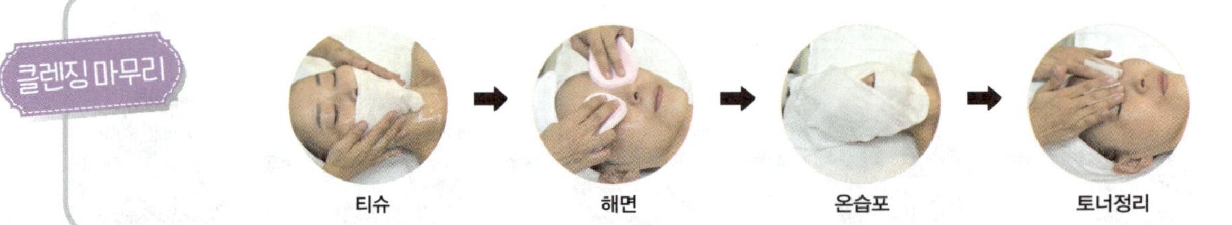
클렌징 마무리

티슈 ➡ 해면 ➡ 온습포 ➡ 토너정리

1 티슈로 가볍게 눌러주기

1 얼굴 티슈 처리

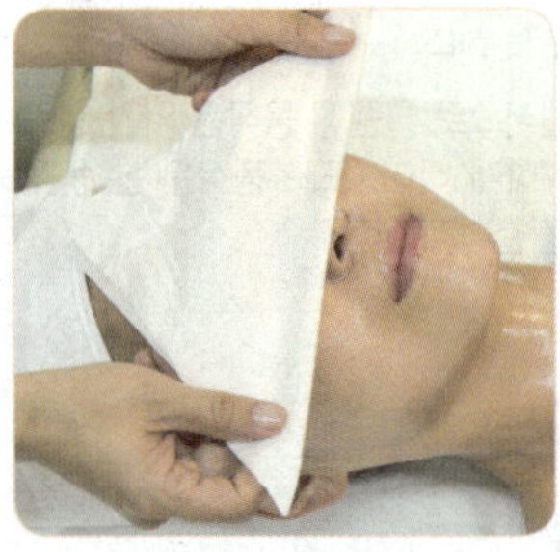 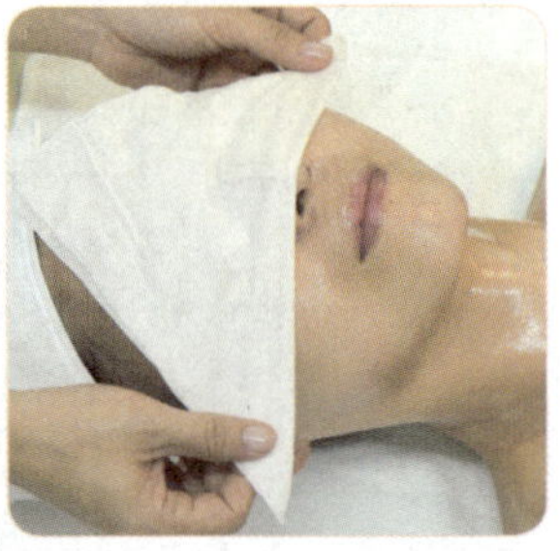

1 티슈를 삼각형 모양으로 접어 코끝을 기준으로 얼굴 위쪽에 티슈를 올린다.

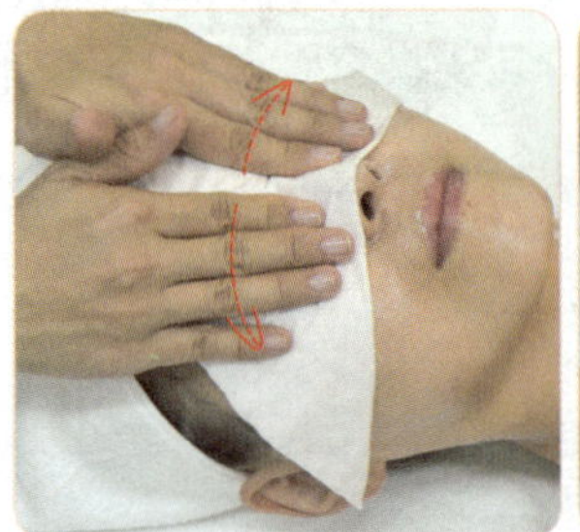 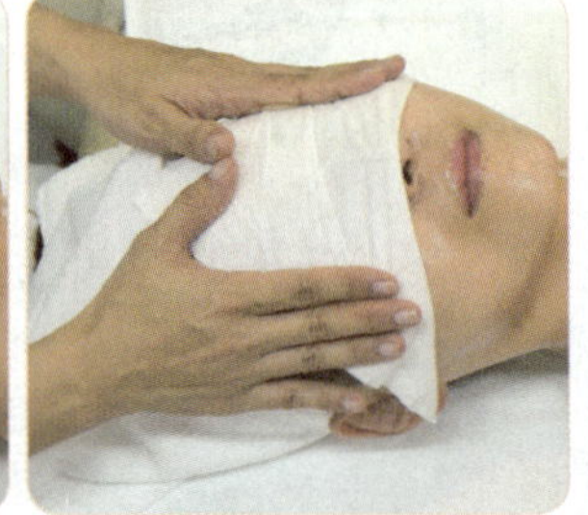

2 중앙에서 바깥쪽으로 쓸어주며 유분기를 흡수시킨다.

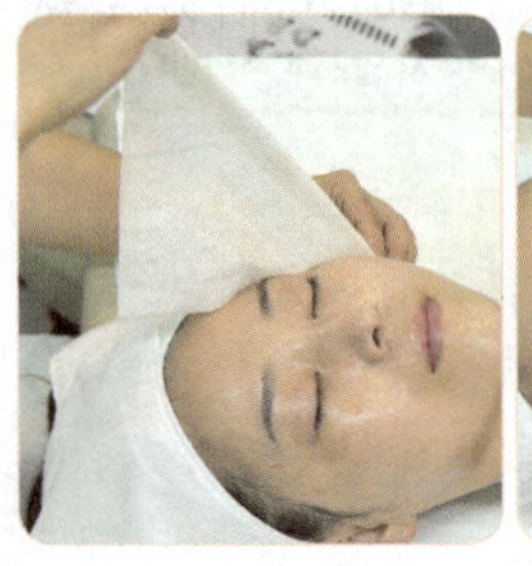 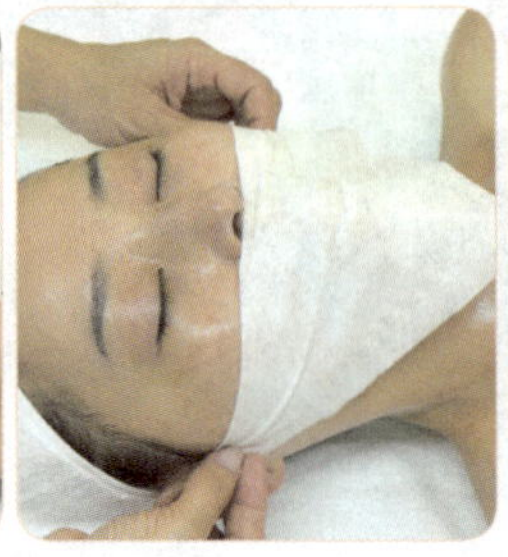 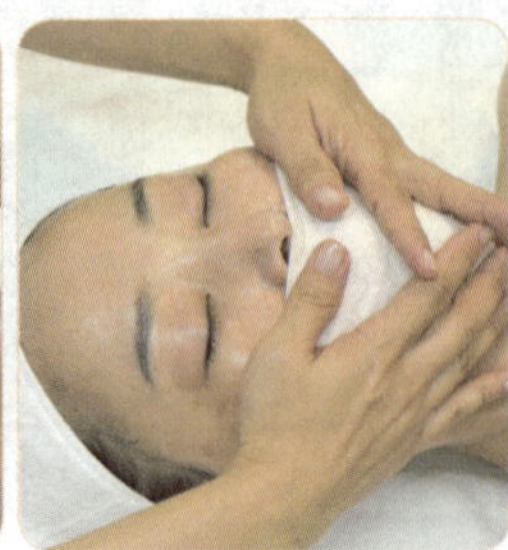 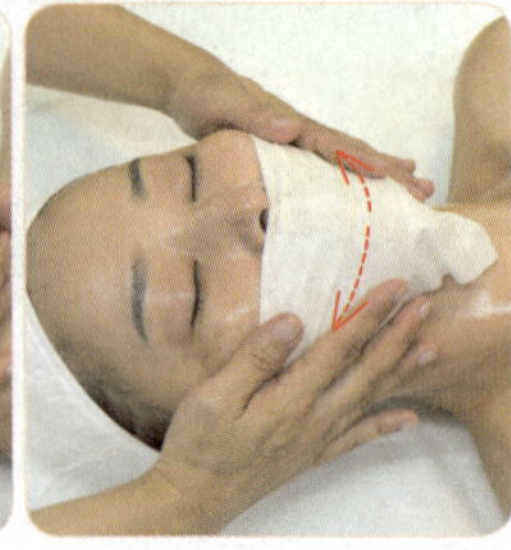

3 티슈를 뒤집어 코 아래쪽에 올리고 같은 동작을 해준다.

❷ 목 티슈 처리

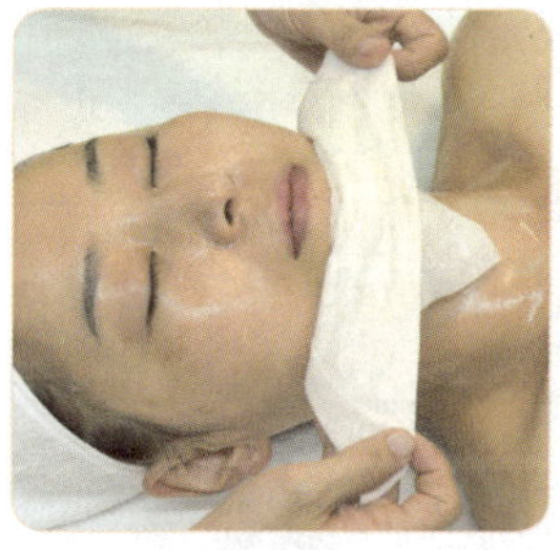 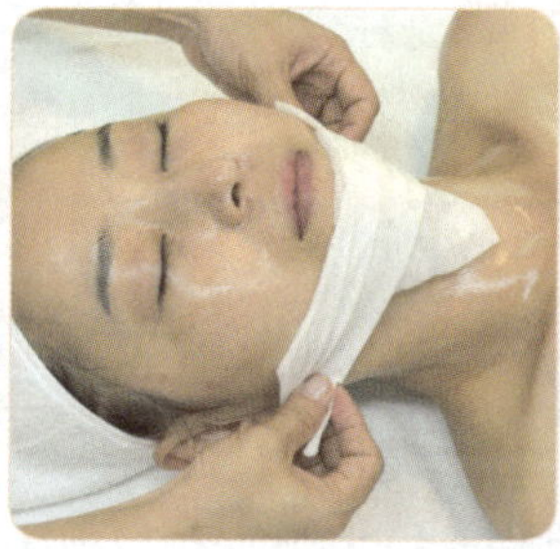 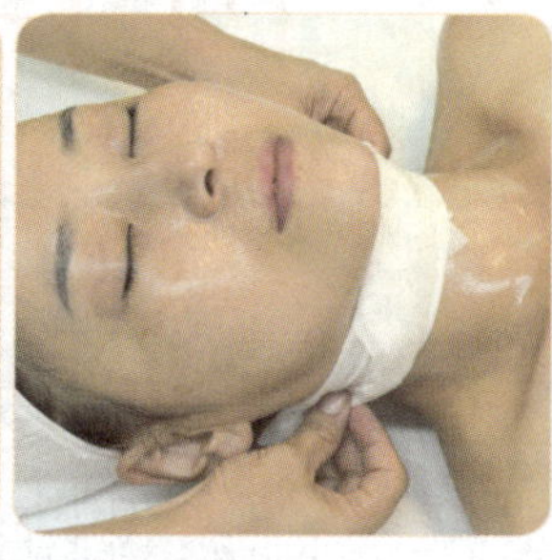 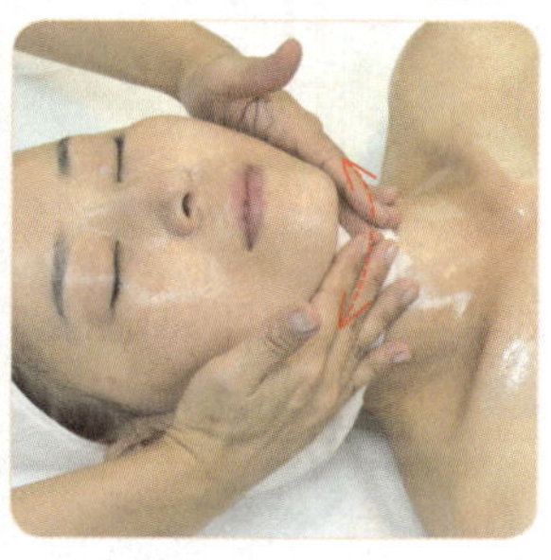

턱 아래와 목 부위에 티슈를 접어가면서 살짝 눌러 유분기를 제거한 후 위생봉투에 버린다.

❸ 데콜테 티슈 처리

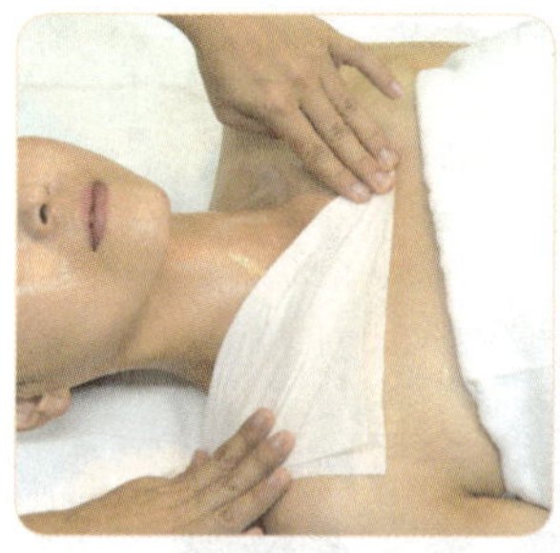 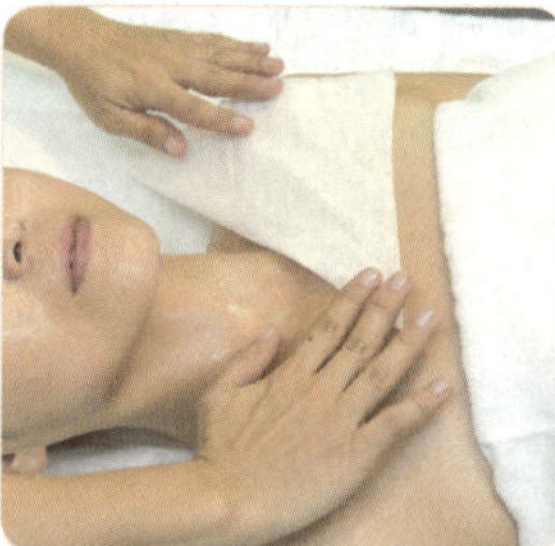 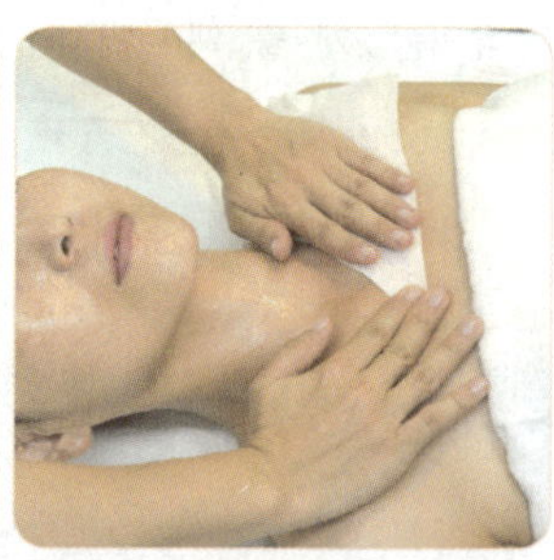

새 티슈를 삼각형 모양으로 접어 데콜테 부위의 오른쪽과 왼쪽에 차례로 올리고 쓸어주며 유분기를 흡수시킨다.

❹ 티슈 마무리

시술준비하기

티슈 손가락에
끼우는 방법

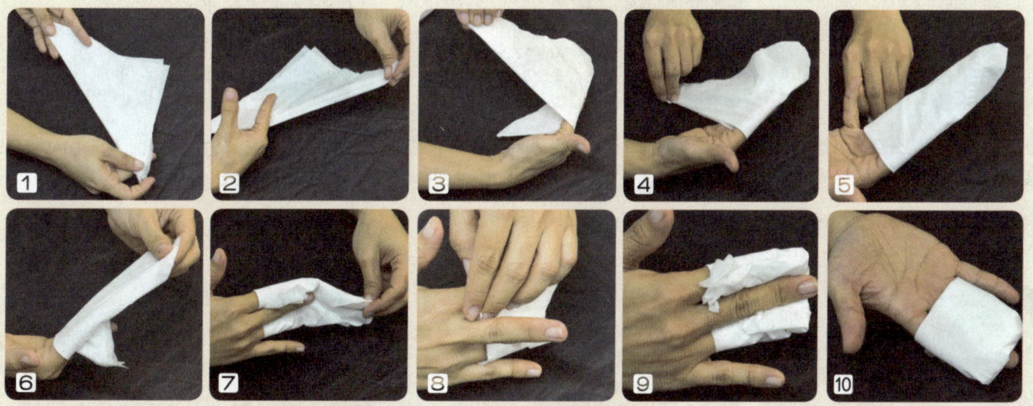

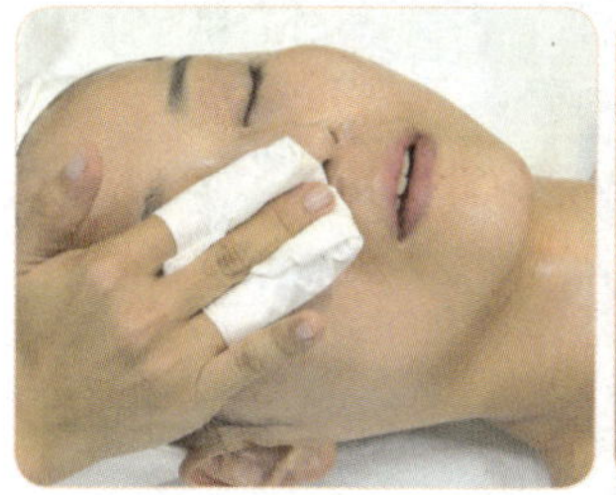 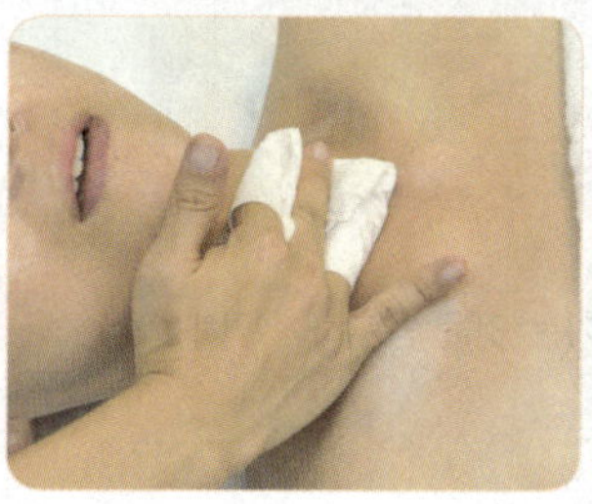 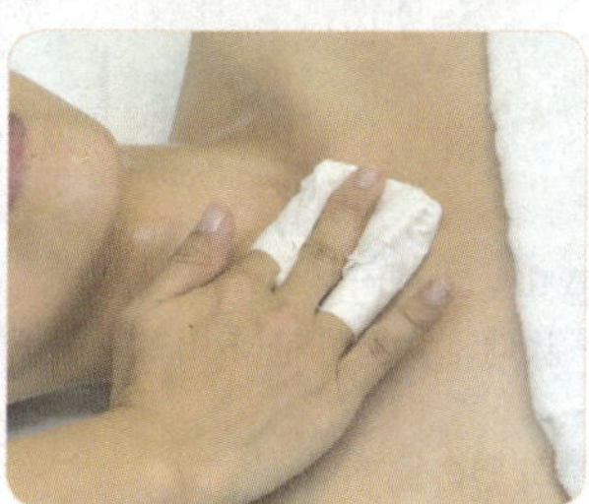

쇄골, 목, 콧방울 부위 등 주름이 접히는 부분을 살짝 눌러 유분기를 흡수시키며 마무리한다.

| Checkpoint |
티슈로 너무 강하게 닦아내지 않도록 한다.

딥클렌징 2 – 고마쥐

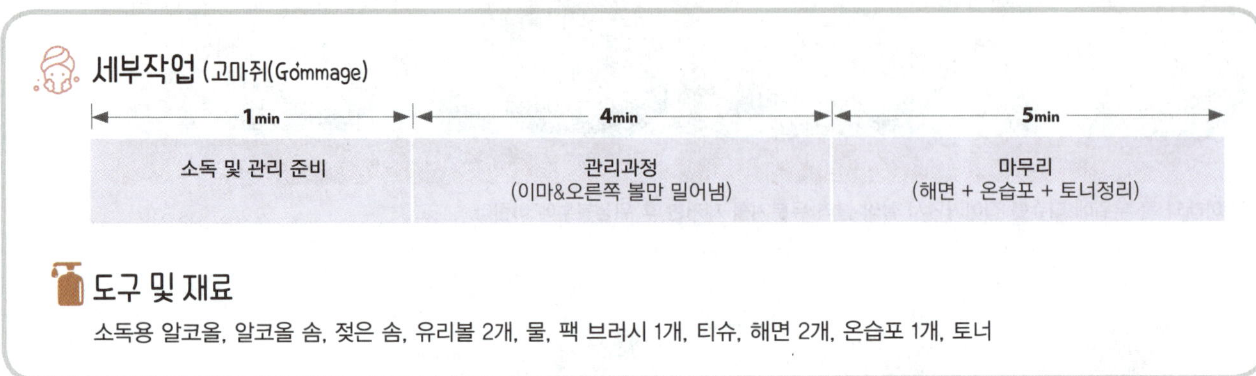

세부작업 (고마쥐(Gommage))

1min	4min	5min
소독 및 관리 준비	관리과정 (이마&오른쪽 볼만 밀어냄)	마무리 (해면 + 온습포 + 토너정리)

도구 및 재료

소독용 알코올, 알코올 솜, 젖은 솜, 유리볼 2개, 물, 팩 브러시 1개, 티슈, 해면 2개, 온습포 1개, 토너

01 | 기구소독 및 세팅

1 손 소독

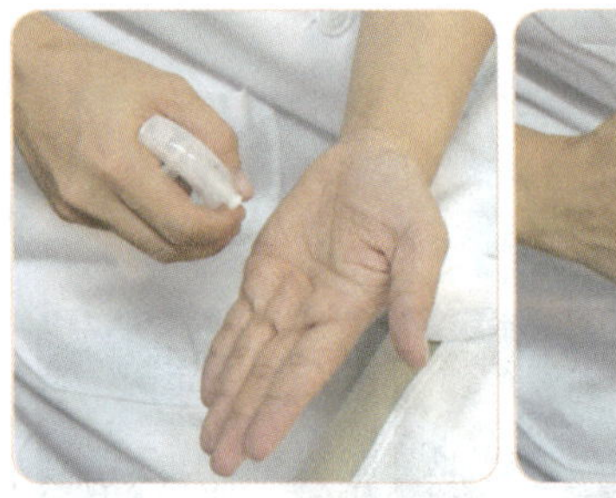
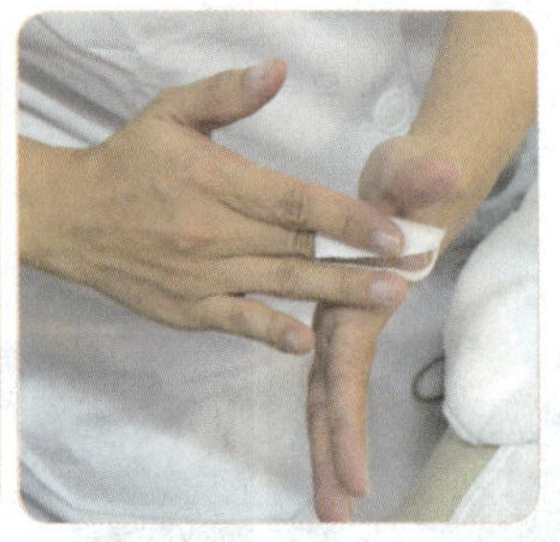

소독용 알코올 스프레이를 뿌리거나 알코올 솜으로 양 손등, 손바닥 및 손가락 사이사이를 소독한다.

2 터번에 티슈 세팅 및 손 소독

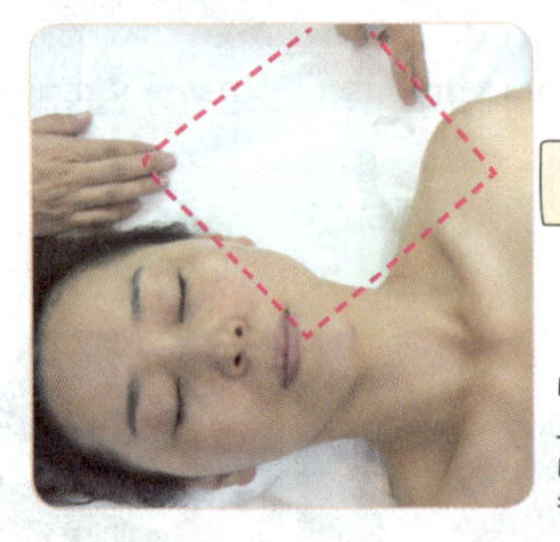

티슈를 45° 기울여 놓은 후 모서리가 그림처럼 터번 가로와 일치되게 하여 티슈가 삼각형 모양을 접히게 위치시킨다.

1 터번을 풀고 바닥에 반듯이 펼친 후 터번 위에 정사각형 티슈를 올려놓는다.

터번 밖으로 나온 티슈는 가지런히 정리한다.

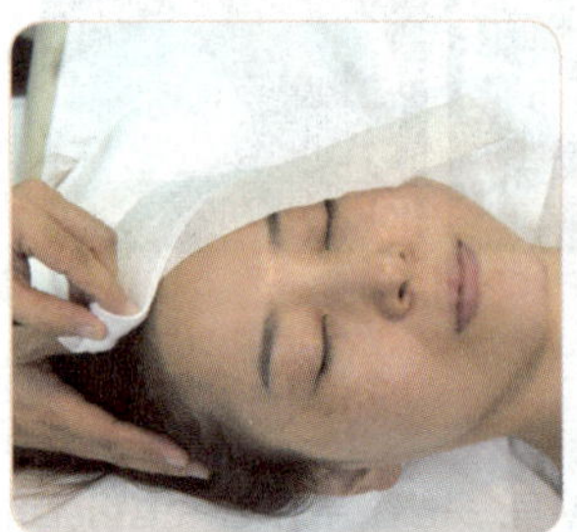
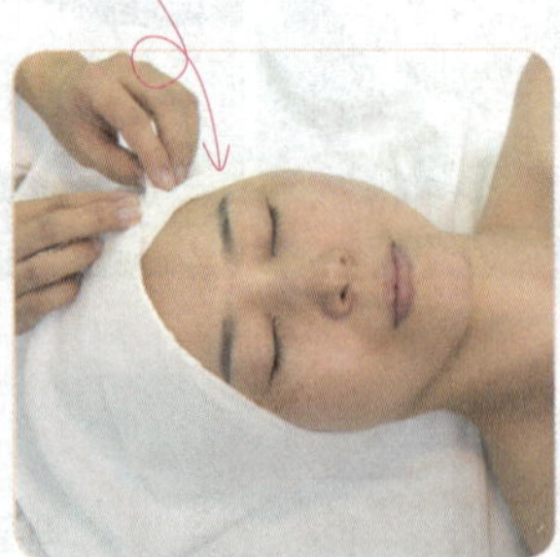
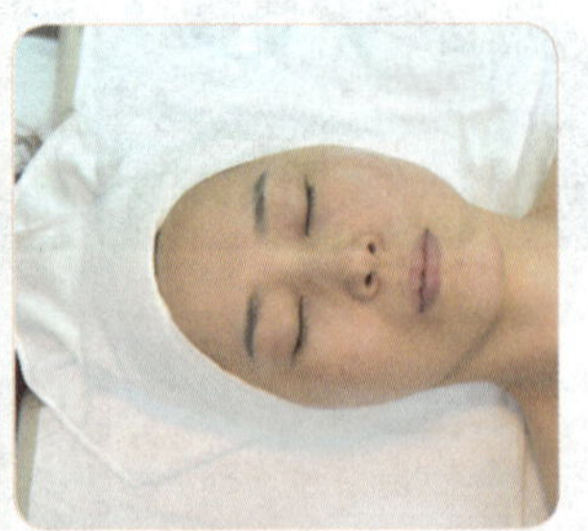
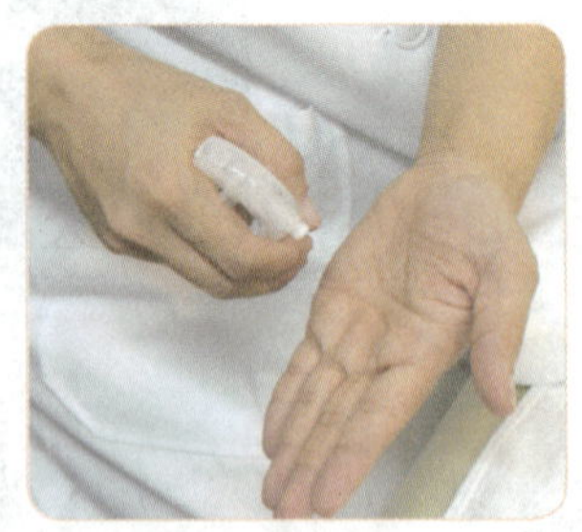

2 터번 위에 끼워진 티슈가 귀 부위를 막도록 터번을 두른다.
※ 귀를 막아주는 이유 : 고마쥐를 밀 때 잔여물이 귀나 머리에 들어가는 것을 방지하기 위해 막아 준다.
※ 신속하게 작업할 수 있도록 충분히 연습을 한다.

3 터번을 두른 후 다시 손소독을 한다.

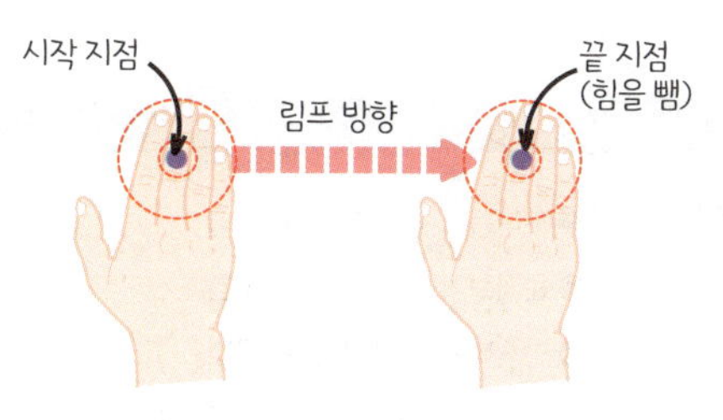

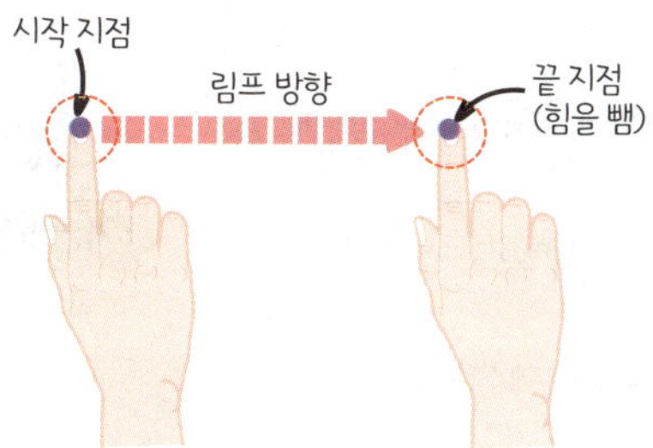

❶ 손에 가벼운 압력을 가한다.
❷ 림프 방향으로 밀어준다.
❸ 힘을 뺀다.

[손바닥 사용 시] 중지 둘째 마디를 중심으로 손가락 전체로 가벼운 압으로 누른 후 손끝 쪽으로 밀고 림프 방향(새끼손가락 방향)으로 밀어준다.

[손가락 사용 시] 중지(또는 검지) 끝에 낮은 압으로 손끝 방향으로 밀고 림프 방향으로 가볍게 밀어준다.

【림프 기본 테크닉】

림프 관리시 손 사용부위

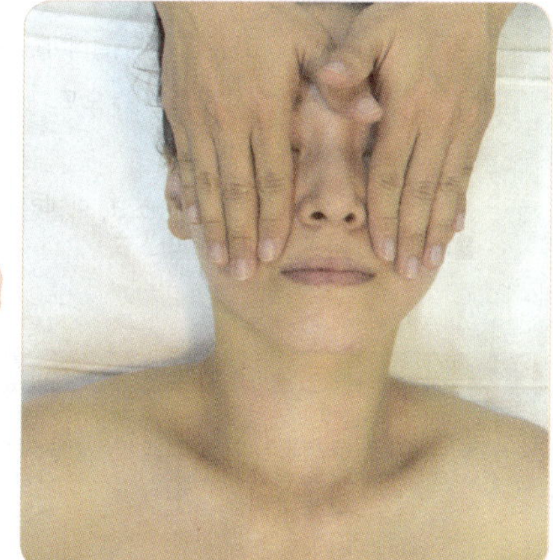

▲ 전체 손 이용시

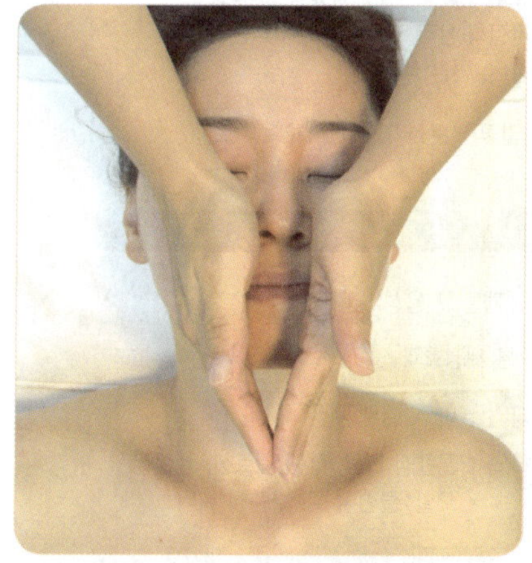

▲ 손 날 이용시

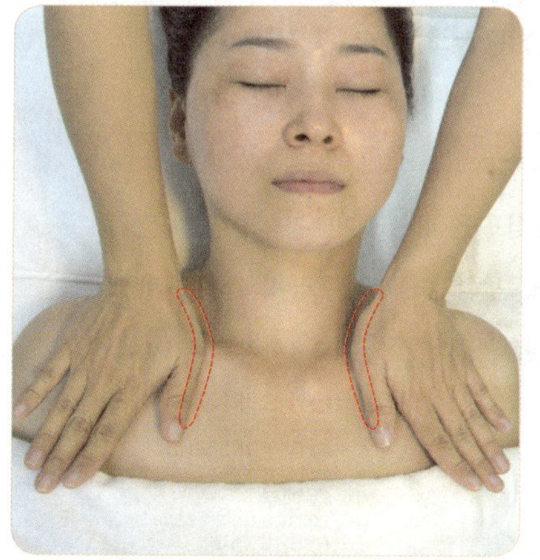

▲ 엄지 측면 이용시

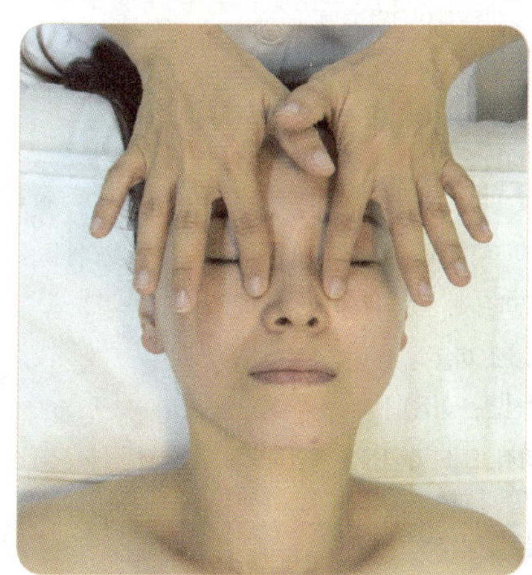
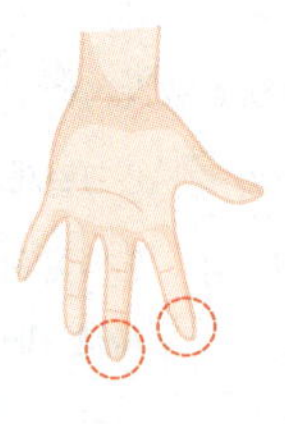

▲ 손가락 이용시(중지 또는 검지 이용)

Keyword Preview | 피부미용학

피부미용의 개념

피부관리의 시술 단계　클렌징 → 피부분석 → 딥클렌징 → 매뉴얼테크닉 → 팩 → 마무리

피부미용 용어　코스메틱, 에스테틱, 에스테띠끄, 에스테티션

피부미용 영역

피부분석 및 고객상담

피부분석 내용　피부 유형, 피부 상태, 피부의 pH, 탄력성, 감촉 등

피부분석 방법
- 피부유형 분석　문진, 견진, 촉진, 기기 판독법
- 피부상태 분석　유분 함유량, 수분 함유량, 탄력도, 각질화 상태, 모공 크기, 혈액순환 상태, 민감 상태

피부 상담

고객 관리 카드　고객 신상 및 피부분석카드, 관리계획 차트

클렌징(Cleansing)

피부 노폐물의 종류　수용성 노폐물, 지용성 노폐물

세안　물의 온도에 따른 세정효과

클렌징 제품
- 씻어내는 타입　비누, 클렌징 폼
- 닦아내는 타입　클렌징 크림, 클렌징 로션, 클렌징 오일, 클렌징 젤, 클렌징 워터

클렌징 단계 및 시술
- ❶ 클렌징 단계
- ❷ 포인트 메이크업 클렌징
- ❸ 안면클렌징
- ❹ 습포　온습포, 냉습포
- ❺ 화장수　유연, 수렴, 소염

딥클렌징(Deep Cleansing)
- 물리적　스크럽제, 고마쥐제, 손·기기 이용
- 생화학적　단백질 분해효소 이용
- 화학적　AHA, BHA(천연산 이용)
- 복합적　스크럽, 고마쥐, 효소, 천연산을 복합적으로 이용

피부 유형별 화장품 도포

피부유형에 따른 화장품 선택 및 관리
- ① 중성 피부, ② 건성 피부, ③ 지성 피부, ④ 민감성 피부, ⑤ 여드름 피부, ⑥ 노화 피부, ⑦ 모세혈관확장 피부

화장품 도포　목적 : 세정, 피부보호, 피부정돈, 영양공급 및 신진대사 활성화

매뉴얼 테크닉

기본 5동작 
- ❶ 쓰다듬기　경찰법, 무찰법
- ❷ 문지르기　강찰법, 마찰법
- ❸ 반죽하기　유찰법, 유연법
- ❹ 두드리기　고타법, 경타법, 타진법
- ❺ 떨기　진동법, 흔들기

기본 5동작 이외　닥터 자켓법, 압박법, 관절 운동법

매뉴얼 테크닉 시술 방법　방향 : 안→밖, 아래→위, 근육의 결에 따라 (말초→심장방향)

팩과 마스크

분류 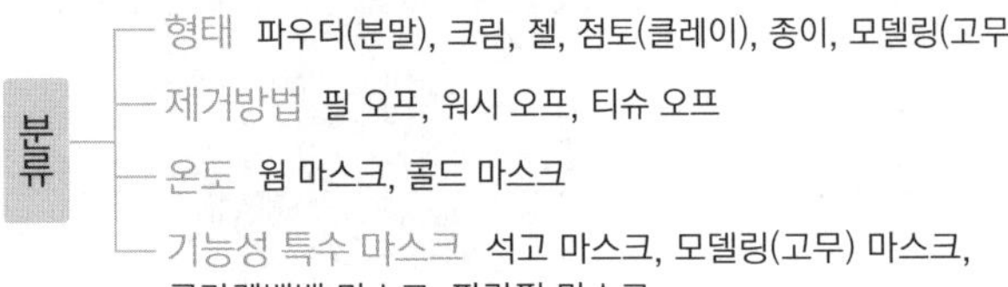
- 형태　파우더(분말), 크림, 젤, 점토(클레이), 종이, 모델링(고무)
- 제거방법　필 오프, 워시 오프, 티슈 오프
- 온도　웜 마스크, 콜드 마스크
- 기능성 특수 마스크　석고 마스크, 모델링(고무) 마스크, 콜라겐벨벳 마스크, 파라핀 마스크

제모

일시적 제모 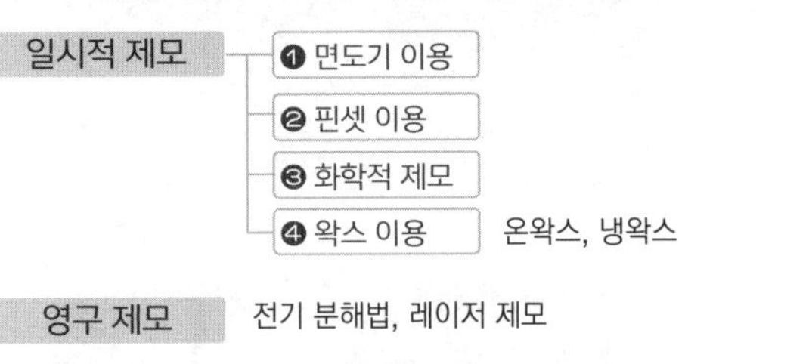
- ❶ 면도기 이용
- ❷ 핀셋 이용
- ❸ 화학적 제모
- ❹ 왁스 이용　온왁스, 냉왁스

영구 제모　전기 분해법, 레이저 제모

전신관리(팔, 다리 등) 및 마무리

림프 관리　기본 동작 및 유의사항

림프관리 응용　셀룰라이트, 하반신 비만, 부종

전신관리
- ❶ 스웨디시 마사지
- ❷ 수요법
- ❸ 아로마 테라피
- ❹ 뱀부
- ❺ 바디 랩핑

손·팔·다리 등 관리

마무리

Esthetic

Esthetic Technician Certification

CHAPTER

01

피부미용학

SECTION 01 피부미용의 이해와 위생관리

피부미용학은 9개 섹션으로 구성되어 있으며, 11문제 정도가 출제되고 있습니다. 각 섹셜별로 1문제는 꼭 출제되고 나머지 2문제가 돌아가며 출제되는 경향입니다. 이 섹션에서는 피부미용의 정의 및 개념, 용어와 미용의 역사에 관한 문제가 주로 출제됩니다.

01 피부미용의 개념

1 피부미용의 정의

피부미용이란 두발을 제외한 안면 및 전신 피부의 모든 기능을 정상적으로 유지시키기 위하여 화장품, 피부미용기기, 매뉴얼테크닉(마사지)을 적용하여 피부를 건강하고 아름답게 유지하고 개선시키는 것을 말한다.

① 안면 및 전신의 피부를 분석하고 관리하여 피부상태를 개선시킨다.
② 피부미용사의 손과 화장품 및 적용 가능한 피부미용기기를 이용하여 관리한다.
③ 내·외적 요인으로 인한 미용상의 문제를 물리적이나 화학적인 방법을 이용하여 예방한다.
④ 피부의 생리기능을 자극함으로써 아름답고 건강한 피부를 유지하고 관리하는 미용기술이다.
⑤ 피부미용은 과학적 지식을 바탕으로 다양한 미용적인 관리를 행하므로 하나의 과학이라고 할 수 있다.
⑥ 미의 본질을 다룬다는 의미에서 하나의 예술이라고도 볼 수 있다.

2 피부미용의 목적

① 노화예방을 통하여 건강하고 아름다운 피부를 유지한다.
② 심리적, 정신적 안정을 통해 피부를 건강한 상태로 유지시킨다.
③ 질환적 피부를 제외한 피부를 관리를 통해 개선시킨다.

3 피부관리의 시술단계

> 클렌징 → 피부분석 → 딥클렌징 → 매뉴얼테크닉 → 팩 → 마무리

4 피부미용의 용어

피부미용은 코스메틱*, 에스테틱 등 국가마다 달리 부르고 있으며, 우리나라는 '피부미용'이라 부른다.

코스메틱 (Cosmetic)	•「우주, 장식, 조화」를 의미하는 그리스어 'Kosmos, kosmein'에서 유래 •아름다움과 건강을 추구하는 신체관리를 조화로운 우주의 질서로 봄

▶ 피부미용의 범주에 속하지 않는 중요한 사항
• 의약품이나 의료기기는 사용하지 않는다.
• 근육이나 골절의 정상화, 피부질환 치료 등의 의료행위는 피부미용이 아니다.

▶ 피부관리의 목적은 치료가 아닌 정상 상태의 유지 및 개선이다.

▶ 피부관리는 손에 의한 매뉴얼테크닉이 주를 이룬다.

▶ 피부관리의 과정 중 클렌징이 가장 중요하다고 할 수 있다.

▶ 우리나라에서 코스메틱(cosmetic)은 화장품을 의미한다.

에스테틱 (Esthetic)	• '미학의, 미의, 심미적인'을 뜻하는 프랑스어 에스테티크 (Esthetique)에서 유래 • 얼굴과 신체피부의 기능 정상화와 유지를 위한 전신미용 술을 의미
에스테띠끄 (Esthetique)	• 피부관리와 화장품(cosmetic)을 구별하기 위해 사용 • 에스테틱과 같은 의미로 헤어스타일의 완성을 제외한 모 든 미용관리를 뜻한다.
에스테티션 (Esthetician)	피부미용을 전문적으로 행하는 사람으로 피부미용사 또는 에스테티션이라 한다.

▶ **국가별 피부미용 용어**

독일	코스메틱(Kosmetik)
영국	코스메틱(Cosmetic)
미국	스킨케어(Skin care), 에스테틱(Esthetic, Aesthetic)
한국	피부관리, 피부미용, Esthetic, Skin care

02 피부미용의 영역

1 피부미용의 영역

기능적 영역	• **관리적(보호적) 기능** : 피부의 증상을 진단하고 적절한 관 리 및 피부보호 기능 • **장식적 기능** : 피부를 더 아름답게 표현하거나 피부의 결 함을 감추는 기능 • **심리적 기능** : 심리적 요인과 관계된 부분의 증상을 안정 시키는 기능
실제적 영역	실제적인 피부관리 영역 (안면·전신 피부관리, 몸매관리, 손발관리, 제모 등)
방법적 영역	피부관리의 방법적 영역(매뉴얼테크닉·피부미용기기 이용 등)

2 피부미용의 실제적 영역

안면 피부관리	• 얼굴부위를 화장품과 수기요법을 이용하여 관리한다. • 건성, 지성, 복합성, 노화피부 등 피부를 분석하고 적합 한 관리를 한다. • 눈썹관리, 여드름 관리, 모공관리 등 얼굴에 대한 관리 (치료는 아님)
전신 피부관리	• 안면을 제외한 전신을 수기요법 및 화장품을 이용하여 관리한다. • 팔, 다리, 등, 복부, 발 등의 신체 각 부위와 제모 등의 관리
특수 피부관리	• 일반적인 피부관리로는 충분한 관리가 이루어지지 않을 경우의 관리 • 피부미용기기의 적용, 기능성 화장품을 이용한 안면 및 전신 피부관리
메디컬 피부관리	• 피부미용사의 관리영역은 아님 • 피부과 전문의가 문제성 피부를 가진 고객을 진단하고 의학적 시술을 하는 관리

1 피부미용업의 정의(공중위생법)

의료기구나 의약품을 사용하지 않는 피부 상태의 분석, 피부관리, 제모, 눈썹손질을 행하는 영업

2 피부미용사의 기본조건

① 피부미용 전문교육을 이수
② 피부관리 수행능력
③ 직업에 대한 신념과 자부심
④ 고객에 대한 서비스 정신과 친절한 매너
⑤ 전문지식과 기술향상을 위한 노력 등

3 피부미용사의 자세 및 위생관리

① 상담 시 고객의 의견을 경청하고 요구를 정확히 파악하여 신뢰감을 준다.
② 관리 전 충분한 지식을 갖춘 설명으로 고객에게 안정감을 준다.
③ 복장, 언어, 표정 등 청결하고 단정한 이미지를 유지하도록 하여야 한다.
④ 구취나 체취가 나지 않도록 청결함을 유지한다.
⑤ 관리 전·후 수시로 손을 씻고 소독하여 청결하게 유지한다.
⑥ 손톱은 짧고 끝이 매끄럽게 정돈되어야 하고 색깔있는 네일 에나멜을 바르지 않는다.
⑦ 관리 중 전화를 받거나 다른 물건(자신의 머리카락 포함)을 만지는 경우 반드시 소독하고 다시 관리한다.
⑧ 편안한 흰색 신발을 착용을 권장하며 소리가 나지 않게 유의해야 한다.
⑨ 긴 머리는 단정하게 묶어 올리고, 자연스러운 화장을 한다.
⑩ 관리 중 목걸이, 반지와 팔찌 등의 장신구는 착용하지 않는다.

1 피부미용실 작업장의 환경

① 편안한 분위기로 고객이 심신의 안정을 취할 수 있어야 한다.
② 실내공간과 사용기구는 위생적이고 청결하게 유지해야 한다.
③ 냉·난방 시설을 갖추고 냉·온수 사용이 편리해야 한다.
④ 상담실과 작업실은 구분되어 있어야 한다.
⑤ 상담공간은 자연채광으로, 관리공간은 직·간접조명을 병행한다.
⑥ 작업장의 조명도는 75룩스 이상의 간접조명이 되어야 한다.
⑦ 방음 시설이 잘되어 있어야 한다.
⑧ 피부미용사는 철저한 개인위생 상태로 고객을 맞을 준비를 한다.
⑨ 청결한 커버와 타월로 세팅된 베드를 준비한다.
⑩ 제품 및 도구들을 정리한 웨건(wagon)을 준비한다.

▶ 미용업의 정의
고객의 얼굴, 머리, 피부 등에 손질을 통하여 고객의 외모를 아름답게 꾸미는 영업

▶ 피부미용사의 위생 및 예절
• 작업장에서 껌을 씹지 않는다.
• 손톱에 에나멜을 발라서는 안 된다.
• 위생복은 청결하고 구김이 없어야 한다.
• 머리카락은 흐트러지지 않는다.
• 고객과의 대화 시 부드러운 용어를 사용한다.
• 지나친 향의 향수는 뿌리지 않는다.

▶ 이·미용업소(피부관리실)의 적정 조명과 습도
• 조명 : 75룩스 이상
• 습도 : 40~70%

② 피부미용실 작업장 위생관리

① 베드 시트는 항상 청결하게 유지되어야 하고 베드 안이 보이지 않게 사면을 가린다.

② 수건은 순면 소재를 사용하고 1회 사용을 원칙으로 한다.

③ 화장품을 덜거나 혼합할 때는 스파튤라(spatula)를 사용한다.

④ 고객용 가운은 면 소재를 사용하고, 관리 시 가운과 목욕용 가운을 함께 준비한다.

⑤ 화장솜은 사용 전에 물에 적신 후 잘 짜서 통에 넣어 준비한다.

⑥ 관리 시에는 정수된 물을 사용한다.

⑦ 화장품은 피부 유형별로 구분하여 전문화장품을 사용한다.

⑧ 해면은 피부에 자극을 주지 않는 천연소재를 사용한다.

⑨ 뚜껑이 있는 휴지통이 비치되어 있어야 한다.

③ 피부미용 비품 위생관리

① 작업장에서 사용되는 모든 도구 및 소모품 등을 위생적으로 관리해야 한다.

② 적절한 소독방법으로 작업실 내부의 부품을 소독하여 보관한다.

③ 위생관리 지침에 따라 적절한 소독방법을 선택한다.

④ 소독제에 대한 유효기간을 점검한다.

⑤ 사용한 비품과 사용하지 않은 비품을 구분하여야 한다.

⑥ 피부미용 시 사용하는 비품을 사용종류에 따라 정리·정돈한다.

⑦ 기기의 부품과 브러시 등은 사용 후 중성 세제로 세척하여 자외선 소독기에 넣는다.

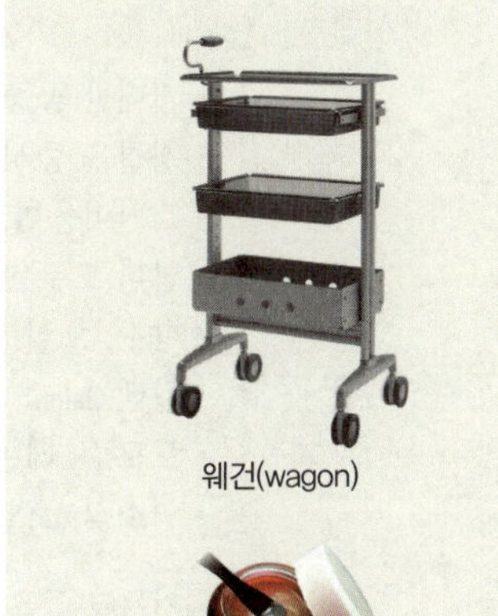

웨건(wagon)

스파튤라

▶ **비품 소독방법**
- 타월·터번 : 삶는 것이 좋다.
- 도구나 용기 : 소독제로 깨끗이 닦는다.
- 기기 및 기구 : 소독제를 솜에 적셔 닦는다.

---

05 피부미용의 역사

① 서양의 피부미용 역사

시대	특징
고대 이집트	• 고대 미용의 발상지로, 종교의식을 중심으로 발달(신전 정화) • 청결을 효과있는 미용법으로 생각하여 체계적인 목욕법을 만듦 　※ 클레오파트라 : 나귀우유, 진흙으로 목욕 • 피부미용을 위하여 올리브오일, 아몬드오일, 꿀, 우유, 진흙, 난황, 양모왁스 등 천연재료를 사용 • 남성들도 피부를 관리하였음(벽화) • 미용 오일제조 기술에 대한 고대기록 있음
그리스	• 건강한 신체에 건강한 정신이 깃든다고 믿음 • 식이요법, 운동, 마사지, 목욕 등을 통해 건강을 유지 • 머리를 치장하고 피부와 손톱을 손질하는 방법 개발 • 천연향과 오일마사지 요법 성행 • 화장보다 깨끗한 피부를 가꾸는 데 노력 • 히포크라테스 : 건강한 아름다움을 위한 요법 연구

시대	특징
로마	• 거대한 공중탕 건물이 있었고, 남탕과 여탕이 따로 있었음 • 청결을 중시하고, 목욕 자체를 즐겼다. • 스팀미용법, 냉수욕, 약물욕, 한증미용법 등 다양한 목욕법 발달 • 남녀 모두 피부미용에 관심이 있었으며, 흰 피부를 권위의 상징으로 여김 • 향수, 오일, 화장품이 생활의 필수품으로 등장 • 갈렌(Galen) : 콜드크림의 원조인 연고 제조 • 포도주, 레몬즙, 오렌지즙으로 피지, 각질관리 • 염소젖, 오일, 밀가루, 옥수수, 빵가루 이용한 마사지법 성행
중세	• 기독교 금욕주의 영향으로 화장보다 깨끗한 피부관리에 중점 • 목욕탕 및 목욕문화가 쇠퇴(거의 목욕을 안함) • 약초 스팀법(각종 약초를 끓인 물로 스팀 사용) 처음 사용 – 현대 아로마 요법의 기초가 됨 • 약초추출 에센스와 알코올이 발명됨
르네상스	• 청결, 위생관념 부족–신체와 의복의 악취를 제거하기 위해 향수문화 발달 • 과도한 치장과 분화장 성행 • 몽테뉴(16C, 프랑스) : 크림과 팩에 대해 저술 • 정제된 화장수와 알코올을 사용한 화장품 개발
바로크 · 로코코 시대	• 클렌징 크림 개발 – 화장을 지우는 것과 깨끗한 피부를 중요시 함 • 흰 피부 선호 – 미백관리(레몬, 달걀 흰자) • 화려한 치장이 가장 유행 – 분치장을 머리에 까지 함
근대	• 위생과 청결 중시 – 비누 사용 보편화 • 특수계층의 전유물인 화장품이 일반시민에게 보편화 됨
현대	• 매뉴얼테크닉 크림(마사지 크림) 개발 • 화장품과 향수의 종류가 다양해짐 • 화장품이 대량생산으로 대중화됨 • 생화학, 생리학, 전기학 등 과학기술을 이용한 피부미용 기술이 발달

② 우리나라의 피부미용 역사

시대		특징
상고 시대		• 단군신화에서 쑥과 마늘을 먹고 인간이 됨 　– 쑥 : 미백, 트러블 완화, 노화방지 효과 　– 마늘 : 미백효과, 살균효과, 팩제로 사용
삼국 시대	신라	• 백분, 비누, 향수 등과 같은 화장품이 전래되어 제조되고 사용됨 • 불교문화의 영향으로 향 문화가 발달 • 목욕문화 발달로 비누와 입욕제(팥, 녹두, 쌀겨 등의 곡물)가 발달
	백제	• 연지를 바르지 않고, 엷고 은은하면서 우아한 화장을 함 • 일본에 화장품 제조기술과 화장기술을 전하여 줌
	고구려	• 연지화장을 하였고, 눈썹 화장을 강조함

시대	특징
통일신라	• 화장품 제조 기술이 발달 • 다양한 방법으로 화장품 가공
고려시대	• 피부보호 및 미백 역할을 하는 면약(로션같은 유액) 개발 • 복숭아 꽃물로 목욕과 세안 – 미백, 유연효과 • 입욕제로 난을 사용 – 향을 지님
조선시대	• 청결을 중시하여 목욕을 즐김, 사대부집안에서는 난탕(蘭湯), 삼탕(蔘湯)을 사용 • 선조 때 화장수 제조, 숙종 때 판매용화장품 제조 • 규합총서(閨閤叢書, 사대부 가정백과)에 면지법과 목욕법 등 피부미용에 관한 내용이 기록 　– 몸을 향기롭게 하는 방법, 머리카락을 검고 윤기나게 하는 법, 목욕법, 겨울철 피부관리법 등
근대	• 다양한 화장품 유입 • '박가분'이 최초로 기업화되어 판매됨

	1920년대	• 일본 미용제품 유입, 신문에 미용광고 등장, 미백로션, 여드름 미백 관리 복합기능 제품 출시
	1950년대	• 글리세린과 유동파라핀을 주원료로 사용하여 화장품 제조 시도
현대	1960년대	• 비타민, 호르몬 활성 성분을 이용하여 원료 사용의 다양화
	1970년대	• 자연 성분과 인삼추출 사포닌 성분을 이용한 피부보습 제품 개발 • 명동에 피부관리실이 생김(실질적인 피부미용의 도입)
	1980년대 이후	• 화장품 산업 확대, 색조화장품과 기능성 화장품이 출시

▶ 근대 최초로 기업화된 '박가분'
하얀 얼굴에 반듯한 이마의 잔털을 제거하고 박가분을 물에 개어서 하얗게 바름

1 ★★★ 피부관리의 정의와 가장 거리가 먼 것은?

① 안면 및 전신의 피부를 분석하고 관리하여 피부 상태를 개선시키는 것
② 얼굴과 전신의 상태를 유지 및 개선하여 근육과 골절을 정상화시키는 것
③ 피부미용사의 손과 화장품 및 적용 가능한 피부미용기기를 이용하여 관리하는 것
④ 의약품을 사용하지 않고 피부상태를 아름답고 건강하게 만드는 것

> 피부관리는 얼굴과 전신의 피부를 유지 및 개선하는 것이며, 근육과 골절의 정상화 등의 의료행위는 피부관리의 대상이 아니다.

2 ★★★ 피부미용의 개념에 대한 설명으로 가장 거리가 먼 것은?

① 피부미용이란 내·외적 요인으로 인한 미용상의 문제를 물리적이나 화학적인 방법을 이용하여 예방하는 것이다.
② 피부의 생리기능을 자극함으로써 아름답고 건강한 피부를 유지하고 관리하는 미용기술을 말한다.
③ 피부미용은 과학적 지식을 바탕으로 다양한 미용적인 관리를 행하므로 하나의 과학이라 말할 수 있다.
④ 과학적인 지식과 기술을 바탕으로 미의 본질과 형태를 다룬다는 의미는 있으나 예술이라고는 할 수 없다.

> 피부미용은 아름다운 피부를 관리하는 예술이라고 할 수 있다.

3 ★★★★ 신체 각 부위별 관리의 목적으로 거리가 먼 것은?

① 의학적 측면 – 튼살 제거
② 내적 측면 – 혈액 및 림프 순환 촉진
③ 외적 측면 – 아름다운 체형 유지, 셀룰라이트 완화
④ 정신적 측면 – 심리적 안정감, 스트레스 완화

> 피부미용에서 의료행위에 대한 것은 인정되지 않으며, 튼살을 제거하거나 관리하는 것은 외적 측면에 더 가깝다.

4 ★★★ 피부미용의 목적이 아닌 것은?

① 노화예방을 통하여 건강하고 아름다운 피부를 유지한다.
② 심리적, 정신적 안정을 통해 피부를 건강한 상태로 유지시킨다.
③ 분장, 화장 등을 이용하여 개성을 연출한다.
④ 질환적 피부를 제외한 피부를 관리를 통해 개선시킨다.

> 피부미용의 목적은 인체의 모든 기능을 정상적으로 유지, 증진시키면서 안면 및 전신의 피부를 분석하고 관리하여 피부를 건강하게 유지, 개선하는 것이다. 분장과 화장이 목적은 아니다.

5 ★★★ 피부미용에 대한 설명으로 가장 거리가 먼 것은?

① 피부를 청결하고 아름답게 가꾸어 건강하고 아름답게 변화시키는 과정이다.
② 피부미용은 에스테틱, 코스메틱, 스킨케어 등의 이름으로 불리고 있다.
③ 일반적으로 외국에서는 매니큐어, 페디큐어가 피부미용의 영역에 속한다.
④ 제품에 의존한 관리법이 주를 이룬다.

> 피부미용은 관리사의 손에 의한 매뉴얼테크닉이 주를 이룬다.

6 ★★★ 피부관리의 시술단계 중 ( ) 안에 들어갈 내용은?

┌─────【 보기 】─────┐
클렌징 → 피부분석 → 딥클렌징 → (   ) → 팩 → 마무리
└──────────────────┘

① 세안
② 습포
③ 매뉴얼테크닉
④ 제모

> **피부관리의 시술단계**
> 클렌징 – 피부분석 – 딥클렌징 – 매뉴얼테크닉 – 팩 – 마무리

정 답 1② 2④ 3① 4③ 5④ 6③

7 ★★★★ 피부관리의 시술단계로 옳은 것은?

① 클렌징 – 피부분석 – 딥클렌징 – 매뉴얼테크닉 – 팩 – 마무리
② 피부분석 – 클렌징 – 딥클렌징 – 매뉴얼테크닉 – 팩 – 마무리
③ 피부분석 – 클렌징 – 매뉴얼테크닉 – 딥클렌징 – 팩 – 마무리
④ 클렌징 – 딥클렌징 – 팩 – 매뉴얼테크닉 – 마무리 – 피부분석

> **피부관리의 시술단계**
> 클렌징 – 피부분석 – 딥클렌징 – 매뉴얼 테크닉 – 팩 – 마무리

8 ★★★ 피부미용의 개념에 대한 설명 중 틀린 것은?

① 피부미용이라는 명칭은 독일의 미학자 바움가르텐(Baumgarten)에 의해 처음 사용되었다.
② Cosmetic이란 용어는 독일어의 Kosmein에서 유래되었다.
③ Esthetique란 용어는 화장품과 피부관리를 구별하기 위해 사용된 것이다.
④ 피부미용이라는 의미로 사용되는 용어는 각 나라마다 다양하게 지칭되고 있다.

> 코스메틱(Cosmetic)이라는 용어는 우주를 의미하는 그리스어 'Kosmos, Kosmein'에서 유래되었다.

9 ★★★★ 우리나라 피부미용사의 업무영역과 관계하여 피부미용의 기능적 영역이 아닌 것은?

① 심리적 피부미용
② 보호적 피부미용
③ 장식적 피부미용
④ 의학적 피부미용

> 의약품이나 의료기기 사용으로 치료하는 것으로, 피부미용사의 업무영역에 포함되지 않는다.

10 ★★★ 피부미용의 기능적 영역이 아닌 것은?

① 관리적 기능
② 실제적 기능
③ 심리적 기능
④ 장식적 기능

> 피부미용의 기능적 영역에는 보호적(관리적) 기능, 심리적 기능, 장식적 기능이 있다.

11 ★★★ 피부미용의 영역이 아닌 것은?

① 신체 각 부위 관리
② 레이저 필링
③ 눈썹정리
④ 제모

> 레이저 필링은 의료영역으로 피부미용의 영역이 아니다.

12 ★★★ 피부미용의 기능이 아닌 것은?

① 피부 보호
② 피부 문제 개선
③ 피부 질환 치료
④ 심리적 안정

> 피부질환의 치료는 피부미용의 기능이 아닌 의료의 영역이다.

13 ★★★ 피부미용의 영역이 아닌 것은?

① 눈썹 정리
② 제모(waxing)
③ 피부 관리
④ 모발 관리

> 모발관리는 이·미용의 영역이다.

14 ★★★★ 서양 피부미용의 역사에 대한 설명으로 틀린 것은?

① 중세의 목욕문화는 거대한 공중탕 건물로 남탕과 여탕이 따로 있었다.
② 이집트인은 청결을 효과 있는 미용법으로 생각하여 체계적인 목욕법을 만들었다.
③ 로마인은 스팀미용법과 한증미용법을 생활화하였으며, 흰 피부를 권위의 상징으로 여겼다.
④ 그리스인은 머리를 치장하고 피부와 손톱을 손질하는 방법을 개발했다.

> 공중목욕탕은 로마시대에 가장 발전하였으며, 중세에는 쇠퇴하였다.

15 피부미용의 역사에 대한 설명 중 옳은 것은?

① 르네상스 시대 - 비누의 사용이 보편화
② 이집트 시대 - 약초 스팀법의 개발
③ 로마시대 - 향수, 오일, 화장이 생활의 필수품으로 등장
④ 중세시대 - 매뉴얼테크닉 크림 개발

> 비누 사용이 보편화된 것은 근대이며, 중세에는 약초스팀법이 개발되었고 현대에 매뉴얼테크닉 크림(마사지크림)이 개발되었다.

16 우리나라 피부미용의 역사 중 백분, 비누, 향수 등과 같은 화장품이 처음 수입되었던 시기는?

① 고려시대
② 통일신라시대
③ 삼국시대
④ 개화기(조선시대)

> 우리나라의 삼국시대에 백분, 화장품 등이 전래되어 제조하였고, 불교문화의 발달로 향이, 목욕문화의 발달로 비누 등의 입욕제가 발달하였다.

17 다음과 같은 관리법이 소개되어 있는 『규합총서(閨閤叢書)』는 어느 시대의 서적인가?

> 『규합총서(閨閤叢書)』의 내용 중에 면지법(面肢法)을 보면 몸을 향기롭게 하는 방법과 머리카락을 검고 윤기나게 하는 법, 목욕법, 겨울철 피부관리법 등이 소개되어 있다.

① 대한제국시대   ② 삼국시대
③ 고려시대   ④ 조선시대

> 규합총서는 조선시대의 사대부 가정백과라고 할 수 있는 서적이다.

18 우리나라의 피부미용이 도입된 시기는?

① 1980년대   ② 1970년대
③ 1960년대   ④ 1950년대

> 우리나라에서 본격적인 피부미용은 1971년 명동에 최초의 피부관리실이 문을 열며 시작되었다고 볼 수 있다.

19 피부미용 역사에 대한 설명이 틀린 것은?

① 고대 이집트에서는 피부미용을 위해 천연재료를 사용하였다.
② 고대 그리스에서는 식이요법, 운동, 마사지, 목욕 등을 통해 건강을 유지하였다.
③ 고대 로마인은 청결과 장식을 중요시하여 오일, 향수, 화장이 생활의 필수품이었다.
④ 국내의 피부미용이 전문화되기 시작한 것은 19세기 중반부터였다.

> 국내의 피부미용이 전문화되기 시작한 것은 20세기 이후부터이다. 1971년에 피부미용실이 개업하며 본격적으로 피부미용이 전문화되기 시작하였다.

20 손님의 얼굴, 머리, 피부 등에 손질을 통하여 손님의 외모를 아름답게 꾸미는 영업에 해당하는 것은?

① 미용업
② 피부미용업
③ 메이크업
④ 종합미용업

> 미용업에 대한 내용이다.

21 다음 중 피부관리사에 대한 설명으로 틀린 것은?

① 피부관리사는 반지, 팔찌 등의 액세서리를 피해야 한다.
② 피부관리사는 짙은 화장을 하여 피부가 좋아보여야 한다.
③ 피부관리사는 청결하고 단정한 복장을 하여야 한다.
④ 피부관리사는 관리 전 충분한 지식으로 설명해야 한다.

> 짙은 화장보다 피부를 맑고 깨끗하게 유지하여 전문가다운 용모를 갖춘다.

SECTION 02

Esthetic Technician Certification

피부분석과 고객상담

[출제문항수 : 1문제] 피부분석방법에서 출제비율이 높으며, 고객상담에 대한 부분도 출제가 됩니다.

01 피부 분석

1 피부분석의 목적
① 고객의 피부 유형과 상태를 정확히 파악하여 정상상태로 개선·유지하기 위함
② 체계적이고 올바른 피부관리를 위한 기초자료로 사용하기 위함
③ 고객의 피부 상태에 맞는 적절한 화장품과 관리방법을 선택하기 위함

2 피부분석의 내용
① 피부 유형 : 지성, 중성, 건성, 복합성
② 피부 상태 : 피부질환, 여드름, 모공
③ 피부의 pH, 탄력성, 감촉

3 피부분석 시 기본 조건
① 고객은 세안을 한 후에 실시하고, 피부미용사는 분석 전에 손을 소독해야 한다.
② 개인적인 요인과 날씨, 계절에 따른 건강상태의 변수를 고려한다.
③ 피부관리사는 화장품, 피부미용기기, 매뉴얼테크닉 등 피부관리에 필요한 전문적인 지식과 응용기술을 가지고 있어야 한다.
④ 피부관리사는 정확한 피부타입을 측정하여야 한다.
⑤ 일정한 환경에서 실내온도는 18±2℃를 유지한다.

> ▶ 피부 상태 분석평가 이해
> 고객의 피부를 정확하게 파악하기 위하여 문진, 견진, 촉진의 상담을 한 후 피부 상태에 맞게 기구나 도구를 활용해 피부 상태를 구분하여 평가하는 것이다.

> ▶ 피부유형분석을 위한 가장 좋은 단계는 클렌징이 끝난 이후이다.

02 피부분석의 방법

1 피부유형 분석 방법 : 문진, 견진, 촉진, 기기 판독법

1) 문진(問診)
① 질문을 통하여 고객의 피부유형을 분석하는 방법이다.
② 고객의 병력(病歷) 사항, 식습관, 성격, 알레르기 유무, 사용 화장품, 연령, 가족관계, 직업 등을 질문하여 자료를 수집하고 피부유형을 분석한다.

2) 견진(見診)
① 눈으로 직접 보거나 피부 분석용 피부 미용 기기를 사용하여 피부 상태를 판별한다.

② 피부의 유·수분 함유량, 피부조직의 민감도, 모공 크기, 혈액순환 상태, 투명도, 여드름 등 눈으로 확인 가능한 부분으로 피부유형을 분석한다.

3) 촉진(觸診)

① 손으로 직접 만져보거나 눌러 보아 피부유형을 분석하는 방법이다.
② 피부결 상태, 탄력 상태, 피지 분비량, 피부 두께, 예민도 등을 진단한다.

4) 기기 판독법

피부미용기기를 이용하여 피부를 분석하는 방법

2 피부분석용 피부미용기기

기기	특징
우드램프	• 특수 인공 자외선 A를 피부에 투과하면 피부 상태가 다양한 색상으로 표시된다. • 육안으로 확인이 어려운 피지, 민감도, 색소침착, 모공 크기, 트러블 등을 세밀하고 정확하게 판별한다.
확대경	• 육안의 3.5~10배 확대하여 피부를 자세히 판독하는 데 도움을 준다. • 모공, 잔주름, 여드름, 기미 등의 피부 상태와 비듬, 염증, 각질 등의 두피 상태를 자세히 판별한다.
pH 측정기	피부 표면의 산과 알칼리 정도를 측정하는 기기이다.
유·수분 측정기	피부 표면의 유·수분을 측정하는 기기로 직사광선이나 직접적인 조명 아래에서의 측정은 피한다.
스킨 스코프 (skin scope)	• 피부표면의 조직과 두피와 모발상태를 80~200배 확대하여 관찰할 수 있는 기기 • 컴퓨터와 연결된 모니터로 고객과 함께 피부상태를 확인할 수 있다.
현미경	• 스킨 스코프의 일종으로 휴대의 편리성과 공간 제약의 한계성을 보완한 기기이다. • 피부 표면의 조직, 모공 크기, 색소침착, 유분과 수분 분포, 각질 상태 등을 정밀하게 관찰할 수 있다.

3 피부상태 분석 방법

1) 유분 함유량

세안 후 티슈로 눌렀을 때 유분(피지)이 묻어나오는 정도를 파악한다.

2) 수분 함유량

① 피부 상층부의 수분 보유량을 분석한다.
② 볼 아래 피부를 위로 올려보았을 때 잔주름이 많이 형성되면 수분 부족 피부로 판단한다.

▶ 고객관리차트 작성
① 문진, 견진, 촉진, 피부 미용 기기를 활용한 고객상담으로 파악한 내용을 근거로 피부 상태를 평가한다.
② 피부 유형을 파악하여 고객관리차트(피부상태분석표)를 작성한다.

▶ 피부미용기기에 대한 자세한 설명은 4장 피부미용기기학 참조
(이장에서는 종류 위주로 암기할 것)

3) 탄력 상태

팽압	• 피부를 잡아당겼다 놓았을 때 원래 상태로 돌아가는 능력이다. • 엄지와 검지로 눈 밑의 피부를 집어 올려 진단한다. • 탄력 상태는 결합 조직, 콜라겐 섬유, 세포간 물질 및 피부 세포 내 흡습성 물질의 수분 보유 능력에 의해 결정된다.
장력	• 탄력 섬유의 긴장도로 엄지와 검지로 볼 근육을 잡아당겨 측정한다. • 잘 잡히면 탄력성이 저하된 상태이고, 잘 잡히지 않으면 탄력성이 좋은 상태

4) 각질화 상태

손으로 만졌을 때 피부의 부드럽고 매끄러운 정도나 거친 느낌으로 분석한다.

5) 모공 크기

① 정상 피부 : T존(T-Zone) 부위가 볼 부위보다 모공 크기가 크다.

② 지루성, 여드름 피부 : T존 부위의 모공이 눈에 띄게 크며 코 주변 및 얼굴 전면까지 모공이 크다.

6) 혈액순환 상태

① 코, 광대뼈, 턱 부위를 만져서 차가운 느낌이 들면 혈액순환장애로 진단한다.

② 눈꺼풀 안의 점막피부가 붉으면 혈액순환이 잘되는 상태로 진단한다.

7) 예민도

민감도 측정은 스파튤라로 가볍게 십자를 그어 턱이나 이마 부위의 예민도를 측정한다.

T존 및 U존

▶ **패치 테스트**(Patch test, 첩포 테스트)
화장품에 의한 알레르기 반응을 확인하는 것으로 겨드랑이에 일정시간 테스트용 패치를 붙여 민감도를 분석한다.

03 고객 상담

1 상담의 중요성과 효과

① 고객의 방문 동기를 파악하여 방문목적을 끌어낼 수 있다.

② 고객의 피부상태 및 생활환경 등의 조사로 피부의 문제 원인을 파악할 수 있다.

③ 효율적인 관리계획을 수립할 수 있다.

④ 피부관리의 필요성을 인식시킬 수 있다.

⑤ 고객에게 신뢰감과 만족감을 높일 수 있다.

2 상담자의 자세

① 상담은 성실한 태도로 고객의 입장에서 이해하며 진행한다.

② 고객의 말을 충분히 경청하여 어떤 관리를 원하는지를 파악한다.

③ 고객 원하는 피부관리에 대한 기대효과를 과장하지 않는다.

④ 방문 동기와 목적을 벗어난 사생활 등에 관련한 대화는 피한다.

⑤ 고객의 잘못된 습관을 납득할 수 있도록 전문지식으로 성의있게 설명하고, 홈케어의 중요성을 인식시킨다.

⑥ 상담 후 고객의 개인정보 및 사생활에 대해서는 비밀을 유지한다.

04 피부 상담

1 피부상담의 목적

① 고객의 방문 목적 확인

② 피부문제의 원인 파악

③ 적절한 관리 방법과 계획 수립

④ 시행할 관리 방법, 제품, 기기 등의 목적과 특징을 설명

2 피부상담의 방법

① 고객의 의견을 경청하고 요구사항을 정확히 파악

② 고객에 대한 이해와 관심을 표현

③ 전문적인 지식을 바탕으로 해결방안을 제시

3 피부상담의 효과

① 효율적이고 전문적인 관리계획 수립이 가능

② 고객에게 피부관리의 필요성을 인식

③ 고객에게 신뢰와 만족감 부여

④ 홈케어의 필요성 인식과 제품에 대한 신뢰감 부여

4 피부상담 시 고려사항

① 관리 시 생길 수 있는 만약의 경우에 대비하여 병력사항을 반드시 상담하고 기록해둔다.

② 피부관리 유경험자의 경우 그동안의 관리내용에 대해 상담하고 기록해 둔다.

③ 여드름을 비롯한 문제성 피부 고객의 경우 과거 병원치료나 약물 치료의 경험이 있는지 기록해 두어 피부관리계획표 작성에 참고한다.

④ 피부분석을 위하여 고객이 사용하고 있는 화장품의 종류와 제품을 파악한다.

⑤ 고객의 사생활에 관한 정보는 파악하지 않으며, 취득한 정보는 다른 사람과 공유하지 않는다.

⑥ 전문가로서 지식과 경험을 바탕으로 관리방법과 절차 등에 관하여 차분하게 설명한다.

⑦ 가급적 고객과의 사적인 친목은 도모하지 않는 것이 좋다.

1 고객 신상 및 피부분석카드

① 고객의 신상과 방문목적, 사용 중인 제품 종류, 질병 등을 기록한다.

② 피부분석표는 고객의 피부상태를 정확히 파악하여 상세히 기록한다.

③ 피부상태는 수시로 변할 수 있으므로 관리 전 매회마다 피부분석을 하여 분석내용을 기록하고 활용한다.

2 관리계획 차트

① 고객의 피부 상태를 분석한 후 적절한 관리 프로그램을 결정하는 것

② 관리 절차에 따른 제품명과 기기명을 기록하고 관리에 의한 기대효과와 기술메뉴, 주별 관리, 홈케어 관리 시 조언 등을 기록한다.

✽ 피부분석카드 ✽
– Skin Analysis Card –

고객명		주소			
생년월일		전화번호		직업	

병력과 부적용증

• 심장병	☐	• 갑상선	☐	• 화장품부작용	☐
• 고혈압	☐	• 간질	☐	• 금속핀/핀	☐
• 당뇨	☐	• 알레르기	☐	• 현재 복용중인 약	☐
• 임신	☐	• 수술 여부	☐	• 기타	☐

고객피부 타입

• 피지분비	정상 ☐	건성 ☐	지성 ☐	복합성 ☐
• 피부의 수분량	높다 ☐	보통 ☐	낮다 ☐
• 피부결	곱다 ☐	복합적 ☐	거칠다 ☐
• 주름	표면주름 ☐	표정주름 ☐	노화주름 ☐
• 피부의 탄력성	좋다 ☐	보통 ☐	나쁘다 ☐
• 피부의 혈액순환	좋다 ☐	보통 ☐	나쁘다 ☐
• 피부의 민감도	정상 ☐	민감 ☐	과민감 ☐
• 자외선 민감도	I ☐	II ☐	III ☐	IV ☐	V ☐

코메도		사마귀	
구진		흉터	
농포		켈로이드	
주사		과색소	
모세혈관확장		혈관종	
섬유종(쥐젖)		기타질환	

✽ 관리계획 차트 ✽
– Care Plan Chart –

비번호			시험일자	20 ． ． ．(부)
관리목적 및 기대효과	관리목적 :			
	기대효과 :			
클렌징	☐오일 ☐크림 ☐밀크/로션 ☐젤			
딥클렌징	☐고마쥐(Gommage) ☐효소(Enzyme) ☐AHA ☐스크럽			
매뉴얼 테크닉 제품타입	☐오일 ☐크림 ☐앰플			
손을 이용한 관리형태	☐일반 ☐아로마 ☐림프			
팩	T존 : ☐건성타입 팩 ☐정상타입 팩 ☐지성타입 팩			
	U존 : ☐건성타입 팩 ☐정상타입 팩 ☐지성타입 팩			
	목부위 : ☐건성타입 팩 ☐정상타입 팩 ☐지성타입 팩			
고객관리계획	1주 :			
	2주 :			
	3주 :			
	4주 :			
자가관리조언 (홈케어)	제품을 사용한 관리 :			
	기타 :			

▶ 고객의 취미, 연봉, 재산정도 등 사생활에 해당하는 부분은 고객관리카드에 기입하지 않는다.

1 관리 후 상담

① 피부관리를 마친 고객에게 피부분석에 따라 시행한 프로그램을 재설명함으로써 고객의 방문목적을 충족시킨다.

② 피부관리 중 고객 불편사항 유무를 파악하고, 관리 후 피부상태 변화에 대한 문진을 한다.

③ 향후 피부 개선을 위한 장기 프로그램이나 홈케어 제품 등을 추천해준다.

④ 이러한 책임있는 고객 서비스는 고객으로부터 신뢰를 끌어낼 수 있다.

2 상담 후 고객관리차트 작성의 중요성

① 관리 후 피부의 변화를 적을 수 있다.

② 고객의 만족도를 적을 수 있다.

③ 유지 관리 고객인지를 파악할 수 있다.

④ 예약 관리의 스케줄을 미리 정할 수 있다.

3 홈케어 조언

피부관리 서비스를 받은 고객에게 전문가의 관리만으로는 건강한 피부 유지가 부족하다는 것을 설명하고, 생활 습관·식습관·수면·화장품 사용 등의 자가관리가 병행되어야만 좋은 피부 상태를 지속시킬 수 있음을 인식시켜주는 것이다.

4 고객 유지 관리

피부관리실을 방문하여 피부관리 서비스를 받은 고객에게 수집된 정보를 이용한 부가서비스를 제공함으로써 고객의 이탈을 방지하고, 고객과의 관계를 강화하여 단골(고객)을 만드는 등을 의미한다.

1 피부분석을 하는 목적은?

① 피부분석을 통해 고객의 라이프 스타일을 파악
 하기 위해서
② 피부의 증상과 원인을 파악하여 올바른 피부 관
 리를 하기 위해서
③ 피부의 증상과 원인을 파악하여 의학적 치료를
 하기 위해서
④ 피부분석을 통해 운동 처방을 하기 위해서

> 고객의 피부 상태와 유형을 정확히 파악하여 최적의 피부관리를
> 시행하기 위하여 피부분석을 한다.

2 올바른 피부관리를 위한 필수조건과 가장 거리가 먼
것은?

① 관리사의 유창한 화술
② 정확한 피부타입 측정
③ 화장품에 대한 지식과 응용기술
④ 적절한 매뉴얼테크닉 기술

3 피부관리를 위한 피부유형 분석의 시기로 가장 적
합한 것은?

① 최초 상담 전　　　　② 트리트먼트 후
③ 클렌징이 끝난 후　　④ 마사지 후

> 피부유형분석을 위한 가장 좋은 단계는 클렌징이 끝난 후이다.

4 피부분석의 방법인 문진법을 적용하기에 가장 거리
가 먼 것은?

① 고객의 피부 배열 상태, 모공의 크기, 피부 투명도
② 고객의 알레르기 유무, 피부 당김 현상, 가려움
 증, 여드름 발생 여부와 그 빈도, 과거에 경험한
 피부 문제
③ 고객의 건강상태와 진통제, 항생제 등의 장기복
 용 및 호르몬에 영향을 주는 의약품 복용 여부
④ 고객의 연령, 직업, 결혼 유무, 취미(생활 환경)

> 고객의 피부 배열 상태, 모공의 크기, 피부 투명도 등은 문진으로
> 알기 어려운 부분이다.

5 피부분석 방법 중 문진법에 해당하는 것은?

① 피지분비 상태
② 모공의 크기
③ 병력사항
④ 모세혈관 상태

> 문진은 질문을 통하여 피부 유형을 분석하는 방법으로 고객의
> 병력(病歷)사항, 연령, 알레르기 유무, 사용 화장품 등을 질문하
> 여 판단한다.

6 피부미용사의 피부분석 방법이 아닌 것은?

① 문진　　　　　　　② 견진
③ 촉진　　　　　　　④ 청진

> 청진은 환자의 몸 안에서 나는 소리를 들어서 진단하는 의사의
> 환자진단법으로, 피부미용사의 피부분석 방법은 아니다.

7 미용사가 손님에게 미안술을 시술 시 사전 피부분석
하고 상태를 파악하는 항목 중 가장 거리가 먼 항목
은 어느 것인가?

① 피부의 유형
② 피부의 상태
③ 피부의 pH
④ 피부의 흉터 자국

> 미용사가 고객의 상태를 파악할 때 피부 유형, 피부 상태, 피부
> 의 pH 등을 확인한다. 피부의 흉터 자국이 가장 거리가 있다.

8 피부분석 시 사용되는 방법으로 가장 거리가 먼 것
은?

① 고객 스스로 느끼는 피부 상태를 물어본다.
② 스파튤라를 이용하여 피부에 자극을 주어 본다.
③ 세안 전에 우드램프를 사용하여 측정한다.
④ 유·수분 분석기 등을 이용하여 피부를 분석한다.

> 피부분석에 가장 좋은 단계는 클렌징을 한 이후이다. 우드램프의
> 사용도 세안(클렌징) 이후에 한다.

정 답　1②　2①　3③　4①　5③　6④　7④　8③

9 *** 피부분석 시 사용하는 기기가 아닌 것은?

① pH 측정기
② 우드램프
③ 초음파기기
④ 확대경

> 초음파기기는 노폐물 제거, 리프팅, 피부 탄력 및 셀룰라이트 분해에 이용되는 피부관리기기이다.

10 *** 피부분석 시 육안으로 보기 힘든 피지, 민감도, 색소 침착, 모공의 크기, 트러블 등을 세밀하고 정확하게 분별할 수 있는 기기는?

① 스티머
② 진공흡입기
③ 우드램프
④ 스프레이

> 우드램프는 자외선램프를 비추었을 때 피부 상태에 따라 다른 색을 나타내는 원리를 이용한 피부분석기기이다.

11 *** 피부를 분석할 때 사용하는 기기로 짝지어진 것은?

① 진공흡입기, 패터기
② 고주파기, 초음파기
③ 우드램프, 확대경
④ 분무기, 스티머

> 피부분석기기는 확대경, 우드램프, 피부분석기, 유·수분측정기, 피부pH측정기 등이 있다.

12 *** 피부분석 시 사용하는 기기가 아닌 것은?

① 확대경
② 우드램프
③ 스킨스코프
④ 적외선램프

> 적외선램프는 피부에 온열자극 효과를 주는 피부관리기기이다.

13 **** 피부 상담의 목적으로 틀린 것은?

① 고객의 방문목적 확인
② 고객의 사생활 파악으로 심리적인 안정감 유도
③ 피부관리 계획
④ 피부 문제의 원인 유형 파악

> 피부 상담을 위하여 고객의 사생활을 깊이 파악할 이유는 없다.

14 *** 상담 시 고객에 대해 취해야 할 사항 중 옳은 것은?

① 상담 시 다른 고객의 신상정보, 관리정보를 제공한다.
② 고객의 사생활에 대한 정보를 정확하게 파악한다.
③ 고객과의 친밀감을 갖기 위해 사적으로 친목을 도모한다.
④ 전문적인 지식과 경험을 바탕으로 관리방법과 절차 등에 관해 차분하게 설명해준다.

> 고객에게 신뢰감을 줄 수 있도록 전문적인 지식을 바탕으로 관리방법에 대해 설명하며, 다른 고객의 사생활 및 정보를 누출해서는 안 된다.

15 ** 피부관리를 위해 실시하는 피부상담의 목적과 가장 거리가 먼 것은?

① 고객의 방문목적 확인
② 피부 문제의 원인 파악
③ 피부관리 계획 수립
④ 고객의 사생활 파악

> 피부 상담의 목적 : 고객의 방문목적을 확인하고 피부의 문제점과 원인을 파악하여 효율적인 관리계획을 세우는 것이다.

16 *** 카르테(고객카드) 작성에 반드시 기입되어야 할 사항과 가장 거리가 먼 것은?

① 취미, 특기사항, 재산정도
② 직업, 가족사항, 환경, 기호식품
③ 건강상태, 정신상태, 병력, 화장품
④ 성명, 생년월일, 주소, 전화번호

정답　9 ③　10 ③　11 ③　12 ④　13 ②　14 ④　15 ④　16 ①

17 고객이 처음 내방하였을 때 피부관리에 대한 첫 상담 과정에서 고객이 얻는 효과와 가장 거리가 먼 것은?

① 전 단계의 피부관리 방법을 배우게 된다.
② 피부관리에 대한 지식을 얻게 된다.
③ 피부관리에 대한 경계심이 풀어지며 심리적으로 안정된다.
④ 피부관리에 대하여 긍정적이고 적극적인 생각을 가지게 된다.

피부관리 상담에서 피부관리 방법을 배우지는 않는다.

18 피부 상담 시 고려해야 할 점으로 가장 거리가 먼 것은?

① 관리 시 생길 수 있는 만약의 경우에 대비하여 병력사항을 반드시 상담하고 기록해둔다.
② 피부관리 유경험자의 경우 그동안의 관리내용에 대해 상담하고 기록해둔다.
③ 여드름을 비롯한 문제성 피부 고객의 경우 과거 병원치료나 약물치료의 경험이 있는지 기록해두고 피부관리계획표 작성에 참고한다.
④ 필요한 제품을 판매하기 위해 고객이 사용하고 있는 화장품의 종류를 체크한다.

피부 상담에서 고객이 사용하는 화장품을 체크하는 것은 피부분석을 위해서이다. 화장품 판매가 목적은 아니다.

19 피부미용실에서 손님에 대한 피부관리의 과정 중 피부분석을 통한 고객카드 관리의 방법으로 가장 바람직한 것은?

① 개인의 피부 상태는 변하지 않으므로 첫 회 피부관리를 시작할 때 한 번만 피부분석을 해서 분석내용을 고객카드에 기록해두고 매회 마다 활용한다.
② 첫 회 피부관리를 시작할 때 한 번만 피부분석을 해서 분석내용을 고객카드에 기록을 해두고 매회 마다 활용하고 마지막 회에 다시 피부분석을 해서 좋아진 것을 고객에게 비교해 준다.
③ 첫 회 피부관리를 시작할 때 한 번 피부분석을 해서 분석내용을 고객카드에 기록을 해두고 매회 마다 활용하고 중간에 한번, 마지막 회에 다시 한번 피부분석을 해서 좋아진 것을 고객에게 비교해 준다.
④ 개인의 피부 유형, 피부 상태는 수시로 변화하므로 매회 마다 피부관리 전에 항상 피부분석을 해서 분석내용을 고객카드에 기록을 해두고 매회 마다 활용한다.

피부상태는 계절, 날씨 등의 외부환경과 내부요인에 의해 쉽게 변할 수 있으므로 매 회마다 피부분석을 한다.

Esthetic Technician Certification

클렌징(Cleansing)

[출제문항수 : 1문제] 클렌징 제품과 클렌징 단계를 묻는 문제가 주로 출제되므로 각 제품별 특징을 철저히 파악하고 단계별 시술법을 이해하도록 합니다. 또한 습포와 화장수의 기능에 대한 문제도 자주 출제됩니다.

▶ **클렌징의 정의**
피부미용의 가장 중요한 시작 단계이며 생활 환경의 미세 먼지, 몸에서 분비되는 땀과 피지, 메이크업 잔여물 등을 피부 유형에 따라 제품을 선택하여 깨끗하게 닦아 주는 과정이다.
→ 딥 클렌징과 구별해서 숙지할 것

---

01 클렌징의 개요

1 클렌징의 목적 및 효과

① 피지, 노폐물을 제거하여 청결하고 위생적인 상태로 유지한다.
② 노폐물 제거를 통해 피부호흡과 신진대사를 원활하게 하여 혈액 순환을 촉진한다.
③ 노폐물을 제거함으로써 제품 흡수를 도와 건강한 피부를 유지한다.

2 피부 노폐물의 종류

수용성 노폐물	• 물에 잘 녹는 노폐물 예 땀, 먼지, 파우더 메이크업 등
지용성 노폐물	• 유성물질이나 클렌징제로 제거되는 노폐물 예 메이크업 제품, 피지, 크림, 로션류 등

▶ **세안의 정의**
얼굴 피부의 노폐물을 물과 비누, 클렌징 제품 등을 사용하여 깨끗하게 씻어내는 것을 말한다.

▶ 피부는 pH 4.5~6.5의 약산성 상태로 세균의 번식이 어려우나 잦은 세안으로 피부가 알칼리성이 되면 세균의 번식이 쉬워진다.

---

02 세안과 클렌징 제품

1 세안의 특징

① 세안은 피부관리에 있어서 가장 먼저 행하는 과정이다.
② 청결한 피부는 피부관리 시 사용되는 여러 영양 성분의 흡수를 돕는다.
③ 클렌징제의 선택이나 사용방법은 피부상태에 따라 고려되어야 한다.
④ 너무 잦은 세안은 피부의 피지막이나 산성막을 파괴하여 피부의 pH를 알칼리성으로 만든다.

2 물(water)

① 수용성 노폐물을 제거한다.
② 유성 노폐물(산화피지·메이크업 제품 등)은 제거되지 않는다.
③ 물의 온도에 따른 세정효과

찬물 (10~15℃)	• 가벼운 세정효과 • 혈관·모공 수축, 신선감, 긴장감
미지근한 물 (15~21℃)	• 가벼운 세정효과 • 각질제거, 피부 안정감

| 따뜻한 물
(21~35℃) | • 세정효과가 큼
• 각질제거 용이, **혈관·모공 확장**(혈액 순환 촉진) |
| 뜨거운 물
(35℃ 이상) | • 세정효과 매우 큼
• 노폐물 배출, 각질제거 용이
• 피지분비, 혈관·모공 확장(혈액순환 촉진)
• 장기간 사용 시 탄력감 저하, 모세혈관 확장증 우려 |

❸ 클렌징 제품

구분	종류	특징	적용 피부
씻어내는 타입 (계면활성제형)	비누	• 가장 역사가 오래된 클렌징 제품으로 종류가 다양하다. • 계면활성제로 조직을 유연하게 하고, 각질을 부풀려 유·수성의 노폐물 제거 • 일반적으로 사용하는 비누는 알칼리성 비누이다. • 약산성인 피부표면의 pH를 상승시키므로 사용 후 약산성 화장수로 처리하여 정상 pH를 만들어야 한다. • 탈수 및 탈지효과로 피부를 건조하게 한다.	• 민감성, 건성 피부는 약산성 비누 사용을 권장
	클렌징 폼	• 계면활성제형으로 거품이 나는 씻어내는 타입 • 약산성으로 비누보다 자극이 적은 세안화장품 • 유성노폐물을 닦아낸 후 이중 세안용으로 사용 • 글리세린 등의 보습 성분을 함유하여 피부 당김과 자극 제거	• 자극이 적어 민감 피부 또는 약한 피부에 적합
닦아내는 타입 (용제형)	클렌징 크림(밀크)	• 친유성 크림상태(W/O) 제품으로 짙은 메이크업에 세정력이 뛰어남 • 피지나 기름때와 같은 물에 잘 닦이지 않는 오염물질을 닦아내는 데 효과적임 • 유성성분이 많아 피부에 잔여물이 남을 수 있으므로 씻어내는 타입의 제품으로 이중세안을 해야 함	• 중성, 건성, 노화피부에 적합 • 지성이나 민감성 피부는 사용을 피함
	클렌징 로션	• 친수성(O/W)의 에멀젼 상태의 제품 • 클렌징크림보다 수분이 많고, 물에 잘 용해되어 이중 세안이 필요없다. • 사용 후 산뜻한 느낌을 주나 클렌징크림보다는 세정력이 약함	• 모든 피부에 적합 • 20~30대, 건성, 민감성, 노화 피부에 적합
	클렌징 오일	• 수용성 오일 성분을 배합시킨 제품으로, 물에 쉽게 용해되는 특성 • 짙은 화장이나 눈과 입술 메이크업 제거용으로 적합	• 건성(약건성), 노화, 탈수, 수분부족 지성, 민감성 피부에 적합
	클렌징 젤	• 오일 성분이 전혀 함유되지 않은 제품 • 세정력이 우수하고 물로 제거할 수 있으며, 이중세안이 필요없다.	• 지성, 여드름, 알레르기성 피부 및 유분에 예민한 피부에 적합
	클렌징 워터	• 화장수와 계면활성제, 에탄올을 소량으로 배합한 제품 • 끈적임이 없고 산뜻함 • 피부 닦아내기, 가벼운 화장 지우기, 눈·입술의 메이크업 제거 등	• 민감성 피부의 아이&립 메이크업 리무버 용도로 사용

4 **클렌징 제품의 조건**

① 자극이 적고, 세정력이 높아야 한다.

② 피부유형에 따라 적절한 제품을 선택해야 한다.

③ 피부의 피지막 및 산성막을 손상시키지 않아야 한다.

④ 피부에 잘 흡수되지 않아야 한다.

03 클렌징 단계 및 시술

1 **클렌징의 단계**

1차 클렌징 (포인트 메이크업 클렌징)	• 전체 클렌징을 하기 전 민감한 부위(눈, 입술)을 먼저 클렌징 한다. • 아이 메이크업 리무버를 사용하여 아이섀도, 마스카라, 아이라인, 눈썹, 입술을 닦아낸다. • 유성타입이 주로 사용되며, 민감성 피부는 수성타입이 적합하다.
2차 클렌징	• 얼굴과 목, 데콜테(목 주변)에 실시하는 클렌징이다. • 피부타입에 맞는 클렌징 제품으로 약 3분간 마사지한 다음 닦아낸다. • 장시간 실시하면 피부에 흡수될 수 있다.
3차 클렌징	피부 유형에 맞는 전문 화장수를 퍼프에 묻혀 얼굴과 목 전체를 부드럽게 닦아낸다.

2 **포인트 메이크업 클렌징**

1) 클렌징의 순서

> 아이섀도 → 눈썹 → 아이라인→ 마스카라 → 입술

2) 클렌징 시 유의사항

① 포인트 메이크업 제거 시 아이 립 메이크업 리무버를 사용한다.

② 방수(waterproof) 마스카라를 한 고객의 경우에는 오일 성분의 아이 메이크업 리무버를 사용하는 것이 좋다.

③ 리무버제를 이용하여 부드럽게 제거해야 하며, 강한 자극은 주지 않아야 한다.

3) 포인트 메이크업 클렌징 방법

눈썹	한 손은 눈썹 앞머리를 눌러 고정한 후 눈썹 머리에서 눈썹꼬리 방향으로 가볍게 눌러 닦아낸다.
아이섀도	한 손은 눈썹 앞머리를 눌러 고정한 후 눈두덩이에서 눈썹꼬리 방향으로 2~3회 가볍게 눌러 닦아낸다.

아이라인	면봉을 이용하여 눈꼬리 쪽으로 가볍게 닦아낸다.
마스카라	눈 밑에 젖은 화장 솜을 받쳐 놓고 면봉을 위에서 아래로 닦아 낸 후 눈썹 쪽으로 접어 올려서 눈꼬리 쪽으로 닦아낸다.
입술	• 클렌저를 묻힌 화장솜으로 입술 바깥쪽 → 안쪽으로 닦아준다. • 윗입술은 위 → 아래, 아랫입술은 아래 → 위로 닦는다.

❸ 안면 클렌징

1) 클렌징 제품 도포 순서

> 목 → 턱 → 뺨 → 코 → 이마 → 관자놀이

2) 클렌징 손동작 방법

① 클렌징은 근육결을 따라 머리 쪽을 향하게 하며, 일정한 속도와 리듬감을 유지한다.

② 클렌징 동작 중 원을 그리는 동작은 피부에 주름이 가거나 처지지 않도록 아래로 내리는 동작은 힘을 빼준다.

③ 클렌징 동작이 마무리되면 삼각형으로 접은 티슈를 얼굴에 올려 얼굴의 왼쪽, 오른쪽을 눌러주고 밑 → 위, 안쪽 → 바깥쪽을 향해 가볍게 닦아준다.

3) 클렌징 제품 제거하기

① 티슈로 닦은 후 해면을 사용해 닦아낸다.

② 눈 – 이마 – 코 – 볼 – 인중 – 입 – 턱 – 목 – 데콜테의 순서로 닦아낸다.

❹ 습포

① 습포는 피부에 적절한 온도와 습도를 제공하여 피부관리 단계에서 효용을 높여준다.

② 클렌징·딥클렌징 이후, 팩과 마스크의 사용 중 또는 이후에 사용한다.

③ 습포를 펼쳐 코 밑으로 턱을 감싸고, 코의 숨구멍만 남기고 눈두덩 위로 포개어 적당하게 누르며 닦아낸다.

④ 습포의 종류

온습포	• 모공을 확장시켜 피지, 면포 등 불순물 제거 용이 • 혈액순환 촉진, 수분 공급, 피지선 자극, 근육 이완 • 전단계의 잔여노폐물 제거 • 민감성, 모세혈관 확장피부, 여드름 피부에는 좋지 않음
냉습포	• 피부관리의 마지막 단계에서 주로 사용 • 혈관·모공 수축, 수렴효과, 염증완화 및 피부 진정 효과

▶ **제품의 도포 순서**
앰플 → 에센스 → 로션 → 크림

▶ **온습포 사용 시 주의사항**
• **지성피부** : 피지를 녹여주기 위해 뜨겁게 느낄 정도의 습포를 사용하는 것이 좋다.
• **건성피부** : 수분이 부족하므로 아주 뜨거운 습포는 피한다.
• **정상피부** : 유·수분의 밸런스가 잘 조화된 상태이므로 약간 따뜻한 습포가 좋다.

5 화장수

1) 화장수의 기능

① 세안 후 남은 노폐물이나 잔여물을 닦아내어 피부를 청결하게 하고, 피부에 청량감을 준다.

② 세안 후 pH 상승에 의한 알칼리성 피부를 약산성으로 조절하여 정상 상태로 환원시켜 준다.

③ 피부 각질층에 수분을 공급해 준다.

④ 보습제, 유연제의 함유로 각질층을 촉촉하고 부드럽게 하여 다음 단계에 사용할 제품의 흡수를 용이하게 한다.

2) 화장수의 종류

종류	특징	적용 피부
유연 화장수	• 보습성분과 유연성분을 많이 함유하고 있다. • 각질층에 수분을 공급하여 촉촉하고 윤택하게 해준다. • 피부에 남아있는 피부의 알칼리 성분을 중화시킨다.	• 건성, 노화 피부에 효과적
수렴 화장수	• 모공을 수축시켜 피부결을 정리하고 청량감을 줌 • 약산성으로 피부의 pH 조절	• 지성, 복합성 피부에 사용 (여름에는 모든 피부)
소염 화장수	• 살균, 소독을 하여 피부 청결 유지 • 모공 수축, 청량감	• 지성, 여드름, 복합성, T존 부위, 염증 피부에 사용

6 클렌징 시술 시 주의사항

① 클렌징 제품은 피부타입과 상태, 메이크업의 정도에 따라 적절하게 선택해야 한다.

② 제품이 눈, 코, 입에 들어가지 않도록 해야 한다.

③ 눈과 입의 메이크업은 전용 리무버를 사용한다.

④ 클렌징 시간은 3분 이내로 하며, 너무 강하게 문지르지 않도록 한다.

⑤ 하루 2회 이상의 클렌징은 피부손상을 유발하므로 피한다.

⑥ 뜨거운 물은 피부수분을 빼앗아가므로 미지근하거나 따뜻한 물을 사용한다.

⑦ 터번은 귀가 겹쳐지지 않도록 조심하며, 벨크로를 이용하여 적당한 압력으로 고정시킨다.

⑧ 고객의 액세서리는 스스로 제거하여 보관하게 한다.

1 클렌징에 대한 설명으로 가장 거리가 먼 것은?

① 피부 노폐물과 더러움을 제거한다.
② 피부호흡을 원활히 하는 데 도움을 준다.
③ 피부 신진대사를 촉진한다.
④ 피부 산성막을 파괴하는 데 도움을 준다.

> 클렌징은 피부노폐물과 메이크업을 제거하여 피부 신진대사를 촉진하며, 산성보호막을 파괴하지 않아야 한다.

2 다음 중 클렌징의 목적과 가장 관계가 깊은 것은?

① 피지 및 노폐물 제거
② 피부막 제거
③ 자외선으로부터 피부보호
④ 잡티제거

> 클렌징은 피지와 노폐물을 제거하여 원활한 피부호흡과 신진대사를 증진시키기 위하여 한다.

3 클렌징에 대한 설명이 아닌 것은?

① 피부의 피지, 메이크업 잔여물을 없애기 위해서이다.
② 모공 깊숙이 있는 불순물과 피부표면의 각질 제거를 주목적으로 한다.
③ 제품흡수를 효율적으로 도와준다.
④ 피부의 생리적인 기능을 정상적으로 도와준다.

> ②는 딥클렌징에 관한 설명이다.

4 일반적인 클렌징에 해당하는 사항이 아닌 것은?

① 색조화장 제거
② 먼지 및 유분의 잔여물 제거
③ 메이크업 잔여물 및 피부표면의 노폐물 제거
④ 효소나 고마쥐를 이용한 깊은 단계의 묵은 각질 제거

> ④ 효소나 고마쥐, AHA를 이용하는 것은 딥클렌징에 해당한다.

5 클렌징의 목적과 가장 거리가 먼 것은?

① 청결과 위생
② 혈액순환 촉진
③ 트리트먼트의 준비
④ 유효성분 침투

> 유효성분의 침투는 팩의 목적이다.

6 클렌징의 목적 및 효과에 속하지 않는 것은?

① 트리트먼트의 기본단계
② 유효성분의 배출
③ 혈액순환 촉진
④ 피부청결

> 클렌징은 피부관리의 첫 단계로 피부를 청결하게 하고, 신진대사와 혈액순환을 촉진하며, 피부관리 시 사용하는 유효성분이 잘 흡수되도록 돕는 단계이다.

7 세안에 대한 설명으로 틀린 것은?

① 클렌징제의 선택이나 사용방법은 피부상태에 따라 고려되어야 한다.
② 청결한 피부는 피부관리 시 사용되는 여러 영양성분의 흡수를 돕는다.
③ 피부표면은 pH 4.5~6.5로서 세균의 번식이 쉬워 문제 발생이 잘 되므로 세안을 잘해야 한다.
④ 세안은 피부관리에 있어서 가장 먼저 행하는 과정이다.

> 보통 피부는 pH 4.5~6.5의 약산성 상태로 세균의 번식이 어려우나 잦은 세안으로 피부가 알칼리성이 되면 세균의 번식이 쉬워진다.

8 뜨거운 물을 피부에 사용할 때 미치는 영향이 아닌 것은?

① 혈관의 확장을 가져온다.
② 분비물의 분비를 촉진시킨다.
③ 모공을 수축한다.
④ 피부의 긴장감을 떨어뜨린다.

> 뜨거운 물은 모공을 확장시키고, 차가운 물은 수축시킨다.

정답 1 ④ 2 ① 3 ② 4 ④ 5 ④ 6 ② 7 ③ 8 ③

9 효과적인 세안(Cleansing)의 방법으로 적합한 내용은?

① 세안 시 깨끗하고 차가운 물을 이용하고, 행구는 물은 미온수를 이용한다.
② 손동작은 최대한 빠르고 힘 있게 한다.
③ 화장을 하지 않은 경우 피부손상방지를 위해 생략하는 것이 좋다.
④ 피부타입에 따라 각각 알맞은 세안제를 이용한다.

> 세안을 할 때 피부타입에 알맞은 세안제를 사용하여야 한다.

10 비누에 대한 설명으로 틀린 것은?

① 비누의 세정작용은 비누 수용액이 오염과 피부 사이에 침투하여 부착을 약화시켜 떨어지기 쉽게 하는 것이다.
② 비누는 거품이 풍성하고 잘 행구어져야 한다.
③ 비누는 세정작용 뿐만 아니라 살균, 소독효과를 주로 가진다.
④ 메디케이티드 비누는 소염제를 배합한 제품으로 여드름, 면도 상처 및 피부 거칠음 방지효과가 있다.

> 일반 비누는 세정작용이 주목적이며, 살균, 소독효과를 비누의 기능으로 보기는 어렵다.
> ※ 살균제를 배합하여 살균, 소독효과가 있는 비누도 있으나 특별한 경우로 보아야 한다.

11 크림타입의 클렌징 제품에 대한 설명으로 옳은 것은?

① W/O 타입으로 유성성분과 메이크업 제거에 효과적이다.
② 노화 피부에 적합하고 물에 잘 용해가 된다.
③ 친수성으로 모든 피부에 사용 가능하다.
④ 클렌징 효과는 약하나 끈적임이 없고 지성 피부에 특히 적합하다.

> ① 크림 타입의 클렌징 제품은 친유성(W/O)타입으로 세정력이 뛰어나 진한 메이크업을 지울 때 적당하다.
> ② 건성피부와 노화피부에 적당하며, 물에 잘 용해되지 않는다.
> ③, ④ 유분이 많아 지성 피부나 예민한 피부는 피해야 한다.
> ・W/O(유중수형) : 오일 > 물
> ・O/W(수중유형) : 오일 < 물

12 짙은 화장을 지우는 클렌징 제품 타입으로 중성과 건성 피부에 적합하며, 사용 후 이중세안을 해야 하는 것은?

① 클렌징 크림
② 클렌징 로션
③ 클렌징 워터
④ 클렌징 젤

> 클렌징크림은 세정력이 뛰어나 짙은 화장을 지우는 데 적합하며 유분이 많아 이중세안을 해야 한다.

13 클렌징크림의 설명으로 맞지 않은 것은?

① 메이크업을 지우는데 사용한다.
② 클렌징로션보다 유성성분 함량이 적다.
③ 피지나 기름때와 같은 물에 잘 닦이지 않는 오염물질을 닦아내는 데 효과적이다.
④ 깨끗하고 촉촉한 피부를 위해서 비누로 세정하는 것보다 효과적이다.

> 클렌징크림은 클렌징로션보다 유성성분 함량이 많다.

14 클렌징크림의 조건과 거리가 먼 것은?

① 체온에 의하여 액화되어야 한다.
② 피부에 빨리 흡수되어야 한다.
③ 피부의 유형에 적절해야 한다.
④ 피부의 표면을 상하게 해서는 안 된다.

> 클렌징 제품은 피부에 흡수가 잘 되지 않아야 한다.

15 클렌징 로션에 대한 알맞은 설명은?

① 사용 후 반드시 비누세안을 해야 한다.
② 친유성 에멀젼(W/O 타입)이다.
③ 눈화장, 입술화장을 지우는 데 주로 사용한다.
④ 민감성 피부에도 적합하다.

> ①, ② 친수성(O/W)의 제품으로 물에 잘 용해되어 이중세안이 필요없다.
> ③ 세정력이 클렌징크림보다 떨어지므로 옅은 화장을 지울 때 적합하며, 눈화장, 입술화장은 메이크업 리무버로 지우는 것이 효과적이다.
> ④ 클렌징 로션은 민감성 피부 및 거의 모든 피부에 적합하다.

16 다음 중 세정력이 우수하며, 지성 여드름 피부에 가장 적합한 것은?

① 클렌징 젤　　　　　② 클렌징 오일
③ 클렌징 크림　　　　④ 클렌징 밀크

> 클렌징 젤은 세정력이 우수하여 지성 및 여드름 피부, 알레르기성 피부나 지방에 예민한 피부에 적합하다.

17 클렌징 제품과 그에 대한 설명이 바르게 짝지어진 것은?

① 클렌징 티슈 – 지방에 예민한 알레르기 피부에 좋으며 세정력이 우수하다.
② 폼 클렌징 – 눈 화장을 지울 때 자주 사용된다.
③ 클렌징 오일 – 물에 용해가 잘되며, 건성, 노화, 수분부족 지성 피부 및 민감성 피부에 좋다.
④ 클렌징 밀크 – 화장을 연하게 하는 피부보다 두껍게 하는 피부에 좋으며, 쉽게 부패되지 않는다.

> 클렌징 오일은 수분부족 지성 피부나 노화 피부 및 건조하고 민감한 피부에 좋다.

18 클렌징 제품에 대한 설명이 틀린 것은?

① 클렌징밀크는 O/W 타입으로 친유성이며 건성, 노화, 민감성 피부에만 사용할 수 있다.
② 클렌징 오일은 일반 오일과 다르게 물에 용해되는 특성이 있고 탈수 피부, 민감성 피부, 약건성 피부에 사용하면 효과적이다.
③ 비누는 사용 역사가 가장 오래된 클렌징 제품이고 종류가 다양하다.
④ 클렌징크림은 친유성과 친수성이 있으며 친유성은 반드시 이중 세안을 해서 클렌징 제품이 피부에 남아 있지 않도록 해야 한다.

> ① 클렌징 밀크는 W/O 타입으로 친유성이며 건성, 중성, 노화 피부에 적합하고, 지성이나 민감성 피부에는 사용을 피하는 것이 좋다.
> ※ ④ 클렌징크림은 대부분 친유성 제품이나 조성목적에 따라 친수성의 제품도 있다.

19 클렌징 제품의 선택과 관련된 내용과 가장 거리가 먼 것은?

① 피부에 자극이 적어야 한다.
② 피부의 유형에 맞는 제품을 선택해야 한다.
③ 특수 영양성분이 함유되어 있어야 한다.
④ 화장이 짙을 때는 세정력이 높은 클렌징 제품을 사용하여야 한다.

> 클렌징 제품은 피부 노폐물과 메이크업을 닦아내기 위한 것이므로 영양성분의 함유와는 관련이 없다.

20 클렌징에 대한 설명으로 가장 거리가 먼 것은?

① 포인트 메이크업 클렌징 후 클렌징 작업을 한다.
② 클렌징제는 피부유형에 상관없이 사용할 수 있다.
③ 피부의 피지막 및 산성막을 파괴해서는 안 된다.
④ 표피에 묻어나는 미세한 먼지, 피부 분비물, 메이크업 잔여물 등을 깨끗이 없애주는 것을 말한다.

> 클렌징에 사용하는 클렌징제는 피부유형에 적합한 제품을 선택하여 사용하여야 한다.

21 클렌징 제품의 올바른 선택조건이 아닌 것은?

① 클렌징이 잘 되어야 한다.
② 피부의 산성막을 손상시키지 않는 제품이어야 한다.
③ 피부유형에 따라 적절한 제품을 선택해야 한다.
④ 충분하게 거품이 일어나는 제품을 선택해야 한다.

> 피부유형에 따라 적절한 제품을 선택하며, 제품에 따라 거품유무가 다를 수 있다.

22 클렌징 과정에서 제일 먼저 클렌징을 해야 할 부위는?

① 볼 부위　　　　　② 눈 부위
③ 목 부위　　　　　④ 턱 부위

> 클렌징을 할 때 민감한 부위인 눈과 입술 부위를 먼저 클렌징을 한다.

23 클렌징 순서가 가장 적합한 것은?

① 클렌징 손동작 → 화장품 제거 → 포인트 메이크업 클렌징 → 클렌징 제품 도포 → 습포
② 화장품 제거 → 포인트 메이크업 클렌징 → 클렌징 제품 도포 → 클렌징 손동작 →습포
③ 클렌징 제품 도포 → 클렌징 손동작 → 포인트 메이크업 클렌징 → 화장품 제거 → 습포
④ 포인트 메이크업 클렌징 → 클렌징 제품 도포 → 클렌징 손동작 → 화장품 제거 → 습포

클렌징을 할 때 가장 먼저 포인트 메이크업을 지운다.

24 미안술의 올바른 순서는?

① 세안 → 마사지 → 팩 → 피부정돈 → 영양
② 세안 → 마사지 → 피부정돈 → 팩 → 영양
③ 세안 → 피부정돈 → 팩 → 마사지 → 영양
④ 마사지 → 팩 → 세안 → 피부정돈 → 영양

미안술은 마사지나 팩을 이용하여 얼굴을 매만져서 피부를 부드럽고 탄력있게 하는 미용술을 말하는 것으로 세안 – 마사지 – 팩 – 피부정돈 – 영양의 순서로 행한다.

25 클렌징 시술 시 포인트 메이크업 리무버제의 사용 목적은?

① 묵은 각질을 제거하기 위해서
② 피부에 진정작용을 주기 위해서
③ 모공 속 노폐물을 제거하기 위해서
④ 눈이나 입술의 색조화장을 자극없이 부드럽게 제거하기 위해서

포인트 메이크업 리무버제는 전체 클렌징을 하기 전에 민감한 부위인 눈이나 입술의 색조화장을 자극없이 부드럽게 제거하기 위하여 사용한다.

26 입술 화장을 제거하는 방법으로 가장 적합한 것은?

① 클렌저를 묻힌 화장솜으로 입술 바깥쪽에서 안쪽으로 닦아 준다.
② 클렌저를 묻힌 화장솜으로 입술 안쪽에서 바깥쪽으로 닦아준다.
③ 클렌저를 묻힌 화장솜을 입꼬리에서 반대쪽 입꼬리까지 닦아준다.
④ 클렌저를 묻힌 면봉으로 닦아준다.

입술화장의 제거는 클렌저를 묻힌 화장솜으로 입술의 바깥쪽에서 안쪽으로 닦아준다.

27 안면 클렌징 시술 시의 주의사항 중 틀린 것은?

① 고객의 눈이나 코 속으로 화장품이 들어가지 않도록 한다.
② 근육결 반대방향으로 시술한다.
③ 처음부터 끝까지 일정한 속도와 리듬감을 유지하도록 한다.
④ 동작은 근육이 처지지 않게 한다.

안면 클렌징은 근육결 방향으로 일정한 속도와 리듬감을 유지하며 시술한다.

28 클렌징 시술에 대한 내용 중 틀린 것은?

① 포인트 메이크업 제거 시 아이 립 메이크업 리무버를 사용한다.
② 방수(waterproof) 마스카라를 한 고객의 경우에는 오일 성분의 아이메이크업 리무버를 사용하는 것이 좋다.
③ 클렌징 동작 중 원을 그리는 동작은 얼굴의 위를 향할 때 힘을 빼고 내릴 때는 힘을 준다.
④ 클렌징 동작은 근육결에 따르고, 머리 쪽을 향하게 하는 것에 유념한다.

클렌징 동작을 할 때는 근육결의 방향으로 하고 피부에 주름이 생기거나 처지지 않도록 아래로 내리는 동작은 힘을 빼준다.

29 습포의 효과에 대한 내용과 가장 거리가 먼 것은?

① 온습포는 모공을 확장시키는 데 도움을 준다.
② 온습포는 혈액순환촉진, 적절한 수분공급의 효과가 있다.
③ 냉습포는 모공을 수축시키며 피부를 진정시킨다.
④ 온습포는 팩 제거 후 사용하면 효과적이다.

팩 제거 후에는 피부를 진정시키고 수렴효과를 주는 냉습포가 효과적이다.

30 습포에 대한 설명으로 틀린 것은?

① 타월은 항상 자비소독 등의 방법을 실시한 후 사용한다.
② 온습포는 팔의 안쪽에 대어서 온도를 확인한 후 사용한다.
③ 피부 관리의 최종단계에서 피부의 경직을 위해 온습포를 사용한다.
④ 피부 관리 시 사용되는 습포에는 온습포와 냉습포의 두 종류가 일반적이다.

피부관리의 마무리단계에는 진정효과 및 모공 수축을 위해 냉습포를 사용한다.

31 다음 중 온습포의 효과가 아닌 것은?

① 혈액 순환 촉진
② 모공확장으로 피지, 면포 등 불순물 제거
③ 피지선 자극
④ 혈관 수축으로 염증완화

혈관을 수축시키는 것은 냉습포의 효과이다.

32 온습포의 효과는?

① 혈행을 촉진시켜 조직의 영양공급을 돕는다.
② 혈관 수축 작용을 한다.
③ 피부 수렴 작용을 한다.
④ 모공을 수축시킨다.

온습포는 혈액순환을 촉진하고 모공을 확장시켜 노폐물을 제거하고 피부조직에 영양공급이 원활하도록 돕는다.

33 온습포의 작용으로 볼 수 없는 것은?

① 모공을 수축시키는 작용이 있다.
② 혈액순환을 촉진시키는 작용이 있다.
③ 피지 분비선을 자극시키는 작용이 있다.
④ 피부조직에 영양공급이 원활히 될 수 있도록 작용한다.

온습포는 모공을 확장시키는 작용이 있다.

34 습포에 대한 설명으로 맞는 것은?

① 피부미용 관리에서 냉습포는 사용하지 않는다.
② 해면을 사용하기 전에 습포를 우선 사용한다.
③ 냉습포는 피부를 긴장시키며 진정효과를 위해 사용한다.
④ 온습포는 피부미용 관리의 마무리 단계에서 피부 수렴효과를 위해 사용한다.

① 냉습포는 피부미용관리의 마무리 단계에서 사용된다.
② 해면을 사용하여 클렌징 제품을 제거한 후 습포를 사용한다.
④ 냉습포는 피부미용의 마무리 단계에서 피부 수렴효과를 준다.

35 화장수의 설명 중 잘못된 것은?

① 피부의 각질층에 수분을 공급한다.
② 피부에 청량감을 준다.
③ 피부에 남아있는 잔여물을 닦아준다.
④ 피부의 각질을 제거한다.

화장수는 피부에 수분공급, pH조절, 피부정돈을 위해 사용한다. 각질을 제거하지는 않는다.

36 화장수(스킨로션)를 사용하는 목적과 가장 거리가 먼 것은?

① 세안을 하고나서도 지워지지 않는 피부의 잔여물을 제거하기 위해서
② 세안 후 남아있는 세안제의 알칼리성 성분 등을 닦아내어 피부표면의 산도를 약산성으로 회복시켜 피부를 부드럽게 하기 위해서
③ 보습제, 유연제의 함유로 각질층을 촉촉하고 부드럽게 하면서 다음 단계에 사용할 제품의 흡수를 용이하게 하기 위해서
④ 각종 영양 물질을 함유하고 있어, 피부의 탄력을 증진시키기 위해서

각종 영양 물질을 함유하고, 피부 탄력을 증진시키는 제품은 영양크림이나 에센스 등이다.

정답 30 ③ 31 ④ 32 ① 33 ① 34 ③ 35 ④ 36 ④

37 화장수의 작용이 아닌 것은? ★★

① 피부에 남은 클렌징 잔여물 제거 작용
② 피부의 pH 밸런스 조정 작용
③ 피부에 집중적인 영양 공급 작용
④ 피부 진정 또는 쿨링 작용

피부에 집중적 영양공급은 영양크림이나 앰플에 의한 작용이다.

38 유연화장수의 작용으로 가장 거리가 먼 것은? ★★★★

① 피부의 모공을 넓혀준다.
② 각질층에 수분을 공급해준다.
③ 피부에 남아있는 피부의 알칼리 성분을 중화시
킨다.
④ 피부에 보습을 주고 윤택하게 해준다.

유연화장수는 피부에 수분을 공급하고 피부를 유연하게 해주는
기능을 한다. 피부의 모공을 넓혀주는 것은 아니다.

39 클렌징 시술 준비과정의 유의사항과 가장 거리 가 먼 것은? ★★

① 고객에게 가운을 입히고 고객이 액세서리를 제거
하여 보관하게 한다.
② 터번은 귀가 겹쳐지지 않게 조심한다.
③ 깨끗한 시트와 중간 타월로 준비된 침대에 눕힌
다음 큰 타월이나 담요로 덮어준다.
④ 터번이 흘러내리지 않도록 핀셋으로 다시 고정
시킨다.

핀셋 등의 도구로 고정하지 않고 벨크로를 이용하여 적당한 압
력으로 고정한다.

40 클렌징 시 주의해야 할 사항 중 틀린 것은? ★★

① 클렌징 제품이 눈, 코, 입에 들어가지 않도록 주
의한다.
② 강하게 문질러 닦아 준다
③ 클렌징 제품 사용은 피부 타입에 따라 선택하
여 야 한다.
④ 눈과 입은 포인트 메이크업 리무버를 사용하는
것이 좋다.

클렌징 시 강한 자극은 피하여 가볍게 문지른다.

SECTION 04 딥클렌징(Deep Cleansing)

[출제문항수 : 1문제] 딥클렌징에서는 클렌징과 달리 딥클렌징의 개요와 효과를 묻는 문제가 자주 출제되고 있으므로 클렌징과 구분하여 정리하시기 바랍니다. 또한, 딥클렌징의 종류도 명확히 구분하여 외워둘 필요가 있습니다.

01 딥클렌징의 개요

1 딥클렌징의 목적 및 효과

① 죽은 각질세포와 노폐물을 제거함으로써 피부를 맑게 하고, 피부결을 매끄럽게 한다.

② 모낭의 피지, 면포, 여드름이나 불순물의 배출을 돕는다.

③ 영양물질의 흡수를 용이하게 하여 노화를 방지하고, 피부의 재생을 돕는다.

④ 스크럽* 형태의 제품사용은 혈액순환을 촉진시키고 혈색을 좋게 한다.

2 딥클렌징 관리 시 유의사항

① 피부유형에 맞게 제품을 선택하고 특성에 맞게 정확하고 위생적으로 적용한다.

② 눈의 점막으로 제품이 들어가지 않도록 주의한다.

③ 타월과 해면을 올바르게 사용하고, 잔여물이 남지 않도록 해야한다.

④ 딥클렌징한 피부는 자외선을 피하여야 한다. (→색소침착의 우려가 있음)

⑤ 흉터나 개방된 상처, 모세혈관확장피부 등의 딥클렌징이 부적합한 피부에는 시술하지 않는다.

> **딥클렌징의 정의**
> 클렌징으로 제거되지 않은 피부 각질층의 죽은 세포와 피부노폐물을 다양한 제품과 미용기기를 활용해 제거하는 과정을 말한다.

> **스크럽(scrub)**
> 문질러 씻거나 닦아내기

> **딥클렌징이 부적합한 피부**
> 모세혈관확장 피부, 예민한 피부, 염증성 여드름 피부, 자외선에 의해 홍반된 피부 등
> **과도한 딥클렌징은 피부를 민감하게 만드므로 일반적으로 주 1~2회 정도 실시한다.**

02 딥클렌징의 종류 및 제품 시술법

딥클렌징의 종류

물리적 딥클렌징	스크럽, 고마쥐, 손·기기 이용 등
효소 딥클렌징	단백질 분해 효소 이용
화학적 딥클렌징	AHA, BHA(천연산 이용)
복합적 딥클렌징	물리적·화학적·효소 딥클렌징을 복합적으로 이용

1 물리적 딥클렌징

① 스크럽(Scrub)제, 고마쥐제, 손과 기기 등을 이용하여 노화된 각질을 물리적으로 제거하는 방법이다.

② 과각화된 피부, 지성, 면포성 여드름, 모공이 큰 피부, 여드름 상흔이 있는 피부에 적합하다.

① 제품을 손에 덜어 얼굴 전체에 고루 펴 바른다.
② 스티머를 이용하거나 브러시나 손에 물을 묻혀 제품이 마르지 않게 한다.(수분이 충분하면 각질이 연화되어 제거가 쉬움)
③ 3~4분 정도 스크럽 마사지를 한 후 젖은 해면을 사용하여 제거한다.
※ 심한 핸들링을 피하고, 마사지 동작은 하지 않아야 한다.

▶ 고마쥐제의 시술방법
① 피부(얼굴)에 손이나 브러시를 이용하여 얇게 펴 바른다.
② 약간 덜 마른 상태에서 3~4분 동안 손을 이용하여 근육결 방향으로 죽은 각질 세포를 제거한다.
③ 스티머는 이용하지 않는다.

▶ 브러싱(후리마돌)
피부에 자극이 없는 부드러운 천연모의 브러시를 회전시켜 피부 표면에 붙어있는 먼지와 노폐물을 제거하는 브러싱

▶ 효소제의 시술방법
① 피부에 도포한 후 5~10분 정도 지나면 효소가 작용한다.
② 스티머, 온습포, 스프레이 등을 이용하여 온도와 습도를 유지한다.
③ 효소는 35~45℃의 온도와 70%의 습도에서 가장 활발하다.

▶ 갈바닉 기기를 이용한 전기세정법
(디스인크러스테이션)
• 갈바닉 전류 중 음극(–)에서 생성되는 알칼리를 이용하여 모공에 있는 피지를 분해하고 각질세포, 노폐물을 배출시켜 세정효과를 주는 딥클렌징 방법
• 화학적인 전기 분해에 기초를 둔 화학적 방법이다.

▶ AHA 사용시 주의사항
10% 미만의 농도를 사용하며 시간을 엄수한다. 닦아낼 때 반드시 냉습포를 사용한다.

▶ AHA 및 BHA의 시술방법
눈과 입술에 크림 도포 → 아이패드와 립패드 → 팩붓과 면봉으로 도포 → 일정시간 경과 후 해면으로 제거 → 냉습포
※ AHA 등의 화학적 딥클렌징에는 스티머를 사용하지 않는다.

---

③ 피부를 직접 문지르는 동작이므로 예민한 피부, 염증성 피부, 모세혈관 확장피부는 피해야 한다.
④ 기기를 이용한 딥클렌징 : 석션, 브러싱, 브러싱(후리마돌) 등
⑤ 스크럽제와 고마쥐제의 비교

스크럽제 (Scrub)	• 알갱이가 있는 스크럽제를 피부에 도포한 후 문질러 각질을 제거하는 방법 • 곡류, 살구씨, 조개껍질가루, 흑설탕, 고령토나 규조토 등의 자연재료나 폴리에틸렌류 미세알갱이 등의 인공재료를 사용 • 과각화된 피부, 모공이 큰 피부, 면포성 여드름 피부에 적합하다.
고마쥐제 (gommage)	• 각질분해 효소를 함유한 동물성·식물성 원료로 만든 딥클렌징 제품

② 생물학적(효소) 딥클렌징

① 단백질을 분해하는 효소(enzyme)가 함유된 제품으로, 도포 후 문지르는 동작 없이 각질과 노폐물을 분해시켜 제거하는 방법이다.
② 종류 : 가루 타입, 크림 타입, 앰플 타입, 고마쥐 타입, 폼 타입 등
③ 모든 피부에 사용 가능하다.
④ 단백질 분해효소 : 파파인(파파야), 브로멜린(파인애플), 펩신, 트립신 등

③ 화학적 딥클렌징

① 화학 성분들을 이용한 각질 제거 방법으로, 일반 딥클렌징이 각질 상부층만 제거하는데 비해 화학물질과 천연 물질을 이용해 표피 하층까지 클렌징한다.
② 화학적 딥클렌징의 종류 : 액체 상태의 산으로 농도를 알맞게 사용

AHA (α-Hydroxy Acid)	① 과일에서 추출한 천연유기산 및 젖산이 주성분 - 글리콜릭산(사탕수수), 주석산(포도), 사과산(사과), 구연산(감귤류), 젖산(발효유) 등 ② 각질층에 침투하여 각질세포의 응집력을 약화시켜 각질세포의 자연탈피를 유도하는 필링제 ③ 피부간접재생 효과가 있어 색소질환, 잔주름 개선, 피지조절, 모공수축에 효과 ④ 모세혈관확장 피부, 민감한 피부는 주의
BHA (β-Hydroxy Acid)	① 버드나무 껍질, 자작나무 등에서 추출 ② AHA보다 자극이 적은 성분으로 모공 속의 피지를 흡수하여 모공입구의 각질을 제거 ③ 여드름 감소의 효과가 있으며 지성 피부에 효과적

④ 복합적 딥클렌징

① 물리적 딥클렌징, 효소 딥클렌징, 화학적 딥클렌징을 복합적으로 이용하는 방법이다.
② 피부상태와 유형에 따라 문지르거나 발라두는 방법을 적절히 활용할 수 있다.
③ 스크럽제에 단백질 분해효소나 AHA 제품을 같이 사용하여 두 가지 이상의 효과를 낼 수 있다.

기출문제 | 단원별 구성의 문제 유형 파악!

1 딥클렌징의 효과로 가장 거리가 먼 것은? ★★★

① 기미를 옅어지게 한다.
② 피부관리 시 영양의 침투를 도와준다.
③ 묵은 각질 제거를 도와준다.
④ 피부의 재생이 잘 되도록 유도한다.

> 딥클렌징이 기미를 옅어지게 하지는 못한다.

2 딥클렌징의 효과 및 목적과 가장 거리가 먼 것은? ★★★

① 다음 단계의 유효성분 흡수율을 높여준다.
② 모공 깊숙이 있는 피지와 각질제거를 목적으로 한다.
③ 피지가 모낭 입구 밖으로 원활하게 나오도록 해준다.
④ 미백효과 및 효과적인 주름 관리가 되도록 해준다.

> 미백효과 및 주름관리는 딥클렌징의 효과나 목적이 아니다.

3 딥클렌징의 효과와 가장 거리가 먼 것은? ★★

① 모공의 노폐물 제거
② 화장품의 피부 흡수를 도와줌
③ 노화된 각질제거
④ 심한 민감성 피부의 민감도 완화

> 심한 민감성 피부는 딥클렌징을 피하는 것이 좋다.

4 딥클렌징의 목적이 아닌 것은? ★★

① 영양물질의 흡수를 용이하게 한다.
② 피지와 각질층의 일부를 제거한다.
③ 피부유형에 따라 주 1~2회 정도 실시한다.
④ 화학적 화상을 유발하여 피부세포 재생을 촉진한다.

> 딥클렌징은 죽은 각질세포와 노폐물을 제거하여 영양물질 흡수를 돕는 것이 목적으로 화학적 화상을 유발하지 않도록 해야 한다.

5 다음 중 딥클렌징의 주된 효과가 아닌 것은? ★★★

① 혈색을 맑게 한다.
② 피부의 불필요한 각질을 제거한다.
③ 면포를 연화시킨다.
④ 상처부위의 피부조직의 재생을 돕는다.

> 딥클렌징으로 상처부위의 피부조직을 재생시킬 수 없다. 다만 정상피부의 딥클렌징은 영양물질의 흡수를 용이하게 하여 피부재생을 돕는 역할을 한다.

6 다음 중 물리적인 딥클렌징이 아닌 것은? ★★

① 스크럽제
② 브러쉬(후리마돌)
③ AHA(Alpha hydroxy acid)
④ 고마쥐

> AHA는 화학적 딥클렌징이다.

정답 1 ① 2 ④ 3 ④ 4 ④ 5 ④ 6 ③

7 딥클렌징에 대한 내용으로 가장 적합한 것은?

① 노화된 각질을 부드럽게 연화하여 제거한다.
② 피부표면의 더러움을 제거하는 것이 주목적이다.
③ 주로 메이크업의 제거를 위해 사용한다.
④ 고마쥐, 스크럽 등이 해당하며, 화학적 필링이라고 한다.

딥클렌징은 각질층의 노화된 각질이나 모낭 속의 피부노폐물을 인위적으로 제거함으로써 영양물질 흡수를 촉진시켜 피부재생, 노화방지의 효과가 있다. 고마쥐, 스크럽 등은 물리적 딥클렌징에 해당된다.

8 딥클렌징 관리 시 유의사항 중 옳은 것은?

① 눈의 점막에 화장품이 들어가지 않도록 조심한다.
② 딥클렌징한 피부를 자외선에 직접 노출시킨다.
③ 흉터 재생을 위하여 상처부위를 가볍게 문지른다.
④ 모세혈관확장 피부는 부적용증에 해당하지 않는다.

흉터나 개방된 상처, 모세혈관확장 부위에는 딥클렌징을 피한다. 시술 후 자외선에 노출되면 색소침착 등의 부작용이 생길 수 있다.

9 딥클렌징에 대한 설명으로 틀린 것은?

① 제품으로 효소, 스크럽 크림 등을 사용할 수 있다.
② 여드름성 피부나 지성 피부는 주 3회 이상 하는 것이 효과적이다.
③ 피부노폐물을 제거하고 피지의 분비를 조절하는 데 도움이 된다.
④ 건성, 민감성 피부는 2주에 1회 정도가 적당하다.

딥클렌징은 일반적으로 주 1~2회 정도 실시한다. 여드름이나 지성피부의 경우도 주 2회 정도가 적당하다. 과도한 딥클렌징은 피부를 민감하게 만들 수 있다.

10 딥클렌징의 대상으로 적합하지 않은 것은?

① 모세혈관이 확장된 피부
② 모공이 넓은 지성 피부
③ 비염증성 여드름 피부
④ 잔주름이 많은 건성 피부

모세혈관확장피부, 민감성 피부, 염증성 여드름 피부는 딥클렌징을 피하는 것이 좋다.

11 딥클렌징 시 스크럽 제품을 사용할 때 주의해야 할 사항 중 틀린 것은?

① 코튼이나 해면을 사용하여 닦아낼 때 알갱이가 남지 않도록 깨끗하게 닦아낸다.
② 과각화된 피부, 모공이 큰 피부, 면포성 여드름 피부에는 적합하지 않다.
③ 눈이나 입속으로 들어가지 않도록 조심한다.
④ 심한 핸들링을 피하며, 마사지 동작을 해서는 안 된다.

스크럽은 물리적 자극을 주어 노화각질을 제거하는 방법으로 과각화된 피부, 모공이 큰 피부, 면포성 여드름 피부에 적합하다. 민감성 피부에는 적합하지 않다.

12 딥클렌징에 대한 설명으로 틀린 것은?

① 스크럽 제품의 경우 여드름 피부나 염증 부위에 사용하면 효과적이다.
② 민감성 피부는 가급적 사용하지 않는 것이 좋다.
③ 효소를 이용할 경우 스티머가 없을 시 온습포를 적용할 수 있다.
④ 칙칙하고 각질이 두꺼운 피부에 효과적이다.

스크럽 제품은 피부에 자극을 주므로 염증부위나 민감성 피부에는 사용하지 않는 것이 좋다.
※비염증성 여드름 피부에는 적용하면 효과적이다.

13 딥클렌징 시술과정에 대한 내용 중 틀린 것은?

① 깨끗이 클렌징이 된 상태에서 적용한다.
② 필링제를 중앙에서 바깥쪽, 아래에서 위쪽으로 도포한다.
③ 고마쥐 타입은 팩이 마른 상태에서 근육결대로 가볍게 밀어준다.
④ 딥클렌징 단계에서는 수분 보충을 위해 스티머를 반드시 사용한다.

딥클렌징 방법 중 고마쥐제나 AHA 등은 스티머를 사용하지 않는다.

14 효소 필링제의 사용법으로 가장 적합한 것은?

① 도포한 후 약간 덜 건조된 상태에서 문지르는 동작으로 각질을 제거한다.
② 도포한 후 효소의 작용을 촉진하기 위해 스티머나 온습포를 사용한다.
③ 도포한 후, 완전하게 건조되면 젖은 해면을 이용하여 닦아낸다.
④ 도포한 후 피부 근육결 방향으로 문지른다.

> 효소 딥클렌징은 효소를 피부에 도포 후 적절한 온도와 습도를 주면 효과가 크다.
> ①, ④ 효소필링제는 문지르지 않는다.
> ③ 완전히 건조되지 않았을 때 젖은 해면과 온습포를 이용하여 닦아준다.

15 천연 과일에서 추출한 필링제는?

① AHA
② 락틱산(lactic acid)
③ TCA
④ 페놀(Phenol)

> AHA(알파하이드록시산)는 사탕수수, 포도, 사과, 감귤류에서 추출한 천연산으로 만든 제품이다.

16 딥클렌징(deep cleansing) 시 사용되는 제품의 형태와 가장 거리가 먼 것은?

① 액체(AHA) 타입
② 고마쥐(gommage) 타입
③ 스프레이(spray) 타입
④ 크림(cream) 타입

> • 액체타입 : AHA, BHA
> • 크림타입 : 고마쥐·스크럽
> • 거품타입 : 효소

17 딥클렌징의 분류가 옳은 것은?

① 고마쥐 – 물리적 각질관리
② 스크럽 – 화학적 각질관리
③ AHA – 물리적 각질관리
④ 효소 – 물리적 각질관리

> • 스크럽·고마쥐 : 물리적 딥클렌징
> • AHA : 화학적 딥클렌징
> • 효소 : 효소 딥클렌징

18 딥클렌징에 관한 설명으로 옳지 않은 것은?

① 화장품을 이용한 방법과 기기를 이용한 방법으로 구분된다.
② AHA를 이용한 딥클렌징의 경우 스티머를 이용한다.
③ 피부표면의 노화된 각질을 부드럽게 제거함으로써 유용한 성분의 침투를 높이는 효과를 갖는다.
④ 기기를 이용한 딥클렌징 방법에는 석션, 브러싱, 디스인크러스테이션 등이 있다.

> AHA(알파하이드록시산)는 각질세포의 탈피를 유도시키는 화학적 딥클렌징으로 스티머의 사용은 피한다.

19 딥클렌징의 효과에 대한 설명으로 틀린 것은?

① 면포를 연화시킨다.
② 피부 표면을 매끈하게 해주고 혈색을 맑게 한다.
③ 클렌징의 효과가 있으며 피부의 불필요한 각질세포를 제거한다.
④ 혈액순환촉진을 시키고 피부조직에 영양을 공급 한다.

> **딥클렌징의 효과**
> • 노화된 각질이나 모낭의 피지·면포·여드름 등의 불순물을 인위적으로 배출시켜 피부를 매끈하게 함
> • 영양물질의 흡수 및 침투력을 향상시킴
> • 혈액순환을 촉진시킴
> ※ 피부조직에 영양을 공급하지는 않는다.

20 딥 클렌징 방법이 아닌 것은?

① 브러싱
② 디스인크러스테이션
③ 효소필링
④ 이온토포레시스

> 이온토포레시스(이온관리법)는 갈바닉 전류를 이용하여 피부에 영양성분이 흡수되도록 돕는 관리법이다.

정 답 14 ② 15 ① 16 ③ 17 ① 18 ② 19 ④ 20 ④

21 ***
딥클렌징에 대한 설명으로 옳은 것은?

① 피부결 정돈, 모공의 살균 및 소독에는 클렌징크림이 가장 효과적이다.
② 효소는 판크레아틴, 세라마이드, 아밀라아제 등을 함유하여 케라틴을 분해시켜주는 필링제이다.
③ 갈바닉기기를 이용해 피부모공속의 노폐물을 딥클렌징 한다.
④ 스크럽제 같은 클렌징제품은 과다한 각질을 제거하기 위해 여드름 피부에만 사용하는 것이 좋다.

① 클렌징크림은 클렌징을 위한 제품이다.
② 효소 딥클렌징은 단백질을 분해하는 효소(파파인, 브로멜린, 펩신, 트립신 등)를 이용하여 각질과 노폐물을 분해하여 제거한다.
④ 스크럽제와 같은 클렌징제품은 과각화된 피부, 지성, 비염증성 여드름피부, 모공이 큰 피부 등에 적용한다.

22 ***
다음 중 피부 미용에서의 딥클렌징에 속하지 않는 것은?

① 스크럽
② 엔자임
③ AHA
④ 크리스탈 필

크리스탈 필은 미세박피술이라고도 하는 의료행위로 병원에서 행해지는 딥클렌징이다.

SECTION 05 피부유형별 화장품 도포

[출제문항수 : 2~3문제] 피부유형별 특징과 관리목적, 적절한 영양물질의 선택에 대한 내용을 잘 숙지하고 있어야 합니다.

01 화장품 도포의 개요

1 화장품 도포의 정의와 효과

① 화장품 도포의 개념

피부를 분석한 후 피부 유형에 따라 필요로 하는 유효 성분을 피부에 도포하고 손 또는 기기를 활용하여 수용성 또는 지용성 제품을 피부 표면에 흡수시키는 행위를 말한다.

② 화장품 도포의 효과

- **세정작용** : 피부 표면의 노폐물을 제거하여 피부를 청결하게 유지한다.
- **피부보호** : 건조 방지, 세균, 습도, 바람, 자외선 등 외적 자극으로부터 보호하여 피부 건강 유지
- **피부 정돈 작용** : pH 정상화, 유분과 수분 공급으로 피부 정돈
- **영양공급 및 신진대사 활성화** : 피부노화 지연, 윤기와 탄력 부여

2 화장품의 피부흡수

① 분자량이 적을수록 피부 흡수율이 높다.

② 수분보다 오일 성분이 많을수록 흡수율이 높다.

③ 광물성오일 > 동물성오일 > 식물성오일의 순으로 피부 흡수력이 높다.

02 중성피부

1 중성피부의 특징

① 적당한 수분과 유분을 가지고 있어 피부표면이 촉촉하고 매끄럽고 윤기가 있다.

② 세안 후 당기거나 번들거림이 없다.

③ 화장이 잘 지워지지 않으며, 오래 지속된다.

④ 모공이 작아 눈에 잘 보이지 않고, 피부탄력이 좋다.

⑤ 혈액순환이 잘되어 혈색이 좋으나 T-zone은 약간 번들거림이 있다.

⑥ 계절변화에 민감하게 반응하여 건성이나 지성으로 변하기 쉬우므로 꾸준한 관리가 필요하다.

▶ 피부 유형을 구분하는 기준
피지분비 상태

▶ **화장품의 정의**
- 피부 건강의 유지, 아름다운 용모 변화, 신체 청결, 매력 증가 등을 위해 인체에 바르거나 뿌리는 것으로 인체에 미치는 영향이 미미한 것
- 이 섹션에서 화장품은 영양물질을 의미한다.

▶ **중성피부의 정의**
피지와 땀의 분비가 정상적인 가장 이상적인 피부이다.

1) 관리 목표

가장 이상적인 현재의 상태를 유지하기 위해 유·수분의 균형을 맞춘다.

2) 화장품 선택 및 관리 방법

① 세안을 깨끗이 하고 피부의 유·수분 균형을 맞추기 위해 주기적으로 마사지와 팩을 한다.
② 피로가 쌓이지 않도록 하며, 균형있는 영양섭취를 한다.
③ 모든 타입의 클렌저를 사용할 수 있으며, 화장수는 피부에 보습을 주는 유연화장수를 사용한다.
④ 효소, 스크럽, 고마쥐, AHA 등을 이용한 딥클렌징을 주기적으로 한다.
⑤ 팩이나 마스크는 수중유형(O/W)의 제품을 이용하여 보습효과를 준다.

---

03 지성피부

① 지성피부의 개요와 특징

1) 개요

① 피지선의 기능이 활발하여 피지가 과다하게 분비되는 피부를 말한다.
② 남성호르몬인 안드로겐이나 여성호르몬인 프로게스테론의 기능이 활발해져서 생긴다.

2) 지성피부의 분류

유성지루성 피부	• 과잉 분비된 피지가 피부 표면에 기름기를 만들어 항상 번질거리는 피부 • 햇빛에 의한 색소침착이 잘 일어나며, 여드름성 피부발진 현상이 일어나기 쉽다. • 젊은층과 남성에게 많이 나타남
건성지루성 피부	• 피지분비기능의 상승으로 피지는 과다 분비되어 표피에 기름기가 흐르나 보습 기능이 저하되어 피부표면의 당김 현상이 일어나는 피부 • 유성지루성 피부보다 예민하고 저항력이 약해 쉽게 붉어지며, 여드름의 발생위험이 높다. • 여성에게 많이 나타남

3) 지성피부의 특징

① 피부결이 **거칠고 피부가 두꺼운 편**이며, 잔주름이 잘 나타나지 않는다.
② 피부표면이 늘 번들거리며, **피지과다분비로 모공이 크고** 불규칙하다.
③ **메이크업이 쉽게 지워지고 지속되지 못한다.**
④ **뽀루지, 블랙헤드, 여드름** 등의 피부트러블이 잘 생긴다.
⑤ 주로 젊은 층이나 남성 피부에 많다.

▶ **지성피부의 정의**
피지선의 기능이 비정상적으로 항진되어 피지가 과다하게 분비되는 피부 타입

▶ **지성피부의 여름철 피부관리**
① 기온이 높아지는 여름에는 피지분비가 왕성해져 산화된 피지가 쌓여 모공의 때나 코 주위에 번들거림이 쉽게 눈에 뜨인다.
② 자외선이 강하여 표피의 색소침착이 뚜렷해진다.
③ 각질층이 두꺼워지고 거칠어진다.
④ 고온다습한 환경으로 피부에 활력이 없어지고 피부는 지친다.⇒ 여름철의 피부관리를 위해서는 세안 및 클렌징을 잘 해야한다.

② 지성피부의 관리법

1) 관리목표

과다 분비된 피지를 조절하여 맑고 깨끗한 피부를 유지한다.

2) 화장품 선택 및 관리방법

① 세정력이 우수한 클렌징 제품을 사용하여 피부표면의 노폐물 및 메이크업 잔유물을 깨끗이 제거한다.

② 수렴효과*가 높은 화장수를 사용한다.

③ 스팀타월을 사용하여 불순물 제거와 수분을 공급한다.

④ 지성피부에 좋은 영양물질 성분
- 유분함량이 적거나 없는(oil-free) 지성용 제품을 사용한다.
- 유황, 살리실산, 카오린, 머드(클레이), 캄포 등

---

04 건성피부

① 건성피부의 특징

① 피지와 땀의 분비 저하로 유분과 수분의 균형이 정상적이지 못하다. (각질층의 수분이 10% 이하)

② 모공이 작고 피부가 얇으며, 피부결이 섬세해 보인다.

③ 각질층의 수분과 피부유연성의 부족으로 세안 후 이마나 볼 부위의 피부 당김이 심하다.

④ 피부표면이 항상 건조하고 윤기가 없으며, 겨울철에 각질이 많이 생긴다.

⑤ 탄력 저하와 잔주름이 생기기 쉽다.

⑥ 화장이 피부에 잘 밀착되지 않고 들뜬다.

⑦ 피부가 손상되기 쉬워 색소침착에 의한 기미, 주근깨가 생기기 쉽고 노화현상이 빨리 온다.

⑧ 피지선 및 한선의 기능저하, 영양의 부족 등이 건성피부를 만든다.

② 건성피부의 분류

일반 건성피부	• 항상 건조하여 윤기가 없고 피지 분비량이 적음 • 유전적으로 피지선을 자극하는 호르몬의 분비가 부족한 경우 • 연령증가에 따른 자연스런 노화 • 유분함량이 높은 크림을 장기간 사용한 경우 등
표피 수분부족 피부	• 연령에 상관없이 발생하며, 표피성 잔주름이 형성됨 • 자외선, 냉난방, 기후 등 외부 환경의 영향 • 잘못된 화장품 사용 및 잘못된 피부관리 등에 의한 경우

한자 의미 : 거두어 모음

▶ **수렴(收斂) 효과**
모공이나 땀구멍이 확장되어 탄력을 잃은 피부에 모공(땀구멍)을 다시 수축시키고 탄력을 주는 효과

▶ **건성피부의 정의**
피지선과 한선의 기능 저하로 피부에 유분과 수분이 부족한 피부를 말한다.

진피 수분부족 피부	• 피부조직이 거칠고 굵은 주름살이 생성되며, 색소침착도 잘 일어남
	• 피부 자체의 내적 원인에 의해 피부 자체의 수화기능에 문제가 되어 생기는 피부
	• 진피의 노화현상으로 콜라겐 섬유조직과 섬유아세포의 손상을 유발
	• 장기간의 표피수분부족으로 내부에서 당김이 심하고 눈 밑, 뺨, 턱, 입가에 늘어짐이 있음

③ 건성피부의 관리법

1) 관리목표

피부에 유·수분을 공급하여 건조함과 잔주름을 개선하여 피부의 정상기능을 회복하게 한다.

2) 화장품 선택 및 관리방법

① 평상 시 수분을 많이 섭취하고 충분한 수면을 취하도록 한다.

② 피부에 수분 보충을 위해 보습효과가 높은 마사지와 팩을 자주 한다.

③ 밀크타입이나 유분기가 있는 크림타입의 크렌저를 사용하며, 미지근한 물로 세안한다.

④ 영양 및 보습에 중점을 두고 에센스나 오일을 사용한다.

⑤ 사우나나 열탕에서 장시간 보내지 않는다.

⑥ 알코올 성분이나 유황이 함유된 화장품* 사용은 피해야 한다.

⑦ 건성피부에 좋은 영양물질 성분

　• 유분기가 많은 팩이나 화장품을 사용한다.

　• 엘라스틴, 콜라겐, 솔비톨, 아미노산, 알긴산, 히알루론산, 레시틴, 알로에, 세라마이드, 호호바 오일 등

05　복합성 피부

① 복합성 피부의 특징

① T존은 피지분비가 왕성하여 번들거리고, U존은 수분이 부족하여 건조하다.

② 피지가 많은 T존은 모공이 크고, 여드름 발생이 쉬우며, 각질이 두껍다.

③ U존(눈가, 입가, 볼 등)은 건조해지기 쉽고 세안 후 당김이 있으며, 눈가에 잔주름이 생기기 쉽다.

④ 피부결은 매끄럽지 않고 전체적으로 피부조직이 일정하지 않다.

② 복합성 피부의 관리법

1) 관리목표

유·수분의 균형을 맞추는 것에 중점을 두고 부위에 따른 차별적인 관리를 한다.

2) 화장품 선택 및 관리방법

T존 (지성)	• 피지조절과 모공축소를 위한 관리 • 손을 이용하여 모공을 막고 있는 피지 등의 노폐물이 쉽게 나올 수 있도록 관리 • 피지흡착 효과가 큰 클레이 팩 등을 사용
U존 (건성)	• 보습효과를 가지는 꼼꼼한 유·수분관리 • 보습효과가 큰 고무마스크, 시트 마스크 등을 사용

06 민감성 피부

① 민감성 피부의 원인 및 특징

1) 원인

① 선척적 원인 : 피부조직이 선천적으로 각화 과정 이상으로 일정 두께의 각질층을 이루지 못함
② 후천적 원인 : 특정 질병, 스트레스, 수면부족, 환경적 요인, 영양문제 등

2) 민감성 피부의 특징

① 피부표면의 방어막이 손상되어 피부의 수분손실이 증가하고, 피부결이 섬세하지만 피부의 각질층이 얇아 외부자극에 민감하게 반응한다.
② 피부가 붉은색을 띠며, 홍반발생 부위나 피부가 얇은 부위에 색소침착이 일어날 수 있다.
③ 건조, 가려움, 여드름, 발진, 홍반, 모세혈관확장, 알레르기 등이 동반될 수 있다.
④ 영양물질을 바꾸는 것만으로도 예민하게 반응할 수 있다.

② 민감성 피부의 관리법

1) 관리목표

피부를 안정감 있게 유지하고 보호하기 위해 피부자극을 최소화하고 진정시키는 관리를 한다.

2) 화장품 선택 및 관리방법

① 피부에 자극을 주지 않도록 하여야 하며, 수분을 많이 섭취한다.
② 수분크림을 많이 바르고, 외출 시 자외선 차단제를 꼭 바르도록 한다.

▶ **민감성 피부의 정의**
정상 피부와 달리 조절기능과 면역기능이 저하된 피부로 가벼운 자극에도 예민하게 반응하는 피부 유형이다.

③ 물리적인 자극 시 피부가 즉각적인 반응이 일어나기 쉬우므로 강한 마사지나 스크럽 등은 피해야 한다.
④ 영양물질 도포 시 첩포실험*을 하여 적합성 여부의 확인 후 사용하는 것이 좋다.
⑤ 민감성 피부에 좋은 영양물질 성분
  • 자극성이 없고 피부진정·쿨링 효과가 있으며, 알코올, 향, 색소, 방부제 등이 적게 함유되어야 한다.
  • 징코, 위치하젤(하마멜리스), 비타민 B_2(리보플라빈), 비타민 B_5(판테놀), 비타민 P, K 등
  • 알란토인, 아줄렌, 알로에베라는 마무리단계의 보습제로 사용하면 좋다.

07 여드름 피부

1 여드름 피부의 구분

사춘기에 피지 분비가 왕성해지면서 나타나는 염증성, 비염증성 피부발진이다.

① 염증성 여드름 : 면포, 구진, 농포, 결절, 낭종
② 비염증성 여드름 : 흰 여드름(white head), 검은 여드름(black head)

2 여드름 피부의 원인

① 내적요인 : 유전, 스트레스, 월경주기, 피임약, 임신, 다이어트 등
② 외적요인 : 자외선, 계절, 기후, 물리적 자극, 마찰, 화학약품의 부작용 등

3 여드름 피부의 특징

① 피지분비가 많아 번들거리며 피부가 두껍고 거칠다.
② 화장이 잘 지워지고 시간이 갈수록 칙칙해진다.
③ 여드름은 사춘기에 활발하게 나타나지만 30대 이후에도 스트레스 등의 원인으로 성인 여드름이 발생하기도 한다.
④ 선천적인 체질상 체내 호르몬의 이상 현상으로 지루성 피부에서 발생되는 여드름 형태는 심상성* 여드름이라 한다.

4 여드름 피부의 관리법

1) 관리목표

① 피지제거와 피지분비 조절을 통해 트러블을 감소시키고 항균·소독·소염에 중점을 두어 관리한다.
② 여드름의 적절한 예방과 꾸준한 관리로 증상 악화를 방지하고 흉터 및 색소관리에 중점을 둔다.

2) 화장품 선택 및 관리방법

① 유분이 많은 화장품은 피하고, 알코올이 함유된 소독기능이 있는 여드름 전용제품을 사용한다.

② 클렌징은 여드름 전용 세정제를 사용하여 철저히 한다.

③ 일반적으로 사용되는 알칼리성 비누는 여드름 균의 번식을 초래하여 악화시킬 수 있으므로 사용하지 않는다.

④ 비염증성 여드름(black head 등)은 피부가 손상되지 않는 한 추출해 내는 것이 좋다.

⑤ 가급적 메이크업을 하지 않는 것이 좋으며, 메이크업을 할 때에는 무지방 파운데이션이나 파우더 등을 사용한다.

⑥ 지나치게 얼굴이 당길 경우에는 수분크림이나 에센스를 사용한다.

⑦ 지나친 당분이나 지방섭취는 피하는 것이 좋다.

⑧ 여드름 피부에 좋은 영양물질 성분 : 살리실산, 글리시리진산, 아줄렌, 머드(클레이), 카오린, 유황 등 지성용 영양물질과 거의 비슷하다.

08 노화 피부

1 노화피부의 특징

내인성노화 (생리적노화)	• 나이에 따라 피부 구조와 생리기능이 감퇴하는 자연스러운 노화 • 피부가 얇고 건조해지며, 피부의 탄력이 떨어져 주름이 생김 • 진피의 콜라겐과 엘라스틴이 퇴행성 변화를 일으켜 얇아짐
광노화	• 광선(자외선)에 의한 피부 노화현상 • 각질층의 피부가 두꺼워지고 탄력성이 소실되어 늘어지는 모양이 됨 • 자외선의 방어능력 저하로 색소침착이 발생

▶ 노화피부의 정의
피부의 노화로 인하여 혈액순환 및 땀과 피지의 분비능력이 저하되고, 피부 탄력이 덜어지고 건조해지며, 피부에 잔주름과 검버섯 등이 생기는 피부를 말한다.

2 노화피부의 관리법

1) 관리목표

주름을 완화하고 결체조직을 강화하며 새로운 세포형성을 촉진하여 피부를 보호하는 관리를 한다.

2) 화장품 선택 및 관리방법

① 자외선, 건조, 찬바람 등의 피부 노화를 촉진하는 자극에 대하여 적절한 대처를 한다.(자외선 차단제, 메이크업 등)

② 세안 시 비누보다 클렌징 로션을 사용하고 각질층의 보습을 위해 보습크림을 가장 먼저 바른다.

③ 유·수분이 충분히 함유되어 있는 영양물질을 사용한다.

④ 노화피부에 좋은 영양물질 성분 : 토코페롤(비타민 E), 비타민 C, 레티노이드, 플라센타, 알란토인, 프로폴리스 등

① 모세혈관확장 피부의 원인

약한 혈관, 급격한 온도변화, 갑상선이나 성호르몬 장애, 자율신경의 영향, 자극적인 음식, 스트레스, 만성변비, 강한 마사지, 필링, 위장장애, 스테로이드제, 임신이나 경구피임약 등

② 모세혈관확장 피부의 특징

① 주로 여성에게 나타나며 나이가 들면 더 심해지는 경향이 있다.
② 지성이나 여드름 피부가 장기화 될 때 발생하기도 한다.
③ 피부가 대체적으로 얇고, 피부색은 청백색으로 탄력이 적으며 혈관이 비치는 약한 피부이다.
④ 피부 상층의 모세혈관이 반복적으로 확장되어 코와 뺨 부위의 피부가 항상 붉은색을 띤다.
⑤ 혈관의 탄력이 떨어져 있는 상태이며, 온도변화에 쉽게 붉어진다.

③ 모세혈관확장 피부의 관리법

1) 관리목표

피부에 물리적인 자극을 피하고 보습과 혈관관리를 통하여 붉어진 얼굴을 진정시키는 관리를 한다.

2) 화장품 선택 및 관리방법

① 클렌징은 무알코올 제품을 이용하여 최대한 피부 자극을 줄인다.
② 가급적 딥클렌징은 하지 않으며, 필링도 하지 않는다.
③ 마사지는 부드럽게 하여 자극을 줄이고 림프 드레니지를 주로 시행한다. → 세안제를 손에서 충분히 거품을 낸 후 세안하고, 미온수로 완전히 헹구어 낸 후 손을 이용한 관리를 부드럽게 진행한다.
④ 알코올, 카페인 함유 식품 등의 자극적인 음식을 삼간다.
⑤ 비타민 C, P, K는 모세혈관을 강화시킨다.
⑥ 모세혈관확장피부에 좋은 영양물질 성분 : 피부를 진정시키고 강화시키는 아줄렌, 하마멜리스, 루틴, 알로에 등

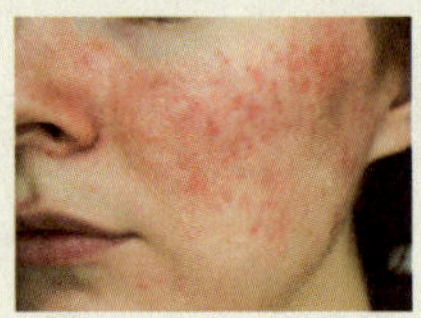

1 색소침착 피부의 개요와 화장품 성분

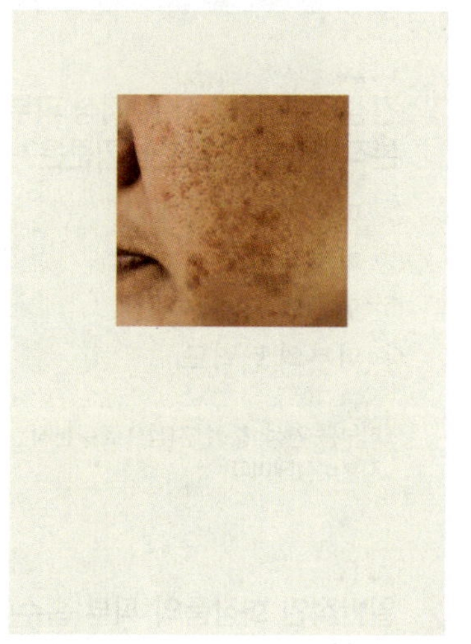

① 멜라닌 색소의 과다 생성으로 인하여 발생하는 색소 이상 현상으로 기미, 주근깨, 노인성반점(검버섯), 색소성 보반, 안면 흑피증 등이 있다.
② 원인 : 자외선, 스트레스, 개인의 건강상태, 생리, 임신, 여성호르몬 및 멜라닌 자극 호르몬의 증가, 잘못된 생활습관 등
③ 자외선 차단제는 색소침착 부위뿐만 아니라 전체적으로 골고루 잘 펴 발라야 한다.
④ 색소침착 피부에 좋은 화장품 성분 : 비타민 C, 알부틴, 코직산, 상백피 추출물, 하이드로퀴논(미백제로 탁월)

▶ **피부유형별 주요사항 비교**

피부타입	클렌저	화장수	딥클렌징	화장품 성분
중성피부	모든 타입 사용	유연화장수	효소, 스크럽, 고마쥐, AHA	• 적당량의 유분, 보습, 영양
건성피부	클렌징 로션 클렌징 크림	유연화장수	효소, 스크럽, 고마쥐	• 보습과 영양을 위한 유분기가 많은 제품 (알코올, 유황 ×) • 엘라스틴, 콜라겐, 히알루론산 등
지성피부 여드름피부	세정력이 우수한 클렌징 제품	수렴화장수	효소, 스크럽, AHA	• 유분함량이 적거나 없는 지성용 제품 • 알코올이 함유된 소독기능이 있는 제품 • 피지조절 및 항염, 수렴효과 • 유황, 살리실산, 카오린, 머드 등
복합성피부	• T존(지성) : 지성 피부관리　　• U존(건성) : 건성피부관리			
민감성피부	자극이 없는 클렌징 제품	무알코올	효소 (스크럽 등 자극 ×)	• 무알코올, 무색소, 무방부제 등 보습, 진정, 영양을 주는 제품 • 징코, 위치하젤, 리보플라빈, 판테놀, 아줄렌, 알로에베라 등
노화피부	클렌징 로션 클렌징 크림	유연화장수	효소, 스크럽, 고마쥐	• 유·수분이 충분한 제품 • 토코페롤, 비타민 C, 레티노이드 등
모세혈관 확장피부	자극이 없는 클렌징 제품	무알코올	가급적 딥클렌징 × 필링 ×	• 피부를 진정시키고 강화시키는 제품 • 아줄렌, 하마멜리스, 루틴, 알로에 등

1 ★★★★ 건성피부, 중성 피부, 지성 피부를 구분하는 가장 기본적인 피부유형분석 기준은?

① 피부의 조직상태
② 피지분비 상태
③ 모공의 크기
④ 피부의 탄력도

> 피부를 건성, 중성, 지성으로 구분하는 기본적인 분석기준은 피지분비상태이다.

2 ★★★★ 일반적인 화장품의 피부 흡수에 관한 설명으로 옳은 것은?

① 수분이 많을수록 피부흡수율이 높다.
② 크림류 < 로션류 < 화장수류 순으로 피부흡수력이 높다.
③ 동물성오일 < 식물성 오일 < 광물성오일 순으로 피부흡수력이 높다.
④ 분자량이 적을수록 피부흡수율이 좋다.

> ①, ②, ④ 분자량이 적을수록, 오일성분이 많을수록(크림류 > 로션류 > 화장수류) 피부흡수율이 높다.
> ③ 광물성오일 > 동물성오일 > 식물성오일 순으로 피부흡수력이 높다.

3 ★★★★ "블루밍 효과"의 설명으로 가장 적합한 것은?

① 보송보송하고 화사하게 피부를 표현하는 것
② 파운데이션의 색소침착을 방지하는 것
③ 피부색을 고르게 보이도록 하는 것
④ 밀착성을 높여 화장의 지속성을 높게 하는 것

> 블루밍(blooming) 효과는 피부에 생기를 주고, 화사하게 피어나는 느낌을 주는 것을 말한다.

4 ★★★ 세안 후 이마, 볼 부위가 당기며, 잔주름이 많고 화장이 잘 들뜨는 피부유형은?

① 복합성 피부
② 건성 피부
③ 노화 피부
④ 민감 피부

> 건성 피부에 대한 내용이다.

5 ★★ 피지와 땀의 분비 저하로 유·수분의 균형이 정상적이지 못하고, 피부결이 얇으며 탄력저하와 주름이 쉽게 형성되는 피부는?

① 건성피부
② 지성피부
③ 이상피부
④ 민감피부

> 건성피부는 피지와 땀의 분비가 원활하지 못해 피부결이 얇고 주름이 쉽게 형성 되며, 피부손상과 노화가 쉽다.

6 ★★★★ 건성피부의 관리 방법이 아닌 것은?

① 영양 및 보습에 중점을 두고 에센스나 오일을 사용한다.
② 유황이 함유된 로션타입을 사용한다.
③ 미지근한 물로 세안한다.
④ 보습효과가 높은 pack을 해준다.

> 유황은 살균 및 각질제거 작용이 있어 지성피부나 여드름 피부에 사용하는 것이 좋다.

7 ★★★ 건성피부의 화장품 사용법으로 틀린 것은?

① 알코올이 다량 함유되어 있는 토너를 사용한다.
② 영양, 보습 성분이 있는 오일이나 에센스를 사용한다.
③ 토닉으로 보습기능이 강화된 제품을 사용한다.
④ 밀크타입이나 유분기가 있는 크림타입의 클렌저를 사용한다.

> 건성피부는 피부에 유분과 수분의 분비량이 적은 피부로 알코올이 다량 함유되어 있는 제품은 피부의 수분을 증발시키므로 사용하지 않는 것이 좋다.

8 ★★★ 건성피부의 특징과 가장 거리가 먼 것은?

① 각질층의 수분이 50% 이하로 부족하다.
② 피부가 손상되기 쉬우며 주름 발생이 쉽다.
③ 피부가 얇고 외관으로 피부결이 섬세해 보인다.
④ 모공이 작다.

> 건성피부는 각질층의 수분이 10% 이하인 상태를 말한다.

정답 1② 2④ 3① 4② 5① 6② 7① 8①

9 피부유형과 관리 목적과의 연결이 틀린 것은?

① 민감피부 : 진정, 긴장 완화
② 건성피부 : 보습작용 억제
③ 지성피부 : 피지 분비 조절
④ 복합피부 : 피지, 유·수분 균형 유지

건성피부는 보습작용 강화가 관리 목적이다.

10 아래 설명과 가장 가까운 피부타입은?

> • 모공이 넓다.　　• 정상 피부보다 두껍다.
> • 뾰루지가 잘 난다.　　• 블랙헤드가 생성되기 쉽다.

① 지성피부　　② 민감성 피부
③ 건성피부　　④ 정상피부

지성 피부는 피지가 과다하게 분비되는 피부로 모공이 넓고 피부가 거칠고 두꺼운 편으로 여드름(블랙헤드), 뾰루지 등이 잘 발생하는 피부이다.

11 지성 피부의 특징으로 맞는 것은?

① 모세혈관이 약화되거나 확장되어 피부 표면으로 보인다.
② 피지분비가 왕성하여 피부 번들거림이 심하며 피부결이 곱지 못하다.
③ 표피가 얇고 피부표면이 항상 건조하고 잔주름이 쉽게 생긴다.
④ 표피가 얇고 투명해 보이며 외부자극에 쉽게 붉어진다.

① 모세혈관확장 피부　③ 건성피부　④ 민감성 피부

12 지성 피부의 특징에 대한 설명 중 잘못된 것은?

① 피부결이 섬세하고 곱다.
② 남성 피부에 많다.
③ 모공이 매우 크며 번들거린다.
④ 피부 저항력이 약하여 여드름이 잘 생긴다.

지성 피부는 피부가 거칠고 두꺼운 편이다.

13 지성피부에 대한 설명 중 틀린 것은?

① 지성피부는 정상피부보다 피지분비량이 많다.
② 피부결이 섬세하지만 피부가 얇고 붉은 색이 많다.
③ 지성피부가 생기는 원인은 남성호르몬인 안드로겐이나 여성호르몬이 프로게스테론의 기능이 활발해져서 생긴다.
④ 지성피부의 관리는 피지제거 및 세정을 주목적으로 한다.

②는 민감성 피부이다.

14 지성 피부의 화장품 적용목적 및 효과로 가장 거리가 먼 것은?

① 모공 수축　　② 피지분비 및 정상화
③ 유연 회복　　④ 항염, 정화 기능

유연 회복은 건성피부의 화장품 적용목적이다.

15 다음 중 지성 피부에 가장 적당한 팩은?

① 달걀노른자 팩　　② 머드 팩
③ 호르몬 팩　　④ 왁스 팩

머드 팩은 피지를 흡착하고 살균, 소독 및 항염작용이 있어 지성이나 여드름성 피부에 좋은 팩이다.

16 지방이 많은 피부의 마사지에 사용하는 타월로서 가장 적합한 것은?

① 스팀 타월　　② 냉 타월
③ 미지근한 타월　　④ 건조된 타월

지성피부를 손질할 때 스팀타월을 이용하여 불순물 제거 및 수분을 공급한다.

17 지성피부의 손질로 가장 적합한 것은?

① 유분이 많이 함유된 화장품을 사용한다.
② 마사지와 팩은 하지 않는다.
③ 피부를 항상 건조한 상태로 만든다.
④ 스팀타월을 사용하여 불순물 제거와 수분을 공급한다.

정답　9 ②　10 ①　11 ②　12 ①　13 ②　14 ③　15 ②　16 ①　17 ④

18 산화된 피지가 쌓여 모공의 때나 코 주위의 번들거림이 쉽게 눈에 띄어 세안이 중요한 계절은?

① 겨울   ② 가을
③ 봄   ④ 여름

> 여름에는 피지분비가 왕성해져 모공을 막고, 블랙헤드와 여드름 등의 트러블이 잘 생기며, 코 주위의 번들거림도 많이 생긴다. 따라서 세안 및 클렌징을 잘 해주어야 한다.

19 여름철의 피부 상태를 설명한 것으로 틀린 것은?

① 각질층이 두꺼워지고 거칠어진다.
② 표피의 색소침착이 뚜렷해진다.
③ 고온다습한 환경으로 피부에 활력이 없어지고 피부는 지친다.
④ 버짐이 생기며 혈액순환이 둔화된다.

> 버짐이 생기며 혈액순환이 둔화되는 계절은 겨울이다.

20 얼굴에 있어 T존 부위는 번들거리고, 볼 부위는 당기는 피부 타입은?

① 지성 피부   ② 중성 피부
③ 복합성 피부   ④ 건성 피부

> T존은 피지분비가 왕성하여 지성을 나타내고, U존(볼 부위)은 수분이 부족하여 건조하고 당김이 있는 건성 피부의 특징을 가지는 피부유형은 복합성 피부이다.

21 피부유형에 대한 설명 중 틀린 것은?

① 정상 피부 – 유·수분 균형이 잘 잡혀있다.
② 민감성 피부 – 각질이 드문드문 보인다.
③ 노화 피부 – 미세하거나 선명한 주름이 보인다.
④ 지성 피부 – 모공이 크고 표면이 귤껍질같이 보이기 쉽다.

> 민감성 피부는 각화 과정의 이상으로 일정 두께의 각질층을 이루지 못하는 피부이다.

22 피부유형별 적용 화장품 성분이 맞게 짝지워진 것은?

① 건성피부 – 클로로필, 위치하젤
② 지성피부 – 콜라겐, 레티놀
③ 여드름피부 – 아보카도오일, 올리브오일
④ 민감성피부 – 아줄렌, 비타민 B_5

> • 건성 – 콜라겐, 엘라스틴, 레시틴, 세라마이드 등
> • 지성·여드름 – 살리실산, 머드, 유황 등

23 다음 설명에 따르는 화장품이 가장 적합한 피부형은?

> 저자극성 성분을 사용하며, 향/알코올/색소/방부제가 적게 함유되어 있다.

① 지성 피부   ② 복합성 피부
③ 민감성 피부   ④ 건성 피부

> 민감성 피부에 적합한 화장품에 대한 설명이다.

24 피부타입과 화장품과의 연결이 틀린 것은?

① 지성피부 – 유분이 적은 영양크림
② 정상피부 – 영양과 수분 크림
③ 민감피부 – 지성용 데이크림
④ 건성피부 – 유분과 수분 크림

> 민감피부에는 민감성피부 전용크림을 사용한다.

25 민감성 피부의 화장품 사용에 대한 설명으로 틀린 것은?

① 석고팩이나 피부에 자극이 되는 제품의 사용을 피한다.
② 피부의 진정, 보습효과에 뛰어난 제품을 사용한다.
③ 스크럽이 들어간 세안제를 사용하고 알코올 성분이 들어간 화장품을 사용한다.
④ 화장품 도포 시 첩포실험을 하여 적합성 여부의 확인 후 사용하는 것이 좋다.

> 민감성 피부의 경우 피부자극을 주는 스크럽식 세안제는 피하고 무알코올 화장수를 사용하여 피부 자극을 줄인다.

26 민감성 피부관리의 마무리단계에 사용될 보습제로 적합한 성분이 아닌 것은?

① 알란토인 ② 알부틴
③ 아줄렌 ④ 알로에베라

> 민감성 피부는 알란토인, 아줄렌, 알로에베라 등이 함유된 민감성피부용 보습크림을 사용하여 마무리한다.
> 알부틴은 색소침착피부에 사용되는 미백용 성분이다.

27 여드름 피부에 관련된 설명으로 틀린 것은?

① 여드름은 사춘기에 피지 분비가 왕성해지면서 나타나는 비염증성, 염증성 피부 발진이다.
② 여드름은 사춘기에 일시적으로 나타나며 30대 정도에 모두 사라진다.
③ 다양한 원인에 의해 피지가 많이 생기고 모공 입구의 폐쇄로 인해 피지 배출이 잘 되지 않는다.
④ 선천적인 체질상 체내 호르몬의 이상 현상으로 지루성 피부에서 발생되는 여드름 형태는 심상성 여드름이라 한다.

> 30대 이후에도 스트레스 등으로 성인여드름이 발생할 수 있다.

28 여드름 피부의 특징이 아닌 것은?

① 수분과 피지가 부족하여 잔주름 형성이 빨라진다.
② 검은 여드름(black head)은 피부가 손상되지 않는 한 추출해 내는 것이 좋다.
③ 면포, 구진, 농포, 결절, 낭종 등 다양한 양상으로 나타난다.
④ 피지선의 만성 염증성 질환이다.

> 수분과 피지가 부족하여 잔주름이 많이 생기는 피부는 건성피부이다.

29 홈케어 시 여드름 피부에 대한 조언으로 맞지 않는 것은?

① 여드름 전용 제품을 사용
② 붉어지는 부위는 약간 진하게 파운데이션이나 파우더를 사용
③ 지나친 당분이나 지방섭취는 피함
④ 지나치게 얼굴이 당길 경우 수분크림, 에센스 사용

> 여드름 피부는 가급적 메이크업을 하지 않는 것이 좋으며, 메이크업 시 무지방 파운데이션, 콤팩트를 사용하여 가볍게 도포하고 포인트 메이크업에 중점을 둔다.

30 여드름 피부용 화장품에 사용되는 성분과 가장 거리가 먼 것은?

① 살리실산 ② 글리시리진산
③ 아줄렌 ④ 알부틴

> 알부틴은 미백화장품의 성분이다.

31 피부노화 현상으로 옳은 것은?

① 피부노화가 진행되어도 진피의 두께는 그대로 유지된다.
② 광노화에서는 내인성 노화와 달리 표피가 얇아지는 것이 특징이다.
③ 피부노화에는 나이에 따른 노화의 과정으로 일어나는 광노화와 누적된 햇빛노출에 의하여 야기되는 내인성 피부노화가 있다.
④ 내인성 노화보다는 광노화에서 표피두께가 두꺼워진다.

> ① 피부의 진피는 내인성노화 시 얇아지고, 광노화 시 두꺼워진다.
> ② 광노화에서는 표피(각질층)가 두꺼워진다.
> ③ 나이에 따른 노화를 내인성노화, 햇빛에 의한 노화를 광노화라 한다.

32 피부유형별 화장품 사용방법으로 적합하지 않은 것은?

① 민감성 피부 – 무색, 무취, 무알코올 화장품 사용
② 복합성 피부 – T존과 U존 부위별로 각각 다른 화장품 사용
③ 건성피부 – 수분과 유분이 함유된 화장품 사용
④ 모세혈관 확장 피부 – 일주일에 2번 정도 딥클렌징제 사용

> 모세혈관 확장 피부는 가급적 딥클렌징이나 필링을 하지 않는 것이 좋으며, 필요하다면 저자극 크림타입을 사용해 2주에 1회 정도 시행이 적당하다.

정 답 26 ② 27 ② 28 ① 29 ② 30 ④ 31 ④ 32 ④

33 실핏선 피부의 특징이라고 볼 수 없는 것은?

① 피부가 대체로 얇다.
② 모세혈관의 수축으로 혈액의 흐름이 원활하지 못하다.
③ 혈관의 탄력이 떨어져 있는 상태이다.
④ 지나친 온도 변화에 쉽게 붉어진다.

> 실핏선 피부(couperose)는 모세혈관확장피부를 말하는 것으로 모세혈관이 약화되거나 확장되어 붉은 실핏줄이 보이는 피부를 말한다.

34 피부 유형별 관리방법으로 적합하지 않은 것은?

① 복합성 피부 – 유분이 많은 부위는 손을 이용한 관리를 행하여 모공을 막고 있는 피지 등의 노폐물이 쉽게 나올 수 있도록 한다.
② 모세혈관확장 피부 – 세안 시 세안제를 손에서 충분히 거품을 낸 후 미온수로 완전히 헹구어 내고 손을 이용한 관리를 부드럽게 진행한다.
③ 노화 피부 – 피부가 건조해지지 않도록 수분과 영양을 공급하고 자외선 차단제를 바른다.
④ 색소침착 피부 – 자외선 차단제를 색소가 침착된 부위에 집중적으로 발라준다.

> 색소침착피부는 외출 시 자외선차단제를 침착된 부위뿐만 아니라 고르게 펴 발라주어야 한다.

35 피부유형에 맞는 화장품 선택이 아닌 것은?

① 건성피부 – 유분과 수분이 많이 함유된 화장품
② 민감성피부 – 향, 색소, 방부제를 함유하지 않거나 적게 함유된 화장품
③ 지성피부 – 피지조절제가 함유된 화장품
④ 정상피부 – 오일이 함유되어 있지 않은 오일 프리(oil free) 화장품

> 정상피부는 모든 타입의 화장품이 가능하며, 오일 프리 화장품은 지성피부에 알맞다.

36 각 피부 유형에 대한 설명으로 틀린 것은?

① 유성 지루피부 – 과잉 분비된 피지가 피부 표면에 기름기를 만들어 항상 번질거리는 피부

② 표피 수분부족 건성피부 – 피부 자체의 내적 원인에 의해 피부 자체의 수화기능에 문제가 되어 생기는 피부
③ 건성 지루피부 – 피지분비기능의 상승으로 피지는 과다 분비되어 표피에 기름기가 흐르나 보습기능이 저하되어 피부표면의 당김 현상이 일어나는 피부
④ 모세혈관 확장피부 – 코와 뺨 부위의 피부가 항상 붉거나 피부 표면에 붉은 실핏줄이 보이는 피부

> 표피 수분부족 건성피부는 자외선, 찬바람, 냉난방, 일광욕, 알맞지 않은 화장품 사용 및 잘못된 피부관리 습관 등으로 표정 주름이 쉽게 나타나지 않거나 피부 조직에 가는 주름이 형성되는 경우이다.

37 피부 유형과 화장품의 사용목적이 잘못 연결된 것은?

① 민감성 피부 – 진정 및 쿨링 효과
② 여드름 피부 – 멜라닌 생성 억제 및 피부기능 활성화
③ 건성 피부 – 피부에 유·수분을 공급하여 보습기능 활성화
④ 노화 피부 – 주름완화, 결체조직 강화, 새로운 세포의 형성촉진 및 피부보호

> 여드름 피부의 화장품 사용목적은 청결, 소독, 살균, 항염효과 및 모공수축효과이며, 멜라닌 생성억제 및 피부기능 활성화는 노화피부의 목적이다.

38 다음 피부 유형에 대한 설명 중 옳은 것은?

① 지성피부는 잔주름이 잘 나타나지 않으며 피지분비량이 많고 메이크업이 쉽게 잘 지워진다.
② 건성피부는 모세혈관벽을 강화시켜주고 피부건강을 개선시켜 주어야 한다.
③ 주사비(Rosacea)는 주로 입이나 턱 주위에 발생한다.
④ 복합성 피부는 가장 이상적인 피부로 적당한 촉촉함이 있고 피부결도 섬세하고 매끄럽다.

> ② 모세혈관확장 피부는 모세혈관을 강화시키고 자극적인 관리는 하지 않아야 한다.
> ③ 주사비는 코나 뺨 등의 얼굴 중심부로 많이 나타난다.
> ④ 복합성 피부는 서로 다른 피부유형 2가지 이상이 나타나는 피부유형으로 유·수분의 균형을 잘 맞추는 것에 중점을 둔다.

SECTION 06 매뉴얼 테크닉

[출제문항수 : 1문제] 기본 5동작을 묻는 문제가 가장 많이 출제되므로 반드시 정리해 두시기 바랍니다. 또한 매뉴얼테크닉의 부적용 대상과 주의사항도 필수적으로 암기하시기 바랍니다.

01 매뉴얼테크닉(Manual Technic)의 개요

1 매뉴얼테크닉의 정의

① 손을 이용한 동작을 말하는 것으로 5가지 기본 동작을 강·약, 속도, 시간, 밀착 등을 조절하여 적용하는 테크닉이다.

② 피부에 신진대사와 혈행을 촉진시키고 피부의 기능을 향상시키며 피로를 풀어 주는 피부관리의 핵심 과제이다.

③ 조직의 손상, 마찰 등을 방지하고 손 운동을 쉽게 하기 위하여 피부에 크림, 오일 등을 바르고 시술한다. (→ 반드시 발라야 하는 것은 아님)

2 매뉴얼테크닉의 목적과 효과

① 내분비기능의 조절 : 혈액순환과 림프순환을 촉진하여 신진대사 원활

② 결체조직에 긴장과 탄력성을 부여

③ 근육 긴장 및 스트레스 해소, 피부 온도 상승

④ 정신적 긴장완화, 진정작용, 근육이완으로 통증완화 및 심리적 안정을 준다.

⑤ 노폐물·각질 제거 및 주름 방지 효과

⑥ 화장품의 흡수율을 높여 피부조직에 원활한 영양 공급

⑦ 셀룰라이트(cellulite) 증상 개선

3 매뉴얼테크닉을 적용할 수 없는 경우

① 심장질환자, 고혈압 환자

② 말기 임신부, 수술직후나 당뇨병 환자

③ 정맥류, 혈우병, 부종 등 혈액순환 질병이 있는 자

④ 피부나 근육, 골격에 질병이 있는 경우

⑤ 골절상으로 인한 통증, 염증이 있는 경우

⑥ 전염성 피부질환, 피부염증이나 알레르기 등 각종 피부질환자

⑦ 생리전후 피부가 민감한 상태일 때

▶ **매뉴얼테크닉의 의미**
마사지(Massage)라고도 하며, 그리스어 Masso(문지르다, 주무르다)에서 유래 되었다.

▶ **매뉴얼테크닉 적용 시 피부 유형별 제품 선택**
- 오일 : 건성, 노화
- 크림 : 건성, 노화, 정상
- 로션 : 예민, 민감
- 젤 : 지성

▶ 매뉴얼테크닉은 혈액순환을 촉진하므로 손·발이 냉하거나 오랫동안 서서 작업(다리의 부종)하는 사람에게 적합하다.

매뉴얼테크닉 동작 시술순서

경찰법(쓰다듬기)
↓
강찰법(문지르기)
↓
유연법(주무르기)
↓
고타법(두드리기)
↓
진동법(떨기)

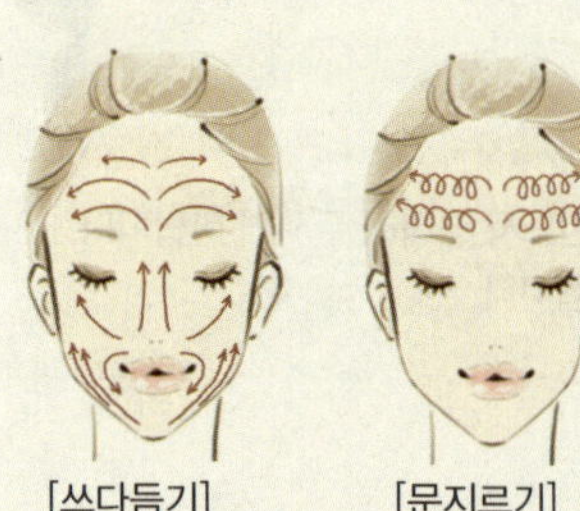

[쓰다듬기]　　[문지르기]

▶ **주무르기(유연법)의 손동작**
- 풀링(Pulling) : 강한 동작으로 피부를 주름잡듯이 하는 동작(강한 유연법)
- 린징(wringing) : 양손으로 강하게 근육을 서로 반대방향으로 비트는 동작
- 롤링(rolling) : 양 손바닥을 이용하여 근육을 뼈에 대고 누르며 나선형으로 돌리는 동작
- 처킹(chucking) : 근육을 집고 뼈를 따라 상하로 움직이는 동작

▶ **서큘러 니딩(Circular Kneading)**
- 니딩(kneading)은 '반죽하다'는 뜻으로 유연법의 다른 이름이다.
- 등이나 어깨, 팔 등에 원운동을 하며 주물러 주는 동작을 하므로 '서큘러 니딩'이라고 한다.

▶ **두드리기의 손동작**
- 태핑(tapping) : 손가락의 바닥면을 이용하여 두드리는 동작
- 슬래핑(slapping) : 손바닥을 이용하여 두드리는 동작
- 비팅(beating) : 주먹을 가볍게 쥐고 두드리는 동작
- 커핑(cupping) : 손바닥을 오목하게 하여 두드리는 동작
- 해킹(hacking) : 손의 바깥 옆면이나 손등을 이용하여 두드리는 동작

→ 영어 이해하기
- Pull : 끌어 잡아 당기다.
- wring : 비틀다. 짜다.
- chuck : 물리다.
- tap : 두드리다.
- slap : 강하게 두드리다.
- beat : (북 등을) 두드리다.
- cup : 감싸다.
- hack : 날로 치다.

---

① **매뉴얼테크닉의 기본 5동작**
'스치다'의 의미

1) 쓰다듬기 (에플라지, Effleurage) **– 경찰법, 무찰법**
- ① 매뉴얼테크닉의 동작 중 **가장 많이** 이용된다.
- ② **손바닥을 편평하게 하고 손가락을 약간 구부려** 손바닥을 이용해 근육이나 피부 표면을 쓰다듬고 어루만지는 동작이다.
- ③ **매뉴얼테크닉의 시작과 마무리, 연결동작에 주로 사용**한다.
- ④ 민감한 부분인 **눈 주위**에 가장 적합한 방법이다.
- ⑤ 혈액순환 및 림프순환 촉진, 피부의 **진정과 긴장완화**, 신경안정 및 자율신경계에 영향을 미쳐 **피부에 휴식**을 주는 등의 효과를 가진다.

'마찰'을 의미

2) 문지르기 (프릭션, Friction) **– 강찰법, 마찰법**
- ① 주름이 생기기 쉬운 부위(이마, 눈가, 입가)에 집중 실시한다.
- ② 쓰다듬기보다 강하게 **손가락 끝부분**으로 누르면서 문지르는 동작이다.
- ③ 안면 바깥으로는 강하게, 중심으로는 가볍게 원을 그리며 문지른다.
- ④ 피부 탄력의 증진, 근육의 긴장 이완, 피지선 자극으로 인한 노폐물 제거 촉진 등의 효과를 가진다.

Petri + Massage(얇게 마사지하다)

3) 주무르기 또는 반죽하기 (페트리사지, Petrissage) **– 유찰법, 유연법**
- ① 매뉴얼테크닉 중 가장 강한 동작으로 **손가락**으로 근육을 반죽하듯 주무르거나 잡아 쥐었다가 푸는 동작이다.
- ② 근육의 탄력성 증진, 혈액순환 및 신진대사 촉진, 노폐물 제거 및 정맥과 림프관 기능을 높이는 등의 효과를 가진다.
- ③ 매뉴얼테크닉의 동작 중 **근육 이완 효과가 가장 크다**.

4) 두드리기 (타포트먼트, Tapotement) **– 고타법, 경타법, 타진법**
- ① **손가락**을 사용하여 규칙적으로 가볍게 때리거나 두드리는 동작이다.
- ② 힘의 강약조절이 필요하며 얼굴은 주로 손가락 끝을 사용한다.
- ③ **신경조직을 자극하여 혈액순환을 촉진시켜 피부 탄력성 증가**에 가장 큰 효과를 준다.

5) 떨기 (바이브레이션, Vibration) **– 진동법, 흔들기**
- ① **손 전체나 손가락**에 힘을 주어 빠르고 고른 진동을 주는 동작이다.
- ② 진동의 세기에 따라 효과가 다르며 얼굴은 한 지점에 수초씩만 한다.
- ③ 피부를 흔들어서 하부조직에 진동이 전해지게 하는 자극이 많은 동작으로, 한곳에 오래 하지 않는 것이 좋다.
- ④ **섬세한 자극으로 말초신경이나 작은 근육에 대하여 영향을 주고 혈액과 림프순환을 증진시킨다**.
- ⑤ 피부근육의 지각신경에 쾌감을 주고 혈액순환을 촉진하여 피부의 생리기능을 높이고 **경련마비에 효과**적이다.

---

② 기본 5동작 외 방법

1) 닥터 자켓법(Dr. Jacquet)

① 자켓박사에 의해 알려진 방법으로 피부를 엄지와 검지로 부드럽게 끌어 올려 꼬집듯이 비틀거나 튕겨주는 동작으로, 피지와 여드름 등 모낭 내부의 노폐물을 모공 밖으로 배출시킨다.

② 지성, 여드름 피부에 효과적이다.

2) 압박법(Pressing)

① 손 전체를 이용하여 압박하는 방법으로 신경근육의 흥분을 진정시키고 신진대사를 원활하게 한다.

② 신경통과 근육경련, 부종에 효과적이다.

3) 관절 운동법(Joint movement)

관절부분의 운동과 근육마비 시에 효과적이다.

① 자동관절 운동법 : 고객 스스로 움직여 관절을 운동시키는 방법
② 수동관절 운동법 : 고객은 힘을 주지 않고, 미용사의 힘에 의해 운동시키는 방법

03 매뉴얼테크닉의 시술방법

① 매뉴얼테크닉의 시술방법

① 피부관리사의 자세는 발을 어깨넓이 정도로 벌리고 손목에 힘을 뺀다.
② 손동작은 머뭇거리지 않도록 하며(동작의 연결성), 손목이나 손가락의 움직임은 유연하게 한다.
③ 방향은 안 → 밖, 아래 → 위로 하고, 피부결 방향(근육)에 따라, 말초에서 심장방향(혈행방향)으로 시술한다.
④ 압력이 너무 강하면 모세혈관이나 림프관 조직이 손상될 수 있고, 약할 경우엔 효과가 없으므로 힘의 세기와 배분을 조절한다.
⑤ 속도가 너무 빠르면 결체조직 깊숙이 효과를 주지 못하므로 알맞은 속도와 리듬감을 주며 시술한다.
⑥ 일반적으로 10~15분 정도 실시하며 피부 유형이나 상태에 따라 적절한 동작 및 반복횟수를 조절한다.

② 매뉴얼테크닉 시 유의사항

① 고객과의 대화는 삼간다.
② 손톱은 짧고 청결하게 한다.
③ 시술자의 손은 고객의 피부 온도에 맞추어 따뜻하고 크림, 오일, 로션 등으로 부드럽게 한다.
④ 크림이나 팩제가 눈, 코, 입으로 들어가지 않도록 주의한다.
⑤ 피부 타입과 상태에 따라 동작을 조절한다.

⑥ 일광으로 붉어진 피부나 상처난 피부는 매뉴얼테크닉을 피한다.

⑦ 모든 동작이 연결되도록 하며 동작마다 일정한 리듬을 유지해야 한다.

⑧ 고객이 체온의 손실을 입지 않도록 한다.

⑨ 고객이 충분한 휴식을 취하도록 주변 환경을 조용하고 편안하게 만든다.

> 매뉴얼테크닉을 실시하기 전 고객과의 충분한 상담을 통하여 고객의 병력, 몸의 상태 등을 충분히 살펴보아야 한다.

기출문제 | 단원별 구성의 문제 유형 파악!

1 매뉴얼테크닉의 효과에 해당하지 않는 것은?

① 혈액 순환을 촉진시킨다.

② 림프 순환을 촉진시킨다.

③ 근육의 긴장을 감소하고 피부 온도를 상승하여 기분을 좋게 한다.

④ 가슴과 복부 관리를 통해 생리 시, 임신 초기 또는 말기에 진정 효과를 준다.

생리 시, 임신기에는 매뉴얼테크닉을 삼가는 것이 좋다.

2 매뉴얼테크닉의 효과가 아닌 것은?

① 내분비기능의 조절

② 결체조직에 긴장과 탄력성 부여

③ 혈액순환촉진

④ 반사 작용의 억제

매뉴얼테크닉은 에너지의 흐름을 원활하게 하여 반사 작용에 도움을 줄 수 있다.
※ 매뉴얼테크닉의 효과 : 혈액순환 촉진, 내분비기능 조절, 결체조직에 긴장과 탄력성 부여

3 피부 마사지의 효과에 대한 설명 중에서 잘못된 것은?

① 피부의 건강을 유지시키며 피부가 깨끗해진다.

② 피부의 혈액 순환을 원활하게 해주므로 피부가 유연해진다.

③ 피부의 주름을 없애주고 병적인 피부를 회복하게 근본적으로 정리해 준다.

④ 피부의 혈액 순환을 촉진시켜 주며, 주름이 생기는 것을 어느 정도 방지하여 준다.

피부 마사지(매뉴얼테크닉)는 주름을 어느 정도 개선할 수는 있으나 병적인 피부를 회복시키거나 근본적인 치료 등은 할 수 없다.

4 매뉴얼테크닉의 효과와 가장 거리가 먼 것은?

① 피부의 흡수 능력을 확대시킨다.

② 심리적 안정감을 준다.

③ 혈액의 순환을 촉진한다.

④ 여드름이 정리된다.

여드름 등의 염증성 질환에는 매뉴얼테크닉을 적용하지 않는다.

5 매뉴얼테크닉을 적용할 수 있는 경우는?

① 피부나 근육, 골격에 질병이 있는 경우

② 골절상으로 인한 통증이 있는 경우

③ 염증성 질환이 있는 경우

④ 피부에 셀룰라이트(cellulite)가 있는 경우

셀룰라이트(117페이지 참조)는 일종의 순환장애 증상으로 매뉴얼테크닉(마사지)을 적용하여 증상을 개선할 수 있다.
피부, 근육, 골격에 질병이 있을 경우, 골절상으로 인한 통증이나 염증성 질환이 있는 경우에는 매뉴얼테크닉을 적용하지 않는다.

6 안면 매뉴얼테크닉의 효과와 가장 거리가 먼 것은?

① 피부세포에 산소와 영양소를 공급한다.

② 여드름을 없애준다.

③ 피부의 혈액순환을 촉진시킨다.

④ 피부를 부드럽고 유연하게 해주며 근육을 이완시켜 노화를 지연시킨다.

매뉴얼테크닉은 피부상태를 개선하는 효과는 있지만 여드름을 치료하지는 못한다.

정답 1 ④ 2 ④ 3 ③ 4 ④ 5 ④ 6 ②

★★★★
7 매뉴얼테크닉의 효과와 가장 거리가 먼 것은?

① 혈액순환 촉진
② 피부결의 연화 및 개선
③ 심리적 안정
④ 주름제거

> 매뉴얼테크닉의 효과는 혈액순환 촉진, 피부상태 개선, 심리적 안정 등이며, 주름 제거가 아니라 주름 방지 효과가 있다.

★★
8 신체 각 부위 관리에서 매뉴얼테크닉의 효과와 가장 거리가 먼 것은?

① 혈액순환 및 림프순환 촉진
② 근육의 이완 및 강화
③ 피부의 염증과 홍반 증상의 예방
④ 심리적 안정감을 통한 스트레스 해소

> 염증과 홍반 증상이 있는 피부에 매뉴얼테크닉을 시술하면 자극을 주어 증상이 악화될 수 있다.

★★
9 매뉴얼테크닉에 대한 설명 중 거리가 먼 것은?

① 체내의 노폐물 배설 작용을 도와준다.
② 신진대사의 기능이 빨라져 혈압을 내려준다.
③ 몸의 긴장을 풀어줌으로써 건강한 몸과 마음을 갖게 한다.
④ 혈액순환을 도와 피부에 탄력을 준다.

> 매뉴얼테크닉이 혈압을 내려주지는 않는다.

★★
10 다음 중 매뉴얼테크닉을 적용하는 데 가장 적합한 사람은?

① 손·발이 냉한 사람
② 독감이 심하게 걸린 사람
③ 피부에 상처나 질환이 있는 사람
④ 정맥류가 있어 혈관이 튀어 나온 사람

> 손·발이 찬 경우 매뉴얼테크닉에 의해 혈액순환이 촉진되어 증상이 완화 될 수 있다.

★★
11 매뉴얼테크닉의 부적용 대상과 가장 거리가 먼 것은?

① 임산부의 복부, 가슴 매뉴얼테크닉
② 외상이 있거나 수술 직후
③ 오랫동안 서 있는 자세로 인한 다리의 부종
④ 다리부위에 정맥류가 있는 경우

> 장시간 서 있어서 생긴 부종은 매뉴얼테크닉으로 풀어주는 것이 좋다.

★★
12 신체 각 부위별 관리에서 매뉴얼테크닉의 적용이 적합하지 않은 것은?

① 스트레스로 인해 근육이 경직된 경우
② 림프 순환이 잘 안 되어 붓는 경우
③ 심한 운동으로 근육이 뭉친 경우
④ 하체 부종이 심한 임산부의 경우

> 임산부의 경우 강한 매뉴얼테크닉을 적용할 경우 유산의 위험이 있다.

★★★
13 매뉴얼테크닉의 종류 중 기본동작이 아닌 것은?

① 두드리기(Tapotement)
② 문지르기(Friction)
③ 흔들어주기(Vibration)
④ 누르기(Press)

> 매뉴얼테크닉의 기본동작은 쓰다듬기(Effleurage), 문지르기(Friction), 주무르기(Petrissage), 두드리기(Tapotement), 흔들어주기(Vibration)이다.

★★
14 매뉴얼테크닉 시 가장 많이 이용되는 기술로 손바닥을 편평하게 하고 손가락을 약간 구부려 근육이나 피부 표면을 쓰다듬고 어루만지는 동작은?

① 프릭션(Friction)
② 에플라지(Effleurage)
③ 페트리사지(Petrissage)
④ 바이브레이션(Vibration)

> 피부표면을 쓰다듬고 어루만지는 동작은 쓰다듬기(Effleurage)로 매뉴얼테크닉 시 가장 많이 이용되는 기술이다.

정답 7 ④ 8 ③ 9 ② 10 ① 11 ③ 12 ④ 13 ④ 14 ②

15 매뉴얼테크닉의 기본 동작에 대한 설명으로 틀린 것은?

① 에플라지 – 손바닥을 이용해 부드럽게 쓰다듬 는 동작
② 프릭션 – 근육을 횡단하듯 반죽하는 동작
③ 타포트먼트 – 손가락을 이용하여 두드리는 동작
④ 바이브레이션 – 손 전체나 손가락에 힘을 주어 고른 진동을 주는 동작

> • 에플라지(Effleurage) : 쓰다듬기
> • 프릭션(Friction) : 문지르기
> • 타포트먼트(Tapotement) : 두드리기
> • 바이브레이션(Vibration) : 떨기
> • 페트리사지(Petrissage) : 주무르기

16 매뉴얼테크닉의 쓰다듬기(effleurage) 동작에 대한 설명 중 맞는 것은?

① 피부 깊숙이 자극하여 혈액순환을 증진한다.
② 근육에 자극을 주기 위하여 깊고 지속적으로 누르는 방법이다.
③ 매뉴얼테크닉의 시작과 마무리에 사용한다.
④ 손가락으로 가볍게 두드리는 방법이다.

> 쓰다듬기(에플라지, 경찰법)는 주로 매뉴얼테크닉의 시작과 마무리에 하는 동작으로, 손 전체로 피부를 부드럽게 쓰다듬어 긴장완화 및 신경안정의 효과를 준다.

17 피부미용 시 처음과 마지막 동작 또는 연결동작으로 이용되는 매뉴얼테크닉은?

① 에플라지(Effleurage)
② 타포트먼트(Tapotment)
③ 니딩(Kneading)
④ 롤링(Rolling)

> 매뉴얼테크닉의 시작과 마무리 동작은 에플라지(쓰다듬기)로 한다.

18 매뉴얼테크닉의 동작 중 부드럽게 스쳐가는 동작으로 처음과 마지막이나 연결동작으로 많이 사용하는 것은?

① 반죽하기
② 쓰다듬기
③ 두드리기
④ 진동하기

19 매뉴얼테크닉의 기본 동작 중 하나인 쓰다듬기에 대한 내용과 가장 거리가 먼 것은?

① 매뉴얼테크닉의 처음과 끝에 주로 이용된다.
② 혈액과 림프의 순환을 도모한다.
③ 자율신경계에 영향을 미쳐 피부에 휴식을 준다.
④ 피부에 탄력성을 증가시킨다.

> 피부의 탄력성을 증가시키는 동작은 강찰법과 고타법, 유찰법이다.

20 다음 중 눈 주위에 가장 적합한 매뉴얼테크닉의 방법은?

① 문지르기
② 주무르기
③ 흔들기
④ 쓰다듬기

> 민감한 부위인 눈 주위에 적합한 매뉴얼테크닉은 쓰다듬기(경찰법)이다.

21 매뉴얼테크닉의 기본 동작에 대한 설명이 틀린 것은?

① 떨기 – 바이브레이션
② 쓰다듬기 – 에플러라지
③ 문지르기 – 페트리사지
④ 두드리기 – 타포트먼트

> 문지르기-프릭션, 주무르기-페트리사지
> ※ '에플러라지'는 에플라지와 같은 표현으로 최근 시험에 에플러라지로 출제될 수 있으므로 함께 알아둔다.

22 매뉴얼테크닉 방법 중 두드리기의 효과와 가장 거리가 먼 것은?

① 피부진정과 긴장완화 효과
② 혈액순환 촉진
③ 신경 자극
④ 피부의 탄력성 증대

> 두드리기는 신경을 자극하여 혈액순환을 촉진하고 탄력을 증대시킨다. 피부진정과 긴장완화는 쓰다듬기의 효과이다.

23 ★★★★ 매뉴얼테크닉 동작 중 근육 이완 효과가 가장 큰 동작은?

① 두드리기
② 문지르기
③ 쓰다듬기
④ 반죽하기

> 반죽하기는 근육을 쥐고 손가락 전체를 이용하여 반죽하듯이 주물러 부드럽게 하는 방법으로 근육 이완 효과 가장 크다.

24 ★★ 다음 미용 상의 마사지 기술 중 유연법에 속하는 것은?

① 니딩(kneading)
② 태핑(tapping)
③ 커핑(cupping)
④ 해킹(hacking)

> 니딩(kneading)은 반죽하다는 의미로 유연법을 의미한다.
> ※ 태핑, 커핑, 해킹은 모두 두드리기의 손동작이다.

25 ★★ 양손바닥으로 근육 조직을 뼈에 대고 누르면서 나선상으로 문지르며 마사지 하는 압박 유연법은?

① 린징(Wringing)
② 롤링(Rolling)
③ 해킹(Hacking)
④ 처킹(Chucking)

> ① 린징 : 양손으로 강하게 근육을 서로 반대방향으로 비트는 동작
> ③ 해킹 : 손의 바깥 옆면이나 손등을 이용하여 두드리는 동작
> ④ 처킹 : 근육을 집고 뼈를 따라 상하로 움직이는 동작

26 ★★ 매뉴얼테크닉의 기본동작 중 신경조직을 자극하여 혈액순환을 촉진시켜 피부탄력성 증가에 가장 옳은 효과를 주는 것은?

① 쓰다듬기
② 문지르기
③ 두드리기
④ 반죽하기

> 두드리기는 혈액순환을 촉진시켜 피부탄력성을 증가시킨다.

27 ★★ 다음 고타법 중 손바닥을 오목하게 하여 행하는 것은?

① 태핑(tapping)
② 해킹(hacking)
③ 커핑(cupping)
④ 비팅(beating)

> 두드리기(고타법)의 손동작에서 손바닥을 오목하게 하여 행하는 매뉴얼테크닉 방법은 커핑이다.

28 ★★★ 얼굴마사지 시 손가락의 바닥면을 사용해서 재빨리 연속해서 가볍게 실시하는 고타법에 해당하는 것은?

① 태핑(tapping)
② 해킹(hacking)
③ 슬래핑(slapping)
④ 커핑(cupping)

> 고타법(두드리기)의 동작 중 손가락의 바닥면을 이용하여 두드리는 동작은 태핑이다.

29 ★★★★ 매뉴얼테크닉 방법 중 두드리기에 관련된 명칭이 아닌 것은?

① 처킹(Chucking)
② 비팅(Beating)
③ 해킹(Hacking)
④ 컵핑(Cupping)

> 처킹(chucking)은 매뉴얼테크닉의 기본 동작 중 주무르기(페트리사지)의 한 방법으로 피부를 상하로 움직여주는 동작이다.

30 ★★★★ 지각신경에 쾌감을 주는 동시에 혈액순환을 촉진하고 경련마비에 가장 효과적인 방법은?

① 프릭션
② 바이브레이션
③ 타포트먼트
④ 에플라지

> 바이브레이션은 피부근육의 지각신경에 쾌감을 주고 혈액순환을 촉진하여 피부의 생리기능을 높이고 경련마비에 효과적이다.

31 ★★★★ 매뉴얼테크닉 동작 중 진동하기의 주 효과에 해당되는 것은?

① 진정효과 근육 이완효과로 손동작은 말초에서 심장 쪽으로 한다.
② 심층자극으로 근육을 이완시키고 피부조직 향상, 노폐물과 피지 배출을 증진시킨다.
③ 섬세한 자극으로 말초신경이나 작은 근육에 대하여 영향을 주고 혈액과 림프순환을 증진시킨다.
④ 깊은 조직에 영향을 주고 탄력성증진과 선분비운동을 활발하게 한다.

> 진동하기(떨기, 바이브레이션)는 피부근육의 지각신경(말초신경)에 쾌감을 주고 혈액과 림프순환을 촉진하여 피부의 생리기능을 높인다.

정답 **23** ④ **24** ① **25** ② **26** ③ **27** ③ **28** ① **29** ① **30** ② **31** ③

32 매뉴얼테크닉 기법 중 닥터 자켓(Dr. jacquet)법에 관한 설명으로 가장 적합한 것은?

① 디스인크러스테이션을 하기 위한 준비단계에 하는 것이다.
② 피지선의 활동을 억제한다.
③ 모낭 내 피지를 모공 밖으로 배출시킨다.
④ 여드름 피부를 클렌징할 때 쓰는 기법이다.

33 마사지 시술 시 손님은 힘을 주지 않은 상태에서 미용사의 힘에 의해 행하는 관절 운동법은?

① 니이딩 관절운동법
② 래핑 관절운동법
③ 자동 관절운동법
④ 수동 관절운동법

34 매뉴얼테크닉 작업 시 주의사항으로 옳은 것은?

① 동작은 강하게 하여 경직된 근육을 이완시킨다.
② 속도는 빠르게 하여 고객에게 심리적인 안정을 준다.
③ 손동작은 머뭇거리지 않도록 하며 손목이나 손가락의 움직임은 유연하게 한다.
④ 매뉴얼테크닉을 할 때는 반드시 마사지 크림을 사용하여 시술한다.

35 매뉴얼테크닉 시 피부미용사의 자세로 가장 적합한 것은?

① 허리를 살짝 구부린다.
② 발은 가지런히 모으고 손목에 힘을 뺀다.
③ 양팔은 편안한 상태로 손목에 힘을 준다.
④ 발은 어깨넓이 만큼 벌리고 손목에 힘을 뺀다.

36 매뉴얼테크닉 시술 시 주의해야 할 사항이 아닌 것은?

① 피부미용사는 손의 온도를 따뜻하게 하여 고객이 차갑게 느끼지 않도록 한다.
② 처음과 마지막 동작은 주무르기 방법으로 부드럽게 시술한다.
③ 동작마다 일정한 리듬을 유지하면서 정확한 속도를 지키도록 한다.
④ 피부타입과 피부상태의 필요성에 따라 동작을 조절한다.

37 매뉴얼테크닉 시술에 대한 내용으로 틀린 것은?

① 매뉴얼테크닉 시 모든 동작이 연결될 수 있도록 해야 한다.
② 매뉴얼테크닉 시 중추부터 말초 부위로 향해서 시술해야 한다.
③ 매뉴얼테크닉 시 손놀림도 균등한 리듬을 유지해야 한다.
④ 매뉴얼테크닉 시 체온의 손실을 막는 것이 좋다.

38 매뉴얼테크닉의 주의사항이 아닌 것은?

① 동작은 피부결 방향으로 한다.
② 청결하게 하기 위해서 찬물에 손을 깨끗이 씻은 후 바로 마사지한다.
③ 시술자의 손톱은 짧아야 한다.
④ 일광으로 붉어진 피부나 상처가 난 피부는 매뉴얼테크닉을 피한다.

39 매뉴얼테크닉을 이용한 관리 시 그 효과에 영향을 주는 요소와 가장 거리가 먼 것은?

① 속도와 리듬
② 피부결의 방향
③ 연결성
④ 다양하고 현란한 기교

매뉴얼테크닉의 효과에 영향을 주는 요소는 피부결의 방향, 속도와 리듬, 압력, 시간, 자세, 연결성, 매개체이다.

40 신체 각 부위 매뉴얼테크닉 방법에 대한 내용 중 틀린 것은?

① 규칙적인 리듬과 속도를 유지하면서 관리한다.
② 전신에 대한 매뉴얼테크닉은 강하면 강할수록 효과가 좋다.
③ 전신 매뉴얼테크닉은 림프절이 흐르는 방향으로 실시한다.
④ 전신에 손바닥을 밀착시키고 체간(몸통)을 이용하여 관리한다.

매뉴얼테크닉 시 압력이 너무 강하면 림프관이나 모세혈관의 손상을 줄 수 있으므로 적절한 강약을 조절해야 한다.

41 매뉴얼테크닉의 방법에 대한 설명이 옳은 것은?

① 고객의 병력을 꼭 체크한다.
② 손을 밀착시키고 압은 강하게 한다.
③ 관리 시 심장에서 가까운 쪽부터 시작한다.
④ 충분한 상담을 통하되 피부미용사는 의사가 아니므로 몸 상태를 살펴볼 필요는 없다.

특정 질병에는 매뉴얼테크닉을 삼가야 할 경우가 있으므로 고객의 병력을 꼭 체크해야 한다.

42 마사지(massage) 시술 시 주의사항으로 옳은 것은?

① 혈압이 높은 고객은 마사지를 시술함으로써 안정시킬 수 있으므로 보다 힘찬 마사지를 시술 한다.
② 시술자의 손은 크림, 오일, 로션 등으로 항상 부드럽게 한다.
③ 마사지 동작의 방향은 근육의 기시점(origin)에서 종지점(insertion)을 팔에만 국한시켜 시술 한다.
④ 관절운동법(joint movement)은 팔에만 국한시켜 시술한다.

시술자의 손은 고객이 불편하지 않도록 따뜻하고 부드러움을 유지하여야 한다.

정답   **39** ④   **40** ②   **41** ①   **42** ②

SECTION 07 팩과 마스크

[출제문항수 : 1~2문제] 최근에는 팩과 마스크가 같은 의미로 통용되고 있으나 차이점은 구분하시기 바랍니다. 또한 팩과 마스크의 분류에서는 형태, 제거 방법, 기능성 특수마스크를 위주로 출제되므로 반드시 암기하시기 바랍니다.

▶ **팩에 사용되는 주성분**
- 피막 형성제 : 폴리비닐알코올(PVA)
- 점도 증가제 : 잔탄검(xanthan gum)

씹는 껌을 연상

▶ **팩과 마스크의 차이점**

팩	• 차단막이 형성되지 않아 공기와 열이 통과한다. • 모공과 모낭을 수축시켜 피부에 긴장감을 준다.
마스크	• 차단막이 형성되어 공기와 열이 통과하지 못한다. • 온도가 상승되어 피부가 팽창되고 모공과 모낭이 확장된다.

▶ **pH**
pH란 산성, 알칼리성의 강도를 숫자로 나타내는 표시법으로, 피부와 모발이 가장 건강한 상태의 pH는 약 4.5~6.5 정도이다.

01 팩과 마스크의 개요

1 팩과 마스크

1) 팩

둘러싸다, 포장하다

① 'Package'에서 유래된 말로, '팩제로 피부를 싼다'는 의미로 사용되었다.
② 팩은 도포 후 차단막을 형성하지 않아서 공기와 수분이 통하기 때문에 잘 굳지 않는다.

2) 마스크

① 마스크는 도포한 후 점차 굳어져 외부의 공기유입과 내부의 수분증발을 차단시키는 차단막을 형성한다.
② 피부의 보습력을 향상시키고, 유효성분의 침투를 용이하게 한다.
③ 마스크의 제거는 닦아내는 것이 아니라 떼어낸다.

2 팩과 마스크의 목적 및 효과

① **보습 및 유효성분 흡수촉진작용** : 팩제에 함유된 성분들을 피부 깊숙이 침투시켜 피부에 보습력과 탄력을 높이고 잔주름 예방에도 효과적이다.
② **청정작용** : 피부의 각질과 노폐물을 제거하여 피부를 맑고 깨끗하게 해주는 효과가 있다.
③ **혈행 촉진작용** : 팩제를 바르면 피부 온도를 높이면서 신진대사를 원활하게 하고 혈액순환을 촉진한다.
④ **pH 조절**과 **진정효과**에 의한 살균과 염증완화의 효과가 있다.
⑤ 그 외 팩의 재료와 상태, 온도에 따라 다양한 효과를 나타낼 수 있다.

02 팩과 마스크의 분류

팩과 마스크의 분류

형태에 의한	파우더 타입, 크림 타입, 젤 타입, 점토 타입, 종이 타입, 고무 타입
제거방법에 의한	필 오프 타입, 워시 오프 타입, 티슈 오프 타입
온도에 따른	웜 마스크, 콜드 마스크
기능성 특수 마스크	석고 마스크, 모델링(고무) 마스크, 콜라겐벨벳 마스크, 파라핀 마스크

1 형태에 의한 분류

1) 파우더(분말) 타입

① 한방재료, 약초추출물, 해조추출물, 효소 등의 다양한 재료를 분말제로 만든다.

② 팩을 하기 직전에 화장수, 정제수, 앰플, 젤 등과 혼합하여 사용한다.

2) 크림 타입

① 사용감이 부드러운 크림형태로 보습, 영양, 진정에 효과적이다.

② 일반적으로 O/W 유화타입의 크림상 제제가 사용된다.   5장 화장품학 – 섹션 2. 화장품 제조 참조할 것

③ 건성, 노화, 민감성 피부에 적합하다.

3) 젤 타입

① 투명의 수성 젤 형태로 촉촉한 느낌을 주는 제품이다.

② 자극이 적으며 보습, 진정효과가 있어서 예민성 피부에 효과적이다.

4) 점토(클레이, Clay) 타입 – 머드팩

① 진흙이나 점토 등 광물을 함유한 분말 성분과 글리세린 등의 보습성분을 혼합하여 만든 제품이다.

② 흡착력이 뛰어나며, 피지·노폐물 제거 및 수축 작용, 살균·소독 및 항염작용이 있다.

③ 피지 분비 조절이 필요한 지성, 여드름성, 복합성 피부에 적합하다.

5) 종이(시트, Sheet) 타입

① 콜라겐이나 다른 활성성분을 건조시킨 시트를 정제수, 화장수, 또는 특수용액에 적셔 얼굴에 덮어 사용하는 형태의 팩이다.

② 사용이 간편하다.

6) 왁스 타입

① 왁스의 온도와 밀봉되는 성질을 이용하여 영양물질을 침투시켜 피부의 탄력성과 보습력을 증진시킨다.

② 건성피부, 노화피부에 효과적이나 민감한 피부에는 적용을 피한다.

2 제거 방법에 의한 분류

1) 필 오프 타입(Peel Off type)   → 껍질 따위를 벗기다

① 젤 또는 액체 형태의 수용성 점액질로 도포 후 건조되면서 얇은 필름막을 형성한다.

② 필름 막을 떼어낼 때 노폐물과 죽은 각질세포가 제거되어 피부에 청정효과를 준다.

③ 얇고 균일하게 발라야 고른 효과를 볼 수 있다.

④ 주 1~2회 사용한다.

⑤ 종류 : 석고 마스크, 고무 마스크, 젤라틴 팩 등

↑ 분말팩의 제조과정

↑ 크림 타입

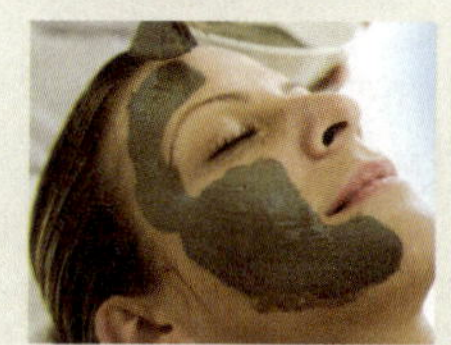

↑ 점토 타입

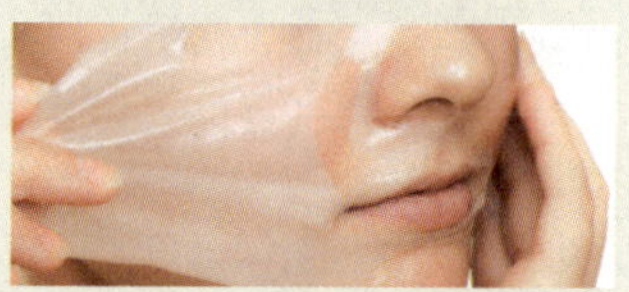

↑ 필 오프 타입

① 팩제를 도포하고 약 10~30분 후에 미온수로 세안하여 제거한다.
② 피부자극이 적으며 상쾌하다.
③ 크림, 젤, 클레이, 분말, 거품 등 형태가 다양하며 가장 대중적이다.

3) 티슈 오프 타입(Tissue Off Type)

① 흡수가 잘 되는 크림이나 젤을 도포 후 10~15분 정도 흡수시킨 후 티슈로 닦아내는 팩이다.
② 보습과 영양 공급 효과가 뛰어나 건성, 노화 피부에 적당하다.
③ 홈케어용 제품이 많으며 복합성 피부나 지성 피부의 경우 여드름을 유발할 수 있다.

❸ 온도에 따른 분류

1) 웜 마스크(Warm Mask)

① 열을 발생시켜 유효성분을 피부 깊숙이 흡수시킨다.
② 혈액순환을 촉진시켜 피부에 탄력성을 준다.
③ 피지 및 노폐물 배출을 촉진한다.
④ 피지선과 한선의 활동을 활발하게 하여 표피의 각질에 습윤작용을 한다.
⑤ 열의 발생은 피부에 자극을 줄 수 있으므로 민감성 피부는 피하는 것이 좋다.
⑥ 석고 마스크, 파라핀 마스크 등이 있다.

2) 콜드 마스크(Cold Mask)

냉 타월 팩이나 냉동요법 등의 차가운 팩으로 신선함과 상쾌함을 느끼게 하고 수렴 작용을 한다.

❹ 기능성 특수 마스크

1) 석고 마스크

① 석고와 물을 섞으면 석고의 크리스탈 성분이 열을 발산하는 원리로, 도포 후 온도가 40℃ 이상 올라가며, 발산된 열에 의해 혈액순환을 촉진시킨다.(진정 효과 ×)
② 마스크를 도포하기 전에 먼저 피부유형에 맞는 앰플이나 에센스를 도포한 후 적용하면 영양성분이 피부 깊숙이 흡수된다.
③ 석고 마스크 적용 시 너무 뜨거울 수 있으므로 민감한 눈과 입술 등은 반드시 패드를 사용하여 보호한다.
④ 노화 피부, 건성 피부에 효과적이다.
⑤ 열이 발생하기 때문에 민감성, 여드름, 모세혈관 확장 피부 등에는 피하는 것이 좋다.

⬆ 석고 마스크

▶ 석고 분리
열이 식었을 때 가볍게 흔들어 얼굴에서 떼어낸다.

2) 고무 마스크

① 해초에서 추출한 알긴산이 주성분으로 '알긴 마스크', '모델링 마스크'
   라 부른다.
② 건조되면 고무 모양으로 응고된다.
③ 차단막 효과로 영양성분을 효과적으로 흡수한다.

3) 콜라겐 벨벳 마스크

① 천연 콜라겐을 냉동 건조시켜 만든 마스크로, 종이 형태로 만든 시트 타
   입 마스크이다.
② 피부 표피의 수분 보유량을 향상시켜 잔주름을 예방한다.
③ 필링 후 사용하여 피부를 진정시킨다.
④ 사용 시 기포가 생기면 마스크의 성분이 피부에 침투가 되지 않기 때문
   에 기포를 잘 제거하여야 한다.
⑤ 효과를 높이기 위하여 사용하는 영양액은 유분(오일)이 없는 것을 사용
   하여야 침투가 잘된다.

⬆ 콜라겐 벨벳 마스크

4) 왁스 마스크 (파라핀 마스크)

① 파라핀 왁스, 에틸 알코올, 스테아릴 알코올 등이 혼합된 마스크로 온열
   기를 이용하여 사용 직전에 녹여서 사용한다.
② 마스크 자체에는 영양성분이 함유되어 있지 않기 때문에 피부에 유효성
   분이 함유된 크림 등을 도포 후 적용한다.
③ 따뜻하게 녹인 왁스를 발라 피부에 일시적인 밀봉 작용하여 유효성분을
   피부에 흡수시킨다.
④ 열과 오일이 모공을 열어주고, 피부를 코팅하는 과정에서 발한작용을
   한다.
⑤ 파라핀 마스크 적용 시 파라핀이 얼굴에 직접적으로 닿지 않도록 거즈
   를 올린 후 도포한다.
⑥ 피부에 강한 긴장력을 주어 잔주름 제거에 효과적이다.
⑦ 건성, 노화피부 및 발관리, 손관리에 효과적이나 모세혈관확장피부에
   는 사용을 피한다.

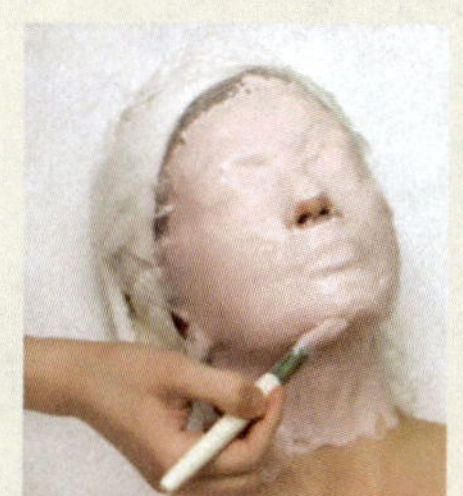

⬆ 파라핀 마스크

▶ 마스크를 적용할 때 얼굴에 거즈를 사용하는 주목적은 피부자극의 감소와 내용물이 흘러내리지 않도록 하기 위함이다.

5 천연팩과 한방팩

1) 천연팩

① 신선한 무공해 과일이나 채소를 이용한 팩으로, 농약은 깨끗이 닦아내
   고 사용한다.
② 밀가루, 해초가루, 감초, 우유, 요구르트 등을 함께 넣어 팩을 만든다.
③ 반드시 사용 직전에 1회 분량만 만들어 사용하고, 남은 것은 재사용하
   지 않는다.
④ 재료의 혼용 시 각 재료의 특성을 잘 파악하고, 만드는 방법과 사용법을
   잘 숙지해야 한다.
⑤ 천연재료 자체에 독성이 있을 수 있어 민감한 피부에는 트러블을 일으
   킬 수 있다.

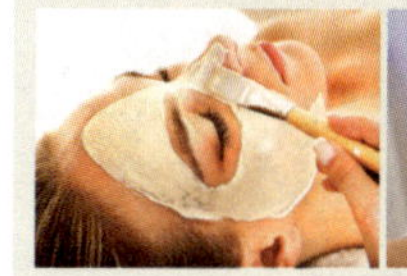

⬆ 천역팩 도포

⑥ 팩의 사용시간은 일반적으로 10~20분이며, 너무 길게 하지 않아야 한다.

2) 한방팩

미용효과가 있는 한방약재를 가공하거나 분말화하여 사용하는 팩으로 한방재료에 대한 전문지식을 가지고 피부상태에 맞게 사용한다.

3) 신진대사를 높이기 위한 천연팩

에그팩	흰자	피부세정에 효과적
	노른자	• 밀가루, 오일 등과 함께 사용한다. • 건성피부나 화장이 잘 받지 않는 피부, 노화피부(잔주름 제거)에 효과적
우유팩		우유에 포함되어 있는 레시틴, 콜레스테롤, 비타민 등을 이용하여 피부 보습작용, 미백작용 및 피부에 유분을 공급한다.
벌꿀팩		꿀에 함유되어 있는 당분과 단백질, 유기산 등에 의해 피부에 영양을 공급한다.

03 팩과 마스크의 사용방법과 유의사항

1 팩과 마스크의 사용방법

① 딥클렌징 또는 마사지 후 사용한다.

② 피부 유형에 적합한 팩이나 마스크를 선택하고 팩(마스크) 제는 볼에 덜어 사용한다.

③ 민감한 피부는 사용 전에 테스트를 먼저 실시한다.

④ 복합성 피부인 경우 피부 부위별 특성에 따라 두 종류 이상을 선택하여 사용한다.

⑤ 두 가지 이상의 다른 종류의 팩(마스크)을 적용하는 경우 수분흡수 효과가 좋은 것을 먼저 적용한다.

⑥ 선택한 제품은 사용 방법과 양을 정확히 알고 사용한다.

⑦ 팩 붓을 이용하여 체온이 낮은 순서(볼 → 턱 → 코 → 이마 → 목)로 일정한 두께로 바른다.

⑧ 아래쪽에서 위쪽, 안에서 바깥 방향으로 얼굴 근육 방향을 고려하여 고르게 바른다.

⑨ 아이패드, 립패드를 적용하여 안정감을 준다.

⑩ 크림이나 젤 형태 제품은 손으로 도포하고 분말 형태는 팩 브러시나 주걱을 이용한다.

⑪ 자외선(살균), 적외선(피부활성), 온열기(혈액순환)와 함께 사용하면 더 효과적이다.

2️⃣ 팩과 마스크의 사용 시 주의사항

① 눈썹, 눈 주위, 입술 위는 팩이나 마스크의 사용을 피한다.

② 피부에 상처가 있는 경우는 사용을 금한다.

③ 팩을 사용하기 전 고객의 알레르기 유무는 꼭 확인해야 한다.

④ 팩의 효능 및 온도를 고객에게 미리 알려야 한다.

⑤ 천연팩은 반드시 사용직전에 만들고, 한방팩은 3가지 이상 혼합하지 않는다.

⑥ 팩제는 적당한 농도를 유지해서 도포 시 눈, 코, 귀, 입에 들어가거나 흘러내리지 않도록 한다.

⑦ 시술중 고객의 얼굴 표정이 움직이지 않도록 말을 시키지 않는다.

⑧ 건조되는 팩일 경우 눈, 입술, 인중, 목 가까이는 바르지 않는다.

⑨ 적용시간을 엄수한다. (1차 : 10~15분, 2차 : 15~30분)

04 얼굴 관리 마무리

1️⃣ 얼굴관리 마무리의 개념

얼굴 피부 관리의 마지막 단계로 토닉을 이용한 피부 정돈과 영양물질 흡수 후 자외선 차단제로 마무리하는 과정까지를 의미한다.

2️⃣ 피부 유형에 따른 기초화장품의 선택

1) 정상 피부 타입

① 가장 이상적인 피부 유형으로 유분과 수분의 밸런스가 알맞고 기능이 정상적으로 유지되는 피부

② 피부 표면과 피부 결이 매끄럽고 피지 분비가 정상적이므로 촉촉한 피부로 유지된다.

③ 대부분의 화장품 사용 가능

2) 지성 피부 타입

① 피지가 과다하게 분비되는 피부 유형

② 모공이 정상 피부보다 넓고 각질층이 두꺼운 피부로 환경적 요인도 무시할 수는 없지만 유전적 원인이 크게 작용하며 피부 표면이 번들거린다.

③ 젤 타입의 기초화장품이 적합하다.

3) 건성 피부 타입

① 유분과 수분이 적게 분비되어 피부 표면에 주름이 생기기 쉬운 피부

② 피지 분비가 부족하여 수분을 보유하기 어렵고 모공이 작아 피부 표면은 매끄럽지만 탄력과 윤기가 없다.

③ 크림과 로션 타입의 기초화장품이 적합하다.

▶ 팩제의 사용법에 따라 건조되는 입술, 눈 주위는 팩제를 피해야 하며, 팩제를 사용할 때는 눈가에는 아이크림 등 전용제품을 바르고 아이패드를 해주고, 입술은 립제품을 바르고 팩제를 바른다.

4) 민감성 피부 타입

① 피부가 건조하기 쉬우며 자극에 예민하다.

② 피부 결이 섬세한 반면, 피부조직이 얇아서 자주 붉어지기도 하며, 화장품 성분에 따라 민감해지기 쉬우므로 조심해야 한다.

③ 젤 타입과 오일 타입의 기초화장품이 적합하다.

5) 복합성 피부 타입

① 피지 분비량이 일정하지 않은 피부이다.

② 두 가지 이상의 피부 유형이 나타나는 피부로 얼굴의 T-zone과 U-zone 또는 목의 피부가 지성, 건성, 정상 등 부위별로 다른 피부 유형을 나타낸다.

③ 부위별 피부 유형에 맞는 화장품을 선택하여야 한다.

③ 위생과 소독

① 과정마다 손 소독을 철저히 실시한다.

② 헤어라인에 잔여물을 묻지 않도록 한다.

③ 제품 사용 시 스파튤라를 사용한다.

④ 정리대를 청결하게 준비해야 한다.

▶ **기초화장품의 종류**

① 토닉(화장수) : pH 밸런스를 조절

유연화장수	유연화장수에는 보습제, 유연제가 함유되어 있다. 그래서 피부의 각질층을 촉촉하고 부드럽게 하는 목적으로 사용되며 흔히 스킨 소프트너(Skin Softner)라고 한다.
수렴 화장수	각질층에 수분을 공급하고 모공을 수축시키는 효과가 있다. 수렴을 의미하는 아스트린젠트는 토닉로션(toning lotion)이나 오일 컨트롤 로션(oil control lotion)등 다양한 종류가 있다.

② 에센스나 세럼

③ 데이 크림 : 낮에 바르는 영양 크림

④ 나이트 크림 : 밤에 바르는 영양 크림

⑤ 아이 크림 : 눈 주위에 바르는 영양 크림

⑥ 자외선 차단제 : 자외선을 차단시켜주는 로션이나 크림

1 팩과 마스크의 사용 목적으로 옳은 것은?

① 노화한 각질층의 탈락을 유도하여 재생을 돕는다.
② 공기유입을 일시적으로 막아 긴장을 주어 혈액순환을 촉진한다.
③ 흡착작용에 의해 피지나 화장품 성분을 효과적으로 녹인다.
④ 피지 분비를 정상화하여 번들거림을 근본적으로 막아준다.

> 팩과 마스크는 노화된 각질층 및 노폐물의 제거, 수분과 영양의 공급, 신진대사 및 혈액순환 촉진, 피부의 진정 및 수렴작용 등의 효과를 얻기 위하여 사용한다.

2 팩의 목적 및 효과가 아닌 것은?

① 모공 이완작용
② 피부 보습작용
③ 유효성분 흡수 촉진작용
④ 피부의 진정작용

> 팩은 모공과 모낭을 수축시켜 피부에 긴장감을 주는 효과가 있다.

3 팩제의 사용 목적이 아닌 것은?

① 팩제가 건조하는 과정에서 피부에 심한 긴장을 준다.
② 일시적으로 피부의 온도를 높여 혈액순환을 촉진한다.
③ 노화한 각질층 등을 팩제와 함께 제거시키므로 피부 표면을 청결하게 할 수 있다.
④ 피부의 생리 기능에 적극적으로 작용하여 피부에 활력을 준다.

> 팩제는 건조과정에서 피부에 일정한 긴장감을 주어 피부탄력을 올려준다.

4 팩의 목적 및 효과와 가장 거리가 먼 것은?

① 피부의 혈행 촉진 및 청정 작용
② 진정 및 수렴 작용
③ 피부 보습
④ 피하지방의 흡수 및 분해

> 팩의 목적과 효과는 피부상태의 개선으로 피하지방의 흡수 및 분해에는 관여하지 않는다.

5 팩의 효과에 대한 설명 중 가장 거리가 먼 것은?

① 유효성분 흡수가 촉진된다.
② 혈액순환을 촉진시켜 표피의 신진대사를 원활히 한다.
③ 잔주름을 방지하며 긴장감을 주어 탄력 있게 가꾸어 준다.
④ 피부를 착색한다.

> 팩을 하는 것으로 피부에 착색되지 않는다.

6 피부 관리에서 팩 사용 효과가 아닌 것은?

① 수분 및 영양 공급
② 각질 제거
③ 치유 작용
④ 피부 청정 작용

> 치유 작용을 하는 것은 의료의 영역이다.

7 팩의 목적이 아닌 것은?

① 노폐물의 제거와 피부정화
② 혈액순환 및 신진대사 촉진
③ 영양과 수분공급
④ 잔주름 및 피부건조 치료

> 팩의 목적은 예방이며, 치료가 아니다.

정답 ▶ 1 ① 2 ① 3 ① 4 ④ 5 ④ 6 ③ 7 ④

8 팩의 효과에 대한 설명 중 옳지 않은 것은?

① 팩의 재료에 따라 진정작용, 수렴작용 등의 효과가 있다.
② 혈액과 림프의 순환이 왕성해진다.
③ 피부와 외부를 일시적으로 차단하므로 피부의 온도가 낮아진다.
④ 팩의 흡착작용으로 피부가 청결해진다.

9 팩 미안술에 맞지 않는 것은?

① 잡티제거
② 피부를 누르거나 밀어주는 것
③ 영양분이 피부에 침투, 흡수
④ 생리기능을 높혀 피부를 부드럽게 한다.

10 팩에 사용되는 주성분 중 피막제 및 점도 증가제로 사용되는 것은?

① 카올린(kaolin), 탈크(talc)
② 폴리비닐알코올(PVA), 잔탄검(xanthan gum)
③ 구연산나트륨(sodium citrate), 아미노산류(amino acids)
④ 유동파라핀(liquid paraffin), 스쿠알렌(squalene)

11 파우더 타입의 머드팩에 대한 설명이 옳은 것은?

① 유분을 공급하므로 노화, 재생관리가 필요한 피부에 사용
② 피지를 흡착하고 살균, 소독 및 항염 작용이 있어 지성 및 여드름 피부에 사용
③ 항염작용이 있어 민감 피부 관리에 사용
④ 보습작용이 뛰어나 눈가나 입술관리에 사용

12 팩에 대한 내용 중 적합하지 않은 것은?

① 건성 피부에는 진흙팩이 적합하다
② 팩은 사용목적에 따른 효과가 있어야 한다.
③ 팩 재료는 부드럽고 바르기 쉬워야 한다.
④ 팩 사용에 있어서 안전하고 독성이 없어야 한다.

13 다음 중 피지분비가 많은 지성, 여드름성 피부의 노폐물 제거에 가장 효과적인 팩은?

① 오이팩
② 석고팩
③ 머드팩
④ 알로에겔팩

14 점토팩이라고도 하여 세안제로 사용되는 팩제의 대표적인 것은?

① 밀크팩
② 클레이팩
③ 왁스 마스크팩
④ 에그팩

15 피부를 수축시키고 과잉 피지를 제거하는데 가장 좋은 팩제는?

① 해조팩
② 머드팩
③ 오이팩
④ 왁스 마스크팩

16 팩의 분류에 속하지 않는 것은?

① 필 오프 타입
② 워시 오프 타입
③ 패치 타입
④ 워터 타입

정답 ▶ 8 ③ 9 ② 10 ② 11 ② 12 ① 13 ③ 14 ② 15 ② 16 ④

17 팩의 제거 방법에 따른 분류가 아닌 것은?

① 티슈 오프 타입 (Tissue off type)
② 석고 마스크 타입(Gysum mask type)
③ 필 오프 타입(Peel off type)
④ 워시 오프 타입(Wash off type)

> 팩은 제거방법에 따라 필 오프 타입, 티슈 오프 타입, 워시 오프 타입이 있다.
> ※ 석고 마스크는 필 오프 타입에 해당된다.

18 워시 오프 타입의 팩이 아닌 것은?

① 크림 팩
② 거품 팩
③ 클레이 팩
④ 젤라틴 팩

> 젤라틴 팩은 막을 떼어내는 필오프타입(Peel off type)이다.

19 필 오프 타입(peel off type) 마스크의 특징이 아닌 것은?

① 젤 또는 액체 형태의 수용성으로 바른 후 건조되면서 필름막을 형성한다.
② 볼 부위는 영양분의 흡수를 위해 두껍게 바른다.
③ 팩 제거 시 피지나 죽은 각질 세포가 제거됨으로 피부 청정 효과를 준다.
④ 일주일에 1~2회 사용한다.

> 필 오프 타입 마스크는 얇고 균일하게 발라야 고르게 효과를 볼 수 있다.

20 석고 마스크를 사용하기에 가장 거리가 먼 것은?

① 정상 피부
② 건성 피부
③ 노화 피부
④ 여드름이 있는 민감한 피부

> 석고마스크는 열을 발생시켜 노화피부, 건성피부에 영양흡수를 돕는데 적당하며, 여드름이 있거나 민감한 피부에는 피하는 것이 좋다.

21 석고마스크에 관련된 설명으로 틀린 것은?

① 피부유형에 맞는 앰플이나 에센스를 도포한 후 적용한다.
② 열이 식으면 가볍게 흔들어 얼굴에서 떼어낸다.
③ 머리카락이 삐져나오지 않게 헤어밴드를 잘 정리해 준다.
④ 모세혈관 확장 피부에 효과적이다.

> 석고마스크는 시술 시 열이 발생하여 피부에 자극을 줄 수 있으므로 모세혈관확장피부나 민감성피부에는 좋지 않다.

22 온열 석고마스크의 효과가 아닌 것은?

① 열을 내어 유효성분을 피부 깊숙이 흡수시킨다.
② 혈액순환을 촉진시켜 피부에 탄력을 준다.
③ 피지 및 노폐물 배출을 촉진한다.
④ 자극 받은 피부에 진정효과를 준다.

> 석고마스크는 시술 시 열이 발생해 피부에 자극을 줄 수 있다.

23 피부타입에 따른 팩의 사용이 잘못된 것은?

① 건성 피부 – 클레이 마스크
② 지성 피부 – 클레이 마스크
③ 노화 피부 – 벨벳 마스크
④ 여드름 피부 – 머드팩

> 클레이 마스크는 피지를 흡착하고 피부의 청정효과를 위해 사용하는 팩으로 건성 피부에는 적합하지 않다.

24 다음 [보기]에서 설명하는 팩(마스크)의 재료는?

【보기】

> 열을 내서 혈액순환을 촉진시키고 또한 피부를 완전 밀폐시켜 팩(마스크) 도포 전에 바르는 앰플과 영양액 및 영양크림의 성분이 피부 깊숙이 흡수되어 피부개선에 효과를 준다.

① 해초
② 석고
③ 꿀
④ 아로마

> 석고팩은 도포 후 온도가 40℃ 이상 올라가 혈액순환을 촉진시키고 밀폐를 통해 도포 전 바른 영양분을 피부 깊숙이 흡수시킨다.

정답 17 ② 18 ④ 19 ② 20 ④ 21 ④ 22 ④ 23 ① 24 ②

25 콜라겐 벨벳마스크의 설명으로 틀린 것은? ***

① 피부의 수분 보유량을 향상시켜 잔주름을 예방한다.
② 필링 후 사용하여 피부를 진정시킨다.
③ 천연 콜라겐을 냉동 건조시켜 만든 마스크이다.
④ 효과를 높이기 위해 비타민을 함유한 오일을 흡수시킨 후 실시한다.

> 벨벳마스크를 사용할 때는 마스크에 함유된 활성성분의 침투를 용이하게 하기 위해 유분이 없는 영양액을 바른다.

26 도포 후 온도가 40℃ 이상 올라가며, 노화 피부 및 건성 피부에 필요한 영양흡수효과를 높이는 데 가장 효과적인 마스크는? ***

① 석고 마스크
② 콜라겐 마스크
③ 머드 마스크
④ 알긴산 마스크

> 석고 마스크는 열을 발생하여 혈액순환을 돕고 피부에 영양이 흡수되는 것을 돕기 때문에 노화 및 건성피부에 효과적이다.

27 마스크의 종류에 따른 사용 목적이 틀린 것은? ***

① 콜라겐 벨벳 마스크 - 진피 수분 공급
② 고무 마스크 - 진정, 노폐물 흡착
③ 석고 마스크 - 영양성분 침투
④ 머드 마스크 - 모공 청결, 피지 흡착

> 콜라겐 벨벳 마스크의 주 사용목적은 표피 수분공급이다.

28 마스크 적용 시 거즈를 사용하는 주목적에 해당되는 것은? ****

① 유효성분 흡수 촉진
② 사용 시 내용물이 흘러내리는 것 방지
③ 온도 유지
④ 노폐물 제거

> 마스크 적용 시 거즈를 사용하는 목적은 피부자극의 감소 및 재료가 흘러내리는 것을 방지하기 위함이다.

29 마스크와 관련한 설명 중 틀린 것은? ****

① 석고마스크는 적용 시 너무 뜨거울 수 있으므로 눈과 입술 등은 반드시 패드를 사용하여 보호한다.
② 콜라겐 벨벳마스크는 효과를 배가하기 위하여 적용 전에 유분이 풍부한 에센스를 도포하는 것이 좋다.
③ 파라핀마스크 적용 시 파라핀이 얼굴에 직접적으로 닿지 않도록 거즈를 올린 후 도포한다.
④ 알긴마스크는 해초파우더와 용액을 혼합하여 사용하는 것으로 일종의 고무마스크이다.

> 콜라겐벨벳마스크 적용 시 효과를 높이기 위해서 사용하는 영양액은 유분이 없는 것을 사용하여야 침투가 잘 된다.

30 벨벳 마스크 사용 시 기포를 제거해야 하는 이유는? ***

① 기포가 생기면 마스크의 모양이 예쁘지 않기 때문이다.
② 기포가 생기면 마스크의 적용시간이 길어지기 때문이다.
③ 기포가 생기면 고객이 불편해하기 때문이다.
④ 기포가 생기는 부분에는 마스크의 성분이 피부에 침투하지 않기 때문이다.

> 벨벳 마스크 사용 시 기포가 생기지 않도록 밀착해야 피부에 유효성분이 골고루 침투된다.

31 마스크에 대한 설명 중 틀린 것은? ***

① 석고 - 석고와 물의 교반작용 후 크리스털 성분이 열을 발산하여 굳어진다.
② 파라핀 - 열과 오일이 모공을 열어주고, 피부를 코팅하는 과정에서 발한작용을 한다.
③ 젤라틴 - 중탕되어 녹여진 팩제를 온도 테스트 후 브러시로 바르는 예민 피부용 진정팩이다.
④ 콜라겐 벨벳 - 천연 용해성 콜라겐의 침투가 이루어지도록 기포를 형성시켜 공기층의 순환이 되도록 한다.

> 콜라겐 벨벳은 용해성 콜라겐을 건조시켜 종이 형태로 만든 것으로 용액을 적셔 기포가 생기지 않도록 밀착시켜야 한다.

32 콜라겐 벨벳마스크는 어떤 타입이 주로 사용되는가?

① 시트 타입   ② 크림 타입
③ 파우더 타입   ④ 겔 타입

> 콜라겐 벨벳마스크는 용해성 콜라겐을 건조시켜 종이형태로 만든 것으로 용액에 적셔 피부에 밀착하는 시트 타입이다.

33 다음 중 피부에 강한 긴장력을 주어 잔주름을 없애는 데 가장 효과가 있는 팩은?

① 우유 팩   ② 오일 팩
③ 계란 팩   ④ 파라핀 팩

> 파라핀팩(파라핀 마스크)은 피부에 강한 긴장력을 주어 잔주름 제거에 효과적이다.

34 팩에 대한 설명으로 옳은 것은?

① 파라핀 팩은 모세혈관확장 피부에 사용을 금한다.
② Wash-off 타입의 팩은 건조되어 얇은 필름을 형성하여 피부 청결에 효과적이다.
③ Peel-off 타입의 팩은 도포 후 일정시간 지나 미온수로 닦아내는 형태의 팩이다.
④ 건성 피부에 적용 시 도포하여 건조시키는 것이 효과적이다.

> 파라핀 팩의 열이 피부에 자극을 주므로 모세혈관확장 피부에는 사용하지 않는다.
> ② Wash-off 타입 : 미온수로 씻거나 닦아내는 타입
> ③ Peel-off 타입 : 필름을 형성하여 벗겨내는 타입
> ④ 건성 피부의 경우에는 수분이 계속적으로 유지되는 팩을 사용

35 고형의 파라핀을 녹이는 파라핀기의 적용범위가 아닌 것은?

① 혈액순환 촉진
② 팩 관리
③ 살균
④ 손 관리

> 파라핀기는 손이나 발을 파라핀 팩으로 관리를 할 수 있게 하는 기기로 피부의 혈액순환을 촉진하고, 습윤작용을 한다.
> 살균작용을 하지는 않는다.

36 천연팩에 대한 설명 중 틀린 것은?

① 사용할 횟수를 모두 계산하여 미리 만들어 준비 해둔다.
② 신선한 무공해 과일이나 야채를 이용한다.
③ 만드는 방법과 사용법을 잘 숙지한 다음 제조한다.
④ 재료의 혼용 시 각 재료의 특성을 잘 파악한 다음 사용하여야 한다.

> 천연팩의 경우는 변질의 위험이 있으므로 미리 제조해 두지 말고 시술 직전에 조제한다.

37 팩의 사용방법에 대한 내용 중 틀린 것은?

① 천연팩은 흡수시간을 길게 유지할수록 효과적이다.
② 팩의 적정 시간은 제품에 따라 다르나 일반적으로 10~20분 정도의 범위이다.
③ 팩을 사용하기 전 알레르기 유무를 확인한다.
④ 팩을 하는 동안 아이패드를 적용한다.

> 천연팩제는 소량의 독성이 있으므로 팩을 하는 시간은 길지 않게 15~20분 정도로 해야 한다.

38 미안술에 있어 팩법은 마사지 후 피부의 물질대사를 높이거나 피부를 수렴시키는 등의 효과가 있다. 다음 중 신진대사를 높이는 팩법이 아닌 것은?

① 에그팩   ② 우유팩
③ 머드팩   ④ 벌꿀팩

> 신진대사를 높이는 천연팩으로 에그팩, 우유팩, 벌꿀팩 등이 있으며, 머드팩은 피지제거 등의 피부청결에 효과가 좋다.

39 다음 중 건성피부나 화장이 잘 받지 않는 피부에 가장 적당한 팩은?

① 머드팩   ② 안식향산팩
③ 호르몬팩   ④ 달걀 노른자팩

> 건성피부, 노화피부, 화장이 잘 받지 않는 피부에는 달걀 노른자 팩이 효과가 좋다.

정답   32 ①   33 ④   34 ①   35 ③   36 ①   37 ①   38 ③   39 ④

40 에그팩에 대한 설명 중 맞는 것은? ★★

① 지방, 레시틴, 콜레스테롤 등을 이용해서 미용 상
의 효과를 높이기 위한 팩으로 보습작용과 표백
작용이 있으며 지방을 보급해 준다.
② 당분과 단백질, 의산(개미산)등의 유기산이나 효
소, 비타민 C 등에 의한 수렴, 표백작용을 한다.
③ 단백질의 교착작용을 이용해서 피부에 세정효과
를 주고 잔주름을 없애주어 건조성 피부와 중년
기의 쇠퇴한 피부에 효과적이다.
④ 레몬, 토마토, 딸기, 사과 등을 잘라서 과즙에 함
유된 유효성분을 이용한다.

> 에그팩은 달걀을 이용하는 팩으로 달걀 흰자는 피부에 세정효과
> 를 주고, 달걀 노른자는 잔주름을 없애주는 효과로 노화피부, 건
> 조피부, 화장이 잘 받지 않는 피부에 효과적이다.

41 팩의 적용방법 중 틀린 것은? ★★★★

① 팩은 피부유형에 따라 적합한 것으로 사용하고,
한 종류만 사용해야 한다.
② 특별히 민감한 피부는 사용 전에 테스트를 먼저
실시한다.
③ 팩 붓을 이용하여 일정한 두께로 바르고 볼―턱―
코―이마―목 순으로 바른다.
④ 팩제의 사용법에 따라 건조되는 팩은 입술, 눈 가
까이에는 바르지 않는다.

> 팩이나 마스크는 피부유형에 따라 적합한 것을 사용하며, 두 종
> 류 이상을 사용할 때는 수분흡수가 좋은 것을 먼저 적용한다.

42 팩 사용 시 주의사항이 아닌 것은? ★★★

① 피부타입에 맞는 팩제를 사용한다.
② 잔주름 예방을 위해 눈 위에 직접 덧바른다.
③ 한방팩, 천연팩 등은 즉석에서 만들어 사용한다.
④ 안에서 바깥방향으로 바른다.

> 눈 부위는 진정용 화장수를 적신 화장솜으로 가리고 눈과 입 주
> 변을 제외한 얼굴과 목에 도포한다.

43 두 가지 이상의 다른 종류의 마스크를 적용시킬 경우 가장 먼저 적용시켜야 하는 마스크는? ★★★

① 가격이 높은 것
② 수분 흡수 효과를 가진 것
③ 피부로의 침투시간이 긴 것
④ 영양성분이 많이 함유된 것

> 수분흡수 효과가 좋은 것을 먼저 적용시킨다.

44 팩과 관련한 내용 중 틀린 것은? ★★★

① 피부 상태에 따라서 선별해서 사용해야 한다.
② 팩을 바르기 전 냉타월로 피부를 진정시킨 후 사
용하면 효과적이다.
③ 피부에 상처가 있는 경우에는 사용을 삼간다.
④ 눈썹, 눈 주위, 입술 위는 팩 사용을 피한다.

> 냉타월은 팩을 제거한 후 사용하여 수렴효과를 준다.

SECTION 08 제모

[출제문항수 : 1문제] 일시적 제모와 영구적 제모의 종류와 차이점을 확실히 구별해야 하며, 특히 왁스를 이용한 제모의 순서와 방법에 대한 것은 숙지를 하는 것이 좋습니다.

01 제모의 개요

1 제모의 정의

① 제모란 신체의 털이 미관상 미용적 저해요소일 때 도구를 이용하여 일시적 혹은 영구적으로 털을 제거하는 것을 말한다.

② 적용부위는 얼굴(눈썹, 이마, 코밑, 턱, 얼굴전체), 액와(겨드랑이), 팔, 다리부위, 목 뒤 헤어라인, 등, 앞가슴 부위, 서혜부*와 비키니라인 등이다.

2 제모의 목적 및 효과

신체 중 노출부위의 털을 제거하여 미용상 매끄럽고 아름다운 피부를 표현하고, 얼굴의 경우 솜털을 제거함으로써 마사지 효과를 상승시킨다.

02 일시적 제모

1 면도기를 이용한 제모

① 면도기를 이용하여 모간부만 제거하는 방법이다.

② 일주일에 1~2회가 적당하다.

③ 가장 손쉽게 제거하는 방법으로 소요시간이 짧다.

④ 샤워 후 털이 부드러워졌을 때 면도용 크림이나 폼 클렌징을 발라 피부자극을 줄인다.

⑤ 주기적 면도로 털이 굵고 거세게 자라며, 모근을 제거하지 않기에 곧 다시 자라난다는 단점이 있다.

⑥ 감염, 염증을 일으킬 수 있다.

2 핀셋을 이용한 제모

① 핀셋을 사용하여 털을 뽑는 것으로 모근을 제거하기 때문에 면도보다 제모상태가 오래 유지된다.(약 4주)

② 눈썹 같이 좁은 부위에 난 털을 제모할 때 쓰이며, 왁스제모 후 남은 털 제거에도 사용된다.

③ 털의 성장 방향대로 뽑고, 스팀타월로 모공을 확장시킨 후 뽑는 것이 통증을 줄일 수 있다.

④ 제모 후 진정화장수나 진정마스크로 살균·소독·진정시킨다.

⑤ 단점 : 지속적으로 실시했을 때 피부처짐이 있을 수 있다.

제모의 종류

일시적 제모
(모간이나 모근만 제거)

• 면도기를 이용한 제모
• 핀셋을 이용한 제모
• 화학적 제모
• 왁스를 이용한 제모(온왁스, 냉왁스)

영구적 제모
(털을 만드는 세포를 파괴)

전기 분해법, 전기응고술, 레이저 제모

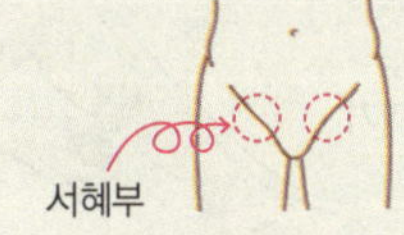

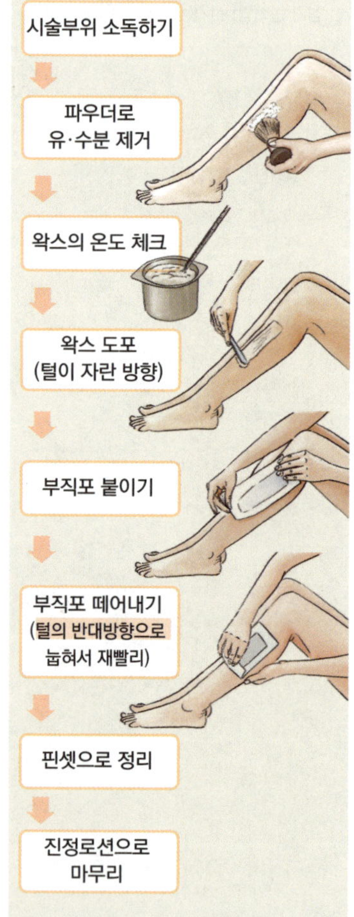

③ **화학적 제모**(크림을 이용한 제모)

① 강알칼리성의 화학성분이 함유된 크림이나 연고를 이용하여 제모를 하는 방법이다.

② 털의 모간 부분만 제거되어 3~4일 후 다시 자라는 일시적 제모법이다.

③ 제모제품은 강알칼리성으로 피부를 자극하므로 사용 전에 첩포시험(패치 테스트)을 실시하는 것이 좋다.

④ 제모제품 사용 전 털이 긴 경우 짧게 자르고, 피부를 깨끗이 건조시킨 후 적정량을 바른다.

⑤ 제모제를 도포한 후 5~10분 후 온수로 씻어낸다.

⑥ 제모 후 산성화장수를 바른 뒤에 진정로션이나 크림을 흡수시킨다.

⑦ 넓은 부위의 털을 통증 없이 제거할 수 있다.

④ **왁스를 이용한 제모**

① 겨드랑이 및 다리의 털을 제거하기 위해 피부관리실에서 가장 널리 이용되는 방법이다.

② 모근을 제거하는 방법으로 털이 다시 자라기까지 시일이 걸린다.
   (약 4~5주)

③ 광범위한 부위를 짧은 시간 안에 효과적으로 제거할 수 있다.

④ 피부나 모낭 등에 화학적 해를 미치지 않는다.

⑤ 털을 한 번에 제거하므로 즉각적인 결과를 가져온다.

1) 왁스의 종류

① 온왁스(Warm Wax)

- 고체 왁스를 사용하기 전에 미리 녹여 사용한다.(68℃ 정도)
- 다리 및 팔 등의 넓은 부위, 털이 굵은 부위, 도포 부위가 적은 겨드랑이 부위의 털을 제거할 때 적합하다.
- 종류

하드 왁스	• 녹인 왁스를 피부에 바르고 굳혀서 왁스 자체를 떼어내는 방법 • 시술 부위 : 겨드랑이, 눈, 입술
소프트 왁스	• 가장 널리 사용되는 방법 • 유동상태의 왁스를 피부에 바른 후 면패드를 부착시켜 한 번에 떼어내는 방법 • 시술 부위 : 등, 다리

② 냉왁스(Cold Wax)

- 데울 필요 없이 유동상태로 바로 사용하는 왁스
- 언제 어디서나 빠른 시간에 사용할 수 있다.
- 온왁스에 비하여 제모능력은 떨어진다.

1 전기 분해법

① 전기가 통하는 가는 침을 모근 하나하나에 순간적으로 꽂아 모유두를 파괴하는 방법이다.

② 시술시간이 오래 걸리고 통증이 있다.

③ 여러 번의 시술이 필요하다.

④ 정확한 기기 사용법 교육 후에 사용해야 하며, 흉터를 남길 수 있으니 주의해야 한다.

⑤ 가늘고 약한 솜털은 제외한다.

2 전기응고술(단파법) 제모

고주파에서 발생하는 고열로 털을 만드는 세포(모모세포)를 파괴하는 시술 방법이다.

3 레이저 제모

① 털을 만드는 모모세포를 영구적으로 파괴시켜 털이 나지 않도록 하는 시술 방법이다.

② 사용이 편리하고 효율적이고 안전하다.

04　왁스를 이용한 부위별 제모 방법과 유의사항

1 액와(겨드랑이)의 제모

① 팔을 머리 위로 올리게 한 후 털을 1cm 길이로 자른다.

② 털이 난 방향으로 왁스를 도포한다.

③ 다른 부위 보다 털이 두껍고 거세어서 통증이 있으므로 면 밴드를 밀착시켜 털의 성장 반대 방향으로 재빨리 떼어낸다.

④ 털이 많을 경우 1~2회 더 시술한다.

2 팔의 제모

① 팔의 위에서 아래로 왁스를 도포하고 반대방향으로 털을 제거한다.

② 손가락이나 손등의 털을 먼저 제거한다.

3 다리의 제모

① 대퇴부와 하퇴부로 나누어 실시할 수 있다.
- 대퇴부는 위에서 아랫방향으로 도포한다.
- 하퇴부는 무릎에서 발목방향으로 도포하고 반대방향으로 제거한다.

② 종아리는 엎드리고 무릎은 세워서 제모한다.

4 눈썹의 제모

① 눈썹선을 벗어나 불규칙적으로 나 있는 잔털 위에 왁스를 발라 제모
한다.

② 눈썹 윗부분- 눈두덩이- 눈썹 사이(미간) 순서로 주변의 잔털을 왁스로
제모한다.

③ 왁스 사용 후 눈썹 가위와 핀셋을 사용하여 눈썹 형태를 완성한다.

5 코밑의 제모

① 윗입술과 코 사이의 인중을 기점으로 나누어진 부분의 제모이다.

② 코 밑의 털은 2가지 이상의 방향으로 자란다.

③ 왁스를 바를 때 입술에 묻지 않도록 주의한다.

④ 입술 주위는 민감하므로 떼어낼 때 한손으로 입술 가장자리의 피부를
잡고 면 밴드를 사용해 재빨리 떼어낸다.

6 제모 시 유의사항

① 피부가 햇빛이나 다른 요인으로 자극을 받아 예민해져 있거나 상처, 피
부질환, 염증이 있는 경우는 제모하지 않는다.

② 제모 부위는 유분기와 땀을 제거한 후 완전히 건조시키고 실시한다.

③ 정맥류, 혈관이상, 당뇨병, 간질환자, 피부질환자, 알레르기 피부나 과
민한 피부, 생리중일 때도 제모하지 않는다.

④ 장시간의 목욕이나 사우나 직후는 피한다.

⑤ 사마귀, 점 부위의 털은 제모하지 않는다.

⑥ 피부감염 방지를 위해 제모 후 24시간 내에 목욕, 비누사용, 세안, 메이
크업, 햇빛, 자극을 피한다.

1 다음 중 일시적 제모에 속하지 않는 것은?

① 전기분해법을 이용한 제모
② 족집게를 이용한 제모
③ 왁스를 이용한 제모
④ 화학 탈모제를 이용한 제모

전기 분해법을 이용한 제모는 모근에 전기침을 꽂아 모근을 파괴하는 영구적 제모방법이다.

2 일시적 제모에 해당하지 않은 것은?

① 족집게
② 제모용 크림
③ 왁싱
④ 레이저 제모

모모세포를 파괴시키는 레이저 제모는 영구적 제모법이다.

3 다음 중 화학적인 제모방법은?

① 제모크림을 이용
② 온왁스를 이용
③ 족집게를 이용
④ 냉왁스를 이용

제모크림을 이용한 제모는 화학성분이 함유되어 있는 크림타입으로 털을 연화시켜 제거하는 화학적 제모방법이다.

4 왁스를 이용한 제모 방법으로 적합하지 않은 것은?

① 피지막이 제거된 상태에서 파우더를 도포한다.
② 털이 성장하는 방향으로 왁스를 바른다.
③ 쿨 왁스를 바를 때는 털이 잘 제거 되도록 왁스를 얇게 바른다.
④ 남은 왁스를 오일로 제거한 후 온습포로 진정한다.

남은 왁스는 오일리무버로 제거한 후에 진정젤을 바르거나 냉습포를 이용하여 마무리 한다.

5 제모 시 유의사항이 아닌 것은?

① 염증이나 상처, 피부질환이 있는 경우는 하지 말아야 한다.
② 장시간의 목욕이나 사우나 직후는 피한다.
③ 제모 부위는 유분기와 땀을 제거한 다음 완전히 건조된 후 실시한다.
④ 제모한 부위는 즉시 물로 깨끗하게 씻어 주어야 한다.

제모를 한 경우 냉습포를 사용하여 피부를 진정시키고 진정젤을 발라주며, 24시간 이내에 목욕, 비누사용, 세안, 메이크업, 햇빛 자극을 피하는 것이 좋다.

6 웜 왁스를 이용하여 제모하는 방법으로 옳은 것은?

① 제모 전에는 로션을 발라 피부를 보호한다.
② 왁스는 털이 난 방향으로 발라준다.
③ 왁스를 제거할 때는 천천히 떼어낸다.
④ 제모 후에는 온습포를 이용해 시술 부위를 진정시킨다.

제모 전에는 파우더로 유·수분을 제거한다. 왁스는 털이 난 방향으로 바르고, 제거할 때는 반대방향으로 재빨리 떼어낸다. 제모 후에는 냉습포를 하고 진정젤을 발라준다.

7 다리 제모의 방법으로 틀린 것은?

① 머슬린천을 이용할 때는 수직으로 세워서 떼어낸다.
② 대퇴부는 윗부분부터 밑 부분으로 각 길이를 이등분 정도 나누어 내려가며 실시한다.
③ 무릎부위는 세워놓고 실시한다.
④ 종아리는 고객을 엎드리게 한 후 실시한다.

머슬린 천을 이용할 때는 털이 자란 반대방향으로 눕혀서 수평으로 떼어내야 털이 끊기지 않는다.

정 답 1 ① 2 ④ 3 ① 4 ④ 5 ④ 6 ② 7 ①

8 제모관리 중 왁싱에 대한 내용과 가장 거리가 먼 것은?

① 겨드랑이 및 입술 주위의 털을 제거 시에는 하드 왁스를 사용하는 것이 좋다.
② 콜드왁스(cold wax)는 데울 필요가 없지만 온왁스(warm wax)에 비해 제모능력이 떨어진다.
③ 왁싱은 레이저를 이용한 제모와는 달리 모유두의 모모세포를 퇴행시키지 않는다.
④ 다리 및 팔 등의 넓은 부위의 털을 제거할 때에는 부직포 등을 이용한 온왁스가 적합하다.

> 왁싱은 일시적으로 털을 제거하는 방법이지만 여러 번 반복하면 모모세포가 퇴행되어 털이 얇아진다.

9 제모할 때 왁스는 일반적으로 어떻게 바르는 것이 적합한가?

① 털이 자라는 방향
② 털이 자라는 반대 방향
③ 털이 자라는 왼쪽 방향
④ 털이 자라는 오른쪽 방향

> 왁스는 털이 자라는 방향으로 도포하고 반대 방향으로 제거한다.

10 제모시술 중 올바른 방법이 아닌 것은?

① 시술자의 손을 소독한다.
② 머슬린(부직포)을 떼어낼 때 털이 자란 방향으로 떼어낸다.
③ 스파튤라에 왁스를 묻힌 후 손목 안쪽에 온도 테스트를 한다.
④ 소독 후 시술부위에 남아 있을 유·수분을 정리하기 위하여 파우더를 사용한다.

> 머슬린을 떼어낼 때는 털이 난 방향과 반대 방향으로 떼어낸다.

11 제모의 방법에 대한 내용 중 틀린 것은?

① 왁스는 모간을 제거하는 방법이다.
② 전기응고술은 영구적인 제모방법이다.
③ 전기분해술은 모유두를 파괴시키는 방법이다.
④ 제모크림은 일시적인 제모방법이다.

> 왁스는 모근까지 제거하는 방법이다.

12 일시적 제모방법 가운데 겨드랑이 및 다리의 털을 제거하기 위해 피부미용실에서 가장 많이 사용되는 제모방법은?

① 면도기를 이용한 제모
② 레이저를 이용한 제모
③ 족집게를 이용한 제모
④ 왁스를 이용한 제모

> 일시적 제모방법으로 일반적으로 피부미용실에서 가장 많이 이용되는 제모는 왁스를 이용한 제모이다.

13 왁스 시술에 대한 내용 중 옳은 것은?

① 제모하기 적당한 털의 길이는 2cm이다.
② 온왁스의 경우 왁스는 제모 실시 직전에 데운다.
③ 왁스를 바른 위에 머슬린(부직포)은 수직으로 세워 떼어낸다.
④ 남아 있는 왁스의 끈적임은 왁스제거용 리무버로 제거한다.

> 털의 길이는 1cm가 적당하며, 온왁스는 녹이는 시간이 오래 걸리므로 제모 실시 전에 미리 데워두며 부직포는 눕혀서 떼어낸다.

14 화학적 제모와 관련된 설명이 틀린 것은?

① 화학적 제모는 털을 모근으로부터 제거한다.
② 제모제품은 강알칼리성으로 피부를 자극하므로 사용 전 첩포시험을 실시하는 것이 좋다.
③ 제모제품 사용 전 피부를 깨끗이 건조시킨 후 적정량을 바른다.
④ 제모 후 산성화장수를 바른 뒤에 진정로션이나 크림을 흡수시킨다.

> 화학적 제모는 피부표면의 털(모간부)만 제거하는 방법이다.

15 제모의 종류와 방법 중 옳은 것은?

① 일시적 제모는 면도, 가위를 이용한 커팅법, 화학적 제모, 전기침 탈모법이 있다.

② 영구적 제모는 전기 탈모법, 전기핀셋 탈모법, 탈색법이 있다.

③ 제모 시 사용되는 왁스는 크게 콜드왁스와 웜왁스로 구분할 수 있다.

④ 왁스를 이용한 제모법은 피부나 모낭 등에 화학적 해를 미치는 단점이 있다.

> 영구제모는 전기탈모법, 전기핀셋 탈모법이 있고 일시적 제모법에는 면도, 커팅법, 탈색법, 화학적 제모, 왁싱이 있다. 피부나 모낭에 화학적 해를 입히는 것은 화학적 제모이다.

16 왁스와 머슬린(부직포)을 이용한 일시적 제모의 특징으로 가장 적합한 것은?

① 제모하고자 하는 털을 한 번에 제거하여 즉각적인 결과를 가져온다.

② 넓은 부분의 불필요한 털을 제거하기 위해서는 많은 비용이 든다.

③ 깨끗한 외관을 유지하기 위해서 반복 시술을 하지 않아도 된다.

④ 한번 시술을 하면 다시는 털이 나지 않는다.

> 왁스를 이용한 일시적 제모는 즉각적인 결과와 광범위한 부위의 털을 제거할 수 있으며, 4~6주 후 반복시술을 해야 한다.

정 답 **15** ③ **16** ①

SECTION 09 전신관리(팔, 다리 등) 및 마무리

[출제문항수 : 1~2문제] 림프 관리에 대한 내용에서 대부분 출제됩니다. 다른 부분은 가볍게 보시기 바랍니다.

림프
우리 몸에 존재하는 면역기관 중 하나로 림프액은 림프관을 따라 체내 노폐물과 대사물질, 피로물질 등과 함께 흐르다가 림프절에서 유해물질을 걸러낸다. 가장 핵심적인 림프절은 목, 겨드랑이, 서혜부가 있다.

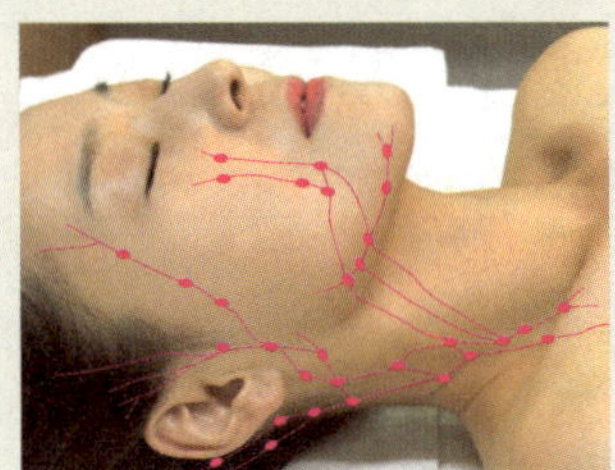

⬆ 얼굴의 림프

림프 관리 부적용대상
• 악성 종양, 급성 또는 만성적 염증성 질환, 혈전증, 심장 질환, 천식 등
• 림프절이 심하게 부어있거나 열이 있는 경우, 결핵, 알레르기 등 감염성이 있는 경우

---

01 피부미용 림프 관리

1 림프 관리(림프 드레니지, Lymph Drainage)의 개요

① 1930년 덴마크의 의사이자 마사지 치료사인 에밀 보더(Emil Vodder)가 창안한 매뉴얼테크닉 방법 중 하나이다.
② 림프 순환을 촉진시켜 세포의 대사물질과 노폐물의 배출을 도와주어 조직의 대사를 원활하게 해준다.
③ 림프가 흐르는 방향으로 마사지하여 노폐물과 독소 물질을 림프절로 운반한다.

2 림프 관리의 이해

1) 림프 관리의 효과

① 림프 순환을 촉진시켜 면역 기능을 높여준다.
② 노폐물을 제거하여 피부 부종을 완화시킨다.
③ 얼굴 및 신체 부종으로 인한 통증을 개선시킨다.
④ 과도하게 긴장된 근육을 이완시킨다.
⑤ 가볍고 부드러운 기법으로 고객에게 심리적 안정감을 준다.
⑥ 부종, 정맥류 다리, 염증, 여드름, 셀룰라이트 등에 적용하면 효과적이다.

2) 림프 관리 적용 피부

① 염증성 여드름 피부, 민감하고 예민한 피부, 모세혈관 확장 피부, 문제성 지성 피부, 홍반 피부
② 셀룰라이트가 많은 피부, 부종이 있는 피부
③ 수술 후 상처 회복이 필요한 피부
④ **임산부**(복부 관리는 피하고, 다리 쪽은 부종이 생기므로 림프 관리가 필요하다)

3 림프 관리 수행

1) 림프 관리 유의사항

① 고객상담을 통해 피부 상태를 파악하여 림프 관리 수행 여부를 판단한다.
② 관리 부위 클렌징 후 잔여물이 남지 않도록 주의한다.
③ 림프의 원활한 흐름을 위하여 고객이 이완된 상태에서 관리를 받을 수 있게 준비한다.
④ 원활한 림프 순환을 위해 관리 전후에 따뜻한 물을 마시게 한다.
⑤ 림프 관리 시 부적용 대상 여부와 금기사항 등을 고려한다.

2) 림프 관리의 기본 동작

정지 상태 원동작 (Stationary circle)	손가락 끝이나 손바닥 전체를 이용하여 림프 순환 배출 방향으로 가벼운 압으로 쓸어주는 동작으로 림프절이 모여 있는 곳에 시행하거나 얼굴과 목에 적용되는 동작이다.
펌프 기법 (Pump)	손가락 끝에는 힘을 주지 않으며 손가락의 안쪽과 바닥을 이용하여 손목을 위로 움직이는 동작으로 팔과 다리에 많이 적용하는 동작이다.
퍼올리기 기법 (Scoop)	손바닥을 펴고 손등이 아래로 향하게 하여 위쪽으로 올리면서 압을 주며, 손가락에는 힘을 주지 않고 엄지를 제외한 네 손가락을 가지런히 하여 압을 주면서 손목의 회전과 함께 위로 쓸어 올리듯이 하는 동작으로. 팔과 다리에 적용하는 동작이다.
회전 기법 (Rotary)	손가락 전체를 인체의 평평한 부분에 댄 후 피부를 약간 신장시키듯이 늘려서 손바닥 전체를 피부에 밀착시키고 옆으로 회전하는 동작으로 평평한 부위에 적용되는 동작이다.

3) 림프 관리 수행 중 유의사항

손 압력	• 각 손동작은 피부에서 손이 떨어지지 않아야 한다. • 움직이는 힘은 30~40mm/Hg 정도의 압력을 유지하여 일정하게 압을 가한다.
흐름 방향	• 모든 림프 순환의 방향은 주변 림프절이지만 최종적으로 심장 방향으로 이루어진다. • 배꼽을 기준으로 상복부는 액와 방향으로, 하복부는 서혜부 방향으로 적용한다.
리듬과 주기	• 각 동작은 1~5초의 간격으로 한 자리에서 5~7회 이상을 반복한다. • 가볍고 부드럽게 서서히 압을 가하고 서서히 빼는 동작을 일정하게 시행한다.
관리 기간	• 림프 관리 효과는 주 2회 총 10회 이상, 한 달 이상 6개월 정도의 지속적인 관리가 필요하다.
관리 시간	• 1회 관리 시간은 한 부위를 실시하는 경우 최소 20~30분 정도 적용 • 여러 부위를 할 경우는 한 시간 이상 적용

▶ **가장 이상적인 손 압력**(33mm/Hg)
깃털 무게 정도의 압력, 10원짜리 동전을 피부에 올려놓은 압력

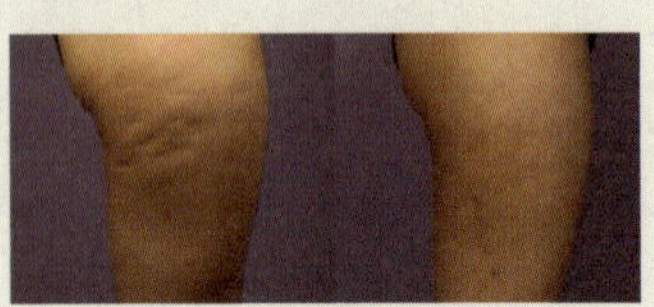

⤊ 셀룰라이트 피부의 시술 전·후

▶ 시술 및 관리법
① 림프정체를 해소하기 위하여 림프 순환을 촉진시키는 관리(림프 드레니지)를 정기적으로 실시한다.
② 열을 이용한 발한작용으로 노폐물을 배출하는 온열요법을 시행한다.
③ 균형있는 영양섭취로 신진대사를 원활하게 하여 지방이 체내에 축적되는 것을 막는다.

④ 림프 관리의 응용

1) 셀룰라이트(Cellulite)

① 신진대사, 혈액순환, 림프 순환이 원활하지 않아 피하지방이 축적되고 뭉치며 피부층 전체가 부풀어 오르는 현상이다.
② 대사 과정에서 배출되는 노폐물, 독소 등이 배설되지 못하고 피부조직에 남아 비만으로 보인다.
③ 소성결합조직이 경화되어 뭉쳐져 있는 상태이다.
④ 피하지방이 비대해져 정체되어 있는 상태이다. → 지방세포 크기가 증가하는 것이다. (지방세포 수가 증가하는 것은 아님)
⑤ 유전적 요인, 내분비계의 불균형, 정맥울혈과 림프 정체 등이 원인이다.

2) 하반신 비만

① 비만은 고혈압, 동맥경화, 협심증, 뇌졸중, 당뇨병 등의 원인이 되는 만성질환이다.
② 지방의 세포 수가 많아 체중조절이 매우 어렵다.
③ 정맥류의 증상이 올 수 있고 셀룰라이트 증세가 많다.
④ 주로 여성에게 많고 성인병 발병률이 높다.
⑤ 전신에 피로감이 쉽게 오고 손발이 자주 저린다.

3) 부종

① 체액의 순환 중 공급량과 재흡수량이 균형을 잃어 조직액이 비정상적으로 증가되어 조직이 팽창되는 상태를 말한다.
② 림프 순환 장애로 일어나는 증상으로 림프 관리를 시행한다.

02 전신관리법 및 기타 테라피

① 스웨디시 마사지

1) 개요

① 19C 초 스웨덴 의사 헨리 링(Pehr Henrik Ling)이 창시
② 인체 생리학과 체육학을 기본으로 여러 마사지 기법들을 의학적 관점에서 체계적으로 발전시킴
③ 서양의 대표적인 수기요법으로, 혈관을 자극하여 혈액순환 촉진, 노폐물 제거 등의 효과가 있음

2) 효과

① 근육의 긴장을 이완시켜 혈액순환을 증진하고 대사물질 노폐물을 배출하여 통증을 경감시킨다.
② 피부 온도를 높여 주고 피로를 회복시켜 준다.
③ 환자들의 심리적 스트레스와 긴장을 경감시킨다.

2 수요법(Water therapy, Hydrotherapy)

① **물의 수압**을 이용해 혈액순환을 촉진시켜 체내의 독소 배출, 세포재생 등의 효과를 가진다.

② 수압이나 부력에 의한 작용, 물의 함유 성분에 따른 효과가 있다.

③ '스파테라피(Spa-therapy)'라고도 한다.

3 아로마 테라피(Aroma Therapy)

① 아로마 관리는 **에센셜오일(Essential oil)과 캐리어오일(Carrier oil)**을 피부 유형 및 신체 부위, 고객의 취향에 맞게 블렌딩하여 얼굴과 전신에 적용하는 관리법이다.

② 혈류 및 림프의 흐름을 원활히 하고, 신경 전달 능력을 향상시키며, 긴장 완화 및 부드러운 치료적 터치에 의한 심리적 안정감을 갖게 한다.

③ **스웨디시와 림프 마사지 방법에서 변형**된 것으로 순환계를 통해 최대한 효과적으로 흡수되어 체내의 작용을 돕도록 하는 것에 중점을 둔다.

④ 에센셜 오일의 향기는 심리적 안정을 준다.

4 뱀부(Bamboo, 대나무) 테라피

① 다양한 길이와 직경의 뱀부(대나무) 스틱들을 활용해서 얼굴과 전신의 순환에 도움을 주는 자연 치유 미용 관리 기법이다.

② **심혈관 순환을 증가시키고, 림프계 순환을 도와 스트레스와 피로를 감소**시킨다.

③ 넓은 표면에 더 많은 압력을 심부 조직까지 고르게 접촉시켜 순환을 증가시킨다.

④ **심부 조직을 이완시키고,** 근육의 **트리거포인트(Trigger point)*를** 자극하여 근육의 긴장을 완화시킨다.

⑤ 관리 시 피부미용사의 손과 손가락의 긴장과 피로를 감소시킨다.

⑥ 압력에 의해 일어나는 피에조* 전기 효과로 말초 순환계를 활성화시킨다.

5 바디 랩핑(Body Wrapping)

① 관리할 신체 부위에 제품을 바른 후 랩이나 메탈호일, 시트 등을 이용하여 감싼 후 집중적으로 관리하는 방법

② 독소 제거, 노폐물의 배출증진, 순환 증진 등의 효과 및 **발한작용에 의한 클렌징 효과** 등이 있다.

③ 근육이 이완되고 모세혈관 확장과 모공 확장을 통하여 제품흡수를 용이하게 한다.

④ 노출된 상처가 있거나, 임신, 고혈압, 심장 이상, 당뇨병 환자, 혈액순환 장애가 있는 고객은 시술을 금한다.

⑤ 보통 사용되는 제품은 머드(mud), 알개(algae), 허브(herb), 슬리밍(slimming) 크림 등 미네랄과 비타민 등의 영양성분을 함유한 제품이며, 지방을 분해하는 요오드 성분을 포함하기도 한다.

> ▶ 바디 랩핑 시술법
> • 관리대상 부위의 각질을 제거하고 오일로 마사지한 후 온습포로 닦아내고 바디 랩 전용제품을 바르고 랩을 씌워 20~30분 정도 시술한다.
> • 바디 랩을 감쌀 때는 피부가 호흡하도록 너무 타이트하게 조이지 않도록 한다.
> • 스팀기(수증기)나 적외선 조사기(드라이 히트)는 몸을 따뜻하게 하기 위해 사용하기도 한다.

03 손·팔·다리 등 관리

1 손·팔 관리

1) 손 · 팔 관리의 목적

① 손·팔은 우리 몸에서 노동으로 가장 혹사당하는 부위라고 할 수 있다.

② 우리 인체에서 가장 자외선에 노출이 많은 부위이다.

③ 손, 팔 관리를 통해 신체의 모든 부위의 건강 회복을 도울 수 있다.

2) 손 · 팔 관리의 효과

피부에 미치는 효과	• 각질세포 제거, 피부 처짐 방지 • 림프 배농 촉진, 신진대사 원활
근육에 미치는 효과	• 근육의 노폐물 제거 • 주름 완화 및 근육의 피로회복

3) 손 · 팔 관리 시 유의 사항

① 팔 관리 중 고객의 가슴이 노출되지 않도록 주의한다.

② 뼈 및 관절 부위에 심한 자극이 되어서는 안 된다.

③ 관절 부위 관리 시 강하게 자극하지 않도록 한다.

④ 고객이 불편을 느끼지 않도록 관리하는 동안 수시로 고객의 상태를 살피면서 배려하는 태도를 보인다.

⑤ 관리 시 고객의 머리카락이 흘러내리지 않도록 터번을 잘 감싸준다.

2 발·다리 관리

1) 발 · 다리 관리의 개념

① 발과 다리는 체중을 받쳐주고 우리 몸을 움직이게 하며 신진대사를 도와 몸에 열을 발생하게 한다.

② 따라서 발과 다리는 제2의 심장이라고도 한다.

▶ 손 · 팔 관리의 개념
• 신체 부위 중 손과 팔은 환경의 지배를 가장 많이 받는 부위이다.
• 노출이 심한 부위로 자외선 등에 의한 노화 진행 속도가 빠르다.
• 피부 유형에 따라 제품을 선택하고 관리목적에 맞는 매뉴얼테크닉과 피부미용 기기를 활용하여 건조함 예방, 미백 관리 및 손과 팔의 긴장과 피로를 풀어 주는 관리이다.

③ 발과 다리의 관리는 피부 유형에 따라 제품을 선택하고 관리목적에 맞는 매뉴얼테크닉과 피부미용 기기를 활용하여 혈액순환 및 림프 순환을 도와 노폐물을 밖으로 배출하는 관리이다.

2) 발·다리 관리 시 유의사항

① 발·다리 관리 부적용 대상자인지에 대해 확인하여 관리 유무부터 정하도록 한다.
② 발·다리 관리 중 **뼈** 부위에 심한 자극이 되어서는 안된다.
③ 근육과 관절의 가동범위를 고려하여 매뉴얼테크닉을 적용한다.
④ 관리 부위를 제외한 다른 부위는 타월로 잘 덮어 고객이 불편함을 느끼지 않도록 배려한다.
⑤ 관리하는 동안 수시로 고객의 상태를 살핀다.

04 마무리

1 마무리

① 관리가 끝난 후 정리하는 단계
② 토닉으로 피부의 pH를 조정하고 낮과 밤의 화장품을 선별하여 해당 부위에 맞게 도포한 후 가벼운 동작을 이용하여 부위별 피부를 이완시킨다.
③ 전신관리 후 고객마다 몸의 컨디션이나 관절의 가동범위가 다르므로 불편함이 없는지 확인하며 관리한다.
④ 관리 후 상담에서는 피부의 상태를 고객에게 알려주고 집에서 보습 케어가 이루어지도록 상담해준다.

2 마무리 기초화장품의 종류

① 토닉 – 피부의 pH를 정상화
② 로션·크림, 오일 – 피부의 유·수분 밸런스 정상화
③ 자외선 차단제 – 자외선으로부터 피부보호

3 마무리 화장품의 사용 목적

① 셀룰라이트 완화
② 정체된 피부의 순환을 완화하여 몸매 정상화
③ 피부의 림프 흐름 활성화
④ 보습력 유지 및 강화

▶ 발·다리 관리의 부적용 대상
• 정맥류 / 암 환자 / 염증성 부종
• 염증성 열이 나는 사람
• 접촉성 피부질환
• 뼈가 약한 사람
• 수술 직후

▶ 전신관리 마무리 과정
① 온습포로 잔여물을 닦아낸다.
② 피부에 남은 물기를 마른 타월로 정리한다.
③ 토닉으로 마무리한다.(피부 유형에 맞는 토닉을 선택한다.)
④ 피부 유형에 맞는 크림이나 로션 등을 발라준다.

1 다음 중 노폐물과 독소 및 과도한 체액의 배출을 원활하게 하는 효과에 가장 적합한 관리방법은?

① 지압
② 인디안 헤드 마사지
③ 림프 드레니지
④ 반사 요법

> 림프 드레니지는 림프의 순환을 촉진시켜 노폐물을 배출시키는 것을 돕고 조직의 대사를 원활하게 해주는 관리 방법이다.

2 림프 드레니지의 주된 작용은?

① 노폐물과 독소 물질을 림프절로 운반
② 림프순환 저하
③ 피부조직 강화
④ 혈액순환과 신진대사 저하

> 림프 드레니지는 림프가 흐르는 방향으로 마사지하여 노폐물과 독소 물질을 림프절로 운반하여 조직의 대사를 원활하게 해주는 마사지법이다.

3 다음 중 인체의 임파선을 통한 노폐물의 이동을 통해 해독작용을 도와주는 관리 방법은?

① 반사요법
② 바디 랩
③ 향기요법
④ 림프 드레니지

> 림프 드레니지는 림프시스템을 자극하여 림프 순환을 촉진시키고 노폐물을 배출하여 조직의 대사를 원활하게 하는 마사지 기법이다. 림프와 임파(淋巴)는 같은 용어이다.

4 림프 드레니지를 적용할 수 있는 경우에 해당되는 것은?

① 림프절이 심하게 부어있는 경우
② 열이 있는 감기 환자
③ 감염성의 문제가 있는 피부
④ 여드름이 있는 피부

> 림프 드레니지는 여드름 피부, 모세혈관 확장 피부, 부종이 있는 셀룰라이트, 알레르기 등에 적용하면 효과가 좋다.

5 림프 드레니지의 주 대상이 되지 않는 피부는?

① 모세혈관 확장 피부
② 튼 피부
③ 감염성 피부
④ 부종이 있는 셀룰라이트 피부

> 림프 드레니지는 감염성 질환, 염증성 질환, 심장 질환, 혈전증, 악성 종양, 천식 등의 질환과 림프절이 심하게 부어있거나 감기 등으로 열이 나는 경우에는 적용하지 않아야 한다.

6 림프 드레니지를 금해야 하는 증상에 속하지 않는 것은?

① 심부전증
② 혈전증
③ 켈로이드증
④ 급성염증

> 켈로이드는 진피의 결합조직이 비정상적으로 성장한 것으로 흉터를 말하며, 림프 드레니지를 적용할 수 있다.

7 다음 중 부종이 있거나 셀룰라이트, 알레르기 피부 등에 사용하면 가장 큰 효과를 볼 수 있는 관리 방법은?

① 림프 드레니지
② 스웨디시
③ 경락
④ 아로마

> 림프 드레니지는 여드름, 모세혈관확장증, 각종 부종, 셀룰라이트 관리, 알레르기 피부, 피부 면역력이 저하된 경우 등에 사용하는 관리기법이다.

8 발 건강을 위한 발 마사지의 효과가 아닌 것은?

① 긴장을 이완시킨다.
② 혈액순환과 림프 순환을 촉진시킨다.
③ 피부 표면의 더러움을 제거시켜 준다.
④ 피부의 온도를 높여 주고 피로를 회복시켜 준다.

정답 1 ③ 2 ① 3 ④ 4 ④ 5 ③ 6 ③ 7 ① 8 ③

9 림프 드레니지 기법 중 손바닥 전체 또는 엄지손가락을 피부 위에 올려놓고 앞으로 나선형으로 밀어내는 동작은?

① 정지 상태 원 동작
② 펌프 기법
③ 퍼 올리기 동작
④ 회전 동작

회전 동작에 대한 설명으로 주로 인체의 평평한 부위에 사용하는 동작이다.

10 우리 몸의 대사 과정에서 배출되는 노폐물, 독소 등이 배설되지 못하고 피부조직에 남아 비만으로 보이며 림프 순환이 원인인 피부 현상은?

① 쿠퍼로제
② 켈로이드
③ 알레르기
④ 셀룰라이트

• 쿠퍼로제 : 모세혈관 확장 피부
• 켈로이드 : 진피 내 섬유조직의 과성장으로 결절 형태로 튀어나오는 현상으로 흉터가 아물면서 우둘투둘하게 솟아오르는 것
• 알레르기 : 특정의 항원에 의해 항체가 생산된 결과 항원에 대한 이상한 병적 반응을 나타내는 현상

11 셀룰라이트(cellulite)에 대한 설명 중 틀린 것은?

① 주로 여성에게 많이 나타난다.
② 주로 허벅지, 둔부, 상완 등에 많이 나타나는 경향이 있다.
③ 스트레스가 주원인이다.
④ 오렌지 껍질 피부 모양으로 표현된다.

셀룰라이트(Cellulite)는 피부의 표면이 귤껍질처럼 울퉁불퉁해지는 현상으로 주원인은 유전적인 순환 장애, 호르몬의 작용, 정체된 림프 순환 등이다.

12 셀룰라이트(cellulite)의 원인이 아닌 것은?

① 유전적 요인
② 지방세포 수의 과다 증가
③ 내분비계 불균형
④ 정맥울혈과 림프 정체

셀룰라이트의 원인은 세포 신진대사활동의 이상, 림프의 정체, 내분비계 불균형, 유전적인 요인이 있을 수 있으며 지방세포 수의 증가가 아닌 지방세포 크기의 증가이다.

13 셀룰라이트 관리에서 중점적으로 행해야 할 관리 방법은?

① 근육 운동을 촉진시키는 관리를 집중적으로 행한다.
② 림프 순환을 촉진시키는 관리를 한다.
③ 피지가 모공을 막고 있으므로 피지 배출관리를 집중적으로 행한다.
④ 한선이 막혀 있으므로 한선관리를 집중적으로 행한다.

셀룰라이트는 신진대사와 혈액순환, 림프 순환이 원활하지 않아서 피하지방층의 지방이 과잉 축적되고 노폐물 배출이 어려워진 상태이므로 림프 순환을 촉진시키는 관리법을 해야 한다.

14 셀룰라이트(cellulite)의 설명으로 옳은 것은?

① 수분이 정체되어 부종이 생긴 현상
② 영양 섭취의 불균형 현상
③ 피하지방이 축적되어 뭉친 현상
④ 화학물질에 대한 저항력이 강한 현상

셀룰라이트는 신진대사와 혈액순환, 림프 순환이 원활하지 않아서 피하지방층의 지방이 과잉 축적되고 노폐물 배출이 어려워진 상태를 말한다.

15 셀룰라이트에 대한 설명이 틀린 것은?

① 노폐물 등이 정체되어 있는 상태
② 피하지방이 비대해져 정체되어 있는 상태
③ 소성결합조직이 경화되어 뭉쳐져 있는 상태
④ 근육이 경화되어 딱딱하게 굳어 있는 상태

정답 9 ④ 10 ④ 11 ③ 12 ② 13 ② 14 ③ 15 ④

16 하반신 비만에 대한 설명으로 틀린 것은?

① 정맥류의 증상이 올 수 있고 셀룰라이트 증세가 많다.
② 주로 남성에게 많고 성인병 발병률이 높다.
③ 지방의 세포 수가 많아 체중조절이 매우 어렵다.
④ 전신에 피로감이 쉽게 오고 손발이 자주 저린다.

> 셀룰라이트는 피하지방이 비대해져 정체되어있는 상태로 하반신 비만을 가져올 수 있으며, 주로 여성에게 많이 발생한다.

17 스파테라피(spa-therapy)에 대한 설명으로 옳은 것은?

① 손가락을 이용하여 인체의 특정 기관과 연결되는 경혈을 눌러준다.
② 물의 수압을 이용해 혈액순환을 촉진시켜 체내의 독소 배출, 세포재생 등의 효과를 증진시킨다.
③ 약리효과가 있는 오일을 이용하는 방법이다.
④ 열전도율이 높은 현무암을 이용하여 인체에 적용시키는 방법이다.

> 물의 수압을 이용하여 건강을 증진시키는 전신관리법을 스파테라피(수요법)라 한다.

18 수요법(Water Therapy, Hydrotherapy) 시 지켜야 할 수칙이 아닌 것은?

① 식사 직후에 행한다.
② 수요법은 대개 5분에서 30분까지가 적당하다.
③ 수요법 전에 잠깐 쉬도록 한다.
④ 수요법 후에는 물을 마시도록 한다.

> 수요법을 할 경우 식사 직후 바로 하는 것을 피하고 최소 한 시간 이후에 실시한다.

19 바디 랩(body wrap)에 관한 설명으로 틀린 것은?

① 독소 제거나 노폐물의 배출증진, 순환 증진을 위해서 사용한다.
② 적외선 조사기는 드라이 히트(dry heat), 수증기는 몸을 따뜻하게 하기 위해서 사용되기도 한다.
③ 비닐을 감쌀 때는 사이즈의 감소 효과를 위해 타이트하게 꽉 조이도록 한다.
④ 보통 사용되는 제품은 알개(algea)나 허브(herb), 슬리밍(slimming)크림 등이다.

> 바디 랩을 감쌀 때 피부가 호흡할 수 있도록 너무 타이트하게 조이지 않도록 한다.

정답 16 ② 17 ② 18 ① 19 ③

Esthetic

Keyword Preview | 피부학

피부와 피부부속기관

피부의 생리적 기능

보호기능, 체온조절기능, 감각기능, 분비 및 배출기능, 흡수기능,
호흡기능, 저장기능, 면역기능, 비타민 합성기능

피부

- **표피** 각질층, 투명층, 과립층, 유극층, 기저층
  표피의 구성세포 : 각질형성 세포, 색소형성 세포,
  랑게르한스 세포, 머켈 세포
- **진피** 유두층, 망상층
- **피하조직**

피부의 부속기관

- **한선(땀샘)** 에크린선(소한선), 아포크린선(대한선)
- **피지선**
- **모발**
  - 폴리펩티드 결합
  - 측쇄결합 – 시스틴 결합, 수소 결합, 염 결합
  - 모유두, 모모 세포

피부유형분석

- **정상 피부**
- **건성 피부** 피지/땀 분비 저하, 유·수분 불균형, 피부결 섬세
  모공 小, 무알코올성
- **지성 피부** 피지분비 왕성, 피부층 두꺼움, 피부결 거침, 여드름
  블랙헤드, 오일·유분 小, 수렴효과
- **민감성 피부** 표피 얇음, 붉은 피부, 피부 트러블, 진정 및 쿨링
  저자극성, 아줄렌
- **복합성 피부** 지성(T존) + 건성(U존)
- **노화·여드름 피부**

피부와 영양

3대 영양소와 피부에 미치는 영향

- **탄수화물** 단당류, 이당류, 다당류
- **지방** 단순지방질, 복합지방질, 유도지방질
- **단백질** 필수 아미노산, 비필수 아미노산

비타민과 피부에 미치는 영향

- **수용성** 비타민B 복합체(B_1, B_2, B_6, B_{12}), 비타민 C,
  비타민 H, 비타민 P 등
- **지용성** 비타민 A, D, E, K

무기질과 피부에 미치는 영향

- **다량원소** 칼슘(Ca), 인(P), 마그네슘(Mg), 칼륨(K), 식염
- **미량원소** 황(S), 아연(Zn), 요오드(I)

피부장애와 질환

원발진과 속발진

- **원발진** 반점, 홍반, 구진, 농포, 팽진, 소수포, 대수포, 결절,
  종양, 낭종
- **속발진** 인설, 찰상, 가피, 미란, 균열, 궤양, 반흔, 위축, 태선화

피부 질환

- **바이러스성** 단순포진, 대상포진, 사마귀, 수두, 홍역, 풍진
- **진균성(곰팡이)** 칸디다증, 백선(무좀), 어루러기
- **색소이상증상**
  - 저색소 침착 질환 | 백색증, 백반증
  - 과색소 침착 질환 | 기미, 주근깨, 검버섯, 갈색반점,
    오타모반, 릴 흑피증, 벌룩피부염
- **기계적 자극에 의한** 굳은살, 티눈, 욕창, 마찰성 수포
- **열에 의한** 화상(1도~4도), 한진(땀띠), 열성홍반
- **한랭에 의한** 동창, 동상, 한랭두드러기
- **기타** 주사, 한관종, 비립종, 지루피부염,
  하지정맥류, 소양감, 흉터

피부면역 및 피부노화

피부와 광선

- **자외선** 단파장(UV-C), 중파장(UV-B), 장파장(UV-A)
- **적외선**

피부면역

- **특이성 면역** B림프구, T림프구
- **비특이성 면역** 제1 방어계, 제2 방어계

피부노화

- **원인**
- **현상** 내인성 노화(자연노화), 광 노화(환경노화)

Esthetic

Esthetic Technician Certification

CHAPTER

02

피부학

SECTION 01 피부와 피부 부속기관

[출제문항수 : 2~3문제] 피부의 구조 중 표피의 구조 및 구성세포에 대한 문제가 자주 출제되나 다른 부분도 중요한 부분이 많기 때문에 꼼꼼하게 학습하시기 바랍니다.

---

01 피부 일반

피부는 신체의 표면을 둘러싸고 있는 조직으로, 체내의 모든 기관 중 가장 큰 기관이다.

1 피부의 특징

① 구성물질 : 수분, 지방, 단백질 및 무기질 등
② 피부와 모발의 발생은 외배엽에서 이루어진다.
③ 성인의 평균 피부면적은 $1.6m^2$, 피부의 중량은 체중의 16% 정도이며, 연령, 영양상태, 성별에 따라 차이가 있다.
④ 표피, 진피, 피하조직으로 구성되며, 가장 얇은 피부층은 눈두덩이며, 가장 두꺼운 층은 손바닥과 발바닥이다.
⑤ 손톱, 발톱, 모발은 피부의 변성물이다.
⑥ 피부의 pH는 신체 부위, 주위의 조건 등에 따라 달라지지만, **땀의 분비가 가장 크게 영향을 미친다.**

2 피부의 기능

기능	설명
보호기능	• 표피각질층, 교원섬유 등에 의한 외부 충격이나 압력으로부터 보호 및 피하지방과 모발의 완충작용 • 열, 추위, 화학적 자극, 세균 및 미생물로부터 보호 • 자외선의 차단기능
체온조절 기능	• 외부 열을 차단하거나, 내부 열의 발산을 막아 외부 온도의 변화에 적응하는 기능
감각기능 (지각기능)	• 인체의 가장 중요한 감각기관으로 통각, 촉각, 온각, 냉각, 압각이 있다. • 통각은 피부에 가장 많이 분포하는 가장 예민한 감각이며, 온각은 가장 둔감한 감각이다. • 촉각 : 손가락, 입술, 혀끝이 예민하고, 발바닥이 가장 둔감하다. • 온각과 냉각은 혀끝이 가장 예민하다.

▶ 피부의 pH
땀과 피지가 혼합되어 피부표면을 덮고 있는 산성막(피지막)의 pH를 말함

▶ 피부의 가장 이상적 pH
4.5~6.5의 약산성

▶ 피부의 중화능(中和能)
알칼리 중화능이라고도 하며, 세안 등으로 피부의 산성막이 파괴되었을 때 일정시간(2시간 정도)이 지나면 자연적으로 회복되는 능력을 말함

▶ 감각점의 분포
통각점 > 압각점 > 촉각점 > 냉각점 > 온각점

▶ 소양감은 가려움과 간지러움을 통칭하는 감각이다.

기능	설명
분비 및 배출기능	• 한선 : 땀을 분비하여 체온조절 및 노폐물 배출과 수분유지에 관여 • 피지선 : 피지를 분비하여 피부 건조 방지 및 유해 물질 침투 방지
흡수기능	• 세포, 세포간극, 모공을 통하여 영양성분을 흡수한다. • 지용성 비타민(A, D, E, K) 등이 잘 흡수된다.
호흡기능	산소를 흡수하고 이산화탄소를 방출하면서 에너지를 생성
비타민 D 합성 기능	• 자외선 자극에 의해 비타민 D 생성 • 비타민 D는 칼슘과 인의 흡수를 도와 구루병, 골다공증, 골연화증 등을 예방한다.
저장기능	• 수분, 영양분, 혈액 저장 • 피하지방조직에 10~15kg의 지방 저장가능
면역기능	표피에 면역반응과 관련된 세포(랑게르한스 세포)가 존재하여 피부의 면역에 관계

02 피부의 구조

1 표피

피부의 가장 표면에 있는 층으로 세균, 유해물질 등의 외부자극으로부터 피부를 보호하고 신진대사작용을 한다.

1) 표피의 구조 및 기능

구조	특징
각질층	• 표피의 가장 바깥층으로 10~20%의 수분을 함유 • 완전히 각화된 세포(죽은 세포)들로 구성 • 비듬이나 때처럼 박리현상을 일으키는 층 • 외부자극으로부터 피부보호, 이물질 침투방어 • 세라마이드*, 천연보습인자(NMF)* 존재
투명층	• 손바닥과 발바닥 등 비교적 피부층이 두터운 부위에 주로 분포 • 생명력이 없는 상태의 무색, 무핵층 • 엘라이딘*을 함유하고 있음
과립층	• 각화유리질 과립(케라토히알린, Keratohyalin)이 존재하는 층 • 본격적인 각질화가 일어나는 무핵층 • 투명층과 과립층 사이에 레인방어막*이 존재 (→ 피부의 수분 증발 방지 및 외부 이물질 침투 방지) • 지방세포 생성

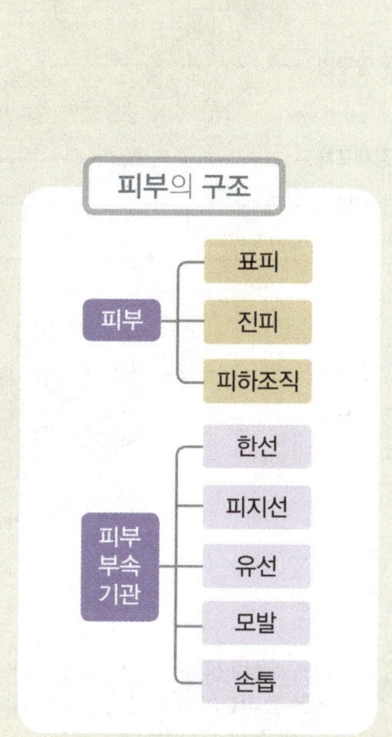

▶ **표피의 발생**
외배엽에서부터 시작

▶ **세라마이드**
• 피부 각질층을 구성하는 각질 세포 간지질 중 약 40% 이상 차지
• 기능 : 수분억제, 각질층의 구조 유지

▶ **천연보습인자**
(NMF, Natural Moisturizing Factor)
• 피부 각질층에 존재하는 수용성 성분을 총칭
• 피부에 수분을 공급하여 각질층의 건조를 방지
• 구성 : 아미노산(40%), 젖산염(12%), 피롤리돈 카르본산(12%), 요소(7%), 염소, 암모니아, 칼륨, 나트륨 등

▶ **엘라이딘**(Elaidin)
투명층에 존재하는 반유동성물질로, 수분침투를 방지하고 피부를 윤기있게 해주는 역할을 하는 단백질

▶ **레인방어막**(Rein membrane)
• 외부로부터 이물질이 침입하는 것을 방어
• 체액 및 체내의 필요물질이 체외로 빠져나가는 것을 방지
• 피부가 건조해지는 것을 방지
• 피부염 유발을 억제

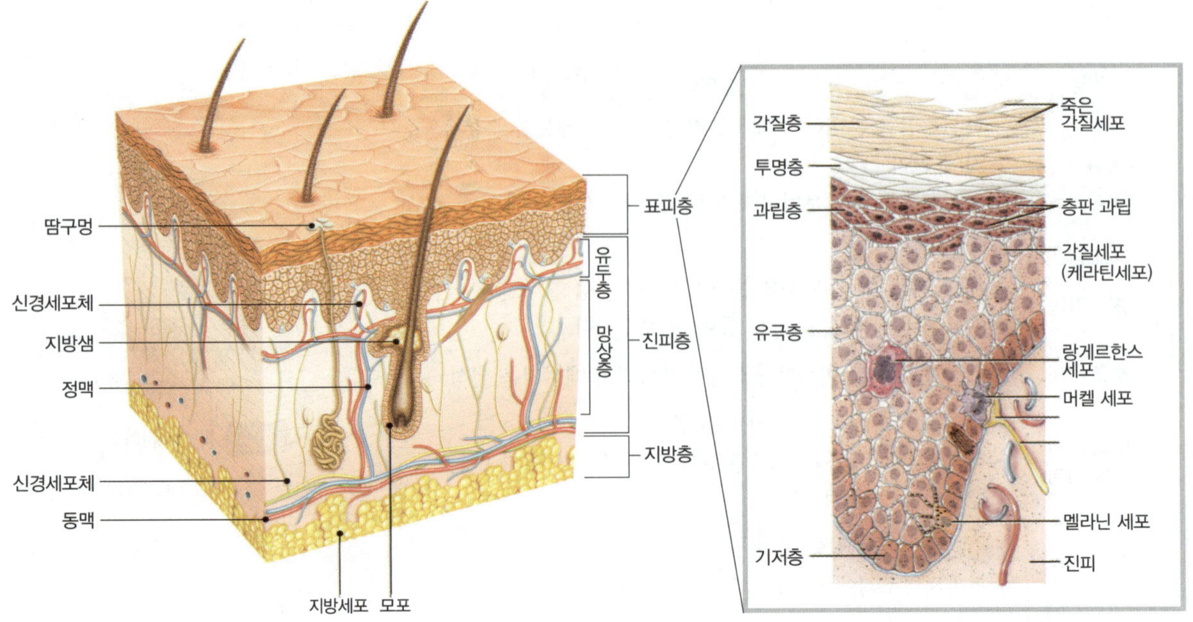

▶ 표피에는 혈관이 없고, 신경은 중추신경계와 관련되어 미약하게나마 있지만, 거의 존재하지 않는다.

▶ 피부에 손상을 입으면 기저층의 세포들이 손상 부위를 치료하고 피부를 복구하기 위하여 새로운 세포를 형성한다. 이 과정에서 피부가 변형되어 흉터가 형성될 수 있다.

▶ **각화과정**(각질화 과정, Keratinization)
- 피부세포가 기저층에서 각질층까지 분열되어 올라가 죽은 각질세포로 되는 과정이다.
- 약 4주(28일)의 주기를 가진다.
- 기저층에서 분열 → 유극층에서 합성 → 과립층에서 분해 → 각질층 형성

▶ **피부색을 결정하는 색소**
- 종류 : 멜라닌(흑색), 카로틴(황색), 헤모글로빈(붉은색, 혈색소)
- 색소의 양과 분포, 혈관 분포, 각질층의 두께에 따라 피부색에 영향을 준다.

구조	특징
유극층	• 표피 중 가장 두꺼운 층 • 세포 표면에 가시 모양의 돌기가 세포 사이를 연결 • 케라틴의 성장과 분열에 관여
기저층	• 표피의 가장 아래층으로 진피의 유두층으로부터 영양분을 공급받으며, 새로운 세포가 형성되는 층 • 원주형의 세포가 단층으로 이어져 있으며 각질형성세포와 색소형성세포가 존재 • 털의 기질부(모기질)가 존재 • 피부손상을 입었을 때 흉터가 생기는 층

2) 표피의 구성 세포

① 각질형성세포 (Keratinocyte)

- 표피의 각질(케라틴) 생성
- 표피의 기저층에 존재
- 표피의 주요 구성성분(표피세포의 80% 정도)

② 색소형성세포 (멜라닌세포, Melanocyte)

- 멜라닌 색소 생성(피부의 색을 결정)
- 표피의 기저층에 존재
- 표피세포의 5~10%를 차지
- 멜라닌 세포 수는 인종과 피부색에 상관없이 일정 (→피부색은 멜라닌세포가 생성하는 멜라닌소체(색소과립)의 수와 크기, 분비능력에 의하여 결정)
- 멜라닌 색소의 주 기능 : 자외선을 받으면 왕성하게 활동하여 자외선을 흡수·산란시켜 피부 손상을 방지한다.
- 멜라닌은 티로신(tyrosin)이라는 아미노산에서 합성된다.

③ 랑게르한스 세포 (Langerhans Cell) - 면역세포
- 피부의 **면역기능 담당**
- 표피의 유극층에 존재
- 외부로부터 침입한 이물질(항원)을 림프구로 전달
- 내인성 노화가 진행되면 세포수 감소

④ 머켈 세포 (Merkel Cell) - 촉각세포
- 신경세포와 연결되어 **촉각(감각)을 감지**
- 기저층에 존재

2 진피 (Dermis, Corium)

① 피부의 주체를 이루는 층으로 **피부의 90%**를 차지한다.
② **구성** : 콜라겐(교원섬유), 엘라스틴(탄력유)의 섬유성 단백질과 무정형의 기질(뮤코다당체)
③ 피부조직 외의 부속기관인 혈관, 신경관, 림프관, 땀샘, 기름샘, 모발과 입모근을 포함하고 있다.
④ 유두층과 망상층으로 구별되나 경계가 뚜렷하지는 않다.
⑤ 진피에 위치한 모세혈관은 주변 조직에 영양분을 공급한다.

1) 진피의 구성 물질

구성물질	특징
콜라겐 (교원섬유)	• 진피의 70~80%를 차지하는 단백질이며, 결합섬유로 피부의 기둥역할을 한다. • 탄력섬유(엘라스틴)와 그물모양으로 서로 짜여 있어 피부에 탄력성과 신축성을 주며, 상처를 치유한다. • 노화와 자외선의 영향으로 콜라겐의 양이 감소하면 피부 탄력감소 및 주름형성의 원인이 된다. • 3중 나선형 구조로 보습능력이 우수하여 피부관리 제품에 많이 사용된다.
탄력섬유 (엘라스틴)	• 교원섬유보다 짧고 가는 단백질이다. • 신축성과 탄력성 좋다. • 피부이완과 주름에 관여한다.
기질 (Ground substance)	• 진피의 결합섬유(콜라겐, 엘라스틴)와 세포 사이를 채우고 있는 젤 상태의 물질 • 뮤코 다당체라고 하며, 친수성 다당체로 물에 녹아 끈적끈적한 점액 상태이다.

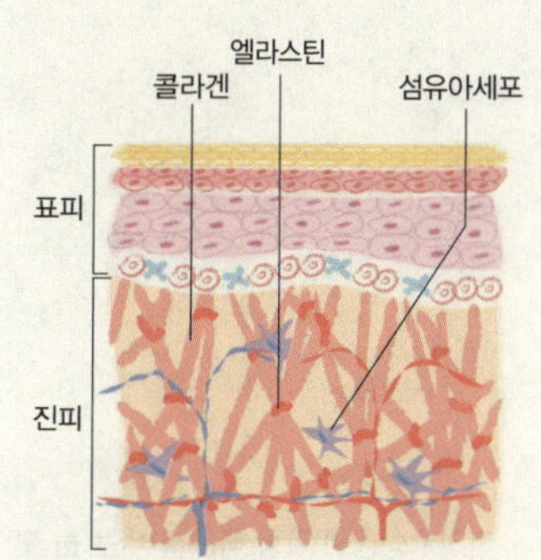

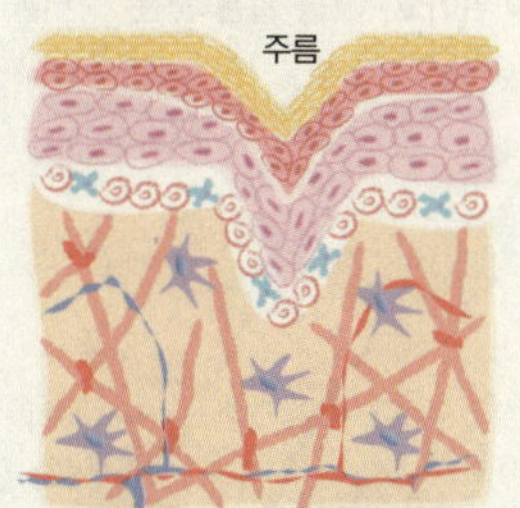

콜라겐과 엘라스틴이 감소할 때의 모습

▶ **섬유아 세포**
진피의 구성세포로 진피의 윗부분에 많이 분포하며, 콜라겐과 엘라스틴을 합성한다.

▶ **히아루론산**(Hyaluronic acid)
① 탄력섬유와 교원(결합)섬유 사이에 존재하는 보습성분
② 자신의 부피보다 1,000배 정도의 수분을 함유하는 능력을 가짐
③ 히아루론산이 많을수록 피부가 보드랍고 촉촉함
④ 갓 태어난 아기의 피부에 많이 존재하며, 연령이 많아질수록 감소함

구조	특징
유두층	• 표피의 경계 부위의 세포층 중 가장 바깥에 위치하며, 유두모양의 돌기를 형성하고 있는 진피의 상단 부분 • 다량의 수분을 함유하고 있으며, 혈관을 통해 기저층에 영양분 공급 • 혈관과 신경이 존재
망상층	• 진피의 4/5를 차지하며 유두층의 아래에 위치 • 피하조직과 연결되는 층 • 옆으로 길고 섬세한 섬유가 그물모양으로 구성 • 혈관, 신경관, 림프관, 한선, 유선, 모발, 입모근 등의 부속기관이 분포

3 피하조직 (Subcutaneous Tissue)

① 진피와 근육(또는 뼈) 사이에 위치하며, 피부의 가장 아래층에 해당된다.

② 지방세포가 피하조직을 형성하며, 지방의 두께에 따라 비만의 정도가 결정된다.

③ 여성호르몬과 관련되어 남성보다 여성이 더 발달

④ 기능 : 체온조절(열 차단), 탄력유지, 외부충격 흡수, 영양분 저장 등

▶ 피하지방층이 가장 적은 부위는 눈 부위이고, 가장 얇은 곳은 눈꺼풀 피부이다.

03 피부의 부속기관

피부는 신체의 표면을 둘러싸고 있는 조직으로, 체내의 모든 기관 중 가장 큰 기관이다.

1 한선(땀샘)

① 진피와 피하지방 조직의 경계부위에 위치

② 땀은 하루에 700~900cc 정도 배출하며 열, 운동, 정신적 흥분 등은 한선의 활동을 증가시킨다.

③ 땀을 많이 흘리면 영양분과 미네랄을 잃는다.

④ 기능 : 체온조절, 분비물 배출, 피부습도유지 및 피지막과 산성막 형성

⑤ 종류

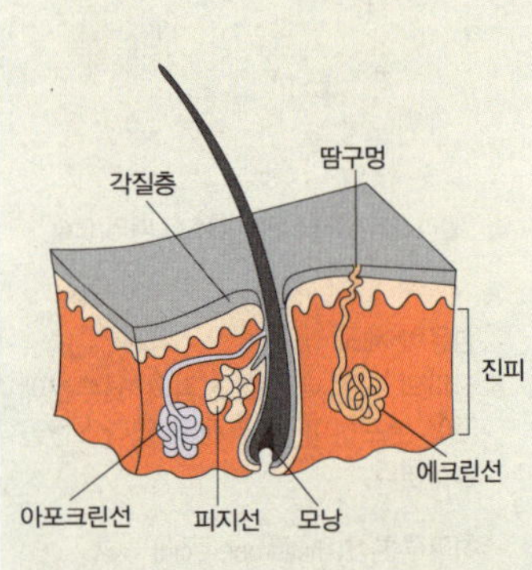

에크린선 (소한선)	• 입술과 생식기를 제외한 전신에 분포 (특히, 손·발바닥, 이마, 겨드랑이에 많이 분포) • 진피 내에 존재(실밥을 둥글게 한 모양) • 혈관계와 함께 신체의 2대 체온조절기관이다. • 무색, 무취, 99% 수분의 맑은 액체를 분비 (냄새의 원인이 아님)

아포크린선 (대한선)	• **겨드랑이**, 유두, **배꼽**, 생식기, 항문 주변에 **분포** • 에크린선보다 크고 모공을 통하여 분비 • **사춘기 이후에 주로 발달**하며, 갱년기 이후는 퇴화되어 분비 감소(성호르몬의 영향) • 분비되는 땀의 양은 소량이나 나쁜 냄새의 원인으로 체취선이라고도 함 • 성과 인종에 따라 분비량이 달라진다. 　(여성>남성, 흑인>백인>동양인)

② 피지선

① 피지를 분비하는 선으로, 진피층(망상층)에 위치
② **손·발바닥을 제외한 전신에 분포** (코 주변, 얼굴, 이마, 목, 가슴 등에 분포)
③ 피지생성 : 사춘기 남성에게 많이 생성됨(일반적으로 남자는 여자보다도 피지의 분비가 많음)
　• 촉진 : 안드로겐(남성 호르몬)
　• 억제 : 에스트로겐(여성 호르몬)
④ **피지의 1일 분비량 : 약 1~2g**
⑤ 피지의 기능 : 피부건조 방지 및 피부보호, 피부와 털의 보호 및 광택, 노폐물 배출, 땀과 함께 피지막(약 pH 5.5의 약산성)을 형성하여 피부표면의 세균 성장을 억제
⑥ 피지의 성분 : 트리글리세라이드, 왁스, 스쿠알렌, 콜레스테롤 등과 유화작용을 하는 물질이 포함되어 있다.
⑦ 피지가 외부로 분출이 안 되면 여드름 요소인 면포로 발전
⑧ 피지선의 노화현상 : 피지 분비 감소, 피부의 중화능력 하락, 피부의 산성도 약해짐

③ 모발

1) 모발의 특징

① 피하지방과 함께 외부로부터의 충격이 있을 때 완충작용으로 피부를 보호
② 모발의 구성 : **단백질인 케라틴**(주성분), 멜라닌, 지질, 수분 등
③ 성장 속도 : 하루에 0.2~0.5mm 성장
④ 수명 : 3~6년
⑤ 건강한 모발 : 단백질 70~80%, 수분 10~15%, **pH 4.5~5.5**

2) 모발의 결합구조

① **폴리펩티드 결합**(주쇄결합)
　• 모발의 결합 중 가장 강한 세로 방향의 결합
　• 쇠사슬 구조로서, 두발의 장축방향으로 배열되어 있음

▶ 아포크린한선에서 나오는 땀 자체는 무색, 무취, 무균성이나 단백질이 많이 함유되어 표피에 배출된 후 세균의 작용을 받아 부패하여 냄새가 나는 것이다.

▶ **피지의 기능**
　• 피부의 항상성 유지
　• 피부보호
　• 유독물질 배출작용
　• 살균작용

▶ **독립 피지선**
털과 관계없이 존재하는 피지선으로 입술, 성기, 유두, 귀두, 구강점막, 눈과 눈꺼풀에 존재

▶ 피지선은 비자율신경계 기관이다.

▶ 피지막의 유화상태 : 유중수(W/O)형

▶ **케라틴**
　• 시스틴(주성분), 글루탐산, 알기닌 등의 아미노산으로 이루어져 있으며, 이 중 시스틴은 함황아미노산(10~14%의 유황을 함유)으로 태우면 노린내가 나는 원인이 된다.
　• 두발의 주성분이 케라틴(단백질)이므로 두발의 영양공급을 위하여 단백질이 가장 중요한 영양소이다.
　• 케라틴은 pH 4~5에서 가장 낮은 팽윤성*을 나타내며, pH 8~9에서 급격히 증대한다.

　※팽윤성 : 모발이 수분을 흡수하면 부피가 증가하여 모발의 길이 방향 또는 직경 방향으로 크기가 늘어나는 현상을 말한다.

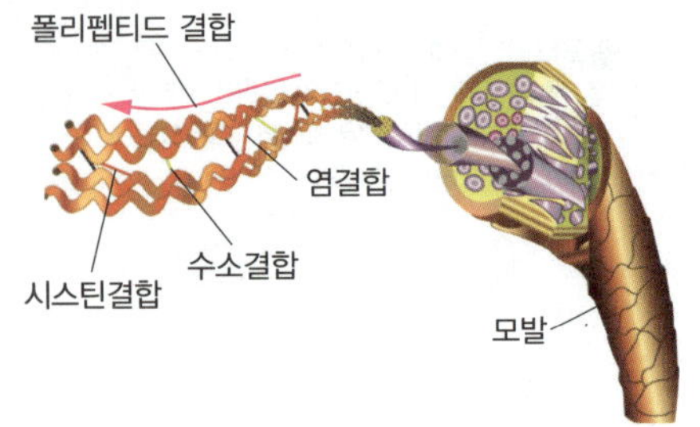

② **측쇄결합** : 가로 방향의 결합 (종류 : 시스틴 결합, 수소 결합, 염 결합)

시스틴 결합	• 두 개의 황(S) 원자 사이에서 형성되는 공유결합 • 알칼리에 약하다.(물, 알코올, 약산성, 소금류에는 강하다.)
수소 결합	수분에 의해 일시적으로 변형되며, 드라이어의 열을 가하면 다시 재결합되어 형태가 만들어지는 결합
염 결합	산성의 아미노산과 알칼리성 아미노산이 서로 붙어서 구성되는 결합

3) 멜라닌

피부와 모발의 색을 결정하는 색소

유멜라닌	갈색–검정색 중합체, 입자형 색소(흑색에서 적갈색까지의 어두운 색의 모발)
페오멜라닌	적색–갈색 중합체, 분사형 색소(적색에서 밝은 노란색까지의 밝은 색의 모발)

4) 모발의 구조

모간부, 모근부, 입모근으로 이루어져 있다.

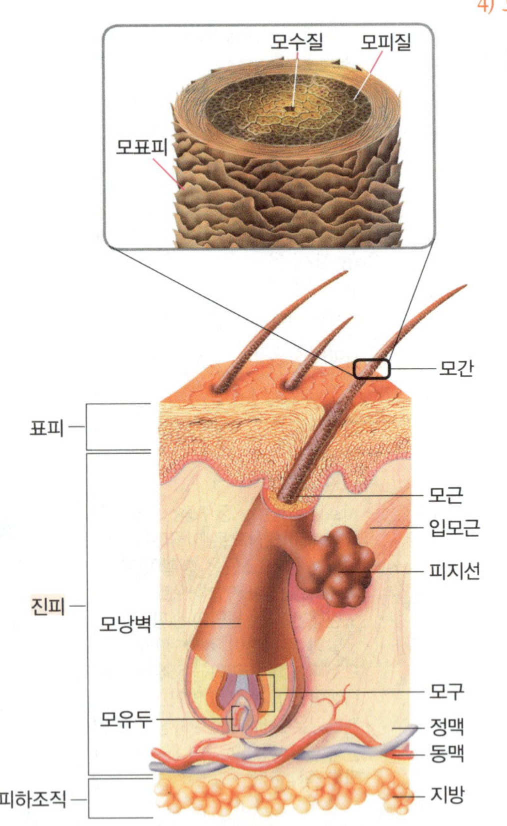

	모표피	모발의 가장 바깥부분
모간부	모피질	두발의 70% 이상을 차지하며, 멜라닌 색소와 섬유질 및 간충 물질로 구성
	모수질	모발의 중심부로 멜라닌 색소 함유
모근부	모근	두부의 표피 밑에 모낭 안에 들어 있는 모발
	모낭	모근을 싸고 있는 부분
	모구	모낭의 아랫부분
	모유두	모낭 끝에 있는 작은 돌기 조직으로 혈관과 림프관이 분포되어 있어 모발에 영양을 공급
	모모(毛母)세포	모유두에 접한 모모세포는 분열과 증식작용을 통해 새로운 머리카락을 만든다.
입모근		모근에 붙어있는 근육으로 피부가 추위를 감지하면 근육을 수축시켜 털을 세워 체온 조절을 한다.

5) 모발의 생장주기(Hair cycle)

'성장기 → 퇴행기 → 휴지기 → 발생기'의 단계를 반복한다.

구분	설명	분포율	기간
성장기	모근세포의 세포분열 및 증식작용으로 모발의 성장이 왕성한 단계	전체 모발의 88%	3~5년
퇴행기	모발의 성장이 느려지는 단계	전체 모발의 1%	2~4주
휴지기	모발의 성장이 멈추고 가벼운 자극에 의해 쉽게 탈모가 되는 단계	전체 모발의 14~15%	2~3개월
발생기	휴지기에 들어간 모발이 새로 생장하는 모발에 의해서 자연탈모됨	–	–

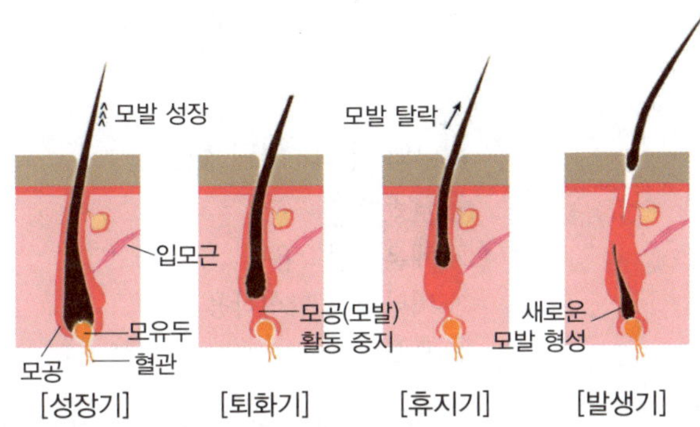

4 손 · 발톱

① 경단백질인 케라틴과 아미노산으로 이루어진 피부부속기관이다.
② 손끝과 발끝의 보호, 물건을 잡을 때 받침대 역할, 장식의 기능을 한다.
③ 손·발톱의 경도는 함유된 수분의 함량이나 각질 조성에 따라 달라진다.
④ 손톱은 하루에 0.1mm 정도 자라며, 발톱보다 빠르게 자란다.
⑤ **건강한 손톱의 조건**
　• 매끄러운 광택이 흐르며 연한 핑크빛을 띠고 투명하다.
　• 바닥(조상)에 강하게 부착되어 있어야 한다.
　• 단단하고 탄력이 있어야 한다.
　• 아치모양을 형성해야 한다.
　• 세균에 감염되지 않아야 한다.
　• 수분과 유분이 이상적으로 유지되어야 한다.
⑥ 정상적인 손·발톱의 교체는 약 6개월 정도 걸린다.
⑦ 손·발톱은 조근, 조모, 조반월, 조체, 조상, 조소피, 조곽, 손톱집, 조하막 등으로 구성되어 있다.

5 유선(乳腺)

① 포유류의 유즙을 분비하는 피부부속기관이다.
② 땀샘(한선)이 변형된 피부선이다.

▶ **모발의 성장**
가을이나 겨울보다 봄, 여름에 더 빨리 성장한다.(낮보다는 밤에 더 빨리 성장)

▶ **모발의 손상원인**
자외선, 염색, 탈색, 헤어드라이어의 장기간 사용 등

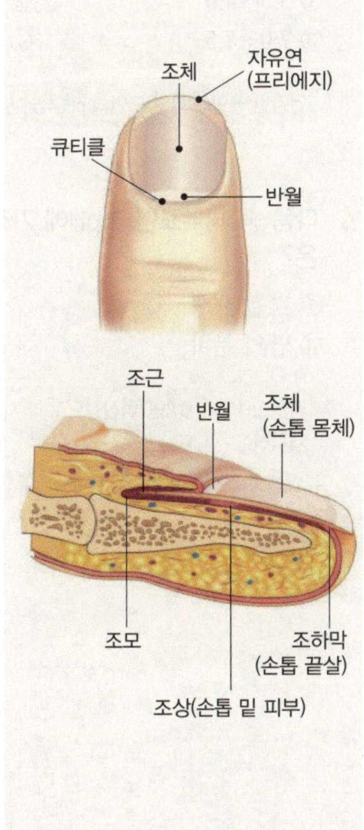

01. 피부 일반

1 성인의 경우 피부가 차지하는 비중은 체중의 약 몇 % 정도인가?

① 5∼7% ② 15∼17%
③ 25∼27% ④ 35∼37%

> 성인의 경우 피부가 차지하는 비중은 체중의 약 15∼17%이다.

2 다음 중 가장 이상적인 피부의 pH 범위는?

① pH 3.5∼4.5 ② pH 5.2∼5.8
③ pH 6.5∼7.2 ④ pH 7.5∼8.2

> 가장 이상적인 피부는 pH 5.5 정도의 약산성일 때이다.

3 일반적으로 건강한 성인의 피부 표면의 pH는?

① 3.5∼4.0 ② 6.5∼7.0
③ 7.0∼7.5 ④ 4.5∼6.5

> 건강한 성인의 피부 표면의 pH 4.5∼6.5의 약산성이다.

4 다음 중 피부표면의 pH에 가장 큰 영향을 주는 것은?

① 각질 생성 ② 침의 분비
③ 땀의 분비 ④ 호르몬의 분비

> 땀은 pH 3.8∼5.6인 약산성으로 피지와 함께 산성보호막을 형성한다.

02. 피부의 기능

1 피부의 기능에 대한 설명으로 틀린 것은?

① 인체 내부 기관을 보호한다.
② 체온조절을 한다.
③ 감각을 느끼게 한다.
④ 비타민 B를 생성한다.

> 피부는 자외선에 의해 비타민 D를 합성한다.

2 피부의 기능이 아닌 것은?

① 보호작용
② 체온조절작용
③ 비타민 A 합성작용
④ 호흡작용

> 피부는 자외선에 의한 비타민 D의 합성작용을 한다. 비타민 A는 피부에서 합성되지 않고 음식물을 통해 섭취해야 한다.

3 피부의 기능이 아닌 것은?

① 피부는 강력한 보호 작용을 지니고 있다.
② 피부는 체온의 외부발산을 막고 외부온도 변화가 내부로 전해지는 작용을 한다.
③ 피부는 땀과 피지를 통해 노폐물을 분비·배설한다.
④ 피부도 호흡을 한다.

> 피부는 체온조절기능이 있어 온도가 낮아질 때는 체온의 저하를 방지하고 온도가 높아질 때는 열의 발산을 증가시킨다. 또한 외부의 온도 변화를 신체 내부로 전달하지 않는 역할을 한다.

4 다음 중 피부의 기능이 아닌 것은?

① 보호작용
② 체온조절작용
③ 감각작용
④ 순환작용

> 피부의 기능 : 보호작용, 체온조절작용, 분비 및 배설, 비타민 D 합성작용, 흡수작용, 재생작용, 면역작용

정답 ❶ 1 ② 2 ② 3 ④ 4 ③ ❷ 1 ④ 2 ③ 3 ② 4 ④

5 ***
피부 감각 중 가장 많이 분포되어 가장 민감한 것은?

① 촉각 ② 냉각
③ 통각 ④ 온각

감각기관 중 통각은 가장 많이 분포되어 있어 가장 예민하며, 가장 둔한 감각은 온각이다.

6 ***
피부가 느끼는 오감 중에서 가장 감각이 둔감한 것은?

① 냉각(冷覺) ② 온각(溫覺)
③ 통각(痛覺) ④ 압각(壓覺)

가장 예민한 감각은 통각이고, 가장 둔한 감각은 온각이다.

7 ****
피부 감각기관 중 피부에 가장 많이 분포되어 있는 것은?

① 온각점 ② 통각점
③ 촉각점 ④ 냉각점

피부의 감각점 분포

감각점	밀도(갯수/cm^2)	감각점	밀도(갯수/cm^2)
온각점	0~3개	압각점	100개
냉각점	6~23개	통각점	100~200개
촉각점	25개		

8 ***
다음 중 피부의 감각기관인 촉각점이 가장 적게 분포하는 것은?

① 손끝 ② 입술
③ 혀끝 ④ 발바닥

발바닥에는 촉각점이 적게 분포되어 있다.

1 ***
피부구조에 대한 설명 중 틀린 것은?

① 피부는 표피, 진피, 피하지방층의 3개층으로 구성된다.
② 표피는 일반적으로 내측으로부터 기저층, 유극층, 과립층, 투명층 및 각질층의 5층으로 나뉜다.
③ 멜라닌 세포는 표피의 유극층에 산재한다.
④ 멜라닌 세포 수는 민족과 피부색에 관계없이 일정하다.

멜라닌 세포는 표피의 가장 내층인 기저층에 산재한다.

2 ****
다음 중 표피층을 순서대로 나열한 것은?

① 각질층, 유극층, 투명층, 과립층, 기저층
② 각질층, 육층, 망사층, 기저층, 과립층
③ 각질층, 과립층, 유극층, 투명층, 기저층
④ 각질층, 투명층, 과립층, 유극층, 기저층

표피층은 피부의 가장 위에서부터 각질층, 투명층, 과립층, 유극층, 기저층의 순이다.

3 ***
표피의 발생은 어디에서부터 시작되는가?

① 피지선 ② 한선
③ 간엽 ④ 외배엽

외배엽은 신경세포, 표피조직, 눈, 척추 등으로 분화한다.

4 **
피부의 표피를 구성하는 세포층 중에서 가장 바깥에 존재하는 것은?

① 유극층 ② 각질층
③ 과립층 ④ 투명층

피부의 표피는 바깥에서부터 각질층, 투명층, 과립층, 유극층, 기저층으로 구성되어 있다.

5 비늘모양의 죽은 피부세포가 엷은 회백색 조각으로 되어 떨어져 나가는 피부층은?

① 투명층
② 유극층
③ 기저층
④ 각질층

> 각질층은 표피를 구성하는 세포층 중 가장 바깥층을 구성하며, 비듬이나 때처럼 박리현상을 일으키는 층이다.

6 표피 중에서 각화가 완전히 된 세포들로 이루어진 층은?

① 과립층
② 각질층
③ 유극층
④ 투명층

> 각질층은 각화가 완전히 된 세포들로 구성되며, 비듬이나 때처럼 박리현상을 일으키는 층이다.

7 각질층에 대한 설명으로 옳지 않은 것은?

① 표피를 구성하는 세포층 중 가장 바깥층이다.
② 엘라이딘이라는 단백질을 함유하고 있어 피부를 윤기 있게 해주는 기능이 있다.
③ 각화가 완전히 된 세포들로 구성되어 있다.
④ 비듬이나 때처럼 박리현상을 일으키는 층이다.

> 엘라이딘이라는 단백질을 함유하고 있어 피부를 윤기있게 해주는 기능을 하는 층은 투명층이다.

8 비듬이나 때처럼 박리현상을 일으키는 피부층은?

① 표피의 기저층
② 표피의 과립층
③ 표피의 각질층
④ 진피의 유두층

> 표피의 각질층에서 약 4주 주기로 각질이 비듬이나 때처럼 떨어져 나간다.

9 피부의 각질층에 존재하는 세포간지질 중 가장 많이 함유된 것은?

① 세라마이드(ceramide)
② 콜레스테롤(cholesterol)
③ 스쿠알렌(squalene)
④ 왁스(wax)

> 피부의 각질층에 존재하는 세포간지질은 콜레스테롤, 지방산, 세라마이드 등으로 구성되며, 이 중 세라마이드가 가장 많이 함유되어 있다.

10 천연보습인자(NMF)의 구성성분 중 40%를 차지하는 중요 성분은?

① 요소
② 젖산염
③ 무기염
④ 아미노산

> 천연보습인자(NMF)는 각질층에 있는 수용성 성분을 총칭하는 것으로 피부의 수분보유량을 조절한다. 구성성분은 아미노산 40%, 무기염 18.5%, 피롤리돈 카르본산 12%, 젖산염 12%, 요소 7%, 염소 6% 등으로 이루어져 있다.

11 피부의 천연보습인자(NMF)의 구성성분 중 가장 많은 분포를 나타내는 것은?

① 아미노산
② 요소
③ 피롤리돈 카르본산
④ 젖산염

> 천연보습인자(NMF)는 각질층에 존재하는 수용성 성분을 총칭하며, 구성비율은 아미노산(40%), 무기염(18.5%), 젖산염(12%), 피롤리돈 카르본산(12%)이다.

12 천연보습인자의 설명으로 틀린 것은?

① NMF(Natural Moisturizing Factor)
② 피부수분보유량을 조절한다.
③ 아미노산, 젖산, 요소 등으로 구성되고 있다.
④ 수소이온농도의 지수유지를 말한다.

> 천연보습인자(NMF)는 각질층의 수용성 성분으로 피부의 수분보유량을 조절한다.

정답 5 ④ 6 ② 7 ② 8 ③ 9 ① 10 ④ 11 ① 12 ④

13 손바닥과 발바닥 등 비교적 피부층이 두터운 부위에 주로 분포되어 있으며, 수분침투를 방지하고 피부를 윤기있게 해주는 기능을 가진 엘라이딘이라는 단백질을 함유하고 있는 표피 세포층은?

① 각질층
② 유두층
③ 투명층
④ 망상층

투명층은 주로 손·발바닥에 존재하며 엘라이딘이라는 반유동 물질을 함유하고 있다.

14 생명력이 없는 상태의 무색, 무핵층으로서 손바닥과 발바닥에 주로 있는 층은?

① 각질층
② 과립층
③ 투명층
④ 기저층

투명층은 손바닥과 발바닥 등 비교적 피부층이 두터운 부위에 주로 분포한다.

15 피부 표피의 투명층에 존재하는 반유동성 물질은?

① 엘라이딘(elaidin)
② 콜레스테롤(cholesterol)
③ 단백질(protein)
④ 세라마이드(ceramide)

투명층은 엘라이딘이라는 단백질을 함유하고 있어 피부를 윤기 있게 해주는 기능을 한다.

16 피부구조에 있어 물이나 일부의 물질을 통과시키지 못하게 하는 흡수 방어벽층은 어디에 있는가?

① 투명층과 과립층 사이
② 각질층과 투명층 사이
③ 유극층과 기저층 사이
④ 과립층과 유극층 사이

피부에서 물이나 이물질을 통과시키지 않고 수분증발을 막는 흡수 방어벽층(레인방어막)은 투명층과 과립층 사이에 존재한다.

17 표피 중에서 피부로부터 수분이 증발하는 것을 막는 층은?

① 각질층　　　　② 기저층
③ 과립층　　　　④ 유극층

과립층은 외부로부터 이물질이 침투하는 것을 막아주고 피부내부의 수분이 증발되는 것을 막아준다.

18 각화유리질과립은 피부 표피의 어떤 층에 주로 존재하는가?

① 과립층　　　　② 유극층
③ 기저층　　　　④ 투명층

과립층은 다이아몬드 모양의 세포로 구성되어 있으며, 각화유리질과립으로 채워져 있다.

19 케라토히알린(keratohyalin) 과립은 피부 표피의 어느 층에 주로 존재하는가?

① 과립층　　　　② 유극층
③ 기저층　　　　④ 투명층

과립층에는 케라틴의 전구물질인 케라토히알린 과립이 형성되어 빛을 굴절시키는 작용을 하며, 수분이 빠져나가는 것을 막는다.

20 레인방어막의 역할이 아닌 것은?

① 외부로부터 침입하는 각종 물질을 방어한다.
② 체액이 외부로 새어 나가는 것을 방지한다.
③ 피부의 색소를 만든다.
④ 피부염 유발을 억제한다.

과립층에 존재하는 레인방어막은 외부로부터 이물질이 침입하는 것을 방어하는 역할을 하는 동시에, 체내에 필요한 물질이 체외로 빠져나가는 것을 막아 피부가 건조해지거나 피부염이 유발하는 것을 억제하는 역할을 한다.

21 피부 표피 중 가장 두꺼운 층은?

① 각질층　　　　② 유극층
③ 과립층　　　　④ 기저층

유극층은 표피층 중에서도 가장 두꺼운 층으로 림프관이 분포하며 표피의 영양을 관장한다.

정답 　13 ③　14 ③　15 ①　16 ①　17 ③　18 ①　19 ①　20 ③　21 ②

22 피부 표피층 중에서 가장 두꺼운 층으로 세포 표면에는 가시 모양의 돌기를 가지고 있는 것은?

① 유극층 ② 과립층
③ 각질층 ④ 기저층

유극층은 표피 중 가장 두꺼운 층으로 세포 표면에 가시 모양의 돌기가 세포 사이를 연결하고 있으며, 케라틴의 성장과 분열에 관여한다.

23 원주형의 세포가 단층으로 이어져 있으며 각질 형성 세포와 색소 형성세포가 존재하는 피부 세포층은?

① 기저층 ② 투명층
③ 각질층 ④ 유극층

기저층은 표피의 가장 아래쪽의 어린 세포층으로 각질형성세포와 멜라닌형성세포가 4~10 : 1의 비율로 존재한다.

24 피부색상을 결정짓는 데 주요한 요인이 되는 멜라닌 색소를 만들어 내는 피부층은?

① 과립층 ② 유극층
③ 기저층 ④ 유두층

표피의 기저층에는 멜라닌 색소를 만들어내는 멜라닌 세포가 있다.

25 피부에 있어 색소세포가 가장 많이 존재하고 있는 곳은?

① 표피의 각질층 ② 표피의 기저층
③ 진피의 유두층 ④ 진피의 망상층

표피의 기저층에는 색소형성세포가 존재하며 자외선의 영향을 받아 멜라닌을 합성한다.

26 피부색소의 멜라닌을 만드는 색소형성세포는 어느 층에 위치하는가?

① 과립층 ② 유극층
③ 각질층 ④ 기저층

기저층에는 색소형성세포(멜라닌 색소세포)와 각질형성세포가 존재한다.

27 피부의 새로운 세포 형성은 어디에서 이루어지는가?

① 기저층 ② 유독층
③ 과립층 ④ 투명층

표피의 가장 아래층에 있는 기저층에서 새로운 세포가 형성된다.

28 다음 중 기저층의 중요한 역할로 가장 적당한 것은?

① 수분방어
② 면역
③ 팽윤
④ 새로운 세포 형성

기저층은 유두층으로부터 영양분을 공급받고 새로운 세포가 형성되는 층이다.

29 털의 기질부(모기질)는 표피층 중에서 어느 부분에 해당하는가?

① 각질층 ② 과립층
③ 유극층 ④ 기저층

털의 재생에 중요한 역할을 담당하는 기질부는 표피층 중 기저층에 해당한다.

30 피부의 각화과정(Keratinization)이란?

① 피부가 손톱, 발톱으로 딱딱하게 변하는 것을 말한다.
② 피부세포가 기저층에서 각질층까지 분열되어 올라가 죽은 각질세포로 되는 현상을 말한다.
③ 기저세포 중의 멜라닌 색소가 많아져서 피부가 검게 되는 것을 말한다.
④ 피부가 거칠어져서 주름이 생겨 늙는 것을 말한다.

표피의 기저층에서 생성되는 각질형성세포들이 28일을 주기로 각질층에서 죽은 각질로 때처럼 떨어져 나가는 과정을 각화과정이라고 한다.

31 우리 피부의 세포가 기저층에서 생성되어 각질세포로 변화하여 피부표면으로부터 떨어져 나가는데 걸리는 기간은?

① 대략 60일 ② 대략 28일
③ 대략 120일 ④ 대략 280일

일반적인 피부의 각화주기는 약 28일(4주)이다.

32 피부 각질형성세포의 일반적 각화주기는?

① 약 1주 ② 약 2주
③ 약 3주 ④ 약 4주

33 피부의 표피 세포는 대략 몇 주 정도의 교체 주기를 가지고 있는가?

① 1주 ② 2주
③ 3주 ④ 4주

표피는 피부의 가장 표면층에 해당하는 부분이며, 표피 세포는 약 4주의 교체 주기를 가지고 있다.

34 다음 중 표피층에 존재하는 세포가 아닌 것은?

① 각질형성 세포
② 멜라닌 세포
③ 랑게르한스 세포
④ 비만 세포

비만 세포는 진피와 피하지방층에 존재한다.

35 피부의 각질(케라틴)을 만들어 내는 세포는?

① 색소세포
② 기저세포
③ 각질형성세포
④ 섬유아세포

각질형성세포(Keratinocyte)는 표피의 주요 구성성분으로 표피 세포의 80%를 차지한다.

36 다음 중 멜라닌 세포에 관한 설명으로 틀린 것은?

① 멜라닌의 기능은 자외선으로부터의 보호작용이다.
② 과립층에 위치한다.
③ 색소제조 세포이다.
④ 자외선을 받으면 왕성하게 활동한다.

멜라닌 색소를 생산하는 멜라닌 색소세포는 표피의 기저층에 위치하여 피부의 손상을 방지한다.

37 다음 중 표피에 있는 것으로 면역과 가장 관계가 있는 세포는?

① 멜라닌세포
② 랑게르한스 세포
③ 머켈세포
④ 콜라겐

랑게르한스 세포는 피부의 면역기능을 담당하며, 외부로부터 침입한 이물질을 림프구로 전달하는 역할을 한다.

38 피부의 색소와 관계가 가장 먼 것은?

① 에크린 ② 멜라닌
③ 카로틴 ④ 헤모글로빈

피부의 색을 결정하는 색소는 멜라닌, 카로틴, 헤모글로빈이다.

39 표피의 유극층에 위치하여 피부면역에 관여하는 세포는?

① 각질형성세포 ② 랑게르한스 세포
③ 머켈세포 ④ 멜라닌세포

랑게르한스 세포는 표피의 유극층에 위치하여 피부면역에 관계하는 세포이다.

40 표피에서 촉감을 감지하는 세포는?

① 멜라닌 세포 ② 머켈 세포
③ 각질형성 세포 ④ 랑게르한스 세포

표피의 기저층에 위치하는 머켈세포(촉각세포)는 신경섬유의 말단과 연결되어 있어 촉각을 감지한다.

정답 31 ② 32 ④ 33 ④ 34 ④ 35 ③ 36 ② 37 ② 38 ① 39 ② 40 ②

***
41 피부의 주체를 이루는 층으로 망상층과 유두층으로 구분되며 피부조직 외에 부속기관인 혈관, 신경관, 림프관, 땀샘, 기름샘, 모발과 입모근을 포함하고 있는 곳은?

① 표피 ② 진피
③ 근육 ④ 피하조직

> 진피는 망상층과 유두층으로 구분되며, 망상층에는 피부부속기관이 위치해 있다.

***
42 다음 중 진피의 구성세포는?

① 멜라닌 세포 ② 랑게르한스 세포
③ 섬유아 세포 ④ 머켈 세포

> 섬유아 세포는 진피의 윗부분에 많이 분포하며 콜라겐, 엘라스틴 등을 합성한다.

**
43 모세혈관이 위치하며 콜라겐 조직과 탄력적인 엘라스틴섬유 및 뮤코다당류로 구성이 되어 있는 피부의 부분은?

① 표피 ② 유극층
③ 진피 ④ 피하조직

> 진피는 모세혈관이 위치하며 콜라겐(교원섬유), 엘라스틴(탄력섬유), 뮤코다당류(기질)로 구성되어 있다.

***
44 콜라겐과 엘라스틴이 주성분으로 이루어진 피부조직은?

① 표피 상층 ② 표피 하층
③ 진피조직 ④ 피하조직

> 피부는 표피, 진피, 피하조직으로 나뉘며 진피는 콜라겐과 엘라스틴이 주성분으로 이루어진다.

***
45 교원섬유(collagen)와 탄력섬유(elastin)로 구성되어 있어 강한 탄력성을 지니고 있는 곳은?

① 표피 ② 진피
③ 피하조직 ④ 근육

> 진피는 교원섬유(콜라겐)와 탄력섬유(엘라스틴)으로 구성되어 있다.

****
46 피부의 구조 중 콜라겐과 엘라스틴이 자리 잡고 있는 층은?

① 표피 ② 진피
③ 피하조직 ④ 기저층

> 진피는 피부의 약 90%를 차지하는 실질적인 피부이며 콜라겐(교원섬유), 엘라스틴(탄력섬유), 기질 등으로 구성된다.

****
47 다음 중 피부의 진피층을 구성하고 있는 주요 단백질은?

① 알부민 ② 콜라겐
③ 글로불린 ④ 시스틴

> 진피는 콜라겐 조직과 탄력적인 엘라스틴섬유 및 뮤코다당류로 구성되어 있다.

****
48 콜라겐(collagen)에 대한 설명으로 틀린 것은?

① 노화된 피부에는 콜라겐 함량이 낮다.
② 콜라겐이 부족하면 주름이 발생하기 쉽다.
③ 콜라겐은 피부의 표피에 주로 존재한다.
④ 콜라겐은 섬유아세포에서 생성된다.

> 콜라겐은 피부의 진피에 주로 존재한다.

***
49 진피에 함유되어 있는 성분으로 우수한 보습능력이 있어 피부관리 제품에도 많이 함유되어 있는 것은?

① 알코올(Alcohol)
② 콜라겐(Collagen)
③ 판테놀(Panthenol)
④ 글리세린(Glycerine)

> 콜라겐(교원섬유)은 진피의 주성분으로 보습작용이 우수하다.

***
50 피부의 구조 중 진피에 속하는 것은?

① 과립층 ② 유극층
③ 유두층 ④ 기저층

> 진피는 유두층과 망상층으로 구성되어 있다.

51 피부구조에 있어 유두층에 관한 설명 중 틀린 것은?

① 혈관과 신경이 있다.
② 혈관을 통하여 기저층에 많은 영양분을 공급하고 있다.
③ 수분을 다량으로 함유하고 있다.
④ 표피층에 위치하여 모낭 주위에 존재한다.

유두층은 표피의 경계 부위에 유두 모양의 돌기를 형성하고 있는 진피의 상단 부분에 해당한다.

52 다음의 피부 구조 중 진피에 속하는 것은?

① 망상층　　　　② 기저층
③ 유극층　　　　④ 과립층

진피는 유두층과 망상층으로 구성되어 있다.

53 피부구조에서 진피 중 피하조직과 연결되어 있는 것은?

① 유극층　　　　② 기저층
③ 유두층　　　　④ 망상층

유두층의 아래에 위치하는 망상층은 진피의 4/5를 차지하며 피하조직과 연결되어 있다.

54 진피의 4/5를 차지할 정도로 가장 두꺼운 부분이며, 옆으로 길고 섬세한 섬유가 그물모양으로 구성되어 있는 층은?

① 망상층　　　　② 유두층
③ 유두하층　　　④ 과립층

망상층은 진피의 4/5를 차지하는데 유두층의 아래에 위치하며, 피하조직과 연결되는 층이다.

55 신체부위 중 피부 두께가 가장 얇은 곳은?

① 손등 피부　　　② 볼 부위
③ 눈꺼풀 피부　　④ 둔부

눈꺼풀의 두께는 약 0.6mm 정도로 신체부위 중 가장 얇은 부위이다.

56 다음 중 피하지방층이 가장 적은 부위는?

① 배 부위　　　　② 눈 부위
③ 등 부위　　　　④ 대퇴 부위

눈 부위는 얼굴의 다른 부위보다 매우 얇으며 피하지방층이 가장 적은 부위이다.

04. 피부의 부속기관

1 표피의 부속기관이 아닌 것은?

① 손·발톱　　　　② 유선
③ 피지선　　　　④ 흉선

흉선은 흉골의 뒤쪽에 위치한 내분비선에 해당한다.

2 한선(땀샘)의 설명으로 틀린 것은?

① 체온을 조절한다.
② 땀은 피부의 피지막과 산성막을 형성한다.
③ 땀을 많이 흘리면 영양분과 미네랄을 잃는다.
④ 땀샘은 손·발바닥에는 없다.

땀샘의 종류
• 에크린 땀샘 : 손바닥, 발바닥, 겨드랑이 등에 많이 분포
• 아포크린 땀샘 : 겨드랑이, 유두, 배꼽, 생식기, 항문주변 등에 분포

3 땀샘에 대한 설명으로 틀린 것은?

① 에크린선은 입술뿐만 아니라 전신 피부에 분포되어 있다.
② 에크린선에서 분비되는 땀은 냄새가 거의 없다.
③ 아포크린선에서 분비되는 땀은 분비량은 소량이나 나쁜 냄새의 요인이 된다.
④ 아포크린선에서 분비되는 땀 자체는 무취, 무색, 무균성이나 표피에 배출된 후, 세균의 작용을 받아 부패하여 냄새가 나는 것이다.

소한선인 에크린한선은 입술과 음부를 제외한 전신에 분포되어 있다.

정답　51 ④　52 ①　53 ④　54 ①　55 ③　56 ②　4 1 ④　2 ④　3 ①

4 다음 중 땀샘의 역할이 아닌 것은? ****

① 체온조절
② 분비물 배출
③ 땀분비
④ 피지분비

5 한선에 대한 설명 중 틀린 것은? ***

① 체온 조절기능이 있다.
② 진피와 피하지방 조직의 경계부위에 위치한다.
③ 입술을 포함한 전신에 존재한다.
④ 에크린선과 아포크린선이 있다.

6 에크린한선에 대한 설명으로 틀린 것은? ***

① 실밥을 둥글게 한 것 같은 모양으로 진피 내에 존재한다.
② 사춘기 이후에 주로 발달한다.
③ 특수한 부위를 제외한 거의 전신에 분포한다.
④ 손바닥, 발바닥, 이마에 가장 많이 분포한다.

7 아포크린한선의 설명으로 틀린 것은? ***

① 아포크린한선의 냄새는 여성보다 남성에게 강하게 나타난다.
② 땀의 산도가 붕괴되면서 심한 냄새를 동반한다.
③ 겨드랑이, 대음순, 배꼽 주변에 존재한다.
④ 인종적으로 흑인이 가장 많이 분비한다.

8 일반적으로 아포크린샘(대한선)의 분포가 없는 곳은? ***

① 유두　　　　　② 겨드랑이
③ 배꼽 주변　　　④ 입술

9 피부의 한선(땀샘) 중 대한선은 어느 부위에서 볼 수 있는가? ***

① 얼굴과 손발
② 배와 등
③ 겨드랑이와 유두 주변
④ 팔과 다리

10 사춘기 이후에 주로 분비되며, 모공을 통하여 분비 되어 독특한 체취를 발생시키는 것은? ****

① 소한선　　　　② 대한선
③ 피지선　　　　④ 갑상선

11 사춘기 이후 성호르몬의 영향을 받아 분비되기 시작하는 땀샘으로 체취선이라고 하는 것은? ***

① 소화선　　　　② 대한선
③ 갑상선　　　　④ 피지선

12 성인이 하루에 분비하는 피지의 양은? **

① 약 1~2g　　　　② 약 0.1~0.2g
③ 약 3~5g　　　　④ 약 5~8g

13 인체에 있어 피지선이 전혀 없는 곳은?

① 이마　　　　　　② 코
③ 귀　　　　　　　④ 손바닥

손바닥, 발바닥에는 피지선이 없다.

14 피지선에 대한 설명으로 틀린 것은?

① 피지를 분비하는 선으로 진피 중에 위치한다.
② 피지선은 손바닥에는 없다.
③ 피지의 1일 분비량은 10~20g 정도이다.
④ 피지선이 많은 부위는 코 주위이다.

피지선은 진피의 망상층에 위치하며 모낭에 연결되어 있으며, 1일 피지 분비량은 1~2g 정도이다.

15 피지선에 대한 내용으로 틀린 것은?

① 진피층에 놓여 있다.
② 손바닥과 발바닥, 얼굴, 이마 등에 많다.
③ 사춘기 남성에게 집중적으로 분비된다.
④ 입술, 성기, 유두, 귀두 등에 독립피지선이 있다.

손바닥, 발바닥에는 피지선이 없다.

16 피지에 대한 설명 중 잘못된 것은?

① 피지는 피부나 털을 보호하는 작용을 한다.
② 피지가 외부로 분출이 안 되면 여드름 요소인 면포로 발전한다.
③ 주로 여자보다 남자가 피지의 분비가 많다.
④ 피지는 아포크린 한선(apocrine sweat gland)에서 분비된다.

피지는 피지선에서 분비된다.

17 피지선의 활성을 높여주는 호르몬은?

① 안드로겐　　　　② 에스트로겐
③ 인슐린　　　　　④ 멜라닌

안드로겐은 남성의 2차 성징 발달에 작용하는 호르몬으로 정자 형성을 촉진하기도 하며, 피지선을 자극해 피지의 생성을 촉진한다.

18 다음 중 피지선의 노화현상을 나타내는 것은?

① 피지의 분비가 많아진다.
② 피지의 분비가 감소된다.
③ 피부중화 능력이 상승된다.
④ pH의 산성도가 강해진다.

피부의 노화 결과 : 피지의 분비량이 감소하고, 피부의 중화능력이 떨어지며, 산성도도 약해진다.

19 다음 중 일반적으로 건강한 모발의 상태는?

① 단백질 10~20%, 수분 10~15%, pH 2.5~4.5
② 단백질 20~30%, 수분 70~80%, pH 4.5~5.5
③ 단백질 50~60%, 수분 25~40%, pH 7.5~8.5
④ 단백질 70~80%, 수분 10~15%, pH 4.5~5.5

20 다음 중 외부로부터 충격이 있을 때 완충작용으로 피부를 보호하는 역할을 하는 것은?

① 피하지방과 모발　　② 한선과 피지선
③ 모공과 모낭　　　　④ 외피 각질층

피하지방과 모발은 외부의 충격으로부터 피부를 보호해주는 완충작용을 한다.

21 두발의 영양 공급에서 가장 중요한 영양소이며 가장 많이 공급되어야 할 것은?

① 비타민 A　　　　② 지방
③ 단백질　　　　　④ 칼슘

두발의 주성분은 아미노산을 다량 함유한 케라틴이므로 단백질이 가장 중요한 영양소라 할 수 있다.

22 모발을 구성하고 있는 케라틴(Keratin) 중에 제일 많이 함유하고 있는 아미노산은?

① 알라닌　　　　　② 로이신
③ 바린　　　　　　④ 시스틴

케라틴의 주요 구성성분은 시스틴, 글루탐산, 알기닌 등이며, 시스틴의 함유량이 10~14%로 가장 높다.

정답　**13** ④　**14** ③　**15** ②　**16** ④　**17** ①　**18** ②　**19** ④　**20** ①　**21** ③　**22** ④

23 ★★★ 새로 만들어지는 신진대사의 현상을 모발의 성장이라 하는데 이에 관한 설명 중 가장 거리가 먼 것은?

① 봄, 여름보다 가을과 겨울이 더 빨리 성장한다.
② 필요한 영양은 모유두에서 공급된다.
③ 모발은 3~5년의 성장기에 주로 자란다.
④ 모발은 "성장기-퇴화기-휴지기"의 헤어 사이클(hair cycle)을 거친다.

> 모발은 낮보다 밤에, 가을·겨울보다 봄·여름에 더 빨리 성장한다.

24 ★★★ 모발은 하루에 얼마나 성장하는가?

① 0.2~0.5mm
② 0.6~0.8mm
③ 0.9~1.0mm
④ 1.0~1.2mm

> 모발은 하루에 0.2~0.5mm씩 성장한다.

25 ★★★ 다음은 모발의 구조와 성질을 설명한 내용이다. 맞지 않는 것은?

① 두발은 주요 부분을 구성하고 있는 모표피, 모피질, 모수질 등으로 이루어졌으며, 주로 탄력성이 풍부한 단백질로 이루어져 있다.
② 케라틴은 다른 단백질에 비하여 유황의 함유량이 많은데, 황(S)은 시스틴(cystine)에 함유되어 있다.
③ 시스틴 결합은 알칼리에는 강한 저항력을 갖고 있으나 물, 알코올, 약산성이나 소금류에 대해서 약하다.
④ 케라틴의 폴리펩타이드는 쇠사슬 구조로서, 두발의 장축방향(長軸方向)으로 배열되어 있다.

> 시스틴 결합은 물, 알코올, 약산성이나 소금류에는 강하지만 알칼리에는 약하다.

26 ★★★★★ 건강한 모발의 pH 범위는?

① pH 3~4
② pH 4.5~5.5
③ pH 6.5~7.5
④ pH 8.5~9.5

> 모발은 70~80%의 단백질로 이루어져 있는데, 단백질은 알칼리 상태에서는 구조가 느슨해지고 산성에서는 강해지고 단단해진다. 건강한 모발의 pH는 4.5~5.5이다.

27 ★★ 모발 손상의 원인으로만 짝지어진 것은?

① 드라이어의 장시간 이용, 크림 린스, 오버프로세싱
② 두피 마사지, 염색제, 백 코밍
③ 브러싱, 헤어세팅, 헤어 팩
④ 자외선, 염색, 탈색

> 자외선은 모발의 케라틴을 파괴하고 탈색을 유발해 모발 손상의 큰 이유가 되며, 염색 및 탈색도 모발에 손상을 줄 수 있다. 이외에도 샴푸, 드라이, 빗질, 헤어드라이 등에 의해서도 손상될 수 있다.

28 ★★★ 모발을 태우면 노린내가 나는데, 이는 어떤 성분 때문인가?

① 나트륨
② 이산화탄소
③ 유황
④ 탄소

> 모발의 주성분은 케라틴, 멜라닌, 지질, 수분 등으로 구성되어 있으며 모발을 태울 때 나는 노린내는 모발에 많이 함유하고 있는 유황 때문이다.

29 ★★★ 다음 모발에 관한 설명으로 틀린 것은?

① 모근부와 모간부로 구성되어 있다.
② 하루 약 0.2~0.5mm씩 자란다.
③ 모발의 수명은 보통 3~6년이다.
④ 모발은 퇴행기→성장기→탈락기→휴지기의 성장 단계를 갖는다.

> 모발은 '성장기 → 퇴행기 → 휴지기'의 성장 단계를 갖는다.

30 ★★★★ 모발의 케라틴 단백질은 pH에 따라 물에 대한 팽윤성이 변한다. 다음 중 가장 낮은 팽윤성을 나타내는 pH는?

① 1~2
② 4~5
③ 7~9
④ 10~12

> 모발이 수분을 흡수하면 부피가 증가하여 모발의 길이 방향 또는 직경 방향으로 크기가 늘어나는데 이 현상을 팽윤이라 한다. pH 4~5에서 가장 낮은 팽윤성을 나타내며, pH 8~9에서 급격히 증대한다.

---

31 모발의 측쇄결합으로 볼 수 없는 것은?

① 시스틴결합(cystine bond)
② 염결합(salt bond)
③ 수소결합(hydrogen bond)
④ 폴리펩티드결합(Poly peptide bond)

측쇄결합은 가로 방향의 결합으로 시스틴 결합, 염결합, 수소결합이 있다. 폴리펩티드결합은 주쇄결합이다.

32 모발의 결합 중 수분에 의해 일시적으로 변형되며, 드라이어의 열을 가하면 다시 재결합되어 형태가 만들어지는 결합은?

① S-S 결합
② 펩타이드 결합
③ 수소결합
④ 염 결합

측쇄결합의 종류	
시스틴결합	두 개의 황(S) 원자 사이에서 형성되는 공유결합
수소결합	수분에 의해 일시적으로 변형되며, 드라이어의 열을 가하면 다시 재결합되어 형태가 만들어지는 결합
염결합	산성의 아미노산과 알칼리성 아미노산이 서로 붙어서 구성되는 결합

33 모발의 구성 중 피부 밖으로 나와 있는 부분은?

① 피지선
② 모표피
③ 모구
④ 모유두

피부 밖으로 나와 있는 부분을 모간이라 하며, 이 모간에는 모표피, 모피질, 모수질이 있다.

34 모발의 색은 흑색, 적색, 갈색, 금발색, 백색 등 여러 가지 색이 있다. 다음 중 주로 검은 모발의 색을 나타나게 하는 멜라닌은?

① 유멜라닌(eumelanin)
② 티로신(tyrosine)
③ 페오멜라닌(pheomelanin)
④ 멜라노사이트(melanocyte)

유멜라닌은 갈색-검정색 중합체이며, 페오멜라닌은 적색-갈색 중합체이다. 멜라노사이트는 멜라닌 형성 세포이다.

35 모발의 색을 나타내는 색소로 입자형 색소는?

① 티로신(tyrosine)
② 멜라노사이트(melanocyte)
③ 유멜라닌(eumelanin)
④ 페오멜라닌(pheomelanin)

유멜라닌은 입자형 색소로 갈색-검정색 중합체이다.

36 두발의 색깔을 좌우하는 멜라닌은 다음 중 어느 곳에 가장 많이 함유되어 있는가?

① 모표피
② 모피질
③ 모수질
④ 모유두

모피질은 모표피의 안쪽 부분으로 멜라닌 색소를 가장 많이 함유하고 있다.

37 혈관과 림프관이 분포되어 있어 털에 영양을 공급하여 주로 발육에 관여하는 것은?

① 모유두
② 모표피
③ 모피질
④ 모수질

모유두는 모낭 끝에 있는 작은 돌기 조직으로 모발에 영양을 공급하는 부분이다.

38 세포의 분열 증식으로 모발이 만들어지는 곳은?

① 모모(毛母)세포
② 모유두
③ 모구
④ 모소피

모유두에 접한 모모세포는 분열과 증식작용을 통해 새로운 머리카락을 만든다.

39 다음 중 입모근과 가장 관련 있는 것은?

① 수분 조절
② 체온 조절
③ 피지 조절
④ 호르몬 조절

입모근은 모근에 붙어 있는 근육으로 수축으로 털을 꼿꼿하게 서게 하여 체온손실을 막아준다.

40 ★★★ 피부가 추위를 감지하면 근육을 수축시켜 털을 세우게 한다. 어떤 근육이 털을 세우게 하는가?

① 안륜근
② 입모근
③ 전두근
④ 후두근

교감신경의 지배를 받아 피부에 소름을 돋게 하는 근육을 입모근이라 하는데, 근육을 수축시켜 털을 세우게 한다.

41 ★★★★ 모발의 성장이 멈추고 전체 모발의 14~15%를 차지하며 가벼운 물리적 자극에 의해 쉽게 탈모가 되는 단계는?

① 성장기
② 퇴화기
③ 휴지기
④ 모발주기

모발은 성장기와 퇴화기를 거쳐 2~3개월간의 휴지기에 들어서게 되면 성장이 멈추고 탈모가 일어나게 된다.

42 ★★★★★ 다음 중 모발의 성장단계를 옳게 나타낸 것은?

① 성장기 → 휴지기 → 퇴화기
② 휴지기 → 발생기 → 퇴화기
③ 퇴화기 → 성장기 → 발생기
④ 성장기 → 퇴화기 → 휴지기

모발은 성장기→퇴화기→휴지기의 성장 단계를 거친다.

43 ★★★ 건강한 손톱에 대한 설명으로 틀린 것은?

① 바닥에 강하게 부착되어야 한다.
② 단단하고 탄력이 있어야 한다.
③ 윤기가 흐르며 노란색을 띠어야 한다.
④ 아치모양을 형성해야 한다.

건강한 손톱은 연한 핑크색을 띠고 투명하다.

44 ★★ 손톱, 발톱의 설명으로 틀린 것은?

① 정상적인 손·발톱의 교체는 대략 6개월가량 걸린다.
② 개인에 따라 성장의 속도는 차이가 있지만 매일 1mm가량 성장한다.
③ 손끝과 발끝을 보호한다.
④ 물건을 잡을 때 받침대 역할을 한다.

손톱은 매일 약 0.1mm 정도 자란다.

45 ★★★★ 땀의 분비가 감소하고 갑상선 기능의 저하, 신경계 질환의 원인이 되는 것은?

① 다한증
② 소한증
③ 무한증
④ 액취증

소한증의 증상은 땀의 분비감소, 갑상선 기능저하, 신경계 질환의 원인이 된다.

Esthetic Technician Certification

피부유형분석

이번 섹션은 1장 피부미용학에서 다룬 부분입니다. 다시 한번 정리하신다고 생각하시고 보시기 바랍니다.

1 정상 피부

1) 피부 특징

① 유·수분의 균형이 잘 잡혀있다.

② 피부결이 부드럽고 탄력이 좋다.

③ 모공이 작고 주름이 형성되지 않는다.

④ 세안 후 피부가 당기지 않는다.

2) 관리 목적

정상적인 유·수분 관리를 계속 유지하기 위해 계절 및 나이에 맞는 적절한 화장품 선택

3) 적용 화장품

영양과 수분 크림, 유연 화장수

2 건성 피부

1) 피부 특징

① 피지와 땀의 분비 저하로 유·수분의 균형이 정상적이지 못하다.

② 탄력이 좋지 못하다.

③ 세안 후 이마, 볼 부위가 당기고 화장이 잘 들뜬다.

④ 각질층의 수분이 10% 이하로 피부표면이 항상 건조하고 잔주름이 쉽게 생긴다.

⑤ 피부가 얇고 외관으로 피부결이 섬세해 보인다.

⑥ 유·수분의 균형이 정상적이지 않아 피부가 손상되기 쉬우며 주름 발생이 쉽다.

⑦ 모공이 작다.

2) 관리 목적

피부에 유·수분을 공급하여 보습기능 활성화 및 영양 공급

3) 적용 화장품

① 영양, 보습 성분이 있는 오일이나 에센스

② 무알코올성 토너

③ 밀크 타입이나 유분기가 있는 크림 타입의 클렌저

④ 보습기능이 강화된 토닉

⑤ 주요 성분 : 콜라겐, 엘라스틴, 솔비톨, 아미노산, 세라마이드, 히알루론산

▶ **건성 피부의 분류**

구분	특징
일반 건성피부	피부기름샘의 기능 감소와 땀샘 및 보습능력의 감소로 인해 유분 및 수분 함량이 부족한 피부
표피수분 부족 건성피부	자외선, 찬바람, 지나친 냉난방 등과 같은 환경적 요인과 부적절한 화장품 사용, 잘못된 피부관리 습관 등과 같은 외적 요인에 의해 유발된 건성피부
진피수분 부족 건성피부	피부 자체의 내적 원인에 의해 피부 자체의 수화 기능에 문제가 되어 생기는 피부

③ 지성 피부

1) 피부 특징

① 남성피부에 많으며, 모공이 크고 여드름이 잘 생긴다.
② 피지분비가 왕성하여 피부 번들거림이 심하며 피부결이 곱지 못하다.
③ 정상피부보다 피지 분비량이 많다.
④ 뾰루지가 잘 나고, 정상피부보다 두껍다.
⑤ 블랙헤드가 생성되기 쉽고, 표면이 귤껍질같이 보이기 쉽다.
⑥ 화장이 쉽게 지워진다.

2) 관리 목적

피지제거 및 세정을 주목적으로 한다.

① 피지분비 조절 및 각질 제거
② 모공 수축과 항염, 정화 기능

3) 적용 화장품

① 피지조절제가 함유된 화장품
② 유분이 적은 영양크림
③ 수렴효과가 우수한 화장수
④ 오일이 많이 함유된 화장품 사용 자제

④ 민감성 피부

1) 피부 특징

① 표피가 얇고 투명해 보이며 외부자극에 쉽게 붉어진다.
② 어떤 물질에 대해 큰 반응을 일으킨다.
③ 모공이 거의 보이지 않는다.
④ 여드름, 알레르기 등의 피부 트러블이 자주 발생한다.
⑤ 얼굴이 자주 건조해진다.

2) 관리 목적

진정 및 쿨링 효과

3) 적용 화장품

① 저자극성 성분 화장품
② 피부의 진정·보습효과에 뛰어난 화장품
③ 향·알코올·색소·방부제가 적게 함유된 화장품
④ 유분기가 많이 함유된 영양크림 사용 자제
⑤ 주요 성분 : 아줄렌*, 위치하젤*, 클로로필, 판테놀, 비타민 P, 비타민 K

⑤ 복합성 피부

1) 피부 특징

① T존 : 피지 분비가 많아 모공이 넓고 거칠며 피부 트러블이 생긴다.
② U존 : 피지 분비가 적어 모공이 작다.
③ 유분은 많은데 세안 후 볼 부분이 당긴다.

④ 코 주위에 블랙 헤드가 많다
⑤ 피부의 윤기가 적고, 피부가 칙칙해 보이고 화장이 잘 지워진다.

2) 관리 목적

T존은 피지 조절을 하고 U존은 유·수분 조절을 통해 pH 정상화

3) 적용 화장품

① T존은 수렴효과, U존은 보습효과가 있는 화장수
② 보습용 크림

6 노화 피부

1) 피부 특징

① 미세하거나 선명한 주름이 보인다.
② 피지 분비가 원활하지 못하다.
③ 피부가 건조하고 탄력이 떨어진다.
④ 색소침착 불균형이 나타난다.
⑤ 피부노화가 진행되면서 표피 및 진피가 모두 얇아진다.

2) 관리 목적

① 피부 노화를 촉진하는 자극으로부터 피부 보호
② 주름을 완화하고 새로운 세포 형성을 촉진

3) 적용 화장품

① 유·수분과 영양을 충분히 함유한 화장품 및 자외선 차단제
② 멜라닌 생성 억제 및 피부기능 활성화에 도움을 주는 화장품

7 여드름 피부

1) 피부 특징

① 여드름은 사춘기에 피지 분비가 왕성해지면서 나타나는 비염증성, 염증성 피부 발진이다.
② 다양한 원인에 의해 피지가 많이 생기고, 모공 입구의 폐쇄로 인해 피지 배출이 잘 되지 않는다.
③ 선천적인 체질상 체내 호르몬의 이상 현상으로 지루성 피부에서 발생되는 여드름 형태는 심상성 여드름이라 한다.

2) 관리 목적

피지 분비 조절을 통해 피부 트러블 감소

3) 적용 화장품

① 유분이 적은 화장품
② 효소 세안제, 중성 세안제

▶ **피부 유형에 따른 주요 특징 정리**

유형	특징
정상	모공이 작고 주름이 형성되지 않음 (유수분 균형)
건성	모공이 작고 주름 발생이 쉬움 (유수분 불균형)
지성	모공이 크고, 피지분비 왕성 (유수분 불균형)
민감성	모공이 거의 보이지 않고 트러블 자주 발생
복합성	모공이 넓고 거칠며 트러블 가끔 발생 (유수분 불균형)
노화	건조하고 탄력이 떨어짐 (유수분 불균형)

▶ **노화 피부 화장품의 주요성분**
레티놀, 프로폴리스, 플라센타, AHA, 은행추출물, SOD, 비타민 E

▶ **여드름 피부 화장품의 주요성분**
아줄렌, 살리실산, 글리시리진산

1 ★★★★
피지와 땀의 분비 저하로 유·수분의 균형이 정상적이지 못하고, 피부결이 얇으며 탄력 저하와 주름이 쉽게 형성되는 피부는?

① 건성피부　　　　② 지성피부
③ 이상피부　　　　④ 민감피부

> 건성피부는 피지와 땀의 분비가 적고 피부의 탄력이 좋지 못하며, 주름이 쉽게 형성되는 특징이 있다.

2 ★★★
건성피부의 특징과 가장 거리가 먼 것은?

① 각질층의 수분이 50% 이하로 부족하다.
② 피부가 손상되기 쉬우며 주름 발생이 쉽다.
③ 피부가 얇고 외관으로 피부결이 섬세해 보인다.
④ 모공이 작다.

> 건성피부는 각질층의 수분함량이 10% 이하의 피부를 말한다.

3 ★★★
세안 후 이마, 볼 부위가 당기며, 잔주름이 많고 화장이 잘 들뜨는 피부유형은?

① 복합성 피부
② 건성 피부
③ 노화 피부
④ 민감 피부

> 건성피부는 피지와 땀의 분비 저하로 유·수분의 균형이 정상적이지 못하고 세안 후 이마, 볼 부위가 당기며, 화장이 잘 들뜨고 잔주름이 많은 특징이 있다.

4 ★★★
아래 설명과 가장 가까운 피부 타입은?

> • 모공이 작다.
> • 탄력이 좋지 못하다.
> • 잔주름이 많다.
> • 세안 후 이마, 볼 부위가 당긴다.

① 지성피부　　　　② 민감피부
③ 건성피부　　　　④ 정상피부

> 건성피부는 모공이 작고 탄력이 없으며, 유·수분의 균형이 정상적이지 못해 세안 후 이마, 볼 부위가 당기는 특징이 있다.

5 ★★★
다음 중 지성피부의 주된 특징을 나타낸 것은?

① 모공이 크고 여드름이 잘 생긴다.
② 유분이 적어 각질이 잘 일어난다.
③ 조그만 자극에도 피부가 예민하게 반응한다.
④ 세안 후 피부가 쉽게 붉어지고 당김이 심하다.

> 지성피부는 모공이 크고 피지 분비가 왕성하여 번들거림이 심하며, 뾰루지가 잘 나는 특징이 있다.

6 ★★★
지성피부에 대한 설명 중 틀린 것은?

① 지성피부는 정상피부보다 피지분비량이 많다.
② 피부결이 섬세하지만 피부가 얇고 붉은색이 많다.
③ 지성피부가 생기는 원인은 남성호르몬인 안드로겐(androgen)이나 여성호르몬인 프로게스테론(progesterone)의 기능이 활발해져서 생긴다.
④ 지성피부의 관리는 피지제거 및 세정을 주목적으로 한다.

> 피부결이 섬세한 것은 건성피부의 특징이다.

7 ★★★
지성피부의 특징이 아닌 것은?

① 여드름이 잘 발생한다.
② 남성피부에 많다.
③ 모공이 매우 크며 반들거린다.
④ 피부결이 섬세하고 곱다.

> 지성피부는 피부결이 곱지 못하다.

8 ★★★
아래 설명과 가장 가까운 피부 타입은?

> • 모공이 넓다.
> • 뾰루지가 잘 난다.
> • 정상피부보다 두껍다.
> • 블랙헤드가 생성되기 쉽다.

① 지성피부　　　　② 민감피부
③ 건성피부　　　　④ 정상피부

> 지성피부는 모공이 크고 여드름, 뾰루지, 블랙헤드가 잘 생기며 정상피부보다 두꺼운 특징이 있다.

정답 ▶ 1 ① 2 ① 3 ② 4 ③ 5 ① 6 ② 7 ④ 8 ①

9 *** 피부가 두터워 보이고 모공이 크며 화장이 쉽게 지워지는 피부 타입은?

① 건성 　　　　　② 중성
③ 지성 　　　　　④ 민감성

> 지성피부는 모공이 크고 정상피부보다 두껍고 화장이 쉽게 지워지며 남성 피부에 많이 나타나는 피부 타입이다.

10 *** 피부결이 거칠고 모공이 크며 화장이 쉽게 지워지는 피부 타입은?

① 지성 　　　　　② 민감성
③ 중성 　　　　　④ 건성

> 지성피부는 피부결이 거칠고 모공이 크고 여드름이 잘 생기며, 화장이 쉽게 지워지는 피부 특성이 있다.

11 *** 피지 분비가 많아 모공이 잘 막히고 노화된 각질이 두껍게 쌓여 있어 여드름이나 뽀루지가 잘 생기는 피부는?

① 건성피부
② 민감성 피부
③ 복합성 피부
④ 지성피부

> 지성피부는 피지분비가 왕성하여 피부 번들거림이 심하며 피부결이 곱지 못하며, 여드름이나 뽀루지가 잘 생긴다.

12 *** 지성피부의 특징으로 맞는 것은?

① 모세혈관이 약화되거나 확장되어 피부표면으로 보인다.
② 피지분비가 왕성하여 피부 번들거림이 심하며 피부결이 곱지 못하다.
③ 표피가 얇고 피부표면이 항상 건조하고 잔주름이 쉽게 생긴다.
④ 표피가 얇고 투명해 보이며 외부자극에 쉽게 붉어진다.

> 지성피부는 피부가 정상피부보다 두껍고 피지 분비가 왕성하여 피부 번들거림이 심하다.

13 *** 민감성 피부에 대한 설명으로 가장 적합한 것은?

① 피지의 분비가 적어서 거친 피부
② 어떤 물질에 큰 반응을 일으키는 피부
③ 땀이 많이 나는 피부
④ 멜라닌 색소가 많은 피부

> **민감성 피부의 특징**
> • 어떤 물질에 대해 큰 반응을 일으킨다.
> • 모공이 거의 보이지 않는다.
> • 여드름, 알레르기 등의 피부 트러블이 자주 발생한다.
> • 바람을 맞으면 얼굴이 빨개진다.
> • 얼굴이 자주 건조해진다.

14 *** 노화피부의 특징이 아닌 것은?

① 노화피부는 탄력이 떨어진다.
② 피지 분비가 왕성해 번들거린다.
③ 주름이 형성되어 있다.
④ 색소침착 불균형이 나타난다.

> 노화피부는 피지의 분비가 원활하지 못하다.

15 *** 색소침착 불균형이 나타나는 피부 타입은?

① 지성피부
② 민감피부
③ 건성피부
④ 노화피부

> 노화피부는 색소침착 불균형이 나타나 노인성 반점 등이 나타난다.

chapter 02

SECTION 03 피부와 영양

[출제문항수 : 1문제] 5대 영양소를 기본으로 각 영양소의 기능과 피부에 미치는 영향을 정리해 두시기 바랍니다.

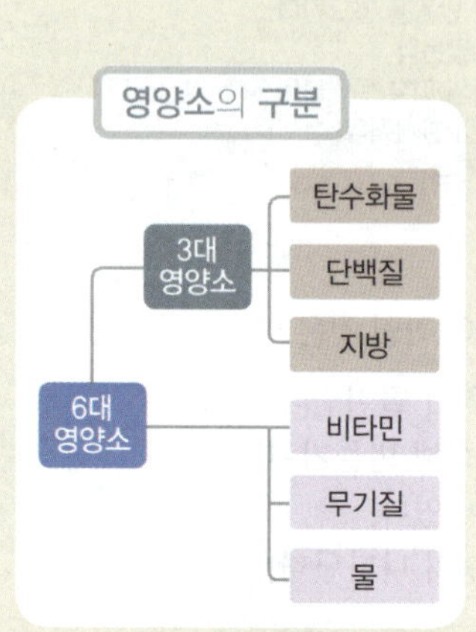

영양소의 구분

▶ **3대 영양소의 구성물질**

탄수화물	탄소(C), 수소(H), 산소(O)
지방	
단백질	탄소(C), 수소(H), 산소(O), 질소(N) 등

▶ **기초 칼로리**(남성 성인 기준)
1,600~1,800kcal

▶ **흡연이 피부에 미치는 영향**
- 흡연은 피부노화를 촉진하여 주름살을 생기게 한다.
- 담배 속의 니코틴, 담배연기의 알데하이드가 노화를 촉진시킨다.
- 흡연은 혈관을 수축시켜 혈액순환을 방해하고, 체온을 떨어뜨리며, 폐질환과 심장질환 등을 일으킬 수 있다.

▶ **커피가 피부에 미치는 영향**
- 지나친 커피의 음용은 피부를 거칠게 하여 피부노화를 촉진한다.
- 커피의 카페인은 일종의 흥분제로 심장을 빨리 뛰게 하고, 혈압을 올리며, 위장을 자극한다.
- 커피는 피로감을 풀어주고 혈액순환을 돕기도 한다.

---

01 영양 일반

1 영양과 영양소

① 영양 : 생명체가 생명의 유지·성장·발육을 위하여 필요한 에너지와 몸을 구성하는 성분을 음식물을 통하여 섭취, 소화, 흡수, 배설 등의 생리적 기능을 하는 과정을 말한다.

② 영양소 : 생명체가 영양을 유지할 수 있도록 하여주는 식품에 들어있는 양분의 요소를 말한다.

2 영양소의 역할에 따른 분류

구성 영양소	몸의 조직을 구성하는 성분을 공급한다. 예 단백질, 칼슘
열량 영양소	인체 활동에 필요한 열량을 공급한다. 예 탄수화물, 지방, 단백질
조절 영양소	인체의 생리작용을 조절한다. 예 무기질, 비타민

3 피부와 식품

① 피부의 영양은 체내로부터 혈액에 의해 공급된다.

② 대부분의 영양은 음식물을 통하여 얻을 수 있으며, 규칙적인 생활, 충분한 휴식, 원활한 배변 등을 통하여 식품의 소화와 흡수가 잘 되도록 하는 것이 중요하다.

③ 3대 영양소를 균형있게 골고루 섭취하여 한다.

④ 특히 단백질은 피부의 주성분으로 1일 60~100g이 필요하며, 그 중 1/3은 동물성 단백질을 섭취하여야 한다.

---

02 3대 영양소와 피부

1 탄수화물

1) 기능 및 특징

① 에너지 공급원 : 1g당 4kcal

② **신체의 중요한 에너지원**

③ 75%가 에너지원으로 사용되고 남은 것은 지방으로 전환되어 근육과 간에 글리코겐 형태로 저장

④ 탄수화물의 소화 흡수율은 99%에 가까우며, 장에서 포도당, 과당 및 갈락토오스로 흡수된다.

2) 섭취량에 따른 영향

과다 섭취	• 비만증, 당뇨병이 되기 쉽다. • 혈액의 산도를 높이고 피부의 저항력을 약화시켜 세균 감염을 초래하여 산성체질을 만든다.
섭취 부족	발육부진, 기력부족, 체중감소, 신진대사 기능 저하 등

2 단백질

모든 생물의 몸을 구성하는 고분자 유기물로 수많은 아미노산의 연결체이다.

1) 기능

① 에너지 공급원 : 1g 당 4kcal

② 피부, 근육, 모발 등의 신체조직 구성과 성장을 촉진

③ 기능 : pH 평형유지, 효소와 호르몬 합성, 면역세포와 항체 형성 등

④ 필수아미노산인 트립토판으로부터 나이아신(비타민 B_3 합성)

2) 피부에 미치는 영향

① 진피의 망상층에 있는 결합조직(콜라겐)과 탄력섬유(엘라스틴) 등은 단백질이므로 단백질 섭취는 피부미용에 필수적이다.

② 표피의 각질세포, 털, 손톱, 발톱의 주성분이다.(케라틴)

③ 단백질은 피부조직의 재생 작용에 관여한다.

3) 필수 아미노산

① 체내에서 합성되지 않아 반드시 음식으로 섭취해야 하는 아미노산을 말한다.

② 필수아미노산의 종류

성인	이소루신, 루신, 라이신, 발린, 메티오닌, 페닐알라닌, 트레오닌, 트립토판(8종)
성장기 어린이	성인의 필수아미노산 + 알기닌, 히스티딘(10종)

4) 섭취량에 따른 영향

과다 섭취	색소침착의 원인이 되기도 함
섭취 부족	진피세포의 노화로 잔주름과 탄력성 상실, 박테리아의 번식으로 여드름 유발, 빈혈 유발 등

③ 지방

1) 기능

① 에너지 공급원 : 1g당 9kcal

② 지용성 비타민의 흡수를 촉진

③ 혈액 내 콜레스테롤의 축적을 방해

④ 체온조절 및 장기보호

2) 피부에 미치는 영향

① 피부 건조를 방지하고 윤기와 탄력 부여

② 필수 지방산의 효과 : 피부 유연, 산소공급, 세포활성화(화장품 원료로 사용)

③ 피하지방이 과다하면 비만이 되고, 부족하면 피부노화를 초래한다.

④ 지방의 섭취는 피지 분비량을 늘려 건성피부에 좋다.

⑤ 피지 분비량은 당분에 의해서도 늘어나기 때문에 여드름에는 설탕의 섭취를 억제한다.

03 비타민

① 비타민 일반

1) 비타민의 주요 기능

① 생리대사의 보조역할   ② 세포의 성장촉진

③ 면역기능 강화   ④ 신경 안정

2) 특징

① 인체에서 합성되지 않고, 대부분 외부 섭취를 통해 영양을 공급
(비타민 D는 인체에서 합성)

② 피부미용 및 피부의 기능에 중요한 역할을 하며, 결핍증에 걸리기 쉽다.

③ 어떤 용매에 녹는지에 따라 수용성과 지용성 비타민으로 나눈다.

② 수용성 비타민

① 물에 녹는 비타민으로 체내에 축적되지 않아 과잉증은 거의 없다.

② 종류 : 비타민 B 복합체, 비타민 C, 비타민 P 등

종류	특징 및 급원	결핍 증상
비타민 B_1 (티아민)	• 당질 대사의 보조효소로 작용 • 급원 : 쌀의 배아, 두류, 돼지고기 등	피부가 붓고, 피부의 윤기가 없어짐 각기병, 식욕부진, 피로감 유발
비타민 B_2 (리보플라빈)	• 영유아의 성장촉진 및 입안의 점막보호 • 보습력과 피부탄력 증가와 습진, 비듬, 구강질병에 효과 • 급원 : 우유, 치즈, 달걀흰자 등	피부병, 구순염, 구각염, 백내장
비타민 B_3 (나이아신)	• 체내에서 필수아미노산인 트립토판으로부터 합성된다. • 급원 : 우유, 생선, 땅콩 등	펠라그라

종류	특징 및 급원	결핍 증상
비타민 B₆ (피리독신)	• 피부염을 방지하는 비타민 • 여드름, 모세혈관 확장 피부에 효과적 • 급원 : 효모, 밀, 옥수수 등	입술염증, 비듬, 피부염
비타민 B₁₂ (시아노코 발라민)	• 항악성빈혈 작용 • 신경조직 기능의 정상적 활동에 기여 • 급원 : 육류, 어패류, 달걀 등	악성 빈혈
비타민 C (아스코르브산)	• 멜라닌 색소 생성억제 및 침착방지 • 기미, 주근깨의 완화 및 미백효과 • 항산화제(산화방지제) 및 자외선에 대한 저항력 강화 • 모세혈관 강화 및 피부상처 재생에 효과 • 교원질(콜라겐) 형성 • 피부의 과민증 억제 및 해독작용 • 스트레스 및 쇼크 예방에 효과 • 급원 : 과일류, 야채류(레몬, 붉은 피망, 파프리카, 브로콜리)	괴혈병, 빈혈, 잇몸출혈 등 ▶ 항산화 비타민 　비타민 C와 E이며, 비타민 A의 전구체인 　베타-카로틴은 항산화 기능을 한다.
비타민 P	• 모세혈관 강화 및 피부병 치료에 도움	피하 출혈

③ 지용성(유용성) 비타민

① 지방에 녹는 비타민으로 섭취 시 체내에 축적되므로 과잉증이 나타날 수 있다.

② 종류 : 비타민 A, E, D, K(암기 : 에이디크)

종류	특징	결핍 증상
비타민 A (레티놀)	• 피부각화에 중요한 비타민으로 각화의 정상화·연화 　(피지 분비 억제) • 상피조직의 신진대사에 관여하고 노화방지, 면역기능 　강화, 주름·각질예방, 피부재생을 도움 • 눈의 망막세포구성인자로 시력에 중요 • 카로틴*은 비타민 A의 전구물질이다. • 급원 : 간유, 버터, 달걀, 우유, 풋고추, 당근, 시금치	• 결핍증 : 피부 건조 및 각질이 두꺼워 　짐, 야맹증, 안구건조, 각막연화증 등 • 과잉증 : 탈모
비타민 E (토코페롤)	• 항산화 기능으로 노화방지 및 혈액순환 촉진 • 호르몬 생성 및 생식기능의 유지 / 불임·유산 예방 • 급원 : 두부, 유색채소	불임증, 피부건조·노화
비타민 D (칼시페롤)	• 칼슘(Ca)과 인(P)의 흡수를 도와 뼈의 발육을 촉진 및 유지 • 햇볕(자외선)에 의해 만들어져 체내에 공급 • 뼈의 발육 촉진 / 골다공증 예방	골연화증(골다공증), 피부병, 구순염, 구각염, 백내장
비타민 K	• 혈액의 응고에 관여(지혈작용)	출혈, 혈액응고지연

▶ 레티노이드(Retinoid) : 비타민 A와 관련된 화합물을 통칭하는 용어

▶ 카로틴(carotene)
• 비타민 A의 전구체이며, 특히 베타-카로틴은 비타민 A로 가장 많은 활성을 하는 항산화제이다.
• 황색, 주황색, 적색의 지용성 색소
• 귤, 당근, 수박, 토마토 등에 많이 함유

1 무기질

생물체나 식품에 존재하는 탄소(C), 수소(H), 산소(O), 질소(N)를 제외한 나머지 모든 원소를 통틀어 무기질 (또는 미네랄)이라고 한다.

▶ 무기질은 에너지원(급원)이 아니다.

1) 무기질의 기능

① 체내 대사의 촉매제의 역할을 하는 중요한 구성성분이다.
② 뼈나 치아 등의 경조직 구성
③ 체액의 삼투압 및 pH 조절
④ 피부 및 체내의 수분량 유지
⑤ 효소 작용의 촉진, 산소운반, 에너지 대사 등

▶ **식염**(NaCl)
체액의 삼투압조절, 근육 및 신경의 자극전도, 식욕과 깊은 관계를 가진다.
• 결핍증 : 피로감, 식욕부진, 노동력 저하
• 과잉증 : 부종, 고혈압유발

2) 무기질의 종류와 특징

구분	종류	특징	결핍 증상
다량원소	칼슘(Ca)	• 골격과 치아의 구성성분 • 혈액 응고, 근육 수축 및 이완, 신경전달	구루병, 골다공증
	인(P)	• 칼슘과 함께 골격과 치아를 구성 • 신체를 구성하는 무기질의 1/4을 차지 • 산과 알칼리의 균형유지, 에너지 대사	골격손상
	나트륨(Na)	• 소금에 많이 함유되어 근육의 탄력유지, 삼투압 유지, 산·알칼리 평형유지에 기여	근육경련, 식욕감퇴, 구토, 설사
	칼륨(K)	• 삼투압 조절, 항알레르기 작용, 노폐물 배설 촉진	
	마그네슘(Mg)	• 삼투압 조절, 근육 활성 조절	
미량원소	철분(Fe)	• 혈액 속 헤모글로빈의 구성성분 • 산소 운반 작용 / 면역 기능 • 시금치, 조개류, 소나 닭의 간 등	빈혈, 손발톱 약화, 면역기능 저하
	아연(Zn)	• 성장, 면역, 생식, 식욕 촉진, 상처 회복	손톱성장 장애, 면역기능 저하, 탈모
	요오드(I)	• 갑상선 호르몬의 성분, 모세혈관 기능 정상화, 탈모 예방, 과잉지방 연소를 촉진	갑상선종, 크레틴병

2 물

① 물은 세포원형질의 주성분으로 생명을 유지하기 위하여 필수 요소이다.
② 인체는 60~70%가 수분으로 이루어져 있다.
③ 생체 내 모든 반응은 물을 용매로 삼투압 작용을 한다.
④ 신체내의 산, 알칼리의 평형을 갖게 한다.
⑤ 체액을 통하여 신진대사를 한다.
⑥ 정상피부 표면의 수분량은 10~20%로 유지되어야 한다.

▶ **식염**(NaCl)
체액의 삼투압조절, 근육 및 신경의 자극전도, 식욕과 깊은 관계를 가진다.
• 결핍증 : 피로감, 식욕부진, 노동력 저하
• 과잉증 : 부종, 고혈압유발

1 3대 영양소에 속하지 않는 것은?

① 탄수화물 ② 무기질
③ 단백질 ④ 지방

3대 영양소는 탄수화물, 단백질, 지방이다.

2 생리기능의 조절작용을 하는 영양소는?

① 탄수화물, 지방질 ② 탄수화물, 단백질
③ 지방질, 단백질 ④ 무기질, 비타민

인체에서 생리작용을 조절하는 영양소를 조절영양소라 하며 무기질과 비타민이 있다.

3 탄수화물에 대한 설명으로 옳지 않은 것은?

① 당질이라고도 하며 신체의 중요한 에너지원이다.
② 장에서 포도당, 과당 및 갈락토오스로 흡수된다.
③ 지나친 탄수화물의 섭취는 신체를 알칼리성 체질로 만든다.
④ 탄수화물의 소화흡수율은 99%에 가깝다.

탄수화물의 과다섭취는 피부의 산도를 높이고 피부 저항력을 감소시켜 피부염이나 부종을 유발한다. 부족 시 발육부진, 체중감소, 신진대사의 기능 저하가 일어난다.

4 체조직의 구성과 성장을 촉진하는 영양소는?

① 탄수화물 ② 비타민
③ 단백질 ④ 지방

단백질은 근육의 주성분으로 체조직의 구성과 성장을 촉진하고 면역력을 증진시키는 항체를 합성한다.

5 지방의 기능에 관한 설명으로 틀린 것은?

① 지용성 비타민의 흡수를 촉진한다.
② 체온 조절과 장기보호의 기능을 한다.
③ 혈액 내 콜레스테롤의 축적을 방해한다.
④ 에너지 공급원으로 1g당 4kcal의 에너지를 공급한다.

지방은 1g당 9kcal의 에너지를 공급한다.
(탄수화물, 단백질은 1g당 4kcal의 에너지 공급)

6 성장촉진, 생리대사의 보조역할, 신경안정과 면역기능 강화 등의 역할을 하는 영양소는?

① 단백질 ② 비타민
③ 무기질 ④ 지방

비타민은 인체에서 합성되지 않고(비타민 D 제외) 외부섭취로 이루어지는 영양소로 성장촉진, 생리대사의 보조, 신경안정과 면역기능 강화 등의 역할을 한다.

7 체조직 구성 영양소에 대한 설명으로 틀린 것은?

① 지질은 체지방의 형태로 에너지를 저장하며, 생체막 성분으로 체구성 역할과 피부의 보호역할을 한다.
② 지방이 분해되면 지방산이 되는데 이중 불포화 지방산은 인체 구성성분으로 중요한 위치를 차지하므로 필수 지방산이라고도 한다.
③ 필수 지방산은 식물성 지방보다 동물성 지방을 먹는 것이 좋다.
④ 불포화 지방산은 상온에서 액체 상태를 유지한다.

필수지방산은 동물성 지방보다 식물성 지방을 먹는 것이 좋다.

8 다음 중 비타민에 대한 설명으로 틀린 것은?

① 비타민 A가 결핍되면 피부가 건조해지고 거칠어진다.
② 비타민 C는 교원질 형성에 중요한 역할을 한다.
③ 레티노이드는 비타민 A를 통칭하는 용어이다.
④ 비타민 A는 많은 양이 피부에서 합성된다.

비타민 D를 제외한 모든 비타민은 인체에서 합성되지 않고 외부섭취를 통해 영양이 이루어지므로 결핍증에 걸리기 쉽다.

정답 ▶ 1 ② 2 ④ 3 ③ 4 ③ 5 ④ 6 ② 7 ③ 8 ④

9 나이아신 부족과 아미노산 중 트립토판 결핍으로 생기는 질병으로서 옥수수를 주식으로 하는 지역에서 자주 발생하는 것은?

① 각기증   ② 괴혈병
③ 구루병   ④ 펠라그라병

> 펠라그라병은 나이아신과 트립토판의 결핍으로 생기는 질병이다.

10 체내에 부족하면 괴혈병을 유발시키며, 피부와 잇몸에서 피가 나오게 하고 빈혈을 일으켜 피부를 창백하게 하는 것은?

① 비타민 A   ② 비타민 B_2
③ 비타민 C   ④ 비타민 K

> 비타민 C는 모세혈관벽을 간접적으로 튼튼하게 한다. 결핍 시 괴혈병을 유발시킨다.

11 기미가 생기는 원인으로 가장 거리가 먼 것은?

① 정신적 불안
② 비타민 C 과다
③ 내분비 기능장애
④ 질이 좋지 않은 화장품의 사용

> 비타민 C는 색소침착을 방지한다.

12 기미, 주근깨 피부관리에 가장 적합한 비타민은?

① 비타민 A   ② 비타민 B_1
③ 비타민 B_2 ④ 비타민 C

> 비타민 C는 기미, 주근깨 등 색소침착 방지, 피부손상방지, 빈혈예방, 항괴혈작용을 한다.

13 다음 중 비타민 E를 많이 함유한 식품은?

① 당근   ② 맥아
③ 복숭아   ④ 브로콜리

> 비타민 E는 식물성 기름, 우유, 달걀, 간에 많이 함유되어 있다.

14 비타민 결핍 시 발생하는 질병의 연결이 틀린 것은?

① 비타민 B_1 – 각기병
② 비타민 D – 괴혈증
③ 비타민 A – 야맹증
④ 비타민 E – 불임증

> 비타민 D의 결핍(구루병), 비타민 C의 결핍(괴혈병)

15 상피조직의 신진대사에 관여하며 각화 정상화 및 피부재생을 돕고 노화방지에 효과가 있는 비타민은?

① 비타민 C   ② 비타민 E
③ 비타민 A   ④ 비타민 K

> 비타민의 주요 기능
> • 비타민 A : 상피조직의 형성, 피부재생, 노화 방지
> • 비타민 C : 콜라겐 합성 촉진, 항산화 작용
> • 비타민 E : 항산화제, 피부노화 방지
> • 비타민 K : 혈액 응고

16 비타민 D에 관한 설명 중 틀린 것은?

① 지용성 비타민이다.
② 부족하면 구루병, 골연화증, 골다공증이 생긴다.
③ 자외선 조사에 의해 만들어져서 체내에 공급되며 뼈의 발육을 촉진한다.
④ 멜라닌색소 형성을 억제한다.

> 멜라닌색소 형성을 억제하는 것은 비타민 C의 기능이다.

17 각 비타민의 효능 설명 중 옳은 것은?

① 비타민 E – 아스코르빈산의 유도체로 사용되며 미백제로 이용된다.
② 비타민 A – 혈액순환촉진과 피부 청정효과가 우수하다.
③ 비타민 P – 바이오플라보노이드라고도 하며 모세혈관을 강화하는 효과가 있다.
④ 비타민 B – 세포 및 결합족의 조기 노화를 예방한다.

> 비타민 P는 수용성 비타민으로 모세혈관의 강화, 노화방지, 알레르기 증상 예방 등의 효과가 있다. ①, ④는 비타민 C의 설명이며, ②는 비타민 E의 설명이다.

18 지용성 비타민의 결핍증이 틀린 것은?

① 비타민 A – 안구건조증, 안염, 각막 연화증
② 비타민 D – 골연화증, 유아발육 부족
③ 비타민 K – 불임증, 근육 위축증
④ 비타민 F – 피부염, 성장정지

비타민 K의 결핍증은 출혈, 혈액 응고 지연이다.

19 체내에서 근육 및 신경의 자극 전도, 삼투압 조절 등의 작용을 하며, 식욕에 관계가 깊기 때문에 부족하면 피로감, 노동력의 저하 등을 일으키는 것은?

① 구리(Cu)
② 식염(NaCl)
③ 요오드(I)
④ 인(P)

식염은 근육 및 신경의 자극, 전도, 체액의 삼투압 조절, 근육의 탄력성 유지와 관련이 있고 결핍 시 피로감, 식욕부진, 정신불안, 위산감소 등이 일어난다.

20 칼슘(Ca)의 기능이 아닌 것은?

① 골격 치아의 구성
② 혈액의 응고작용
③ 헤모글로빈의 생성
④ 신경의 전달

헤모글로빈의 생성은 철(Fe)의 기능에 해당된다.

21 동식물체에 자외선을 쪼이면 활성화되는 비타민은?

① 비타민 A
② 비타민 D
③ 비타민 E
④ 비타민 K

비타민 D : 체내의 콜레스테롤이나 에르고스테롤이 자외선을 받아 합성되는 비타민이다.

22 수용성 비타민의 결핍증이 잘못된 것은?

① 비타민 B_1 – 피로, 권태, 식욕부진, 신경염
② 비타민 B_{12} – 악성빈혈, 간장질환
③ 비타민 C – 괴혈병, 잇몸출혈, 저항력 약화
④ 비타민 P – 피부염, 습진, 기관지염

비타민 P가 결핍되면 피하출혈이 발생한다.

23 무기질의 기능과 무관한 것은?

① 체액의 pH 조절
② 열량 급원
③ 체액의 삼투압 조절
④ 효소 작용의 촉진

열량급원은 탄수화물, 지질, 단백질이다.

24 철(Fe)에 대한 설명으로 옳은 것은?

① 헤모글로빈의 구성 성분으로 신체의 각 조직에 산소를 운반한다.
② 골격과 치아에 가장 많이 존재하는 무기질이다.
③ 부족 시에는 갑상선종이 생긴다.
④ 철의 필요량은 남녀에게 동일하다.

• 철(Fe)은 헤모글로빈의 중요한 구성 성분이다.
• 골격과 치아에 가장 많이 존재하는 무기질은 인(P)이다.
• 부족 시 갑산선종이 생기는 무기질은 요오드(I)이다.
• 철분 필요량은 성별에 따라 다르다.

정답 18 ③ 19 ② 20 ③ 21 ② 22 ④ 23 ② 24 ①

Esthetic Technician Certification

피부장애와 질환

[출제문항수 : 2~3문제] 원발진과 속발진에 관한 문제가 주로 출제되므로 각 항목을 구분하여 이해하고 있어야 합니다. 아울러 여드름과 나머지 질환도 산발적으로 출제되므로 기출문제를 풀면서 문제의 유형을 익히시기 바랍니다.

01 원발진과 속발진

1 원발진 (Primary Lesions)

① 1차적 피부장애 증상인 피부질환의 초기병변으로 2차 발병이 없는 상태를 말한다.
② 종류 : 반점, 홍반, 구진, 농포, 팽진, 소수포, 대수포, 결절, 면포, 종양, 낭종

▶ 병변(病變)
병으로 인해 일어나는 생체의 변화

반점	피부 표면에 융기나 함몰 없이 피부 색깔 변화만 있는 형태로 크기나 형태가 다양하다. (주근깨, 기미, 자반, 노인성 반점, 오타모반, 백반, 몽고반점 등)
홍반	모세혈관의 충혈에 의한 피부발적 상태로 시간이 경과함에 따라 크기가 변한다.
팽진	피부 상층부의 부분적인 부종으로 인해 국소적으로 부풀어 오르는 일시적인 증상을 말하며 가려움증을 동반한다. (두드러기, 알레르기 피부증상, 기계적 자극의 전형적 병변)
구진	반점과 다르게 직경 0.5~1cm 정도로 피부가 솟아있으며, 주위 피부보다 붉다. 표피나 진피 상부층에 존재하고, 피지샘 주위, 땀샘 또는 모공의 입구에 생기기도 한다.
결절	• 구진과 같은 형태이나 구진보다 크거나 깊게 존재 • 구진과 종양의 중간 염증으로 여드름 피부의 4단계에 나타난다. • 진피나 피하지방층에 존재한다.
수포	• 소수포 : 표피 안에 혈청이나 림프액이 고이는 것으로 직경 1cm 미만의 피부 융기물이다. 화상, 포진, 접촉성 피부염 등에서 볼 수 있다. • 대수포 : 소수포보다 큰 직경 1cm이상의 피부 융기물
농포	표피 부위에 고름(농)이 차있는 작은 융기를 말하며, 여드름 등 염증을 동반한 형태이다. 주변조직이 파괴되지 않도록 빨리 짜주어야 함
낭종	액체나 반고형 물질이 표피, 진피, 피하지방층까지 침범하여 피부의 표면이 융기되어 있는 상태이다. 여드름의 4단계에서 생성되며 치료 후 흉터가 남으며, 심한 통증을 동반한다.
면포	얼굴, 이마, 콧등에 나타나는 나사 모양의 굳어진 피지 덩어리이다. 흰색 면포는 공기와 접촉하여 산화되면 검은 면포가 된다.
종양	직경 2cm 이상의 결절로 양성과 악성이 있다. 여러 가지 모양과 크기가 있다.

2 속발진

① 원발진의 진행, 회복, 외상 및 외적 요인에 의해 2차적인 증상이 더해져 나타나는 병변이다.
② 종류 : 인설, 찰상, 가피, 미란, 균열, 궤양, 반흔, 위축, 태선화 등

인설	죽은 표피세포가 비듬이나 가루모양의 덩어리로 떨어져 나가는 것
찰상	기계적 외상, 지속적 마찰, 손톱으로 긁힘 등에 의한 표피의 손상으로 흉터 없이 치유됨
가피	상처나 염증부위에서 흘러나온 혈청과 농, 혈액의 축적물 등의 조직액이 딱딱하게 말라 굳은 것
미란	표피가 벗겨진 피부결손상태로 짓무름이라 한다. 출혈이 없고 치유 후 반흔을 남기지 않음
균열	심한 건조나 장기간 염증으로 피부 탄력성이 소실되어 갈라지는 상태
궤양	표피, 진피, 피하지방층까지 피부 깊숙이 생긴 조직결손으로 치유 후 반흔을 남김
반흔	• 손상된 피부의 결손을 새로운 결합조직으로 메우는 정상치유과정으로 생성되는 흉터를 말함 • 흉터는 세포 재생이 더 이상 되지 않으며 기름샘과 땀샘이 없다. → 켈로이드 : 피부 손상 후 상처 치유과정에서 결합조직이 비정상적으로 밀집되게 성장하는 질환
위축	피부의 기능저하로 피부가 얇게 되고, 탄력을 잃어 주름이 생기고 혈관이 투시되기도 함
태선화	장기간 반복적으로 긁거나 비벼서 표피 전체와 진피의 일부가 가죽처럼 두꺼워지며 딱딱해지는 현상으로, 만성 소양성 질환에서 흔하다. → 소양성 질환 : 자각적 증상으로서 피부를 긁거나 문지르고 싶은 충동에 의한 가려움증을 동반한 질환

---

02 피부질환

1 여드름(심상성 좌창, Acne Vulgaris)

1) 개요

① 피지 분비 과다, 여드름균 증식, 모공 폐쇄에 의해 형성되는 모공 내의 염증 상태
② 얼굴, 목, 가슴 등의 피지 분비가 많은 곳에서 나타남
③ 사춘기의 지성피부는 피지가 많이 분비되어 모낭구가 막혀 여드름이 많이 나타남
④ 여드름의 발생 과정 : 면포 → 구진 → 농포 → 결절 → 낭종

2) 여드름의 원인

① 남성호르몬인 테스토스테론과 여성호르몬인 황체호르몬(프로게스테론)의 분비증가로 발생 – 10대 사춘기 여드름의 근본 원인

② 내적 요인 : 호르몬의 불균형, 유전, 스트레스, 잘못된 식습관, 변비, 다이어트, 월경, 임신 등

③ 외적요인 : 자외선, 계절, 기후, 압력 등의 환경적 요인과 물리적·기계적 자극, 화장품 및 의약품의 부작용 등

3) 여드름의 관리방법

① 유분이 많은 화장품의 사용은 피하고 보습라인의 화장품을 사용한다.

② 피부의 청결을 유지하기 위하여 클렌징을 철저히 한다.

③ 악화 요인 : 지방이 많은 음식, 과도하게 단 음식, 다시마의 요오드 성분, 피임약, 알코올 등

④ 적당한 운동과 비타민을 섭취한다.

⑤ 과로를 피하고 적당한 일광(자외선)을 쪼인다. –여드름 치료에 가장 많이 사용되는 광선은 자외선이다.

⑥ 여드름을 손으로 짜내지 않는다 – 여드름 악화(피부자극 및 세균감염)

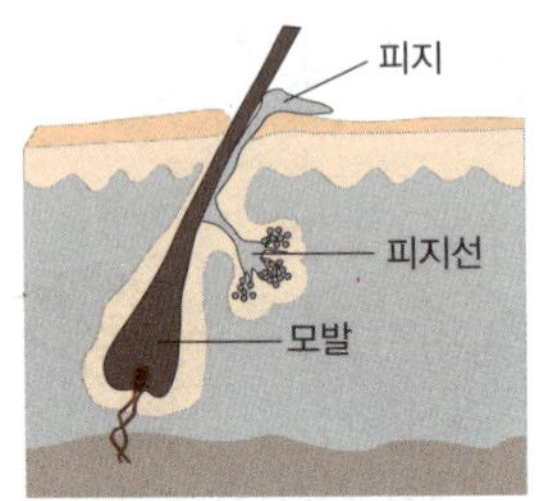

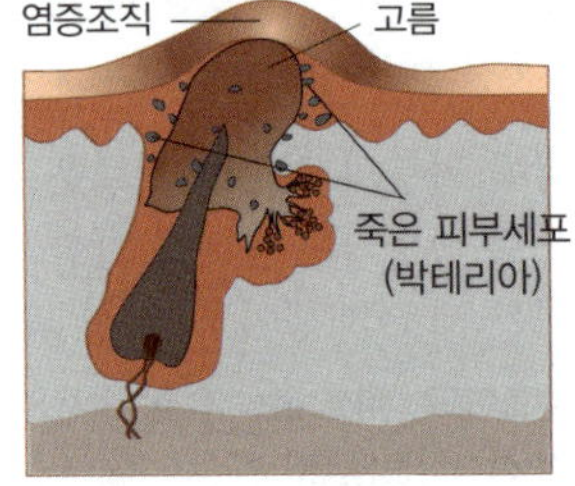

⬆ 여드름의 발생 과정

2 감염성 피부질환

1) 세균성 피부질환

농가진	• 화농성 연쇄상구균이 주 원인균으로 감염력이 높고, 유·소아에게 주로 나타남 • 두피, 안면, 팔, 다리 등에 수포, 진물 또는 노란색의 가피를 보임
절종 (종기)	• 황색 포도상구균이 모낭에 침입하여 발생 • 모낭과 그 주변조직에 괴사를 일으킴 • 두 개 이상의 절종이 합해져 더 크고 깊은 염증이 생기며 용종으로 발전함
봉소염	• 포도상구균이나 연쇄상구균이 원인균 • 작은 부위에 홍반, 소수포로 시작되어 점차 큰 판을 형성하며 통증과 전신발열이 동반된다.

2) 바이러스성 피부질환(Virus Skin Disease) – 헤르페스(단순포진, 대상포진), 사마귀, 수두, 홍역, 풍진

종류		특징
헤르페스 (Herpes)	단순포진	• 입술 주위에 주로 생기는 수포성 질환 • 흉터 없이 치유되나 재발이 잘 됨
	대상포진	• 잠복해 있던 수두 바이러스의 재활성화에 의해 발생 • 지각신경 분포를 따라 군집 수포성 발진이 생기며 심한 통증 동반 • 높은 연령층의 발생 빈도가 높음

종류	특징

사마귀	• 파필로마 바이러스 감염에 의해 구진 발생
	• 어느 부위에나 쉽게 발생할 수 있음
	• 전염성이 강하여 타인 및 자신의 신체부위에 다발적으로 감염시킴
	• 종류
	  – 심상성 사마귀 : 가장 흔한 보통 사마귀
	  – 편평 사마귀 : 얼굴, 턱, 입 주위와 손등에 잘 발생한다.
	  – 족저 사마귀 : 손·발바닥에 생기는 사마귀로 티눈이나 굳은살과 구별이 쉽지 않다.
	  – 첨규 사마귀 : 성기나 항문 주위에 발생

수두	• 주로 소아에게 발병되며, 전염력이 매우 강함 • 가려움을 동반한 발진성 수포 발생
홍역	• 파라믹소 바이러스에 의해 발생하는 발열과 발진을 주 증상으로 하는 급성발진성 질환 • 주로 소아에게 발병하며 전염력이 매우 강함
풍진	• 귀 뒤나 목 뒤의 림프절 비대 증상으로 통증을 동반하며, 얼굴과 몸에 발진이 나타남

3) 진균성(곰팡이) 피부질환

칸디다증	• 진균의 일종인 칸디다균이 원인 • 피부, 점막, 입안, 식도, 손·발톱 등에 발생하며, 부위에 따라 다양한 증상을 나타냄
백선(무좀)	• 곰팡이균인 피부사상균이 원인균(주로 손발에 번식) • 증상 : 피부 껍질이 벗겨지고 가려움증 동반 ▶ 족부백선 : 피부진균에 의하여 발생하며 습한 발에서 발생빈도가 높다.

▶ 기타 – 비듬
• 표피로부터 가볍게 흩어지고 지속적이며 무의식적으로 생기는 죽은 각질세포
• 두피에서 죽은 각질세포가 떨어져 나가는 증상으로 피지선 과다분비, 호르몬의 불균형, 두피세포의 과다증식 등이 원인이다.

3 색소이상 증상

1) 과색소침착 : 멜라닌 색소 증가로 인해 발생

종류	특징
기미	• 경계가 명백한 갈색의 점 • 원인 : 자외선 과다 노출, 경구피임약 복용, 임신, 내분비장애, 선탠기 사용 • 30~40대 중년 여성에게 주로 발생 • 종류 : 표피형, 진피형, 혼합형 ▶ 기미, 주근깨 손질 방법 • 자외선 차단제가 함유되어 있는 일소방지용 화장품 사용 • 비타민 C가 함유된 식품을 다량 섭취 • 미백효과가 있는 팩 사용
주근깨	유전적 요인에 의해 주로 발생
검버섯	얼굴, 목, 팔, 다리 등에 경계가 뚜렷한 구진 형태로 발생
노인성 반점	흑갈색의 사마귀 모양으로 40대 이후에 손등이나 얼굴에 발생
릴 흑피증	화장품이나 연고 등으로 인해 발생하는 색소침착
벌록 피부염	향료에 함유된 요소가 자외선을 받아 피부의 색이 변하는 피부질환

2) 저색소침착 : 멜라닌 색소 감소로 인해 발생

종류	특징
백반증	후천적 탈색소 질환으로, 원형, 타원형 또는 부정형의 흰색 반점이 나타남
백피증	• 멜라닌 색소 부족으로 피부나 털이 하얗게 변하는 증상 • 눈의 경우 홍채의 색소 감소

4 기계적 손상에 의한 피부질환

종류	특징
굳은살	외부의 압력으로 인해 각질층이 두꺼워지는 현상
티눈	• 피부에 계속적인 압박으로 각질층의 한 부위가 두꺼워지는 각질층의 이상현상으로 통증 동반 • 원추형의 국한성 비후증으로 경성(발바닥)과 연성(발가락 사이)이 있음
외반모지	엄지발가락이 둘째발가락쪽으로 관절이 구부러지는 증상으로, 앞볼이 좁은 신을 신었을 때 생기는 족부변형증상
욕창	반복적인 압박으로 인해 혈액순환이 안 되어 조직이 죽어서 발생한 궤양
마찰성 수포	압력이나 마찰로 인해 자극된 부위에 생기는 수포

▶ 물리적 요인에 의한 피부질환
• 열에 의한 질환
• 한랭에 의한 질환
• 기계적 자극에 의한 질환

5 열 및 한랭에 의한 피부질환

1) 화상

화상 단계	특징
제1도 화상	피부가 붉게 변하면서 국소 열감과 동통 수반
제2도 화상	진피층까지 손상되어 수포가 발생하며, 증상으로는 홍반, 부종, 통증을 동반함
제3도 화상	피부 전층 및 신경이 손상된 상태로 피부색이 흰색 또는 검은색으로 변함
제4도 화상	피부 전층, 근육, 신경 및 뼈 조직이 손상된 상태

2) 땀띠(한진)

땀관이 막혀 땀이 원활하게 표피로 배출되지 못하고 축적되어 발진과 물집이 생기는 질환

3) 열성 홍반

강한 열에 지속적으로 노출되면서 피부에 홍반과 과색소침착을 일으키는 질환

4) 한랭에 의한 피부질환

종류	특징
동창	한랭 상태에 지속적으로 노출되어 피부의 혈관이 마비되어 생기는 국소적 염증반응
동상	영하 2~10℃의 추위에 노출되어 피부의 조직이 얼어 혈액 공급이 되지 않는 상태
한랭 두드러기	추위 또는 찬 공기에 노출되는 경우 생기는 두드러기

6 기타 피부질환

종류	특징
알레르기	• 외부물질 접촉으로 어떤 성분에 대한 특정반응을 일으키는 접촉성 피부염 • 히스타민 : 외부자극에 대응하기 위하여 몸에서 분비하는 유기물질로 알레르기의 원인이 되며, 비만세포에 저장 및 분비된다. • 알레르기 대처 : 가려운 부위를 긁지 말고 냉찜질 또는 방안 공기 냉각으로 피부 진정
두드러기	• 알레르기 또는 다양한 원인에 의해 피부 발적 및 소양감을 동반하는 피부질환 • 급성과 만성이 있으며 크기가 다양함 • 국부적 혹은 전신적으로 나타남
아토피 피부염	• 만성습진의 일종으로 주로 어린아이에게 많이 발생하여 소아습진이라고도 함 • 유전적 요인, 알레르기, 면역력, 환경요인 등을 원인으로 봄 • 팔꿈치 안쪽이나 목 등의 피부가 거칠어지고 심한 가려움증을 동반하여 태선화로 발전되기도 함 • 가을과 겨울에 심해지며 천식, 알레르기성 비염과 동반하기도 함
주사	• 혈액의 흐름이 나빠져 모세혈관이 파손되어 코를 중심으로 양 뺨에 나비 형태로 붉어진 증상 • 주로 40~50대에 발생하며, 피지선의 염증과 관련이 있음
한관종	• 눈 주위와 뺨, 이마에 1~3mm 크기의 피부색 구진을 가지는 피부양성종양 • 물사마귀알이라고도 하며, 성인 여성에게 흔히 발생 • 땀샘관의 개출구 이상으로 피지 분비가 막혀 생성
비립종	• 모래알 크기의 각질 세포로, 직경 1~2mm의 둥근 백색 구진 형태 • 눈 아래 모공과 땀구멍에 주로 발생
지루 피부염	• 피지의 분비가 많은 신체부위에 국한하여 홍반과 인설(비듬)을 특징으로 하는 피부염 • 호전과 악화를 되풀이 하고 약간의 가려움증을 동반함
하지 정맥류	다리의 혈액순환 이상으로 피부 밑에 형성되는 검푸른 상태

▶ **어린선(魚鱗癬)**
표피의 각화 이상 증상으로 거친 살결이라고도 불리며, 비늘 같은 인설이 축적된 상태인 피부병변

1 피부질환의 초기 병변으로 건강한 피부에서 발생하지만 질병으로 간주되지 않는 피부의 변화는?

① 알레르기 ② 속발진
③ 원발진 ④ 발진열

> 건강한 피부에 처음으로 나타나는 병적인 변화를 원발진이라 하며, 원발진에 이어서 나타나는 병적인 변화를 속발진이라 한다.

2 피부질환의 상태를 나타낸 용어 중 원발진(primarylesions)에 해당하는 것은?

① 면포 ② 미란
③ 가피 ④ 반흔

원발진	반점, 홍반, 농포, 팽진, 구진, 수포, 결절, 면포, 종양, 낭종
속발진	인설, 찰상, 가피, 미란, 균열, 궤양, 반흔, 위축, 태선화

3 다음 중 원발진이 아닌 것은?

① 구진 ② 농포
③ 반흔 ④ 종양

> 반흔은 속발진에 속한다.

4 다음 중 원발진에 속하는 것은?

① 수포, 반점, 인설
② 수포, 균열, 반점
③ 반점, 구진, 결절
④ 반점, 가피, 구진

> 원발진에는 반점, 구진, 결절, 수포, 농포, 면포 등이 있다.

5 다음 중 원발진으로만 짝지어진 것은?

① 농포, 수포 ② 색소침착, 찰상
③ 티눈, 흉터 ④ 동상, 궤양

6 다음 중 원발진에 해당하는 피부변화는?

① 가피 ② 미란
③ 위축 ④ 구진

7 피부 발진 중 일시적인 증상으로 가려움증을 동반하여 불규칙적인 모양을 한 피부 현상은?

① 농포 ② 팽진
③ 구진 ④ 결절

> 팽진은 피부 상층부의 부분적인 부종으로 인해 국소적으로 부풀어 오르는 증상을 말하며, 가려움증을 동반한다.

8 피부의 변화 중 결절(nodule)에 대한 설명으로 틀린 것은?

① 표피 내부에 직경 1cm 미만의 묽은 액체를 포함한 융기이다.
② 여드름 피부의 4단계에 나타난다.
③ 구진이 서로 엉켜서 큰 형태를 이룬 것이다.
④ 구진과 종양의 중간 염증이다.

> 결절은 구진(0.5~1cm)보다 크고 단단한 발진을 말한다.

9 다음 중 속발진에 해당하지 않는 것은?

① 가피 ② 균열
③ 변지 ④ 면포

> 면포는 원발진에 속한다.

10 다음 중 공기의 접촉 및 산화와 관계있는 것은?

① 흰 면포 ② 검은 면포
③ 구진 ④ 팽진

> 흰색 면포가 시간이 지나면서 커지면 구멍이 개방되어 내용물의 일부가 모공을 통해 피부 밖으로 나오게 되고 공기와 접촉하면서 지방이 산화되어 검은색이 된다.

정 답   1 ③   2 ①   3 ③   4 ③   5 ①   6 ④   7 ②   8 ①   9 ④   10 ②

11 ✱✱✱ 진피에 자리하고 있으며 통증이 동반되고, 여드름 피부의 4단계에서 생성되는 것으로 치료 후 흉터가 남는 것은?

① 가피 ② 농포
③ 면포 ④ 낭종

> 여드름 피부의 4단계에는 결절과 낭종이 생기며, 낭종은 염증이 심하고 피부 깊숙이 자리하고 있으며 흉터가 남는다.

12 ✱✱✱ 켈로이드는 어떤 조직이 비정상으로 성장한 것인가?

① 피하지방조직 ② 정상 상피조직
③ 정상 분비선 조직 ④ 결합조직

> 켈로이드는 흉터를 말하며 진피의 결합조직이 비정상적으로 성장한 것이다.

13 ✱ 자각증상으로서 피부를 긁거나 문지르고 싶은 충동에 의한 가려움증은?

① 소양감 ② 작열감
③ 촉감 ④ 의주감

> 소양감(긁을 소, 가려울 양)은 가려움증을 의미한다.

14 ✱✱✱ 장기간에 걸쳐 반복하여 긁거나 비벼서 표피가 건조하고 가죽처럼 두꺼워진 상태는?

① 가피 ② 낭종
③ 태선화 ④ 반흔

> 코끼리 피부처럼 피부가 거칠고 두꺼워지는 현상을 태선화라 한다.

15 ✱✱✱ 다음 중 태선화에 대한 설명으로 옳은 것은?

① 표피가 얇아지는 것으로 표피세포 수의 감소와 관련이 있으며 종종 진피의 변화와 동반된다.
② 둥글거나 불규칙한 모양의 굴착으로 점진적인 괴사에 의해서 표피와 함께 진피의 소실이 오는 것이다.
③ 질병이나 손상에 의해 진피와 심부에 생긴 결손을 메우는 새로운 결체조직의 생성으로 생기며 정상

치유 과정의 하나이다.
④ 표피 전체와 진피의 일부가 가죽처럼 두꺼워지는 현상이다.

> 장기간에 걸쳐 반복하여 긁거나 비벼서 표피가 건조하고 가죽처럼 두꺼워진 상태를 태선화라 한다.

16 ✱✱✱ 피부질환 중 지성의 피부에 여드름이 많이 나타나는 이유의 설명 중 가장 옳은 것은?

① 한선의 기능이 왕성할 때
② 림프의 역할이 왕성할 때
③ 피지가 계속 많이 분비되어 모낭구가 막혔을 때
④ 피지선의 기능이 왕성할 때

> 여드름은 피지가 많이 분비되어 표피의 각화이상으로 모낭구가 막혔을 때 많이 나타난다.

17 ✱✱✱ 여드름 발생의 주요 원인과 가장 거리가 먼 것은?

① 아포크린 한선의 분비 증가
② 모낭 내 이상 각화
③ 여드름 균의 군락 형성
④ 염증반응

> 아포크린 한선은 겨드랑이, 유두 주위에 많이 분포하는 것으로 여드름 발생과는 상관이 없다.

18 ✱✱✱✱ 다음 중 바이러스에 의한 피부질환은?

① 대상포진 ② 식중독
③ 발무좀 ④ 농가진

> 바이러스성 피부질환에는 단순포진, 대상포진, 사마귀, 수두, 홍역, 풍진 등이 있다.

19 ✱✱✱ 바이러스성 질환으로 수포가 입술 주위에 잘 생기고 흉터 없이 치유되나 재발이 잘 되는 것은?

① 습진 ② 태선
③ 단순포진 ④ 대상포진

> 단순포진은 입술 주위에 주로 생기는 수포성 질환으로 재발이 잘 된다

정답 11 ④ 12 ④ 13 ① 14 ③ 15 ④ 16 ③ 17 ① 18 ① 19 ③

20 **** 다음 중 바이러스성 피부질환은?

① 기미 　　　　　② 주근깨
③ 여드름 　　　　④ 단순포진

바이러스성 피부질환에는 단순포진, 대상포진, 사마귀 등이 있다.

21 *** 대상포진(헤르페스)에 대한 설명으로 맞는 것은?

① 지각신경 분포를 따라 군집 수포성 발진이 생기며 통증이 동반된다.
② 바이러스를 갖고 있지 않다.
③ 전염되지는 않는다.
④ 목과 눈꺼풀에 나타나는 전염성 비대 증식현상 이다.

대상포진은 바이러스성, 감염성 피부질환이다.

22 *** 다음 중 바이러스성 질환으로 연령이 높은 층에 발생 빈도가 높고 심한 통증을 유발하는 것은?

① 대상포진 　　　　② 단순포진
③ 습진 　　　　　　④ 태선

대상포진은 바이러스성 피부질환으로 지각신경 분포를 따라 군집 수포성 발진이 생기며 통증을 동반하는데, 높은 연령층에서 발생 빈도가 높다.

23 *** 다음 중 진균에 의한 피부질환이 아닌 것은?

① 두부백선 　　　　② 족부백선
③ 무좀 　　　　　　④ 대상포진

대상포진은 바이러스성 피부질환이다.

24 *** 피부진균에 의하여 발생하며 습한 곳에서 발생빈도가 가장 높은 것은?

① 모낭염 　　　　　② 족부백선
③ 봉소염 　　　　　④ 티눈

백선은 진균성 피부질환으로 발에 나타나는 백선을 족부백선이라 한다.

25 ** 다음 중 전염성 피부질환인 두부백선의 병원체는?

① 리케챠 　　　　　② 바이러스
③ 사상균 　　　　　④ 원생동물

두부백선은 피부표면에서 생존 증식하면서 케라틴을 먹고 사는 곰팡이균인 사상균에 의해 발생한다.

26 **** 다음 내용과 가장 관계있는 것은?

【보기】
• 곰팡이균에 의하여 발생한다.
• 피부껍질이 벗겨진다.
• 가려움증이 동반된다.
• 주로 손과 발에서 번식한다.

① 농가진 　　　　　② 무좀
③ 홍반 　　　　　　④ 사마귀

무좀은 특히 발가락 사이에서 곰팡이균에 의해 발생하며 가려움증이 동반되는 질병이다.

27 *** 다음 중 기미의 유형이 아닌 것은?

① 혼합형 기미
② 진피형 기미
③ 표피형 기미
④ 피하조직형 기미

기미에는 표피에 침착되는 표피형 기미, 진피까지 깊숙이 침착되는 진피형 기미, 표피와 진피에 침착되는 혼합형 기미 3가지가 있다.

28 *** 기미에 대한 설명으로 틀린 것은?

① 피부 내에 멜라닌이 합성되지 않아 야기되는 것이다.
② 30~40대의 중년 여성에게 잘 나타나고 재발이 잘된다.
③ 선탠기에 의해서도 기미가 생길 수 있다.
④ 경계가 명확한 갈색의 점으로 나타난다.

기미는 멜라닌 색소가 피부에 과다하게 침착되어 나타나는 증상이다.

29 기미, 주근깨의 손질에 대한 설명 중 잘못된 것은?

① 외출 시에는 화장을 하지 않고 기초손질만 한다.
② 자외선차단제가 함유되어 있는 일소방지용 화장품을 사용한다.
③ 비타민 C가 함유된 식품을 다량 섭취한다.
④ 미백효과가 있는 팩을 자주 한다.

> 기미, 주근깨를 예방하기 위해서는 자외선에 많이 노출되지 않아야 하고, 외출 시 자외선차단제가 함유된 화장품을 바르도록 한다.

30 기미피부의 손질방법으로 틀린 것은?

① 정신적 스트레스를 최소화한다.
② 자외선을 자주 이용하여 멜라닌을 관리한다.
③ 화학적 필링과 AHA 성분을 이용한다.
④ 비타민 C가 함유된 음식물을 섭취한다.

> 기미를 예방하기 위해서는 자외선에 노출되지 않도록 해야 한다.

31 피부 색소침착에서 과색소침착 증상이 아닌 것은?

① 기미　　　　　　　② 백반증
③ 주근깨　　　　　　④ 검버섯

> 백반증은 저색소침착으로 인해 발생한다.

32 백반증에 관한 내용 중 틀린 것은?

① 멜라닌 세포의 과다한 증식으로 일어난다.
② 백색 반점이 피부에 나타난다.
③ 후천적 탈색소 질환이다.
④ 원형, 타원형 또는 부정형의 흰색 반점이 나타난다.

> 백반증은 멜라닌 세포의 파괴로 인해 백색 반점이 나타나는 증상이다.

33 벌록 피부염(berlock dermatitis)이란?

① 향료에 함유된 요소가 원인인 광접촉 피부염이다.
② 눈 주위부터 볼에 걸쳐 다수 군집하여 생기는 담갈색의 색소반이다.
③ 안면이나 목에 발생하는 청자갈색조의 불명료한 색소 침착이다.
④ 절상이나 까진 상처의 전후처치를 잘못해서 생기는 색소의 침착이다.

> 벌록 피부염은 향료에 함유된 요소가 자외선을 쬐었을 때 피부의 색깔을 변화시키는 피부질환이다.

34 티눈의 설명으로 옳은 것은?

① 각질층의 한 부위가 두꺼워져 생기는 각질층의 증식현상이다.
② 주로 발바닥에 생기며 아프지 않다.
③ 각질핵은 각질 윗부분에 있어 자연스럽게 제거가 된다.
④ 발뒤꿈치에만 생긴다.

> ② 티눈은 통증을 동반한다.
> ③ 각질핵은 각질층을 깎아내면 병변의 중심에 각질핵을 확인할 수 있다.
> ④ 티눈은 발바닥과 발가락에 주로 발생한다.

35 기계적 손상에 의한 피부질환이 아닌 것은?

① 굳은살　　　　　　② 티눈
③ 종양　　　　　　　④ 욕창

> 기계적 손상에 의한 피부질환은 외부의 마찰이나 압력에 의해 생기는 피부질환을 말하며, 굳은살, 티눈, 욕창, 마찰성 수포가 여기에 해당한다.

36 다음 중 각질의 이상에 의한 피부질환은?

① 주근깨(작반)　　　② 기미(간반)
③ 티눈　　　　　　　④ 릴 흑피증

> 기미, 주근깨, 릴 흑피증은 과색소침착에 의한 피부질환이다.

37 피부에 계속적인 압박으로 생기는 각질층의 증식현상이며, 원추형의 국한성 비후증으로 경성과 연성이 있는 것은?

① 사마귀　　　　　　② 무좀
③ 굳은살　　　　　　④ 티눈

> 경성 티눈은 발가락의 등 쪽이나 발바닥에 주로 발생하며, 연성 티눈은 발가락 사이에 주로 발생한다.

38 화상의 구분 중 홍반, 부종, 통증뿐만 아니라 수포를 형성하는 것은?

① 제1도 화상

② 제2도 화상

③ 제3도 화상

④ 중급 화상

제1도 화상	피부가 붉게 변하면서 국소 열감과 동통 수반
제2도 화상	진피층까지 손상되어 수포가 발생한 피부로 홍반, 부종, 통증 동반
제3도 화상	피부 전층 및 신경이 손상된 상태로 피부색이 흰색 또는 검은색으로 변함
제4도 화상	피부 전층, 근육, 신경 및 뼈 조직이 손상된 상태

39 다음 중 2도 화상에 속하는 것은?

① 햇볕에 탄 피부

② 진피층까지 손상되어 수포가 발생한 피부

③ 피하 지방층까지 손상된 피부

④ 피하 지방층 아래의 근육까지 손상된 피부

40 땀띠가 생기는 원인으로 가장 옳은 것은?

① 땀띠는 피부표면에 있는 땀구멍이 일시적으로 막히기 때문에 생기는 발한기능의 장애 때문에 발생한다.

② 땀띠는 여름철 너무 잦은 세안 때문에 발생한다.

③ 땀띠는 여름철 과다한 자외선 때문에 발생하므로 햇볕을 받지 않으면 생기지 않는다.

④ 땀띠는 피부에 미생물이 감염되어 생긴 피부질환이다.

41 아토피성 피부에 관계되는 설명으로 옳지 않은 것은?

① 유전적 소인이 있다.

② 가을이나 겨울에 더 심해진다.

③ 면직물의 의복을 착용하는 것이 좋다.

④ 소아습진과는 관계가 없다.

42 피부질환 증상에 대해 옳은 것은?

① 1도 화상은 수포가 생긴다.

② 아토피는 유전적 소인이 있다.

③ 여드름은 건성피부에 주로 나타나는 질환이다.

④ 물리적 요인에 의한 피부질환은 열에 의한 질환, 한냉에 의한 질환, 감염에 의한 질환이 있다.

43 주로 40~50대에 보이며 혈액흐름이 나빠져 모세혈관이 파손되어 코를 중심으로 양 뺨에 나비형태로 붉어진 증상은?

① 비립종　　　　② 섬유종

③ 주사　　　　④ 켈로이드

44 모세혈관 파손과 구진 및 농포성 질환이 코를 중심으로 양볼에 나비모양을 이루는 증상은?

① 접촉성 피부염　　　　② 주사

③ 건선　　　　④ 농가진

45 다음 중 피지선과 가장 관련이 깊은 질환은?

① 사마귀　　　　② 주사(rosacea)

③ 한관종　　　　④ 백반증

정답　　38 ②　39 ②　40 ①　41 ④　42 ②　43 ③　44 ②　45 ②

46 물사마귀알로도 불리우며 황색 또는 분홍색의 반투명성 구진(2~3mm 크기)을 가지는 피부양성종양으로 땀샘관의 개출구 이상으로 피지분비가 막혀 생성 되는 것은?

① 한관종
② 혈관종
③ 섬유종
④ 지방종

한관종은 사춘기 이후의 여성의 눈 주위, 뺨, 이마에 주로 발생한다.

47 모래알 크기의 각질 세포로서 눈 아래 모공과 땀구멍에 주로 생기는 백색 구진 형태의 질환은?

① 비립종
② 칸디다증
③ 매상혈관증
④ 화염성모반

비립종은 직경 1~2mm의 둥근 백색 구진으로 눈 아래 모공과 땀구멍에 주로 생기는 질환이다.

48 직경 1~2mm의 둥근 백색 구진으로 안면(특히 눈 하부)에 호발하는 것은?

① 비립종(Milium)
② 피지선 모반(Nevus sebaceous)
③ 한관종(Syringoma)
④ 표피낭종(Epidermal cyst)

※ 호발하다 : 잘 발생하거나 자주 발생하다.

49 다음 중 세포 재생이 더 이상 되지 않으며 기름샘과 땀샘이 없는 것은?

① 흉터　　　　② 티눈
③ 두드러기　　④ 습진

흉터는 손상된 피부가 치유된 흔적을 말하는데, 세포 재생이 더 이상 되지 않으며, 기름샘과 땀샘도 없다.

50 다리의 혈액순환 이상으로 피부 밑에 형성되는 검푸른 상태를 무엇이라 하는가?

① 혈관 축소
② 심박동 증가
③ 하지정맥류
④ 모세혈관확장증

하지정맥류는 혈액순환 이상으로 정맥이 늘어나서 피부 밖으로 돌출되어 보이는 것을 말하는데, 다리가 무겁게 느껴지고 쉽게 피곤해지는 증상이 나타난다.

SECTION 05 피부와 광선, 면역, 노화

[출제문항수 : 1~2문제] 우선 자외선의 종류에 대한 구분을 숙지하시기 바랍니다. 면역에서는 용어를 중심으로 면역체계를 이해하는 것이 중요합니다. 피부노화에서는 광노화와 내인성 노화를 구분해서 이해하도록 합니다.

▶ UV A는 피부 가장 깊숙히 침투한다.

▶ 태양광선 중 자외선이 가장 강한 살균작용을 한다.

▶ 자외선에 대한 민감도
• 자외선에 대한 민감도는 흑인종이 가장 낮다.
• 인종의 구분은 멜라닌의 양에 따라 결정되며, 흑인＞황인＞백인의 순이다.(※멜라닌세포의 수는 인종별로 차이가 없다.)
• 멜라닌은 자외선을 흡수하여 유해한 자외선의 침투를 차단하여 인체를 보호하므로 멜라닌의 양이 가장 많은 흑인종이 자외선에 대한 민감도가 가장 낮다.

01 피부와 광선

태양광선은 파장에 따라 자외선, 적외선, 가시광선으로 나누어진다.

1 자외선(Ultraviolet Rays)

1) 자외선이 미치는 영향

구분	특징
긍정적 영향	• 비타민 D 합성(구루병 예방, 면역력 강화) • 살균 및 소독 효과 • 혈액순환촉진 및 강장효과
부정적 영향	• 일광화상　• 홍반반응　• 색소침착 • 광노화　• 피부암　• 노화 촉진

2) 자외선의 구분

구분	파장 범위	특징
UV A	장파장 (320~400nm)	• 진피층까지 침투, 만성적 광노화 유발 • 피부탄력 감소, 잔주름 유발, 광독성, 광알레르기 반응, 즉시 색소침착 등 • 색소침착 작용은 인공선탠에 이용
UV B	중파장 (290~320nm)	• 기저층, 진피상부까지 도달 • 기미, 주근깨, 홍반, 수포, 일광화상의 원인 • 홍반 발생 능력이 자외선 A의 1,000배 • 각질세포 변형(각질층을 두껍게 함)
UV C	단파장 (200~290nm)	• 단파장으로 가장 강한 자외선 • 대기의 오존층에 대부분 흡수되나 오존층의 파괴로 인체와 생태계에 많은 영향을 미침 • 살균작용 및 피부암 발생요인

3) 자외선에 대한 피부의 반응

급성반응	홍반, 일광화상, 비타민 D 합성, 멜라닌 세포의 반응, 피부두께 변화 등
만성반응	광노화, 자외선으로 인한 피부암 등

② 적외선(Infrared ray)

650~1,400nm의 장파장으로 보이지 않는 광선이다. 적외선은 피부 표면에 별다른 자극 없이 피부 깊숙이 침투하여 온열효과를 가져온다. 열을 운반하여 열선이라고도 한다.

1) 적외선이 미치는 영향

① 혈관확장, 혈액순환 촉진 및 신진대사 촉진
② 근육 및 피부의 이완
③ 통증완화, 진정 및 체온상승효과
④ 식균작용에 도움
⑤ 피부에 영양분 흡수 촉진

2) 적외선등의 이용

① 온열작용을 통해 화장품의 흡수를 돕는다.
② 건성피부, 주름진 피부, 비듬성 피부에 효과적이다.
③ 조사시간은 5~7분이며, 과량조사 시 두통, 현기증, 일사병 등을 일으킬 수 있다.

---

02 피부면역

① 특이성 면역

체내에 침입하거나 체내에서 생성되는 항원에 대해 항체가 작용하여 제거하는 면역

구분	특징
B림프구	• 체액성 면역 • 특정 면역체에 대해 면역글로불린이라는 항체 생성
T림프구	• 세포성 면역 • 혈액 내 림프구의 70~80% 차지 • 세포 대 세포의 접촉을 통해 직접 항원을 공격

② 비특이성 면역

태어나면서부터 가지고 있는 자연면역체계

구분	특징
제1 방어계	• 기계적 방어벽 : 피부 각질층, 점막, 코털 • 화학적 방어벽 : 위산, 소화효소 • 반사작용 : 재채기, 섬모운동
제2 방어계	• 식세포 작용 : 대식세포, 단핵구 • 염증 및 발열 : 히스타민 • 방어 단백질 : 보체, 인터페론 • 자연살해세포 : 작은 림프구 모양의 세포로 종양 세포나 바이러스에 감염된 세포를 자발적으로 죽이는 세포

▶ 적외선의 종류

근적외선	진피 침투, 자극 효과
원적외선	표피 전층 침투, 진정 효과

▶ 항원과 항체
• 항원 : 사람의 몸에 면역반응을 불러 일으키는 성질을 지닌 물질
• 항체 : 몸 안에 침입한 항원에 맞서기 위해 자기방어를 목적으로 만들어 내는 물질

1 피부노화의 원인

① 유전자

② 활성산소

③ 신경세포의 피로

④ 신진대사 과정에서 발생하는 독소

⑤ 텔로미어* 단축

⑥ 아미노산 라세미화*

2 피부노화 현상

1) 내인성 노화 – 자연노화

① 나이가 들면서 피부가 노화되는 자연스러운 현상

② 표피와 진피의 두께가 얇아짐

③ 각질층의 두께는 두꺼워짐

④ 피하지방 세포 감소 → 유분 부족

⑤ 랑게르한스 세포 수 감소 → 피부 면역기능 감소

⑥ 멜라닌 세포 감소(자외선 방어기능 저하) → 피부색이 변함

⑦ 세포와 조직의 탈수현상(건조, 잔주름 발생)

⑧ 기저세포의 생성기능 저하 → 상처회복이 느림

⑨ 분비세포의 재생이 줄어 피지선의 분비 감소

⑩ 탄력섬유와 교원섬유의 감소와 변성

　　→ 탄력성 저하, 피부처짐(이완) 및 주름이 생김

⑪ 표피와 진피의 영양교환 불균형으로 윤기 감소

⑫ 피부온도, 저항력, 감각 기능, 혈류량, 손발톱 성장속도 저하

2) 외인성 노화 – 광노화

① 햇빛, 바람, 추위, 공해 등의 외부인자에 의해 피부가 노화되는 현상

② 표피(각질층)와 진피의 두께가 두꺼워짐

③ 탄력성 감소로 인한 늘어짐, 피부건조, 거칠어짐

④ 주름이 비교적 굵고 깊음

⑤ 멜라닌 세포의 수 증가

⑥ 색소 불균형 – 과색소 침착 및 불규칙한 색소손실

⑦ 피부면역세포 및 섬유아 세포의 감소

⑧ 진피 내의 모세혈관 확장

⑨ 콜라겐의 변성과 파괴가 일어남

⑩ 점다당질이 증가

▶ 텔로미어(Telomere)

- 염색체의 끝부분을 지칭
- 세포분열이 진행될수록 길이가 점점 짧아져 나중에는 매듭만 남게 되고 세포복제가 멈추어 죽게 되면서 노화가 일어남

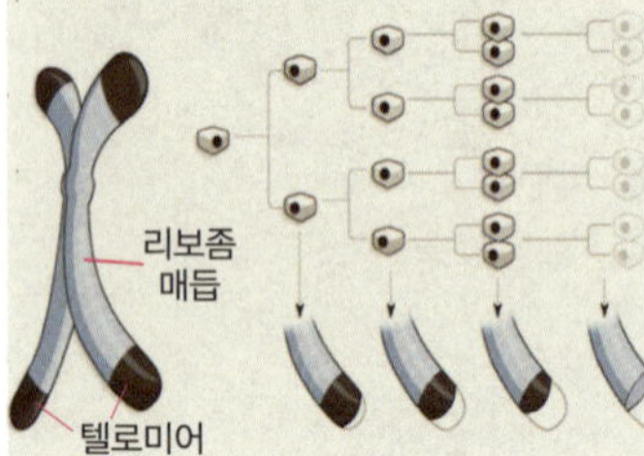

▶ 라세미화(Racemization)

- 광학활성물질(생명체를 구성하는 기본물질) 자체의 선광도(순도 또는 농도)가 감소하거나 완전히 상실되는 현상
- 생체에서 생합성이나 대사의 과정에서 아미노산이나 당 등이 라세미화 됨으로써 노화의 원인이 된다.

▶ 내인성 노화보다는 광노화에서 표피 두께가 두꺼워진다.

▶ 내인성 노화와 광노화의 비교

구분	내인성 노화	광노화
표피와 진피 두께	얇아짐	두꺼워짐
각질층	두꺼워짐	두꺼워짐
피부면역세포	감소	감소
멜라닌세포	감소	증가
주름	증가	깊은 주름

1 강한 자외선에 노출될 때 생길 수 있는 현상이 아닌 것은?

① 만성 피부염 　　② 홍반
③ 광노화 　　④ 일광화상

> 자외선에 자주 노출되면 일광화상, 홍반반응, 색소침착, 광노화, 피부암 등의 피부 변화가 나타날 수 있다.

2 강한 자외선에 노출될 때 생길 수 있는 현상과 가장 거리가 먼 것은?

① 아토피 피부염 　　② 비타민 D 합성
③ 홍반반응 　　④ 색소침착

> 자외선에 노출될 때 홍반반응, 색소침착, 광노화 등의 부정적 효과와 살균, 비타민 D 합성 등의 긍정적 효과가 발생한다.

3 자외선의 영향으로 인한 부정적인 효과는?

① 홍반 반응 　　② 비타민 D형성
③ 살균효과 　　④ 강장효과

> 자외선의 부정적 효과 : 주름, 기미, 주근깨 생성, 홍반, 수포, 일광화상, 피부암의 원인

4 자외선의 작용이 아닌 것은?

① 살균 작용 　　② 비타민 D 형성
③ 피부의 색소침착 　　④ 아포 사멸

> 자외선은 살균작용을 하며 비타민 D의 합성에 관여하고 멜라닌을 자극하여 색소침착을 일으킨다, 수술실, 무균실의 소독에 사용되며 아포 사멸에는 약하다.

5 피부에 대한 자외선의 영향으로 피부의 급성반응과 가장 거리가 먼 것은?

① 홍반반응 　　② 화상
③ 비타민 D 합성 　　④ 광노화

> 광노화는 햇빛, 바람, 추위, 공해 등의 요인으로 피부가 노화되는 현상으로 급성반응에 해당되지 않는다.

6 피부에 자외선을 너무 많이 조사했을 경우에 일어날 수 있는 일반적인 현상은?

① 멜라닌 색소가 증가해 기미, 주근깨 등이 발생한다.
② 피부가 윤기가 나고 부드러워진다.
③ 피부에 탄력이 생기고 각질이 엷어진다.
④ 세포의 탈피현상이 감소된다.

> 피부가 자외선에 자주 노출되면 기미, 주근깨, 검버섯 등의 과색소침착이 일어난다.

7 자외선에 대한 설명으로 틀린 것은?

① 자외선 C는 오존층에 의해 차단될 수 있다.
② 자외선 A의 파장은 320~400nm이다.
③ 자외선 B는 유리에 의하여 차단될 수 있다.
④ 피부에 제일 깊게 침투하는 것은 자외선 B이다.

> 피부에 제일 깊게 침투하는 자외선은 자외선 A로 피부 진피층까지 침투하여 주름을 생성하게 된다.

8 다음 중 UV-A(장파장 자외선)의 파장 범위는?

① 320~400nm 　　② 290~320nm
③ 200~290nm 　　④ 100~200nm

> 자외선의 파장 범위
> • UV-A(장파장) : 320~400nm
> • UV-B(중파장) : 290~320nm
> • UV-C(단파장) : 200~290nm

9 단파장으로 가장 강한 자외선이며, 원래는 오존층에 완전 흡수되어 지표면에 도달되지 않았으나 오존층의 파괴로 인해 인체와 생태계에 많은 영향을 미치는 자외선은?

① UV A 　　② UV B
③ UV C 　　④ UV D

> 자외선 C는 파장 범위가 200~290nm의 단파장으로 가장 강한 자외선이며, 오존층에서 거의 흡수되어 피부에는 영향을 미치지 않았으나, 최근 오존층의 파괴로 인해 인체에 많은 영향을 미치고 있다.

정답 　1 ①　2 ①　3 ①　4 ④　5 ④　6 ①　7 ④　8 ①　9 ③

10 *** 즉시 색소침착 작용을 하는 광선으로 인공 선탠에 사용되는 것은?

① UV A   ② UV B
③ UV C   ④ UV D

색소침착 작용이 있어 인공선탠에 이용되는 자외선은 UV A이다.

11 *** 파장이 가장 길고 인공 선탠 시 활용하는 광선은?

① UV A   ② UV B
③ UV C   ④ R 선

인공선탠에 사용되는 UV A는 자외선 중 가장 파장이 길다.

12 *** 자외선 B는 자외선 A보다 홍반 발생 능력이 몇 배 정도인가?

① 10배   ② 100배
③ 1,000배   ④ 10,000배

중파장인 자외선 B는 표피의 기저층 또는 진피의 상부까지 침투하는데, 장파장인 자외선 A보다 홍반 발생 능력이 1000배에 해당한다.

13 *** 자외선 중 홍반을 주로 유발시키는 것은?

① UV A   ② UV B
③ UV C   ④ UC D

UV B는 290~320nm의 중파장으로 피부의 홍반을 유발한다.

14 *** 오존(O_3)층에서 거의 흡수를 하며 살균작용과 피부암을 발생시킬 수 있는 파장의 선은?

① 적외선(infra rad ray)
② 가시광선(visible ray)
③ UV-A
④ UV-C

UV-C는 자외선 중 가장 짧은 파장으로 살균작용이 강하고, 피부암의 발생원인이 된다.

15 *** 다음 중 가장 강한 살균작용을 하는 광선은?

① 자외선   ② 적외선
③ 가시광선   ④ 원적외선

태양광선 중 자외선이 가장 강한 살균작용을 한다.

16 *** 다음 중 자외선이 피부에 미치는 영향이 아닌 것은?

① 색소침착   ② 살균효과
③ 홍반형성   ④ 비타민 A 합성

자외선이 피부에서 합성하는 것은 비타민 D이다.

17 *** 자외선에 대한 민감도가 가장 낮은 인종은?

① 흑인종   ② 백인종
③ 황인종   ④ 회색인종

멜라닌의 양이 가장 많은 흑인종이 자외선에 대한 민감도가 가장 낮다.

18 *** 적외선을 피부에 조사시킬 때 나타나는 생리적 영향의 설명으로 틀린 것은?

① 신진대사에 영향을 미친다.
② 혈관을 확장시켜 순환에 영향을 미친다.
③ 전신의 체온저하에 영향을 미친다.
④ 식균작용에 영향을 미친다.

적외선은 열을 운반하는 열선으로 피부를 투과하여 온열효과를 가져와 체온을 상승시킨다.

19 *** 다음 중 적외선에 관한 설명으로 옳지 않은 것은?

① 혈류의 증가를 촉진시킨다.
② 피부에 생성물을 흡수되도록 돕는 역할을 한다.
③ 노화를 촉진시킨다.
④ 피부에 열을 가하여 피부를 이완시키는 역할을 한다.

피부 노화를 촉진하는 것은 자외선이다.

20 적외선등에 대한 설명으로 옳은 것은?

① 주로 UVA를 방출하고 UVB, UVC는 흡수한다.
② 색소침착을 일으킨다.
③ 주로 소독, 멸균의 효과가 있다.
④ 온열작용을 통해 화장품의 흡수를 도와준다.

적외선등은 온열자극을 주어 화장품의 피부 흡수를 돕는다.

21 건성 피부, 주름진 피부, 비듬성 피부에 가장 좋은 광선은?

① 가시광선　　　　② 적외선
③ 자외선　　　　④ 감마선

적외선은 온열작용을 통해 피부에 영양분의 침투력을 높여주어 건성피부, 주름진 피부, 비듬성 피부에 좋은 광선이다.

22 특정 면역체에 대해 면역글로불린이라는 항체를 생성 하는 것은?

① B 림프구　　　　② T 림프구
③ 자연살해 세포　　　　④ 각질형성 세포

B 림프구는 체액성 면역 반응을 담당하는 림프구의 일종으로 면역글로불린이라는 항체를 생성한다.

23 작은 림프구 모양의 세포로 종양 세포나 바이러스에 감염된 세포를 자발적으로 죽이는 세포를 무엇이라 하는가?

① 멜라닌 세포　　　　② 랑게르한스 세포
③ 각질형성 세포　　　　④ 자연살해 세포

자연살해 세포는 바이러스에 감염된 세포나 암세포를 직접 파괴하는 면역세포로 인체에 약 1억 개의 자연살해 세포가 있으며, 간이나 골수에서 성숙한다.

24 피부의 면역에 관한 설명으로 맞는 것은?

① 세포성 면역에는 보체, 항체 등이 있다.
② T림프구는 항원전달세포에 해당한다.
③ B림프구는 면역글로불린이라고 불리는 항체를 생성한다.

④ 표피에 존재하는 각질형성세포는 면역조절에 작용하지 않는다.

① 세포성 면역은 세포 대 세포의 접촉을 통해 직접 항원을 공격하며, 체액성 면역이 항체를 생성한다.
② T림프구는 항원전달세포에 해당하지 않는다.
④ 각질형성세포는 면역조절 작용을 한다.

25 제1방어계 중 기계적 방어벽에 해당하는 것은?

① 피부 각질층　　　　② 위산
③ 소화효소　　　　④ 섬모운동

기계적 방어벽에는 피부 각질층, 점막, 코털 등이 있다.

26 피부의 노화 원인과 가장 관련이 없는 것은?

① 노화 유전자와 세포 노화
② 항산화제
③ 아미노산 라세미화
④ 텔로미어(telomere) 단축

항산화제는 피부노화를 억제하는 물질이다.
※①, ③, ④는 노화를 촉진시키는 원인이다.

27 피부가 건조해지고 주름살이 잡히며 윤기가 없어지게 되는 현상은?

① 피부의 노화현상
② 피부의 각화현상
③ 알레르기 현상
④ 피부질환 발생현상

28 노화피부의 특징이 아닌 것은?

① 노화피부는 탄력이 없고 수분이 많다.
② 피지분비가 원활하지 못하다.
③ 주름이 형성되어 있다.
④ 색소침착 불균형이 나타난다.

노화피부는 세포와 조직에 탈수현상이 생겨 건조해진다.

chapter 02

29 노화피부에 대한 전형적인 증세는?

① 지방이 과다 분비하여 번들거린다.
② 항상 촉촉하고 매끈하다.
③ 수분이 80% 이상이다.
④ 유분과 수분이 부족하다.

노화피부는 피지의 분비가 줄고, 탈수현상이 일어나 유분과 수분이 부족하다.

30 노화가 되면서 나타나는 일반적인 얼굴 변화에 대한 설명으로 틀린 것은?

① 얼굴의 피부색이 변한다.
② 눈 아래 주름이 생긴다.
③ 볼우물이 생긴다.
④ 피부가 이완되고 근육이 처진다.

볼우물은 표정근의 움직임에 따라 생기는 것으로 노화와는 관계가 없다.

31 나이가 들어가면서 자연적으로 발생되는 피부노화는?

① 자외선 노화
② 광노화
③ 내인성 노화
④ 환경노화

32 피부노화 현상으로 옳은 것은?

① 피부노화가 진행되어도 진피의 두께는 그대로 유지된다.
② 광노화에서는 내인성 노화와 달리 표피가 얇아지는 것이 특징이다.
③ 피부 노화에는 나이에 따른 과정으로 일어나는 광노화와 누적된 햇빛 노출에 의하여 야기되기도 한다.
④ 내인성 노화보다는 광노화에서 표피 두께가 두꺼워진다.

① 피부노화가 진행될수록 진피의 두께는 감소한다.
② 광노화에서는 표피의 두께가 두꺼워진다.
③ 나이에 따른 과정으로 일어나는 노화를 내인성 노화 또는 자연노화라고 한다.

33 내인성 노화가 진행될 때 감소 현상을 나타내는 것은?

① 각질층 두께
② 주름
③ 피부처짐 현상
④ 랑게르한스 세포

내인성 노화가 진행될수록 멜라닌 세포와 랑게르한스 세포의 수가 감소한다.

34 자연노화(생리적 노화)에 의한 피부 증상이 아닌 것은?

① 망상층이 얇아진다.
② 피하지방세포가 감소한다.
③ 각질층의 두께가 감소한다.
④ 멜라닌 세포의 수가 감소한다.

노화가 진행될수록 각질층의 두께는 증가한다.

35 다음 중 주름살이 생기는 요인이 아닌 것은?

① 수분의 부족상태
② 지나치게 햇볕에 노출되었을 때
③ 갑자기 살이 찐 경우
④ 지나친 안면운동

주름은 진피 중 교원섬유와 탄력섬유가 퇴행성 변화를 일으켜 피부의 긴장, 탄력이 감소하여 생기는 것으로 살이 찌는 것은 주름이 생기는 것과 관계가 없다.

36 피부 노화인자 중 외부인자가 아닌 것은?

① 나이
② 자외선
③ 산화
④ 건조

나이가 증가함에 따라 피부가 노화되는 것은 내인성 노화에 속한다.

37* 광노화의 반응과 가장 거리가 먼 것은?

① 거칠어짐
② 건조
③ 과색소침착증
④ 모세혈관 수축

광노화의 경우 모세혈관이 확장한다.

38* 광노화 현상이 아닌 것은?

① 표피 두께 증가
② 멜라닌 세포 이상 항진
③ 체내 수분 증가
④ 진피 내의 모세혈관 확장

광노화 현상이 나타나는 피부는 건조해지고 거칠어진다.

39* 광노화와 거리가 먼 것은?

① 피부두께가 두꺼워진다.
② 섬유아세포수의 양이 감소한다.
③ 콜라겐이 비정상적으로 늘어난다.
④ 점다당질이 증가한다.

광노화를 포함한 피부노화에서는 콜라겐과 탄력섬유가 감소하여 피부탄력감소, 피부처짐, 주름 등이 생긴다.

40* 피서 후의 피부증상으로 틀린 것은?

① 화상의 증상으로 붉게 달아올라 따끔따끔한 증상을 보일 수 있다.
② 많은 땀의 배출로 각질층의 수분이 부족해져 거칠어지고 푸석푸석한 느낌을 가지기도 한다.
③ 강한 햇살과 바닷바람 등에 의하여 각질층이 얇아져 피부자체 방어반응이 어려워지기도 한다.
④ 멜라닌색소가 자극을 받아 색소병변이 발전할 수 있다.

강한 햇빛과 바람 등은 광노화를 일으켜 각질층이 두꺼워진다.

41* 어부들에게 피부의 노화가 조기에 나타나는 가장 큰 원인은?

① 생선을 너무 많이 섭취하여서
② 햇볕에 많이 노출되어서
③ 바다에 오존 성분이 많아서
④ 바다의 일에 과로하여서

어부들은 햇빛이 많이 노출되어 광노화 현상이 나타난다.

한 눈에 살펴보는

Keyword Preview | 해부학

인체의 구조와 기능

① 세포 세포막, 핵, 세포질 (미토콘드리아, 리소좀 등)

② 조직 결합조직, 근육조직, 신경조직, 상피조직

③ 기관
④ 계통 — 골격계, 근육계, 소화기계, 호흡기계, 신경계, 감각계, 순환기계, 내분비계, 비뇨계, 생식계, 외피계

⑤ 인체

신경계

신경계의 기능 감각, 통합, 운동

뉴런 신경세포계, 신경돌기(수상돌기, 축색돌기), 시냅스, 신경초

신경계의 분류
- 중추신경계 **뇌** – 대뇌, 간뇌, 중뇌, 교뇌, 소뇌, 연수 / **척수**
- 말초신경계 **체성신경계** – 뇌신경, 척수신경 / **자율신경계** – 교감신경, 부교감신경

골격계

골격계의 기능 지지, 보호, 조형, 운동, 저장기능

골(Bone)
- 골의 구성 골막, 골조직, 골수강
- 형태에 따른 분류 장골, 단골, 편평골, 불규칙골, 함기골, 종자골
- 인체의 골격 분류
  - 체간골격 – 두개골(22개), 이소골(6개), 설골(1개), 척추골(26개), 늑골(24개), 흉골(1개)
  - 사지골격 – 상지골(64개), 하지골(62개)

관절 섬유성 관절, 연골성 관절, 활막성 관절
- 연골 초자연연골(유리연골), 섬유연골, 탄력연골

순환계

순환계
- 혈액 순환계
  - 심장
    - **체순환** : 좌심실 → 동맥 → 모세혈관 → 정맥 →우심방
    - **폐순환** : 우심실 → 폐동맥 → 폐 → 폐정맥 → 좌심방
    - ※심장의 구조 : 4개의 방, 4개의 실, 4개의 판막
  - 혈관
    - **혈관의 기능** – 운반, 조절, 방어 · 식균, 지혈
    - **구분** : 동맥계, 정맥계, 모세혈관
  - 혈액
    - **혈장** : 혈청, 섬유원소
    - **혈구** : 적혈구, 백혈구, 혈소판
- 림프 순환계 **림프기관** : 림프, 림프관, 림프절

근육계

근육계의 기능 운동, 자세유지, 체열생산, 배변 · 배뇨, 음식물 이동

근수축의 종류 연축, 강축, 긴장, 강직, 마비, 세동, 경련

근육의 분류 기능적 분류 : 수의근, 불수의근
구조적 분류 : 횡문근, 평활근
구성위치에 따른 분류 : 골격근, 심장근, 평활근

골격근 근막, 건, 건초, 점낭액

전신근육 안면근육, 목근육, 등근육, 흉부근육, 복부근육, 상지근육, 하지근육

소화기계

주요 소화기계 입 → 인두 → 식도 → 위 → 소장 → 대장 → 항문

소화부속기관 간, 담낭(쓸개), 췌장(이자)

Esthetic

Esthetic Technician Certification

CHAPTER

03

해부학

인체의 구조와 기능

[출제문항수 : 1~2문제] 이번 섹션에서는 세포에 관한 문제가 가장 많이 출제되고 있으므로 기출문제를 중심으로 세포에 대한 문제는 유형별로 학습하시기 바랍니다.

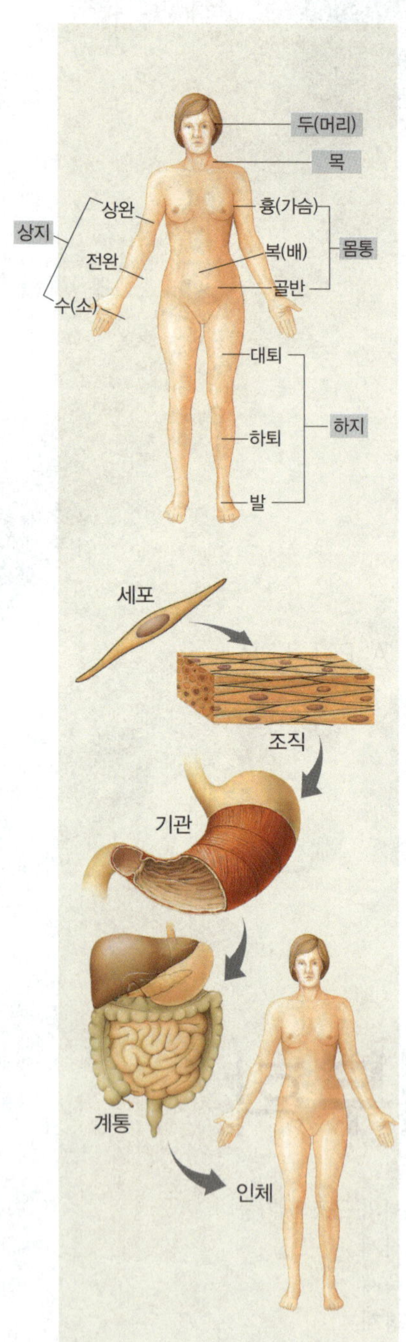

01 인체 개요

1 인체의 구분

인체는 외형상 체간과 체지로 구분한다.
① 체간 : 머리, 목, 몸통(가슴, 배, 골반)
② 체지 : 상지(팔부위)와 하지(다리부위)

2 인체의 구성 물질

인체는 탄소, 수소, 산소, 질소와 칼슘, 칼륨, 나트륨 등의 유기질과 무기질로 구성되어 있다.

3 인체의 구조적 단계

인체는 세포들의 집합체로 다음의 구조적 단계를 거쳐 인체를 구성한다.

세포	인체를 구성하는 가장 기본적인 단위로 모든 생명체는 세포로 구성되어 있다.
조직	• 분화의 형태, 기능, 구조가 비슷한 세포들이 특수한 목적을 위해 모인 세포 집단 • 상피조직, 결합조직, 근육조직, 신경조직
기관	• 조직들의 결합형태로 특수한 활동과 기능 수행 • 심장, 위장, 간, 신장, 소장, 대장 등
계통	• 기관들이 상호 연결되어 하나의 기능을 수행하는 기능적인 단위 • 골격계, 신경계, 순환기계, 내분비계, 소화기계 등
인체	계통들이 모여 인체를 구성

02 세포 (Cell)

1 세포의 정의

① 모든 생물체의 구조적, 기능적 기본단위이다.
② 세포는 세포막, 세포질, 핵으로 이루어져 있다.
③ 세포 내의 핵은 핵막에 의해 둘러싸여 있다.
④ 기능이나 소속된 조직에 따라 원형, 아메바, 타원 등 다양한 모양을 하고 있다.

② 세포의 구성과 기능

1) 세포막

① 세포를 둘러싸고 있는 두 겹의 단위막(세포의 경계)

② 주성분 : 지질, 단백질, 탄수화물 등

③ 세포의 외부 경계를 형성하고 형태를 유지

④ 세포기질과 조직핵 사이에서 영양분 및 각종 이온의 통로 역할

⑤ 세포막을 통한 물질의 이동

- 능동적 이동(능동 수송)
  - 필요한 물질을 적극적으로 세포내로 끌어들이거나, 불필요한 물질을 배출시키는 것
  - 세포에서 일어나는 대부분의 물질이동
  - 능동수송, 음세포작용, 식세포작용 등
- 수동적 이동 : 확산, 여과, 삼투

확산	• 물질을 이루고 있는 입자들이 스스로 운동하여 액체나 기체 속을 분자가 퍼져나가는 현상 • 농도가 높은 곳에서 낮은 곳으로 이동 • 확산이 잘 일어날 조건 : 농도차가 클 때, 지질용해성이 높을 때, 확산거리가 짧을 때, 온도가 높을 때
삼투	• 용질의 농도가 낮은 곳에서 높은 곳으로 용매가 이동하는 현상 • 물(용매)의 농도가 높다는 것은 용질의 농도가 낮다는 의미이므로, 물의 농도는 높은 곳에서 낮은 곳으로 물 분자만이 선택적으로 투과한다.
여과	• 물과 용질이 압력에 따라 막이나 모세혈관 벽을 강제로 통과하는 과정 • 높은 압력에서 낮은 압력으로 이동 • 혈압에 의한 모세혈관 내의 물질이동

2) 핵

① 유전자를 복제하거나 유전정보를 전달

② 세포분열 및 단백질 합성에 관여

③ 구성

- 핵막 : 핵을 둘러싸고 있는 이중막
- 인 : RNA를 저장하여 유전적 특징 결정
- 염색질 : DNA가 있어 세포분열 시 염색체를 만듦
- 핵질 : 핵 속의 액체기질로 RNA와 리보솜이 함유

3) 세포질

① 핵과 세포막 사이에 있는 반유동성 액체로 세포 구조물이 존재

② 세포의 성장과 재생에 필요한 물질을 함유

③ 구성물질 : 물, 전해질, 단백질, 지질, 탄수화물

▶ 세포막은 조직을 이식할 때 자기 조직이 아닌 것을 인식할 수 있다.

④ 세포 소기관

미토콘드리아 (사립체)	• 세포 내 호흡생리에 관여 • 이중막으로 싸여진 타원형(달걀형)의 모양 • 이화작용 및 동화작용에 의한 에너지 아데노신 삼인산(ATP)을 생산
골면형질내세망 (활면소포체)	• 표면에 리보솜이 없는 소포체 • 지질과 콜레스테롤의 대사 및 해독 작용 • 스테로이드 호르몬 합성
조면형질내세망 (조면소포체)	• 표면에 리보솜이 있는 소포체 • 리보솜에 의한 단백질 합성
골지체	• 핵 주위에 위치 • 단백질 및 점액성 선세포의 분비물 형성, 당의 리소좀 형성 • 지방흡수 기능
리소좀 (용해소체)	• 골지체로부터 합성 • 가수분해효소를 많이 지니고 있어 노폐물과 이물질을 처리하는 세포 내 소화기관
리보솜	• RNA와 단백질로 이루어진 복합체 • 단백질을 합성
중심체	• 세포분열 중 자기복제를 하며 염색체를 양극으로 이동

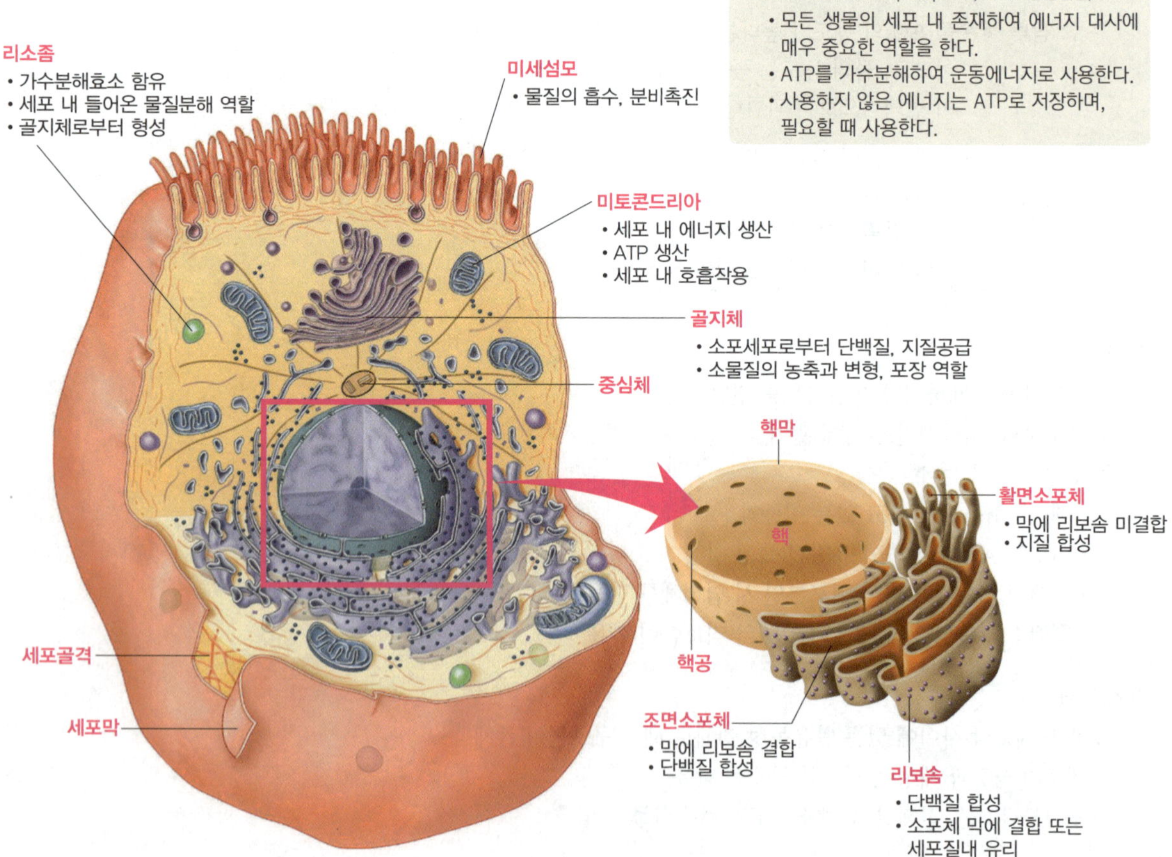

조직은 인체를 구성하고 있는 세포들이 일정한 기능을 수행하기 위해 비슷한 형태의 세포들끼리 모인 세포집단을 말한다.

① 조직의 분류와 특징

1) 결합조직

① 인체에서 가장 많은 양을 차지

② 세포, 기관 등을 결합, 보호, 충전하는 역할

③ 종류 : 연골조직, 골조직, 지방조직, 혈액조직 등

2) 근육조직

① 근육과 내장기관을 형성하여 운동을 담당

② 종류 : 심근, 골격근, 평활근(내장근)

3) 신경조직

뉴런(신경세포)과 이를 지탱하는 신경교세포로 구성(자세한 내용은 신경계 참조할 것)

4) 상피조직

① 상피를 이루는 조직으로 체표면, 체강, 관의 내강 등의 표면을 싸고 있는 세포조직

② 말초신경은 분포하지만, 혈관이 분포하지 않음

③ 기능 : 보호(방어), 분비, 흡수, 감각

④ 종류

편평상피	• 비늘 모양의 상피 • 분포 : 표피, 혈관, 림프관, 폐포, 사구체낭, 구강, 식도, 항문 등
입방상피	• 주사위 모양의 상피 • 분포 : 한선, 피지선, 자궁내막, 기관지
원주상피	• 기둥 모양의 상피 • 분포 : 남경의 요도해면체나 요도, 항문의 점막, 기도 등
이행상피	• 세포 모양이 신축성 있게 변함 • 분포 : 방광, 신우, 요관 등

인체의 4대 조직
결합조직, 근육조직,
신경조직, 상피조직

chapter 03

▶ 피부는 편평상피가 여러 층으로 쌓여진 중층(다층)편평상피조직이다.

인체의 4조직(결합, 근육, 신경, 상피조직)이 한 곳에서 모여 하나의 독립된 기능을 수행할 때를 기관이라고 한다.

1 기관계의 종류와 기능

인체에는 총 11개의 기관계가 있다.

기관계	구성	기능
골격계	뼈, 연골	몸의 지지, 운동 및 이동
근육계	골격근, 내장근, 심장근	몸의 운동, 체내물질 이동
소화기계	입, 식도, 위, 간, 췌장	영양섭취, 소화 및 흡수
호흡기계	코, 기도, 폐 및 관련기관	외부와 혈액 간의 가스 교환
신경계	신경, 뇌, 척수	자극 전달과 통합, 조절
감각계	눈, 귀, 피부, 코, 혀	자극의 수용
순환기계	심장, 혈관, 혈액, 림프, 림프관	물질운반, 보호 및 조절작용
내분비계	뇌하수체, 갑상선, 부신, 정소, 난소	신체기능의 화학적 조절
비뇨계	신장, 방광, 수뇨관, 요도	배설물 배출, 항상성 조절
생식계	정소, 난소, 자궁 및 관련기관	생식을 위한 기관
외피계	피부, 털, 땀샘, 손톱, 발톱	신체보호, 체온조절 및 감각

기출문제 | 단원별 구성의 문제 유형 파악!

1 ★★★ 인체의 구성 요소 중 기능적, 구조적 최소단위는?

① 조직   ② 기관
③ 계층   ④ 세포

> 세포는 생명체의 기능적·구조적 기본단위이며, 육안으로는 거의 확인이 불가능하다.

2 ★★★ 세포에 대한 설명으로 틀린 것은?

① 생명체의 구조 및 기능적 기본단위이다.
② 세포는 핵과 근원 섬유로 이루어져 있다.
③ 세포 내에는 핵이 핵막에 둘러싸여 있다.
④ 기능이나 소속된 조직에 따라 원형, 아메바, 타원

등 다양한 모양을 하고 있다.

> 세포는 핵, 세포질, 세포막으로 구성되어 있다.

3 ★★★ 원형질막을 통한 물질의 이동 과정에 관한 설명 중 틀린 것은?

① 확산은 물질 자체의 운동 에너지에 의해 저농도에서 고농도로 물질이 이동하는 것이다.
② 포도당은 보조 없이 원형질막을 통과할 수 없으며 단백질과 결합하여 세포 안으로 들어가는 것을 촉진 확산한다.
③ 삼투 현상은 높은 물 농도에서 낮은 물 농도로

정답   1④   2②   3①

이동하며, 물 분자만이 선택적으로 투과하는 것을 말한다.
④ 여과는 높은 압력이 낮은 압력이 있는 곳으로 이동하는 압력 경사에 의해 이루어지는 것이다.

> ① 확산은 용액이나 가스 상태의 분자들이 고농도에서 저농도로 이동하는 과정이다.
> ③ 삼투현상은 용질의 농도가 낮은 곳에서 높은곳으로 이동하는 현상으로, 물의 농도를 기준으로 생각하면 반대로 높은 곳에서 낮은 곳으로 이동하는 것이다.

4 ★★★ 다음 중 세포막의 기능 설명이 틀린 것은?

① 세포의 경계를 형성한다.
② 물질을 확산에 의해 통과시킬 수 있다.
③ 단백질을 합성하는 장소이다.
④ 조직을 이식할 때 자기 조직이 아닌 것을 인식할 수 있다.

> 세포막은 세포의 경계를 형성하는 막으로 세포기질과 조직핵 사이에서 영양분 및 각종 이온의 통로 역할을 한다. 단백질의 합성은 리보솜에서 이루어진다.

5 ★★★ 다음 내용에 해당하는 세포질 내부의 구조물은?

> • 세포 내의 호흡생리에 관여
> • 이중막으로 싸여진 계란형(타원형)의 모양
> • 아데노신 삼인산(Adenosin Triphosphate)을 생산

① 형질내세망(Endolpasmic Reticulum)
② 용해소체(Lysosome)
③ 골기체(Golgi apparatus)
④ 사립체(Mitochondria)

> 미토콘드리아는 이중막으로 싸여진 타원형의 모양으로 세포 내 호흡생리를 담당하는 세포 소기관이다.

6 ★★★ 세포막을 통한 물질이동 방법 중 수동적 방법에 해당하는 것은?

① 음세포작용　　② 능동수송
③ 확산　　④ 식세포 작용

> 세포막을 통한 수동적 이동 방법에는 확산, 삼투, 여과가 있다.

7 ★★★ 세포막을 통한 물질의 이동 방법이 아닌 것은?

① 여과
② 확산
③ 삼투
④ 수축

> **물질의 이동 방법**
> • 수동적 이동 : 여과, 확산, 삼투
> • 능동적 이동 : 능동적 운반, 음세포작용, 식세포작용, 토세포작용

8 ★★★ 물질 이동 시 물질을 이루고 있는 입자들이 스스로 운동하여 농도가 높은 곳에서 낮은 곳으로 액체나 기체 속을 분자가 퍼져나가는 현상은?

① 능동수송
② 확산
③ 삼투
④ 여과

> • 능동수송 : 세포에서 일어나는 대부분의 물질 이동
> • 확산 : 용질의 농도가 높은 곳에서 낮은 곳으로 이동하는 현상
> (예 깨끗한 물에 붉은 색 잉크를 떨어뜨리면 붉은 색이 퍼지면서 물 전체가 붉은 색이 됨)
> • 삼투 : 용질의 농도가 낮은 곳에서 높은 곳으로 용매(물)가 이동하는 현상
> (예 목욕 후 손이 쭈글해지는 현상, 식물세포 내 물이 이동)
> • 여과 : 용매(물)과 용질이 압력 차에 의하여 모세혈관 벽을 통과

9 ★★★★ 세포 내 소기관 중에서 세포 내의 호흡생리를 담당하고, 이화작용과 동화작용에 의해 에너지를 생산하는 기관은?

① 미토콘드리아
② 리보솜
③ 리소좀
④ 중심소체

> 미토콘드리아(사립체)는 세포내의 발전소로 이화작용과 동화작용에 의해 에너지를 생산하고 호흡을 담당한다.
> • 이화작용 : 에너지를 흡수하여 저분자물질을 합성하여 고분자물질로 만드는 과정
> • 동화작용 : 에너지를 방출하여 고분자물질을 분해하여 저분자물질로 만드는 과정

10 섭취된 음식물 중의 영양물질을 산화시켜 인체에 필요한 에너지를 생성해 내는 세포 소기관은?

① 리보소옴　　　　　　② 리소조옴
③ 골지체　　　　　　　④ 미토콘드리아

11 세포 내 소화기관으로 노폐물과 이물질을 처리하는 역할을 하는 기관은?

① 미토콘드리아　　　　② 리보솜
③ 리소좀　　　　　　　④ 골지체

12 콜레스테롤의 대사 및 해독작용과 스테로이드 호르몬의 합성과 관계있는 무과립 세포는?

① 조면형질내세망
② 골면형질내세망
③ 용해소체
④ 골지체

13 다음 중 인체의 기본 4대 조직이 아닌 것은?

① 상피조직　　　　　　② 신경조직
③ 피부조직　　　　　　④ 결합조직

14 인체의 기본 조직 중 다음 보기에 해당되는 조직은?

> ㉠ 인체에서 가장 많은 양을 차지하는 조직
> ㉡ 세포, 기관 등을 결합, 보호, 충전하는 역할을 하는 조직

① 근육조직　　　　　　② 상피조직
③ 신경조직　　　　　　④ 결합조직

15 연골에 해당하는 기본 조직은 무엇인가?

① 결합조직　　　　　　② 신경조직
③ 상피조직　　　　　　④ 근육조직

16 말초신경은 분포하지만 혈관이 분포하지 않는 기본 조직은 무엇인가?

① 결합조직　　　　　　② 신경조직
③ 상피조직　　　　　　④ 근육조직

17 다음 중 상피조직의 기능이 아닌 것은?

① 보호기능　　　　　　② 결합기능
③ 흡수기능　　　　　　④ 분비기능

18 다음 중 피부는 상피 조직의 형태 중 어디에 해당되는가?

① 중층편평상피　　　　② 중층입방상피
③ 중층원주상피　　　　④ 단층편평상피

Esthetic Technician Certification

골격계

[출제문항수 : 1문제] 출제비율에 비하여 학습량이 너무 많기 때문에 시간이 없다면 골격계의 개요와 기능, 척주골에 관한 내용까지만 학습하고, 나머지는 포기하는 것도 방법입니다.

01 골격계의 개요 및 기능

1 골격계의 개요

① 정상적인 성인의 골격은 약 206개의 골(뼈)로 구성되며, 각각의 골(뼈)들은 결합조직에 의해 기능적으로 연결되어 하나의 계통을 이루고 있어 골격계라고 한다.

② 체중의 약 20%를 차지하며 골, 연골, 관절 및 인대를 총칭한다.

③ 골격계는 우리 몸의 구조물 중 가장 단단한 조직이다.

2 골격계의 기능(지지, 보호, 조혈, 운동, 저장)

① 지지 기능 : 인체의 형태 유지, 체중 지지, 외형 결정

② 보호 기능 : 내부 장기를 외부의 충격으로부터 보호

③ 조혈 기능 : 적혈구, 혈소판, 백혈구 생산(적색골수)

④ 운동 기능 : 뼈와 관절, 골격근의 연결로 운동이 일어남

⑤ 저장 기능 : 뼈의 세포간질에서 칼슘과 인을 저장함

02 골의 구성

종류		특징
골막	골외막	• 뼈의 외면을 덮는 막(뼈를 보호) • 신경과 혈관 통과-신진대사와 성장이 이루어짐 • 근육, 힘줄 붙는 자리 제공-골절시 회복, 재생 기능
	골내막	• 골수강을 덮는 막 • 뼈의 형성 및 조혈에 관여함
골조직		• 골막 바로 아래의 조직 • 뼈의 단단한 부분을 이루는 실질조직 • 뼈의 표면 : 튼튼한 치밀골 • 뼈의 중심부 : 다공성 구조의 해면골
골수강		• 가장 안쪽에 위치하며 골수가 가득 차 있음 • 골수는 조혈기관으로 적혈구와 백혈구를 생산 • 적골수 – 조혈작용, 황골수 – 지방 저장 • 칼슘과 인산염을 저장

▶ **골의 발생 및 성장에 따른 구분**

모든 뼈는 골화 과정*을 거친다.

연골 성골	결합조직에서 연골의 형태로 있다가 뼈의 원형이 형성된 후 일부에서 골화가 되는 뼈
골단 연골	성장기에 있는 뼈에서 길이 성장이 일어나는 곳
골단판 (성장판)	• 연골의 성장이 멈추면서 골단판(성장판)은 완전한 뼈가 된다. • 골단 : 뼈의 양쪽 끝부분

※ 골화 과정 : 단단하지 않은 조직이 단단하게 변화되는 과정

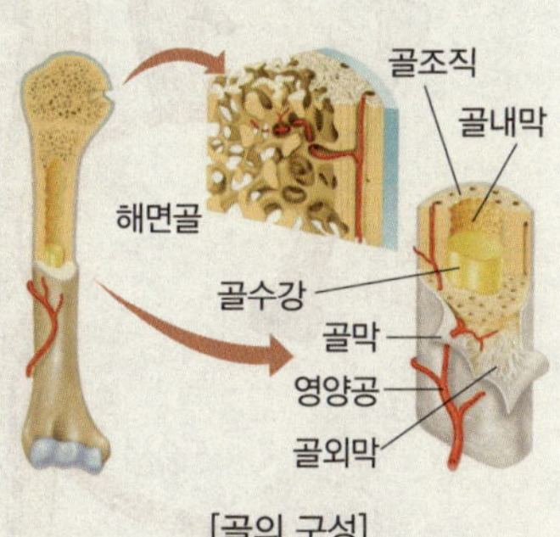

[골의 구성]

인체의 골격

- **체간골격**
  - 두개골
    - 뇌두개골 — 8개
    - 안면두개골 — 14개
  - 이소골 — (귀속뼈) — 3×2개
  - 설골 — (목뿔뼈) — 1개
  - 척추골 — 26개
  - 늑골 — 12×2개
  - 흉골 — 1개
- **사지골격**
  - 상지골 (상체의 체간골격에 가까운 뼈와 팔뼈에 해당)
    - 상지대(견갑골, 쇄골) — 2×2개
    - 자유상지골(상완골, 요골, 수근골, 중수골 등) — 30×2개
  - 하지골 (하체의 체간골격에 가까운 뼈와 다리뼈에 해당)
    - 하지대(골반) — 1×2개
    - 자유하지골(대퇴골, 슬개골, 족근골, 중족골, 경골 등) — 30×2개

03 골의 분류

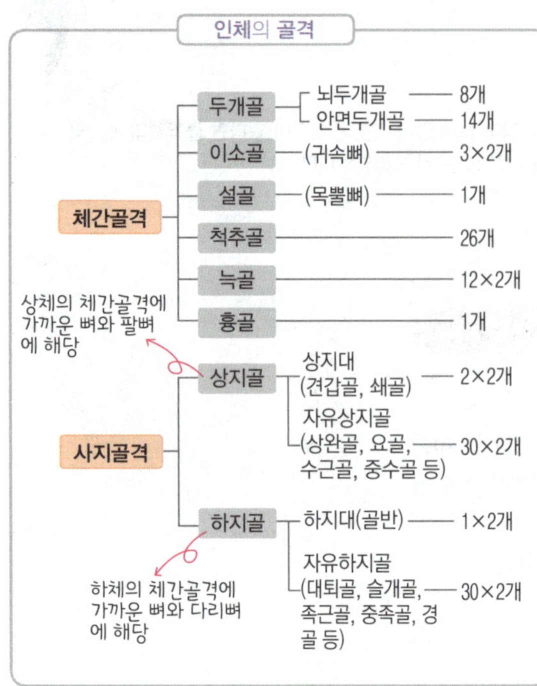

1 골의 형태에 따른 분류

장골(긴뼈)	• 관모양의 긴뼈로 골단(뼈끝)과 골간(뼈의 몸통)으로 구분 • 상완골(위팔뼈), 요골(노뼈), 척골(자뼈), 대퇴골(넙다리뼈), 경골(정강뼈), 비골(종아리뼈) 등
단골(짧은뼈)	• 넓이와 길이가 비슷한 짧은 뼈로 골단과 골간의 구별 없음 • 수근골, 족근골
편평골	• 납작한 모양의 뼈로 치밀하며 얇음 • 두개골, 견갑골(어깨뼈), 늑골(갈비뼈), 흉골
불규칙골	• 모양이 불규칙 함 • 척추뼈, 두개골에 있는 접형골, 이소골
함기골	• 골체 내에 공기가 차 있어 크기에 비해 가벼움 • 두개골의 일부(상악골, 전두골, 측두골, 사골 등)
종자골	• 건(腱)* 속에 있는 작은 골로 건의 마찰을 방지 • 슬개골(무릎뼈)

*건(腱) : 근육을 뼈에 부착하기 위한 중개역할을 하는 섬유속

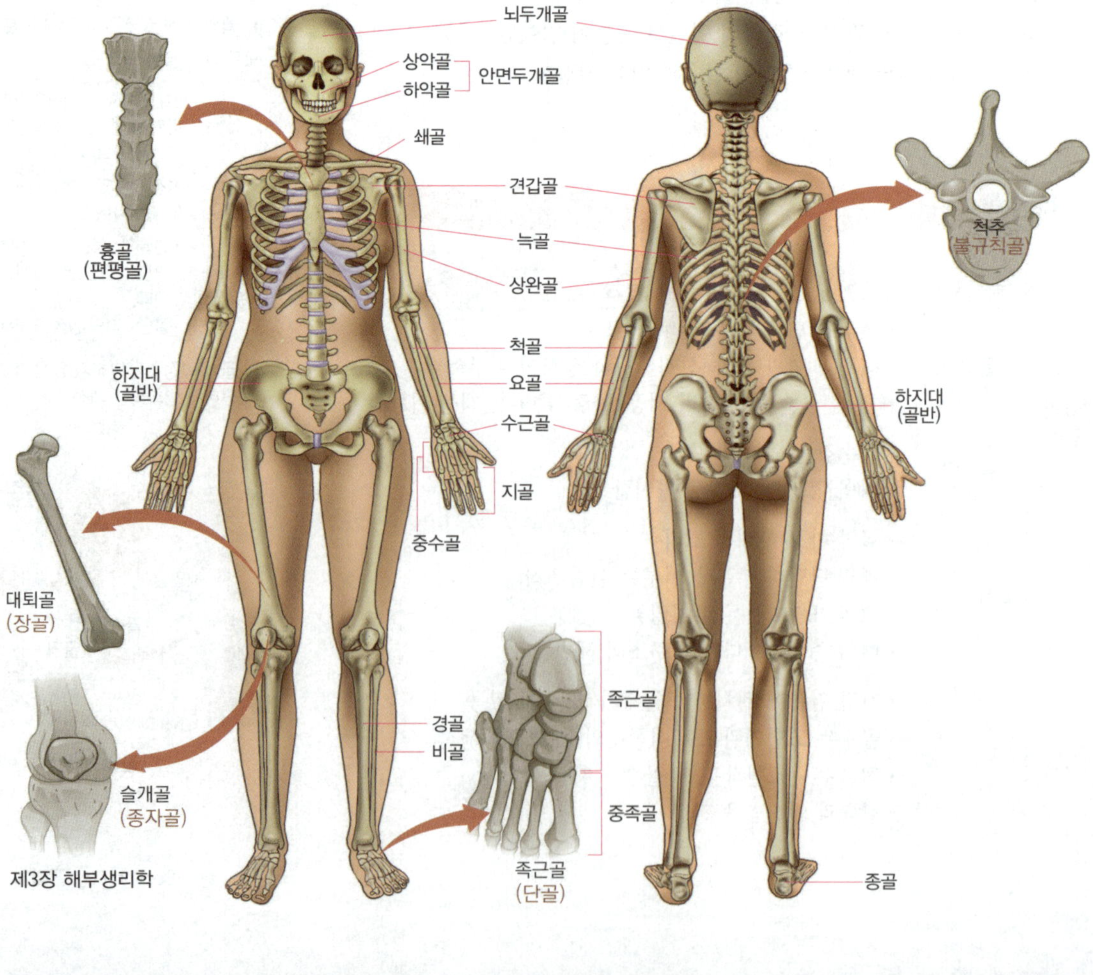

② 척주골과 두개골

1) 척주골 (脊柱骨, Spine)

① 척주는 척추뼈(추골)가 모여 이루어진다.

② 머리와 몸통을 움직일 수 있게 한다.

③ 성인 척추를 옆에서 보면 4개의 만곡(구부러짐)이 존재한다.

④ 척수를 뼈로 감싸면서 보호한다.

⑤ 26개의 뼈로 구성 : 경추(목뼈) 7개, 흉추(가슴뼈) 12개, 요추(허리뼈) 5개, 천골(엉치뼈) 1개, 미골(꼬리뼈) 1개

2) 두개골 (Skull)

뇌두개골은 전두골(이마뼈), 두정골(마루뼈), 후두골(뒤통수뼈), 접형골(나비뼈), 측두골(관자뼈), 사골(벌집뼈)로 구성되어 있다.

---

04 관절

① 둘 이상의 뼈가 기능적으로 연결되는 부분

② 관절낭에 싸여 있는 관절강에는 윤활액이 들어있어 운동을 가능하게 한다.

① 관절의 구분

운동성에 따라 섬유성 관절, 연골성 관절, 활막성 관절로 구분한다.

섬유성 관절	• 뼈와 뼈 사이를 섬유성 결합조직이 연결함 • 잘 움직이지 않으며, 두개골에서 볼 수 있음 • 종류 : 봉합, 인대결합, 정식 등
연골성 관절	• 연골조직으로 뼈와 뼈가 연결되며, 약간의 운동성이 있음 • 주로 척추형에서 볼 수 있음 • 종류 : 연골결합, 인대결합, 섬유연골결합 등
활막성 관절	• 일반적으로 지칭하는 관절로 윤활액이 있어 잘 움직이며, 팔다리형에서 볼 수 있음 • 평면관절, 경첩관절, 차축관절 등

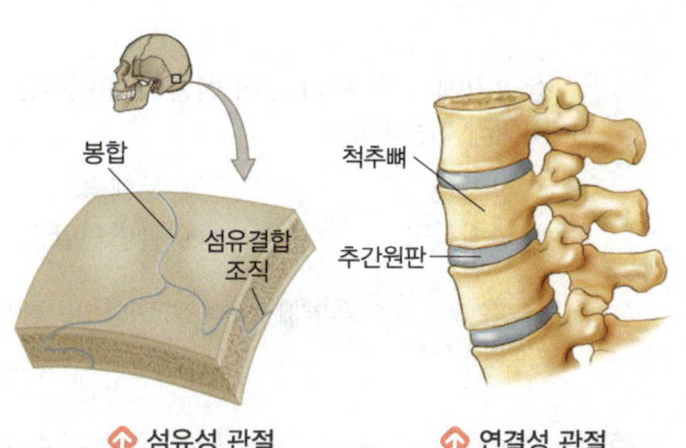

⬆ 섬유성 관절　　　⬆ 연결성 관절

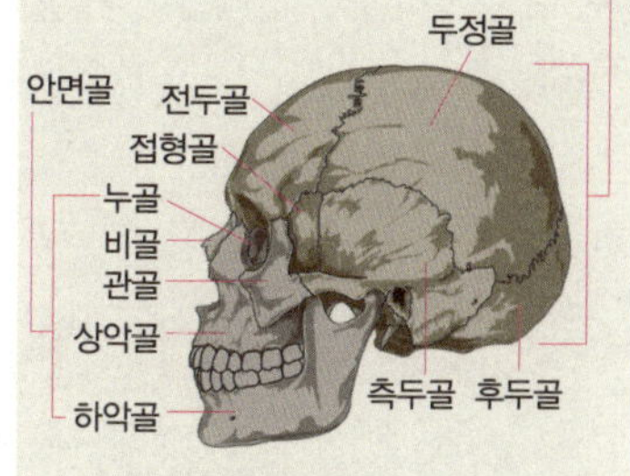

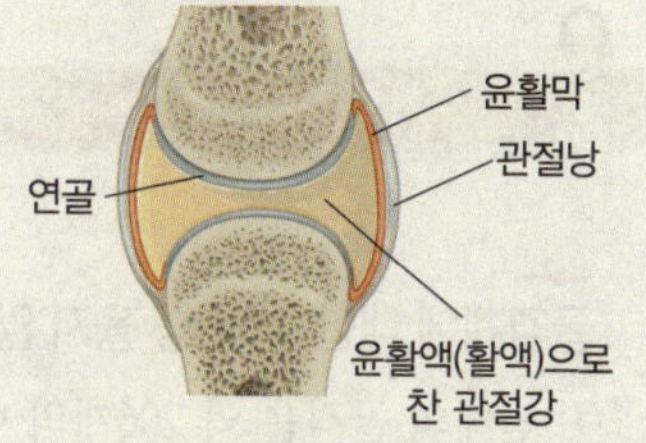

2 연골

① 연골은 골격계통의 결합조직으로 연골세포와 연골기질로 구성되어 대개 관절의 일부를 이룬다.
② 골과 골 사이의 충격을 흡수한다.
③ 연골세포는 탄력성 있는 부드럽고 유연한 단백질이다.
④ 연골의 종류

초자연골 (유리연골)	• 맑고 투명하고, 인체에 가장 많이 분포 • 늑연골, 후두연골, 관절연골
섬유연골	• 교원섬유를 함유하여 힘이 있고 질김 • 단독으로 존재하지 못함 • 척추 사이에 존재
탄력연골	• 탄력섬유를 다량 함유하여 탄력이 강함 • 귓바퀴, 이관, 후두덮개

기출문제 | 단원별 구성의 문제 유형 파악!

1 골격계에 대한 설명 중 옳지 않은 것은?

① 인체의 골격은 약 206개의 뼈로 구성된다.
② 체중의 약 20%를 차지하며 골, 연골, 관절 및 인대를 총칭한다.
③ 기관을 둘러싸서 내부 장기를 외부의 충격으로부터 보호한다.
④ 골격에서는 혈액세포를 생성하지 않는다.

> 골 내부의 적색골수는 조혈기관으로 적혈구, 혈소판 및 백혈구를 생성한다.

2 다음 중 뼈의 기능으로 맞는 것을 모두 나열한 것은?

【보기】

㉠ 지지	㉡ 보호
㉢ 조혈	㉣ 운동

① ㉠, ㉢
② ㉡, ㉣
③ ㉠, ㉡, ㉢
④ ㉠, ㉡, ㉢, ㉣

> 뼈는 지지, 보호, 저장, 조혈, 운동의 기능이 있다.

3 인체의 골격은 약 몇 개의 뼈(골)로 이루어지는가?

① 약 206개
② 약 216개
③ 약 265개
④ 약 365개

> 인체의 골격은 두개골(22개), 이소골(6개), 설골(1개), 척추(26개), 흉골(1개), 늑골(24개), 상지골(64개), 하지골(62개), 총 206개로 이루어져 있다.

4 골격계의 기능이 아닌 것은?

① 보호 기능
② 저장 기능
③ 지지 기능
④ 열 생산 기능

> 열생산은 근육계의 기능이다.

5 성장기에 있어 뼈의 길이 성장이 일어나는 곳을 무엇이라 하는가?

① 상지골
② 두개골
③ 연지상골
④ 골단연골

> 골단연골은 뼈의 끝부분에 있으며 성장기에 있는 뼈의 길이 성장이 일어나는 곳이다.

정답 1 ④ 2 ④ 3 ① 4 ④ 5 ④

6 성장기까지 뼈의 길이 성장을 주도하는 것은?

① 골막　　　　　　　② 골단판
③ 골수　　　　　　　④ 해면골

골단판(성장판)은 성장기 뼈의 길이 성장을 주도하는 곳이다.

7 다음 중 뼈의 기본구조가 아닌 것은?

① 골막　　　　　　　② 골외막
③ 골내막　　　　　　④ 심막

뼈의 기본구조는 골막(골외막, 골내막), 골조직(치밀골), 해면골, 골수강이 있으며 심막은 심장을 둘러싸고 있는 막이다.

8 뼈의 바깥 면을 덮고 있는 골막과 관계가 없는 것은?

① 뼈의 운동　　　　　② 뼈의 보호
③ 뼈의 영양　　　　　④ 뼈의 재생

골막은 뼈의 바깥 면을 덮고 있는 두꺼운 결합조직층으로 혈관이 많이 분포하고 있으며, 뼈의 보호, 뼈의 영양, 성장 및 재생에 관여한다.

9 뼈가 골절되었을 때 재생하는 데 가장 중요한 역할을 하는 것은?

① 골막　　　　　　　② 골수강
③ 골수　　　　　　　④ 치밀질

골막은 뼈의 바깥면을 덮고 있는 두꺼운 결합조직층으로 뼈의 보호, 뼈의 영양, 성장 및 재생에 관여한다.

10 치밀골 내부의 골수로 차있는 공간을 무엇이라 하는가?

① 골막　　　　　　　② 골수강
③ 골수　　　　　　　④ 치밀질

뼈의 표면을 치밀골이라 하는데, 치밀골 내부의 골수로 차있는 공간을 골수강이라 한다.

11 골격계의 형태에 따른 분류로 옳은 것은?

① 장골(긴뼈) : 상완골(위팔뼈), 요골(노뼈), 척골(자뼈), 대퇴골(넙다리뼈), 경골(정강뼈), 비골(종아리뼈) 등
② 단골(짧은뼈) : 슬개골(무릎뼈), 대퇴골(넙다리뼈), 두정골(마루뼈) 등
③ 편평골(납작뼈) : 척추골(척추뼈), 관골(광대뼈) 등
④ 종자골(종강뼈) : 전두골(이마뼈), 후두골(뒤통수뼈), 두정골(마루뼈), 견갑골(어깨뼈), 늑골(갈비뼈) 등

• 장골 : 대퇴부, 상완골, 요골, 척골, 비골, 경골 등
• 단골 : 족근골, 수근골
• 편평골 : 두개골의 일부, 견갑골, 늑골
• 불규칙골 : 척추, 권골
• 함기골 : 두개골의 일부(전두골, 상악골, 사골, 측두골)
• 종자골 : 슬개골

12 다음 형태에 따른 뼈의 분류에서 장골에 해당하지 않는 것은?

① 비골　　　　　　　② 상완골
③ 사골　　　　　　　④ 경골

사골은 함기골에 해당한다.

13 뼈의 형태에 따른 분류와 그 예를 연결한 것이다. 옳게 연결된 것은?

① 장골 − 수근골
② 단골 − 대퇴골
③ 편평골 − 견갑골
④ 불규칙골 − 상악골

① 수근골 : 단골, ② 대퇴골 : 장골, ④ 상악골 : 함기골

14 뼈의 형태에 따른 분류와 그 예를 연결한 것이다. 옳게 연결된 것은?

① 장골 − 비골
② 단골 − 요골
③ 편평골 − 척추골
④ 불규칙골 − 족근골

② 요골 : 장골, ③ 척추골 : 불규칙골, ④ 족근골 : 단골

15 다음 형태에 따른 뼈의 분류에서 단골에 해당하는 것은?

① 수근골 　　　　　 ② 견갑골
③ 늑골 　　　　　　 ④ 상완골

16 다음 형태에 따른 뼈의 분류에서 편평골에 해당하지 않는 것은?

① 견갑골 　　　　　 ② 늑골
③ 전두골 　　　　　 ④ 두개골

17 뼈를 형태에 따라 분류했을 때 족근골은 다음 중 어디에 속하는가?

① 장골 　　　　　　 ② 단골
③ 종자골 　　　　　 ④ 함기골

18 척주에 대한 설명이 아닌 것은?

① 머리와 몸통을 움직일 수 있게 한다.
② 성인 척추를 옆에서 보면 4개의 만곡이 존재한다.
③ 경추 5개, 흉추 11개, 요추 7개, 천골 1개, 미골 2개로 구성한다.
④ 척수를 뼈로 감싸면서 보호한다.

19 두개골(Skull)을 구성하는 뼈로 알맞은 것은?

① 미골 　　　　　　 ② 늑골
③ 사골 　　　　　　 ④ 흉골

20 다음 중 뇌, 척수를 보호하는 골이 아닌 것은?

① 두정골 　　　　　 ② 측두골
③ 척추 　　　　　　 ④ 흉골

21 골과 골 사이의 충격을 흡수하는 결합조직을 무엇이라 하는가?

① 골단 　　　　　　 ② 연골
③ 해면골 　　　　　 ④ 골막

22 머리뼈에 해당되지 않는 것은?

① 마루뼈 　　　　　 ② 이마뼈
③ 보습뼈 　　　　　 ④ 관자뼈

SECTION 03 근육계

[출제문항수 : 2문제] 근육계의 개요와 기능, 근육의 분류, 골격근에서의 출제비율이 높습니다. 이 부분 위주로 공부하시면 점수를 확보하실 수 있습니다. 최근 경향이 너무 복잡하고 어려운 부분(각 부분의 세부근육 등)은 출제빈도가 낮습니다. 효율적으로 공부하시기 바랍니다.

01 근육계의 개요

1 근육계의 구성

① 근육은 신체운동을 담당하는 조직으로 인체의 근육계는 약 650개의 근육들로 이루어졌다.

② 근육은 혈관, 신경, 근막, 건(힘줄)으로 구성되고 체중의 40~45%를 차지한다.

③ 운동을 위해서는 근육, 뼈, 관절의 조합이 필요하다.

④ 근육은 수축과 이완에 의해서 움직인다.

2 근육의 기능

① 운동 기능
  - 뼈, 관절, 근의 협동으로 원활한 움직임을 할 수 있으며, 골격근섬유의 수축과 이완으로 운동 발생
  - 전신운동, 호흡운동, 심장의 박동(혈액순환), 혈관 및 선과 도관들의 수축운동, 내장의 연동운동 등

② 자세유지 기능 : 서기, 앉기, 눕기, 기대기 등의 신체의 자세를 유지

③ 체열생산 기능 : 근육의 운동으로 미토콘드리아의 에너지 소비가 이루어지며 체열을 발생

④ 배뇨, 배변 기능

⑤ 음식물의 이동 기능 : 소화관 운동

3 근수축의 종류

연축	한 번의 신경 자극으로 짧은 기간 일시적 수축(단일 수축)
강축	짧은 간격으로 반복된 자극을 가하면 연축이 합쳐져 단일 수축 때보다 강한 힘과 지속적인 큰 수축을 유발
긴장	운동신경으로부터 약한 자극이 지속적으로 근육의 부분수축이 지속되는 상태
강직	병적인 이상상태로 활동전압이 일어나지 않고 근육이 딱딱하게 굳는 상태
마비	골격근의 수의적 수축이 불가능해지는 상태 (중추신경계와 말초신경계의 이상)
세동	각각의 근섬유가 비동시성으로 수축하는 이상 현상(효과적 운동 불가)
경련	다양한 종류의 근육들이 조화롭지 않게 불규칙적으로 일어나는 현상

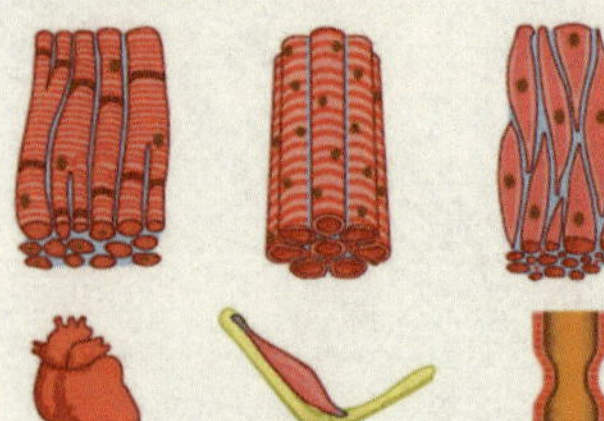

④ 근육의 분류

1) 기능적 분류

수의근	스스로의 의지대로 움직일 수 있는 근육(골격근)
불수의근	스스로의 의지대로 움직일 수 없는 근육(내장근)

2) 구조적 분류

횡문근 (가로무늬근)	• 가로무늬가 있는 근육 • 급격한 수축이 가능하여 빠른 움직임에 적합 • 골격근 등의 수의근
평활근 (민무늬근)	• 근원섬유에 가로무늬가 없는 근육 • 자율신경이 분포(운동신경 없음) • 잡아당기면 본래의 길이의 몇 배까지 쉽게 늘어나고 수축이 느리다.(가소성) • 규칙적이고 지속적인 움직임에 적합 • 내장근 등의 불수의근

3) 근육의 구성위치에 따른 분류

심장근 (심근)	• 심장벽을 형성하는 근육(횡문근) • 심근을 수축시켜 혈액을 전신으로 보냄 • 인체에서 가장 운동량이 많음 • 자율신경의 지배를 받는 불수의근
골격근	• 골격에 부착되어 있음 • 가로줄 무늬로 운동에 관여하며 수축함 • 자세유지 및 체열생산기능 • 의지대로 움직일 수 있는 수의근
내장근 (평활근)	• 내장기관 및 혈관벽을 형성하는 근육 • 가운데 핵이 있는 민무늬근 • 얇고 편평한 구조로 소화관 벽에 중첩됨 • 자율신경의 지배를 받는 불수의근

02 골격근

① 골격근의 개요

① 대부분이 골격(뼈)에 부착되어 있으며, 횡문(가로무늬)과 단백질로 구성되어 있다.

② 인체에는 600여개의 골격근이 있으며, 체중의 약 40%를 차지한다.

③ 의지에 따라 움질일 수 있는 수의근이다.

④ 자세유지, 체중 지탱, 수의적 운동, 내장 보호 등의 기능을 한다.

⑤ 근육의 명칭은 기능이나 위치, 모양을 토대로 불리어진다.

② 골격근의 보조장치

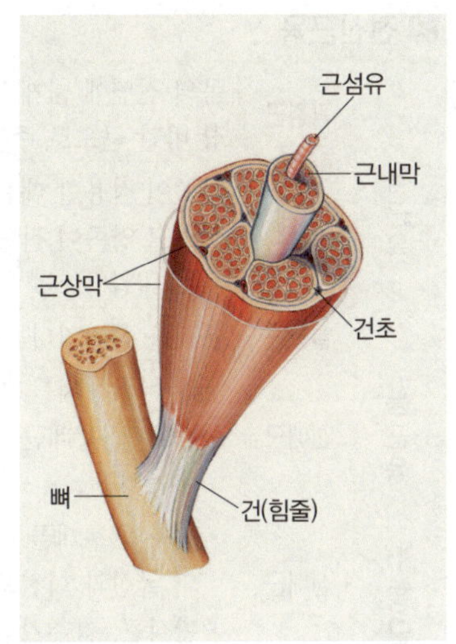

근막	• 근육의 표면 또는 근속 전체를 싸는 결합조직 막으로 근육을 보호(근상막, 근내막)
건(힘줄)	• 뼈와 근육의 연결부위 • 골막에 부착하며 폭이 넓은 건막을 이루는 경우와 끈 모양도 있다.
건초	• 주머니 모양의 막으로 건과 근육 사이의 마찰을 감소 • 윤활액을 분비하여 뼈의 마찰로부터 건의 움직임을 원활하게 함
점낭액	• 건초와 비슷한 작은 주머니 모양의 막 • 근육과 건의 작용을 원활하게 함 • 근육의 기시부나 뼈나 관절 주변과 피부 밑에서 존재

---

03 전신근육

① 안면근육

1) 안면근

전두근	이마 주름을 형성, 눈썹을 올리는 작용
모상건막	두피를 움직이게 하는 근육
추미근	눈살을 찌푸리고, 이마에 주름을 짓게하는 근육
안륜근	눈을 감고 뜨거나 깜박거리는 근육
상순비익거근	윗입술을 올리는 작용
대관골근	• 입가를 당겨 미소 짓는 작용 • 큰광대근 또는 대협골근이라고도 함
소관골근	• 윗입술을 당겨 부정적인 표정을 지음 • 작은광대근 또는 소협골근이라고도 함
구륜근	입을 열고 닫는 작용
이근	승장에 위치하여 턱의 주름이 생기게 함
구각하체근	입꼬리를 아래로 당기는 작용
하순하체근	아랫입술을 아래로 당기는 작용

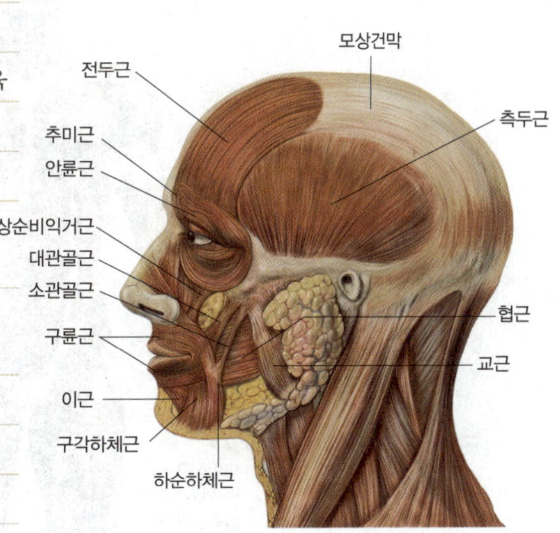

2) 저작근

① 음식물을 씹는 작용을 하는 근육
② 교근, 측두근, 외측익돌근, 내측익돌근

목근육	광경근	목의 전면에 넓게 퍼져 있으며 목의 가장 바깥 근으로 주름을 만듦
	흉쇄유돌근	한쪽이 작용할 때는 고개를 반대로 회전하고 양쪽이 작용할 때는 고개를 밑으로 내림
	설골근	음식을 삼키거나 입을 열 때 작용
등근육	천배근	• 척추와 상지를 연결 • 승모근, 광배근, 견갑거근, 소능형근, 대능형근
등근육	심배근	• 척추와 두개골 및 골반을 연결, 척주의 굴신과 회전운동을 도움 • 판상근, 척추기립근, 횡돌근근
	후두하근	경추와 두개골을 연결, 두부의 굴곡, 신전 및 회전에 관여
흉부근육	호흡근	횡경막, 내늑간근, 외늑간근, 늑하근
	흉근	대흉근, 소흉근, 전거근, 쇄골하근

복부근육	전복부근	외복사근, 내복사근, 복횡근, 복직근
	후복부근	요방형근
상지근육	어깨근육	삼각근, 견갑하근, 극상근, 극하근, 소원근, 대원근
	상완근	상완이두근, 상완삼두근, 상완근, 상완요골근
하지근육	둔부근	대둔근, 중둔근, 소둔근, 장요근
	전대퇴근	봉공근, 대퇴직근, 내측광근, 중측광근, 외측광근
	후대퇴근(슬와근)	대퇴이두근, 반건양근, 반막양근
	하퇴 근육	전경골근, 장비골근, 비복근, 넙치근

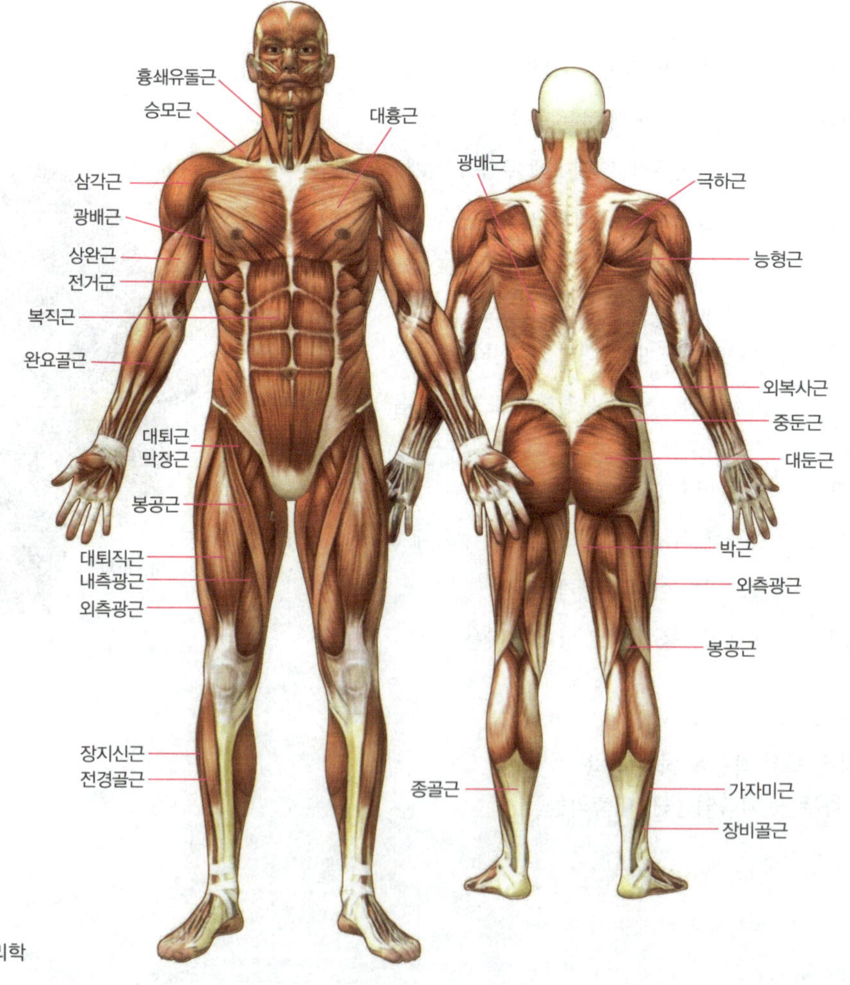

1 근육은 어떤 작용으로 움직일 수 있는가? ***

① 수축에 의해서만 움직인다.
② 이완에 의해서만 움직인다.
③ 수축과 이완에 의해서 움직인다.
④ 성장에 의해서만 움직인다.

> 근육은 수축과 이완으로 움직인다.

2 근육에 짧은 간격으로 자극을 주면 연축이 합쳐져서 단일 수축보다 큰 힘과 지속적인 수축을 일으키는 근 수축은? ***

① 강직　　　　　　② 강축
③ 세동　　　　　　④ 긴장

> 강축은 짧은 간격으로 자극을 주면 연축이 합쳐져 단일 수축 보다 강한 힘과 지속적인 수축을 유발하는 근수축이다.

3 근육의 기능에 따른 분류에서 서로 반대되는 작용을 하는 근육을 무엇이라 하는가? **

① 길항근　　　　　② 신근
③ 반건양근　　　　④ 협력근

> 서로 반대되는 작용을 하는 근육은 길항근이다.

4 자율신경의 지배를 받는 민무늬근은? **

① 골격근(Skeletal muscle)
② 심근(Cardiac muscle)
③ 평활근(Smooth muscle)
④ 승모근(Trapezius muscle)

> 평활근은 민무늬근으로, 자율신경계의 지배를 받는 불수의근이다.

5 평활근에 대한 설명 중 틀린 것은? ***

① 근원섬유에는 가로무늬가 없다.
② 운동신경의 분포가 없는 대신 자율신경이 분포되어 있다.
③ 수축은 서서히 그리고 느리게 지속된다.
④ 신경을 절단하면 자동적으로 움직일 수 없다.

> 평활근은 가로무늬(횡선)가 없는 불수의근으로 자율신경의 지배를 받으며 내장기관의 활동을 담당하는 근육이이다.

6 평활근은 잡아당기면 쉽게 늘어나서 장력(tension)의 큰 변화 없이 본래 길이의 몇 배까지도 되는데, 이와 같은 성질을 무엇이라고 하는가? **

① 연축(twitch)　　　② 강직(contracture)
③ 긴장(tonus)　　　④ 가소성(plasticity)

> 가소성은 외력에 의하여 형태가 변한 물체가 외력이 없어져도 원래의 형태로 돌아오지 않는 성질을 말하며, 평활근은 쉽게 늘어나서 수축이 느리기 때문에 가소성이 크다고 할 수 있다.

7 심장근을 무늬모양과 의지에 따라 분류하면 옳은 것은? ***

① 횡문근, 수의근　　② 횡문근, 불수의근
③ 평활근, 수의근　　④ 평활근, 불수의근

> 심장근은 가로무늬근이며 불수의근이다.

8 인체의 3가지 형태의 근육 종류 명이 아닌 것은? ***

① 골격근　　　　　② 내장근
③ 심근　　　　　　④ 후두근

> 인체의 근육은 구성위치에 따라 골격근, 내장근, 심근으로 분류

9 골격근의 기능이 아닌 것은? ***

① 수의적 운동　　　② 자세유지
③ 체중의 지탱　　　④ 조혈작용

> 조혈작용은 뼈의 작용이다.

정답　1 ③　2 ②　3 ①　4 ③　5 ④　6 ④　7 ②　8 ④　9 ④

chapter 03

10 골격근에 대한 설명으로 맞는 것은?

① 뼈가 부착되어 있으며 근육이 횡문과 단백질로 구성되어 있고, 수의적 활동이 가능하다.
② 골격근은 일반적으로 내장벽을 형성하여 위와 방광 등의 장기를 둘러싸고 있다.
③ 골격근은 줄무늬가 보이지 않아서 민무늬근 이라고 한다.
④ 골격근은 움직임, 자세유지, 관절안정을 주며 불수의근이다.

> 골격근은 수의근이며 근육이 횡문과 단백질로 구성되어 있고 뼈에 부착되어 있다.

11 눈살을 찌푸리고 이마에 주름을 짓게 하는 근육은?

① 구륜근　　　　② 안륜근
③ 추미근　　　　④ 이근

> 추미근은 눈살근으로 미간에 주름을 형성한다.
> • 구륜근 : 입둘레 근,　• 안륜근 : 눈둘레 근
> • 이근 : 턱끝 근

12 안륜근의 설명으로 맞는 것은?

① 뺨의 벽에 위치하며 수축하면 뺨이 안으로 들어가서 구강 내압을 높인다.
② 눈꺼풀의 피하조직에 있으면서 눈을 감거나 깜빡거릴 때 이용된다.
③ 구각을 외상방으로 끌어 당겨서 웃는 표정을 만든다.
④ 교근 근막의 표층으로부터 입 꼬리 부분에 뻗어 있는 근육이다.

> 안륜근은 눈꺼풀의 피하조직에 있으면서 눈을 감고 뜨는 작용을 한다.

13 다음 중 웃을 때 사용하는 근육이 아닌 것은?

① 안륜근　　　　② 구륜근
③ 대협골근　　　④ 전거근

> 웃을 때 사용되는 근은 안륜근, 구륜근, 대협골근이며, 전거근은 흉근의 일종으로 견갑골의 외전에 관여한다.

14 두부의 근육을 안면근과 저작근으로 나눌 때 안면근에 속하지 않는 근육은?

① 안륜근　　　　② 후두전두근
③ 교근　　　　　④ 협근

> 교근은 씹는 작용을 하는 저작근이다.

15 다음 중 배부(back)의 근육이 아닌 것은?

① 승모근　　　　② 광배근
③ 견갑거근　　　④ 비복근

> 배부근이란 등근육을 말하며, 천배근군과 심배근군이 있다.
> • 천배근군(얇은 층의 근육) : 승모근, 광배근, 능형근, 견갑거근
> • 심배근군(깊은 등근육) : 척추기립근, 두판상근, 상후거근, 하후거근이 있다.
> ※ 비복근(장딴지근) : 대퇴부 하단 뒤쪽 피하 근육

16 다음 중 윗몸일으키기를 하였을 때 주로 강해지는 근육은?

① 이두박근　　　　② 복직근
③ 삼각근　　　　　④ 횡경막

> 복직극은 복부에 王자모양으로 있는 근육이며, 척추를 앞으로 굽힐 때 작용하며 윗몸일으키기를 하면 강해지는 근육이다.

SECTION 04 신경계

[출제문항수 : 1문제] 역시 암기해야 할 사항이 많은 부분으로 기출문제 위주로 학습하시기 바랍니다.

01 신경계의 개요

1 신경계의 정의

① 외부의 자극을 받아들여 뇌에 전달하고, 판단하여 이에 대한 명령을 반응기로 전달하며, 적절한 반응이 일어나도록 하여 몸의 여러 기능을 조절하는 데 관여하는 기관을 통틀어 신경계라고 한다.

② 신경계는 중추 신경계와 말초 신경계로 나뉜다.

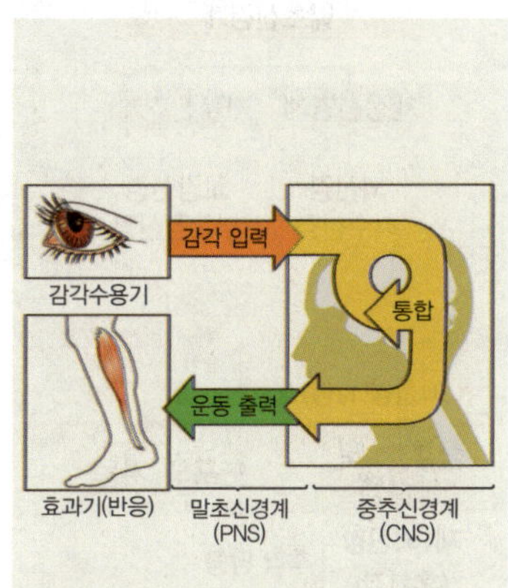

2 신경계의 기능

신경계는 상호 연결된 세 가지 기능을 갖는다.

① 감각기능 : 내·외부 환경에 대한 감각이나 지각

② 통합기능 : 감지된 정보를 중추신경계를 통해 통합하고 적절한 반응을 하도록 결정.

③ 운동기능 : 결정된 반응을 조직이나 세포가 맡은 역할을 하도록 촉발

3 신경계의 구조

① **뉴런 : 신경계의 기본단위**로 다른 세포에 전기적 신호를 전달

신경세포체	핵이 있는 뉴런의 본체로 신경계의 조직을 지지하고 신경세포에 필요한 물질을 공급
신경돌기	신경세포체에서 나온 돌기 • 수상돌기(가지돌기) : 다른 뉴런이나 감각기로부터 자극을 받아들이는 부분 • 축삭돌기(축색돌기) : 자극을 다른 뉴런이나 반응기로 전달하는 부분
시냅스	뉴런의 신경돌기 말단으로 다른 신경세포에 접합하여 정보를 상호 교환하는 부분
신경초	말초신경의 축삭을 둘러싸고 있어 뉴런을 지지하고 보호하며, 말초신경섬유의 재생에 중요한 역할을 한다.

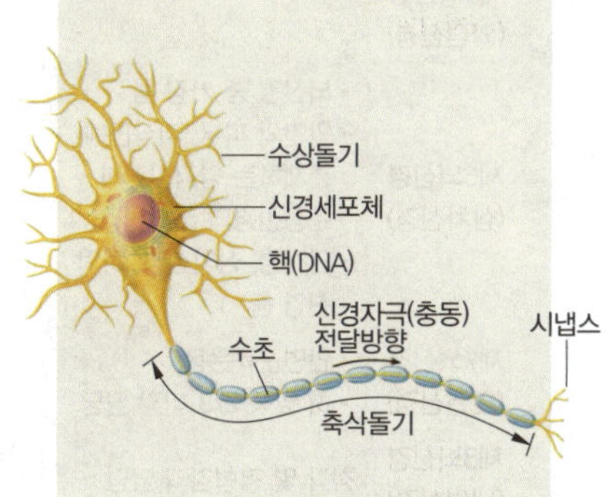

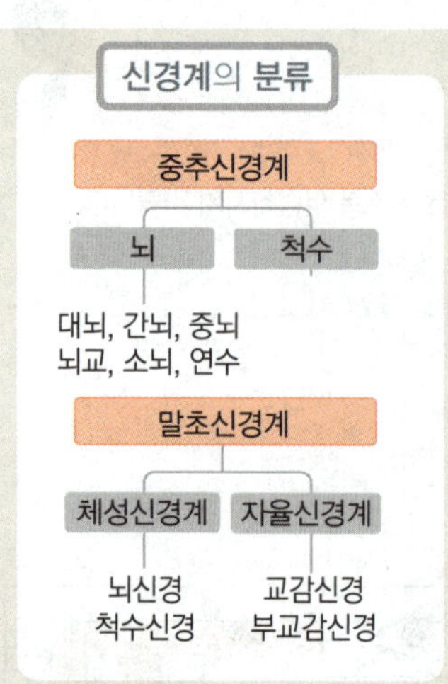

▶ 뇌신경(12쌍)

중추부 및 신경명	분포와 기능
제1뇌신경 (후신경)	후각 담당
제2뇌신경 (시신경)	시각 담당
제3뇌신경 (동안신경)	
제4뇌신경 (활차신경)	안구운동 담당
제6뇌신경 (외전신경)	
제5뇌신경 (삼차신경)	• 뇌신경 중 가장 큼 • 안면의 피부, 저작근에 존재하는 감각신경과 운동신경의 혼합신경 • 안신경, 상악신경, 하악신경 등
제7뇌신경 (안면신경)	• 안면근육운동 • 혀 앞쪽 2/3 미각 담당
제8뇌신경 (내이신경)	청각 및 평형감각 담당
제9뇌신경 (설인신경)	혀 뒤쪽 1/3 부분
제10뇌신경 (미주신경)	흉강과 복강에 분포
제11뇌신경 (부신경)	목부위 근육 담당
제12뇌신경 (설하신경)	혀의 운동 담당

1 중추신경계

1) 중추신경계의 구성

① 신경계의 중추를 이루는 부분으로 신경정보를 통합 및 제어한다.

② 뇌와 척수로 구성된다.

2) 뇌의 구분

뇌는 크게 대뇌(간뇌 포함), 소뇌, 뇌줄기(중뇌, 교뇌, 연수)로 구분한다.

대뇌	• 전체 뇌의 80%를 차지 • 전두엽, 두정엽, 후두엽, 측두엽으로 구성 • 감각, 학습과 기억, 창조적 사고 등의 기능
간뇌	• 대뇌와 중뇌 사이에 위치 • 시상과 시상하부로 구분
소뇌	• 후두부의 교뇌와 연수의 뒤에 위치 • 몸의 균형유지 및 운동을 조절
중간뇌 (중뇌)	• 뇌의 중간에 위치 • 시각반사와 청각반사에 관여
다리뇌 (교뇌)	• 중뇌와 숨뇌 사이에 위치하여 소뇌와 연결 • 저작근, 얼굴표정근 등을 지배
숨뇌 (연수)	• 뇌줄기 가장 아래에서 척수와 연결 • 호흡기, 순환기, 소화기관의 운동을 조절하는 자율신경중추를 가져 '생명중추'라고도 함

3) 척수

① 척추 내에 존재하는 중추신경의 일부분으로 감각과 운동신경을 모두 포함

② 뇌와 말초신경 사이에서 감각 전달의 통로역할

③ 척수의 전각에는 운동신경세포 다발이 있어 운동을 일으키고, 후각에는 감각신경세포 다발이 있어 감각을 전달한다.

2 말초신경계

1) 말초신경계의 구성

말초신경계는 중추신경계와 연결되며, 체성신경계와 자율신경계가 있다.

2) 체성신경계

① 의식적인 활동 담당

② 골격근의 수의적인 운동 및 감각기의 감각 지배

③ 구성 : 뇌신경 12쌍, 척수신경 31쌍

• 뇌신경(12쌍)*

• 척수신경(31쌍) : 경신경(목, 8쌍), 흉신경(가슴, 12쌍), 요신경(허리, 5쌍), 천골신경(5쌍), 미골신경(1쌍)

뇌
중추
신경계
척수
척수
신경
척추
말초
신경계
대뇌
간뇌
뇌량
중뇌
교뇌
연수
소뇌
교감신경
부교감신경
시신경
침샘
기관
허파
심장
간
위
신장
부신
소화관
방광
생식기
3번 뇌신경
5번 뇌신경
8번 뇌신경
9번 뇌신경
10번 뇌신경
뇌교
연수
신경절후 섬유
신경절이전 섬유
측부신경절
경부
C1
C2
C3
C4
C5
C6
C7
C8
흉추
T1
T2
T3
T4
T5
T6
T7
T8
T9
T10
T11
T12
요추
L1
L2
L3
L4
L5
천골
S1
S2
S3
S4
S5
꼬리척추뼈
Co1
S2
S3
S4

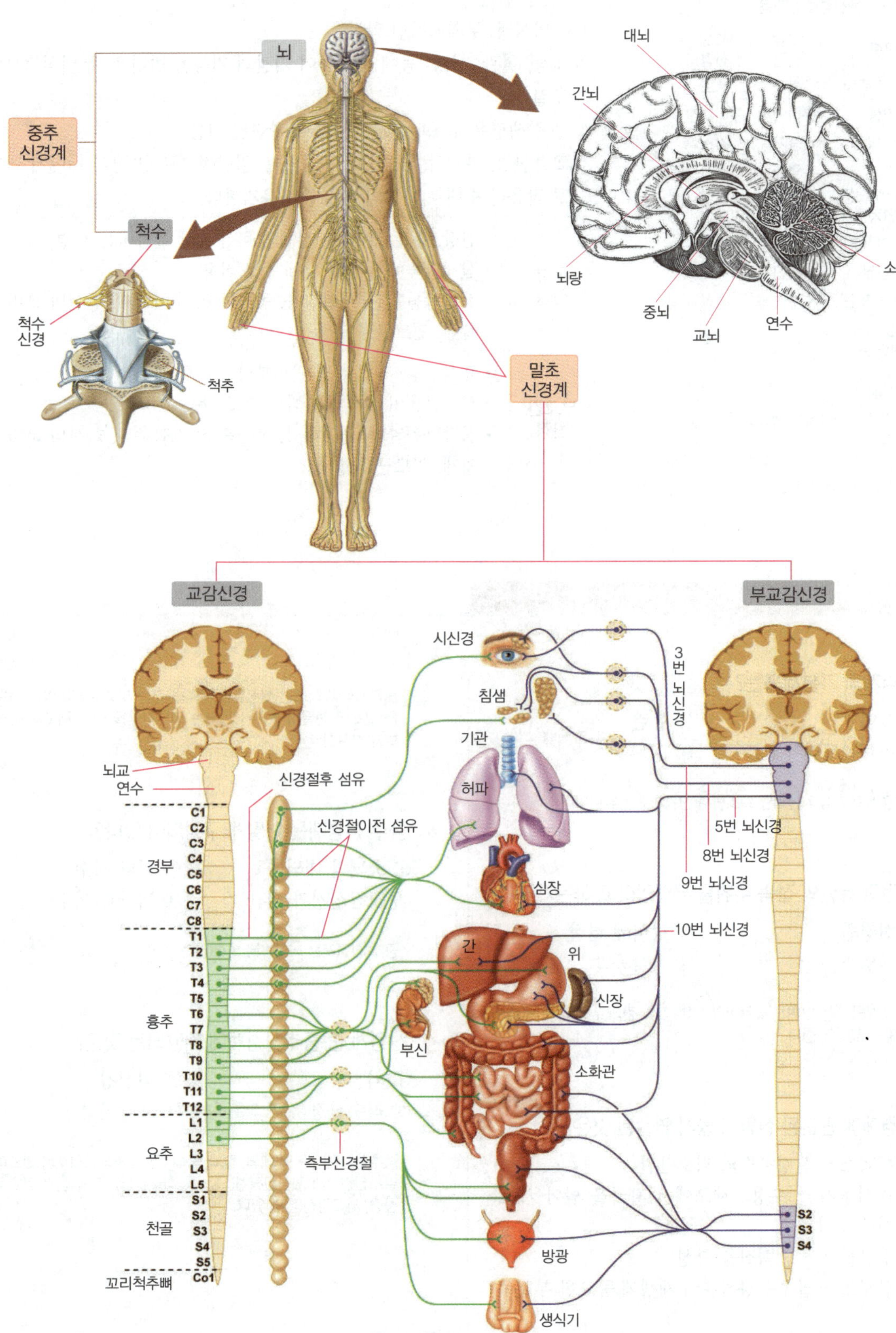

chapter **03**

구분	교감 신경	부교감 신경
동공, 기관지	확대	축소
침샘	분비억제	분비촉진
심장 박동	증가	감소
소화 (소화액 분비) (소화연동운동)	억제 (감소) (억제)	촉진 (증가) (촉진)
부신호르몬(흥분)	촉진	억제
한선(땀)	촉진	억제
입모근, 혈관	수축	확장
모양체근, 방광배뇨근	이완	수축

▶ 배뇨(排尿)
대뇌의 중추신경에서 배뇨를 촉진 및
억제할 수 있다.
• 촉진중추 : 시상하부, 뇌교
• 억제중추 : 대뇌피질, 중뇌

3) 자율신경계

① 무의식적, 무의지적인 활동
② 내장, 혈관, 선(腺) 등에 분포하여 기관의 기능을 반사적, 무의식적으로
  조절
③ 주로 생명유지(소화·순환·호흡 등)에 관련된 기능
④ 교감신경, 부교감 신경으로 구성되며, 일반적으로 한 장기 내에서 반대
  로 작용하여 내부 환경의 안정성을 유지한다.

교감 신경	• 긴장, 흥분, 운동 등 신체의 비상 시에 활동하는 신경 • 신체활동이 활발한 낮에 주로 작용 • 심장박동촉진, 혈압상승, 동공확대, 소화억제, 한선의 분비 촉진, 입모근 수축 등
부교감 신경	• 휴식신경, 휴식부 및 완화부라고도 함 • 신체활동이 휴식하는 밤에 주로 작용 • 심장박동완화, 혈압하락, 동공축소, 소화촉진, 한선의 분비 억제, 입모근 확장 등

기출문제 | 단원별 구성의 문제 유형 파악!

1 신경계의 기본세포는?

① 혈액
② 뉴런
③ 미토콘드리아
④ DNA

신경계의 가장 기본적인 최소단위 신경세포는 뉴런이다.

2 뉴런과 뉴런의 접속 부위를 무엇이라고 하는가?

① 신경원
② 랑비에 결절
③ 시냅스
④ 축삭종말

신경계의 기본 단위를 뉴런이라 하며, 이 뉴런과 뉴런의 접속 부
위를 시냅스라 한다.

3 신경계에 관련된 설명이 옳게 연결된 것은?

① 시냅스 – 신경조직의 최소단위
② 축삭돌기 – 수용기세포에서 자극을 받아 세포
  체에 전달
③ 수상돌기 – 단백질을 합성
④ 신경초 – 말초신경섬유의 재생에 중요한 부분

신경조직의 최소단위는 뉴런, 축삭돌기는 세포로부터 받은 정보
를 말초에 전달하며, 수상돌기는 외부자극을 받아 세포체에 정
보를 전달한다.

4 중추 신경계는 어떻게 구성되어 있나?

① 중뇌와 대뇌
② 뇌와 척수
③ 교감신경과 뇌간
④ 뇌간과 척수

중추 신경계는 뇌와 척수를 말한다.

5 신경계 중 중추신경계에 해당되는 것은?

① 뇌
② 뇌신경
③ 척수신경
④ 교감신경

중추신경계에는 뇌(대뇌, 간뇌, 중뇌, 연수, 소뇌), 척수가 있으며
말초신경계에 체성신경계(뇌신경, 척수신경), 자율 신경계(교감
신경, 부교감신경)이 있다.

정답 1 ② 2 ③ 3 ④ 4 ② 5 ①

6 다음 중 중추신경계가 아닌 것은?

① 대뇌 ② 소뇌
③ 뇌신경 ④ 척수

중추신경계는 뇌(대뇌, 간뇌, 중뇌, 교뇌, 소뇌, 연수)와 척수이다.

7 뇌신경과 척수신경은 각각 몇 쌍인가?

① 뇌신경 - 12, 척수신경 - 31
② 뇌신경 - 11, 척수신경 - 31
③ 뇌신경 - 12, 척수신경 - 30
④ 뇌신경 - 11, 척수신경 - 30

뇌신경은 12쌍, 척수신경은 31쌍이다. 뇌신경과 척수신경을 합하여 체성신경이라 한다.

8 성인의 척수신경은 모두 몇 쌍인가?

① 12쌍 ② 13쌍
③ 30쌍 ④ 31쌍

성인의 척수신경은 경신경 8쌍, 흉신경 12쌍, 요신경 5쌍, 천골신경 5쌍, 미골신경 1쌍, 총 31쌍이다.

9 신경계에 관한 내용 중 틀린 것은?

① 뇌와 척수는 중추신경계이다.
② 대뇌의 주요 부위는 뇌간, 간뇌, 중뇌, 교뇌 및 연수이다.
③ 척수로부터 나오는 31쌍의 척수신경은 말초신경을 이룬다.
④ 척수의 전각에는 운동신경세포가 그리고 후각에는 감각신경세포가 분포한다.

뇌와 척수는 중추신경계이며, 대뇌는 전두엽, 두정엽, 후두엽, 측두엽으로 구성되어 있다. 뇌신경 12쌍과 척수신경 31쌍은 말초신경을 이룬다. 척수의 전각에는 운동신경세포가 후각에는 감각신경세포가 분포한다.

10 안면의 피부와 저작근에 존재하는 감각신경과 운동신경의 혼합신경으로 뇌신경 중 가장 큰 것은?

① 시신경 ② 삼차신경
③ 안면신경 ④ 미주신경

삼차신경은 얼굴의 피부와 턱, 혀에 분포하며 감각신경과 운동신경의 혼합신경으로 뇌신경 중 가장 크다.

11 다음 중 척수신경이 아닌 것은?

① 경신경 ② 흉신경
③ 천골신경 ④ 미주신경

척수신경은 경신경 8쌍, 흉신경12쌍, 요신경 5쌍, 천골신경 5쌍, 미골신경 1쌍으로 구성되어 있다. 미주신경은 뇌신경에 포함된다.

12 다음 보기의 사항에 해당되는 신경은?

【보기】
- 제7 뇌신경이다.
- 안면근육운동
- 혀 앞 2/3 미각담당
- 뇌신경 중 하나

① 3차 신경 ② 설인신경
③ 안면신경 ④ 부신경

안면신경은 얼굴의 피부에 분포하여 얼굴의 근육운동, 표정 등을 조절하며, 미각과 관련된 감각신경이 섞인 혼합신경이다.

13 다음 뇌신경 중 안구운동에 관여하는 것을 모두 고르시오.

【보기】
㉠ 동안신경 ㉡ 활차신경
㉢ 미주신경 ㉣ 내이신경
㉤ 외전신경

① ㉠, ㉡, ㉢ ② ㉡, ㉢, ㉣
③ ㉡, ㉢, ㉤ ④ ㉠, ㉡, ㉤

안구운동을 담당하는 신경은 제3신경인 동안신경, 제4신경인 활차신경, 제6신경인 외전신경이다.

14 다음 중 교감신경이 활발했을 때 몸의 반응은 어떻게 나타나는가?

① 연동운동 촉진 ② 심장박동수 억제
③ 소화선의 분비 촉진 ④ 입모근의 수축

교감신경이 활발했을 때 연동운동은 억제, 심장박동수 증가, 소화선의 분비 억제, 입모근 수축 등의 반응을 보인다.

정답 6 ③ 7 ① 8 ④ 9 ② 10 ② 11 ④ 12 ③ 13 ④ 14 ④

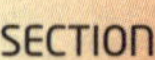

SECTION 05 순환계 및 소화기계

[출제문항수 : 1~2문제] 심장과 혈액에 관한 문제가 주로 나오며, 소화기관과 그 부속기관에 대한 문제도 자주 출제됩니다.

▶ 순환계의 정의
혈액과 림프액을 만들고 그것을 전신에 순환시키는 기관을 통틀어 순환계라고 한다.

▶ 맥박수의 정상치
- 건강한 성인 60~80회/분
- 초중고생 70~90회/분
- 영아 120회/분

▶ 맥박수와 건강
- 100회 이상을 빈맥(빠른맥), 60회 이하를 서맥(느린맥)이라고 한다.
- 맥박이 불규칙해지는 것을 부정맥이라 한다.
- 맥박은 자세와 활동, 건강 상태 등에 따라 변화한다.
- 1회 심장박출량이 많은 경우 운동성 느린맥이 나타나며, 운동선수에게 많이 나타난다.

---

01 순환계의 개요

1 순환계의 기능

① 인체의 각 조직에 혈액을 통해 호르몬과 항체, 영양분, 물, 이온 등을 운반
② 대사 결과 생긴 노폐물을 신장을 통해 정화시켜 배출
③ 산소 및 이산화탄소를 교환

2 순환계의 분류

혈액 순환계	심장, 혈관, 혈액
림프 순환계	림프, 림프관, 림프절

02 혈액 순환계

1 심장

1) 심장의 기능

① 혈액순환계의 중심
② 동맥피를 온몸의 모세혈관으로 보냄(산소와 영양분 공급)
③ 온몸을 돌고나온 정맥피를 폐로 보냄(폐에서 이산화탄소와 산소를 교환)

2) 심장의 구조

① 4개의 방(좌·우심방, 좌·우심실)과 4개의 판막(삼첨판, 이첨판, 폐동맥판, 대동맥판)으로 구성
② 성인의 심장 무게는 평균 250~300g 정도
③ 흉골 정중선에서 좌측으로 치우쳐 있음

3) 심장의 혈액순환

체순환 (대순환)	• 좌심실→동맥→ **모세혈관** →정맥→우심방 • 좌심실에서 동맥을 통하여 온몸의 모세혈관까지 산소와 영양을 공급하고 노폐물을 받아 정맥을 통하여 우심방으로 돌아오는 대순환계
폐순환 (소순환)	• 우심실→폐동맥→ **폐** →폐정맥→좌심방 • 우심방으로 들어온 정맥혈을 폐로 보내고, 이산화탄소를 산소로 교환한 피가 다시 좌심방으로 돌아오는 소순환계

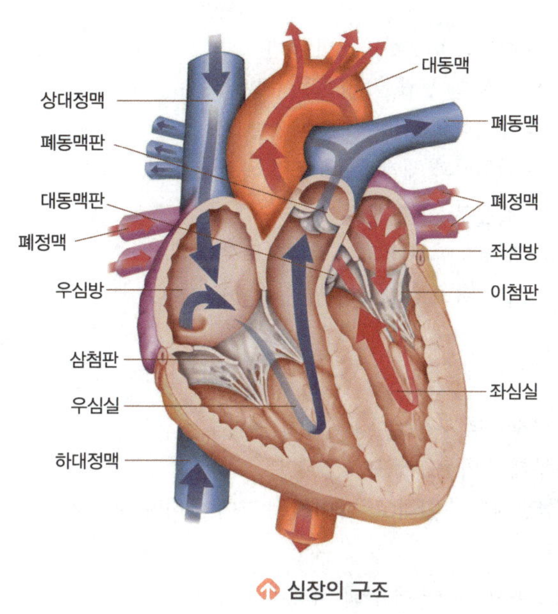

⬆ 심장의 구조

좌심방	• 심장의 왼쪽 후부에 위치 • 폐에서 가스 교환된 피가 폐정맥을 통해 좌심방으로 들어옴
좌심실	• 좌심방에서 들어온 피를 대동맥을 통해 전신으로 보냄 • 강한 힘이 필요하여 4개의 방 중에서 가장 근육이 발달하고 두터움
우심방	• 심장의 오른쪽에 위치 • 온몸을 돌고 나온 피가 대정맥으로 모여 우심방으로 들어옴
우심실	• 우심방에서 온 피를 폐로 보냄
삼천판	• 우심방과 우심실 사이의 3개의 막 • 피가 우심실에서 우심방으로 이동 방지
이첨판	• 좌심방과 좌심실 사이의 2개의 막 • 피가 좌심실에서 좌심방으로 역류 방지
폐동맥판	• 우심실과 폐동맥 사이에 존재 • 피가 폐동맥에서 우심실로 역류 방지
대동맥판	• 대동맥과 좌심실 사이(대동맥 입구)에 존재 • 피가 대동맥에서 좌심실로 역류 방지

② 혈관

혈액의 순환로로 동맥계, 정맥계, 모세혈관으로 구분한다.

동맥계	• 대동맥, 동맥, 소동맥 • 영양분과 산소가 함유된 혈액을 조직으로 운반 • 3층 구조(내막·중막·외막) • 중막인 평활근 층이 발달해 혈관벽이 정맥에 비해 두껍고 고압에도 잘 견딜 수 있음
정맥계	• 소정맥, 정맥, 대정맥 • 노폐물이 들어있는 혈액을 신장이나 폐 등으로 운반 • 3층 구조이며 중막 발달이 동맥보다 떨어져 혈관벽이 얇고 판막이 발달
모세혈관	• 동맥과 정맥을 연결 • 혈액과 조직 사이의 물질교환(산소와 영양을 공급 및 이산화탄소와 대사노폐물의 교환) • 단층 구조의 내피세포로만 구성되어 혈관벽이 얇다.

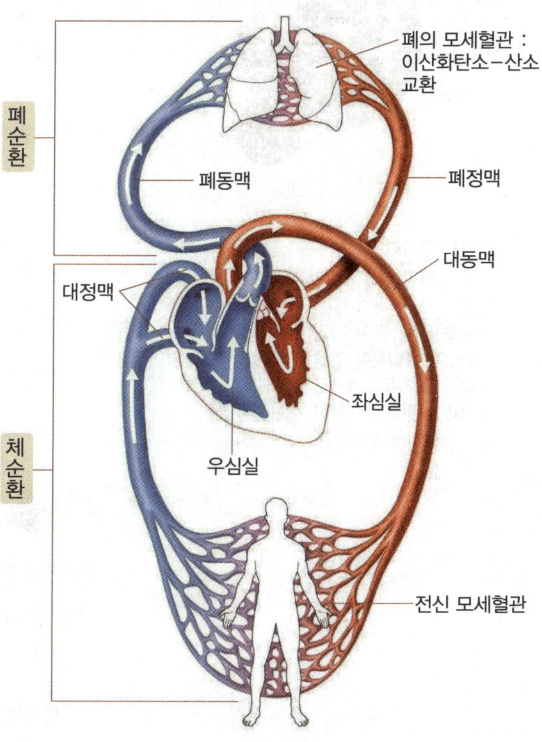

⬆ 혈액의 순환

❸ 혈액

1) 혈액의 기능

운반작용	• 산소와 이산화탄소의 운반 • 영양소, 노폐물, 호르몬 운반 등
조절작용	• 체내의 수분 및 전해질 조절 • 삼투압과 체액의 pH 조절 및 체온조절
방어 및 식균작용	• 백혈구 : 식균작용 • 혈장 : 항체가 있어 감염으로부터 방어
지혈작용	• 혈소판이 파괴되며 혈액응고가 일어남

2) 혈액의 구성

① 혈액은 혈구와 혈장으로 구성(혈구 45%, 혈장 45%)

② 혈액의 양은 몸무게의 약 8% 정도

③ 혈액의 90%는 혈관계를 순환하고, 나머지는 간이나 비장 내에 저장

④ 혈액의 구성요소

적혈구	• 골수에서 생성되어 간과 비장에서 파괴 • 산소 운반 및 이산화탄소 제거 기능 • 산소운반을 위한 헤모글로빈 포함 : 붉은색 • 핵이 없고 세포분열이 일어나지 않음
백혈구	• 면역체계를 구성하는 세포로 항체생산과 감염의 조절 역할 • 탐식세포(식균)와 면역세포(림프구)로 구분
혈소판	• 특정한 형태와 핵이 없음 • 혈액의 응고와 지혈작용에 중요한 역할
혈장	• 혈구를 제외한 액체 성분 • 수분(90%) 및 혈장단백질(알부민, 글로불린), 지질, 무기염류 등으로 구성 • 피브리노겐(섬유소원)은 혈액응고에 관여 • 삼투압 유지, 체온유지, 혈액의 운반기능 등

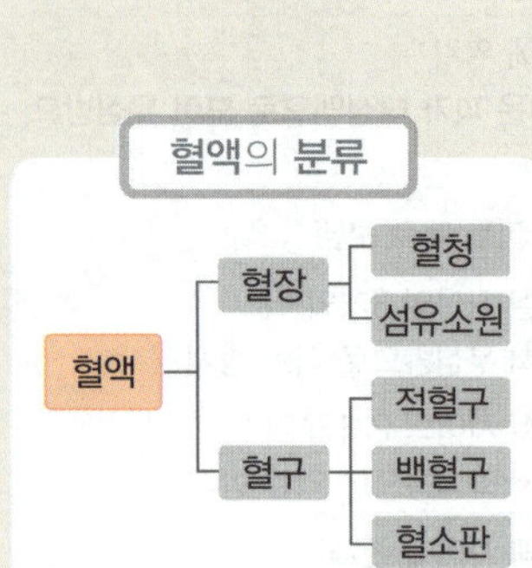

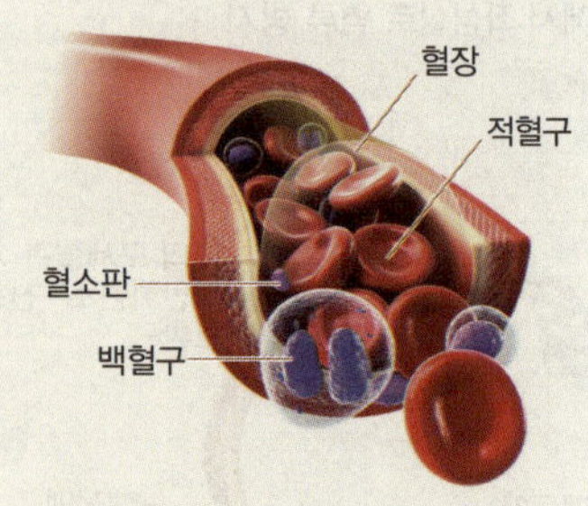

▶ **혈액의 응고작용**
피부나 점막에 상처가 생겨 출혈이 생기면 → 혈액 내의 혈소판이 파괴되어 트롬보플라스틴이 생김 → 칼슘이온(Ca^{2+})과 결합하여 혈장 단백질인 프로트롬빈을 트롬빈으로 변화시킴 → 피브리노겐에 작용하여 피브린을 생성 → 혈액을 응고시킴

---

03 림프 순환계

❶ 림프 순환계의 정의

림프 순환계는 체액의 순환을 담당하는 기관으로 말단에서 심장으로 가는 일방적인 구조이다.

> 모세림프관 → 림프관 → 림프절 → 림프본관 → 집합관 → 쇄골하정맥

체액순환	혈액에서 유출된 액체(림프)를 순환시켜 혈류의 일부로 되돌림
면역기능 (항원반응)	림프절에서 만들어진 백혈구 등의 면역세포가 림프계를 순환하며 몸을 방어
운반기능	장에서 흡수한 지방성분들의 운반통로로 역할

3 림프 순환계의 구성

림프	• 림프관을 흐르는 체액으로 혈액의 일부가 모세림프관으로 들어가서 림프가 된다. • 림프의 성분은 혈장과 유사하며, 맑고 투명한 우유빛 액체로 백혈구가 많다.
림프관	• 림프가 이동하는 통로로 림프절을 서로 연결한다. • 모세림프관이 모여 굵어지며, 우림프관과 흉관으로 모여 쇄골하정맥으로 흘러들어 혈액과 합류된다. • 압력이 낮아 역류를 방지하기 위한 판막이 발달
림프절	• 림프관에 의해 서로 연결되어 있다. • 내부에 림프구 및 백혈구가 있어 림프관을 타고 림프절로 들어온 항원에 대한 면역반응이 일어난다. • 경림프절(머리, 목 부위), 액와림프절(겨드랑이), 서혜림프절(다리와 생식기 사이) 등 500~1,000여 개 분포

▶ **림프계의 면역반응**(항원반응)
항원이 침투하면 항원을 림프로 이동시킨 후 가까운 림프절로 운반하여 대식세포(식균세포)로 항원을 포식하거나, 항원에 맞는 항체를 제시한다.

▶ **림프관의 흐름**

구분	흐름
우림프관	오른쪽 상반신(두부 우측, 우측 경부 및 우측팔 등)의 림프가 모이는 곳 → 정맥
흉관	우림프관으로 모이는 림프를 제외한 다른 부위에서 온 림프가 모이는 곳 → 정맥

chapter 03

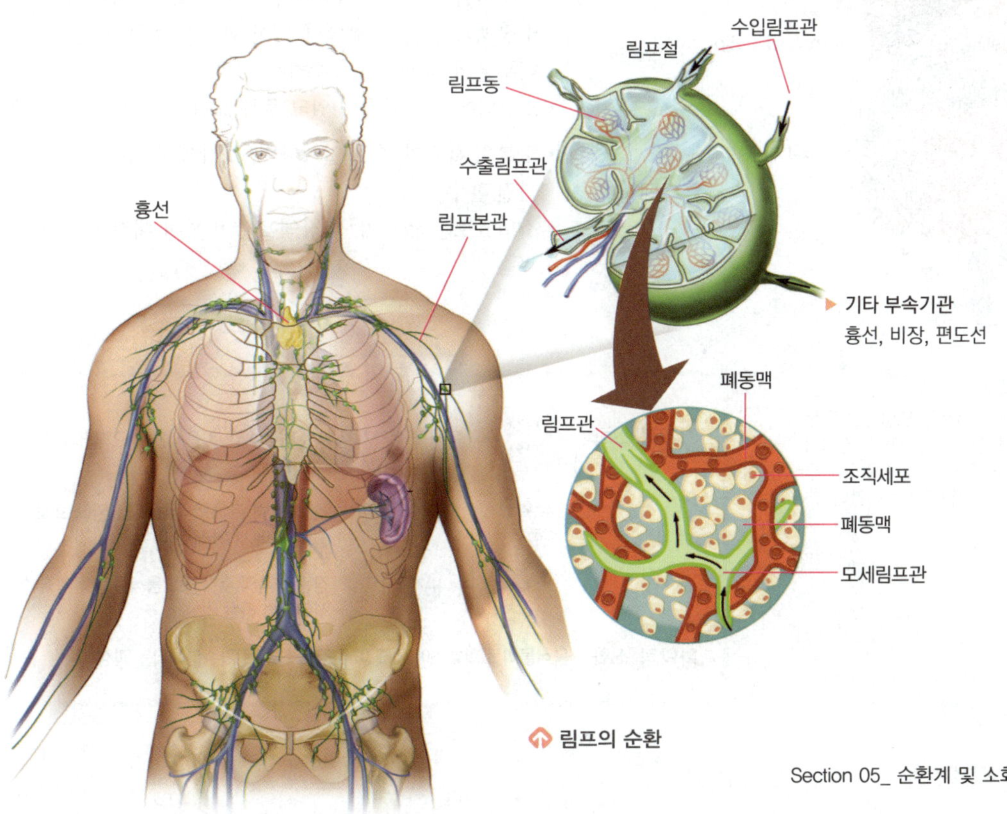

⬆ **림프의 순환**

① 소화기계의 정의

인체의 에너지원인 음식물의 섭취와 소화, 영양분 흡수, 배설까지의 전 과정을 수행하는 소화관과 소화를 돕는 소화부속기관을 말한다.

② 소화기계의 구성

> **소화관(약 9m)** — 구강 → 인두 → 식도→ 위 → 소장 → 대장 → 항문
>
> **소화부속기관** — 간, 췌장, 담낭, 침샘 등의 소화샘

③ 소화관의 종류와 특징

구강	저작작용과 타액(침) 내 효소인 프티알린의 작용에 의해 당질을 분해(전분→덱스트린+맥아당)
인두	구강과 식도의 사이
식도	인두를 거쳐 들어온 음식을 위로 이동시키는 관으로 연동운동이 일어남
위	• 위액 : 주성분이 강한 산성인 **염산**이며(pH 2 정도), 단백질 분해효소인 펩신이 들어있다. • 기계적 소화와 화학적 소화(효소 작용)를 통해 고운 죽 상태로 소장으로 내려보냄
소장	• 탄수화물 소화효소(말타아제, 인버타아제, 락타아제)가 포함된 소장액과 담즙산, 췌액에 의한 화학적 소화가 이루어짐 • 대부분의 영양소를 흡수하는 기관 • 소장벽에 많은 주름이 있고 주름 표면에 수많은 융털이 있다.
대장	• **수분의 흡수**가 주로 일어나며, 소장에서 흡수되지 않은 **무기질 흡수** • 소화효소는 없으며, 대장액을 분비하여 대장벽을 보호

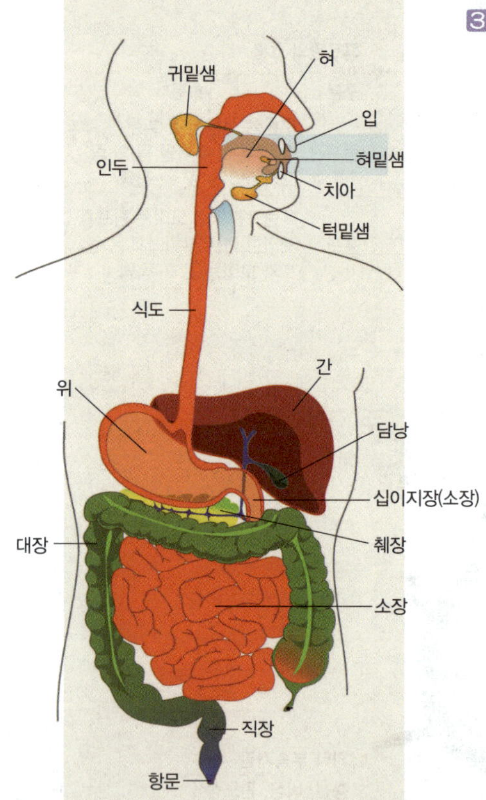

▶ **영양소의 흡수**
작은 창자에서 흡수된 영양분은 간문맥을 통하여 간으로 들어가고, 간에서 영양소를 처리하고, 독소를 걸러낸 후 간정맥을 통해 심장으로 들어간다.

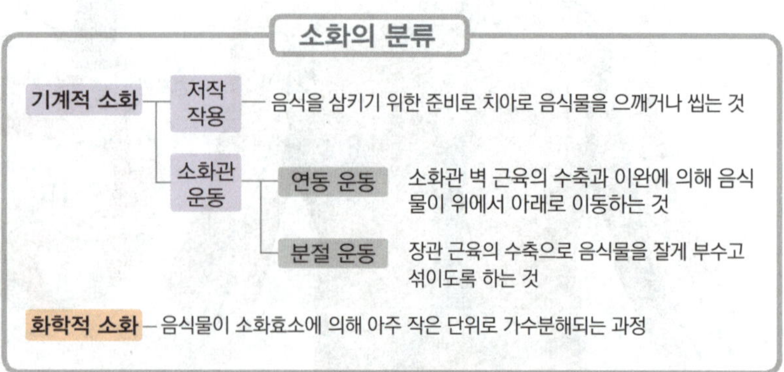

4 소화부속기관의 종류와 특징

간	• 담즙을 생성하고 분비한다. • 포도당을 글리코겐(Glycogen)으로 저장한다. • 해독과 면역, 물질대사, 호르몬 조절 등 우리 몸에서 일어나는 대부분의 일에 관여
담낭 (쓸개)	• 간에서 생성된 담즙을 저장하고 분비한다. • 담즙은 지방의 유화작용, 해독작용, 산의 중화작용 등 을 하지만 효소는 아님

췌장
(이자)
	• 췌액 : 3대 영양소를 분해하는 소화효소
	  – 아밀라아제 : 당질 분해
	  – 트립신 : 단백질 분해
	  – 리파아제 : 지질 분해
	• 인슐린과 글루카곤을 분비하여 혈당량을 조절
	• 내분비(호르몬 분비)와 외분비(소화액 분비)를 겸한 혼합성
	  기관

▶ 소화효소

구분	소화효소	특징
탄수화물 (당질)	프티알린	전분→덱스트린+엿당
	말타아제	맥아당→2분자의 포도당
	인버타아제	설탕→포도당+과당
	락타아제	유당→포도당+갈락토오스
단백질	펩신	위에서 분비
	트립신	췌장에서 분비
	키모트립신	
지방	리파아제	지방분해효소

chapter 03

1 혈관의 구조에 관한 설명 중 옳지 않은 것은?

① 동맥은 3층 구조이며 혈관벽이 정맥에 비해 두껍다

② 동맥은 중막인 평활근 층이 발달해 있다.

③ 정맥은 3층 구조이며 혈관벽이 얇으며 판막이 발달해 있다.

④ 모세혈관은 3층 구조이며 혈관벽이 얇다.

> 모세혈관은 단층 구조의 내피세포로만 구성되어 혈관벽이 얇다.

2 심장에 대한 설명 중 틀린 것은?

① 성인 심장은 무게가 평균 250~300g 정도이다.

② 심장은 심방중격에 의해 좌·우심방, 심실은 심실중격에 의해 좌·우심실로 나누어진다.

③ 심장은 2/3가 흉골 정중선에서 좌측으로 치우쳐 있다.

④ 심장근육은 심실보다는 심방에서 매우 발달되어 있다.

> 심장근육은 들어오는 피를 받는 심방보다 피를 온몸과 폐로 보내는 심실이 더 발달되어있다. 좌심실의 벽은 온몸으로 피를 보내기 위해 강한 펌프질을 해야 하므로 우심실 보다 더 두껍다.

3 폐에서 이산화탄소를 내보내고 산소를 받아들이는 역할을 수행하는 순환은?

① 폐순환

② 체순환

③ 전신순환

④ 문맥순환

> 폐순환은 폐에서 이산화탄소를 내보내고 산소를 받아들이는 가스교환 작용을 말한다.

4 혈액의 기능이 아닌 것은?

① 조직에 산소를 운반하고 이산화탄소를 제거한다.

② 조직에 영양을 공급하고 대사 노폐물을 제거한다.

③ 체내의 유분을 조절하고 pH를 낮춘다.

④ 호르몬이나 기타 세포 분비물을 필요한 곳으로 운반한다.

> 혈액은 체내의 수분을 조절하고 체액의 pH를 낮추는 것이 아니라 조절한다.

5 혈액의 기능으로 틀린 것은?

① 호르몬 분비 작용

② 노폐물 배설 작용

③ 산소와 이산화탄소의 운반 작용

④ 삼투압과 산·염기 평형의 조절 작용

> 혈액은 호르몬을 운반하지만 분비하지는 않는다.

6 조직 사이에서 산소와 영양을 공급하고, 이산화탄소와 대사 노폐물이 교환되는 혈관은?

① 동맥

② 정맥

③ 모세혈관

④ 림프관

> 모세혈관은 조직 사이에서 산소와 영양분을 공급하고, 이산화탄소와 대사노폐물을 받아들인다.

7 인체에서 방어 작용에 관여하는 세포는?

① 적혈구

② 백혈구

③ 혈소판

④ 항원

> 백혈구는 식균작용을 하여 인체를 방어한다.

정 답 1④ 2④ 3① 4③ 5① 6③ 7②

8 혈액의 구성 물질로 항체생산과 감염의 조절에 가장 관계가 깊은 것은?

① 적혈구
② 백혈구
③ 혈장
④ 혈소판

백혈구는 혈액과 조직에서 항체생산과 감염조절에 관계하여 신체를 보호한다.

9 혈액 중 혈액응고에 주로 관여하는 세포는?

① 백혈구
② 적혈구
③ 혈소판
④ 헤마토크리트

지혈과 혈액응고에 관여하는 세포는 혈소판이다.

10 다음 중 혈액응고와 관련이 가장 먼 것은?

① 조혈자극인자 　　② 피브린
③ 프로트롬빈 　　④ 칼슘이온

조혈자극인자는 혈액세포의 생성과정을 촉진하는 인자이다.

11 림프의 주된 기능은?

① 분비작용
② 면역작용
③ 체절보호작용
④ 체온보호작용

림프의 주요 기능은 면역작용이다.

12 림프액의 기능과 가장 관계가 없는 것은?

① 동맥기능의 보호
② 항원반응
③ 면역반응
④ 체액이동

림프액의 기능 : 항원, 항체반응을 통한 면역반응, 체액이동 등

13 림프 순환에서 다른 사지와는 다른 경로인 부분은?

① 우측 상지
② 좌측 상지
③ 우측 하지
④ 좌측 하지

우측 경부 및 우측 팔에서 생성된 림프는 우림프관으로 모아져 정맥으로 회수되고 우림프관을 제외한 나머지 림프들은 흉관으로 모아져 정맥으로 유입된다.

14 다음 중 소화기관이 아닌 것은?

① 구강 　　　　② 인두
③ 기도 　　　　④ 간

소화기관은 구강, 인두, 식도, 위, 소장, 대장, 직장, 간, 담낭, 췌장이다.　※ 기도는 호흡기관에 해당한다.

15 다음 설명 중 틀린 내용은?

① 소화란 포도당을 산화하여 에너지를 생산하는 과정이다.
② 소화한 탄수화물은 단당류로, 단백질은 아미노산 등으로 분해하는 과정이다.
③ 소화한 유기물들이 소장의 융모상피가 흡수할 수 있는 크기로 잘리는 과정을 말한다.
④ 소화계에는 입과 위, 소장은 물론 간과 췌장도 포함한다.

소화란 음식물과 영양소를 흡수하기 쉬운 상태로 변화시키는 과정이다. 에너지를 생산하는 과정이 아니다.

chapter 03

정 답　8 ②　9 ③　10 ①　11 ②　12 ①　13 ①　14 ③　15 ①

16 소화기관에 대한 설명 중 틀린 것은?

① 위는 강알칼리의 위액을 분비한다.
② 이자(췌장)는 당 대사호르몬의 내분비선이다.
③ 소장은 영양분을 소화·흡수한다.
④ 대장은 수분을 흡수하는 역할을 한다.

> 위는 강한 산성의 위액을 분비한다.

17 다당류인 전분을 2당류인 맥아당이나 덱스트린으로 가수분해하는 역할을 하는 타액 내의 효소는?

① 프티알린
② 리파아제
③ 인슐린
④ 말타아제

> 리파아제는 지방분해효소를 말하며, 인슐린은 혈당을 조절하는 호르몬, 말타아제는 맥아당을 분해하여 2분자의 포도당으로 가수분해하는 효소이다.

18 담즙을 만들어 포도당을 글리코겐으로 저장하는 소화기관은?

① 간
② 위
③ 충수
④ 췌장

> 간은 소화액인 담즙을 분비하며 탄수화물대사에 관여하여 포도당을 글리코겐 형태로 저장하는 소화기관이다.

19 다음 중 간의 역할에 가장 적합한 것은?

① 소화와 흡수 촉진
② 담즙의 생성과 분비
③ 음식물의 역류 방지
④ 부신피질 호르몬 생산

> 간의 기능
> 담즙분비, 혈액응고에 관여, 해독작용, 포도당을 글리코겐으로 저장, 지질분해, 단백질 형성과 분해

20 3대 영양소를 소화하는 모든 효소를 가지고 있으며, 인슐린(insulin)과 글루카곤(glucagon)을 분비하여 혈당량을 조절하는 기관은?

① 췌장
② 간장
③ 담낭
④ 충수

> 췌장에서 분비하는 소화효소: 트립신(단백질 분해), 아밀라아제(탄수화물 분해), 리파아제(지방 분해)

21 소화선(소화샘)으로 소화액을 분비하는 동시에 호르몬을 분비하는 혼합선(내/외분비선)에 해당하는 것은?

① 타액선
② 간
③ 담낭
④ 췌장

> 췌장(이자)의 기능
> • 외분비선 : 소화효소인 이자액을 분비
> • 내분비선 : 당대사에 관여하는 호르몬인 인슐린을 분비

22 췌장에서 분비되는 단백질 분해 효소는?

① 펩신
② 트립신
③ 리파아제
④ 페티디아제

> 트립신은 췌장에서 분비되는 단백질 분해효소이다. 그 외에도 당질을 분해하는 아밀라아제, 지질을 분해하는 리파아제도 있다.

23 다음 중 소화기계가 아닌 것은?

① 폐, 신장
② 간, 담
③ 비장, 위
④ 소장, 대장

> 폐는 호흡기계, 신장은 비뇨기계이다.

24 각 소화기관별 분비되는 소화효소와 소화시킬 수 있는 영양소가 올바르게 짝지어진 것은?

① 소장 : 키이모트립신 – 단백질
② 위 : 펩신 – 지방
③ 입 : 락타아제 – 탄수화물
④ 췌장 : 트립신 – 단백질

췌장에서 분비하는 소화효소
트립신 – 단백질, 아밀라아제 – 탄수화물, 리파아제 – 지방

25 대장 내의 작용에 대한 설명으로 틀린 것은?

① 무기질의 흡수가 일어난다.
② 수분흡수가 주로 일어난다.
③ 소화되지 못한 물질의 부패가 일어난다.
④ 섬유소가 완전 소화되어 정장작용을 한다.

대장에서는 소장에서 흡수되지 않은 무기질과 수분의 흡수가 이루어지며, 소화되지 못한 물질의 부패가 이루어져 몸 밖으로 배출시킨다.

26 다음의 ( ) 안에 들어갈 알맞은 것은?

【보기】
우리가 먹은 음식은 작은 창자의 융모로 흡수된 후에 ( )를 통한 후 심장으로 들어간다.

① 상대정맥
② 폐정맥
③ 신정맥
④ 간정맥

작은 창자에서 흡수된 영양분은 간문맥을 통하여 간으로 들어가고, 간에서 영양소를 처리하고, 독소를 걸러낸 후 간정맥을 통해 심장으로 들어간다.

전기의 분류

전기의 정의

전기 용어   전압, 저항, 전력, 암페어, 주파수, 도체, 부도체, 방전, 변환기, 정류기, 퓨즈

피부미용기기

피부 분석진단 기기

안면 미용 기기

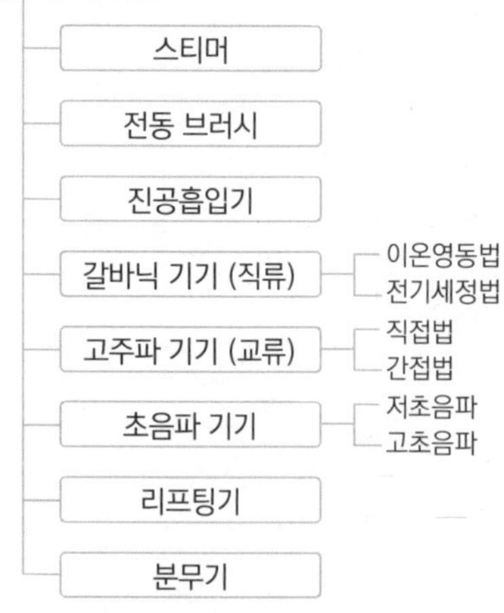

전신 미용기기

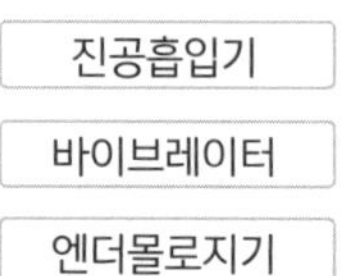

광선 미용기기

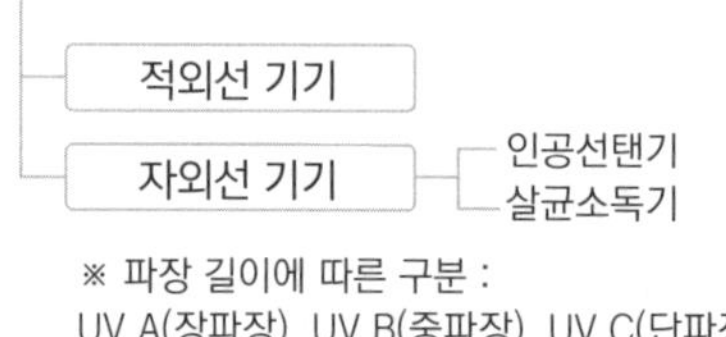

※ 파장 길이에 따른 구분 :
UV A(장파장), UV B(중파장), UV C(단파장)

컬러테라피 기기   ※ 색상별 효과

Esthetic

Esthetic Technician Certification

CHAPTER
04

피부미용기기학

SECTION 01 피부미용기기의 기초과학

[출제문항수 : 0~1문제] 거의 출제되지 않는 부분이니 가볍게 보시면 됩니다. 다만, 전기의 직류와 교류 부분은 가끔 출제되는 부분입니다.

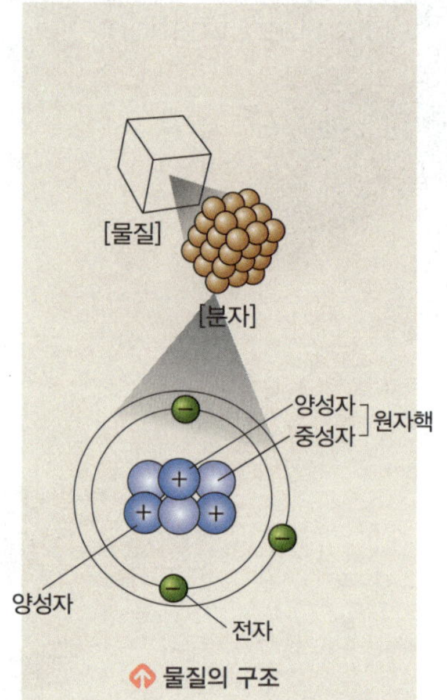

⬆ 물질의 구조

▶ **공유결합**
한 쌍의 원자들이 서로 하나씩 내놓은 전자를 공유하면서 이루어지는 결합

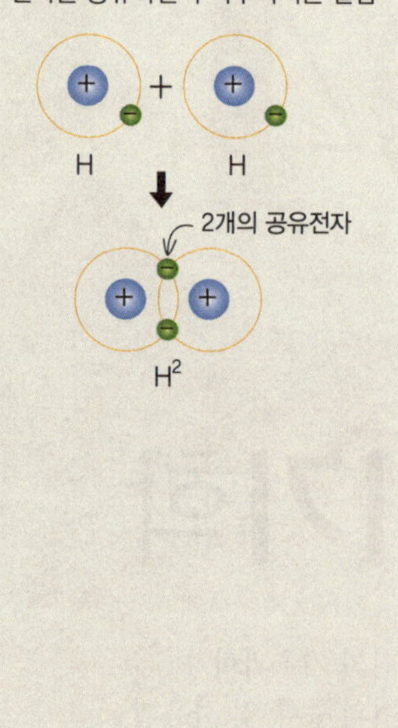

01 물질의 분류

1 구성에 의한 분류

① 물질은 분자로 구성되어 있다.

② 분자는 원자로 구성되어 있다.

③ 원자는 원자핵(양성자, 중성자)과 전자(음성자)로 구성되어 있다.

④ 원자는 원자핵이 갖는 (+) 전하의 양과 전자들이 갖는 (−) 전하의 양이 같아서 전기적으로 중성이다.

⑤ 양성자는 (+) 전하를, 전자는 (−) 전하를 가지며, 중성자는 전하를 가지지 않는다.

⑥ 전자는 양극과 음극이 서로 끌어당기는 원리에 의해 원자의 핵을 따라 궤도를 그리며 돈다.

⑦ 원자나 분자가 전자를 얻거나 잃으면 전하를 띠게 되는데 중성인 원자가 전자를 얻으면 음이온, 전자를 잃으면 양이온이 된다.

원소	한 종류의 원자로 구성된 화학적으로 가장 기본이 되는 순수 물질 (예 산소, 탄소, 수소 등)
원자	각 원소의 각기의 특징을 잃지 않는 범위에서 도달할 수 있는 최소의 미립자 (예 O_2는 산소 원자 2개)
분자	고유한 특성을 가지고 하나의 단위로 작용할 수 있는 원자들의 결합체
순물질	한 가지 물질로만 이루어짐, 원소 (예 산소, 수소)
화합물	두 개 이상의 원소가 화학 결합하여 이루어진 물질(예 H_2O)

2 온도와 압력에 의한 분류

고체	분자가 서로 들러붙어 있는 상태로 고정된 모양을 가지는 단단한 물질
액체	온도에 의해 분자가 서로 붙지 못하고 떨어지는 상태의 유체 물질
기체	액체의 온도를 올렸을 때 분자들 사이에 서로 당기는 힘을 박차고 액체 밖으로 튀어나오는 무한히 팽창 가능한 상태의 물질
플라스마	기체에 높은 열을 가하면 기체를 이루고 있던 원자나 분자가 전자와 이온으로 분리되는 상태의 물질

① 전기란 전자가 한 원자에서 다른 원자로 이동하는 현상이다.

② 전자의 이동은 정전기와 동전기로 분류되는 전하(Electrical Charge)를 발생시키는데 이 전하를 전기라고 하며, 전자가 흐르면서 전하가 연속적으로 이동하는 현상, **전자의 흐름을 '전류'**라고 한다.

1 정전기와 동전기

정전기	물체를 비비는 직접 마찰에 의해 발생하는 마찰전기 같이 물체 위에 정지하고 있는 전기
동전기	• 축전지(화학반응)나 발전기(자기장)에 의해 발생되는 전기로, 주변에 흔히 접하는 전등이나 가전제품 등을 구동함 • 구분 : 직류전기, 교류전기

2 전압(전원)의 분류

1) 직류

① 양극과 음극이 항상 결정되어 있으며, **전류의 방향이 시간의 흐름에 따라 변하지 않고**, 지속적이고 고르게 한 방향으로만 흐르는 전류

(예 배터리)

② 변압기에 의한 조절이 불가능

③ 측정이 쉽고 열작용을 함

④ 미용에서의 직류 효과

양극	산에 반응, 신경안정, 혈액공급 감소, 조직 강화, 수렴효과, 진정효과
음극	알칼리에 반응, 신경자극, 혈액공급 증가, 조직 연화, 세정 효과, 자극 효과

2) 교류

① 전류의 방향과 크기가 시간의 흐름에 따라 **주기적으로 변하는** 전류

(예 일반 가정용 전원)

② 변압기에 의한 조절이 가능 (승압 가능)

③ 증폭이 쉽고 열작용을 함

④ 미용에서의 교류 효과

• 통증관리 및 마사지 효과를 증대시키는 보조 도구로 사용

• 근수축 작용, 혈액순환, 신진대사 촉진에 효과

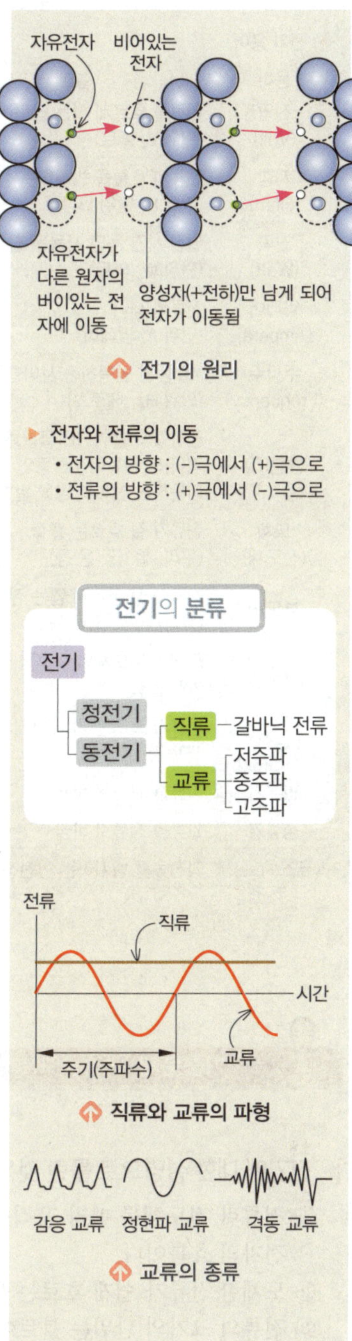

chapter 04

용어	설명
전압 (Volt)	전류를 흐르게 하는 압력 (단위 V, 볼트)
저항 (Ohm)	전류의 흐름을 방해하는 성질 (기호 R, 단위 Ω, 옴)
전력 (Watt)	일정 시간 동안 사용된 전류의 양 (단위 W, 와트)
암페어 (Ampere)	전류의 세기 (단위 A, 암페어)
주파수 (Frequency)	1초 동안 반복하는 사이클수 (단위 Hz, 헤르츠)
쿨롱(C)	전하량의 단위. 1C(쿨롱)은 1A(암 페어)의 전류가 1초 동안 흐를 때 이동하는 전하의 양을 말함
도체 (전도체)	전류가 잘 흐르는 물질 (구리, 철, 금, 은 등)
부도체	전류가 잘 통하지 않는 절연체 (유리, 나무, 고무 등)
반도체	도체와 부도체의 중간적 성질을 가진 물질
방전	전류가 흘러 전기 에너지가 소비 되는 것
변환기	직류를 교류로 바꿈
정류기	교류를 직류로 바꿈
퓨즈(Fuse)	과전류를 방지하는 안전장치

⑤ 교류의 분류

감응 전류	저주파	• 1~1,000Hz 이하 • 근육, 신경의 전기적 자극 • 혈액 및 림프순환 촉진 • 근육이완, 통증완화 효과
	중주파	• 1,000~10,000Hz 이하 • 피부자극이 거의 없음 • 혈액 및 림프순환 촉진 • 근육의 수축과 이완작용
	고주파	• 100,000Hz 이상 • 온열작용으로 심부 열투여 효과 • 살균작용, 통증완화, 혈액순환, 신진대사 촉진 • 직접전류 방식과 간접전류 방식

교류의 분류 상단 내용:
• 시간의 흐름에 따라 극성과 크기가 비대칭적으로 변하는 전류
• 얼굴, 바디의 탄력관리 및 체형관리에 사용
• 감응전류의 종류

정현파 전류	• 시간의 흐름에 따라 방향과 크기가 대칭적으로 변하는 전류 • 피부침투와 자극은 크지만 통증이 적어서 신경과민 고객에게 적합
격동 전류	• 전류의 세기가 순간적으로 강약을 반복하는 전류 • 통증관리, 마사지 효과의 목적으로 사용

기출문제 | 단원별 구성의 문제 유형 파악!

1 ★★ 전기에 대한 설명으로 틀린 것은?

① 전류란 전도체를 따라 움직이는 (−)전하를 지닌 전자의 흐름이다.
② 도체란 전류가 쉽게 흐르는 물질을 말한다.
③ 전류의 크기의 단위는 볼트이다.
④ 전류에는 직류와 교류가 있다.

전류의 세기 단위는 암페어(A)이고, 볼트(V)는 전압의 단위이다.

2 ★★ 이온에 대한 설명으로 옳지 않은 것은?

① 양전하 또는 음전하를 지닌 원자를 말한다.
② 증류수는 이온수에 속한다.
③ 원소가 전자를 잃어 양이온이 되고, 전자를 얻어 음이온이 된다.
④ 양이온과 음이온의 결합을 이온결합이라 한다.

증류수는 이온을 제거한 탈이온수이다.

정답 1 ③ 2 ②

3 이온에 대한 설명으로 틀린 것은? ★★

① 원자가 전자를 얻거나 잃으면 전하를 띠게 되는데 이온은 이 전하를 띤 입자를 말한다.
② 같은 전하의 이온은 끌어당긴다.
③ 중성인 원자가 전자를 얻으면 음이온이라 불리는 음전하를 띤 이온이 된다.
④ 이온은 원소 기호의 오른쪽에 위에 잃거나 얻은 전자수를 + 또는 − 부호를 붙여 나타낸다.

> 같은 전하의 이온은 서로 밀어내고 다른 전하의 이온은 서로 끌어당긴다.

4 전류에 대한 설명이 틀린 것은? ★★

① 전류의 방향은 도선을 따라 (+)극에서 (−)극 쪽으로 흐른다.
② 전류는 주파수에 따라 초음파, 저주파, 중주파, 고주파 전류로 나뉜다.
③ 전류의 세기는 1초 동안 도선을 따라 움직이는 전하량을 말한다.
④ 전자의 방향과 전류의 방향은 반대이다.

> 전류는 주파수에 따라 저주파, 중주파, 고주파 전류로 나눌 수 있다. 주파수가 가청범위를 초과하는 탄성파를 초음파라고 한다.

5 다음 중 전류와 관련된 설명으로 가장 거리가 먼 것은? ★★★

① 전류의 세기는 1초에 한 점을 통과하는 전하량으로 나타낸다.
② 전류의 단위로는 A(암페어)를 사용한다.
③ 전류는 전압과 저항이라는 두 개의 요소에 의한다.
④ 전류는 낮은 전류에서 높은 전류로 흐른다.

> 전류는 양(+)극에서 음(−)극으로 흐르고, 전압이 높은 곳에서 낮은 곳으로 흐른다.

6 전류에 대한 내용이 틀린 것은? ★★★

① 전하량의 단위는 쿨롱으로 1쿨롱은 도선에 1V의 전압이 걸렸을 때 1초 동안 이동하는 전하의 양이다.
② 교류전류란 전류흐름의 방향이 시간에 따라 주기적으로 변하는 전류이다
③ 전류의 세기는 도선의 단면을 1초 동안 흘러간 전하의 양으로서 단위는 A(암페어)이다.
④ 직류전동기는 속도조절이 자유롭다.

> 전하량의 단위는 쿨롱(C)이며 1쿨롱은 1암페어(A)의 전류가 흐를 때 1초 동안 이동하는 전하의 양이다.

7 고주파 전류의 주파수(진동수)를 측정하는 단위는? ★★

① W(와트)　　　② A(암페어)
③ Ω(옴)　　　④ Hz (헤르츠)

> Hz(헤르츠)는 1초 동안 전류가 진동하는 진동수(주파수)를 말한다. 고주파는 주파수 100,000Hz 이상의 교류에 해당된다.

8 직류(Direct current)에 대한 설명으로 옳은 것은? ★★★

① 시간의 흐름에 따라 방향과 크기가 비대칭적으로 변한다.
② 변압기에 의해 승압 또는 강압이 가능하다.
③ 정현파 전류가 대표적이다.
④ 지속적으로 한쪽 방향으로만 이동하는 전류의 흐름이다.

> • 직류 : 한쪽 방향으로만 이동하는 전류로, 시간의 흐름에 따라 변화하지 않는다.
> • 교류 : 시간의 흐름에 따라 주기적으로 변하는 전류를 말하며 정현파전류, 감응전류, 격동전류 등이 있다.

9 전류의 세기를 측정하는 단위는? ★★★

① 볼트　　　② 암페어
③ 와트　　　④ 주파수

> 볼트(V) : 전압, 와트(W) : 전력, 주파수(Hz) : 진동수

10 교류 전류로 신경근육계의 자극이나 전기 진단에 많이 이용되는 감응전류(Faradic current)의 피부 관리 효과와 가장 거리가 먼 것은?

① 근육 상태를 개선한다.
② 세포의 작용을 활발하게 하여 노폐물을 제거한다.
③ 혈액순환을 촉진한다.
④ 산소의 분비가 조직을 활성화시켜준다.

교류전류(감응전류)는 고주파에 대한 내용이며, 고주파는 혈액순환 촉진, 노폐물 배출효과가 있고 내분비선의 분비를 활성화시키고 피지샘 분비에 활력을 제공한다.

11 전기장치에서 퓨즈(Fuse)의 역할은?

① 전압을 바꾸어 준다.
② 전류의 세기를 조절한다.
③ 부도체에 전기가 잘 통하도록 한다.
④ 전선의 과열을 막아 주는 안전장치 역할을 한다.

①은 변압기, ②는 저항의 역할이다.

12 직류(DC)와 교류(AC)에 대한 설명으로 옳은 것은?

① 교류를 갈바닉 전류라고 한다.
② 교류 전류에는 평류, 단속 평류가 있다.
③ 직류는 전류의 흐르는 방향이 시간의 흐름에 따라 변하지 않는다.
④ 직류전류에는 정현파, 감응, 격동 전류가 있다.

• 갈바닉 전류는 직류이다.
• 교류는 전류의 방향, 크기가 시간의 흐름에 따라 주기적인 변화가 있는 전류이다.
• 교류전류에는 정현파, 감응, 격동전류가 있다.

13 전류의 설명으로 옳은 것은?

① 양(+) 전자들이 양극(+)을 향해 흐르는 것이다.
② 음(−)전자들이 음극(−)을 향해 흐르는 것이다.
③ 전자들이 전도체를 따라 한 방향으로 흐르는 것이다.
④ 전자들이 양극(+)방향과 음극(−)방향을 번갈아 흐르는 것이다.

전류란 전자들이 전도체를 따라 한 방향으로 흐르는 것이며, 전류의 방향은 (+)극에서 (−)극을 향해 흐른다.

SECTION 02 피부미용기기의 종류 및 사용법

[출제문항수 : 6~7문제] 암기해야 할 부분이 많은 편이나 학습범위에 비하여 출제문제가 많은 편으로 오히려 점수를 확보하기에 좋은 과목이라고 볼 수 있습니다. 기출문제 위주로 꼼꼼하게 학습하시면 쉽게 점수를 확보하실 수 있습니다

01 피부 분석진단 기기

1 확대경(Magnifying Glass)

1) 특징

① 피부의 표면을 확대하여 육안으로는 관찰하기 어려운 모공, 잔주름, 면포, 색소침착, 여드름 등의 상태를 자세히 판별할 수 있다.
② 아주 작은 결점도 관찰할 수 있어 정확한 피부분석과 관리가 가능하다.
③ 면포(여드름) 등을 제거할 때 효과적으로 이용한다.
④ 형광램프가 부착되어 관찰을 용이하게 한다.
⑤ 육안에 비하여 5~10배율 정도로 확대하여 관찰한다.

2) 사용법 및 유의사항

① 형광램프는 피부에 자극을 주지 않도록 열이 발생하지 않는 것을 사용한다.
② 클렌징을 깨끗이 한 상태에서 실시한다.
③ 고객의 눈을 보호하기 위해 반드시 아이패드를 사용한다.
④ 형광램프는 고객의 얼굴위에서 켜지 않고 15~20cm 정도 거리를 두고 스위치를 켠다.
⑤ 확대경은 어두운 곳보다는 밝은 곳에서 사용하는 것이 좋다.

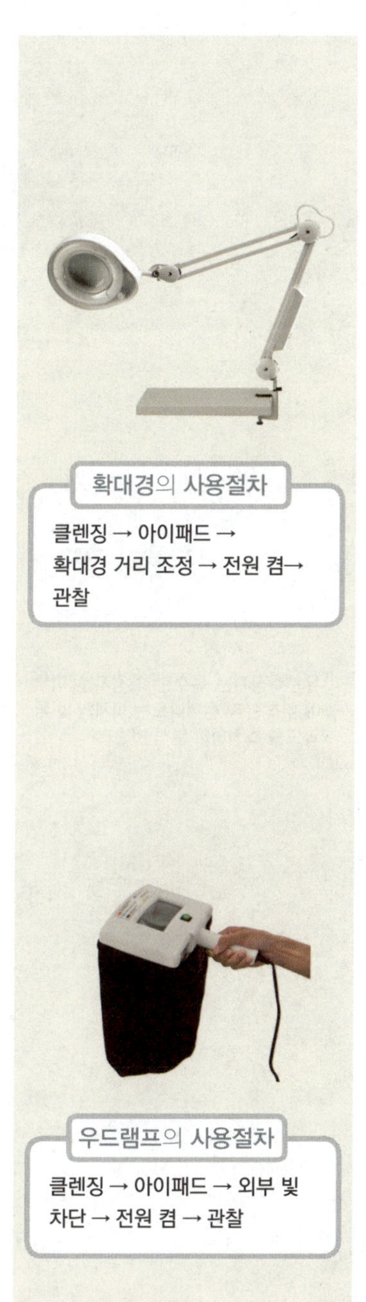

확대경의 사용절차

클렌징 → 아이패드 → 확대경 거리 조정 → 전원 켬→ 관찰

2 우드램프(Wood Lamp)

1) 특징

① 특수한 인공자외선을 피부에 투과하여 수분, 피지, 면포, 각질 등의 피부상태를 다양한 색깔로 관찰 분석할 수 있는 광학피부분석기이다.
② 눈으로 판별하기 어려운 피부의 심층 상태 및 문제점을 명확하게 분별할 수 있다.

2) 사용법 및 유의사항

① 클렌징을 하고 피부표면에 이물질이 남아 있지 않도록 화장 솜으로 닦아준다.
② 고객의 눈을 보호하기 위하여 아이패드로 눈을 보호하고, 눈을 감게 하고 우드램프를 켠다.
③ 시술 시 5~6cm 떨어진 위치에서 실내를 어둡게 하고 측정한다.
④ 램프의 과열 방지를 위해 오래 켜두지 않도록 한다.

우드램프의 사용절차

클렌징 → 아이패드 → 외부 빛 차단 → 전원 켬 → 관찰

피부 상태	피부의 반응 색상
정상(중성)피부	청백색
건성 · 수분부족 피부	밝은(옅은) 보라색
민감성 또는 모세혈관 확장 피부	진한 보라색
지성 · 지루 · 피지 · 여드름 피부	주황색(오렌지색), 노란색
죽은 세포 및 각질	흰색
색소침착 부위	짙은 암갈색
비립종	노란색
먼지 등 이물질	흰색이나 형광색

3 기타 피부분석 진단기기

1) 스킨스코프(Skin Scope)

① 피부측정과정을 컴퓨터에 연결된 모니터를 통하여 고객과 함께 피부상태를 확인할 수 있는 피부분석 진단기기이다.

② 실물을 50~300배 정도 확대하여 분석할 수 있는 기기로 피부의 주름 상태, 모공크기, 피지량, 색소 침착, 각질, 피부결 등을 정확하게 관찰할 수 있다.

③ 고객은 자신의 피부상태를 직접 관찰하며 상담 받을 수 있어 시간을 절약할 수 있다.

2) 유 · 수분 측정기

① 유분 측정기 : 피부표면의 유분함유량을 측정하는 기기

② 수분 측정기 : 피부 각질층의 수분 함유량을 측정하는 기기

③ 세안 후 화장품을 도포하지 않고 30분 경과 후 측정한다.

④ 한번 수분(유분)이 닦인 부위는 정확히 측정되지 않으므로 같은 부위를 반복 측정하지 않는다.

⑤ 측정할 때 직사광선이나 직접조명 아래에서는 측정하지 않는다.

⑥ 환경에 따른 오차를 줄이기 위하여 온도 20~22℃, 습도 40~60%에서 측정한다.

⑦ 운동 직후에는 휴식을 취한 후 측정한다.

3) 피부 pH 측정기

① 피부 표면의 산과 알칼리의 정도(pH)를 측정하기 위하여 사용되는 기기

② 피부의 예민도나 유분을 측정한다.

③ 건강한 피부는 pH 4.5~6.5의 약산성이며, 알칼리성에 가까울수록 건조한 피부이다.

④ 세안 후 2시간 정도 경과한 후에 탐침을 접촉하여 측정하고, 탐침은 증류수로 씻어 물기 제거 후 사용한다.

⑤ 탐침을 피부에 45도 각도에서 가볍게 눌러 측정한다.

▶ 유분측정기는 특수한 측정지를 피부에 부착한 후 묻어나오는 피지의 빛 투과도를 측정하여 분석한다.

⑥ 측정부위는 손등, 뺨, 이마, 상완부 등이 좋으며, 체모가 있는 부위는 측정하지 않는다.

02 안면 미용기기

1 스티머(Steamer)

안면에 스팀(수증기)을 분사해 모공을 열어 노폐물을 제거하고 수분을 공급하는 기기

1) 특징

① 안면 피부미용 관리 시 가장 많이 사용되는 기기
② 오존 발생기가 부착된 경우 살균 및 소독 작용
③ 혈액순환 촉진, 노폐물 배출, 습윤작용 및 각질연화, 화장품 성분의 피부침투 용이 등의 효과

2) 사용법 및 유의사항

① 정제수를 넣고 고객관리 10분전에 예열하고, 스팀이 나오기 시작할 때 오존을 공급한다. → 물은 반드시 정수된 물을 사용해야 하고, 수분이 없을 때 오존을 공급하면 안 된다.
② 스티머 물통의 물 양은 1/2 ～ 2/3 정도를 유지한다.
③ 스팀의 분사방향과 얼굴(코)이 너무 가깝지 않도록 하여 화상을 입지 않도록 주의한다. → 얼굴과 분사구의 거리는 30~50cm 정도로 하고, 민감성 피부의 경우 거리를 좀 더 멀리 하여준다.
④ 모세혈관확장 부위에는 화장솜을 덮어준다.
⑤ 오존을 사용하지 않는 스티머의 사용 시에는 아이패드를 사용하지 않아도 좋다.
⑥ 모세혈관확장 피부, 민감성 피부, 당뇨환자 등은 사용을 주의한다.
⑦ 부적용 대상 : 심한 화농성 여드름 피부, 일광 손상된 피부, 알레르기 피부, 찰과상 피부, 천식환자 등
⑧ 피부유형별 스티머의 사용시간

피부유형	스티머와 피부 거리	사용시간
노화, 건성, 지성	30cm	15분
정상	35cm	10분
민감성, 알레르기성, 모세혈관확장, 여드름피부	40~50cm	5분

2 브러싱 머신(프리마톨, Frimator)

회전브러시를 이용하여 모공의 피지와 불필요한 각질을 제거하기 위하여 사용하는 기기이다.

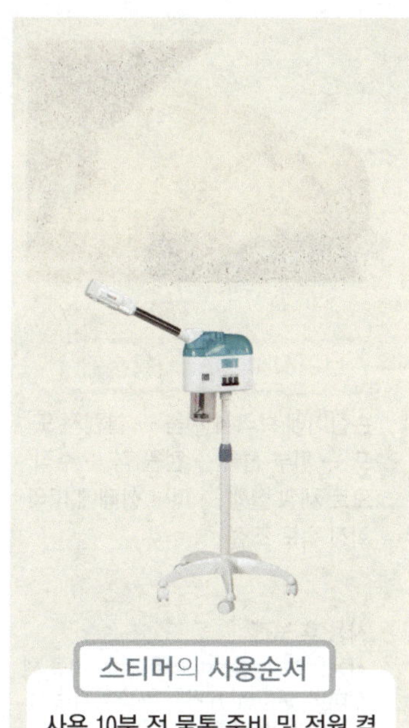

▶ 사용 후 보관
• 수조를 식초물(물 : 식초 = 10 : 1)로 세척한 후 물통을 비워서 보관
• 수조내부를 세제를 사용하여 세척하지 않으며, 수조에 세제나 오일이 들어가지 않도록 주의(고장의 원인이 됨)

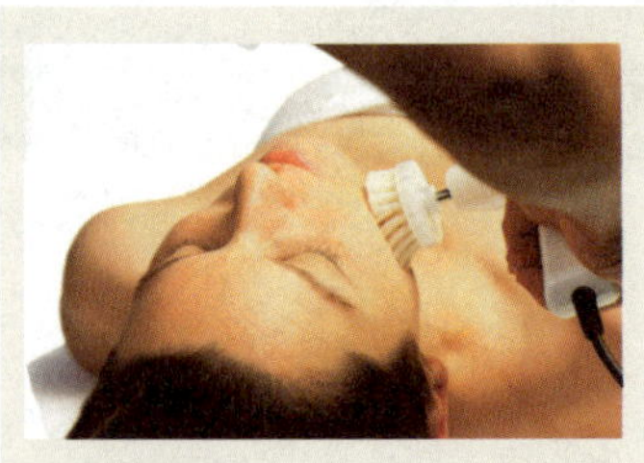

손잡이에 브러시 끼움 → 클렌저 도
포 → 피부 접촉 → 전원 켬 → 수직
으로 세워 실행 → 피부 상태에 따라
회전 속도 조절

▶ **사용 후 보관**
사용한 브러시는 비눗물(중성세제)로 세
척하여 물기를 제거한후 소독기로 소
독하여 보관한다.

클렌징 → 비적용증 검토 및 관리
설명 → 화장품 도포 → 벤토우즈 선
택 → 흡입력 조절 후 테스트 → 실행

▶ 지성피부의 면포 추출에 가장 적합하다.

⬆ 진공흡입기와 각종 벤토즈

1) 특징

① 산양이나 염소의 털 등 피부에 자극이 적은 천연모를 사용한다.
② 브러싱은 피부에 부드러운 마찰을 주어 혈액순환을 촉진시킨다.
③ 클렌징, 딥클렌징, 필링, 마사지 등의 효과를 가진다.

2) 사용법 및 유의사항

① 브러시는 미지근한 물에 적신 후 사용한다.
② 세안제는 적당량 사용하며, 회전 중 세안제가 고객의 눈과 입에 들어가
지 않도록 주의한다.
③ 브러시는 피부에 대해 수직방향(90°)으로 사용한다.
④ 브러시 사용 시 손목에 힘을 빼고 가볍게 원을 그리듯 굴곡을 따라 이
동하며 사용한다. → 손목에 힘을 주거나 브러시 끝을 눌러가며 돌리지
않는다.
⑤ 피부상태에 따라 브러시의 회전속도를 조절한다.
　• 건성 및 민감성 피부는 회전속도를 느리게 동작한다.
　• 얼굴은 느리게, 신체는 빠른 속도로 동작시킨다.
⑥ 화농성 여드름 피부, 모세혈관확장 피부 등에는 사용을 피한다.

③ 진공흡입기(석션기, Vaccum Suction)

벤토우즈(ventouse, 유리관이나 사용컵 등)를 피부에 밀착시켜 진공상태의 흡입
력에 의해 피지·노폐물 제거, 혈액 및 림프순환을 촉진시키는 기기

1) 특징 및 효과

① 진공의 압력을 이용하여 적절한 자극을 주어 피부기능을 활성화시킨다.
② 효과
　• 혈액순환, 림프순환 촉진, 기초대사량 증진
　• 피부를 자극하여 한선과 피지선의 기능 활성화
　• 노폐물(불순물) 배출, 면포나 피지의 제거 등

2) 사용법 및 유의사항

① 사용 시 크림이나 오일을 바르고 사용한다.
② 한 부위에 오래 사용하지 않도록 조심한다.
③ 모세혈관확장 피부, 알레르기성 피부, 지나치게 탄력이 저하된 피부, 예
민하거나 노화된 피부 등에는 사용을 피한다.
④ 관리가 끝난 후 벤토우즈는 미온수와 중성세제를 이용하여 잘 세척하고
알코올 소독 후 보관한다.

④ 갈바닉(galvanic) 기기

갈바닉 전류를 이용하여 화장품을 이온화시켜 피부에 침투시키는 기기

1) 특징

① 갈바닉 전류의 같은 극끼리 밀어내고, 다른 극끼리 끌어당기는 성질을
이용한 기기이다.

② 갈바닉 전류는 피부를 통과할 때 음극과 양극에 의해 화학적인 작용을 한다.

2) 극의 효과

양극(+)	음극(−)
• 산성반응	• 알칼리성 반응
• 산성물질 침투	• 알칼리성물질 침투
• 신경안정 및 피부진정	• 신경자극 및 피부 활성화
• 혈관·모공·한선 수축	• 혈관·모공·한선 확장
• 혈액공급 감소	• 혈액공급 증가
• 피부조직 강화	• 피부조직의 연화
• 이온영동법	• 전기세정법

* 양극간(兩極間)에서는 살균과 염증예방, 혈액·림프순환, 체온상승, 신진대사 증진의 효과를 가진다.

3) 종류

① 이온토포레시스(Iontophoresis, 이온영동법)
- 갈바닉 전류 중 양극(+)을 이용하여 피부 침투가 어려운 수용성 화장품(겔, 앰플, 에센스 등)의 고농축 유효성분을 피부 깊숙이 스며들게 하는 영양관리법
- 재생력 향상, 혈액 및 림프 순환 촉진

② 디스인크러스테이션(Desincrustation, 전기세정법)
- 갈바닉 전류 중 음극(−)에서 생성되는 알칼리를 이용하여 모공에 있는 피지를 분해하고 각질세포, 노폐물을 배출시켜 세정효과를 주는 딥클렌징 방법 → 주 1회 정도 시술이 적당
- 화학적인 전기분해에 기초를 두고 있으며, 직류가 식염수를 통과할 때 발생하는 화학작용을 이용
- 색소침착 방지, 미백효과 등이 있으며, 지성 피부나 여드름 피부의 관리에 적합
- 모세혈관확장 피부, 민감성 피부, 건성 피부는 가급적 피하는 것이 좋음
- 아나포레시스(Anaphoresis)라고도 한다.

4) 갈바닉기 사용 시 주의사항

① 고객의 모든 금속성 액세서리는 제거하고 시술한다.
② 전극봉을 피부에 접착시킨 후에 기기의 스위치를 켜서 작동시킨다.
③ 피부상태에 따라 앰플의 도포와 세기를 조절하고, 침투물질을 골고루 바른다.
④ 뺨 부위, 뼈마디 부위는 전류를 약하게 하여 시술한다.
⑤ 세기가 강하면 화상을 입고, 약하면 효과를 얻지 못하므로 적절한 세기로 조절하여야 한다.

▶ 갈바닉 전류
항상 양극에서 음극으로 흐르는 직류 전류를 말한다. 극성을 가져 같은 극끼리 밀어내고, 다른 극끼리는 당기는 성질이 있다.

▶ 이온토포레시스는 딥클렌징법이 아니며, 디스인크러스테이션은 딥클렌징 방법이다.

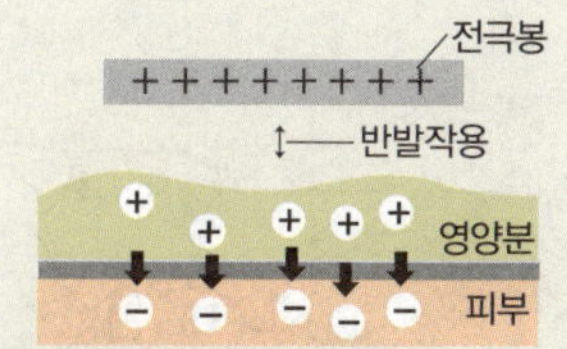

(+) 전극봉을 피부에 접촉하면 극성 반발작용에 의해 이온화된 (+) 영양분이 피부에 침투한다.

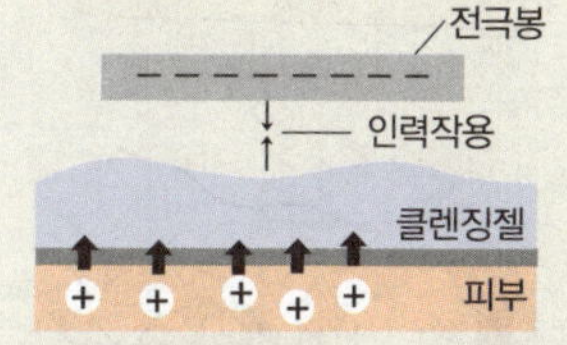

(−) 전극봉을 피부에 접촉하면 클렌징젤은 용해되고, 피부의 노폐물이 (+)가 되어 피부에서 배출된다.

⬆ 이온토포레시스과 디스인크러스테이션의 원리

5 고주파기기

고주파의 온열효과로 혈액순환을 촉진시키며, 신진대사를 활성화하고 모세혈관을 확장시켜 제품의 경피 침투를 돕는 기기

1) 특징

① 테슬라 전류(Tesla current, 교류)를 사용
② 10만 Hz(헤르츠) 이상의 고주파를 사용
③ 고주파는 파동 주기가 짧아 근육에 수축을 일으키지 않고 열을 발생시킴
④ 효과
  • 피부의 활성화로 노폐물 배출
  • 내분비선의 분비를 활성화
  • 살균, 소독 효과로 박테리아 번식 예방
  • 신경 및 근육의 전기적 자극으로 통증으로 완화시킴
  • 혈액순환 촉진, 피부 재생력 향상, 여드름 치료 등

2) 종류

직접법	• 고객의 피부에 직접 전극봉을 접촉하여 관리 • 스파킹 효과로 인한 살균 및 소독, 모공 수축(지성, 여드름 피부) • 혈액순환 촉진, 신진대사 증가 • 온열효과로 세포재생 및 진정, 피지선 활동 증가
간접법	• 고객의 손으로 전극봉을 잡고, 관리사의 손을 이용하여 관리 • 온열효과로 세포 재생 및 진정효과 • 손을 이용한 피부관리 효과 • 근육과 신경의 긴장 이완 • 건성피부, 잔주름에 효과적

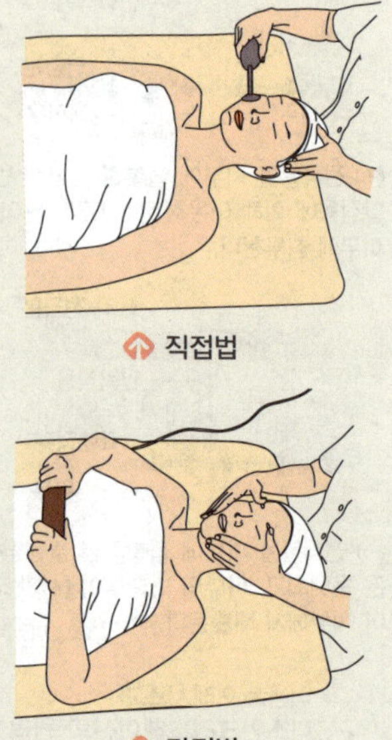

↑ 직접법

↑ 간접법

3) 사용 순서

순서	직접법	간접법
1	고객의 비적용증 검토 및 금속물 제거	
2	클렌징	
3	강도 '0' 확인	
4	피부미용사 몸에 시험하고 고객에게 설명	
5	피부에 제품 및 티슈 도포	고객의 손에 탈크 파우더를 바르고 전극봉을 잡도록 함
6	관리사가 고객의 피부에 마른 거즈를 올리고, 그 위에 직접 전극봉을 접촉하여 관리	고객의 얼굴에 적합한 크림을 바르고 관리사 손을 이용하여 관리
7	전원 켬	
8	서서히 강도 조절 후 시술 (3~8분간)	서서히 강도조절 후 시술 (8~20분간)
9	강도 '0'으로 낮춤	
10	스위치를 끄고, 피부에서 전극봉 떼어냄	

4) 사용법 및 유의사항

① 관리 전 고객과 피부미용사의 비적용증 검토 및 모든 금속물을 제거

② 직접법 시 피부미용사의 양손이나 다른 사람의 손이 고객 몸에 접촉되지 않도록 주의

③ 간접법 시 피부미용사의 양손이 고객 몸에서 동시에 떨어지지 않도록 주의

④ 클렌징 후 알코올 성분이 있는 토너의 사용은 금하며, 무알콜 토너를 바른다.

⑥ 임산부, 고혈압이나 동맥경화환자 등과 인공심박기 부착자, 치아 보철 등 몸에 금속을 착용하고 있는 사람에게는 시술하지 않는다.

6 초음파기기

인간의 귀로 들을 수 없는 초음파를 이용하여 조직과 세포 사이에 미세한 진동과 온열을 만들어 신진대사를 촉진시키는 기기

1) 종류와 특징

저초음파	• 스킨 스크러버 프로브 핸들 방식 • 초음파에너지의 진동에 의해 세정수를 안개처럼 만들어 모공 속의 피지와 노폐물을 유화시킴(각질제거 및 피부 정화효과) • 주로 세안 스켈링 목적으로 사용 • 상처 및 염증 부위에 사용을 금한다.
고초음파	• 전극형 헤드 방식 • 주로 리프팅이나 영양침투를 위하여 사용 • 혈액·림프순환 촉진, 세포재생, 콜라겐과 엘라스틴 합성촉진 등의 효과 • 뼈나 관절부위에는 적용하지 않음

7 리프팅기

① 근육의 노화로 주름지고 탄력이 없는 피부에 인위적으로 동일한 인체 전류를 넣어주어 신진대사의 기능 강화, 피부처짐을 방지하는 기기이다.

② 콜라겐과 엘라스틴을 활성화시켜 주름 제거 및 개선효과를 가진다.

③ 고객의 피부가 전극이 되며, 긴 파장과 약한 저주파 전류로 발생시킨 빠른 진동을 이용한다.

④ 주로 안면 주름제거 및 개선, 가슴과 엉덩이 처짐 개선에 이용

⑤ 리프팅기 사용 시 피부질환자, 치아보철기 착용 등 금속착용자는 시술을 금함

8 분무기(Spray)

① 수용액의 입자를 최소화하여 피부 표면에 분무하는 기기

② 관리 목적에 따라 로션, 유연화장수, 아스트리젠트, 미네랄워터, 에센셜 오일 등을 물에 희석하여 사용

③ 클렌징 후, 노폐물 압출 후, 석션기 사용 후, 팩 제거 후에 하면 효과적
④ 분무 시 눈, 코, 입에 들어가지 않도록 주의
⑤ 화농부위, 상처부위, 염증 등에는 사용하지 않음

03 전신 미용기기

1 진공흡입기(바디용)

효과	• 림프순환, 혈액순환, 신진대사 촉진 • 노폐물 배출효과 및 부종 완화 • 지방제거 및 셀룰라이트 분해 • 피지제거 및 피지선 활성화
사용법	• 컵에 피부가 10~20% 흡입되게 하여 림프절 가까이로 이동 • 사용 전에 관리사의 손목 안쪽에 대고 강도를 조절 • 한 부위를 집중해서 관리하지 않고 등, 다리(후면), 다리(전면), 얼굴, 데콜테, 팔, 복부 순으로 관리
주의사항	• 모세혈관확장 피부, 민감성, 여드름, 탄력이 떨어진 피부, 정맥류, 찰과상이 있는 자는 사용하지 않음

2 바이브레이터기(진동 마사지기)

효과	• 혈액순환촉진, 신진대사 증진 효과 • 온열효과로 지방선 자극하여 건성피부와 노화피부에 효과적 • 근육이완 및 근육통 해소 • 영양과 산소공급 증가, 기초대사량 증가 • 노폐물의 제거, 조직상태 증진
사용법	• 피부상태에 맞추어 적당한 압력으로 조절 • 관리도중 지속성이 끊어지지 않도록 함 • 스펀지나 스파이크를 헤드에 끼워서 사용하며, 항상 깨끗한 헤드를 사용 • 관리도중 신체의 손상이 없도록 잘 고정해서 사용
주의사항	• 넓은 부위에 주로 이용하며 뼈가 있는 부위는 피해야 함 • 찰과상, 모세혈관확장증, 타박상, 임산부, 민감성 피부, 수술부위, 감염성 질환 등이 있는 경우에는 사용하지 않음

3 엔더몰로지기(Endermologie)

강한 진공의 압력(음압)을 이용하여 피부조직에 탄력을 주고, 신진대사 및 혈액순환을 촉진시켜주는 기기

효과	• 부황요법, 바이브레이션 마사지, 림프 드레나지
	• 신진대사 , 피부탄력, 면역기능
	• 혈액순환 촉진, 독소 및 노폐물 축적 방지
사용법	• 전신에 오일을 도포하고 말초에서 심장 방향으로 밀어올리듯 시술
	• 전신체형 관리 시 약 40~50분간 적용
주의사항	• 뼈 부위, 정맥류, 모세혈관 확장 부위는 피하고 멍이 들지 않도록 시술

04 광선 미용기기

1 적외선 기기

1) 개요

① 적외선은 일광 중에서 650~1,400nm의 가장 긴 파장을 가지는 광선으로 열을 운반하여 '열선'이라 한다.

② 적외선은 피부조직의 2mm 정도까지 침투하여 피부에 온열자극을 준다.

③ 팩 재료를 빨리 건조시킬 때도 사용한다.

2) 효과

① 혈관 확장 및 혈액순환 촉진

② 근육조직의 이완 및 긴장 완화

③ 영양성분 침투 촉진(팩 도포 전·후에 조사함)

④ 노폐물 배설 및 울혈 완화, 저항력 향상

3) 유의사항

① 관리 전 모든 금속물질, 장신구 등과 콘텍트 렌즈는 제거한다.

② 얼굴관리 사용 시 반드시 눈과 입술은 젖은 화장솜을 덮어 보호한다.

③ 고객과 램프의 거리는 50~90cm로 유지하고, 처음에는 가까이 쬐다가 점점 멀리한다.

④ 해당 부위와 램프를 평행하도록 하여 빛을 직각으로 조사시킨다.

⑤ 화상에 주의하며, 피부 타입에 맞게 시간을 선택한다.

⑥ 자외선을 이용한 피부관리의 전 단계에서는 사용 하지 않는다.

⑦ 사용 부적합 대상 : 모세혈관확장 피부, 화농성 피부, 심장과 신장질환자, 고열, 악성종양, 순환장애, 일광 화상, 출혈위험 부위가 있는 경우

② 자외선 기기

(1) 개요

① 자외선은 일광의 3분류 중 파장이 가장 짧은 광선이다.
② 피부에 자극적인 화학반응을 일으키는 성질이 있어 '화학선'이라 한다.

(2) 파장의 길이에 따른 구분

종류	특징	적용기기
UV A (320~400nm) 장파장	• 진피층 침투 • 콜라겐과 엘라스틴 파괴 • 멜라닌 형성, 광알레르기 유발, 주름생성	• 인공선탠기 • 피부분석기
UV B (290~320nm) 중파장	• 표피의 기저층 침투 • 홍반, 화상, 염증 유발	
UV C (290nm 이하) 단파장	• 각질층에만 도달 • 살균효과-박테리아, 바이러스 • 피부세포 손상	• 소독기 • 살균기 • 탈취기

(3) 효과

① 피부표면의 선탠 효과 및 살균효과
② 적당량의 조사는 피부면역을 강화시킴
③ 피부상처, 여드름 등의 치료에 효과적이며 피부재생 촉진 효과
④ 피지감소, 혈액순환의 증가로 피부상태 호전
⑤ 식욕과 수면 증진, 전신 강장효과

(4) 자외선램프 사용 시 유의사항

① 주로 UV-A(장파장)를 방출하는 것을 사용한다.
② 고객으로부터 5~6cm 떨어진 거리에서 사용한다.
③ 일반적으로 30분 이내 조사한다.
④ 관리 전 고객의 광선에 대한 과민성 반응과 비적용증을 확인한다.
⑤ 관리 전 눈 보호를 위해 아이패드나 선글라스를 착용한다.
⑥ 자외선은 살균력이 강한 화학선이므로 주의해야 한다.
⑦ 태닝을 원하지 않는 부위는 반드시 차단제를 도포한다.

③ 컬러테라피(Color Therapy) 기기

(1) 개요

① '색채요법'이라고 하며, 색을 지닌 가시광선의 파장과 세기, 진동수, 색에 따른 효과를 이용한 기기이다.
② 적용부위에 맞는 컬러를 선택하여 일정기간 조사하는 방법으로 부작용이나 감염의 위험이 없다.

⑵ 색상별 효과

색상	색상에 따른 효과	적용대상
빨강	• 생명력 자극, 혈액순환을 촉진시켜 에너지를 활성화 • 근조직 이완, 세포 활성화 및 재생 • 셀룰라이트 개선, 지방분해효과	• 지루성 여드름, 노화피부 • 혈액순환이 안 되는 피부
주황	• 호르몬대사조절 및 근육 기능 활성 • 활력, 신경긴장 완화, 세포재생, 호흡기관 강화	• 건성 및 문제성 피부 • 알레르기성 민감성 피부 • 노화피부
노랑	• 소화기계, 신경계, 간 기능 강화 • 신경자극, 신체정화작용 • 콜라겐, 엘라스틴 합성 증가	• 피부 조기 노화 예방
초록	• 림프 순환촉진, 부종 감소 • 심리적 안정, 면역력 강화 • 지방 분비기능 조절, 스트레스 관리	• 심리적 스트레스성 여드름 • 홍반 및 반점 피부
파랑	• 심리적 안정 및 기분전환 효과 • 식욕 억제	• 모세혈관확장피부 • 지성 및 염증성 여드름피부
보라	• 림프계 활동 증진에 의한 면역성 증가 • 체액의 균형 조절 • 셀룰라이트, 슬리밍 효과	• 여드름 후 상처재생

⑶ 유의사항

① 관리부위에 빛을 수직으로 조사
② 색상필터를 이용하여 가시광선 파장에 해당하는 390~650nm의 인공광선을 조사
③ 목적에 따라 색상을 다양하게 사용
④ 주위를 어둡게 해야 효과를 가져 올 수 있음
⑤ 증상과 부위에 따라 빛의 강도를 조절
⑥ 사용 부적합 : 광알레르기 피부, 성형수술 직후, 콜라겐이나 보톡스 주입한 자, 피부염증이나 피부질환자

01. 피부분석진단기기

1 확대경의 사용방법 중 틀린 것은?

① 어두운 곳에서 사용한다.
② 고객의 눈에 아이패드를 한다.
③ 고객에게 적용할 때 눈에 직접 닿지 않게 한다.
④ 불을 끈 후 고객 얼굴로 옮긴다.

> 확대경은 육안으로 관찰하기 어려운 부분을 확대하여 피부분석을 하는 기기로 어두운 곳에서는 피부분석이 어려울 수 있다.

2 확대경에 대한 설명으로 틀린 것은?

① 피부상태를 명확히 파악하게 하여 정확한 관리가 이루어지도록 해준다.
② 확대경을 켠 후 고객의 눈에 아이패드를 착용시킨다.
③ 열린 면포 또는 닫힌 면포 등을 제거할 때 효과적으로 이용할 수 있다.
④ 세안 후 피부분석 시 아주 작은 결점도 관찰할 수 있다.

> 반드시 고객의 눈에 아이패드를 한 후 확대경을 켜야 한다.

3 클렌징이나 딥클렌징 단계에서 사용하는 기기와 가장 거리가 먼 것은?

① 베이퍼라이저
② 브러싱머신
③ 진공 흡입기
④ 확대경

> 확대경은 피부분석기이며, 베이퍼라이저(Vaporizer)는 클렌징이나 딥클렌징에 사용되는 스티머이다.

4 눈으로 판별하기 어려운 피부의 심층 상태 및 문제점을 명확하게 분별할 수 있는 특수 자외선을 이용한 기기는?

① 확대경
② 홍반 측정기
③ 적외선 램프
④ 우드램프

> 우드램프는 특수 자외선을 이용한 광학 피부분석기이며 자외선 파장을 이용해 피부표면이나 심층을 분석한다.

5 피부상태를 측정 분석하는 기구로 그 양상이 색깔로 나타나는 피부미용기기는?

① 확대경
② 석션기(진공흡입기)
③ 우드램프
④ 스팀기

> 우드램프는 특수한 인공자외선을 피부에 투과하여 수분, 피지, 면포, 각질 등의 피부상태를 다양한 색깔로 관찰 분석할 수 있는 광학피부분석기이다.

6 우드램프 사용 시 지성 부위와 코메도(comedo)를 나타내는 색은?

① 자주색 형광
② 맑은 보라
③ 흰색 형광
④ 노랑 또는 오렌지

> 우드램프 사용 시 지성부위와 여드름(코메도)은 노랑 또는 오렌지색으로 나타난다.
>
> | 피부상태 | 색상 |
> | --- | --- |
> | 정상 | 청백색 |
> | 건성 | 연보라 |
> | 지성·여드름 | 오렌지 또는 노랑 |
> | 각질층 | 흰색 |

7 피지, 면포가 있는 피부 부위의 우드램프(wood lamp)의 반응 색상은?

① 청백색
② 진보라색
③ 암갈색
④ 오렌지색

> • 청백색 : 정상피부   • 진보라색 : 민감·모세혈관확장
> • 암갈색 : 색소침착   • 오렌지색 : 피지·여드름

정답 **1** 1 ① 2 ② 3 ④ 4 ④ 5 ③ 6 ④ 7 ④

8 우드램프로 피부상태를 판단할 때 지성피부는 어떤 색으로 나타나는가?

① 푸른색
② 흰색
③ 오렌지
④ 진보라

우드램프로 피부상태를 판단할 때 지성피부는 오렌지 또는 노란색으로 나타난다.

9 우드램프 사용 시 피부의 색소 침착을 나타내는 색깔은?

① 푸른색
② 보라색
③ 흰색
④ 암갈색

우드램프로 피부상태를 판단할 때 색소침착피부는 짙은 암갈색으로 나타난다.

10 우드램프에 의한 피부의 분석 결과 중 틀린 것은?

① 흰색 – 죽은 세포와 각질층의 피부
② 연한 보라색 – 건조한 피부
③ 오렌지색 – 여드름, 피지, 지루성피부
④ 암갈색 – 산화된 피지

암갈색이 나타나는 경우는 색소침착피부이며 산화된 피지의 경우 크림색이나 담황색으로 나타난다.

11 우드램프에서 보이는 색과 피부의 상태를 옳게 연결한 것은?

① 옅은 황색 – 건성피부
② 크림색 – 정상피부
③ 오렌지색 – 민감성피부
④ 갈색 – 색소침착

건성피부–연보라색, 정상피부–청백색, 민감성피부–진보라색

12 우드램프에 대한 설명으로 틀린 것은?

① 피부 분석을 위한 기기이다.
② 밝은 곳에서 사용하여야 한다.
③ 클렌징 한 후 사용하여야 한다.
④ 자외선을 이용한 기기이다.

우드램프는 자외선을 피부에 비추었을 때 피부상태에 따라 다양한 색상을 나타내는 것을 이용해 피부상태를 분석하는 기기로 어두운 곳에서 사용한다.

13 피부를 분석 시 고객과 관리사가 동시에 피부상태를 보면서 분석하기에 가장 적합한 피부 분석기기는?

① 확대경
② 우드램프
③ 브러싱
④ 스킨스코프

스킨스코프는 피부분석기를 컴퓨터의 모니터와 연결한 것으로 고객과 관리사가 동시에 피부상태를 보면서 상담할 수 있다.

14 딥 클렌징과 관련이 가장 먼 것은?

① 더마스코프(Dermascope)
② 프리마톨(Frimator)
③ 엑스폴리에이션(Exfoliation)
④ 디스인크러스테이션(Disincrustation)

- 더마스코프(스킨스코프) : 피부타입 진단기
- 프리마톨 : 전동브러시를 이용한 딥클렌징
- 엑스폴리에이션 : 스크럽을 이용한 딥클렌징
- 디스인크러스테이션 : 갈바닉을 이용한 딥클렌징

15 수분측정기로 표피의 수분함량을 측정하고자 할 때 고려해야 하는 내용이 아닌 것은?

① 온도는 20~22℃에서 측정하여야 한다.
② 직사광선이나 직접조명 아래에서 측정한다.
③ 운동 직후에는 휴식을 취한 후 측정하도록 한다.
④ 습도는 40~60%가 적당하다.

수분측정기로 수분의 함유량을 측정할 때는 직사광선이나 직접조명 밑에서의 측정은 피한다.

정답 8 ③ 9 ④ 10 ④ 11 ④ 12 ② 13 ④ 14 ① 15 ②

16 **** **pH측정기의 사용방법으로 가장 거리가 먼 것은?**

① 탐침을 피부에 45° 각도에서 가볍게 누른다.
② 측정기의 탐침을 증류수에 씻어 물기를 제거한다.
③ 피부 표피의 pH가 알칼리성에 가까울수록 건조하다.
④ 측정 전에 피부를 깨끗이 클렌징하고 측정한다.

> pH측정기는 무알콜 클렌징 제품으로 세안 후 2시간 정도 경과한 후 측정한다.

17 ** **건강한 성인의 피부표면 pH 범위에 속하는 것은?**

① 2.5~4.5
② 8.5~10
③ 4.5~6.5
④ 6.5~8.5

> 건강한 성인의 피부표면 pH는 4.5~6.5의 약산성이다.

02. 안면 미용기기

1 **** **피부상태에 따른 스팀기의 사용방법에 가장 적합한 것은?**

① 모세혈관 확장 피부, 여드름 피부 : 20cm 거리, 15분 사용
② 정상피부 : 25cm거리, 25분 사용
③ 노화, 혈액순환이 나쁜 피부 : 20cm 거리, 15분 사용
④ 민감성, 알레르기성 피부 : 20cm거리, 20분 사용

> 스팀기는 피부와 30~50cm의 거리를 두고 사용하며, 정상피부 10분, 건성이나 노화피부 15분, 민감성이나 알레르기성 피부는 5분 정도 사용한다. 보기에서는 ③이 가장 정답에 가깝다.

2 ***** **스티머 사용 시 주의사항이 아닌 것은?**

① 피부에 따라 적정 시간을 다르게 한다.
② 스팀 분사방향은 코를 향하도록 한다.
③ 스티머 물통에 물을 2/3 정도 적당량 넣는다.
④ 물통을 일반세제로 씻는 것은 고장의 원인이 될 수 있으므로 사용을 금한다.

> 얼굴과 스팀의 거리는 30~50cm 정도 유지하며 스팀이 코를 직접 향하지 않도록 한다. 스팀은 턱선을 따라 얼굴에 퍼지도록 하는 것이 좋다.

3 *** **스티머 사용 시 주의해야 할 사항으로 틀린 것은?**

① 오존이 함께 장착되어 있는 경우 스팀이 나오기 전 오존을 미리 켜 두어야 한다.
② 일광에 손상된 피부나 감염이 있는 피부에는 사용을 금한다.
③ 수조내부를 세제로 씻지 않도록 한다.
④ 물은 반드시 정수된 물을 사용하도록 한다.

> 스티머 사용 시 스팀분사 이후 오존을 켜도록 하고 수조내부는 세제를 사용하지 않고 물과 식초를 이용하여 세척한다.

4 *** **스티머 활용 시의 주의사항과 가장 거리가 먼 것은?**

① 오존을 사용하지 않는 스티머를 사용하는 경우는 아이패드를 하지 않아도 된다.
② 스팀이 나오기 전 오존을 켜서 준비한다.
③ 상처가 있거나 일광에 손상된 피부에는 사용을 제한하는 것이 좋다.
④ 피부타입에 따라 스티머의 시간을 조정한다.

> 스티머를 사용할 때 오존은 스팀으로 피부에 수분을 공급한 이후에 사용하여야 한다.

5 **** **스티머 기기의 사용방법으로 적합하지 않은 것은?**

① 증기분출 전에 분사구를 고객의 얼굴로 향하도록 미리 준비해 놓는다.
② 일반적으로 얼굴과 분사구와의 거리는 30~40cm 정도로 하고 민감성 피부의 경우 거리를 좀 더 멀게 위치한다.
③ 유리병 속에 세제나 오일이 들어가지 않도록 한다.
④ 수분 없이 오존만을 쐬여 주지 않도록 한다.

> 사용하기 10분 전에 전원을 켜고 스팀이 나오면 고객의 얼굴을 향하도록 기기를 조절한다.

6 ★★ 프리마톨을 가장 잘 설명한 것은?

① 석션유리관을 이용하여 모공의 피지와 불필요한 각질을 제거하기 위해 사용하는 기기이다.
② 회전브러시를 이용하여 모공의 피지와 불필요한 각질을 제거하기 위해 사용하는 기기이다.
③ 스프레이를 이용하여 모공의 피지와 불필요한 각질을 제거하기 위해 사용하는 기기이다.
④ 우드램프를 이용하여 모공의 피지와 불필요한 각질을 제거하기 위해 사용하는 기기이다.

프리마톨은 회전브러시를 기기에 연결하여 회전하는 속도의 조절을 통하여 피지와 각질을 제거하는 브러싱 머신을 말한다.

7 ★★★★ 전동브러시(Frimator)의 효과가 아닌 것은?

① 앰플 침투
② 클렌징
③ 필링
④ 딥클렌징

전동브러시는 클렌징, 딥클렌징, 필링, 마사지 효과가 있다.

8 ★★★★★ 브러싱 머신(brushing machine)을 사용하는 목적이 아닌 것은?

① 피부표면의 먼지와 오염물질을 없앤다.
② 가벼운 각질 제거와 자극을 준다.
③ 죽은 세포를 제거한다.
④ 모든 피부에 사용가능하다.

브러싱 머신은 화농성 여드름 피부와 모세혈관확장 피부 등은 사용을 피하는 것이 좋다.

9 ★★★★★ 브러싱에 관한 설명으로 틀린 것은?

① 모세혈관확장 피부는 석고 재질의 브러싱이 권장된다.
② 건성 및 민감성 피부의 경우는 회전속도를 느리게 해서 사용하는 것이 좋다.
③ 농포성 여드름 피부에는 사용하지 않아야 한다.
④ 브러싱은 피부에 부드러운 마찰을 주므로 혈액순환을 촉진시키는 효과가 있다.

모세혈관확장 피부는 물리적 자극을 주므로 브러싱을 피해야 한다.

10 ★★★ 전동브러시의 올바른 사용 방법이 아닌 것은?

① 모세혈관확장 피부에는 사용하지 않는다.
② 브러시를 미지근한 물에 적신 후 사용한다.
③ 손목에 힘을 주어 눌러가며 돌려준다.
④ 사용한 브러시는 비눗물로 세척 후 물기를 제거하고 소독기로 소독한 후 보관한다.

전동브러시 사용 시 손목에 힘을 빼고 브러시 끝을 피부표면에 수직으로 세워 가볍게 누르듯이 원을 그리며 이동한다.

11 ★★ 브러시(프리마톨)의 사용 방법으로 틀린 것은?

① 브러시는 피부에 90도 각도로 사용한다.
② 건성·민감성 피부는 빠른 회전수로 사용한다.
③ 회전속도는 얼굴은 느리게, 신체는 빠르게 한다.
④ 사용 후에는 즉시 중성 세제로 깨끗하게 세척한다.

프리마톨의 사용은 강한 세정방법으로 건성 · 민감성 피부는 느린 회전수로 사용한다.

12 ★★★★ 브러시 사용법으로 옳지 않은 것은?

① 회전하는 브러시를 피부와 45° 각도로 하여 사용한다.
② 피부상태에 따라 브러시의 회전속도를 조절한다.
③ 화농성 여드름 피부와 모세혈관확장 피부 등은 사용을 피하는 것이 좋다.
④ 브러시는 사용 후 중성세제로 세척한다.

브러시는 피부와 90° 각도로 세워서 가볍게 누르듯이 댄 상태에서 사용한다.

정 답 6 ② 7 ① 8 ④ 9 ① 10 ③ 11 ② 12 ①

13 *** 브러싱 기기의 올바른 사용법은?

① 브러시 끝이 눌리도록 적당한 힘을 가한다.
② 손목으로 회전브러시를 돌리면서 적용시킨다.
③ 브러시는 피부에 대해 수평방향으로 적용시킨다.
④ 회전내용물이 튀지 않도록 양을 적당히 조절한다.

> ① 브러시 끝이 눌리도록 힘을 가하지 않는다.
> ② 손목에 힘을 빼고 가볍게 원을 그리듯이 이동한다.
> ③ 피부에 대해 수직방향(90도)으로 적용한다.

14 **** 다음에서 설명하고 있는 기기는?

> 벤토우즈(ventouse)라 불리는 다양한 컵을 가지고 있으며, 림프액과 혈액의 흐름을 빠르게 하고 기초대사량을 높이는 효과가 있다.

① 초음파기기
② 진공흡입기기
③ 고타진동기기
④ 고주파기기

> 진공흡입기는 벤토우즈(유리관이나 사용컵 등)를 피부에 밀착시켜 진공 상태의 흡입력에 의해 피지와 노폐물 제거, 혈액 및 림프순환을 촉진시키는 기기이다.

15 *** 지성피부의 면포 추출에 사용하기 가장 적합한 기기는?

① 분무기
② 전동브러시
③ 리프팅기
④ 진공흡입기

> 진공흡입기의 흡인력은 면포를 추출하기에 용이하다.

16 **** 안면 진공흡입기의 사용방법으로 가장 거리가 먼 것은?

① 사용 시 크림이나 오일을 바르고 사용한다.
② 한 부위에 오래 사용하지 않도록 조심한다.
③ 탄력이 부족한 예민, 노화 피부에 더욱 효과적이다.

④ 관리가 끝난 후 벤토우즈는 미온수와 중성세제를 이용하여 잘 세척하고 알코올 소독 후 보관한다.

> 예민하거나 노화피부는 사용을 피하는 것이 좋다.

17 ** 진공흡입기(suction)의 효과로 틀린 것은?

① 피부를 자극하여 한선과 피지선의 기능을 활성화 시킨다.
② 영양물질을 피부 깊숙이 침투시킨다.
③ 림프순환을 촉진하여 노폐물을 배출한다.
④ 면포나 피지를 제거한다.

> 진공흡입기는 세포와 조직에 적절한 압력을 가하여 정체된 노폐물을 배출시키는 데 도움을 주는 피부관리기기이다. 림프순환, 혈액순환, 신진대사 촉진, 노폐물 배출효과, 피지선 활성화 등의 효과가 있으며, 영양물질 침투와는 관계가 없다.

18 *** 미용기기로 사용되는 진공흡입기(Vacuum Suction)와 관련이 없는 것은?

① 피부에 적절한 자극을 주어 피부기능을 왕성하게 한다.
② 피지 제거, 불순물 제거에 효과적이다.
③ 민감성피부나 모세혈관확장증에 적용하면 좋은 효과가 있다.
④ 혈액순환촉진, 림프순환촉진에 효과가 있다.

> 진공흡입기는 민감성피부나 모세혈관확장 피부, 개방된 상처에는 사용을 금한다.

19 *** 다음 중 열을 이용한 기기가 아닌 것은?

① 진공흡입기
② 스티머
③ 파라핀 왁스기
④ 왁스워머

> 진공흡입기는 압력을 이용한 기구이다.

정답 13 ④ 14 ② 15 ④ 16 ③ 17 ② 18 ③ 19 ①

20[**] 진공흡입기 적용을 금지해야 하는 경우와 가장 거리가 먼 것은?

① 모세혈관확장 피부
② 알레르기성 피부
③ 지나치게 탄력이 저하된 피부
④ 건성피부

> 건성피부에는 진공흡입기를 사용해도 된다.

21[****] 다음 중 갈바닉(galvanic) 전류에 해당되는 설명은?

① 라디오와 무선에 이용되어지는 전파보다 매우 파장이 짧은 전파이다.
② 전류의 방향과 크기가 주기적으로 변하는 일종의 교류전류이다.
③ 가시광선의 바깥쪽에 있는 파장이 긴 전자파다.
④ 항상 양극에서 음극으로 흐르는 직류전류이다.

> 갈바닉 전류는 항상 양극에서 음극으로 흐르는 직류전류이다.

22[*****] 매우 낮은 전압의 직류를 이용하며, 이온영동법과 디스인크러스테이션의 두 가지 중요한 기능을 하는 기기는?

① 초음파기기
② 저주파기기
③ 고주파기기
④ 갈바닉 기기

> 갈바닉 기기는 갈바닉 직류의 같은 극끼리 밀어내고 다른 극끼리 끌어당기는 성질을 이용한 것으로, 이온영동법(영양관리 방법)과 디스인크러스테이션(딥클렌징 방법)이 있다.

23[*****] 모공이 넓은 사람에게 갈바닉 전류를 이용하여 모공수축관리를 하려고 할 때 가장 적합한 방법은?

① 음극(-극) 전기로 수렴효과를 준다.
② 음극(-극) 전기로 이완효과를 준다.
③ 양극(+극) 전기로 수렴효과를 준다.
④ 양극(+극) 전기로 이완효과를 준다.

갈바닉기기의 양극과 음극효과의 비교

양극(+)	음극(-)
• 산성반응	• 알칼리성 반응
• 산성물질 침투	• 알칼리성물질 침투
• 신경안정 및 피부진정	• 신경자극 및 피부 활성화
• 혈관·모공·한선 수축	• 혈관·모공·한선 확장
• 혈액공급 감소	• 혈액공급 증가
• 피부조직 강화	• 피부조직의 연화
• 이온영동법	• 전기세정법

※ 수렴효과는 수축, 이완효과는 확장의 의미이다.

24[*****] 갈바닉(galvanic) 기기의 음극 효과로 틀린 것은?

① 모공의 수축
② 피부의 연화
③ 신경의 자극
④ 혈액공급의 증가

갈바닉 기기의 효과

갈바닉의 양극효과	산성물질 침투, 신경안정 및 진정작용, 혈관·모공·한선 수축, 피부조직 강화
갈바닉의 음극효과	알칼리성 물질침투, 신경자극 및 활성화, 혈관·모공·한선 확장, 피부조직 이완

25[****] 갈바닉 전류에서 음극의 효과는?

① 진정효과
② 통증감소
③ 알칼리성반응
④ 혈관수축

갈바닉 전류에서 음극의 효과
- 알칼리성반응
- 혈액공급증가
- 신경자극
- 모공과 한선의 확장과 피부조직의 이완
- 디스인크러스테이션작용(먼지, 피지 노폐물 제거관리)

26 피부에 미치는 갈바닉 전류의 양극(+)의 효과는?

① 피부진정
② 모공세정
③ 혈관확장
④ 피부유연화

갈바닉 전류의 양극(+)의 효과는 주로 신경안정 및 진정작용, 혈관, 모공, 한선 수축, 피부조직 강화이다. 모공세정, 혈관확장, 피부유연화는 음극(-)의 효과이다.

27 딥클렌징 방법이 아닌것은?

① 디스인크러스테이션
② 효소필링
③ 브러싱
④ 이온토포레시스

이온토포레시스(이온관리법)는 갈바닉 전류를 이용하여 피부에 영양성분이 흡수되도록 돕는 관리법이다.

28 이온토포레시스(Iontophoresis)의 주 효과는?

① 세균 및 미생물을 살균시킨다.
② 고농축 유효성분을 피부 깊숙이 침투시킨다.
③ 셀룰라이트를 감소시킨다.
④ 심부열을 증가시킨다.

이온토포레시스는 음극과 양극이 서로 끌어당기는 성질을 이용하여 피부 속으로 유효성분을 침투시키는 영양관리 방법이다.

29 피부관리 시 수용성제품을 피부 속으로 침투시키는 과정은?

① 이온토포레시스
② 디스인크르스테이션
③ 케라티나이제이션
④ 필링

피부관리 시 피부 속으로 유효성분을 침투시키는 방법은 이온영동법(이온토포레시스)이다.

30 열을 이용한 기기가 아닌 것은?

① 스티머
② 이온토포레시스
③ 파라핀 왁스기
④ 적외선등

이온토포레시스는 음극과 양극의 극성인력법칙을 이용하여 피부 속으로 유효성분을 침투시키는 영양관리 방법이다.

31 지성피부에 적용되는 작업 방법 중 적절하지 않는 것은?

① 이온영동 침투기기의 양극봉으로 디스인크러스테이션을 해준다.
② 쟈켓법을 이용한 관리는 디스인크러스테이션 후에 시행한다.
③ T-존(T-zone) 부위의 노폐물 등을 안면 진공흡입기로 제거한다.
④ 지성 피부의 상태를 호전시키기 위해 고주파기의 직접법을 적용시킨다.

지성피부는 갈바닉기기의 음극봉을 이용하여 노폐물을 배출시키는 디스인크러스테이션을 해준다.

32 갈바닉 전류의 음극에서 생성되는 알칼리를 이용하여 피부표면의 피지와 모공 속의 노폐물을 세정하는 방법은?

① 이온토포레시스
② 리프팅트리트먼트
③ 디스인크러스테이션
④ 고주파트리트먼트

디스인크러스테이션은 알칼리 용액을 바르고 음극을 적용하여 모낭 내 피지를 용해하는 딥클렌징 방법이다.

33 ^{★★} 갈바닉 전류 중 음극(-)을 이용한 것으로 제품을 피부 속으로 스며들게 하기 위해 사용하는 것은?

① 아나포레시스
② 에피더마브레이션
③ 카타포레시스
④ 전기마스크

> 갈바닉 전류에서 음(-)극을 이용하여 제품을 피부 속에 스며들게 하는 것은 아나포레시스(디스인크러스테이션)이다.

34 ^{★★★★} 갈바닉기 관리 시 주의사항이 아닌 것은?

① 침투 물질을 골고루 바른다.
② 모든 금속 액세서리는 제거한다.
③ 뺨 부위, 뼈마디 부위는 전류를 약하게 한다.
④ 기기를 작동시킨 후 전극봉을 피부에 접착시킨다.

> 갈바닉 기기의 전극봉이 피부 표면에 접착된 상태에서 기기를 작동(전원 켬)시켜야 한다.

35 ^{★★★} 디스인크러스테이션을 가급적 피해야 할 피부유형은?

① 중성피부
② 지성피부
③ 노화피부
④ 건성피부

> 과민한 피부인 모세혈관확장피부, 민감성피부, 주사피부는 디스인크러스테이션을 하지 않는 것이 좋으며, 건성피부도 가급적 피하는 것이 좋다.

36 ^{★★★} 디스인크러스테이션에 대한 설명 중 틀린 것은?

① 화학적인 전기분해에 기초를 두고 있으며 직류가 식염수를 통과할 때 발생하는 화학작용을 이용한다.
② 모공에 있는 피지를 분해하는 작용을 한다.
③ 지성과 여드름피부 관리에 적합하게 사용될 수 있다.
④ 양극봉은 활동 전극봉이며 박리관리를 위하여 안면에 사용된다.

> 디스인크러스테이션의 시술은 음극봉에서 발생되는 알칼리에 의해 관리하는 것으로 음극봉은 안면에, 양극봉은 고객의 손이나 등에 부착한다.

37 ^{★★★} 딥클렌징에 대한 설명으로 가장 거리가 먼 것은?

① 디스인크러스테이션은 주 2회 이상이 적당하다.
② 효소 타입은 불필요한 각질을 분해하여 잔여물을 제거한다.
③ 디스인크러스테이션은 전기를 이용한 딥클렌징 방법이다.
④ 예민한 피부는 브러시 머신을 이용한 딥클렌징을 삼가한다.

> 디스인크러스테이션은 갈바닉 기기를 이용한 딥클렌징 방법으로 주 1회 정도가 적당하다.

38 ^{★★★★★} 고주파기의 효과에 대한 설명으로 틀린 것은?

① 피부의 활성화로 노폐물 배출의 효과가 있다.
② 내분비선의 분비를 활성화한다.
③ 색소침착부위의 표백효과가 있다.
④ 살균, 소독 효과로 박테리아 번식을 예방한다.

> **고주파의 주 효과**
> • 방부 및 살균으로 구진, 농포 등의 여드름 치유
> • 혈액순환 촉진, 피부조직 재생력 향상
> • 노폐물 배출, 내분비선의 분비 활성화, 피지샘 분비에 활력 제공

39 고주파에 대한 설명으로 가장 거리가 먼 것은?

① 100,000Hz 이상의 높은 진폭에 의해 분류되는 교류전류이다.
② 직접 전류 방식과 간접 전류 방식의 종류로 구분된다.
③ 신경 및 근육의 전기적 자극으로 통증을 완화시킨다.
④ 이온 운동 없이 진동 전류 에너지가 열에너지로 빨리 전환된다.

> 고주파는 10만Hz이상 주파수의 교류전류로 생체 분자(이온)의 마찰에 의한 작용으로 조직을 부분적으로 온도를 상승시켜 신경과 근육의 긴장완화, 혈액순환 촉진 등의 효과를 나타낸다. 직접법과 간접법이 있다.

40 테슬라 전류(Tesla current)가 사용되는 기기는?

① 갈바닉(The Galvanic Machine)
② 전기분무기
③ 고주파기기
④ 스팀기(The vaporizer)

> 테슬라 전류는 교류를 말하며, 고주파기기는 100,000Hz 이상의 테슬라 전류를 이용한다. 갈바닉기기는 직류 전류를 이용한다.

41 고주파 피부미용기기를 사용하는 방법 중 직접법을 올바르게 설명한 것은?

① 고객의 얼굴에 마른 거즈를 올리고 그 위에 전극봉으로 가볍게 관리한다.
② 적합한 크기의 벤토즈가 피부 표면에 잘 밀착되도록 전극봉을 연결한다.
③ 고객의 손에 전극봉을 잡게 한 후 얼굴에 마른 거즈를 올리고 손으로 눌러준다.
④ 고객의 손에 전극봉을 잡게 한 후 관리사가 고객의 얼굴에 적합한 크림을 바르고 손으로 관리한다.

> 고주파 직접법은 자극과 건조효과가 있어 지성피부나 여드름 피부에 적합하며, 관리 시 안면과 목에 영양크림을 도포하고 마른 거즈를 덮은 후 전극봉을 밀착시켜 작은 원을 그리며 관리한다.
> ※ 보기 ④는 간접법에 대한 설명이다.

42 고주파 피부미용기기의 사용방법 중 간접법에 대한 설명으로 옳은 것은?

① 고객의 얼굴에 적합한 크림을 바르고 그 위에 전극봉으로 마사지한다.
② 고객의 손에 전극봉을 잡게 한 후 관리사가 고객의 얼굴에 적합한 크림을 바르고 손으로 마사지한다.
③ 고객의 얼굴에 마른 거즈를 올린 후 그 위를 전극봉으로 마사지한다.
④ 고객의 손에 전극봉을 잡게 한 후 얼굴에 마른거즈를 올리고 손으로 눌러준다.

> 간접법은 고객의 손으로 전극봉을 잡게하여 고주파 전류가 고객에게 직접 통전되면 관리사가 손으로 마사지하는 방법이다.

43 고주파 사용 방법으로 옳은 것은?

① 스파킹(sparking)을 할 때는 거즈를 사용한다.
② 스파킹을 할 때는 피부와 전극봉 사이의 간격을 7mm 이상으로 한다.
③ 스파킹을 할 때는 부도체인 합성섬유를 사용한다.
④ 스파킹을 할 때는 여드름용 오일은 면포에 도포한 후 사용한다.

> ② 피부와 전극봉 사이가 7mm 미만
> ③ 유리관을 사용
> ④ 무알콜 토너를 바르고 오일은 바르지 않는다.

44 고주파기기 사용 시 금기 및 주의사항이 아닌 것은?

① 전극봉은 고객과 접촉되어 있도록 한다.
② 지성 및 복합성 피부는 사용을 피해야 한다.
③ 알코올 성분이 있는 토너의 사용은 금해야 한다.
④ 관리 시 고객에게서 금속을 제거한다.

> 지성 및 복합성 피부, 여드름 피부 등에 사용하면 효과가 좋다.
> ※ 고주파기기의 부적용 대상 : 임산부, 인공심장 박동기 등 인체 내 금속을 착용한 사람, 수술 직후, 심장병, 혈전증 등

45 ★★★★ 고주파 직접법의 주 효과에 해당하는 것은?

① 수렴효과
② 피부강화
③ 살균효과
④ 자극효과

> 고주파 직접법의 주 효과는 스파킹 효과로 인한 살균 및 소독 효과이다.

46 ★★★★ 테슬라 고주파에 대한 설명으로 가장 거리가 먼 것은?

① 자광선이라고 한다.
② 빠른 진동으로 근육 수축은 없다.
③ 직접 적용 시 살균작용을 한다.
④ 시술 시 금속성 물체를 지녀도 무방하다.

> 테슬라 고주파는 교류를 말하며, 자광선이라고도 한다. 테슬라 전류를 이용한 고주파기기를 사용할 때 고객의 모든 금속은 제거하고 시술하여야 한다.

47 ★★★ 초음파를 이용한 스킨 스크러버의 효과가 아닌 것은?

① 진동과 온열 효과로 신진대사를 촉진한다.
② 각질제거 효과가 있다.
③ 피부정화 효과가 있다.
④ 상처 부위에 재생효과가 있다.

> 스킨 스크러버는 상처부위에 사용을 금한다.

48 ★★ 주름살 부위에 적용하여 콜라겐과 엘라스틴을 활성화시켜 주름 제거 및 개선효과를 위해 사용하는 기기는?

① 아이오노스
② 리프팅 기기
③ 진공흡입기
④ 림프 마사지 기기

> 리프팅기는 주름살 부위의 콜라겐과 엘라스틴을 활성화시켜 주름 개선효과를 가지는 피부미용기기이다.

03. 전신 및 광선 미용기기

1 ★★★★★ 바이브레이터기의 올바른 사용법이 아닌 것은?

① 기기관리 도중 지속성이 끊어지지 않게 한다.
② 압력을 최대한 주어 효과를 극대화시킨다.
③ 항상 깨끗한 헤드를 사용하도록 한다.
④ 관리도중 신체손상이 발생하지 않도록 헤드부분을 잘 고정한다.

> 바이브레이터기의 강도조절은 피부상태에 맞추어 조절해야 한다.

2 ★★ 엔더몰로지 사용방법으로 틀린 것은?

① 시술 전 용도에 맞는 오일을 바른 후 시술한다.
② 지성의 경우 탈크 파우더를 약간 바른 후 시술한다.
③ 전신 체형관리 시 10~20분 정도 적용한다.
④ 말초에서 심장방향으로 밀어 올리듯 시술한다.

> 엔더몰로지는 진공압을 사용하여 림프순환을 촉진하는 것으로 전신 체형관리 시 40~50분 정도 적용한다.

3 ★★★★★ 적외선램프에 대한 설명으로 가장 적합한 것은?

① 온열작용을 통해 화장품의 흡수를 도와준다.
② 주로 UVA를 방출하고 UVB, UVC는 흡수한다.
③ 주로 소독·멸균의 효과가 있다.
④ 색소침착을 일으킨다.

> 적외선램프는 적외선의 온열작용을 통해 화장품의 흡수를 도와주고, 혈액순환 촉진, 근육의 이완 등의 효과를 낸다.
> ※ 보기 ②, ③, ④는 자외선에 관한 내용이다.

4 ★★ 적외선등은 적외선이 피부에 침투했을 때 주로 어떤 작용을 미용기술상으로 이용하는가?

① 온열 자극
② 비타민 D 생성
③ 근육의 수축운동 촉진
④ 지각신경의 자극

> 적외선등은 적외선이 열을 피부조직 속으로 침투시켜 발생하는 온열자극으로 유효한 효과를 얻는다.

5 적외선 미용기기를 사용할 때의 주의사항으로 옳은 것은?

① 램프와 고객과의 거리는 최대한 가까이 한다.
② 자외선 적용 전 단계에 사용하지 않는다.
③ 최대흡수 효과를 위해 해당 부위와 램프가 직각이 되도록 한다.
④ 간단한 금속류를 제외한 나머지 장신구는 허용되지 않는다.

> ① 램프와 고객과의 거리 – 적정거리(50~90cm) 유지
> ③ 최대흡수효과를 위하여 해당 부위와 램프는 평행이 되도록 하여 빛을 수직으로 조사한다.
> ④ 관리 전 착용한 모든 금속류 및 장신구는 제거해야 한다.

6 미안술 시 사용되는 기기 중 손님의 눈을 보호하도록 붕산으로 적신 탈지면을 손님의 눈꺼풀에 올려놓아야 하는 기기는?

① 자외선등
② 갈바닉 전류
③ 고주파 전류
④ 적외선등

> 적외선은 열을 운반하는 열선으로 적외선기기 적용 시 붕산이나 물로 적신 화장솜을 눈과 입술에 덮어 보호하여야 한다.

7 미안용 적외선등의 효과에 관한 설명으로 틀린 것은?

① 피부에 온열자극을 준다.
② 혈액순환을 촉진시킨다.
③ 팩 재료의 건조를 촉진시킨다.
④ 에르고스테롤을 비타민 D로 환원시킨다.

> 자외선은 에르고스테롤을 비타민 D로 생성한다.

8 미안용기기 중에서 피부의 노폐물 배설을 촉진시키고 비타민D를 생성하는 기기의 이름은?

① 적외선등
② 자외선등
③ 테슬라 전류미안기
④ 갈바닉 전류미안기

> 자외선은 피부의 에르고스테롤로부터 비타민 D를 생성해낸다.

9 살균력이 강하여 병적인 여드름 치료에 사용되며 비타민D를 생성시키는 미안용 기기는?

① 갈바닉 전류미안기
② 자외선등
③ 적외선등
④ 바이브레이터

> 자외선은 살균력이 강하여 여드름치료에 유용하며, 비타민 D를 생성한다.

10 자외선램프의 사용에 대한 내용으로 틀린 것은?

① 고객으로부터 1m 이상의 거리에서 사용한다.
② 주로 UVA를 방출하는 것을 사용한다.
③ 눈 보호를 위해 패드나 선글라스를 착용하게 한다.
④ 살균이 강한 화학선이므로 사용 시 주의를 해야 한다.

> 고객으로부터 5~6cm 정도 떨어진 거리에서 사용한다.

11 자외선등(Uitraviolet Lamp)을 이용한 미안술로 올바른 것은?

① 시술자와 고객은 보호안경과 아이패드를 착용한다.
② 가습적 장시간의 시술로 효과를 높인다.
③ 파장은 650~140nm 정도의 것을 이용한다.
④ 자외선등은 피부에서 30cm정도 거리를 두고 시술한다.

> ② 자외선을 장시간 조사할 경우 홍반, 화상, 염증 등의 부작용이 있기 때문에 30분 이내에서 조사한다.
> ③ 320~400nm의 UV-A를 주로 사용한다.
> ④ 자외선등은 피부에서 5~6cm의 거리에서 사용한다.

12 컬러테라피의 색상 중 활력, 세포재생, 신경긴장 완화, 호르몬대사조절 효과를 나타내는 것은?

① 주황색
② 노란색
③ 보라색
④ 초록색

> 컬러테라피에서 주황색은 활력, 세포재생, 신경긴장 완화, 신진대사 촉진, 호르몬대사 조절 등의 효과가 있다.

13 컬러테라피기 사용 시 생명력을 자극하고 혈액순환을 자극하여 에너지를 활성화 시키는 색은?

① 보라
② 빨강
③ 노랑
④ 주황

> 빨강은 에너지, 열정, 생명력 등을 나타내는 색이다.
> 컬러테라피기에서 빨강은 생명력을 자극하고 혈액순환을 증진시킨다.

14 컬러테라피 기기에서 빨강 색광의 효과와 가장 거리가 먼 것은?

① 혈액순환 증진, 세포의 활성화, 세포재생 활동
② 소화기계 기능강화, 신경자극, 신체 정화작용
③ 지루성 여드름, 혈액순환 불량 피부관리
④ 근조직 이완, 셀룰라이트 개선

> 소화기계 기능강화, 신경자극, 신체 정화작용은 노랑 색광의 효과이다.

15 피부 상태를 분석할 때 사용되는 기기가 아닌 것은?

① 우드램프
② 확대경
③ 유분 측정기
④ 체지방 분석기

> 피부상태를 분석하는 기기로는 우드램프, 확대경, 유·수분 측정기, pH 측정기, 피부분석기 등이 있다.

16 피부미용기기의 부적용과 가장 거리가 먼 경우는?

① 임산부
② 알레르기, 피부상처, 피부질병이 진행 중인 경우
③ 지성피부
④ 치아, 뼈, 보철 등 몸속에 금속장치를 지닌 경우

> 지성피부는 피부미용기기를 통해 피부상태를 개선시킬 수 있다.

17 광선, 전류기기 등을 이용한 마사지에 관한 설명 중 틀린 것은?

① 고주파 전류(교류)를 피부에 작용시키면 근육에 자극을 주어 혈액순환을 촉진시키고 신진대사를 활성화시키며 표백작용과 살균작용의 효능도 기대된다.
② 적외선은 피부에 침투하여 혈액순환을 촉진시키거나 피부에 바른 팩재료의 건조를 촉진시키며, 적외선 등의 유효한 파장은 220~320㎛이다.
③ 자외선등을 사용할 때에는 미용사는 자외선 보호안경을, 고객은 아이패드(eye pad)를 사용해야 한다.
④ 바이브레이터는 피부근육의 지각신경에 쾌감을 주고 혈액순환을 촉진하여 피부의 생리기능을 높인다.

> 적외선은 일광의 3분류 중 650~1,400nm의 가장 긴 파장을 가지는 광선이다.

한 눈에 살펴보는

Keyword Preview | 화장품학

화장품의 분류

- **피부용**
  - **기초 화장품**
    - 세안 : 클렌징 폼, 페이셜 스크럽, 클렌징 크림, 클렌징 로션, 클렌징 워터, 클렌징 젤
    - 정돈 : 화장수(유연·수렴), 팩(필오프 타입, 워시오프 타입, 티슈오프 타입, 시트 타입, 패치 타입), 마사지 크림
    - 보호 : 로션, 영양크림, 에센스, 화장유
  - **메이크업 화장품** — 베이스 메이크업 , 파운데이션, 파우더, 포인트 메이크업
  - **바디 화장품** — 세정용, 트리트먼트용, 일소(선텐)용, 일소 방지용, 액취 방지용
  - **기능성 화장품** — 주름개선제, 미백제, 피부 보호(자외선 차단), 모발의 색상 변화 · 제거 또는 영양공급, 건조함, 갈라짐, 빠짐, 각질화 방지 및 개선 : 에센스, 피부 미백제, 피부 주름 개선제, 자외선 차단제(자외선 산란제, 자외선 흡수제), 모발 색상 변화, 피부·모발 개선
    ※자외선 차단지수(SPF)
- **모발용** — 세발용, 정발용, 트리트먼트용, 양모용
- **모발용** — 세정용, 트리트먼트용, 일소용, 일소 방지용, 액취 방지용
- **네일용** — 네일보호, 색채 : 베이스코트, 언더코트, 네일폴리시, 에나멜 등
- **방향용** — 향수 : 퍼퓸 > 오데퍼퓸 > 오데토일렛 > 오데코롱 > 샤워코롱 (희석 정도에 따른 순서)

화장품의 제조(원료)

- **기본 원료**
  - **수용성 원료** — 정제수, 에탄올
  - **유성 원료** — 오일, 왁스
  - **계면활성제** — 친수성기, 친유성기
  - **보습제** — 천연보습인자, 고분자 보습제, 폴리올
  - **방부제** — 파라옥시안식향산메틸, 파라옥시안식향산 프로필
  - **색소** — 염료(수용성, 유용성), 안료(무기, 유기)
  - **기타성분** — 아줄렌, AHA, 콜라겐, 라놀린, 아미노산, 솔비톨 , 알부틴, 레티노산, 히아루론산

화장품의 제조기술 — 가용화, 유화(에멀전), 분산

화장품의 특성 — 화장품에서 요구되는 4대 품질 특성 : 안전성, 안정성, 사용성, 유효성
포장에 기재할 사항, 화장품 사용 시 유의사항

- **기능성 원료**
  - 건성용
  - 노화방지용
  - 민감성용
  - 지성, 여드름용
  - 미백용

Esthetic

Esthetic Technician Certification

CHAPTER
05

화장품학

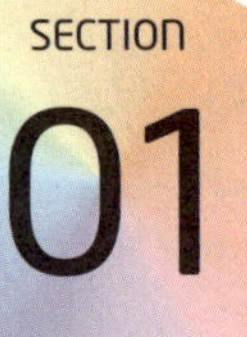

Esthetic Technician Certification

화장품 기초

[출제문항수 : 1~2문제] 이 섹션에서는 화장품의 정의, 의약품과의 비교, 기능성화장품의 정의, 화장품의 분류는 확실히 암기하도록 합니다.

▶ **의약품의 정의**
- 사람이나 동물의 질병을 진단·치료·경감·처치 또는 예방할 목적으로 사용하는 물품
- 사람이나 동물의 구조와 기능에 **약리학적 영향**을 줄 목적으로 사용하는 물품

▶ 화장품과 의약품의 비교

구분	화장품	의약품
대상	정상인	환자
목적	청결·미화	질병의 진단 및 치료
기간	장기	단기
범위	전신	특정 부위
부작용 여부	없어야 함	있을 수 있음

---

01 화장품의 정의

1 화장품

① 인체를 청결·미화하여 매력을 더하고 용모를 밝게 변화시키기 위해 사용하는 물품
② 피부 혹은 모발을 건강하게 유지 또는 증진하기 위한 물품
③ 인체에 바르고 문지르거나 뿌리는 등의 방법으로 사용되는 물품
④ 인체에 사용되는 물품으로 인체에 대한 작용이 경미한 것
⑤ **의약품이 아닐 것**(부작용이 없어야 함)

2 기능성 화장품

화장품 중에서 다음에 해당되는 것으로서 총리령으로 정하는 화장품
① 피부의 미백에 도움을 주는 제품
② 피부의 주름개선에 도움을 주는 제품
③ 피부를 곱게 태워주거나 자외선으로부터 피부를 보호하는 데에 도움을 주는 제품
④ 모발의 색상 변화·제거 또는 영양공급에 도움을 주는 제품
⑤ 피부나 모발의 기능 약화로 인한 건조함, 갈라짐, 빠짐, 각질화 등을 방지하거나 개선하는 데에 도움을 주는 제품

02 화장품의 분류

분류		종류
기초 화장품	세안	클렌징 폼, 페이셜 스크럽, 클렌징 크림, 클렌징 로션, 클렌징 워터, 클렌징 젤
	피부정돈	화장수, 팩, 마사지 크림
	피부보호	로션, 크림, 에센스, 화장유
메이크업 화장품	베이스 메이크업	메이크업 베이스, 파운데이션, 파우더
	포인트 메이크업	립스틱, **블러셔**, 아이라이너, 마스카라, 아이섀도, 네일에나멜

분류		종류
모발 화장품	세발용	샴푸, 린스
	정발용	헤어오일, 헤어로션, 헤어크림, 헤어스프레이, 헤어무스, 헤어젤, 헤어 리퀴드
	트리트먼트용	헤어트리트먼트, 헤어팩, 헤어블로우, 헤어코트
	양모용	헤어토닉
인체 세정용	세정	폼 클렌저, 바디 클렌저, 액체 비누, 외음부 세정제
네일 화장품	네일보호, 색채	베이스코트, 언더코트, 네일폴리시, 네일에나멜, 탑코트, 네일 크림·로션·에센스, 네일폴리시·네일에나멜 리무버
방향 화장품	향취	퍼퓸, 오데퍼퓸, 오데토일렛, 오데코롱, 샤워코롱

기출문제 | 단원별 구성의 문제 유형 파악!

1 화장품법상 화장품의 정의와 관련한 내용이 아닌 것은?

① 신체의 구조, 기능에 영향을 미치는 것과 같은 사용 목적을 겸하지 않는 물품
② 인체를 청결히 하고, 미화하고, 매력을 더하고 용모를 밝게 변화시키기 위해 사용하는 물품
③ 피부 혹은 모발을 건강하게 유지 또는 증진하기 위한 물품
④ 인체에 사용되는 물품으로 인체에 대한 작용이 경미한 것

> **화장품의 정의**
> 인체를 청결·미화하여 매력을 더하고 용모를 밝게 변화시키거나 피부·모발의 건강을 유지 또는 증진하기 위하여 인체에 바르고 문지르거나 뿌리는 등 이와 유사한 방법으로 사용되는 물품으로서 인체에 대한 작용이 경미한 것

2 화장품의 사용 목적과 가장 거리가 먼 것은?

① 인체를 청결, 미화하기 위하여 사용한다.
② 용모를 변화시키기 위하여 사용한다.
③ 피부, 모발의 건강을 유지하기 위하여 사용한다.
④ 인체에 대한 약리적인 효과를 주기 위해 사용한다.

> 인체에 대한 약리적인 효과를 주기 위해 사용하는 것은 의약품이다.

3 화장품과 의약품의 차이를 바르게 정의한 것은?

① 화장품의 사용 목적은 질병의 치료 및 진단이다.
② 화장품은 특정부위만 사용 가능하다.
③ 의약품의 부작용은 어느 정도까지는 인정된다.
④ 의약품의 사용대상은 정상적인 상태인 자로 한정되어 있다.

> 화장품은 부작용이 없어야 하며, 의약품은 부작용이 있을 수 있다.

4 화장품의 분류에 관한 설명 중 틀린 것은?

① 마사지 크림은 기초화장품에 속한다.
② 샴푸, 헤어린스는 모발용 화장품에 속한다.
③ 퍼퓸, 오데코롱은 방향화장품에 속한다.
④ 페이스파우더는 기초화장품에 속한다.

> 페이스파우더는 메이크업 화장품에 속한다.

정답 1 ① 2 ④ 3 ③ 4 ④

5 ★★★★★ 다음 설명 중 기능성 화장품에 해당하지 않는 것은?

① 피부에 멜라닌 색소가 침착하는 것을 방지하여 기미·주근깨 등의 생성을 억제함으로써 피부의 미백에 도움을 주는 기능을 가진 화장품
② 미백과 더불어 신체적으로 약리학적 영향을 줄 목적으로 사용하는 제품
③ 피부에 탄력을 주어 피부의 주름을 완화 또는 개선하는 기능을 가진 화장품
④ 피부를 곱게 태워주거나 자외선으로부터 피부를 보호하는 데에 도움을 주는 제품

> 인체에 대한 약리적인 효과를 주기 위한 것은 의약품에 속한다.

6 ★★★ 화장품의 분류와 사용 목적, 제품이 일치하지 않는 것은?

① 모발 화장품 – 정발 – 헤어스프레이
② 방향 화장품 – 향취 부여 – 오데코롱
③ 메이크업 화장품 – 색채 부여 – 네일 에나멜
④ 기초화장품 – 피부정돈 – 클렌징 폼

> 클렌징 폼은 세안용으로 사용되며, 피부정돈용 화장품은 화장수, 팩, 마사지 크림 등이 있다.

7 ★★★ 다음 화장품 중 그 분류가 다른 것은?

① 화장수
② 클렌징 크림
③ 샴푸
④ 팩

> 화장수, 클렌징 크림, 팩은 기초화장품에 속하고 샴푸는 모발화장품에 속한다.

8 ★★★ 다음 중 기초화장품에 해당하는 것은?

① 파운데이션
② 네일 폴리시
③ 볼연지
④ 스킨로션

> 스킨로션, 크림, 에센스, 화장수 등은 기초화장품에 속한다.

9 ★★★ 다음 중 기초화장품에 해당하지 않는 것은?

① 에센스
② 클렌징 크림
③ 파운데이션
④ 스킨로션

> 파운데이션은 메이크업 화장품에 속한다.

10 ★★★ 샤워 코롱(Shower cologne)이 속하는 분류는?

① 방향용 화장품
② 메이크업용 화장품
③ 모발용 화장품
④ 세정용 화장품

> 방향용 화장품에는 퍼퓸, 오데퍼퓸, 오데토일렛, 오데코롱, 샤워 코롱 등이 있다.

11 ★★★ 다음 중 베이스코트가 속하는 분류는?

① 방향용 화장품
② 메이크업용 화장품
③ 네일 화장품
④ 세정용 화장품

> 베이스코트는 네일 화장품에 속한다.

12 ★★★ 다음 중 네일 화장품에 속하지 않는 제품은?

① 언더코트
② 네일폴리시
③ 블러셔
④ 베이스코트

> 블러셔는 메이크업 화장품에 속한다.

13 ★★★ 향장품을 선택할 때에 검토해야 하는 조건이 아닌 것은?

① 피부나 점막, 두발 등에 손상을 주거나 알레르기 등을 일으킬 염려가 없는 것
② 구성 성분이 균일한 성상으로 혼합되어 있지 않는 것
③ 사용 중이나 사용 후에 불쾌감이 없고 사용감이 산뜻한 것
④ 보존성이 좋아서 잘 변질되지 않는 것

> 향장품을 선택할 때는 구성 성분이 균일한 성상으로 혼합되어 있는 것을 선택한다.

정답 5 ② 6 ④ 7 ③ 8 ④ 9 ③ 10 ① 11 ③ 12 ③ 13 ②

Esthetic Technician Certification

화장품 제조

[출제문항수 : 1~2문제] 오일의 분류, 계면활성제, 보습제를 중심으로 학습하도록 하며, 화장품의 4대 특성은 반드시 출제된다고 생각하기 바랍니다. 내용이 적은 만큼 많은 시간을 투자하지 않도록 합니다.

01 화장품의 원료

1 정제수
① 화장수, 크림, 로션 등의 기초 물질로 사용
② 물에 포함된 불순물이 피부 트러블을 일으킬 수 있으므로 깨끗한 정제수 사용

2 에탄올
① 특징 : 휘발성
② 용도 : 화장수, 헤어토닉, 향수 등에 많이 사용
③ 효과 : 청량감, 수렴효과, 소독작용

3 오일

구분	종류	특징
식물성	올리브유, 피마자유, 야자유, 맥아유 등	• 피부에 대한 친화성이 우수 • 불포화 결합이 많아 공기 접촉 시 쉽게 변질
동물성	밍크오일, 난황유 등	• 식물성 오일은 피부 흡수가 느린 반면 동물성 오일은 빠름
광물성	유동파라핀, 바셀린 등	• 포화 결합으로 변질의 우려는 없음 • 유성감이 강해 피부 호흡을 방해할 수 있음
합성 오일	실리콘 오일	• 사용성 및 화학적 안정성이 우수

4 왁스

구분	종류	특징
식물성	카르나우바 왁스	• 식물성 왁스 중 녹는 온도가 가장 높음 (80~86℃) • 크림, 립스틱, 탈모제 등에 사용
	칸델리라 왁스	• 립스틱에 주로 사용
동물성	밀납, 경납, 라놀린 등	

5 계면활성제
두 물질 사이의 경계면이 잘 섞이도록 도와주는 물질로, 표면장력을 감소시키는 역할을 한다.

▶ 계면(Interface, 界面)
기체, 액체, 고체의 물질 상호간에 생기는 경계면

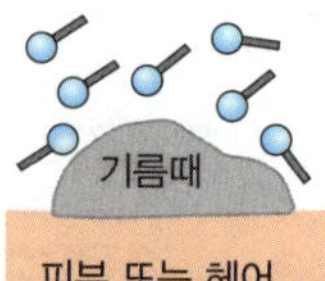
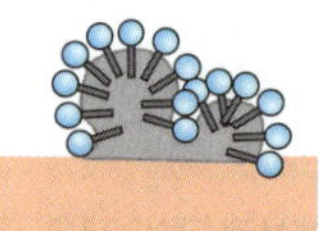

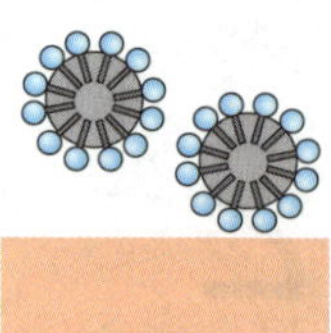

⬆ 세정 과정

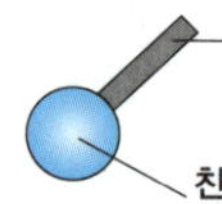

1) 친수성기 : 물과의 친화성이 강한 둥근 머리 모양

양이온성	• 살균 및 소독작용이 우수 • 용도 : 헤어린스, 헤어트리트먼트 등
음이온성	• 세정 작용 및 기포 형성 작용이 우수 • 용도 : 비누, 샴푸, 클렌징 폼 등
비이온성	• 피부에 대한 자극이 적음 • 용도 : 화장수의 가용화제, 크림의 유화제, 클렌징 크림의 세정제 등
양쪽성	• 친수기에 양이온과 음이온을 동시에 가짐 • 세정 작용이 우수하고 피부 자극이 적음 • 용도 : 베이비 샴푸 등

2) 친유성기(소수성기) : 기름과의 친화성이 강한 막대꼬리 모양

6 보습제

1) 종류

① 천연보습인자(NMF) [Natural Moisturizing Factors] : 아미노산(40%), 젖산(12%), 요소(7%), 지방산 등
② 고분자 보습제 : 가수분해 콜라겐, 히아루론산염, 콘트로이친 황산염 등
③ 폴리올(다가 알코올) : 글리세린, 프로필렌글리콜, 부틸렌글리콜, 솔비톨, 트레할로스 등

2) 보습제가 갖추어야 할 조건

① 적절한 보습능력이 있을 것
② 보습력이 환경의 변화(온도, 습도 등)에 쉽게 영향을 받지 않을 것
③ 피부 친화성이 좋을 것
④ 다른 성분과의 혼용성이 좋을 것
⑤ 응고점이 낮을 것 (→ 쉽게 용해되지 않아야 하므로 굳는 온도가 낮아야 함)
⑥ 휘발성이 없을 것

7 방부제

1) 기능 : 화장품의 변질 방지 및 살균 작용
2) 종류 : 파라옥시안식향산메틸, 파라옥시안식향산 프로필 등

▶ 피부 자극
양이온성 > 음이온성 > 양쪽성 > 비이온성

▶ 비누 제조 방법

구분	설명
검화법	지방산의 글리세린에스테르와 알칼리를 함께 가열하면 유지가 가수 분해되어 비누와 글리세린이 얻어지는 방법
중화법	유지를 미리 지방산과 글리세린으로 분해시키고 지방산에 알칼리를 작용시켜 중화되는 과정에서 비누가 얻어지는 방법

▶ 방부제가 갖추어야 할 조건
• pH의 변화에 대해 항균력의 변화가 없을 것
• 다른 성분과 작용하여 변화되지 않을 것
• 무색·무취이며, 피부에 안정적일 것

8 색소

구분		특징
염료	수용성 염료	• 물에 녹는 염료 • 화장수, 로션, 샴푸 등의 착색에 사용
	유용성 염료	• 오일에 녹는 염료 • 헤어오일 등의 유성 화장품의 착색에 사용
안료	무기 안료	• 내광성 및 내열성이 우수 • 빛, 산, 알칼리에 강함 • 유기용제에 녹지 않음 • 가격이 저렴하고 많이 사용
	유기 안료	• 선명도 및 착색력이 우수하며, 색의 종류가 다양 • 빛, 산, 알칼리에 약함 • 유기용제에 녹아 색의 변질 우려가 있음

9 기타 주요 성분

아줄렌	진정 작용, 염증 및 상처 치료에 효과
솔비톨	보습작용 및 유연작용
알부틴	티로시나아제 효소의 작용을 억제
아미노산	수분 함량이 많고 피부 침투력이 우수
히아루론산	보습작용, 유연작용
레시틴	유연작용, 항산화 작용
AHA (Alpha-Hydroxy Acid)	• 각질 제거, 유연기능 및 보습기능 • 피부와 점막에 약간의 자극이 있음 • 종류 : 글리콜릭산, 젖산, 사과산, 주석산, 구연산
콜라겐	• 빛이나 열에 쉽게 파괴 • 수분 보유 및 결합 능력이 우수
라놀린	양모에서 정제한 것으로 화장품, 의약품에 사용
레티노산	비타민 A의 유도체로서 여드름 치유와 잔주름 개선에 사용

염료	• 물이나 오일에 잘 녹음 • 화장품에 시각적인 색상 효과를 부여하기 위해 사용
안료	• 물이나 오일에 잘 녹지 않음 • 빛을 반사 및 차단하는 능력이 우수

02 화장품의 제조기술 (제형에 따른 분류)

1 가용화(Solubilization)

① 물에 소량의 오일 성분이 계면활성제에 의해 투명하게 용해되어 있는 상태

② 종류 : 화장수, 에센스, 향수, 헤어토닉, 헤어리퀴드 등

2 유화 (에멀전)

물에 오일 성분이 계면활성제에 의해 우윳빛으로 섞여있는 상태

▶ 화장품 제조기술의 종류
가용성, 유화, 분산

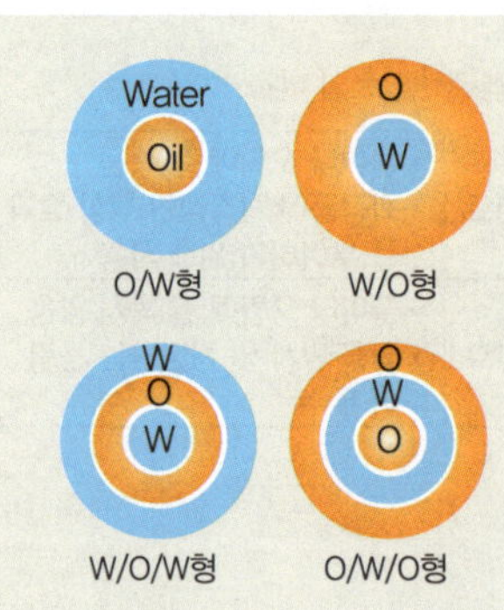

▶ 종류
- O/W 에멀전 : 물에 오일이 분산되어 있는 형태 (로션, 크림, 에센스 등)
- W/O 에멀전 : 오일에 물이 분산되어 있는 형태 (영양크림, 선크림 등)
- W/O/W 에멀전 : 분산되어 있는 입자 자체가 에멀전을 형성하고 있는 상태

③ 분산

① 물 또는 오일에 미세한 고체입자가 계면활성제에 의해 균일하게 혼합되어 있는 상태

② 종류 : 립스틱, 마스카라, 아이섀도, 아이라이너, 파운데이션 등

03 화장품의 특성

1 화장품에서 요구되는 4대 품질 특성

안전성	피부에 대한 자극, 알레르기, 독성이 없을 것
안정성	변색, 변취, 미생물의 오염이 없을 것
사용성	피부에 사용감이 좋고 잘 스며들 것
유효성	미백, 주름개선, 자외선 차단 등의 효과가 있을 것

2 포장에 기재할 사항

① 화장품의 명칭 / 가격 / 영업자의 상호 및 주소

② 해당 화장품 제조에 사용된 모든 성분

③ 내용물의 용량 또는 중량 및 제조번호

④ 사용기한 또는 개봉 후 사용기간(개봉 후 사용기간 기재 시 제조연월일을 병행 표기)

⑤ 기능성화장품의 경우 "기능성화장품"이라는 글자 또는 기능성화장품을 나타내는 도안으로서 식품의약품안전처장이 정하는 도안

⑥ 사용 시 주의사항

⑦ 그 밖에 총리령으로 정하는 사항

3 화장품 사용 시 주의사항

① 사용 중 다음과 같은 이상이 있는 경우 사용을 중지할 것
　• 사용 중 붉은 반점, 부어오름, 가려움증, 자극 등의 이상이 있는 경우
　• 적용 부위가 직사광선에 의하여 붉은 반점, 부어오름, 가려움증, 자극 등의 이상이 있는 경우

② 상처가 있는 부위, 습진 및 피부염 등의 이상이 있는 부위에는 사용을 하지 말 것

③ 보관 및 취급 시의 주의사항
　• 사용 후에는 반드시 마개를 닫아둘 것
　• 유아·소아의 손이 닿지 않는 곳에 보관할 것
　• 고온 또는 저온의 장소 및 직사광선이 닿는 곳에는 보관하지 말 것

1 화장품에 배합되는 에탄올의 역할이 아닌 것은?

① 청량감   ② 수렴효과
③ 소독작용   ④ 보습작용

> 에탄올은 휘발성이므로 화장수, 헤어토닉, 향수 등에 많이 사용된다.

2 다음 중 식물성 오일이 아닌 것은?

① 아보카도 오일   ② 피마자 오일
③ 올리브 오일   ④ 실리콘 오일

> 실리콘은 합성 오일에 속하며, 사용성 및 화학적 안정성이 우수하다.

3 다음 중 화장수, 크림, 로션 등의 기초 물질로 사용되는 화장품 원료는?

① 정제수   ② 에탄올
③ 오일   ④ 계면활성제

> 정제수는 화장수, 크림, 로션 등의 기초 물질로 사용되며, 물에 포함된 불순물이 피부 트러블을 일으킬 수 있으므로 깨끗한 정제수를 사용해야 한다.

4 유아용 제품과 저자극성 제품에 많이 사용되는 계면활성제에 대한 설명 중 옳은 것은?

① 물에 용해될 때, 친수기에 양이온과 음이온을 동시에 갖는 계면활성제
② 물에 용해될 때, 이온으로 해리하지 않는 수산기, 에테르결합, 에스테르 등을 분자 중에 갖고 있는 계면활성제
③ 물에 용해될 때, 친수기 부분이 음이온으로 해리되는 계면활성제
④ 물에 용해될 때, 친수기 부분이 양이온으로 해리되는 계면활성제

> 유아용 제품과 저자극성 제품은 친수기에 양이온과 음이온을 동시에 갖는 양쪽성 계면활성제가 많이 사용된다.

5 오일의 설명으로 옳은 것은?

① 식물성 오일 – 향은 좋으나 부패하기 쉽다.
② 동물성 오일 – 무색투명하고 냄새가 없다.
③ 광물성 오일 – 색이 진하며 피부 흡수가 늦다.
④ 합성 오일 – 냄새가 나빠 정제한 것을 사용한다.

6 다음 중 기초화장품의 주된 사용목적에 속하지 않는 것은?

① 세안   ② 피부정돈
③ 피부보호   ④ 피부채색

7 다음 오일의 종류 중 사용성 및 화학적 안정성이 우수한 것은?

① 올리브유   ② 실리콘 오일
③ 난황유   ④ 바셀린

> 실리콘 오일은 합성 오일로서 천연 오일보다 사용성 및 화학적 안정성이 우수하다.

8 세정작용과 기포형성 작용이 우수하여 비누, 샴푸, 클렌징품 등에 주로 사용되는 계면활성제는?

① 양이온성 계면활성제
② 음이온성 계면활성제
③ 비이온성 계면활성제
④ 양쪽성 계면활성제

> 세정작용 및 기포형성 작용이 우수한 계면활성제는 음이온성 계면활성제이며 비누, 샴푸, 클렌징품 등에 주로 사용된다.

9 계면활성제에 대한 설명 중 잘못된 것은?

① 계면활성제는 계면을 활성화시키는 물질이다.
② 계면활성제는 친수성기와 친유성기를 모두 소유하고 있다.
③ 계면활성제는 표면장력을 높이고 기름을 유화시키는 등의 특징을 가지고 있다.
④ 계면활성제는 표면활성제라고도 한다.

> 계면활성제는 표면장력을 감소시키는 역할을 한다.

정 답   1 ④   2 ④   3 ①   4 ①   5 ①   6 ④   7 ②   8 ②   9 ③

10 천연보습인자(NMF)에 속하지 않는 것은?

① 아미노산 ② 암모니아
③ 젖산염 ④ 글리세린

보습제의 종류	
구분	구성 성분
천연보습인자 (NMF)	아미노산(40%), 젖산(12%), 요소(7%), 지방산, 암모니아 등
고분자 보습제	가수분해 콜라겐, 히아루론산염 등
폴리올(다가 알코올)	글리세린, 프로필렌글리콜, 부틸렌글리콜 등

11 계면활성제에 대한 설명으로 옳은 것은?

① 계면활성제는 일반적으로 둥근 머리모양의 소수성기와 막대꼬리모양의 친수성기를 가진다.
② 계면활성제의 피부에 대한 자극은 양쪽성 > 양이온성 > 음이온성 > 비이온성의 순으로 감소한다.
③ 비이온성 계면활성제는 피부자극이 적어 화장수의 가용화제, 크림의 유화제, 클렌징 크림의 세정제 등에 사용된다.
④ 양이온성 계면활성제는 세정작용이 우수하여 비누, 샴푸 등에 사용된다.

① 계면활성제는 일반적으로 둥근 머리모양의 친수성기와 막대꼬리 모양의 소수성기를 가진다.
② 계면활성제의 피부에 대한 자극은 양이온성 > 음이온성 > 양쪽성 > 비이온성의 순으로 감소한다.
④ 음이온성 계면활성제는 세정작용이 우수하여 비누, 샴푸 등에 사용된다.

12 천연보습인자(NMF)의 구성 성분 중 40%를 차지하는 중요 성분은?

① 요소 ② 젖산염
③ 무기염 ④ 아미노산

천연보습인자의 구성 성분 중 아미노산이 40%로 가장 많이 차지하며, 젖산 12%, 요소 7% 등으로 이루어져 있다.

13 다음 중 글리세린의 가장 중요한 작용은?

① 소독작용 ② 수분유지작용
③ 탈수작용 ④ 금속염제거작용

글리세린은 보습작용을 한다.

14 천연보습인자 성분 중 가장 많이 차지하는 것은?

① 아미노산
② 피롤리돈 카르복시산
③ 젖산염
④ 포름산염

아미노산은 천연보습인자의 성분 중 40%로 가장 많이 차지한다.

15 다음 중 피부에 수분을 공급하는 보습제의 기능을 가지는 것은?

① 계면활성제
② 알파-히드록시산
③ 글리세린
④ 메틸파라벤

글리세린은 수분을 끌어당기는 힘이 강해 화장품에 첨가하면 보습 기능을 증가시킨다.

16 천연보습인자의 설명으로 틀린 것은?

① NMF(Natural Moisturizing Factor)
② 피부수분 보유량을 조절한다.
③ 아미노산, 젖산, 요소 등으로 구성되고 있다.
④ 수소이온농도의 지수유지를 말한다.

천연보습인자는 우리 몸에서 생산되는 천연의 수분을 말하는 것으로 피부의 수분 보유량을 조절한다.

17 색소를 염료(dye)와 안료(pigment)로 구분할 때 그 특징에 대해 잘못 설명된 것은?

① 염료는 메이크업 화장품을 만드는 데 주로 사용된다.
② 안료는 물과 오일에 모두 녹지 않는다.
③ 무기 안료는 커버력이 우수하고 유기안료는 빛, 산, 알칼리에 약하다.
④ 염료는 물이나 오일에 녹는다.

수용성 염료는 화장수, 로션, 샴푸 등의 착색에 사용하고, 유용성 염료는 헤어오일 등의 유성 화장품의 착색에 사용한다.

18 ★★★★★ 보습제가 갖추어야 할 조건이 아닌 것은?

① 다른 성분과의 혼용성이 좋을 것
② 휘발성이 있을 것
③ 적절한 보습능력이 있을 것
④ 응고점이 낮을 것

보습제는 휘발성이 없어야 한다.

19 ★★★★★ 다음 중 보습제가 갖추어야 할 조건으로 옳은 것은?

① 응고점이 높을 것
② 다른 성분과의 혼용성이 좋을 것
③ 휘발성이 있을 것
④ 환경의 변화에 따라 쉽게 영향을 받을 것

① 응고점이 낮을 것
③ 휘발성이 없을 것
④ 환경의 변화에 따라 쉽게 영향을 받지 않을 것

20 ★★★ 다음 중 화장품에 사용되는 주요 방부제는?

① 에탄올
② 벤조산
③ 파라옥시안식향산메틸
④ BHT

방부제는 화장품의 변질 방지 및 살균 작용을 하는데, 파라옥시안식향산메틸, 파라옥시안식향산 프로필 등이 있다.

21 ★★★ 화장품 성분 중 무기 안료의 특성은?

① 내광성, 내열성이 우수하다.
② 선명도와 착색력이 뛰어나다.
③ 유기 용매에 잘 녹는다.
④ 유기 안료에 비해 색의 종류가 다양하다.

②, ③, ④는 유기 안료의 특성에 해당한다.

22 ★★★ 화장품 성분 중 아줄렌은 피부에 어떤 작용을 하는가?

① 미백   ② 자극
③ 진정   ④ 색소침착

아줄렌은 피부진정 작용을 하며, 염증 및 상처 치료에도 효과적이다.

23 ★★★ 다음 중 여드름을 유발하지 않는 화장품 성분은?

① 올레인 산   ② 라우린 산
③ 솔비톨   ④ 올리브 오일

솔비톨은 보습작용 및 유연작용을 하며 여드름을 유발하지 않는다.

24 ★★★ 여드름 피부용 화장품에 사용되는 성분과 가장 거리가 먼 것은?

① 살리실산   ② 글리시리진산
③ 아줄렌   ④ 알부틴

알부틴은 피부의 멜라닌 색소의 생성을 억제해 피부를 하얗고 깨끗하게 유지해 주는 기능이 있어 미백화장품의 성분으로 사용된다.

25 ★★★ 진달래과의 월귤나무의 잎에서 추출한 하이드로퀴논 배당제로 멜라닌 활성을 도와주는 티로시나아제 효소의 작용을 억제하는 미백화장품의 성분은?

① 감마―오리자놀   ② 알부틴
③ AHA   ④ 비타민 C

26 ★★★ 화장품 성분 중에서 양모에서 정제한 것은?

① 바셀린   ② 밍크오일
③ 플라센타   ④ 라놀린

라놀린은 면양의 털에서 추출한 기름을 정제한 것으로 화장품, 의약품 등에 사용된다.

27 ★★★ 여드름 치유와 잔주름 개선에 널리 사용되는 것은?

① 레티노산(Retinoic acid)
② 아스코르빈산(Ascorbic acid)
③ 토코페롤(Tocopherol)
④ 칼시페롤(Calciferol)

레티노산은 비타민 A의 유도체로서 여드름 치유와 잔주름 개선에 주로 사용된다.

28 아하(AHA)의 설명이 아닌 것은?

① 각질제거 및 보습기능이 있다.
② 글리콜릭산, 젖산, 사과산, 주석산, 구연산이 있다.
③ 알파 하이드록시카프로익에시드(Alpha hydroxy-caproic acid)의 약어이다.
④ 피부와 점막에 약간의 자극이 있다.

> AHA는 알파 히드록시산으로 Alpha Hydroxy Acid의 약어이다.

29 각질제거용 화장품에 주로 쓰이는 것으로 죽은 각질을 빨리 떨어져 나가게 하고 건강한 세포가 피부를 구성할 수 있도록 도와주는 성분은?

① 알파-히드록시산
② 알파-토코페롤
③ 라이코펜
④ 리포좀

> AHA(알파 히드록시산)은 각질 제거, 유연기능 및 보습기능이 있으며, 글리콜릭산, 젖산, 사과산, 주석산, 구연산 등의 종류가 있다.

30 다음 중 물에 오일성분이 혼합되어 있는 유화 상태는?

① O/W 에멀전
② W/O 에멀전
③ W/S 에멀전
④ W/O/W 에멀전

유화의 종류	
구분	의미
O/W 에멀전	물에 오일이 분산되어 있는 형태 (로션, 크림, 에센스 등)
W/O 에멀전	오일에 물이 분산되어 있는 형태 (영양크림, 선크림 등)
W/O/W 에멀전	분산되어 있는 입자 자체가 에멀전을 형성하고 있는 상태

31 화장품 제조의 3가지 주요기술이 아닌 것은?

① 가용화 기술
② 유화 기술
③ 분산 기술
④ 용융 기술

32 다음 중 가용화 기술로 만든 화장품이 아닌 것은?

① 향수
② 헤어토닉
③ 헤어리퀴드
④ 파운데이션

> 파운데이션은 분산 기술에 의한 제품이다.

33 화장품의 제형에 따른 특징의 설명이 틀린 것은?

① 유화제품 – 물에 오일성분이 계면활성제에 의해 우윳빛으로 백탁화된 상태의 제품
② 유용화제품 – 물에 다량의 오일성분이 계면활성제에 의해 현탁하게 혼합된 상태의 제품
③ 분산제품 – 물 또는 오일 성분에 미세한 고체입자가 계면활성제에 의해 균일하게 혼합된 상태의 제품
④ 가용화제품 – 물에 소량의 오일성분이 계면활성제에 의해 투명하게 용해되어 있는 상태의 제품

> 화장품을 제형에 따라 분류하면 가용화제품, 유화제품, 분산제품으로 나뉘어진다.

34 화장품에서 요구되는 4대 품질 특성이 아닌 것은?

① 안전성
② 안정성
③ 보습성
④ 사용성

> 화장품의 4대 조건 : 안전성, 안정성, 사용성, 유효성

35 "피부에 대한 자극, 알레르기, 독성이 없어야 한다"는 내용은 화장품의 4대 요건 중 어느 것에 해당하는가?

① 안전성
② 안정성
③ 사용성
④ 유효성

36 화장품의 4대 요건에 해당되지 않는 것은?

① 안전성
② 안정성
③ 사용성
④ 보호성

화장품의 4대 요건	
구분	의미
안전성	피부에 대한 자극, 알레르기, 독성이 없을 것
안정성	변색, 변취, 미생물의 오염이 없을 것
사용성	피부에 사용감이 좋고 잘 스며들 것
유효성	미백, 주름개선, 자외선 차단 등의 효과가 있을 것

37 화장품을 만들 때 필요한 4대 조건은?

① 안전성, 안정성, 사용성, 유효성
② 안전성, 방부성, 방향성, 유효성
③ 발림성, 안정성, 방부성, 사용성
④ 방향성, 안전성, 발림성, 사용성

38 화장품의 4대 품질 조건에 대한 설명이 틀린 것은?

① 안전성 – 피부에 대한 자극, 알레르기, 독성이 없을 것
② 안정성 – 변색, 변취, 미생물의 오염이 없을 것
③ 사용성 – 피부에 사용감이 좋고 잘 스며들 것
④ 유효성 – 질병치료 및 진단에 사용할 수 있는 것

유효성 – 미백, 주름개선, 자외선 차단 등의 효과가 있을 것

39 기능성 화장품의 표시 및 기재사항이 아닌 것은?

① 제품의 명칭
② 내용물의 용량 및 중량
③ 제조자의 이름
④ 제조번호

제조자의 이름은 화장품의 표시 및 기재사항이 아니다.

40 다음 중 화장품 포장에 기재할 사항으로만 묶은 것은?

㉠ 화장품의 명칭	㉡ 화장품의 성분
㉢ 제조번호	㉣ 제조업자의 전화번호

① ㉠, ㉡, ㉢
② ㉠, ㉡, ㉣
③ ㉡, ㉢, ㉣
④ ㉠, ㉢, ㉣

제조업자의 전화번호는 기재할 필요가 없다.

41 화장품으로 인한 알레르기가 생겼을 때의 피부관리 방법 중 맞는 것은?

① 민감한 반응을 보인 화장품의 사용을 중지한다.
② 알레르기가 유발된 후 정상으로 회복될 때까지 두꺼운 화장을 한다.
③ 비누로 피부를 소독하듯이 자주 씻어낸다.
④ 뜨거운 타월로 피부의 알레르기를 진정시킨다.

알레르기 유발 후 더 이상 자극을 주지 않도록 하며 차가운 타월로 진정시킨다.

chapter 05

SECTION 03 화장품의 종류와 기능

[출제문항수 : 1~2문제] 화장품의 분류와 특징, 향수, 오일 등 암기해야 할 내용이 많으나 부담은 가지지 말고 예상문제 위주로 학습하도록 합니다. 일반 화장품에 대해서도 학습하도록 합니다.

화장품의 종류

피부용

기초 화장품	세정, 정돈, 보호
메이크업 화장품	• 베이스 메이크업 • 포인트 메이크업
바디 화장품	
기능성 화장품	• 주름개선 • 미백 • 자외선 차단 • 모발 색상 변화 • 피부, 모발 개선

에센셜(아로마) 오일 및 캐리어 오일

방향용(향수)

▶ **세안용 화장품의 구비조건**

구분	의미
안정성	변색, 변취, 미생물의 오염이 없을 것
용해성	냉수나 온수에 잘 풀릴 것
기포성	거품이 잘나고 세정력이 있을 것
자극성	피부를 자극시키지 않고 쾌적한 방향이 있을 것

▶ **용어 이해 : pH**
- Potential of Hydrogen, 수소이온농도
- 7 이하는 산성, 7 이상은 염기성으로 구분한다.

---

01 기초 화장품

1 기능
세안, 피부 정돈, 피부 보호

2 종류

세안	클렌징 폼, 페이셜 스크럽, 클렌징 크림, 클렌징 로션, 클렌징 워터, 클렌징 젤
피부 정돈	화장수, 팩, 마사지 크림
피부 보호	로션, 크림, 에센스, 화장유

3 세안용 화장품
피부의 노폐물 및 화장품의 잔여물 제거

4 피부 정돈용 화장품

1) 화장수

① **주요 기능**
- 피부의 각질층에 수분 공급
- 피부에 청량감 부여
- 피부에 남은 클렌징 잔여물 제거 작용
- 피부의 pH 밸런스 조절 작용
- 피부 진정 또는 쿨링 작용

② 종류

유연 화장수	• 피부에 수분 공급 및 피부를 유연하게 함
수렴 화장수	• 피부에 수분 공급, 모공 수축 및 피지 과잉 분비 억제 • 지방성 피부에 적합 • 원료 : 알코올, 습윤제, 물, 알루미늄, 아연염, 멘톨

2) 팩

① 주요 기능
- 피부에 피막을 형성하여 수분 증발 억제
- 피부 온도 상승에 따른 혈액순환 촉진
- 유효성분의 침투를 용이하게 함
- 노폐물 제거 및 청결 작용

---

② 제거 방법에 따른 분류

필오프 타입 (Peel-off)	• 팩이 건조된 후 형성된 투명한 피막을 떼어내는 형태 • 노폐물 및 죽은 각질 제거 작용
워시오프 타입 (Wash-off)	• 팩 도포 후 일정 시간이 지나 미온수로 닦아내는 형태
티슈오프 타입 (Tissue-off)	• 티슈로 닦아내는 형태 • 피부에 부담이 없어 민감성 피부에 적합
시트(Sheet) 타입	• 시트를 얼굴에 올려놓았다가 제거하는 형태
패치(Patch) 타입	• 패치를 부분적으로 붙인 후 떼어내는 형태

5 피부 보호용 화장품

로션	• 피부에 수분과 영양분 공급 • 구성 : 60~80%의 수분과 30% 이하의 유분
크림	• 세안 시 소실된 천연 보호막을 보충하여 피부를 촉촉하게 하고 보호함 • 피부의 생리기능을 돕고, 유효성분들로 피부의 문제점을 개선
에센스	• 피부 보습 및 노화억제 성분들을 농축해 만든 것 • 피부에 수분과 영양분 공급

02 메이크업 화장품

1 베이스 메이크업

메이크업 베이스	• 인공 피지막을 형성하여 피부 보호 • 파운데이션의 밀착성을 높여줌 • 색소 침착 방지
파운데이션	• 화장의 지속성 고조 • 주근깨, 기미 등 피부의 결점 커버 • 피부에 광택과 투명감 부여 • 자외선 차단
파우더	• 피부색 정돈 • 피부의 번들거림 방지 • 화사한 피부 표현 • 땀, 피지의 분비 억제

2 포인트 메이크업

① 립스틱 : 입술의 건조를 방지하고, 입술에 색채감 및 입체감 부여

② 아이라이너 : 눈을 크고 뚜렷하게 보이게 하는 효과

③ 아이섀도 : 눈꺼풀에 색감을 주어 입체감을 살려 눈의 표정을 강조

④ 마스카라 : 속눈썹이 짙고 길어 보이게 함

⑤ 블러셔 : 얼굴에 입체감을 주고 건강하게 보이게 함

세발용	샴푸, 린스
정발용	헤어 크림, 헤어 로션, 헤어 오일, 포마드, 헤어 스프레이·무스·왁스·젤
트리트먼트용	헤어 트리트먼트, 헤어 팩, 헤어 코트
양모용	헤어 토닉
염모용	영구 염모제, 반영구 염모제, 일시 염모제

04 바디 관리 화장품

세정용	• 이물질 제거 및 청결 • 종류 : 비누, 바디 샴푸 등
트리트먼트용	• 샤워 후 피부가 건조해지는 것을 막고 촉촉하게 해줌 • 종류 : 바디 로션, 바디 크림, 바디 오일 등
일소용 (一燒, 선텐)	• 피부를 곱게 태워주고 피부가 거칠어지는 것을 방지 • 종류 : 선텐용 젤·크림·리퀴드 등
일소 방지용	• 햇볕에 타는 것을 방지하고 자외선으로부터 피부를 보호 • 종류 : 선스크린 젤, 선스크린 크림, 선스크린 리퀴드 등
액취 방지용	• 체취 방지 및 항균 기능 • 종류 : 데오도란트

05 네일용 화장품

1 네일 에나멜

손톱에 광택을 부여하고 아름답게 할 목적으로 사용하는 화장품

1) 에나멜의 성분

① **피막형성제** : 니트로셀룰로오스(가장 많이 사용), 토실라미드, 디부틸프탈레이트
② **수지류** : 니트로셀룰로오스만으로는 접착 및 광택이 완전하지 못해 수지와 병용 시 밀착성을 증가시키고 막의 광택이 향상됨
③ **가소제** : 피막의 유연성을 높여주며 내구성을 유지하는 역할을 한다. 구연산 에스테르계를 많이 사용

④ 용제
- 니트로셀룰로오스, 수지, 가소제 등을 용해하여 적절한 사용감이 있
  도록 점도를 조절할 수 있고 적당한 휘발 속도를 지녀야 함
- 건조 속도가 빠를 경우 핀홀이 생기거나 붓의 흔적이 남게 됨
- 증발잠열이 크면 현탁을 일으킴

⑤ 색소 : 에나멜의 불투명감이나 아름다운 색조 마무리감을 부여하기 위
해 사용

⑥ 침전방지제
- 침전을 방지하기 위해 사용
- 유기변성 점토광물 성분 함유

2) 에나멜의 요구조건

① 적당한 점도가 있을 것
② 균일한 막을 형성할 것
③ 안료가 균일하게 분산되어 있을 것
④ 건조가 빠를 것
⑤ 건조한 막에 현탁이나 핀홀이 생기지 않을 것
⑥ 제거 시 에나멜 리무버 등으로 쉽게 지워질 것
⑦ 독성이 없을 것
⑧ 일상생활에서 잘 벗겨지지 않을 것

2 기타 네일용 화장품

베이스코트	폴리시를 바르기 전에 손톱에 바르는 투명한 액체
탑코트	폴리시를 바른 후 마지막 단계에 네일에 광택을 주고 폴리시를 보호하기 위해 바르는 액체
큐티클 오일	큐티클을 정리하기 전에 큐티클을 부드럽게 해주는 유연제
네일 크림·로션	네일에 유분과 수분을 보충하여 네일을 보호하고 네일 주위의 피부를 유연하게 해주는 제품
네일 보강제	자연 네일에 사용하는 보강제

1 향수의 분류

1) 희석 정도에 따른 분류

구분	부향률	지속시간	특징
퍼퓸	15~30%	6~7시간	향이 오래 지속되며, 가격이 비쌈
오데퍼퓸	9~12%	5~6시간	퍼퓸보다는 지속성이나 부향률이 떨어지지만 경제적
오데토일렛	6~8%	3~5시간	일반적으로 가장 많이 사용
오데코롱	3~5%	1~2시간	향수를 처음 사용하는 사람에게 적합
샤워코롱	1~3%	약 1시간	샤워 후 가볍게 뿌려주는 향수

2) 향수의 발산 속도에 따른 분류

분류	특징
탑 노트	• 휘발성이 강해 바로 향을 맡을 수 있음 • 스트르스, 그린
미들 노트	• 부드럽고 따뜻한 느낌의 향으로, 대부분의 오일에 해당됨 • 플로럴, 프루티
베이스 노트	• 휘발성이 낮아 시간이 지난 뒤에 향을 맡을 수 있음 • 무스크, 우디

2 천연향의 추출 방법

분류		특징
수증기 증류법		식물의 향기 부분을 물에 담가 가온하여 증발된 기체를 냉각하여 추출
압착법		주로 열대성 과실에서 향을 추출할 때 사용하는 방법
용매 추출법	휘발성	• 에테르, 핵산 등의 휘발성 유기용매를 이용해서 낮은 온도에서 추출 • 장미, 자스민 등의 에센셜 오일을 추출할 때 사용
	비휘발성	동식물의 지방유를 이용한 추출법

---

1 에센셜 오일

1) 취급 시 주의사항

① 100% 순수한 것을 사용할 것

② 원액을 그대로 사용하지 말고 희석하여 사용할 것

③ 사용하기 전에 안전성 테스트(패치 테스트)를 실시할 것

④ 고열이 있는 경우 사용하지 말 것

⑤ 사용 후 반드시 마개를 닫을 것

⑥ 갈색병에 넣어 냉암소에 보관할 것

2) 아로마 오일의 사용법

입욕법	전신욕, 반신욕, 좌욕, 수욕, 족욕 등 몸을 담그는 방법
흡입법	손수건, 티슈 등에 1~2방울 떨어뜨리고 심호흡을 하는 방법
확산법	아로마 램프, 스프레이 등을 이용하는 방법
습포법	온수 또는 냉수 1리터 정도에 5~10 방울을 넣고, 수건을 담궈 적신 후 피부에 붙이는 방법

3) 에센셜 오일의 종류

라벤더	여드름성 피부·습진·화상 등에 효과 피부재생 및 이완작용	패츌리	주름살 예방, 노화피부, 여드름, 습진에 효과
자스민	건조하고 민감한 피부에 효과	레몬 그라스	여드름, 무좀에 효과 모공 수축
제라늄	피지분비 정상화, 셀룰라이트 분해	오렌지	여드름, 노화피부에 효과
티트리	피부 정화, 여드름 피부, 습진, 무좀에 효과	로즈 마리	피부 청결, 주름 완화, 노화피부, 두피 개선
팔마 로사	건조한 피부와 감염 피부에 효과	그레이프 프루트	살균·소독작용, 셀룰라이트 분해작용
네롤리	건조하고 민감한 피부에 효과, 피부노화 방지		

2 캐리어 오일(베이스 오일)

① 아로마 오일을 피부에 효과적으로 침투시키기 위해 사용하는 식물성 오일

② 에센셜 오일의 향을 방해하지 않게 향이 없어야 하고 피부 흡수력이 좋아야 한다.

▶ 에센셜 오일의 효능
- 면역강화
- 항염작용
- 항균작용
- 피부미용
- 피부진정 작용
- 혈액순환 촉진
- 화상, 여드름, 염증 치유에 효과적

▶ 광과민성
그레이프 프루트, 라임, 레몬, 버거못, 오렌지 스윗, 탠저린

▶ 용어 이해 : 최소홍반량(minimal Hauterythemdosis)
피부에 홍반을 발생하게 하는데 최소한의 자외선량

▶ 용어 이해
캐리어 : carrier(운반), 아로마 오일을 피부에 운반한다는 의미

③ 주요 캐리어 오일

오일	특징
호호바 오일 (Jojoba oil)	• 모든 피부 타입에 적합 • 인체의 피지와 화학구조가 유사하여 피부 친화성이 우수 • 쉽게 산화되지 않아 안정성이 우수 • 침투력 및 보습력이 우수 • 여드름, 습진, 건선피부에 사용
아보카도 오일	• 모든 피부 타입에 적합 • 비타민 E 풍부 • 비만 관리용으로 많이 사용
아몬드 오일	• 모든 피부 타입에 적합 • 비타민 A와 E 풍부 • 피부 보습력을 높여주고 건조 방지 효과
윗점 오일 (Wheatgerm Oil)	• 비타민 E와 미네랄 풍부 • 피부노화 방지 효과 • 혈액순환 촉진 및 항산화 작용 • 습진, 건성피부, 가려움증에 효과
포도씨 오일	• 비타민 E 풍부 • 여드름 피부에 효과 • 피부 재생에 효과적이며 항산화 작용
살구씨 오일	• 건조 피부와 민감성 피부에 적합 • 습진, 가려움증에 효과 • 끈적임이 적고 흡수가 빠르며, 유연성이 좋음

08 기능성 화장품

1 피부 미백제

1) 기능

① 피부에 멜라닌 색소 침착 방지
② 기미·주근깨 등의 생성 억제
③ 피부에 침착된 멜라닌 색소의 색을 엷게 하는 기능

2) 성분

알부틴, 코직산, 비타민 C 유도체, 닥나무 추출물, 뽕나무 추출물, 감초 추출물, 하이드로퀴논

2 피부 주름 개선제

1) 기능

① 피부에 탄력을 주어 피부의 주름을 완화 또는 개선
② 콜라겐 합성·표피 신진대사·섬유아세포 생성의 촉진

▶ **피부 미백제의 메커니즘**
• 자외선 차단
• 도파(DOPA) 산화 억제
• 멜라닌 합성 저해
• 티로시나아제 효소의 활성 억제

2) 성분

레티놀, 아데노신, 레티닐팔미테이트, 폴리에톡실레이티드레틴아마이

3 자외선 차단제

1) 기능

① 강한 햇볕을 방지하여 피부를 곱게 태워주는 기능
② 자외선을 차단 또는 산란시켜 자외선으로부터 피부 보호

2) 자외선 차단제의 종류에 따른 특징

구분	자외선 산란제	자외선 흡수제

성분	• 티타늄디옥사이드
	  이산화티타늄)
	• 징크옥사이드(산화아연)
		• 벤조페논
		• 에칠헥실디메칠파바(옥틸디메틸파바)
		• 에칠헥실메톡시신나메이트
		  옥티메톡시신나메이트)
		• 옥시벤존 등

특징	• 물리적인 산란작용 이용 • 발랐을 때 불투명	• 화학적인 흡수작용 이용 • 발랐을 때 투명
장점	자외선 차단율이 높음	촉촉하고 산뜻하며, 화장이 밀리지 않음
단점	화장이 밀림	피부 트러블의 가능성이 높음

3) 자외선 차단지수 (SPF, Sun Protection Factor)

$$SPF = \frac{\text{자외선 차단제품을 바른 피부의 최소홍반량(MED)}}{\text{자외선 차단제품을 바르지 않은 외부의 최소홍반량(MED)}}$$

① UV-B 방어효과를 나타내는 지수
② 수치가 높을수록 자외선 차단지수가 높음
③ 피부의 멜라닌 양과 자외선에 대한 민감도에 따라 효과가 달라질 수 있음
④ 평상시에는 SPF 15가 적당하며, 여름철 야외활동이나 겨울철 스키장에서는 SPF 30 이상의 제품 사용

1 다음 중 기초화장품의 필요성에 해당되지 않는 것은?

① 세안
② 미백
③ 피부정돈
④ 피부보호

> 기초화장품의 기능은 세안, 피부 정돈, 피부 보호이다.

2 세안용 화장품의 구비조건으로 부적당한 것은?

① 안정성 : 물이 묻거나 건조해지면 형과 질이 잘 변해야 한다.
② 용해성 : 냉수나 온탕에 잘 풀려야 한다.
③ 기포성 : 거품이 잘나고 세정력이 있어야 한다.
④ 자극성 : 피부를 자극시키지 않고 쾌적한 방향이 있어야 한다.

> 안정성 : 변색, 변취 및 미생물의 오염이 없어야 한다.

3 화장수의 설명 중 잘못된 것은?

① 피부의 각질층에 수분을 공급한다.
② 피부에 청량감을 준다.
③ 피부에 남아있는 잔여물을 닦아준다.
④ 피부의 각질을 제거한다.

> 화장수는 피부에 남아있는 잔여물을 닦아 주는 기능을 하지만 각질을 제거하지는 않는다.

4 다음 중 지방성 피부에 가장 적당한 화장수는?

① 글리세린
② 유연 화장수
③ 수렴 화장수
④ 영양 화장수

> 수렴 화장수는 피지가 과잉 분비되는 것을 억제해 주므로 지방성 피부에 적당하다.

5 화장수의 도포 목적 및 효과로 옳은 것은?

① 피부 본래의 정상적인 pH 밸런스를 맞추어 주며 다음 단계에 사용할 화장품의 흡수를 용이하게 한다.
② 죽은 각질 세포를 쉽게 박리시키고 새로운 세포 형성 촉진을 유도한다.
③ 혈액 순환을 촉진시키고 수분 증발을 방지하여 보습효과가 있다.
④ 항상 피부를 pH 5.5의 약산성으로 유지시켜 준다.

> 화장수는 피부의 각질층에 수분을 공급하고 pH 밸런스를 맞추어 주는 기능을 한다.

6 화장수의 작용이 아닌 것은?

① 피부에 남은 클렌징 잔여물 제거 작용
② 피부의 pH 밸런스 조절 작용
③ 피부에 집중적인 영양 공급 작용
④ 피부 진정 또는 쿨링 작용

> 화장수는 피부에 수분을 공급하며 영양 공급과는 거리가 멀다.

7 화장수(스킨로션)를 사용하는 목적과 가장 거리가 먼 것은?

① 세안을 하고나서도 지워지지 않는 피부의 잔여물을 제거하기 위해서
② 세안 후 남아있는 세안제의 알칼리성 성분 등을 닦아내어 피부표면의 산도를 약산성으로 회복시켜 피부를 부드럽게 하기 위해서
③ 보습제, 유연제의 함유로 각질층을 촉촉하고 부드럽게 하면서 다음 단계에 사용할 제품의 흡수를 용이하게 하기 위해서
④ 각종 영양 물질을 함유하고 있어 피부의 탄력을 증진시키기 위해서

> **화장수의 기능**
> • 피부의 각질층에 수분 공급
> • 피부에 청량감 부여
> • 피부에 남은 클렌징 잔여물 제거 작용
> • 피부의 pH 밸런스 조절 작용
> • 피부 진정 또는 쿨링 작용

정 답 1 ② 2 ① 3 ④ 4 ③ 5 ① 6 ③ 7 ④

8 수렴 화장수의 원료에 포함되지 않는 것은?

① 습윤제
② 알코올
③ 물
④ 표백제

수렴 화장수의 원료 : 알코올, 습윤제, 물, 알루미늄, 아연염, 멘톨

9 피지 분비의 과잉을 억제하고 피부를 수축시켜 주는 것은?

① 소염 화장수
② 수렴 화장수
③ 영양 화장수
④ 유연 화장수

수렴 화장수는 피부에 수분을 공급하고 모공 수축 및 피지 과잉 분비를 억제한다.

10 피부에 좋은 영양성분을 농축해 만든 것으로 소량의 사용만으로도 큰 효과를 볼 수 있는 것은?

① 에센스
② 로션
③ 팩
④ 화장수

에센스는 피부에 좋은 영양성분을 고농축해서 만든 것이다.

11 팩의 효과에 대한 설명 중 옳지 않은 것은?

① 팩의 재료에 따라 진정작용, 수렴작용 등의 효과가 있다.
② 혈액과 림프의 순환이 왕성해진다.
③ 피부와 외부를 일시적으로 차단하므로 피부의 온도가 낮아진다.
④ 팩의 흡착작용으로 피부가 청결해진다.

팩을 사용하면 일시적으로 피부의 온도를 높여 혈액순환을 촉진한다.

12 팩제의 사용 목적이 아닌 것은?

① 팩제가 건조하는 과정에서 피부에 심한 긴장을 준다.
② 일시적으로 피부의 온도를 높여 혈액순환을 촉진한다.
③ 노화한 각질층 등을 팩제와 함께 제거시키므로 피부 표면을 청결하게 할 수 있다.
④ 피부의 생리 기능에 적극적으로 작용하여 피부에 활력을 준다.

팩제가 건조하는 과정에서 피부에 적당한 긴장감을 주며 건조 후 일시적으로 피부의 온도를 높여 혈액순환을 좋게 한다.

13 팩의 목적 및 효과와 가장 거리가 먼 것은?

① 피부의 혈행 촉진 및 청정 작용
② 진정 및 수렴 작용
③ 피부 보습
④ 피하지방의 흡수 및 분해

팩은 피부의 노폐물을 제거하지만 피하지방을 분해하지는 않는다.

14 피부 관리에서 팩 사용 효과가 아닌 것은?

① 수분 및 영양 공급
② 각질 제거
③ 치유 작용
④ 피부 청정 작용

팩은 치유 효과는 없다.

15 팩 사용 시 주의사항이 아닌 것은?

① 피부 타입에 맞는 팩제를 사용한다.
② 잔주름 예방을 위해 눈 위에 직접 덧바른다.
③ 한방팩, 천연팩 등은 즉석에서 만들어 사용한다.
④ 안에서 바깥방향으로 바른다.

팩은 피부 타입에 맞는 팩제를 사용하고, 눈 위에 직접 덧바르지 않도록 한다.

16 ★★★ 팩의 분류에 속하지 않는 것은?

① 필오프 타입
② 워시오프 타입
③ 패치 타입
④ 워터 타입

17 ★★★★ 팩의 제거 방법에 따른 분류가 아닌 것은?

① 티슈오프 타입 (Tissue off type)
② 석고 마스크 타입(Gypsum mask type)
③ 필오프 타입(Peel off type)
④ 워시오프 타입(Wash off type)

팩의 제거 방법에 따른 분류	
필오프 타입	팩이 건조된 후에 형성된 투명한 피막을 떼어내는 형태
워시오프 타입	팩 도포 후 일정 시간이 지나 미온수로 닦아내는 형태
티슈오프 타입	티슈로 닦아내는 형태
시트 타입	시트를 얼굴에 올려놓았다가 제거하는 형태

18 ★★★ 메이크업 베이스 색상이 잘못 연결된 것은?

① 그린색 : 모세혈관이 확장되어 붉은 피부
② 핑크색 : 푸석푸석해 보이는 창백한 피부
③ 화이트색 : 어둡고 칙칙해 보이는 피부
④ 연보라색 : 생기가 없고 어두운 피부

19 ★★★ 메이크업 베이스 색상의 연결이 옳은 것은?

① 핑크색 : 잡티가 있는 피부
② 흰색 : 어둡고 칙칙해 보이는 피부
③ 보라색 : 창백한 피부
④ 파란색 : 밝고 깨끗한 피부

색상별 피부
- 녹색　　 : 붉은 피부
- 핑크색 : 창백한 피부
- 흰색　　 : 어둡고 칙칙해 보이는 피부
- 보라색 : 노란 피부
- 파란색 : 잡티가 있는 피부

20 ★★★ 다음 설명 중 파운데이션의 일반적인 기능과 가장 거리가 먼 것은?

① 피부색을 기호에 맞게 바꾼다.
② 피부의 기미, 주근깨 등 결점을 커버한다.
③ 자외선으로부터 피부를 보호한다.
④ 피지 억제와 화장을 지속시켜 준다.

21 ★★★ 다음 설명 중 파운데이션의 일반적인 기능으로 옳은 것은?

① 피부에 광택과 투명감을 부여한다.
② 피부색을 정돈해준다.
③ 화사한 피부를 표현한다.
④ 땀, 피지의 분비를 억제한다.

22 ★★★ 메이크업 화장품 중에서 안료가 균일하게 분산되어 있는 형태로 대부분 O/W형 유화 타입이며, 투명감 있게 마무리되므로 피부에 결점이 별로 없는 경우에 사용하는 것은?

① 트윈 케이크
② 스킨커버
③ 리퀴드 파운데이션
④ 크림 파운데이션

유화형
- O/W 형 : 리퀴드 파운데이션
- W/O 형 : 크림 파운데이션

23 ★ 속눈썹이 짙고 길어 보이게 하는 효과를 주는 화장품은?

① 아이라이너
② 아이섀도
③ 블러셔
④ 마스카라

24 다음 중 파우더의 일반적인 기능에 대한 설명으로 옳지 않은 것은?

① 피부색 정돈
② 피부의 번들거림 방지
③ 주근깨, 기미 등 피부의 결점 커버
④ 화사한 피부 표현

주근깨, 기미 등 피부의 결점을 커버해 주는 것은 파운데이션의 기능이다.

25 눈꺼풀에 색감을 주어 입체감을 살려 눈의 표정을 강조하는 화장품은?

① 아이라이너
② 아이섀도
③ 블러셔
④ 마스카라

포인트 메이크업의 종류	
립스틱	• 입술 건조 방지 • 입술에 색채감 및 입체감 부여
아이라이너	눈을 크고 뚜렷하게 보이게 하는 효과
마스카라	속눈썹이 짙고 길어 보이게 하는 효과
아이섀도	눈꺼풀에 색감을 주어 입체감을 살려 눈의 표정을 강조하는 효과
블러셔	얼굴에 입체감을 주고 건강하게 보이게 하는 효과

26 다음 중 트리트먼트용 모발 화장품에 속하는 것은?

① 헤어 크림   ② 헤어 로션
③ 헤어 오일   ④ 헤어 팩

헤어 크림, 헤어 로션, 헤어 오일은 정발용 모발화장품에 속한다.

27 다음 중 양모용 모발 화장품에 속하는 것은?

① 샴푸
② 헤어 크림
③ 헤어 토닉
④ 헤어 스프레이

양모용은 두발을 잘 자라게 하는 것으로 헤어 토닉이 이에 속한다.

28 다음 중 정발용 모발 화장품에 속하지 않는 것은?

① 헤어 로션
② 헤어 크림
③ 헤어 코트
④ 헤어 스프레이

헤어 코트는 헤어 트리트먼트, 헤어 팩과 함께 트리트먼트용으로 사용된다.

29 다음 중 바디용 화장품이 아닌 것은?

① 샤워젤
② 바스오일
③ 데오도란트
④ 헤어 에센스

헤어 에센스는 두발화장품에 속한다.

30 바디 관리 화장품이 가지는 기능과 가장 거리가 먼 것은?

① 세정
② 트리트먼트
③ 연마
④ 일소 방지

바디 관리 화장품에는 세정용, 트리트먼트용, 일소용, 일소 방지용, 액취 방지용 화장품이 있다.

31 다음 중 피부상재균의 증식을 억제하는 항균기능을 가지고 있고, 발생한 체취를 억제하는 기능을 가진 것은?

① 바디샴푸
② 데오도란트
③ 샤워코롱
④ 오데토일렛

정답   24 ③   25 ②   26 ④   27 ③   28 ③   29 ④   30 ③   31 ②

32 바디 화장품의 종류와 사용 목적의 연결이 적합하지 않은 것은?

① 바디클렌저 – 세정·용제
② 데오도란트 파우더 – 탈색·제모
③ 썬스크린 – 자외선 방어
④ 바스 솔트 – 세정·용제

데오도란트는 액취 방지용 화장품이다.

33 바디 샴푸의 성질로 틀린 것은?

① 세포 간에 존재하는 지질을 가능한 보호
② 피부의 요소, 염분을 효과적으로 제거
③ 세균의 증식 억제
④ 세정제의 각질층 내 침투로 지질을 용출

세정제가 각질층 내로 침투하여 지질을 용출하는 것은 좋지 않다.

34 다음 중 향료의 함유량이 가장 적은 것은?

① 퍼퓸
② 오데토일렛
③ 샤워코롱
④ 오데코롱

샤워코롱은 부향률이 1~3%로 가장 적다.

35 내가 좋아하는 향수를 구입하여 샤워 후 바디에 나만의 향으로 산뜻하고 상쾌함을 유지시키고자 한다면, 부향률은 어느 정도로 하는 것이 좋은가?

① 1~3%
② 3~5%
③ 6~8%
④ 9~12%

샤워 후에 가볍게 뿌리는 향수는 샤워코롱으로 부향률은 1~3%, 지속시간은 약 1시간이다.

36 다음 중 향수의 부향률이 높은 것부터 순서대로 나열된 것은?

① 퍼퓸 > 오데퍼퓸 > 오데코롱 > 오데토일렛
② 퍼퓸 > 오데토일렛 > 오데코롱 > 오데퍼퓸
③ 퍼퓸 > 오데퍼퓸 > 오데토일렛 > 오데코롱
④ 퍼퓸 > 오데코롱 > 오데퍼퓸 > 오데토일렛

향수의 부향률 비교	
퍼퓸	15~30%
오데퍼퓸	9~12%
오데토일렛	6~8%
오데코롱	3~5%
샤워코롱	1~3%

37 향수를 뿌린 후 즉시 느껴지는 향수의 첫 느낌으로 주로 휘발성이 강한 향료들로 이루어져 있는 노트(note)는?

① 탑 노트(Top note)
② 미들 노트(Middle note)
③ 하트 노트(Heart note)
④ 베이스 노트(Base note)

향수의 발산 속도에 따른 분류 및 특징	
탑 노트	• 휘발성이 강해 바로 향을 맡을 수 있음 • 종류 : 스트르스, 그린
미들 노트	• 부드럽고 따뜻한 느낌의 향으로, 대부분의 오일이 여기에 해당 • 종류 : 플로럴, 프루티
베이스 노트	• 휘발성이 낮아 시간이 지난 뒤에 향을 맡을 수 있음 • 종류 : 무스크, 우디

38 천연향의 추출방법 중에서 주로 열대성 과실에서 향을 추출할 때 사용하는 방법은?

① 수증기 증류법
② 압착법
③ 휘발성 용매 추출법
④ 비휘발성 용매 추출법

열대성 과실에서 향을 추출할 때는 주로 압착법을 사용한다.

39 ★★★ 향수의 구비요건이 아닌 것은?

① 향에 특징이 있어야 한다.
② 향이 강하므로 지속성이 약해야 한다.
③ 시대성에 부합하는 향이어야 한다.
④ 향의 조화가 잘 이루어져야 한다.

> 향수는 향의 지속성이 강해야 한다.

40 ★★★ 다음의 설명에 해당되는 천연향의 추출방법은?

> 식물의 향기 부분을 물에 담가 가온하여 증발된 기체를 냉각하면 물 위에 향기 물질이 뜨게 되는데, 이것을 분리하여 순수한 천연향을 얻어내는 방법이다. 이는 대량으로 천연향을 얻어낼 수 있는 장점이 있으나 고온에서 일부 향기 성분이 파괴될 수 있는 단점이 있다.

① 수증기 증류법
② 압착법
③ 휘발성 용매 추출법
④ 비휘발성 용매 추출법

> 지문은 수증기 증류법에 대한 설명으로 식물의 향기 부분을 물에 담가 가온하여 증발된 기체를 냉각하여 추출하는 방법이다.

41 ★★★ 에센셜 오일을 추출하는 방법이 아닌 것은?

① 수증기 증류법
② 혼합법
③ 압착법
④ 용매 추출법

> 에센셜 오일을 추출하는 방법에는 수증기 증류법, 압착법, 용매 추출법(휘발성, 비휘발성)이 있다.

42 ★★★ 아로마 오일에 대한 설명으로 가장 적절한 것은?

① 수증기 증류법에 의해 얻어진 아로마 오일이 주로 사용되고 있다.
② 아로마 오일은 공기 중의 산소나 빛에 안정하기 때문에 주로 투명 용기에 보관하여 사용한다.
③ 아로마 오일은 주로 향기식물의 줄기나 뿌리 부위에서만 추출된다.
④ 아로마 오일은 주로 베이스 노트이다.

> ② 아로마 오일은 갈색 용기에 보관하여 사용한다.
> ③ 아로마 오일은 허브의 꽃, 잎, 줄기, 열매 등에서 추출한다.
> ④ 아로마 오일은 주로 미들 노트이다.

43 ★★★ 아로마테라피에 사용되는 아로마 오일에 대한 설명 중 가장 거리가 먼 것은?

① 아로마테라피에 사용되는 아로마 오일은 주로 수증기 증류법에 의해 추출된 것이다.
② 아로마 오일은 공기 중의 산소, 빛 등에 의해 변질될 수 있으므로 갈색병에 보관하여 사용하는 것이 좋다.
③ 아로마 오일은 원액을 그대로 피부에 사용해야 한다.
④ 아로마 오일을 사용할 때에는 안전성 확보를 위하여 사전에 패치 테스트를 실시하여야 한다.

> 아로마 오일은 원액을 그대로 사용하지 말고 소량이라도 희석해서 사용해야 한다.

44 ★★★ 아로마 오일에 대한 설명 중 틀린 것은?

① 아로마 오일은 면역기능을 높여준다.
② 아로마 오일은 피부미용에 효과적이다.
③ 아로마 오일은 피부관리는 물론 화상, 여드름, 염증 치유에도 쓰인다.
④ 아로마 오일은 피지에 쉽게 용해되지 않으므로 다른 첨가물을 혼합하여 사용한다.

> 아로마 오일은 피지에 쉽게 용해되며, 다른 첨가물을 혼합하지 말고 100% 순수한 것을 사용해야 한다.

45 ★★★ 아로마 오일의 사용법 중 확산법으로 맞는 것은?

① 따뜻한 물에 넣고 몸을 담근다.
② 아로마 램프나 스프레이를 이용한다.
③ 수건에 적신 후 피부에 붙인다.
④ 손수건, 티슈 등에 1~2방울 떨어뜨리고 심호흡을 한다.

> ① 입욕법, ③ 습포법, ④ 흡입법

정답 39 ② 40 ① 41 ② 42 ① 43 ③ 44 ④ 45 ②

46 아로마 오일의 사용법 중 습포법에 대한 설명으로 옳은 것은?

① 손수건, 티슈 등에 1~2방울 떨어뜨리고 심호흡을 한다.
② 온수 또는 냉수 1리터 정도에 5~10방울을 넣고, 수건을 담궈 적신 후 피부에 붙인다.
③ 아로마 램프나 스프레이를 이용한다.
④ 따뜻한 물에 넣고 몸을 담근다.

> ① 흡입법
> ③ 확산법
> ④ 입욕법

47 아로마 오일을 피부에 효과적으로 침투시키기 위해 사용하는 식물성 오일은?

① 에센셜 오일
② 캐리어 오일
③ 트랜스 오일
④ 미네랄 오일

> 아로마 오일을 피부에 효과적으로 침투시키기 위해 사용하는 식물성 오일을 캐리어 오일이라고 하는데, 에센셜 오일의 향을 방해하지 않게 향이 없어야 하고 피부 흡수력이 좋아야 한다.

48 캐리어 오일로서 부적합한 것은?

① 미네랄 오일
② 살구씨 오일
③ 아보카도 오일
④ 포도씨 오일

> 캐리어 오일은 아로마 오일을 피부에 효과적으로 침투시키기 위해 사용하는 식물성 오일로 호호바 오일, 아보카도 오일, 아몬드 오일, 윗점 오일, 포도씨 오일, 살구씨 오일, 코코넛 오일 등이 사용된다.

49 캐리어 오일 중 액체상 왁스에 속하고, 인체 피지와 지방산의 조성이 유사하여 피부 친화성이 좋으며, 다른 식물성 오일에 비해 쉽게 산화되지 않아 보존 안정성이 높은 것은?

① 아몬드 오일(almond oil)
② 호호바 오일(jojoba oil)
③ 아보카도 오일(avocado oil)
④ 맥아 오일(wheat germ oil)

> 호호바 오일은 우리 몸의 피지와 지방산의 조성이 거의 같아 흡수력이 좋으며 건조하고 민감한 피부, 아토피 피부에 효과적이다.

50 캐리어 오일에 대한 설명으로 틀린 것은?

① 캐리어는 '운반'이란 뜻으로 캐리어 오일은 마사지 오일을 만들 때 필요한 오일이다.
② 베이스 오일이라고도 한다.
③ 에센셜 오일을 추출할 때 오일과 분류되어 나오는 증류액을 말한다.
④ 에센셜 오일의 향을 방해하지 않도록 향이 없어야 하고 피부 흡수력이 좋아야 한다.

> ③은 플로럴 워터(Floral Water)에 관한 설명이다.

51 다음은 어떤 베이스 오일을 설명한 것인가?

> 인간의 피지와 화학구조가 매우 유사한 오일로 피부염을 비롯하여 여드름, 습진, 건선피부에 안심하고 사용할 수 있으며, 침투력과 보습력이 우수하여 일반 화장품에도 많이 함유되어 있다.

① 호호바 오일
② 스위트 아몬드 오일
③ 아보카도 오일
④ 그레이프 시드 오일

> **호호바 오일의 특징**
> • 모든 피부 타입에 적합
> • 인체의 피지와 화학구조가 유사하여 피부 친화성이 우수
> • 쉽게 산화되지 않아 안정성이 우수
> • 침투력 및 보습력이 우수
> • 여드름, 습진, 건선피부에 사용

52 *** 다음 중 여드름의 발생 가능성이 가장 적은 화장품 성분은?

① 호호바 오일
② 라놀린
③ 미네랄 오일
④ 이소프로필 팔미테이트

호호바 오일은 여드름, 습진, 건선피부에 안심하고 사용할 수 있다.

53 **** 다음 중 기능성 화장품의 영역이 아닌 것은?

① 피부의 미백에 도움을 주는 제품
② 피부의 주름 개선에 도움을 주는 제품
③ 피부의 여드름을 치료해 주는 제품
④ 자외선으로부터 피부를 보호하는 데 도움을 주는 제품

기능성 화장품은 피부 미백, 주름 개선, 선텐 및 자외선 차단, 모발 색상 변화, 피부·모발 개선 기능을 하는 화장품을 말한다.

54 *** 기능성 화장품에 대한 설명으로 옳은 것은?

① 자외선에 의해 피부가 심하게 그을리거나 일광화상이 생기는 것을 지연해 준다.
② 피부 표면에 더러움이나 노폐물을 제거하여 피부를 청결하게 해준다.
③ 피부 표면의 건조를 방지해주고 피부를 매끄럽게 한다.
④ 비누 세안에 의해 손상된 피부의 pH를 정상적인 상태로 빨리 되돌아오게 한다.

②~④는 기초 화장품의 세안용, 보호용, 피부정돈용(화장수)에 대한 설명이다.

55 **** 기능성 화장품에 해당되지 않는 것은?

① 피부의 미백에 도움을 주는 제품
② 인체에 비만도를 줄여주는 데 도움을 주는 제품
③ 피부의 주름 개선에 도움을 주는 제품
④ 피부를 곱게 태워주거나 자외선으로부터 피부를 보호하는 데 도움을 주는 제품

56 **** 다음 중 기능성 화장품의 범위에 해당하지 않는 것은?

① 미백 크림
② 바디 오일
③ 자외선 차단 크림
④ 주름 개선 크림

바디 오일은 기능성 화장품의 범위에 해당하지 않는다.

57 *** 기능성 화장품류의 주요 효과가 아닌 것은?

① 피부 주름 개선에 도움을 준다.
② 자외선으로부터 보호한다.
③ 피부를 청결히 하여 피부 건강을 유지한다.
④ 피부 미백에 도움을 준다.

58 *** 자외선 차단제에 대한 설명 중 틀린 것은?

① 자외선 차단제의 구성성분은 크게 자외선 산란제와 자외선 흡수제로 구분된다.
② 자외선 차단제 중 자외선 산란제는 투명하고, 자외선 흡수제는 불투명한 것이 특징이다.
③ 자외선 산란제는 물리적인 산란작용을 이용한 제품이다.
④ 자외선 흡수제는 화학적인 흡수작용을 이용한 제품이다.

자외선 산란제는 발랐을 때 불투명하고, 자외선 흡수제는 투명한 것이 특징이다.

59 *** 주름 개선 기능성 화장품의 효과와 가장 거리가 먼 것은?

① 피부탄력 강화
② 콜라겐 합성 촉진
③ 표피 신진대사 촉진
④ 섬유아세포 분해 촉진

주름개선 기능성 화장품은 섬유아세포의 생성을 촉진한다.

정답   52 ①   53 ③   54 ①   55 ②   56 ②   57 ③   58 ②   59 ④

60 다음 중 자외선 흡수제에 대한 설명이 아닌 것은?

① 발랐을 때 투명하다.
② 촉촉하고 산뜻하며, 화장이 잘 밀리지 않는다.
③ 자외선 차단율이 높다.
④ 피부 트러블의 가능성이 높다.

자외선 차단제의 종류

구분	자외선 산란제	자외선 흡수제
특징	• 물리적인 산란작용 이용 • 발랐을 때 불투명	• 화학적인 흡수작용 이용 • 발랐을 때 투명
장점	자외선 차단율이 높음	촉촉하고 산뜻하며, 화장이 밀리지 않음
단점	화장이 밀림	피부 트러블의 가능성이 높음

61 미백 화장품에 사용되는 원료가 아닌 것은?

① 알부틴
② 코직산
③ 레티놀
④ 비타민 C 유도체

레티놀은 순수 비타민 A로 주름개선제로 사용된다.

62 미백 화장품의 메커니즘이 아닌 것은?

① 자외선 차단
② 도파(DOPA) 산화 억제
③ 티로시나아제 활성화
④ 멜라닌 합성 저해

티로시나아제 효소의 활성을 억제함으로써 미백 기능을 가진다.

63 SPF란 무엇을 뜻하는가?

① 자외선의 썬텐지수
② 자외선이 우리 몸에 들어오는 지수
③ 자외선이 우리 몸에 머무는 지수
④ 자외선 차단지수

SPF는 'Sun Protection Factor'의 약자로 자외선B(UVB)의 차단 효과를 표시하는 단위로, 숫자가 높을수록 차단 기능이 강하다.

64 자외선 차단제에 관한 설명이 틀린 것은?

① 자외선 차단제는 SPF의 지수가 매겨져 있다.
② SPF는 수치가 낮을수록 자외선 차단지수가 높다.
③ 자외선 차단제의 효과는 피부의 멜라닌 양과 자외선에 대한 민감도에 따라 달라질 수 있다.
④ 자외선 차단지수는 제품을 사용했을 때 홍반을 일으키는 자외선의 양을, 제품을 사용하지 않았을 때 홍반을 일으키는 자외선의 양으로 나눈 값이다.

SPF는 수치가 높을수록 자외선 차단지수가 높다.

65 자외선 차단제에 대한 설명으로 옳은 것은?

① 일광의 노출 전에 바르는 것이 효과적이다.
② 피부 병변에 있는 부위에 사용하여도 무관하다.
③ 사용 후 시간이 경과하여도 다시 덧바르지 않는다.
④ SPF지수가 높을수록 민감한 피부에 적합하다.

② 피부 병변에 있는 부위에는 사용하면 안 된다.
③ 자외선 차단제는 지속적으로 덧발라야 자외선 차단 시간을 연장시킬 수 있다.
④ 민감한 피부에는 SPF지수가 낮은 것이 좋으며 수시로 발라 주는 것이 좋다.

66 다음 (   ) 안에 알맞은 것은?

자외선 차단지수(SPF)란 자외선 차단 제품을 사용했을 때와 사용하지 않았을 때의 (   )의 비율을 말한다.

① 최대 흑화량
② 최소 홍반량
③ 최소 흑화량
④ 최대 홍반량

자외선 차단지수(SPF)란 자외선 차단 제품을 사용했을 때와 사용하지 않았을 때의 최소 홍반량의 비율을 말한다.

67 ★★★ 다음 중 옳은 것만을 모두 짝지은 것은?

> ㉠ 자외선 차단제는 물리적 차단제와 화학적 차단제
> 가 있다.
> ㉡ 물리적 차단제에는 벤조페논, 옥시벤존, 옥틸디메
> 틸파바 등이 있다.
> ㉢ 화학적 차단제는 피부에 유해한 자외선을 흡수하여
> 피부 침투를 차단하는 방법이다.
> ㉣ 물리적 차단제는 자외선이 피부에 흡수되지 못하
> 록 피부 표면에서 빛을 반사 또는 산란시키는 방
> 법이다.

① ㉠, ㉡, ㉢
② ㉠, ㉢, ㉣
③ ㉠, ㉡, ㉣
④ ㉡, ㉢, ㉣

벤조페논, 옥시벤존, 옥틸디메틸파바 등은 화학적 차단제에 해
당한다.

68 ★★★ SPF에 대한 설명으로 틀린 것은?

① 'Sun Protection Factor'의 약자로서 자외선 차단
지수라 불리어진다.
② 엄밀히 말하면 UV-B 방어효과를 나타내는 지수
라고 볼 수 있다.
③ 오존층으로부터 자외선이 차단되는 정도를 알아
보기 위한 목적으로 이용된다.
④ 자외선 차단제를 바른 피부가 최소의 홍반을 일
어나게 하는 데 필요한 자외선 양을, 바르지 않은
피부가 최소의 홍반을 일어나게 하는 데 필요한
자외선 양으로 나눈 값이다.

자외선 차단지수는 피부로부터 자외선이 차단되는 정도를 알아
보기 위한 목적으로 이용된다.

공중보건학

개념 공중보건학 정의, 공중보건학의 대상, 공중보건학의 목적, 공중보건학의 범위

건강과 질병 질병 발생의 3가지 요인 : 숙주적, 병인적, 환경적

인구보건 및 보건지표

인구의 구성 형태 : 피라미드형, 종형, 항아리형, 별형, 기타형

보건지표 조출생률, 조사망률, 영아사망률, 비례사망지수, 평균수명

질병관리

감염병 발생의 단계

- 병원체 요인 : 병원체 → 병원소
- 환경 요인 : 병원소에서 병원체 탈출 → 전파 → 새로운 숙주의 침입

  숙주 요인 : 감수성 있는 숙주의 감염

병원체

기생충 선충류 : 회충, 구충, 요충, 편충
흡충류 : 간흡충, 폐흡충, 요꼬가와흡충
조충류 : 무구조충, 유구조충, 광절열두조충

비병원성 병원체 발효균, 효모균, 곰팡이균, 유산균

병원성 병원체 세균(구균, 간균, 나선균), 바이러스, 리케챠, 진균

※ 미생물의 생장에 영향을 미치는 요인 : 온도, 산소, 수분, 영양, 수소이온농도

병원소 인간, 동물, 토양 병원소, 보균자

면역 및 주요 감염병의 접종 시기

선천적 면역, 후천적 면역(능동 · 수동), 자연능동면역, 인공능동면역(DPT 접종)

법정감염병의 분류 제1~4급 감염병, 보건복지부장관 고시 감염병

주요 감염병

소화기계 감염병 콜레라, 장티푸스, 폴리오

호흡기계 감염병 디프테리아, 백일해, 조류독감, SARS, 신종인플루엔자, 결핵, (메르스 포함 예정)

동물 매개 감염병 공수병(광견병), 탄저, 렙토스피라증

절지동물 매개 감염병 페스트, 발진티푸스, 말라리아, 쯔쯔가무시증, 유행성 일본뇌염 등

감염병의 신고 및 보고 신고 시기, 보건소장의 보고

보건 일반

정신보건 및 가족 · 노인보건

환경보건
- 대기오염
- 수질오염 및 상하수 처리 –수질오염지표(용존산소, 생물학 · 화학적 산소요구량

주거환경 적정 조명, 실내온도 및 습도

산업보건
- 산업피로
- 산업재해 지표 : 건수율, 도수율, 강도율
- 직업병

식품위생과 영양

식중독 세균성 : 감염형(살모넬라, 장염비브리오, 병원성 대장균), 독소형(포도상구균, 보툴라누스균, 웰치균), 기타
자연독 : 식물성, 동물성
기타 : 곰팡이독, 화학물질

영양소 5대 영양소, 영양소의 3대 작용, 비타민의 종류 및 특성

보건행정

보건행정의 정의 · 특성 · 범위, 보건소, 우리나라 보건행정, 사회보장

소독학

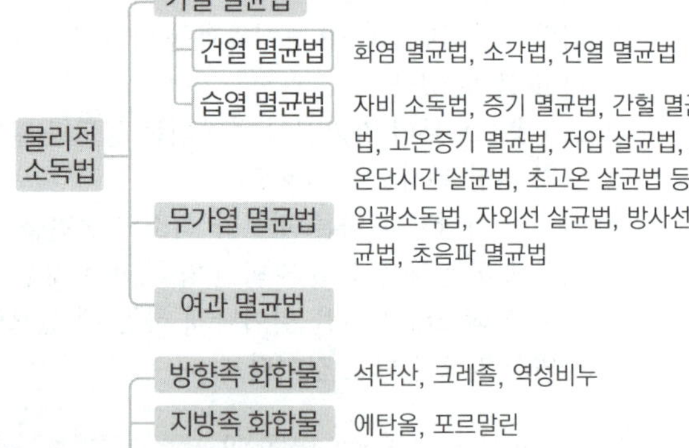

물리적 소독법

가열 멸균법

건열 멸균법 화염 멸균법, 소각법, 건열 멸균법

습열 멸균법 자비 소독법, 증기 멸균법, 간헐 멸균법, 고온증기 멸균법, 저압 살균법, 고온단시간 살균법, 초고온 살균법 등

무가열 멸균법 일광소독법, 자외선 살균법, 방사선 살균법, 초음파 멸균법

여과 멸균법

화학적 소독법

방향족 화합물 석탄산, 크레졸, 역성비누

지방족 화합물 에탄올, 포르말린

수은 화합물 승홍, 머큐로크롬

할로겐 유도체 염소, 표백분, 요오드

산화제 오존

에틸렌옥사이드

공중위생관리법

미용업에 관한 행정제반사항

영업신고, 폐업신고, 영업승계, 면허발급 및 취소, 영업자 준수사항, 미용사 업무, 행정지도감독, 업소 위생등급 및 위생교육, 위임 및 위탁

행정처분, 벌칙, 양벌규정 및 과태료

면허취소 · 정지처분, 벌칙, 양벌규정, 과태료, 과징금 처분

Esthetic

Esthetic Technician Certification

CHAPTER
06

공중위생관리학

SECTION 01 공중보건학 총론

[출제문항수 : 1~2문제] 이 섹션에서는 공중보건학의 개념, 인구구성 형태, 보건지표를 중심으로 학습하도록 합니다. 내용은 많지 않지만 다양하게 출제될 수 있습니다.

01 공중보건학의 개념

(1) 윈슬로우의 정의

공중보건학이란 조직화된 지역사회의 노력으로 질병을 예방하고 **수명을 연장**하며 **신체적·정신적 효율**을 증진시키는 기술이며 과학이다.

(2) 대상 : 지역사회 전체 주민

(3) 공중보건사업의 최소 단위 : 지역사회

(4) 공중보건의 3대 요소 : 수명연장, 감염병 예방, 건강과 능률의 향상

(5) 공중보건학 = 지역사회의학

(6) 공중보건학의 목적

① 질병 예방
② 수명 연장
③ 신체적·정신적 건강 증진

▶ 질병 치료는 공중보건학의 목적이 아니다.

(7) 접근 방법

목적을 달성하기 위한 접근 방법은 개인이나 일부 전문가의 노력에 의해 되는 것이 아니라 조직화된 **지역사회 전체의 노력**으로 달성될 수 있다.

(8) 공중보건학의 범위

환경보건 분야	환경위생, 식품위생, 환경오염, 산업보건
역학 및 질병관리 분야	역학, 감염병 관리, 기생충질환 관리, 비감염성질환 관리
보건관리 분야	보건행정, 보건교육, 보건영양, 인구보건, 모자보건, 가족보건, 노인보건, 의료정보, 응급의료, 사회보장제도

(9) 공중보건학의 방법

① 환경위생, ② 감염병 관리, ③ 개인위생

02 건강과 질병

■ 세계보건기구(WHO)의 건강의 정의

건강이란 단순히 질병이 없고 허약하지 않은 상태만을 의미하는 것이 아니라 육체적, 정신적 건강과 사회적 안녕이 완전한 상태를 의미한다.

▶ **사회적 안녕**
국민의 기본적 욕구가 만족되는 상태

② 질병 발생의 3가지 요인

(1) 숙주적 요인

생물학적 요인	선천적 요인	성별, 연령, 유전 등
	후천적 요인	영양상태
사회적 요인	경제적 요인	직업, 거주환경, 작업환경
	생활양식	흡연, 음주, 운동

(2) 병인적 요인

생물학적 병인	세균, 곰팡이, 기생충, 바이러스 등
물리적 병인	열, 햇빛, 온도 등
화학적 병인	농약, 화학약품 등
정신적 병인	스트레스, 노이로제 등

(3) 환경적 요인

기상, 계절, 매개물, 사회환경, 경제적 수준 등

03 인구보건 및 보건지표

■ 인구증가

인구증가 = 자연증가 + 사회증가

※ 자연증가 = 출생인구 − 사망인구
사회증가 = 전입인구 − 전출인구

❷ 인구의 구성 형태

구분	유형	특징
피라미드형	후진국형 (인구증가형)	출생률은 높고 사망률은 낮은 형(14세 이하가 65세 이상 인구의 2배를 초과)
종형	이상형 (인구정지형)	출생률과 사망률이 낮은 형(14세 이하가 65세 이상 인구의 2배 정도)
항아리형	선진국형 (인구감소형)	평균수명이 높고 인구가 감퇴하는 형(14세 이하 인구가 65세 이상 인구의 2배 이하)
별형	도시형 (인구유입형)	생산층 인구가 증가되는 형(15~49세 인구가 전체 인구의 50% 초과)
기타형	농촌형 (인구유출형)	생산층 인구가 감소하는 형(15~49세 인구가 전체 인구의 50% 미만)

※ 토마스 R. 말더스 : 인구는 기하급수적으로 늘고 생산은 산술급수적으로 늘기 때문에 체계적인 인구조절이 필요하다고 주장

▶ $\alpha\text{-index} = \dfrac{\text{영아 사망률}}{\text{신생아 사망률}}$

※ α-index 값이 1에 가까울수록 그 지역의 건강수준이 높다는 것을 의미

❸ 보건지표

(1) 인구통계

① 조출생률
- 1년간의 총 출생아수를 당해연도의 총인구로 나눈 수치를 1,000분비로 나타낸 것
- 한 국가의 출생수준을 표시하는 지표

② 일반출생률
- 15~49세의 가임여성 1,000명당 출생률

(2) 사망통계

① 조사망률
- 인구 1,000명당 1년 동안의 사망자 수

② 영아사망률
- 한 국가의 보건수준을 나타내는 지표
- 생후 1년 안에 사망한 영아의 사망률

③ 신생아사망률
- 생후 28일 미만의 유아의 사망률

④ 비례사망지수
- 한 국가의 건강수준을 나타내는 지표
- 총 사망자 수에 대한 50세 이상의 사망자 수를 백분율로 표시한 지수

▶ 한 국가나 지역사회 간의 보건수준을 비교하는 데 사용되는 3대 지표
　영아사망률, 비례사망지수, 평균수명
▶ 한 나라의 건강수준을 다른 국가들과 비교할 수 있는 지표로 세계보건기구가 제시한 내용
　비례사망지수, 조사망률, 평균수명

기출문제 | 단원별 구성의 문제 유형 파악!

1 ★★★ 공중보건학에 대한 설명으로 틀린 것은?

① 지역사회 전체 주민을 대상으로 한다.
② 목적은 질병예방, 수명연장, 신체적·정신적 건강증진이다.
③ 목적 달성의 접근방법은 개인이나 일부 전문가의 노력에 의해 달성될 수 있다.
④ 방법에는 환경위생, 감염병관리, 개인위생 등이 있다.

> 목적을 달성하기 위한 접근 방법은 개인이나 일부 전문가의 노력에 의해 되는 것이 아니라 조직화된 지역사회 전체의 노력으로 달성될 수 있다.

2 ★★★ 공중보건학의 정의로 가장 적합한 것은?

① 질병예방, 생명연장, 질병치료에 주력하는 기술이며 과학이다.
② 질병예방, 생명유지, 조기치료에 주력하는 기술이며 과학이다.
③ 질병의 조기발견, 조기예방, 생명연장에 주력하는 기술이며 과학이다.
④ 질병예방, 생명연장, 건강증진에 주력하는 기술이며 과학이다.

> 공중보건학이란 조직화된 지역사회의 노력으로 질병을 예방하고 수명을 연장하며 신체적·정신적 효율을 증진시키는 기술이며 과학이다.

정 답　1 ③　2 ④

3 공중보건학의 목적으로 적절하지 않은 것은?

① 질병예방
② 수명연장
③ 육체적·정신적 건강 및 효율의 증진
④ 물질적 풍요

공중보건학이란 조직화된 지역사회의 노력으로 질병을 예방하고 수명을 연장하며 신체적 · 정신적 효율을 증진시키는 기술이며 과학이다.

4 공중보건의 3대 요소에 속하지 않는 것은?

① 감염병 치료
② 수명 연장
③ 건강과 능률의 향상
④ 감염병 예방

5 공중보건학의 목적과 거리가 가장 먼 것은?

① 질병치료
② 수명연장
③ 신체적·정신적 건강증진
④ 질병예방

공중보건학의 목적은 질병치료가 아니라 질병예방에 있다.

6 공중보건학의 개념과 가장 관계가 적은 것은?

① 지역주민의 수명 연장에 관한 연구
② 감염병 예방에 관한 연구
③ 성인병 치료기술에 관한 연구
④ 육체적 정신적 효율 증진에 관한 연구

공중보건학이란 조직화된 지역사회의 노력으로 질병을 예방하고 수명을 연장하며 신체적 · 정신적 효율을 증진시키는 기술이며 과학이다.

7 다음 중 공중보건학의 개념과 가장 유사한 의미를 갖는 표현은?

① 치료의학
② 예방의학
③ 지역사회의학
④ 건설의학

공중보건학은 지역사회의 노력으로 질병을 예방하고 수명을 연장하며 신체적 · 정신적 효율을 증진시키는 데 목적이 있으므로 지역사회의학의 개념과 유사한 의미를 가진다.

8 공중보건학 개념상 공중보건사업의 최소 단위는?

① 직장 단위의 건강
② 가족단위의 건강
③ 지역사회 전체 주민의 건강
④ 노약자 및 빈민 계층의 건강

공중보건학은 특정 집단이나 계층에 제한되지 않고 지역사회 전체 주민의 건강을 최소 단위로 한다.

9 우리나라의 공중 보건에 관한 과제 해결에 필요한 사항은?

㉠ 제도적 조치
㉡ 직업병 문제 해결
㉢ 보건교육 활동
㉣ 질병문제 해결을 위한 사회적 투자

① ㉠, ㉡, ㉢
② ㉠, ㉢
③ ㉡, ㉣
④ ㉠, ㉡, ㉢, ㉣

10 다음 중 공중보건사업에 속하지 않는 것은?

① 환자 치료
② 예방접종
③ 보건교육
④ 감염병관리

공중보건사업의 목적은 질병의 치료에 있지 않고 질병의 예방에 있다.

11 다음 중 공중보건사업의 대상으로 가장 적절한 것은?

① 성인병 환자
② 입원 환자
③ 암투병 환자
④ 지역사회 주민

공중보건사업은 환자에 국한되지 않고 지역사회 주민 전체를 대상으로 한다.

12 다음 중 공중보건의 연구범위에서 제외되는 것은?

① 환경위생 향상
② 개인위생에 관한 보건교육
③ 질병의 조기발견
④ 질병의 치료방법 개발

13 *** 세계보건기구(WHO)에서 규정된 건강의 정의를 가장 적절하게 표현한 것은?

① 육체적으로 완전히 양호한 상태
② 정신적으로 완전히 양호한 상태
③ 질병이 없고 허약하지 않은 상태
④ 육체적, 정신적, 사회적 안녕이 완전한 상태

> 건강이란 단순히 질병이 없고 허약하지 않은 상태만을 의미하는 것이 아니라 육체적·정신적 건강과 사회적 안녕이 완전한 상태를 의미한다.

14 ***** 질병 발생의 세 가지 요인으로 연결된 것은?

① 숙주－병인－환경
② 숙주－병인－유전
③ 숙주－병인－병소
④ 숙주－병인－저항력

15 **** 질병 발생의 요인 중 숙주적 요인에 해당되지 않는 것은?

① 선천적 요인
② 연령
③ 생리적 방어기전
④ 경제적 수준

> 경제적 수준은 환경적 요인에 해당한다.

16 ** 질병 발생의 요인 중 병인적 요인에 해당되지 않는 것은?

① 세균   ② 유전
③ 기생충   ④ 스트레스

병인적 요인	
생물학적 병인	세균, 곰팡이, 기생충, 바이러스 등
물리적 병인	열, 햇빛, 온도 등
화학적 병인	농약, 화학약품 등
정신적 병인	스트레스, 노이로제 등

17 *** 다음 중 "인구는 기하급수적으로 늘고 생산은 산술급수적으로 늘기 때문에 체계적인 인구조절이 필요하다"라고 주장한 사람은?

① 토마스 R. 말더스
② 프랜시스 플레이스
③ 포베르토 코호
④ 에드워드 윈슬로우

> 영국의 토마스 R. 말더스가 그의 저서 〈인구론〉에서 주장한 내용이다.

18 ** 다음 중 인구증가에 대한 사항으로 맞는 것은?

① 자연증가 = 전입인구－전출인구
② 사회증가 = 출생인구－사망인구
③ 인구증가 = 자연증가 ＋ 사회증가
④ 초자연증가 = 전입인구－전출인구

> • 자연증가 = 출생인구 － 사망인구
> • 사회증가 = 전입인구 － 전출인구

19 **** 출생률보다 사망률이 낮으며 14세 이하 인구가 65세 이상 인구의 2배를 초과하는 인구 구성형은?

① 피라미드형   ② 종형
③ 항아리형   ④ 별형

> ② 종형 : 출생률과 사망률이 낮은 형
> ③ 항아리형 : 평균수명이 높고 인구가 감퇴하는 형
> ④ 별형 : 생산층 인구가 증가되는 형

20 **** 일명 도시형, 유입형이라고도 하며 생산층 인구가 전체인구의 50% 이상이 되는 인구 구성의 유형은?

① 별형(star form)   ② 항아리형(pot form)
③ 농촌형(guitar form)   ④ 종형(bell form)

21 **** 인구구성 중 14세 이하가 65세 이상 인구의 2배 정도이며 출생률과 사망률이 모두 낮은 형은?

① 피라미드형(pyramid form)   ② 종형(bell form)
③ 항아리형(pot form)   ④ 별형(accessive form)

정답 **13** ④ **14** ① **15** ④ **16** ② **17** ① **18** ③ **19** ① **20** ① **21** ②

22 한 국가나 지역사회 간의 보건수준을 비교하는 데 사용되는 대표적인 3대 지표는?

① 영아사망률, 비례사망지수, 평균수명
② 영아사망률, 사인별 사망률, 평균수명
③ 유아사망률, 모성사망률, 비례사망지수
④ 유아사망률, 사인별 사망률, 영아사망률

23 한 나라의 건강수준을 나타내며 다른 나라들과의 보건수준을 비교할 수 있는 세계보건기구가 제시한 지표는?

① 비례사망지수
② 국민소득
③ 질병이환율
④ 인구증가율

24 전체 사망자 수에 대한 50세 이상의 사망자 수를 나타낸 구성 비율은?

① 평균수명
② 조사망율
③ 영아사망률
④ 비례사망지수

> **비례사망지수**
> • 한 국가의 건강수준을 나타내는 지표
> • 총 사망자 수에 대한 50세 이상의 사망자 수를 백분율로 표시한 지수

25 한 나라의 보건수준을 측정하는 지표로서 가장 적절한 것은?

① 의과대학 설치수
② 국민소득
③ 감염병 발생률
④ 영아사망률

26 한 지역이나 국가의 공중보건을 평가하는 기초자료로 가장 신뢰성 있게 인정되고 있는 것은?

① 질병이환율
② 영아사망률
③ 신생아사망률
④ 조사망률

27 가족계획 사업의 효과 판정상 가장 유력한 지표는?

① 인구증가율
② 조출생률
③ 남녀출생비
④ 평균여명년수

> **조출생률**
> • 1년간의 총 출생아수를 당해연도의 총인구로 나눈 수치를 1,000분비로 나타낸 것
> • 한 국가의 출생수준을 표시하는 지표

28 한 나라의 건강수준을 다른 국가들과 비교할 수 있는 지표로 세계보건기구가 제시한 내용은?

① 인구증가율, 평균수명, 비례사망지수
② 비례사망지수, 조사망률, 평균수명
③ 평균수명, 조사망률, 국민소득
④ 의료시설, 평균수명, 주거상태

29 아래 보기 중 생명표의 표현에 사용되는 인자들을 모두 나열한 것은?

> ㉠ 생존수　　　㉡ 사망수
> ㉢ 생존률　　　㉣ 평균여명

① ㉠, ㉡, ㉢
② ㉠, ㉢
③ ㉡, ㉣
④ ㉠, ㉡, ㉢, ㉣

> 생명표란 인구집단에 있어서 출생과 사망에 의한 생명현상을 이용하여 각 연령에서 앞으로 살게 될 것으로 기대되는 평균여명을 말하는데, 생존수, 사망수, 생존률, 사망률, 사력(死力), 평균여명 등 여섯 종의 생명함수로 나타낸다.

30 다음의 영아사망률 계산식에서 (A)에 알맞은 것은?

$$\frac{(A)}{\text{연간 출생아 수}} \times 1{,}000$$

① 연간 생후 28일까지의 사망자 수
② 연간 생후 1년 미만 사망자 수
③ 연간 1~4세 사망자 수
④ 연간 임신 28주 이후 사산 + 출생 1주 이내 사망자 수

31 지역사회의 보건수준을 비교할 때 쓰이는 지표가 아닌 것은?

① 영아사망률
② 평균수명
③ 일반사망률
④ 국세조사

정답　22 ①　23 ①　24 ④　25 ④　26 ②　27 ②　28 ②　29 ④　30 ②　31 ④

SECTION 02 질병관리

[출제문항수 : 1~2문제] 이 섹션에서는 법정감염병의 분류가 가장 중요합니다. 모든 질병의 암기는 어려우므로 기출문제 중심으로 학습하도록 합니다. 또한, 병원체, 병원소, 감염병의 특징도 학습하시기 바랍니다.

01 역학 및 감염병 발생의 단계

1 역학(疫學)의 역할

① 질병의 원인 규명

② 질병의 발생과 유행 감시

③ 지역사회의 질병 규모 파악

④ 질병의 예후 파악

⑤ 질병관리방법의 효과에 대한 평가

⑥ 보건정책 수립의 기초 마련

▶ 역학 : 인간 집단 내에서 일어나는 유행병의 원인을 규명하는 학문

2 감염병 발생의 단계

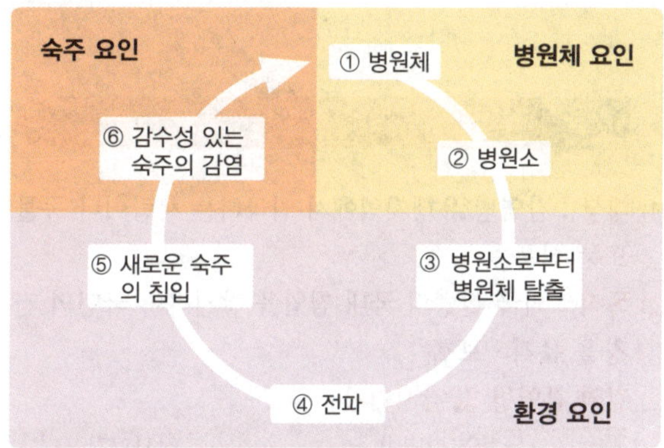

- **질병발생의 3대 요소** : 병인, 환경, 숙주
- **병원체** : 숙주에 침입하여 질병을 일으키는 미생물
- **병원소** : 병원체가 생활, 증식할 수 있는 장소(환자, 보균자, 병원체보유동물)
- **전파** : 탈출한 병원체가 새로운 숙주로 옮겨가는 과정
- **숙주의 감수성** : 숙주에 침입한 병원체의 감염이나 발병을 막을 수 없는 상태(↔ 저항력)
  - 분류 : 선천성 면역, 후천성 면역

병원체의 탈출경로 : 호흡기계, 소화기계, 비뇨기계, 개방병소, 기계적 탈출

02 병원체 및 병원소

1 병원체

(1) **정의** : 숙주에 기생하면서 병을 일으키는 미생물

(2) 종류

① 세균

호흡기계	결핵, 디프테리아, 백일해, 한센병, 폐렴, 성홍열, 수막구균성수막염
소화기계	콜레라, 장티푸스, 파라티푸스, 세균성 이질, 파상열
피부점막계	파상풍, 페스트, 매독, 임질

② 바이러스

호흡기계	홍역, 유행성 이하선염, 인플루엔자, 두창
소화기계	폴리오, 유행성 간염, 소아마비, 브루셀라증
피부점막계	AIDS, 일본뇌염, 공수병, 트라코마, 황열

③ 리케차 : 발진티푸스, 발진열, 쯔쯔가무시병, 록키산 홍반열 등

④ 수인성(물) 감염병 : 콜레라, 장티푸스, 파라티푸스, 이질, 소아마비, A형간염 등

⑤ 기생충 : 말라리아, 사상충, 아메바성 이질, 회충증, 간흡충증, 폐흡충증, 유구조충증, 무구조충증 등

⑥ 진균 : 백선, 칸디다증 등

⑦ 클라미디아 : 앵무새병, 트라코마 등

⑧ 곰팡이 : 캔디디아시스, 스포로티코시스 등

2 병원소

(1) **정의** : 병원체가 증식하면서 생존을 계속하여 다른 숙주에 전파시킬 수 있는 상태로 저장되는 일종의 전염원

(2) 종류

① 인간 병원소 : 환자, 보균자 등

② 동물 병원소 : 개, 소, 말, 돼지 등

③ 토양 병원소 : 파상풍, 오염된 토양 등

▶ 감수성 지수
두창·홍역(95%), 백일해(60~80%), 성홍열(40%), 디프테리아(10%), 폴리오(0.1%)

(3) 보균자

건강 보균자	• 병원체를 보유하고 있으나 증상이 없으며 체외로 이를 배출 • 감염병 관리상 어려운 이유 – 색출, 격리가 어려우므로 – 활동영역이 넓으므로
잠복기 보균자	• 전염성 질환의 잠복기간 중에 병원체를 배출 • 호흡기계 감염병
병후 보균자	• 전염성 질환에 이환된 후 그 임상 증상이 소실된 후에도 병원체를 배출 • 소화기계 감염병

03 면역 및 주요 감염병의 접종 시기

1 선천적 면역
종속면역, 인종면역, 개인면역

2 후천적 면역

구분	의미
능동 면역	• 자연능동면역 : 감염병에 감염된 후 형성 • 인공능동면역 : 예방접종을 통해 형성
수동 면역	• 자연수동면역 : 모체로부터 태반이나 수유를 통해 형성 • 인공수동면역 : 항독소 등 인공제제를 접종하여 형성

3 자연능동면역
① 영구면역 : 홍역, 백일해, 장티푸스, 발진티푸스, 콜레라, 페스트
② 일시면역 : 디프테리아, 폐렴, 인플루엔자, 세균성 이질

4 인공능동면역
① 생균백신 : 결핵, 홍역, 폴리오(경구)
② 사균백신 : 장티푸스, 콜레라, 백일해, 폴리오(경피)
③ 순화독소 : 파상풍, 디프테리아

▶ DPT 접종
디프테리아(Diphtheria), 백일해(Pertussis), 파상풍(Tetanus)의 첫 글자를 뜻함

▶ 주요 감염병의 접종 시기

구분	접종 시기
결핵	생후 1개월 이내
B형 간염	• 모체가 HBsAg 양성인 경우 : 생후 12시간 이내 • 모체가 HBsAg 음성인 경우 : 생후 1~2개월
디프테리아 백일해 파상풍	• 1차 : 생후 2개월 • 2차 : 생후 4개월 • 3차 : 생후 6개월
폴리오	• 1차 : 생후 2개월 • 2차 : 생후 4개월 • 3차 : 생후 6개월
홍역, 풍진 유행성이하선염	• 1차 : 생후 12~15개월 • 2차 : 만 4~6세
일본뇌염	• 생후 12~23개월
수두	• 생후 12~15개월
폐렴구균	• 1차 : 생후 2개월 • 2차 : 생후 4개월 • 3차 : 생후 6개월

04 검역

(1) **대상** : 감염병 유행지역에서 입국하는 사람이나 동물 또는 식품 등
(2) **목적** : 외국 질병의 국내 침입을 방지하여 국민의 건강을 유지·보호
(3) **검역 감염병 및 감시기간**

검역 감염병	감시기간
콜레라	120시간(5일)
페스트	144시간(6일)
황열	144시간(6일)
중증급성호흡기증후군(SARS)	240시간(10일)
조류인플루엔자인체감염증	240시간(10일)
신종인플루엔자	최대 잠복기

05 법정감염병의 분류

1 제1급 감염병
생물테러감염병 또는 치명률이 높거나 집단 발생의 우려가 커서 발생 또는 유행 즉시 신고하여야 하고, 음압격리와 같은 높은 수준의 격리가 필요한 감염병

> ▶ **종류**
>
> 에볼라바이러스병, 마버그열, 라싸열, 크리미안콩고출혈열, 남아메리카출혈열, 리프트밸리열, 두창, 페스트, 탄저, 보툴리눔독소증, 야토병, 신종감염병증후군, 중증급성호흡기증후군(SARS), 중동호흡기증후군(MERS), 동물인플루엔자인체감염증, 신종인플루엔자, 디프테리아

② 제2급 감염병

전파가능성을 고려하여 발생 또는 유행 시 24시간 이내에 신고하여야 하고, 격리가 필요한 감염병

> ▶ **종류**
>
> 결핵, 수두, 홍역, 콜레라, 장티푸스, 파라티푸스, 세균성이질, 장출혈성대장균감염증, A형간염, 백일해, 유행성이하선염, 풍진, 폴리오, 수막구균 감염증, b형헤모필루스인플루엔자, 폐렴구균 감염증, 한센병, 성홍열, 반코마이신내성황색포도알균(VRSA)감염증, 카바페넴내성장내세균속균종(CRE)감염증, E형간염, 코로나바이러스감염증-19

③ 제3급 감염병

발생을 계속 감시할 필요가 있어 발생 또는 유행 시 24시간 이내에 신고하여야 하는 감염병

> ▶ **종류**
>
> 파상풍, B형간염, 일본뇌염, C형간염, 말라리아, 레지오넬라증, 비브리오패혈증, 발진티푸스, 발진열, 쯔쯔가무시증, 렙토스피라증, 브루셀라증, 공수병, 신증후군출혈열, 후천성면역결핍증(AIDS), 크로이츠펠트-야콥병(CJD) 및 변종크로이츠펠트-야콥병(vCJD), 황열, 뎅기열, 큐열, 웨스트나일열, 라임병, 진드기매개뇌염, 유비저, 치쿠쿠니야열, 중증열성혈소판감소증후군(SFTS), 지카바이러스감염증, 매독, 엠폭스(MPOX)

④ 제4급 감염병

제1급~제3급 감염병까지의 감염병 외에 유행 여부를 조사하기 위하여 표본감시 활동이 필요한 감염병

> ▶ **종류**
>
> 인플루엔자, 회충증, 편충증, 요충증, 간흡충증, 폐흡충증, 장흡충증, 수족구병, 임질, 클라미디아감염증, 연성하감, 성기단순포진, 첨규콘딜롬, 반코마이신내성장알균(VRE) 감염증, 메티실린내성황색포도알균(MRSA) 감염증, 다제내성녹농균(MRPA) 감염증, 다제내성아시네토박터바우마니균(MRAB) 감염증, 장관감염증, 급성호흡기감염증, 해외유입기생충감염증, 엔테로바이러스감염증, 사람유두종바이러스감염증

◀ 제1·2급 감염병 암기법

⑤ 기타 보건복지부장관 고시 감염병

(1) 세계보건기구 감시대상 감염병(보건복지부장관 고시)

세계보건기구가 국제공중보건의 비상사태에 대비하기 위하여 감시대상으로 정한 질환

> ▶ **종류**
>
> 두창, 폴리오, 신종인플루엔자, 콜레라, 폐렴형 페스트, 중증급성호흡기증후군(SARS), 황열, 바이러스성 출혈열, 웨스트나일열

(2) 인수공통감염병

동물과 사람 간에 서로 전파되는 병원체에 의하여 발생되는 감염병

> ▶ **종류**
>
> 장출혈성대장균감염증, 일본뇌염, 브루셀라증, 탄저, 공수병, 동물인플루엔자 인체감염증, 중증급성호흡기증후군(SARS), 변종크로이츠펠트-야콥병(vCJD), 큐열, 결핵, 중증열성혈소판감소증후군(SFTS)

(3) 성매개감염병(보건복지부장관 고시)

성 접촉을 통하여 전파되는 감염병

> ▶ **종류**
>
> 매독, 임질, 클라미디아, 연성하감, 성기단순포진, 첨규콘딜롬, 사람유두종바이러스 감염증

06 주요 감염병의 특징

① 소화기계 감염병

콜레라	• 제2급 급성 법정감염병 • 수인성 감염병으로 경구 전염 • [증상] 발병이 빠르고 구토, 설사, 탈수 등
장티푸스	• 경구 침입 감염병 • [전파] 주로 파리에 의해 전파 • [증상] 고열, 식욕감퇴, 서맥, 림프절종창, 피부발진, 변비, 불쾌감 등 • [예방접종] 인공 능동면역
폴리오	• 중추신경계 손상에 의한 영구 마비 • [전파] 호흡기계 분비물, 분변 및 음식물을 매개로 감염

② 호흡기계 감염병

디프테리아	• [증상] 심한 인후염을 일으키고 독소를 분비하여 신경염을 일으킬 수 있음 • [전파] 환자나 보균자의 콧물, 인후 분비물, 피부 상처

백일해	• [증상] 심한 기침 • [전파] 호흡기 분비물, 비말을 통한 호흡기 전파
조류독감	• [증상] 기침, 호흡곤란, 발열, 오한, 설사, 근육통, 의식저하 • [전파] 조류인플루엔자 바이러스에 감염된 조류와의 접촉
중증급성 호흡기 증후군 (SARS)	• [증상] 발열, 두통, 근육통, 무력감, 기침, 호흡곤란 • [전파] 대기 중에 떠다니는 미세한 입자에 의해 호흡기를 통해 감염
신종 인플루엔자	• [증상] 발열, 오한, 두통, 근육통, 관절통, 구토, 피로감 • [전파] 호흡기를 통해 감염
결핵	• [증상] 기침, 객혈, 흉통 • [전파] 신체의 모든 부분에 침범 • [예방] 출생 후 4주 이내 BCG 접종 실시 • [검사] 투베르쿨린 반응 검사

③ 동물 매개 감염병

공수병 (광견병)	개에게 물리면서 개의 타액에 있는 병원체에 의해 감염
탄저	양모·모피공장에서 주로 감염(소, 말, 양)
렙토스피라증	들쥐의 배설물을 통해 주로 감염

④ 절지동물 매개 감염병

페스트	• 패혈증 페스트 : 림프선에 병변을 일으켜 림프절 페스트와 패혈증을 일으킴 • 폐 페스트 : 폐렴을 일으킴 • [전파] 림프절 페스트는 쥐벼룩에 의해, 폐페스트는 비말감염으로 사람에게 전파
발진티푸스	• [증상] 발열, 근육통, 전신신경증상, 발진 등 • [전파] 이가 흡혈해 상처를 통해 침입 또는 먼지를 통해 호흡기계로 감염
말라리아	• 세계적으로 가장 많이 이환되는 질병 • [전파] 모기를 매개로 전파
쯔쯔가 무시증	• [증상] 오한, 발열, 두통, 복통 등 • [전파] 감염된 들쥐에서 털진드기에 의해 전파

유행성 일본뇌염	• 우리나라에서 8~10월에 주로 발생 • [전파] 작은빨간집모기에 의해 전파
기타	사상충증, 양중병, 황열, 신증후군출혈열

⑤ 매개체별 감염병의 종류

구분	매개체	종류
곤충	모기	말라리아, 뇌염, 사상충, 황열, 댕기열
	파리	콜레라, 장티푸스, 이질, 파라티푸스
	바퀴벌레	콜레라, 장티푸스, 이질
	진드기	신증후군출혈열, 쯔쯔가무시병
	벼룩	페스트, 발진열, 재귀열
	이	발진티푸스, 재귀열, 참호열
동물	쥐	페스트, 살모넬라증, 발진열, 신증후군출혈열, 쯔쯔가무시병, 재귀열, 렙토스피라증
	소	결핵, 탄저, 파상열, 살모넬라증
	돼지	일본뇌염, 탄저, 렙토스피라증, 살모넬라증
	양	큐열, 탄저
	말	탄저, 살모넬라증
	개	공수병, 톡소프라스마증
	고양이	살모넬라증, 톡소프라스마증
	토끼	야토병

07 감염병의 신고 및 보고

① 감염병의 신고

의사, 치과의사 또는 한의사는 다음의 경우 소속 의료기관의 장에게 보고하여야 하고, 해당 환자와 그 동거인에게 보건복지부장관이 정하는 감염 방지 방법 등을 지도하여야 한다. 다만, 의료기관에 소속되지 않은 의사, 치과의사 또는 한의사는 그 사실을 관할 보건소장에게 신고해야 한다.

> • 감염병 환자 등을 진단하거나 그 사체를 검안한 경우
> • 예방접종 후 이상반응자를 진단하거나 그 사체를 검안한 경우
> • 감염병환자가 제1급~제3급 감염병으로 사망한 경우
> • 감염병환자로 의심되는 사람이 감염병병원체 검사를 거부하는 경우

② 신고 시기

① 제1급 감염병 : 즉시
② 제2, 3급 감염병 : 24시간 이내
③ 제4급 감염병 : 7일 이내

③ 보건소장의 보고

보건소장 → 관할 특별자치도지사 또는 시장·군수·구청장 → 보건복지부장관 및 시·도지사

기출문제 | 단원별 구성의 문제 유형 파악!

02. 병원체 및 병원소

1 다음 질병 중 병원체가 바이러스(virus)인 것은?

① 장티푸스
② 쯔쯔가무시병
③ 폴리오
④ 발진열

> 바이러스 : 홍역, 폴리오, 유행성 이하선염, 일본뇌염, 광견병, 후천성면역결핍증, 유행성 간염 등

2 인체에 질병을 일으키는 병원체 중 살아있는 세포에서만 증식하고 크기가 가장 작아 전자현미경으로만 관찰할 수 있는 것은?

① 구균
② 간균
③ 원생동물
④ 바이러스

3 바이러스에 대한 일반적인 설명으로 옳은 것은?

① 항생제에 감수성이 있다.
② 광학 현미경으로 관찰이 가능하다.
③ 핵산 DNA 와 RNA 둘 다 가지고 있다.
④ 바이러스는 살아있는 세포 내에서만 증식 가능하다.

4 토양(흙)이 병원소가 될 수 있는 질환은?

① 디프테리아
② 콜레라
③ 간염
④ 파상풍

> **병원소의 종류**
> • 인간 병원소 : 환자, 보균자 등
> • 동물 병원소 : 개, 소, 말, 돼지 등
> • 토양 병원소 : 파상풍, 오염된 토양 등

5 건강보균자를 설명한 것으로 가장 적절한 것은?

① 감염병에 이환되어 앓고 있는 자
② 병원체를 보유하고 있으나 증상이 없으며 체외로 이를 배출하고 있는 자
③ 감염병에 걸렸다가 완전히 치유된 자
④ 감염병에 걸렸지만 자각증상이 없는 자

> **보균자의 종류**
> • 건강보균자 : 병원체를 보유하고 있으나 증상이 없으며 체외로 이를 배출하고 있는 자
> • 잠복기보균자 : 전염성 질환의 잠복기간 중에 병원체를 배출하는 자
> • 병후보균자 : 전염성 질환에 이환된 후 그 임상 증상이 소실된 후에도 병원체를 배출하는 자

6 보균자(Carrier)는 감염병 관리상 어려운 대상이다. 그 이유와 관계가 가장 먼 것은?

① 색출이 어려우므로
② 활동영역이 넓기 때문에
③ 격리가 어려우므로
④ 치료가 되지 않으므로

7 다음 중 감염병 관리상 가장 중요하게 취급해야 할 대상자는?

① 건강보균자
② 잠복기환자
③ 현성환자
④ 회복기보균자

정 답 ② 1 ③ 2 ④ 3 ④ 4 ④ 5 ② 6 ④ 7 ①

03. 면역 및 주요 감염병의 접종 시기

1 예방접종(vaccine)으로 획득되는 면역의 종류는?

① 인공능동면역
② 인공수동면역
③ 자연능동면역
④ 자연수동면역

2 다음 중 인공능동면역의 특성을 가장 잘 설명한 것은?

① 항독소(antitoxin) 등 인공제제를 접종하여 형성되는 면역
② 생균백신, 사균백신 및 순화독소(toxoid)의 접종으로 형성되는 면역
③ 모체로부터 태반이나 수유를 통해 형성되는 면역
④ 각종 감염병 감염 후 형성되는 면역

> ① : 인공수동면역, ③ : 자연수동면역, ④ : 자연능동면역

3 장티푸스, 결핵, 파상풍 등의 예방접종은 어떤 면역인가?

① 인공능동면역
② 인공수동면역
③ 자연능동면역
④ 자연수동면역

> 예방접종을 통해 형성되는 면역은 인공능동면역이다.

4 콜레라 예방접종은 어떤 면역방법인가?

① 인공수동면역
② 인공능동면역
③ 자연수동면역
④ 자연능동면역

> 콜레라는 사균백신 접종으로 예방되는 인공능동면역이다.

5 다음 중 예방법으로 생균백신을 사용하는 것은?

① 홍역
② 콜레라
③ 디프테리아
④ 파상풍

> • 생균백신 : 결핵, 홍역, 폴리오(경구)
> • 사균백신 : 장티푸스, 콜레라, 백일해, 폴리오(경피)
> • 순화독소 : 파상풍, 디프테리아

6 예방접종에 있어 생균 백신을 사용하는 것은?

① 파상풍
② 결핵
③ 디프테리아
④ 백일해

> 생균백신 : 결핵, 홍역, 폴리오

7 인공능동면역의 방법에 해당하지 않는 것은?

① 생균백신 접종
② 글로불린 접종
③ 사균백신 접종
④ 순화독소 접종

> 인공능동면역 : 생균백신, 사균백신, 순화독소

8 예방접종 중 세균의 독소를 약독화(순화)하여 사용하는 것은?

① 폴리오
② 콜레라
③ 장티푸스
④ 파상풍

> 순화독소 : 파상풍, 디프테리아

9 예방접종에 있어서 디피티(DPT)와 무관한 질병은?

① 디프테리아
② 파상풍
③ 결핵
④ 백일해

> **DPT** : 디프테리아(Diphtheria), 백일해(Pertussis), 파상풍(Tetanus)에서 영어의 첫 글자를 뜻함

10 세균성 이질을 앓고 난 아이가 얻는 면역에 대한 설명으로 옳은 것은?

① 인공면역을 획득한다.
② 수동면역을 획득한다.
③ 영구면역을 획득한다.
④ 면역이 거의 획득되지 않는다.

> 세균성 이질은 면역이 거의 생기지 않으므로 몇 번이라도 감염될 수 있다.

정답 ▶ **3** 1 ① 2 ② 3 ① 4 ② 5 ① 6 ② 7 ② 8 ④ 9 ③ 10 ④

04. 검역

1 외래 감염병의 예방대책으로 가장 효과적인 방법은?

① 예방접종
② 환경개선
③ 검역
④ 격리

외국 질병의 국내 침입을 방지하여 국민의 건강을 유지·보호하기 위해 검역을 실시한다.

2 감염병 유행지역에서 입국하는 사람이나 동물 또는 식품 등을 대상으로 실시하며 외국 질병의 국내 침입 방지를 위한 수단으로 쓰이는 것은?

① 격리
② 검역
③ 박멸
④ 병원소 제거

05. 법정감염병의 분류

1 다음 법정 감염병 중 제2급 감염병이 아닌 것은?

① 장티푸스
② 콜레라
③ 세균성이질
④ 파상풍

파상풍은 제3급 감염병에 속한다.

2 감염병 예방법 중 제1급 감염병인 것은?

① 세균성이질
② 말라리아
③ B형간염
④ 신종인플루엔자

① : 제2급   ②,③ : 제3급 감염병

3 감염병 예방법 중 제1급 감염병에 속하는 것은?

① 한센병
② 폴리오
③ 일본뇌염
④ 페스트

①,② : 제2급   ③ : 제3급 감염병

4 다음 중 제1급 감염병에 대해 잘못 설명된 것은?

① 치명률이 높거나 집단 발생 우려가 크다.
② 페스트, 탄저, 중동호흡기증후군이 속한다.
③ 발생 또는 유행 시 24시간 이내에 신고하고 격리가 필요하다.
④ 감염병 발생 신고를 받은 즉시 보건소장을 거쳐 보고한다.

발생 또는 유행 시 24시간 이내에 신고하고 격리가 필요한 감염병은 제2급 감염병이다.

5 발생 즉시 환자의 격리가 필요한 제1급에 해당하는 법정 감염병은?

① 인플루엔자
② 신종감염병증후군
③ 폴리오
④ B형 간염

① : 제4급   ③ : 제2급   ④ : 제3급 감염병

6 감염병 예방법 중 제2급 감염병이 아닌 것은?

① 말라리아
② 홍역
③ 콜레라
④ 장티푸스

말라리아는 제3급 감염병에 속한다.

7 감염병 예방법상 제2급에 해당되는 법정감염병은?

① 급성호흡기감염증
② A형간염
③ 신종감염병증후군
④ 중증급성호흡기증후군(SARS)

① : 제4급 감염병   ③,④ : 제1급 감염병

8 법정감염병 중 제3급 감염병에 속하지 않는 것은?

① 성홍열
② 공수병
③ 렙토스피라증
④ 쯔쯔가무시증

성홍열은 제2급 감염병에 속한다.

9 법정감염병 중 제3급 감염병에 해당하는 것은?

① 장티푸스　　　　② 풍진
③ 수족구병　　　　④ 황열

①,② : 제2급,　③ : 제4급

10 감염병 예방법 중 제3급 감염병에 해당되는 것은?

① A형 간염
② 수막구균 감염증
③ 후천성면역결핍증
④ 수두

①,②,④ : 제2급 감염병

11 감염병 예방법 중 제3급 감염병에 속하는 것은?

① 폴리오　　　　　② 풍진
③ 공수병　　　　　④ 페스트

①,② : 제2급 감염병　④ : 제1급 감염병

12 법정 감염병 중 제3급 감염병에 속하는 것은?

① 비브리오패혈증
② 장티푸스
③ 장출혈성대장균감염증
④ 백일해

②,③,④ : 제2급 감염병

13 발생 또는 유행 시 24시간 이내에 신고하고 발생을 계속 감시할 필요가 있는 감염병은?

① 말라리아
② 콜레라
③ 디프테리아
④ 유행성이하선염

문제는 제3급 감염병을 설명한 것으로, 말라리아가 이에 속한다.

14 감염병 예방법상 제4급 감염병에 속하는 것은?

① 콜레라
② 디프테리아
③ 급성호흡기감염증
④ 말라리아

① : 2급, ② : 1급, ④ : 3급 감염병

15 우리나라 법정 감염병 중 가장 많이 발생하는 감염병으로 대개 1~5년을 간격으로 많은 유행을 하는 것은?

① 백일해
② 홍역
③ 유행성 이하선염
④ 폴리오

우리나라에서 가장 많이 발생하는 감염병은 홍역이다.

16 수인성(水因性) 감염병이 아닌 것은?

① 일본뇌염
② 이질
③ 콜레라
④ 장티푸스

수인성(물) 감염병
이질, 콜레라, 장티푸스, 파라티푸스, 소아마비, A형간염 등

17 수인성으로 전염되는 질병으로 엮어진 것은?

① 장티푸스 – 파라티푸스 – 간흡충증 – 세균성이질
② 콜레라 – 파라티푸스 – 세균성이질 – 폐흡충증
③ 장티푸스 – 파라티푸스 – 콜레라 – 세균성이질
④ 장티푸스 – 파라티푸스 – 콜레라 – 간흡충증

18 다음 감염병 중 호흡기계 감염병에 속하는 것은?

① 콜레라　　　　　② 장티푸스
③ 유행성 간염　　　④ 백일해

호흡기계 감염병 : 백일해, 디프테리아, 조류독감, 결핵 등

정답　9 ④　10 ③　11 ③　12 ①　13 ①　14 ③　15 ②　16 ①　17 ③　18 ④

19. *** 다음 감염병 중 세균성인 것은?

① 말라리아 ② 결핵
③ 일본뇌염 ④ 유행성간염

> 세균성 감염병 : 결핵, 콜레라, 장티푸스, 파라티푸스, 백일해, 페스트 등

20. ***** 인수공통감염병이 아닌 것은?

① 조류인플루엔자 ② 결핵
③ 나병 ④ 공수병

> **인수공통감염병의 종류**
> 장출혈성대장균감염증, 일본뇌염, 브루셀라증, 탄저, 공수병, 조류인플루엔자 인체감염증, 중증급성호흡기증후군(SARS), 변종 크로이츠펠트-야콥병(vCJD), 큐열, 결핵

21. **** 다음 중 파리가 전파할 수 있는 소화기계 감염병은?

① 페스트 ② 일본뇌염
③ 장티푸스 ④ 황열

22. *** 호흡기계 감염병에 해당되지 않는 것은?

① 인플루엔자 ② 유행성 이하선염
③ 파라티푸스 ④ 홍역

> 파라티푸스는 소화기계 감염병에 속한다.

23. ***** 다음 중 파리가 옮기지 않는 병은?

① 장티푸스 ② 이질
③ 콜레라 ④ 신증후군출혈열

> 신증후군출혈열은 진드기에 의해 전염된다.

24. ***** 인수공통감염병에 해당되는 것은?

① 홍역 ② 한센병
③ 풍진 ④ 공수병

> **인수공통감염병의 종류**
> 장출혈성대장균감염증, 일본뇌염, 브루셀라증, 탄저, 공수병, 조류인플루엔자 인체감염증, 중증급성호흡기증후군(SARS), 변종 크로이츠펠트-야콥병(vCJD), 큐열, 결핵

06. 주요 감염병의 특징

1. ***** 위생 해충인 파리에 의해서 전염될 수 있는 감염병이 아닌 것은?

① 장티푸스 ② 발진열
③ 콜레라 ④ 세균성이질

> 발진열은 벼룩에 의해 감염된다.

2. ***** 모기가 매개하는 감염병이 아닌 것은?

① 말라리아 ② 뇌염
③ 사상충 ④ 발진열

> 발진열은 벼룩에 의해 감염된다.

3. **** 위생해충인 바퀴벌레가 주로 전파할 수 있는 병원균의 질병이 아닌 것은?

① 재귀열 ② 이질
③ 콜레라 ④ 장티푸스

> 재귀열은 벼룩에 의해 전파되는 감염병이다.

4. ***** 감염병을 옮기는 매개곤충과 질병의 관계가 올바른 것은?

① 재귀열 - 이
② 말라리아 - 진드기
③ 일본뇌염 - 체체파리
④ 발진티푸스 - 모기

> ② 말라리아 : 모기
> ③ 일본뇌염 : 모기
> ④ 발진티푸스 : 이

5. ***** 모기를 매개곤충으로 하여 일으키는 질병이 아닌 것은?

① 말라리아 ② 사상충
③ 일본뇌염 ④ 발진티푸스

> 발진티푸스는 이를 매개를 하는 감염병이다.

6 *** 다음 중 감염병 질환이 아닌 것은?

① 폴리오   ② 풍진
③ 성병   ④ 당뇨병

7 ** 바퀴벌레에 의해 전파될 수 있는 감염병에 속하지 않는 것은?

① 이질   ② 말라리아
③ 콜레라   ④ 장티푸스

> 말라리아는 모기를 매개로 전파된다.

8 *** 들쥐의 똥, 오줌 등에 의해 논이나 들에서 상처를 통해 경피 전염될 수 있는 감염병은?

① 신증후군출혈열
② 이질
③ 렙토스피라증
④ 파상풍

> 렙토스피라증은 들쥐의 똥, 오줌 등에 의해 경피 감염되는 감염병으로 감염 시 발열, 오한, 두통 등의 증상이 나타난다.

9 *** 오염된 주사기, 면도날 등으로 인해 감염이 잘되는 만성 감염병은?

① 렙토스피라증
② 트라코마
③ B형 간염
④ 파라티푸스

> B형간염은 수혈, 성적인 접촉, 오염된 주사기, 면도날 등을 통해 주로 감염된다.

10 ***** 매개곤충과 전파하는 감염병의 연결이 틀린 것은?

① 진드기 - 신증후군출혈열
② 모기 - 일본뇌염
③ 파리 - 사상충
④ 벼룩 - 페스트

> 사상충은 모기를 매개로 전파된다.

11 *** 쥐와 관계가 가장 적은 감염병은?

① 페스트
② 신증후군출혈열
③ 발진티푸스
④ 렙토스피라증

> 발진티푸스는 발열, 근육통, 전신신경증상, 발진 등의 증상을 보이며, 이가 환자를 흡혈해 환자의 상처를 통해 침입 또는 먼지를 통해 호흡기계로 감염된다.

12 *** 페스트, 살모넬라증 등을 전염시킬 가능성이 가장 큰 동물은?

① 쥐
② 말
③ 소
④ 개

> 쥐에 의해 감염되는 감염병 : 페스트, 살모넬라증, 발진열, 신증후군출혈열, 쯔쯔가무시병, 발진열, 재귀열, 렙토스피라증 등

13 *** 절지동물에 의해 매개되는 감염병이 아닌 것은?

① 일본뇌염
② 발진티푸스
③ 탄저
④ 페스트

> 절지동물 매개 감염병 : 페스트, 발진티푸스, 일본뇌염, 발진열, 말라리아, 사상충증, 양충병, 황열, 신증후군출혈열 등
> 탄저는 소, 말, 양 등에 의해 감염된다.

14 ** 위생해충의 구제방법으로 가장 효과적이고 근본적인 방법은?

① 성충 구제
② 살충제 사용
③ 유충 구제
④ 발생원 제거

> 위생해충을 구제하는 가장 효과적인 방법 : 발생원을 제거

15 * 접촉자의 색출 및 치료가 가장 중요한 질병은?

① 성병
② 암
③ 당뇨병
④ 일본뇌염

성매개감염병은 일차적으로 사람과 사람 사이의 성적 접촉을 통해 전파되므로 접촉자의 색출 및 치료가 중요한 질병이다.

16 *** 출생 후 4주 이내에 기본접종을 실시하는 것이 효과적인 감염병은?

① 볼거리
② 홍역
③ 결핵
④ 일본뇌염

• 홍역 : 생후 12~15개월   • 일본뇌염 : 생후 12~23개월

17 *** 감염병 중 음용수를 통하여 전염될 수 있는 가능성이 가장 큰 것은?

① 이질
② 백일해
③ 풍진
④ 한센병

마시는 물 또는 식품을 매개로 발생하는 감염병에는 콜레라, 장티푸스, 파라티푸스, 세균성이질, 장출혈성대장균감염증, A형간염 등이 있다.

18 *** 다음 중 소독되지 아니한 면도기를 사용했을 때 가장 전염 위험성이 높은 것은?

① 간염
② 결핵
③ 이질
④ 콜레라

간염에 감염된 환자와는 면도기, 칫솔, 손톱깎기 등은 함께 사용하지 않아야 한다.

19 *** 음식물로 매개될 수 있는 감염병이 아닌 것은?

① 유행성간염
② 폴리오
③ 일본뇌염
④ 콜레라

일본뇌염은 모기를 매개로 감염된다.

20 ** 폐결핵에 관한 설명 중 틀린 것은?

① 호흡기계 감염병이다.
② 병원체는 세균이다.
③ 예방접종은 PPD로 한다.
④ 제2급 법정감염병이다.

폐결핵은 BCG 접종으로 예방한다.

21 *** 비말감염과 가장 관계있는 사항은?

① 영양   ② 상처
③ 피로   ④ 밀집

비말감염이란 환자의 기침을 통해 퍼지는 병균으로 감염되는 것을 말하며, 예방을 위해서는 밀집된 장소를 피해야 한다.

22 *** 감염병 유행의 요인 중 전파경로와 가장 관계가 깊은 것은?

① 개인의 감수성
② 영양상태
③ 환경 요인
④ 인종

환경 요인 : 기상, 계절, 전파경로, 사회환경, 경제적 수준 등

23 *** 감염경로와 질병과의 연결이 틀린 것은?

① 공기감염 – 공수병
② 비말감염 – 인플루엔자
③ 우유감염 – 결핵
④ 음식물감염 – 폴리오

공수병은 개에게 물리면서 개의 타액에 있는 병원체에 의해 감염되는 병을 말한다.

24 *** 다음 중 콜레라에 관한 설명으로 잘못된 것은?

① 검역질병으로 검역기간은 120시간을 초과할 수 없다.
② 수인성 감염병으로 경구 전염된다.
③ 제2급 법정감염병이다.
④ 예방접종은 생균백신(vaccine)을 사용한다.

> 콜레라의 예방접종은 사균백신을 사용한다.

25 *** 다음 감염병 중 기본 예방접종의 시기가 가장 늦은 것은?

① 디프테리아
② 백일해
③ 폴리오
④ 일본뇌염

> • 디프테리아 : 생후 2개월
> • 백일해 　　: 생후 2개월
> • 폴리오 　　: 생후 2개월
> • 일본뇌염 　: 생후 12~23개월

26 *** 장티푸스에 대한 설명으로 옳은 것은?

① 식물매개 감염병이다.
② 우리나라에서는 제1급 법정감염병이다.
③ 대장점막에 궤양성 병변을 일으킨다.
④ 일종의 열병으로 경구침입 감염병이다.

> 장티푸스는 살모넬라균에 오염된 음식이나 물을 섭취했을 때 감염되고 고열 증세를 보이는데, 우리나라에서는 제2급 법정감염병으로 지정되어 있다.

1 * 감염병 발생 시 일반인이 취하여야 할 사항으로 적절하지 않은 것은?

① 환자를 문병하고 위로한다.
② 예방접종을 받도록 한다.
③ 주위환경을 청결히 하고 개인위생에 힘쓴다.
④ 필요한 경우 환자를 격리한다.

> 감염병 발생 시에는 환자와의 접촉을 피해야 한다.

2 ** 결핵 관리상 효율적인 방법으로 가장 거리가 먼 것은?

① 환자의 조기발견
② 집회장소의 철저한 소독
③ 환자의 등록치료
④ 예방접종의 철저

> 결핵은 결핵 환자의 기침 등을 통해 감염되므로 집회장소를 소독한다고 해서 예방할 수 있는 것은 아니다.

SECTION 03 기생충 질환 관리

[출제문항수 : 0~1문제] 기생충 질환과 관련된 문제의 출제 빈도는 높지 않지만 간간이 출제될 가능성이 있으니 선충류, 흡충류, 조충류별로 기출문제 위주로 학습하도록 합니다. 특히, 중간숙주는 반드시 숙지하기 바랍니다.

1 선충류 : 소화기·근육·혈액 등에 기생

회충	• 기생부위 : 소장 • 감염형으로 발육하는 데 1~2개월 소요 • 감염 후 성충이 되기까지는 60~75일 소요 • 기생 부위 : 소장 • [전파] 오염된 음식물로 경구 침입 → 위에서 부화하여 심장, 폐포, 기관지, 식도를 거쳐 소장에 정착 • [증상] 발열, 구토, 복통, 권태감, 미열 • [검사] 집란법 또는 도말법 • [예방] 철저한 분변관리, 파리의 구제, 정기검사 및 구충
구충 (십이지장 충)	• 기생 부위 : 공장(소장의 상부) • [전파] 경구감염 또는 경피감염 • [증상] 경구감염일 경우 채독증, 폐로 이행된 경우 기침, 가래 등 • [예방] 인분의 위생적 관리, 채소밭 작업 시 보호장비 착용
요충	• [증상] 항문 주위에 심한 소양감, 구토, 설사, 복통, 야뇨증 등 • [예방] 화장실 사용 후 손을 잘 씻고 가족이 같은 시기에 구충 실시 • [전파] 자충포장란의 형태로 경구감염, 항문 주위에 산란 • 집단감염이 가장 잘되는 기생충 • 어린 연령층이 집단으로 생활하는 공간에서 쉽게 감염
편충	• 기생 부위 : 대장 • [전파] 경구감염

▶ 용어해설
• 경구감염 : 병원체가 입을 통해 소화기로 침입하여 감염
• 경피감염 : 병원체가 피부를 통해 침입하여 감염

2 흡충류 : 숙주의 간, 폐 등 기관 등에 흡착하여 기생

간흡충 (간디스토마)	• 기생 부위 : 간의 담도 • 제1중간숙주 : 왜우렁이 • 제2중간숙주 : 참붕어, 잉어, 중고기, 황어, 뱅어 등 • [증상] 간비대, 간종대, 황달, 빈혈, 소화장애 등 • [예방] 담수어 생식 자제
폐흡충 (폐디스토마)	• 사람 등 포유류의 폐에 충낭을 만들어 기생 • 제1중간숙주 : 다슬기 • 제2중간숙주 : 가재, 게 • [증상] 기침, 객혈, 흉통, 국소마비, 시력장애 등 • [예방] 가재 및 게 생식 자제
요꼬가와 흡충	• 제1중간숙주 : 다슬기 • 제2중간숙주 : 은어, 숭어 등

3 조충류 : 주로 숙주의 소화기관에 기생

무구조충	• 중간숙주 : 소 • 무구조충의 유충이 포함된 쇠고기를 생식하면서 감염 • [증상] 복통, 설사, 구토, 소화장애, 장폐쇄 등 • [예방] 쇠고기 생식 자제
유구조충	• 중간숙주 : 돼지 • 인간의 작은창자에 기생 • [증상] 설사, 구토, 식욕감퇴, 호산구 증가증 등 • [예방] 돼지고기 생식 자제
광절열 두조충 (긴촌충)	• 기생 부위 : 사람, 개, 고양이 등의 돌창자 • 제1중간숙주 : 물벼룩 • 제2중간숙주 : 송어, 연어, 대구 등 • [증상] 복통, 설사, 구토, 열두조충성 빈혈 • [예방] 담수어 및 바다생선 생식 자제

chapter 06

1 다음 기생충 중 집단감염이 가장 잘되는 것은? ★★

① 요충
② 십이지장충
③ 회충
④ 간흡충

> 요충은 어린 연령층이 집단으로 생활하는 공간에서 쉽게 감염되며, 화장실 사용 후 손을 잘 씻고 가족이 같은 시기에 구충을 실시함으로써 예방할 수 있다.

2 다음 중 산란과 동시에 감염능력이 있으며 건조에 저항성이 커서 집단감염이 가장 잘되는 기생충은? ★★★

① 회충
② 십이지장충
③ 광절열두조충
④ 요충

3 사람의 항문 주위에서 알을 낳는 기생충은? ★★★

① 구충
② 사상충
③ 요충
④ 회충

4 어린 연령층이 집단으로 생활하는 공간에서 가장 쉽게 감염될 수 있는 기생충은? ★★★

① 회충
② 구충
③ 유구노충
④ 요충

5 중간숙주와 관계없이 감염이 가능한 기생충은? ★★

① 아니사키스충
② 회충
③ 폐흡충
④ 간흡충

> 아니사키스충은 오징어·대구 등을 매개로 감염되며, 폐흡충은 가재, 간흡충은 붕어·잉어 등을 매개로 감염된다.

6 회충은 인체의 어느 부위에 기생하는가? ★★

① 간
② 큰창자
③ 허파
④ 작은창자

7 간흡충증(디스토마)의 제1중간숙주는? ★★★

① 다슬기
② 왜우렁이
③ 피라미
④ 게

8 잉어, 참붕어, 피라미 등의 민물고기를 생식하였을 때 감염될 수 있는 것은? ★★★

① 간흡충증
② 구충증
③ 유구조충증
④ 말레이사상충증

9 간흡충(간디스토마)에 관한 설명으로 틀린 것은? ★★★

① 인체 감염형은 피낭유충이다.
② 제1중간숙주는 왜우렁이이다.
③ 인체 주요 기생부위는 간의 담도이다.
④ 경피감염한다.

> 간디스토마는 민물고기를 생식하거나 오염된 물을 섭취할 때 경구감염된다.

10 우리나라에서 제2중간 숙주인 가재, 게를 통해 감염되는 기생충 질병은? ★★★

① 편충
② 폐흡충증
③ 구충
④ 회충

11 폐흡충증의 제2중간숙주에 해당되는 것은? ★★★

① 잉어
② 다슬기
③ 모래무지
④ 가재

> • 제1중간숙주 – 다슬기 • 제2중간숙주 – 가재, 게

12 민물 가재를 날것으로 먹었을 때 감염되기 쉬운 기생충 질환은? ★★★

① 회충
② 간디스토마
③ 폐디스토마
④ 편충

13 생활습관과 관계될 수 있는 질병과의 연결이 틀린 것은? ★★★★

① 담수어 생식 – 간디스토마
② 여름철 야숙 – 일본뇌염
③ 경조사 등 행사 음식 – 식중독
④ 가재 생식 – 무구조충

> 가재 생식 – 폐디스토마

정답 1 ① 2 ④ 3 ③ 4 ④ 5 ② 6 ④ 7 ② 8 ① 9 ④ 10 ② 11 ④ 12 ③ 13 ④

14 기생충의 인체 내 기생 부위 연결이 잘못된 것은?

① 구충증 – 폐
② 간흡충증 – 간의 담도
③ 요충증 – 직장
④ 폐흡충 – 폐

구충증 – 공장

15 다음 중 기생충과 전파 매개체의 연결이 옳은 것은?

① 무구조충 – 돼지고기
② 간디스토마 – 바다회
③ 폐디스토마 – 가재
④ 광절열두조충 – 쇠고기

① 무구조충 – 쇠고기
② 간디스토마 – 담수어
④ 광절열두조충 – 물벼룩

16 다음 중 기생충과 중간 숙주와의 연결이 잘못된 것은?

① 무구조충 – 소
② 폐흡충 – 가재, 게
③ 간흡충 – 민물고기
④ 유구조충 – 물벼룩

유구조충 : 돼지

17 주로 돼지고기를 생식하는 지역주민에게 많이 나타나며 성충 감염보다는 충란 섭취로 뇌, 안구, 근육, 장벽, 심장, 폐 등에 낭충증 감염을 많이 유발시키는 것은?

① 유구조충증　　　② 무구조충증
③ 광절열두조충증　④ 폐흡충증

18 일반적으로 돼지고기 생식에 의해 감염될 수 없는 것은?

① 유구조충　　　② 무구조충
③ 선모충　　　　④ 살모넬라

무구조충은 쇠고기를 생식하였을 때 감염될 수 있다.

19 다음 중 일본뇌염의 중간숙주가 되는 것은?

① 돼지　　② 쥐　　③ 소　　④ 벼룩

20 돼지와 관련이 있는 질환으로 거리가 먼 것은?

① 유구조충　　　② 살모넬라증
③ 일본뇌염　　　④ 발진티푸스

발진티푸스는 이가 환자를 흡혈해 환자의 상처를 통해 침입 또는 먼지를 통해 호흡기계로 감염된다.

21 무구조충은 다음 중 어느 것을 날것으로 먹었을 때 감염될 수 있는가?

① 돼지고기　　　② 잉어
③ 게　　　　　　④ 쇠고기

유구조충의 중간숙주는 돼지이며, 무구조충의 중간숙주는 소이다.

22 어류인 송어, 연어 등을 날로 먹었을 때 주로 감염될 수 있는 것은?

① 갈고리촌충　　　② 긴촌충
③ 폐디스토마　　　④ 선모충

긴촌충은 광절열두조충이라고도 하며, 송어, 연어 등을 제2중간 숙주로 한다.

23 민물고기와 기생충 질병의 관계가 틀린 것은?

① 송어, 연어 – 광절열두조충증
② 참붕어, 왜우렁이 – 간디스토마증
③ 잉어, 피라미 – 폐디스토마증
④ 은어, 숭어 – 요꼬가와흡충증

• 폐디스토마는 가재 또는 게를 생식했을 때 감염된다.
• 잉어, 피라미 – 간디스토마증

24 다음 중 중간숙주와의 연결이 틀리게 된 것은?

① 회충 – 채소　　　② 흡충류 – 돼지
③ 무구조충 – 소　　④ 사상충 – 모기

돼지를 중간숙주로 하는 기생충은 유구조충이다.

SECTION 04 보건 일반

이 섹션에서는 환경보건과 산업보건 위주로 공부하도록 합니다. 대기오염물질, 대기오염현상, 인체에 미치는 영향에 대해서는 반드시 학습하도록 하고 산업보건에서는 직업병에 관한 문제의 출제 가능성이 높으므로 반드시 구분할 수 있도록 합니다.

01 정신보건 및 가족 · 노인보건

1 정신보건

(1) 기본이념

① 모든 정신질환자는 인간으로서의 존엄·가치 및 최적의 치료와 보호를 받을 권리를 보장받는다.

② 모든 정신질환자는 부당한 차별대우를 받지 않는다.

③ 미성년자인 정신질환자에 대해서는 특별히 치료, 보호 및 필요한 교육을 받을 권리가 보장되어야 한다.

④ 입원치료가 필요한 정신질환자에 대하여는 항상 자발적 입원이 권장되어야 한다.

⑤ 입원 중인 정신질환자에게 가능한 한 자유로운 환경과 타인과의 자유로운 의견교환이 보장되어야 한다.

(2) 정신질환자

정신병(기질적 정신병 포함)·인격장애·알코올 및 약물 중독 기타 비정신병적 정신장애를 가진 자

(3) 조현병

① 양성 증상 : 망각, 환각, 행동장애 등

② 음성 증상 : 무언어증, 무욕증 등

(4) 신경증

공황장애, 강박장애, 고소공포증, 폐쇄공포증 등

2 가족 및 노인보건

(1) 가족계획

① 의미 : 우생학적으로 우수하고 건강한 자녀 출산을 위한 출산계획

② 내용 : 초산연령 조절, 출산횟수 조절, 출산간격 조절, 출산기간 조절

(2) 노인보건

① 노령화의 4대 문제

- 빈곤문제
- 건강문제
- 무위문제(역할 상실)
- 고독 및 소외문제

② 보건교육 방법 : **개별접촉을 통한 교육**

02 환경보건

1 환경보건의 개념

(1) 환경위생

구충, 구서, 방제, 음용수 수질관리, 미생물 등의 오염 방지

(2) 기후

① **기후의 3대 요소** : 기온, 기습, 기류

② **4대 온열인자** : 기온, 기습, 기류, 복사열

③ 인간이 활동하기 좋은 온도와 습도

- 온도 : 18℃
- 습도 : 40~70%

④ 불쾌지수

- 기온과 기습을 이용하여 사람이 느끼는 불쾌감의 정도를 수치로 나타낸 것
- 불쾌지수가 70~75인 경우 약 10%, 75~80인 경우 약 50%, 80 이상인 경우 대부분의 사람이 불쾌감을 느낌

(3) 공기와 건강

이산화탄소	• 실내공기 오염의 지표로 사용 • 지구온난화 현상의 주된 원인 • 공기 중 약 0.03% 차지
산소	저산소증 : 산소량이 10%이면 호흡곤란, 7% 이하이면 질식사

일산화탄소		• 물체의 불완전 연소 시 많이 발생하며 혈중 헤모글로빈의 친화성이 산소에 비해 약 300배 정도로 높아 중독 시 신경이상증세를 나타냄 • 신경기능 장애 • 세포 내에서 산소와 헤모글로빈의 결합을 방해 • 세포 및 각 조직에서 산소부족 현상 유발 • 중독 증상 : 정신장애, 신경장애, 의식소실
질소		감압병, 잠수병(잠함병) : 혈액 속의 질소가 기포를 발생하게 하여 모세혈관에 혈전현상을 일으키는 것
군집독		일정한 공간의 실내에 수용범위를 초과한 많은 사람이 있는 경우 이산화탄소 농도 증가, 기온상승, 습도증가, 연소가스 등으로 인해 두통, 현기증, 구토, 불쾌감 등의 생리적 현상을 일으키는 것

※ 공기의 자정 작용 : 산화작용, 희석작용, 세정작용, 살균작용, CO_2와 O_2의 교환 작용

2 대기오염

(1) 원인 : 기계문명의 발달, 교통량의 증가, 중화학공업의 난립 등

(2) 오염물질

구분	종류	특징
1차 오염물질	황산화물	• 석탄이나 석유 속에 포함되어 있어 연소할 때 산화되어 발생 • 만성기관지염과 산성비 등 유발
	질소산화물	광화학반응에 의해 2차오염물질 발생
	일산화탄소	불완전 연소 시 주로 발생
	기타	이산화탄소, 탄화수소, 불화수소, 알데히드, 분진, 매연
2차 오염물질	스모그	런던 스모그, 로스엔젤레스 스모그로 구분
	오존(O_3)	무색의 강한 산화제로 눈과 목을 자극
	질산과산화 아세틸	강한 산화력과 눈에 대한 자극성이 있음

(3) 대기오염현상

기온역전	• 고도가 높은 곳의 기온이 하층부보다 높은 경우 • 바람이 없는 맑은 날, 춥고 긴 겨울밤, 눈이나 얼음으로 덮인 경우 주로 발생 • 태양이 없는 밤에 지표면의 열이 대기 중으로 복사되면서 발생
열섬현상	도심 속의 온도가 대기오염 또는 인공열 등으로 인해 주변지역보다 높게 나타나는 현상
온실효과	복사열이 지구로부터 빠져나가지 못하게 막아 지구가 더워지는 현상
산성비	• 원인 물질 : 아황산가스, 질소산화물, 염화수소 등 • pH 5.6 이하의 비

(4) 인체에 미치는 영향

황산화물	만성기관지염 등의 호흡기계 질환, 세균감염에 의한 저항력 약화
질소산화물	기관지염, 폐색성 폐질환 등의 호흡기계 질환
일산화탄소	헤모글로빈과 산소의 결합 및 운반 저해, 생리기능 장애
탄화수소	폐기능 저하
납	신경위축, 사지경련 등 신경계통 손상
수은	단백뇨, 구내염, 피부염, 중추신경장애

(5) 대기환경기준

항목	기준	측정방법
아황산가스 (SO_2)	• 연간 평균치 0.02ppm 이하 • 24시간 평균치 0.05ppm 이하 • 1시간 평균치 0.15ppm 이하	자외선 형광법
일산화탄소 (CO)	• 8시간 평균치 9ppm 이하 • 1시간 평균치 25ppm 이하	비분산적외선 분석법
이산화질소 (NO_2)	• 연간 평균치 0.03ppm 이하 • 24시간 평균치 0.06ppm 이하 • 1시간 평균치 0.10ppm 이하	화학 발광법
미세먼지 (PM-10)	• 연간 평균치 $50\mu g/m^3$ 이하 • 24시간 평균치 $100\mu g/m^3$ 이하	베타선 흡수법

항목	기준	측정방법
미세먼지 (PM-2.5)	• 연간 평균치 25μg/m^3 이하 • 24시간 평균치 50μg/m^3 이하	중량농도법 또는 이에 준하는 자동 측정법
오존(O$_3$)	• 8시간 평균치 0.06ppm 이하 • 1시간 평균치 0.1ppm 이하	자외선 광도법
납 (Pb)	• 연간 평균치 0.5μg/m^3 이하	원자흡광 광도법
벤젠	• 연간 평균치 5μg/m^3 이하	가스크로 마토그래피

▶ 염화불화탄소(CFC) : 오존층을 파괴시키는 대표적인 가스

❸ 수질오염 및 상하수 처리

(1) 수질오염지표

① 용존산소(Dissolved Oxygen, DO)
  • 물속에 녹아있는 유리산소량
  • DO가 낮을수록 물의 오염도가 높음
  • 물의 온도가 낮을수록, 압력이 높을수록 많이 존재

② 생물화학적 산소요구량(Biochemical Oxygen Demand, BOD)
  • 하수 중의 유기물이 호기성 세균에 의해 산화 · 분해될 때 소비되는 산소량
  • 하수 및 공공수역 수질오염의 지표로 사용
  • 유기성 오염이 심할수록 BOD 값이 높음

③ 화학적 산소요구량(Chemical Oxygen Demand, COD)
  • 물속의 유기물을 화학적으로 산화시킬 때 화학적으로 소모되는 산소의 양을 측정하는 방법
  • 공장폐수의 오염도를 측정하는 지표로 사용
  • 산화제로 과망간산칼륨법(국내), 중크롬산칼륨법 사용
  • COD가 높을수록 오염도가 높음

음용수의 일반적인 오염지표 : 대장균 수

(2) 수질오염에 따른 건강장애

병명	중독물질	증상
미나마타병	수은	언어장애, 청력장애, 시야협착, 사지마비
이타이이타이병	카드뮴	골연화증, 신장기능장애, 보행장애 등

(3) 하수처리 과정

예비 처리 → 본 처리 → 오니 처리

① 하수 처리법(본 처리)

호기성 처리법	산소를 공급하여 호기성균이 유기물을 분해 예 활성오니법, 산화지법, 관개법
혐기성 처리법	무산소 상태에서 혐기성균이 유기물을 분해 예 부패조법, 임호프조법

(4) 상수처리과정

수원지 -도수로→ 정수장 -송수로→ 배수지 -급수로→ 가정

취수→도수→정수(침사 → 침전→여과→소독)→송수→배수→급수

• 취수 : 수원지에서 물을 끌어옴
• 도수 : 취수한 물을 정수장까지 끌어옴
• 침사 : 모래를 가라앉히는 것

(5) 상수 및 수도전에서의 적정 유리 잔류 염소량

① 평상시 : 0.2ppm 이상
② 비상시 : 0.4ppm 이상

▶ 먹는물 수질기준

구분	기준
유리잔류염소	4mg/L 이하
경도	300mg/L 이하
색도	5도 이하
수소이온 농도	pH 5.8~8.5
탁도	1NTU(수돗물 : 0.5NTU 이하)

(6) 경수

① 일시경수 : 물을 끓일 때 경도가 저하되어 연화되는 물(탄산염, 중탄산염 등)
② 영구경수 : 물을 끓일 때 경도의 변화가 없는 물(황산염, 질산염, 염화염 등)

④ 주거환경

(1) 천정의 높이 : 일반적으로 바닥에서부터 210cm 정도

(2) 실내 CO_2량 : 약 20~22L

(3) 자연조명
- ① 창의 방향 : 남향
- ② 창의 넓이 : 방바닥 면적의 1/7~1/5
- ③ 거실의 안쪽길이 : 바닥에서 창틀 윗부분의 1.5배 이하

(4) 인공조명
- ① 직접조명 : 조명 효율이 크고 경제적이지만 불쾌감을 줌
- ② 간접조명 : 눈의 보호를 위해 가장 좋은 조명 방법으로 실내조명에서 조명효율이 천정의 색깔에 가장 크게 좌우, 균일한 조도
- ③ 반간접조명 : 광선의 1/2 이상을 간접광에, 나머지 광선을 직접광에 의하는 방법

▶ 적정조명

초정밀작업	정밀작업	보통작업	기타 작업
750Lux 이상	300Lux 이상	150Lux 이상	75Lux 이상

(5) 실내온도
- ① 적정 실내온도 : 18℃
- ② 적정 침실온도 : 15℃
- ③ 적정 실내습도 : 40~70%
- ④ 적정 실내외 온도차 : 5~7℃
- ⑤ 10℃ 이하 : 난방, 26℃ 이상 : 냉방 필요

03 산업보건

1 산업피로

(1) 개념 : 정신적·육체적·신경적 노동의 부하로 인해 충분한 휴식을 가졌는데도 회복되지 않는 피로

(2) 산업피로의 본질
- ① 생체의 생리적 변화, ② 피로감각, ③ 작업량 변화

(3) 산업피로의 종류
- ① 정신적 피로 : 중추신경계의 피로
- ② 육체적 피로 : 근육의 피로

(4) 산업피로의 대표적 증상
체온 변화, 호흡기 변화, 순환기계 변화

(5) 산업피로의 대책
- ① 작업방법의 합리화
- ② 개인차를 고려한 작업량 할당
- ③ 적절한 휴식
- ④ 효율적인 에너지 소모

2 산업재해

(1) 발생 원인

종류	요인
인적 요인	• 관리상 원인 • 생리적 원인 • 심리적 원인
환경적 요인	• 시설 및 공구 불량 • 재료 및 취급품의 부족 • 작업장 환경 불량 • 휴식시간 부족

(2) 산업재해지표

종류	설명
건수율 (발생률)	• 산업체 근로자 1,000명당 재해 발생 건수 • $\dfrac{\text{재해건수}}{\text{평균 실제 근로자 수}} \times 1,000$
도수율 (빈도율)	• 연근로시간 100만 시간당 재해 발생 건수 • 국제노동기구(ILO)에서 사용하는 국제지표 • $\dfrac{\text{재해건수}}{\text{연간 근로 시간수}} \times 1,000,000$
강도율	• 근로시간 1,000시간당 발생한 근로손실일수 • $\dfrac{\text{근로손실일수}}{\text{연간 근로 시간수}} \times 1,000$

(3) 하인리히의 재해비율
현성재해 : 불현성재해 : 잠재성재해의 비율 = 1 : 29 : 300

(4) 산업재해방지의 4대원칙
- ① **손실우연의 원칙** : 조건과 상황에 따라 손실이 달라진다.
- ② **예방가능의 원칙** : 재해는 예방이 가능하다.
- ③ **원인인연의 원칙** : 재해는 여러 요인에 의해 복합적으로 발생한다.
- ④ **대책선정의 원칙** : 재해의 원인은 다르기 때문에 정확히 규명하여 대책을 세워야 한다.

❸ 직업병

(1) 발생 요인에 의한 직업병의 종류

발생 요인	종류
고열 고온	열경련증, 열허탈증, 열사병, 열쇠약증, 열중증 등
이상저온	전신 저체온, 동상, 참호족, 침수족 등
이상기압	감압병(잠함병), 이상저압
방사선	조혈지능장애, 백혈병, 생식기능장애, 정신장애, 탈모, 피부건조, 수명단축, 백내장 등
진동	레이노드병
분진	허파먼지증(진폐증), 규폐증, 석면폐증
불량조명	안정피로, 근시, 안구진탕증

(2) 잠함병의 4대 증상

① 피부소양감 및 사지관절통

② 척추전색증 및 마비

③ 내이장애

④ 뇌내혈액순환 및 호흡기장애

(3) 소음

① 인체에 미치는 영향

불안증 및 노이로제, 청력장애, 작업능률 저하

② 소음에 의한 직업병의 요인

소음의 크기, 주파수, 폭로기간에 따라 다르다.

③ 소음 허용한계

1일 8시간 노출	1일 4시간 노출	1일 2시간 노출	1일 1시간 노출
90dB	95dB	100dB	105dB

※ dB(데시벨) : 소음의 강도를 나타내는 단위

❹ 공업 중독

종류	측정방법
납 중독	빈혈, 권태, 신경마비, 뇌중독증상, 체중감소, 헤모글로빈 양 감소 ※징후 • 적혈구 수명단축으로 인한 연빈혈 • 치은연에 암자색의 황화연이 침착되어 착색되는 연선 • 염기성 과립적혈구의 수 증가 • 소변에서 코프로포르피린 검출
수은 중독	두통, 구토, 설사, 피로감, 기억력 감퇴, 치은괴사, 구내염 등
카드뮴 중독	당뇨병, 신장기능장애, 폐기종, 오심, 구토, 복통, 급성폐렴 등
크롬 중독	비염, 기관지염, 인두염, 피부염 등
벤젠 중독	두통, 구토, 이명, 현기증, 조혈기능장애, 백혈병 등

01. 정신보건 및 가족·노인보건

1 ★★
정신보건에 대한 설명 중 잘못된 것은?

① 모든 정신질환자는 인간으로서의 존엄·가치 및 최적의 치료와 보호를 받을 권리를 보장받는다.
② 모든 정신질환자는 부당한 차별대우를 받지 않는다.
③ 미성년자인 정신질환자에 대해서는 특별히 치료, 보호 및 필요한 교육을 받을 권리가 보장되어야 한다.
④ 입원 중인 정신질환자는 타인에게 해를 줄 염려가 있으므로 타인과의 의견교환이 필요에 따라 제한되어야 한다.

2 ★★
다음 중 가족계획에 포함되는 것은?

㉠ 결혼연령 제한	㉡ 초산연령 조절
㉢ 인공임신중절	㉣ 출산횟수 조절

① ㉠, ㉡, ㉢
② ㉠, ㉢
③ ㉡, ㉣
④ ㉠, ㉡, ㉢, ㉣

3 ★★★
가족계획과 가장 가까운 의미를 갖는 것은?

① 불임시술
② 수태제한
③ 계획출산
④ 임신중절

가족계획은 우생학적으로 우수하고 건강한 자녀 출산을 위한 출산계획을 의미한다.

4 ★
피임의 이상적 요건 중 틀린 것은?

① 피임효과가 확실하여 더 이상 임신이 되어서는 안 된다.
② 육체적·정신적으로 무해하고 부부생활에 지장을 주어서는 안 된다.
③ 비용이 적게 들어야 하고, 구입이 불편해서는 안 된다.
④ 실시방법이 간편하여야 하고, 부자연스러우면 안 된다.

5 ★
임신 초기에 감염이 되어 백내장아, 농아 출산의 원인이 되는 질환은?

① 심장질환
② 뇌질환
③ 풍진
④ 당뇨병

풍진은 제2급 감염병으로 지정되어 있으며, 임신 초기에 감염되면 태아의 90%가 선천성 풍진 증후군에 걸리게 된다.

6 ★★★
지역사회에서 노인층 인구에 가장 적절한 보건교육 방법은?

① 신문
② 집단교육
③ 개별접촉
④ 강연회

노인층에게는 개별접촉을 통한 보건교육이 가장 적합한 방법이다.

02. 환경보건

1 ★★★★
다음 중 기후의 3대 요소는?

① 기온－복사량－기류
② 기온－기습－기류
③ 기온－기압－복사량
④ 기류－기압－일조량

2 ★★★
체감온도(감각온도)의 3요소가 아닌 것은?

① 기온
② 기습
③ 기류
④ 기압

3 ★★★
다음 중 특별한 장치를 설치하지 아니한 일반적인 경우에 실내의 자연적인 환기에 가장 큰 비중을 차지하는 요소는?

① 실내외 공기 중 CO_2의 함량의 차이
② 실내외 공기의 습도 차이
③ 실내외 공기의 기온 차이 및 기류
④ 실내외 공기의 불쾌지수 차이

자연환기는 자연적으로 환기가 되는 것을 의미하며, 실내외의 기온차, 기류 등에 의해 이루어진다.

정답 ▶ **1** 1④ 2③ 3③ 4① 5③ 6③ **2** 1② 2④ 3③

4 기온측정 등에 관한 설명 중 틀린 것은?

① 실내에서는 통풍이 잘 되는 직사광선을 받지 않은 곳에 매달아 놓고 측정하는 것이 좋다.
② 평균기온은 높이에 비례하여 하강하는데, 고도 11,000m 이하에서는 보통 100m 당 0.5~0.7도 정도이다.
③ 측정할 때 수은주 높이와 측정자의 눈의 높이가 같아야 한다.
④ 정상적인 날의 하루 중 기온이 가장 낮을 때는 밤 12시 경이고 가장 높을 때는 오후 2시경이 일반적이다.

> 정상적인 날의 하루 중 기온이 가장 낮을 때는 새벽 4시~5시 사이이다.

5 불쾌지수를 산출하는 데 고려해야 하는 요소들은?

① 기류와 복사열
② 기온과 기습
③ 기압과 복사열
④ 기온과 기압

> 불쾌지수란 기온과 기습을 이용하여 사람이 느끼는 불쾌감의 정도를 수치로 나타낸 것을 말한다.

6 일반적으로 활동하기 가장 적합한 실내의 적정 온도는?

① 15±2℃
② 18±2℃
③ 22±2℃
④ 24±2℃

> 활동하기 가장 적합한 실내 조건
> 온도 : 18℃, 습도 : 40~70%

7 다음 중 이·미용업소의 실내온도로 가장 알맞은 것은?

① 10℃
② 14℃
③ 21℃
④ 26℃

8 일반적으로 이·미용업소의 실내 쾌적 습도 범위로 가장 알맞은 것은?

① 10~20%
② 20~40%
③ 40~70%
④ 70~90%

9 다음 중 군집독의 가장 큰 원인은?

① 저기압
② 공기의 이화학적 조성 변화
③ 대기오염
④ 질소 증가

> 군집독이란 일정한 공간의 실내에 수용범위를 초과한 많은 사람이 있는 경우 이산화탄소 농도 증가, 기온상승, 습도증가, 연소가스 등으로 인해 두통, 현기증, 구토, 불쾌감 등의 생리적 현상을 일으키는 것을 말한다.

10 실내에 다수인이 밀집한 상태에서 실내공기의 변화는?

① 기온 상승 – 습도 증가 – 이산화탄소 감소
② 기온 하강 – 습도 증가 – 이산화탄소 감소
③ 기온 상승 – 습도 증가 – 이산화탄소 증가
④ 기온 상승 – 습도 감소 – 이산화탄소 증가

> 밀폐된 공간에서 다수인이 밀집해 있으면 기온, 습도, 이산화탄소가 모두 증가한다.

11 고도가 상승함에 따라 기온도 상승하여 상부의 기온이 하부의 기온보다 높게 되어 대기가 안정화되고 공기의 수직 확산이 일어나지 않게 되며, 대기오염이 심화되는 현상은?

① 고기압
② 기온역전
③ 엘니뇨
④ 열섬

> 기온역전 현상 : 고도가 높은 곳의 기온이 하층부보다 높은 경우 주로 발생하는 대기오염현상

12 대기오염에 영향을 미치는 기상조건으로 가장 관계가 큰 것은?

① 강우, 강설
② 고온, 고습
③ 기온역전
④ 저기압

> 기온역전이란 고도가 높은 곳의 기온이 하층부보다 높은 경우를 말하는데, 태양이 없는 밤에 지표면의 열이 대기 중으로 복사되면서 발생하는 대기오염현상의 하나이다.

13* 공기의 자정작용과 관련이 가장 먼 것은?

① 이산화탄소와 일산화탄소의 교환 작용
② 자외선의 살균작용
③ 강우, 강설에 의한 세정작용
④ 기온역전작용

14* 물체의 불완전 연소 시 많이 발생하며. 혈중 헤모글로빈의 친화성이 산소에 비해 약 300배 정도로 높아 중독 시 신경이상증세를 나타내는 성분은?

① 아황산가스　　　② 일산화탄소
③ 질소　　　　　　④ 이산화탄소

> 일산화탄소는 물체의 불완전 연소 시 많이 발생하는 가스로 정신장애, 신경장애, 의식소실 등의 중독 증상을 보인다.

15* 고기압 상태에서 올 수 있는 인체 장애는?

① 안구 진탕증　　　② 잠함병
③ 레이노이드병　　　④ 섬유증식증

> 잠함병(잠수병)은 고기압상태에서 작업하는 잠수부들에게 흔히 나타나는 증상으로 체액 및 혈액 속의 질소 기포 증가가 주 원인이다. 예방을 위해서는 감압의 적절한 조절이 매우 중요하다.

16** 잠함병의 직접적인 원인은?

① 혈중 CO_2 농도 증가
② 체액 및 혈액 속의 질소 기포 증가
③ 혈중 O_2 농도 증가
④ 혈중 CO 농도 증가

17* 다음 중 일산화탄소가 인체에 미치는 영향이 아닌 것은?

① 신경기능 장애를 일으킨다.
② 세포 내에서 산소와 Hb의 결합을 방해한다.
③ 혈액 속에 기포를 형성한다.
④ 세포 및 각 조직에서 O_2 부족 현상을 일으킨다.

> 감압병이나 잠수병(잠함병)의 경우 혈액 속의 질소가 기포를 발생하게 하여 모세혈관에 혈전현상을 일으킨다.

18* 다음 중 일산화탄소 중독의 증상이나 후유증이 아닌 것은?

① 정신장애　　　② 무균성 괴사
③ 신경장애　　　④ 의식소실

> 일산화탄소 중독은 세포 및 각 조직에서 산소부족 현상을 유발하여 정신장애, 신경장애, 의식소실 등의 증상을 나타낸다.

19* 다음 중 지구의 온난화 현상(Global warming)의 원인이 되는 주된 가스는?

① NO　　② CO_2　　③ Ne　　④ CO

> 이산화탄소는 공기 중 약 0.03%를 차지하는데, 실내공기 오염의 지표로 사용되며 지구온난화 현상의 주된 원인이다.

20* 일반적으로 공기 중 이산화탄소(CO_2)는 약 몇 %를 차지하고 있는가?

① 0.03%　　　② 0.3%
③ 3%　　　　④ 13%

> 일반적으로 공기 중 에는 질소와 산소가 대부분을 차지하고 있으며, 아르곤이 약 0.9%, 이산화탄소가 약 0.03%를 차지한다.

21** 대기오염의 주원인 물질 중 하나로 석탄이나 석유 속에 포함되어 있어 연소할 때 산화되어 발생되며 만성기관지염과 산성비 등을 유발시키는 것은?

① 일산화탄소　　　② 질소산화물
③ 황산화물　　　　④ 부유분진

> 대기오염의 1차오염물질로는 황산화물, 질소산화물, 일산화탄소 등이 있는데, 만성기관지염과 산성비 등을 유발하는 물질은 황산화물이다.

22* 대기오염을 일으키는 원인으로 거리가 가장 먼 것은?

① 도시의 인구감소
② 교통량의 증가
③ 기계문명의 발달
④ 중화학공업의 난립

정답　13 ④　14 ②　15 ②　16 ②　17 ③　18 ②　19 ②　20 ①　21 ③　22 ①

23 **** 대기오염물질 중 그 종류가 다른 하나는?

① 황산화물(SOx) ② 일산화탄소(CO)
③ 오존(O₃) ④ 질소산화물(NOx)

> 황산화물, 일산화탄소, 질소산화물은 1차오염물질이며, 오존은 2차오염물질이다.

24 ** 대기오염으로 인한 건강장애의 대표적인 것은?

① 위장질환 ② 호흡기질환
③ 신경질환 ④ 발육저하

> 대기오염이 인체에 미치는 영향 중 가장 큰 것은 호흡기질환이다.

25 ** 대기오염 방지 목표와 연관성이 가장 적은 것은?

① 생태계 파괴 방지
② 경제적 손실 방지
③ 자연환경의 악화 방지
④ 직업병의 발생 방지

> 대기오염은 직업병과는 직접적인 관련이 없다.

26 *** 일산화탄소(CO)의 환경기준은 8시간 기준으로 얼마인가?

① 9ppm ② 1ppm
③ 0.03ppm ④ 25ppm

> **일산화탄소의 환경기준**
> • 8시간 평균치 9ppm 이하
> • 1시간 평균치 25ppm 이하

27 *** 연탄가스 중 인체에 중독현상을 일으키는 주된 물질은?

① 일산화탄소 ② 이산화탄소
③ 탄산가스 ④ 메탄가스

> 연탄가스는 연탄이 탈 때 발생하는 유독성가스로 일산화탄소가 주성분이다.

28 *** 환경오염의 발생요인인 산성비의 가장 주요한 원인과 산도는?

① 이산화탄소 pH 5.6 이하
② 아황산가스 pH 5.6 이하
③ 염화불화탄소 pH 6.6 이하
④ 탄화수소 pH 6.6 이하

> pH 5.6 이하의 비를 산성비라 하며, 아황산가스, 질소산화물, 염화수소 등이 주요 원인이다.

29 ** 다음 중 환경위생 사업이 아닌 것은?

① 오물처리 ② 예방접종
③ 구충구서 ④ 상수도 관리

> 환경위생 사업은 주위 환경의 위생과 관련된 사업을 말하며, 상하수도, 오물처리, 구충구서, 공기, 냉난방 등에 관한 사업을 말한다. 예방접종은 보건사업에 해당한다.

30 * 다음 중 환경보전에 영향을 미치는 공해 발생 원인으로 관계가 먼 것은?

① 실내의 흡연
② 산업장 폐수방류
③ 공사장의 분진 발생
④ 공사장의 굴착작업

31 * 환경오염 방지대책과 거리가 가장 먼 것은?

① 환경오염의 실태파악
② 환경오염의 원인규명
③ 행정대책과 법적규제
④ 경제개발 억제정책

32 ***** 수질오염의 지표로 사용하는 "생물학적 산소요구량"을 나타내는 용어는?

① BOD ② DO ③ COD ④ SS

> • DO : 용존산소
> • COD : 화학적 산소요구량

33 하수오염이 심할수록 BOD는 어떻게 되는가?

① 수치가 낮아진다.
② 수치가 높아진다.
③ 아무런 영향이 없다.
④ 높아졌다 낮아졌다 반복한다.

BOD는 하수의 오염지표로 주로 이용되는데 하수의 오염이 심할수록 BOD 수치는 높아진다.

34 다음 중 하수의 오염지표로 주로 이용하는 것은?

① db　　② BOD　　③ COD　　④ 대장균

생물화학적 산소요구량(BOD)은 하수 중의 유기물이 호기성 세균에 의해 산화·분해될 때 소비되는 산소량을 말하는데, 하수 및 공공수역 수질오염의 지표로 사용된다.

35 상수 수질오염의 대표적 지표로 사용하는 것은?

① 이질균　　　　　　② 일반세균
③ 대장균　　　　　　④ 플랑크톤

36 다음 중 하수에서 용존산소(DO)가 아주 낮다는 의미에 적합한 것은?

① 수생식물이 잘 자랄 수 있는 물의 환경이다.
② 물고기가 잘 살 수 있는 물의 환경이다.
③ 물의 오염도가 높다는 의미이다.
④ 하수의 BOD가 낮은 것과 같은 의미이다.

용존산소는 물에 녹아있는 유리산소를 의미하는데, 용존산소가 높을수록 물의 오염도가 낮고 용존산소가 낮을수록 물의 오염도가 높다.

37 수질오염을 측정하는 지표로서 물에 녹아있는 유리산소를 의미하는 것은?

① 용존산소(DO)
② 생물화학적산소요구량(BOD)
③ 화학적산소요구량 (COD)
④ 수소이온농도(pH)

DO는 Dissolved Oxygen의 약자로 물에 녹아있는 유리산소를 의미하는데, 용존산소가 높을수록 물의 오염도가 낮다.

38 생물학적 산소요구량(BOD)과 용존산소량(DO)의 값은 어떤 관계가 있는가?

① BOD와 DO는 무관하다.
② BOD가 낮으면 DO는 낮다.
③ BOD가 높으면 DO는 낮다.
④ BOD가 높으면 DO도 높다.

39 다음 중 음용수에서 대장균 검출의 의의로 가장 큰 것은?

① 오염의 지표
② 감염병 발생예고
③ 음용수의 부패상태 파악
④ 비병원성

대장균은 음용수의 일반적인 오염지표로 사용된다.

40 음용수의 일반적인 오염지표로 사용되는 것은?

① 탁도
② 일반세균 수
③ 대장균 수
④ 경도

41 합성세제에 의한 오염과 가장 관계가 깊은 것은?

① 수질오염
② 중금속오염
③ 토양오염
④ 대기오염

42 다음 중 상호 관계가 없는 것으로 연결된 것은?

① 상수 오염의 생물학적 지표 – 대장균
② 실내공기 오염의 지표 – CO_2
③ 대기오염의 지표 – SO_2
④ 하수 오염의 지표 – 탁도

하수 오염의 지표로 사용되는 것은 BOD이다.

정답　33 ②　34 ②　35 ③　36 ③　37 ①　38 ③　39 ①　40 ③　41 ①　42 ④

43 *** 환경오염지표와 관련해서 연결이 바르게 된 것은?

① 수소이온농도 – 음료수오염지표
② 대장균 – 하천오염지표
③ 용존산소 – 대기오염지표
④ 생물학적 산소요구량 – 수질오염지표

- 수질오염지표 : 용존산소, 생물화학적 산소요구량, 화학적 산소요구량
- 음용수 오염지표 : 대장균 수

44 **** 하수 처리법 중 호기성 처리법에 속하지 않는 것은?

① 활성오니법
② 살수여과법
③ 산화지법
④ 부패조법

부패조법은 혐기성 처리법에 속한다.

45 ** 상수를 정수하는 일반적인 순서는?

① 침전→여과→소독
② 예비처리→본처리→오니처리
③ 예비처리→여과처리→소독
④ 예비처리→침전→여과→소독

상수 정수 순서 : 침사 → 침전 → 여과 → 소독

46 *** 예비 처리–본 처리–오니 처리 순서로 진행되는 것은?

① 하수 처리
② 쓰레기 처리
③ 상수도 처리
④ 지하수 처리

가정이나 공장에서 배출하는 하수는 생태계를 파괴하는 원인이 되므로 예비 처리, 본 처리, 오니 처리를 통해 강이나 바다로 방류시킨다.

47 *** 하수처리 방법 중 혐기성 분해처리에 해당하는 것은?

① 부패조법
② 활성오니법
③ 살수여과법
④ 산화지법

혐기성 처리법에는 부패조법과 임호프조법이 있다.

48 ** 다음의 상수 처리 과정에서 가장 마지막 단계는?

① 급수
② 취수
③ 정수
④ 도수

상수 처리 과정
취수 → 도수 → 정수 → 송수 → 배수 → 급수

49 *** 도시 하수처리에 사용되는 활성오니법의 설명으로 가장 옳은 것은?

① 상수도부터 하수까지 연결되어 정화시키는 법
② 대도시 하수만 분리하여 처리하는 방법
③ 하수 내 유기물을 산화시키는 호기성 분해법
④ 쓰레기를 하수에서 걸러내는 법

산소를 공급하여 호기성 균이 유기물을 분해하는 방법을 호기성 처리법이라 하며, 이 호기성 처리법에는 활성오니법, 산화지법, 관개법이 있다.

50 *** 하수도의 복개로 가장 문제가 되는 것은?

① 대장균의 증가
② 일산화탄소의 증가
③ 이끼류의 번식
④ 메탄가스의 발생

하수도가 복개되면 상류에서 유입된 생활하수 등의 영양물질이 부패하면서 메탄가스를 발생한다.

51 ** 다음 중 수질오염 방지대책으로 묶인 것은?

> ㉠ 대기의 오염실태 파악
> ㉡ 산업폐수의 처리시설 개선
> ㉢ 어류 먹이용 부패시설 확대
> ㉣ 공장폐수 오염실태 파악

① ㉠, ㉡, ㉢
② ㉠, ㉢
③ ㉡, ㉣
④ ㉠, ㉡, ㉢, ㉣

52 *** 일반적인 음용수로서 적합한 잔류 염소(유리 잔류 염소를 말함) 기준은?

① 250mg/L 이하 ② 4mg/L 이하
③ 2mg/L 이하 ④ 0.1mg/L 이하

먹는물 수질기준	
구분	기준
유리잔류염소	4mg/L 이하
경도	300mg/L 이하
색도	5도 이하
수소이온 농도	pH 5.8~8.5
탁도	1NTU(수돗물 : 0.5NTU 이하)

53 * 다음 중 물의 일시경도의 원인 물질은?

① 중탄산염 ② 염화염
③ 질산염 ④ 황산염

- 일시경도의 원인물질 : 탄산염, 중탄산염 등
- 영구경수의 원인물질 : 황산염, 질산염, 염화염 등

54 **** 평상시 상수와 수도전에서의 적정한 유리 잔류 염소량은?

① 0.002ppm 이상 ② 0.2ppm 이상
③ 0.5ppm 이상 ④ 0.55ppm 이상

- 평상시 : 0.2ppm 이상 ・비상시 : 0.4ppm 이상

03. 산업보건

1 ** 작업환경의 관리원칙은?

① 대치 – 격리 – 폐기 – 교육
② 대치 – 격리 – 환기 – 교육
③ 대치 – 격리 – 재생 – 교육
④ 대치 – 격리 – 연구 – 홍보

- 대치 : 공정변경, 시설변경, 물질변경
- 격리 : 작업장과 유해인자 사이를 차단하는 방법
- 환기 : 작업장 내 오염된 공기를 제거하고 신선한 공기로 바꾸는 것
- 교육 : 작업훈련을 통해 얻은 지식을 실제로 이용

2 ** 야간작업의 폐해가 아닌 것은?

① 주야가 바뀐 부자연스런 생활
② 수면 부족과 불면증
③ 피로회복 능력 강화와 영양 저하
④ 식사시간, 습관의 파괴로 소화불량

3 * 산업보건에서 작업조건의 합리화를 위한 노력으로 옳은 것은?

① 작업강도를 강화시켜 단 시간에 끝낸다.
② 작업속도를 최대한 빠르게 한다.
③ 운반방법을 가능한 범위에서 개선한다.
④ 근무시간은 가능하면 전일제로 한다.

4 ** 산업피로의 본질과 가장 관계가 먼 것은?

① 생체의 생리적 변화 ② 피로감각
③ 산업구조의 변화 ④ 작업량 변화

5 *** 산업피로의 대표적인 증상은?

① 체온 변화－호흡기 변화－순환기계 변화
② 체온 변화－호흡기 변화－근수축력 변화
③ 체온 변화－호흡기 변화－기억력 변화
④ 체온 변화－호흡기 변화－사회적 행동 변화

6 ** 산업피로의 대책으로 가장 거리가 먼 것은?

① 작업과정 중 적절한 휴식시간을 배분한다.
② 에너지 소모를 효율적으로 한다.
③ 개인차를 고려하여 작업량을 할당한다.
④ 휴직과 부서 이동을 권고한다.

휴직과 부서 이동은 산업피로의 근본적인 대책이 되지 못한다.

7 *** 산업재해 발생의 3대 인적요인이 아닌 것은?

① 예산 부족 ② 관리 결함
③ 생리적 결함 ④ 작업상의 결함

8 다음 중 산업재해의 지표로 주로 사용되는 것을 전부 고른 것은?

㉠ 도수율	㉡ 발생률
㉢ 강도율	㉣ 사망률

① ㉠, ㉡, ㉢ ② ㉠, ㉢
③ ㉡, ㉣ ④ ㉠, ㉡, ㉢, ㉣

- 도수율(빈도율) : 연근로시간 100만 시간당 재해 발생 건수
- 건수율(발생률) : 산업체 근로자 1,000명당 재해 발생 건수
- 강도율 : 근로시간 1,000시간당 발생한 근로손실일수

9 다음 중 산업재해 방지 대책과 관련이 가장 먼 내용은?

① 정확한 관찰과 대책
② 정확한 사례조사
③ 생산성 향상
④ 안전관리

생산성 향상은 산업재해 방지 대책과 관련이 없다.

10 산업재해 방지를 위한 산업장 안전관리대책으로만 짝지어진 것은?

㉠ 정기적인 예방접종	㉡ 작업환경 개선
㉢ 보호구 착용 금지	㉣ 재해방지 목표설정

① ㉠, ㉡, ㉢ ② ㉠, ㉢
③ ㉡, ㉣ ④ ㉠, ㉡, ㉢, ㉣

11 다음 중 직업병으로만 구성된 것은?

① 열중증 – 잠수병 – 식중독
② 열중증 – 소음성난청 – 잠수병
③ 열중증 – 소음성난청 – 폐결핵
④ 열중증 – 소음성난청 – 대퇴부골절

- 열중증 : 고온 환경에서 발생
- 소음성난청 : 소음에 오랜 시간 노출 시 발생
- 잠수병 : 이상기압에서 발생

12 다음 중 직업병에 해당하는 것은?

㉠ 잠함병	㉡ 규폐증
㉢ 소음성 난청	㉣ 식중독

① ㉠, ㉡, ㉢, ㉣ ② ㉠, ㉡, ㉢
③ ㉠, ㉢ ④ ㉡, ㉣

식중독은 음식물 섭취와 관련된 것이므로 직업병과는 무관하다.

13 직업병과 관련 직업이 옳게 연결된 것은?

① 근시안 – 식자공 ② 규폐증 – 용접공
③ 열사병 – 채석공 ④ 잠함병 – 방사선기사

② 규폐증 – 채석공, 채광부 ③ 열사병 – 제련공, 초자공
④ 잠함병 – 잠수부

14 합병증으로 고환염, 뇌수막염 등이 초래되어 불임이 될 수도 있는 질환은?

① 홍역 ② 뇌염
③ 풍진 ④ 유행성 이하선염

일반적으로 볼거리로 알려진 유행성 이하선염은 사춘기에 감염되어 고환염으로 발전될 경우 남성불임의 원인이 될 수도 있다.

15 직업병과 직업종사자의 연결이 바르게 된 것은?

① 잠수병 – 수영선수
② 열사병 – 비만자
③ 고산병 – 항공기조종사
④ 백내장 – 인쇄공

① 잠수병 – 잠수부 ② 열사병 – 제련공, 초자공 ④ 백내장 – 용접공

16 이상저온 작업으로 인한 건강 장애인 것은?

① 참호족 ② 열경련
③ 울열증 ④ 열쇠약증

참호족은 발을 오랜 시간 축축하고 차가운 환경에 노출할 경우 발생하는 질병이다.

17 *** 다음 중 방사선에 관련된 직업에 의해 발생할 수 있는 것이 아닌 것은?

① 조혈지능장애 ② 백혈병
③ 생식기능장애 ④ 잠함병

> 잠함병은 이상기압에 의해 발생할 수 있는 직업병이다.

18 ** 소음이 인체에 미치는 영향으로 가장 거리가 먼 것은?

① 불안증 및 노이로제
② 청력장애
③ 중이염
④ 작업능률 저하

> 중이염은 중이강 내에 생기는 염증을 말하는데, 미생물에 의한 감염 등 복합적인 원인에 의해 발생하는데, 소음과는 무관하다.

19 *** 소음에 관한 건강장애와 관련된 요인에 대한 설명으로 가장 옳은 것은?

① 소음의 크기, 주파수, 방향에 따라 다르다.
② 소음의 크기, 주파수, 내용에 따라 다르다.
③ 소음의 크기, 주파수, 폭로기간에 따라 다르다.
④ 소음의 크기, 주파수, 발생지에 따라 다르다.

> 소음에 의한 건강장애는 소음의 크기가 클수록, 주파수가 높을수록, 폭로기간이 길수록 심하게 나타난다.

20 ** 조도불량, 현휘가 과도한 장소에서 장시간 작업하여 눈에 긴장을 강요함으로써 발생되는 불량 조명에 기인하는 직업병이 아닌 것은?

① 안정피로
② 근시
③ 원시
④ 안구진탕증

> 원시는 망막의 뒤쪽에 물체의 상이 맺혀 먼 곳은 잘 보이지만 가까운 곳은 잘 보이지 않는 상태를 말하며, 유전적 요인에 의해 주로 발생한다.

21 *** dB(decibel)은 무슨 단위인가?

① 소리의 파장
② 소리의 질
③ 소리의 강도(음압)
④ 소리의 음색

22 *** 불량조명에 의해 발생되는 직업병은?

① 규폐증 ② 피부염
③ 안정피로 ④ 열중증

> 불량조명에 의해 발생하는 직업병으로는 안정피로, 근시, 안구진탕증이 있다.

23 ** 진동이 심한 작업을 하는 사람에게 국소진동 장애로 생길 수 있는 직업병은?

① 레이노드병 ② 파킨슨씨 병
③ 잠함병 ④ 진폐증

> 레이노드병은 진동이 심한 작업을 하는 사람에게 국소 진동 장애로 생길 수 있는 직업병이다.

24 *** 다음 중 불량조명에 의해 발생되는 직업병이 아닌 것은?

① 안정피로 ② 근시
③ 근육통 ④ 안구진탕증

> 근육통 다양한 원인에 의해 근육에 나타나는 통증을 말하며, 불량조명과는 상관이 없다.

25 ***** 눈의 보호를 위해서 가장 좋은 조명 방법은?

① 간접조명 ② 반간접조명
③ 직접조명 ④ 반직접조명

> 간접조명은 조명에서 나오는 빛의 90% 이상을 천장이나 벽에서 반사되어 나오는 빛을 이용하는 조명으로 눈부심이 적어 눈의 보호를 위해서 가장 좋은 방법이다.

chapter 06

정답 17 ④ 18 ③ 19 ③ 20 ③ 21 ③ 22 ③ 23 ① 24 ③ 25 ①

26 ★★★★ 실내조명에서 조명효율이 천정의 색깔에 가장 크게 좌우되는 것은?

① 직접조명 　　　　② 반직접 조명
③ 반간접 조명 　　　④ 간접조명

간접조명은 천장이나 벽에서 반사되어 나오는 빛을 이용하는 조명이므로 조명효율이 천정의 색깔에 크게 좌우된다.

27 ★★★ 주택의 자연조명을 위한 이상적인 주택의 방향과 창의 면적은?

① 남향, 바닥면적의 1/7~1/5
② 남향, 바닥면적의 1/5~1/2
③ 동향, 바닥면적의 1/10~1/7
④ 동향, 바닥면적의 1/5~1/2

28 ★★ 저온폭로에 의한 건강장애는?

① 동상－무좀－전신체온 상승
② 참호족－동상－전신체온 하강
③ 참호족－동상－전신체온 상승
④ 동상－기억력 저하－참호족

이상저온에 의해 나타나는 건강장애로는 전신 저체온, 동상, 참호족, 침수족 등이 있다.

29 ★★★ 실내·외의 온도차는 몇 도가 가장 적합한가?

① 1~3℃ 　　　　② 5~7℃
③ 8~12℃ 　　　④ 12℃ 이상

30 ★★ 다음 중 만성적인 열중증을 무엇이라 하는가?

① 열허탈증 　　　② 열쇠약증
③ 열경련 　　　　④ 울열증

열쇠약증은 만성적인 체열의 소모로 일어나는 만성 열중증이 원인이 되어 나타나며, 전신권태, 빈혈, 위장장애 등의 증상을 보이는데, 회복을 위해서는 충분한 영양공급과 휴식이 필요하다.

31 ★★★ 납중독과 가장 거리가 먼 증상은?

① 빈혈 　　　　　② 신경마비
③ 뇌중독증상 　　④ 과다행동장애

과다행동장애는 지속적으로 주의력이 부족하고 산만하고 과다활동을 보이는 상태를 말하는데, 아동기에 많이 나타나는 장애이다.

32 ★★★ 수은중독의 증세와 관련 없는 것은?

① 치은괴사 　　　② 호흡장애
③ 구내염 　　　　④ 혈성구토

수은중독의 증상으로는 두통, 구토, 설사, 피로감, 기억력 감퇴, 치은괴사, 구내염 등이 있다.

33 ★★★ 만성 카드뮴(Cd) 중독의 3대 증상이 아닌 것은?

① 당뇨병 　　　　② 빈혈
③ 신장기능장애 　④ 폐기종

카드뮴에 중독되면 당뇨병, 신장기능장애, 폐기종, 오심, 구토, 복통, 급성폐렴 등의 증상을 보인다.

34 ★★ 이따이이따이병의 원인물질로 주로 음료수를 통해 중독되며, 구토, 복통, 신장장애, 골연화증을 일으키는 유해금속물질은?

① 비소 　　　　　② 카드뮴
③ 납 　　　　　　④ 다이옥신

이따이이따이병은 '아프다 아프다'라는 의미의 일본어에서 유래된 것으로 카드뮴에 의한 공해병의 일종이다.

35 ★ 분진 흡입에 의하여 폐에 조직반응을 일으킨 상태는?

① 진폐증 　　　　② 기관지염
③ 폐렴 　　　　　④ 결핵

분진에 의한 직업병으로는 진폐증, 규폐증, 석면폐증이 있다.

SECTION 05 식품위생과 영양

[출제문항수 : 1~2문제] 이 섹션은 출제비중이 높은 편은 아니지만 식중독의 종류별 특징에 대해서는 알아두도록 합니다. 비타민의 종류별 특징도 가볍게 학습하도록 합니다.

01 식품위생의 정의 (식품위생법)

식품위생이란 식품, 식품첨가물, 기구 또는 용기·포장을 대상으로 하는 음식에 관한 위생을 말한다.

02 식중독

1 식중독의 정의

① 식품 섭취로 인하여 인체에 유해한 미생물 또는 유독물질에 의하여 발생하였거나 발생한 것으로 판단되는 감염성 질환 또는 독소형 질환
② 25~37℃에서 가장 잘 증식

2 식중독의 분류

세균성	감염형	살모넬라균, 장염비브리오균, 병원성 대장균
	독소형	포도상구균, 보툴리누스균, 웰치균 등
	기타	장구균, 알레르기성 식중독, 노로 바이러스 등
자연독	식물성	버섯독, 감자 중독, 맥각균 중독, 곰팡이류 중독 등
	동물성	복어 식중독, 조개류 식중독 등
곰팡이독		황변미독, 아플라톡신, 루브라톡신 등
화학물질		불량 첨가물, 유독물질, 유해금속물질

3 세균성 식중독

(1) 특징

① 2차 감염률이 낮다.
② 다량의 균이 발생한다.
③ 잠복기가 아주 짧다.
④ 수인성 전파는 드물다.
⑤ 면역성이 없다.

(2) 종류

① 감염형

살모넬라 식중독	• [잠복기] 12~48시간 • [증상] 고열, 오한, 두통, 설사, 구토, 복통 등
장염비브리오 식중독	• [잠복기] 8~20시간 • [원인] 여름철 어패류 생식, 오염 어패류에 접촉한 도마, 식칼, 행주 등에 의한 2차 감염 • [증상] 급성 위장염, 복통, 설사, 두통, 구토 등
병원성 대장균 식중독	• [잠복기] 2~8일 • [원인] 감염된 우유, 치즈 및 김밥, 햄버거, 햄 등의 섭취 • [증상] 복통, 설사 등 • 합병증 : 용혈성 요독증후군

② 독소형

포도상구균	• [잠복기] 30분~6시간 • [원인] 감염된 우유, 치즈 및 김밥, 도시락, 빵 등의 섭취 • [증상] 급성 위장염, 구토, 설사, 복통 등
보툴리누스균	• [잠복기] 12~36시간 • [원인] 신경독소 섭취, 오염된 햄, 소시지, 육류, 과일 등의 섭취 • [증상] 구토, 설사, 호흡곤란 등 • 식중독 중 치명률이 가장 높다.
웰치균	• [잠복기] 6~22시간 • [원인] 가열된 조리 식품, 육류, 어패류, 단백질 식품 등 • [증상] 설사, 복통, 출혈성 장염 등

4 자연독

구분	종류	독성물질
식물성	독버섯	무스카린, 팔린, 아마니타톡신
	감자	솔라닌, 셉신
	매실	아미그달린
	목화씨	고시풀
	독미나리	시큐톡신
	맥각	에르고톡신
동물성	복어	테트로도톡신
	섭조개, 대합	색시톡신
	모시조개, 굴, 바지락	베네루핀

5 곰팡이독

① 아플라톡신 : 땅콩, 옥수수

② 시트리닌 : 황변미, 쌀에 14~15% 이상의 수분 함유 시 발생

③ 파툴린 : 부패된 사과나 사과주스의 오염에서 볼 수 있는 신경독 물질

④ 루브라톡신 : 페니실륨 루브룸에 오염된 옥수수를 소나 양의 사료로 이용 시

---

03 영양소

1 영양소의 분류

구분	종류	
열량소	단백질, 탄수화물, 지방	5대 영양소
조절소	비타민, 무기질	

2 영양소의 3대 작용

① 신체의 열량공급 작용 : 탄수화물, 지방, 단백질

② 신체의 조직구성 작용 : 단백질, 무기질, 물

③ 신체의 생리기능조절 작용 : 비타민, 무기질, 물

3 영양상태 판정 및 영양장애

(1) Kaup 지수

① $\dfrac{체중(kg)}{(신장(cm))^2} \times 10^4$

- 영유아기부터 학령기 전반까지 사용
- 22 이상 : 비만, 15 이하 : 마름

(2) Rohrer 지수

① $\dfrac{체중(kg)}{(신장(cm))^3} \times 10^7$

- 학령기 이후의 소아에게 사용
- 160 이상 : 비만, 110 미만 : 마름

(3) Broca 지수(표준체중)

[신장(cm) − 100] × 0.9

- 성인의 비만 평가에 이용

(4) 비만도(%)

① $\dfrac{실측체중 - 표준체중}{표준체중} \times 100$

비만도(%)	판정
10~20	과체중
20~30	경도비만
30~50	중등비만
50 이상	고도비만

② $\dfrac{실측체중}{표준체중} \times 100$

비만도(%)	판정
90% 이하	저체중
91~109	정상
110~119	과체중
120 이상	비만

(5) 영양장애

구분	의미
결핍증	필요영양소의 결핍으로 발생되는 병적상태
저영양	영양 섭취가 부족한 상태
영양실조증	영양소의 공급이 질적 및 양적으로 부족한 불건강상태
기아상태	저영양과 영양실조증이 함께 발생된 상태
비만증	체지방의 이상 축적 상태

1 식중독에 대한 설명으로 옳은 것은?

① 음식섭취 후 장시간 뒤에 증상이 나타난다.
② 근육통 호소가 가장 빈번하다.
③ 병원성 미생물에 오염된 식품 섭취 후 발병한다.
④ 독성을 나타내는 화학물질과는 무관하다.

> 식중독은 원인 물질에 따라 증상의 정도가 다르게 나타나는데, 일반적으로 음식물 섭취 후 72시간 이내에 구토, 설사, 복통 등의 증상이 나타난다.

2 다음 중 식중독 세균이 가장 잘 증식할 수 있는 온도 범위는?

① 0~10℃ 　② 10~20℃
③ 18~22℃ 　④ 25~37℃

> 식중독의 원인균으로는 장염, 살모넬라, 병원대장균, 황색포도구균 등이 있으며, 25~37℃에서 가장 잘 증식한다.

3 세균성 식중독이 소화기계 감염병과 다른 점은?

① 균량이나 독소량이 소량이다.
② 대체적으로 잠복기가 길다.
③ 연쇄전파에 의한 2차 감염이 드물다.
④ 원인식품 섭취와 무관하게 일어난다.

> **세균성 식중독의 특징**
> • 2차 감염률이 낮다.　• 다량의 균이 발생한다.
> • 수인성 전파는 드물다.　• 면역성이 없다.
> • 잠복기가 아주 짧다.

4 독소형 식중독의 원인균은?

① 황색 포도상구균 　② 장티푸스균
③ 돈 콜레라균 　④ 장염균

5 독소형 식중독을 일으키는 세균이 아닌 것은?

① 포도상구균 　② 보툴리누스균
③ 살모넬라균 　④ 웰치균

> 독소형 식중독 : 포도상구균, 보툴리누스균, 웰치균 등이며 살모넬라균은 감염형 식중독을 일으킨다.

6 식중독의 분류가 맞게 연결된 것은?

① 세균성 – 자연독 – 화학물질 – 수인성
② 세균성 – 자연독 – 화학물질 – 곰팡이독
③ 세균성 – 자연독 – 화학물질 – 수술전후 감염
④ 세균성 – 외상성 – 화학물질 – 곰팡이독

식중독의 분류

세균성	감염형	살모넬라균, 장염비브리오균, 병원성 대장균
	독소형	포도상구균, 보툴리누스균, 웰치균 등
	기타	장구균, 알레르기성 식중독, 노로 바이러스 등
자연독	식물성	버섯독, 감자 중독, 맥각균 중독, 곰팡이류 중독 등
	동물성	복어 식중독, 조개류 식중독 등
곰팡이독		황변미독, 아플라톡신, 루브라톡신 등
화학물질		불량 첨가물, 유독물질, 유해금속물질

7 세균성 식중독의 특성이 아닌 것은?

① 2차 감염률이 낮다.
② 잠복기가 길다.
③ 다량의 균이 발생한다.
④ 수인성 전파는 드물다.

> 세균성 식중독은 잠복기가 짧다.

8 다음 중 감염형 식중독에 속하는 것은?

① 살모넬라 식중독 　② 보툴리누스 식중독
③ 포도상구균 식중독 　④ 웰치균 식중독

> 감염형 식중독 : 살모넬라균, 장염비브리오균, 병원성대장균 등

9 식품을 통한 식중독 중 독소형 식중독은?

① 포도상구균 식중독
② 살모넬라균에 의한 식중독
③ 장염 비브리오 식중독
④ 병원성 대장균 식중독

> ②, ③, ④ 모두 감염형 식중독에 속한다.

정답　1 ③　2 ④　3 ③　4 ①　5 ③　6 ②　7 ②　8 ①　9 ①

chapter **06**

10 ★★★ 주로 여름철에 발병하며 어패류 등의 생식이 원인이 되어 복통, 설사 등의 급성위장염 증상을 나타내는 식중독은?

① 포도상구균 식중독
② 병원성대장균 식중독
③ 장염비브리오 식중독
④ 보툴리누스균 식중독

장염비브리오 식중독은 생선회, 초밥, 조개 등을 생식하는 식습관이 원인이 되어 발생하는데, 심한 복통, 설사, 구토 등의 증상을 보이며, 잠복기는 10시간 이내이다.

11 ★★★ 주로 7~9월 사이에 많이 발생되며, 어패류가 원인이 되어 발병, 유행하는 식중독은?

① 포도상구균 식중독
② 살모넬라 식중독
③ 보툴리누스균 식중독
④ 장염비브리오 식중독

12 ★★ 다음 식중독 중에서 치명률이 가장 높은 것은?

① 살모넬라증
② 포도상구균중독
③ 연쇄상구균중독
④ 보툴리누스균중독

보툴리누스균중독은 보툴리누스독소를 생산하는 것을 섭취할 때 발생하는 식중독으로 호흡중추마비, 순환장애에 의해 사망할 수도 있다.

13 ★★★ 신경독소가 원인이 되는 세균성 식중독 원인균은?

① 쥐 티프스균
② 황색 포도상구균
③ 돈 콜레라균
④ 보툴리누스균

보툴리누스균은 신경독소 섭취, 오염된 햄, 소시지 등의 섭취로 인해 나타난다.

14 ★★★ 식품의 혐기성 상태에서 발육하여 체외독소로서 신경독소를 분비하며 치명률이 가장 높은 식중독으로 알려진 것은?

① 살모넬라 식중독
② 보툴리누스균 식중독
③ 웰치균 식중독
④ 알레르기성 식중독

15 ★★★★ 다음 중 독소형 식중독이 아닌 것은?

① 보툴리누스균 식중독
② 살모넬라균 식중독
③ 웰치균 식중독
④ 포도상구균 식중독

살모넬라균 식중독은 감염형 식중독에 속한다.

16 ★★★ 식중독 발생의 원인인 솔라닌(solanin) 색소와 관련이 있는 것은?

① 버섯
② 복어
③ 감자
④ 모시조개

자연독의 종류
- 버섯 : 무스카린, 팔린, 아마니타톡신
- 복어 : 테트로도톡신
- 감자 : 솔라닌, 셉신
- 모시조개 : 베네루핀

17 ★★ 다음 탄수화물, 지방, 단백질의 3가지를 지칭하는 것은?

① 구성영양소
② 열량영양소
③ 조절영양소
④ 구조영양소

18 ✭✭✭ 감자에 함유되어 있는 독소는?

① 에르고톡신
② 솔라닌
③ 무스카린
④ 베네루핀

자연독의 종류

구분	종류	독성물질
식물성	독버섯	무스카린, 팔린, 아마니타톡신
	감자	솔라닌, 셉신
	매실	아미그달린
	목화씨	고시풀
	독미나리	시큐톡신
	맥각	에르고톡신
동물성	복어	테트로도톡신
	섭조개, 대합	색시톡신
	모시조개, 굴, 바지락	베네루핀

19 ✭✭✭✭ 다음 영양소 중 인체의 생리적 조절작용에 관여하는 조절소는?

① 단백질
② 비타민
③ 지방질
④ 탄수화물

인체의 생리적기능조절 작용을 하는 것으로는 비타민, 무기질, 물이 있다.

20 ✭✭ 영양소의 3대 작용에서 제외되는 사항은?

① 신체의 열량공급작용
② 신체의 조직구성작용
③ 신체의 사회적응작용
④ 신체의 생리기능조절작용

영양소의 3대 작용
• 신체의 열량공급 작용 – 탄수화물, 지방, 단백질
• 신체의 조직구성 작용 – 단백질, 무기질, 물
• 신체의 생리기능조절 작용 – 비타민, 무기질, 물

21 ✭✭ 일반적으로 식품의 부패란 무엇이 변질된 것인가?

① 비타민
② 탄수화물
③ 지방
④ 단백질

식품의 부패는 미생물의 작용에 의해 악취를 내면서 분해되는 현상을 말하는데, 주로 단백질이 변질되는 것을 의미한다.

22 ✭✭✭ 다음 중 성인의 비만 평가에 이용되는 지수로 '[신장(cm) − 100] ×0.9'의 식으로 구하는 것은?

① Kaup 지수
② Rohrer 지수
③ Broca 지수
④ Quetelet 지수

성인의 비만 평가에 사용되는 것은 Broaca 지수이다.

chapter 06

SECTION 06 보건행정

[출제문항수 : 0~1문제] 이 섹션은 출제비중이 높은 편은 아니지만 보건소의 기능과 업무, 관리과정 그리고 사회보장에 대해서는 외워두도록 합니다.

01 보건행정의 정의 및 체계

1 정의

공중보건의 목적(수명연장, 질병예방, 신체적·정신적 건강 증진)을 달성하기 위해 공공의 책임하에 수행하는 행정활동

2 보건행정의 특성

공공성, 사회성, 교육성, 과학성, 기술성, 봉사성, 보장성 등

3 보건행정의 범위(세계보건기구 정의)

① 보건관계 기록의 보존   ② 대중에 대한 보건교육
③ 환경위생   ④ 감염병 관리
⑤ 모자보건   ⑥ 의료 및 보건간호

4 보건행정의 관리 과정

구분	의미
기획	조직의 목표를 설정하고 그 목표에 도달하기 위해 필요한 단계를 구성하고 설정하는 단계
조직	2명 이상이 공동의 목표를 달성하기 위해 노력하는 협동체
인사	직원에 대한 근무평가 및 징계에 대한 공정한 관리
지휘	행정관리에서 명령체계의 일원성을 위해 필요
조정	조직이나 기관의 공동목표 달성을 위한 조직원 또는 부서간 협의, 회의, 토의 등을 통하여 행동 통일을 가져오도록 집단적인 노력을 하게 하는 행정 활동
보고	조직의 사업활동을 효율적으로 관리하기 위해 정확하고 성실한 보고가 필요
예산	예산에 대한 계획, 확보 및 효율적 관리가 필요

5 보건기획 전개과정

전제 → 예측 → 목표설정 → 구체적 행동계획

6 보건소

(1) 기능 : 우리나라 지방보건행정의 최일선 조직으로 보건행정의 말단 행정기관

(2) 업무

① 국민건강증진·보건교육·구강건강 및 영양관리사업
② 감염병의 예방·관리 및 진료
③ 모자보건 및 가족계획사업
④ 노인보건사업
⑤ 공중위생 및 식품위생
⑥ 의료인 및 의료기관에 대한 지도 등에 관한 사항
⑦ 의료기사·의무기록사 및 안경사에 대한 지도 등에 관한 사항
⑧ 응급의료에 관한 사항
⑨ 공중보건의사·보건진료원 및 보건진료소에 대한 지도 등에 관한 사항
⑩ 약사에 관한 사항과 마약·향정신성의약품의 관리에 관한 사항
⑪ 정신보건에 관한 사항
⑫ 가정·사회복지시설 등을 방문하여 행하는 보건의료사업
⑬ 지역주민에 대한 진료, 건강진단 및 만성퇴행성질환 등의 질병관리에 관한 사항
⑭ 보건에 관한 실험 또는 검사에 관한 사항
⑮ 장애인의 재활사업 기타 보건복지부령이 정하는 사회복지사업
⑯ 기타 지역주민의 보건의료의 향상·증진 및 이를 위한 연구 등에 관한 사업

1 사회보장

사회보장	출산, 양육, 실업, 노령, 장애, 질병, 빈곤 및 사망 등의 사회적 위험으로부터 모든 국민을 보호하고 국민 삶의 질을 향상시키는 데 필요한 소득·서비스를 보장하는 사회보험, 공공부조, 사회서비스를 말함
사회보험	국민에게 발생하는 사회적 위험을 보험의 방식으로 대처함으로써 국민의 건강과 소득을 보장하는 제도
공공부조	국가와 지방 자치단체의 책임하에 생활유지 능력이 없거나 생활이 어려운 국민의 최저 생활을 보장하고 자립을 지원하는 제도
사회서비스	국가·지방자치단체 및 민간부문의 도움이 필요한 모든 국민에게 복지, 보건의료, 교육, 고용, 주거, 문화, 환경 등의 분야에서 인간다운 생활을 보장하고 상담, 재활, 돌봄, 정보의 제공, 관련시설의 이용, 역량개발, 사회참여지원 등을 통하여 국민의 삶의 질이 향상되도록 지원하는 제도
평생사회 안전망	생애주기에 걸쳐 보편적으로 충족되어야 하는 기본욕구와 특정한 사회위험에 의하여 발생하는 특수 욕구를 동시에 고려하여 소득·서비스를 보장하는 맞춤형 사회보장제도

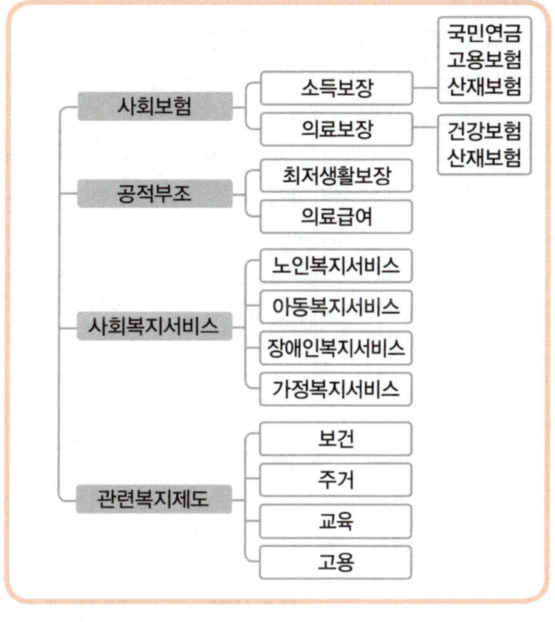

2 대표적인 국제보건기구

① 세계보건기구(WHO)
② 유엔환경계획(UNEP)
③ 식량 및 농업기구(FAO)
④ 국제연합아동긴급기금(UNICEF)
⑤ 국제노동기구(ILO) 등

기출문제 | 단원별 구성의 문제 유형 파악!

★★★★
1 보건행정의 정의에 포함되는 내용과 가장 거리가 먼 것은?

① 국민의 수명연장
② 질병예방
③ 공적인 행정활동
④ 수질 및 대기보전

★★
2 세계보건기구에서 정의하는 보건행정의 범위에 속하지 않는 것은?

① 산업발전
② 모자보건
③ 환경위생
④ 감염병관리

★★
3 보건행정의 목적달성을 위한 기본요건이 아닌 것은?

① 법적 근거의 마련
② 건전한 행정조직과 인사
③ 강력한 소수의 지지와 참여
④ 사회의 합리적인 전망과 계획

> 보건행정의 목적을 달성하기 위해서는 다수의 지지와 참여가 필요하다.

정답   1 ④   2 ①   3 ③

4 보건행정에 대한 설명으로 가장 올바른 것은?

① 공중보건의 목적을 달성하기 위해 공공의 책임하에 수행하는 행정활동
② 개인보건의 목적을 달성하기 위해 공공의 책임하에 수행하는 행정활동
③ 국가 간의 질병교류를 막기 위해 공공의 책임하에 수행하는 행정활동
④ 공중보건의 목적을 달성하기 위해 개인의 책임하에 수행하는 행정활동

5 보건기획이 전개되는 과정으로 옳은 것은?

① 전제 - 예측 - 목표설정 - 구체적 행동계획
② 전제 - 평가 - 목표설정 - 구체적 행동계획
③ 평가 - 환경분석 - 목표설정 - 구체적 행동계획
④ 환경분석 - 사정 - 목표설정 - 구체적 행동계획

6 우리나라 보건행정의 말단 행정기관으로 국민건강증진 및 감염병 예방관리 사업 등을 하 는 기관명은?

① 의원
② 보건소
③ 종합병원
④ 보건기관

7 현재 우리나라 근로기준법상에서 보건상 유해하거나 위험한 사업에 종사하지 못하도록 규정되어 있는 대상은?

① 임신 중인 여자와 18세 미만인 자
② 산후 1년 6개월이 지나지 아니한 여성
③ 여자와 18세 미만인 자
④ 13세 미만인 어린이

사용자는 임신 중이거나 산후 1년이 지나지 않은 여성과 18세 미만자를 도덕상 또는 보건상 유해·위험한 사업에 사용하지 못한다.

8 공중보건학의 범위 중 보건 관리 분야에 속하지 않는 사업은?

① 보건 통계
② 사회보장제도
③ 보건 행정
④ 산업 보건

산업 보건은 환경보건 분야에 속한다.

9 경영의 관리과정 중 한 단계로서 조직이나 기관의 공동목표 달성을 위한 조직원 또는 부서간 협의, 회의, 토의 등을 통하여 행동통일을 가져오도록 집단적인 노력을 하게 하는 "행정 활동"을 뜻하는 것은?

① 조정(coordination)
② 기획(planning)
③ 지휘(direction)
④ 조직(organization)

• 기획 : 조직의 목표를 설정하고 그 목표에 도달하기 위해 필요한 단계를 구성하고 설정하는 단계
• 지휘 : 행정관리에서 명령체계의 일원성을 위해 필요
• 조직 : 2명 이상이 공동의 목표를 달성하기 위해 노력하는 협동체

10 보건행정의 특성과 거리가 먼 것은?

① 과학성과 기술성
② 조장성과 교육성
③ 독립성과 독창성
④ 공공성과 사회성

보건행정의 특성 : 공공성, 사회성, 교육성, 과학성, 기술성, 봉사성, 조장성 등

SECTION 07 소독학 일반

[출제문항수 : 5~6문제] 이 섹션에서는 물리적 소독법과 화학적 소독법은 반드시 구분하며, 각 소독법별로 주요 특징은 반드시 암기하도록 합니다. 기출문제의 범위에서 크게 벗어나지 않을 예상이므로 기출문제에 충실하도록 합니다.

01 소독 일반

1 용어 정의

소독력 비교
멸균＞살균＞소독＞방부

① **멸균** : 병원성 또는 비병원성 미생물 및 포자를 가진 것을 전부 사멸 또는 제거(무균 상태)
② **살균** : 생활력을 가지고 있는 미생물을 여러 가지 물리·화학적 작용에 의해 급속히 사멸
③ **소독** : 병원성 미생물의 생활력을 파괴하여 죽이거나 또는 제거하여 감염력을 없애는 것
④ **방부** : 병원성 미생물의 발육과 그 작용을 제거하거나 정지시켜서 음식물의 부패나 발효를 방지

2 소독제 및 소독작용

(1) 소독제의 구비조건
① 생물학적 작용을 충분히 발휘할 수 있을 것
② 효과가 빠르고, 살균 소요시간이 짧을 것
③ 독성이 적으면서 사용자에게도 자극성이 없을 것
④ 원액 혹은 희석된 상태에서 화학적으로 안정할 것
⑤ 살균력이 강할 것
⑥ 용해성이 높을 것
⑦ 경제적이고 사용이 용이할 것
⑧ 부식성 및 표백성이 없을 것

(2) 소독작용에 영향을 미치는 요인
① 온도가 높을수록 : 소독 효과가 큼
② 접속시간이 길수록 : 소독 효과가 큼
③ 농도가 높을수록 : 소독 효과가 큼
④ 유기물질이 많을수록 : 소독 효과가 작음

(3) 소독약 사용 및 보존 시 주의사항
① 약품을 냉암소에 보관한다.
② 소독대상물품에 적당한 소독약과 소독방법을 선정한다.
③ 병원미생물의 종류, 저항성 및 멸균, 소독의 목적에 의해서 그 방법과 시간을 고려한다.

(4) 소독에 영향을 미치는 인자 : 온도, 수분, 시간

(5) 살균작용의 작용기전(Action Mechanism)

구분	종류
산화작용	과산화수소, 오존, 염소 및 그 유도체, 과망간산칼륨
균체의 단백질 응고작용	석탄산, 크레졸, 승홍, 알코올, 포르말린, 생석회
균체의 효소 불활성화 작용	석탄산, 알코올, 역성비누, 중금속염
균체의 가수분해작용	강산, 강알칼리, 중금속염
탈수작용	알코올, 포르말린, 식염, 설탕
중금속염의 형성	승홍, 머큐로크롬, 질산은
핵산에 작용	자외선, 방사선, 포르말린, 에틸렌옥사이드
균체의 삼투성 변화작용	석탄산, 역성비누, 중금속염

02 물리적 소독법

1 건열멸균법

(1) 화염멸균법
① 물체 표면의 미생물을 화염으로 직접 태워 멸균하는 방법
② 금속기구, 유리기구, 도자기 등의 멸균에 사용
③ 알코올램프, 천연가스의 화염 사용

(2) 소각법
① 병원체를 불꽃으로 태우는 방법
② 감염병 환자의 배설물 등을 처리하는 가장 적합한 방법

chapter 06

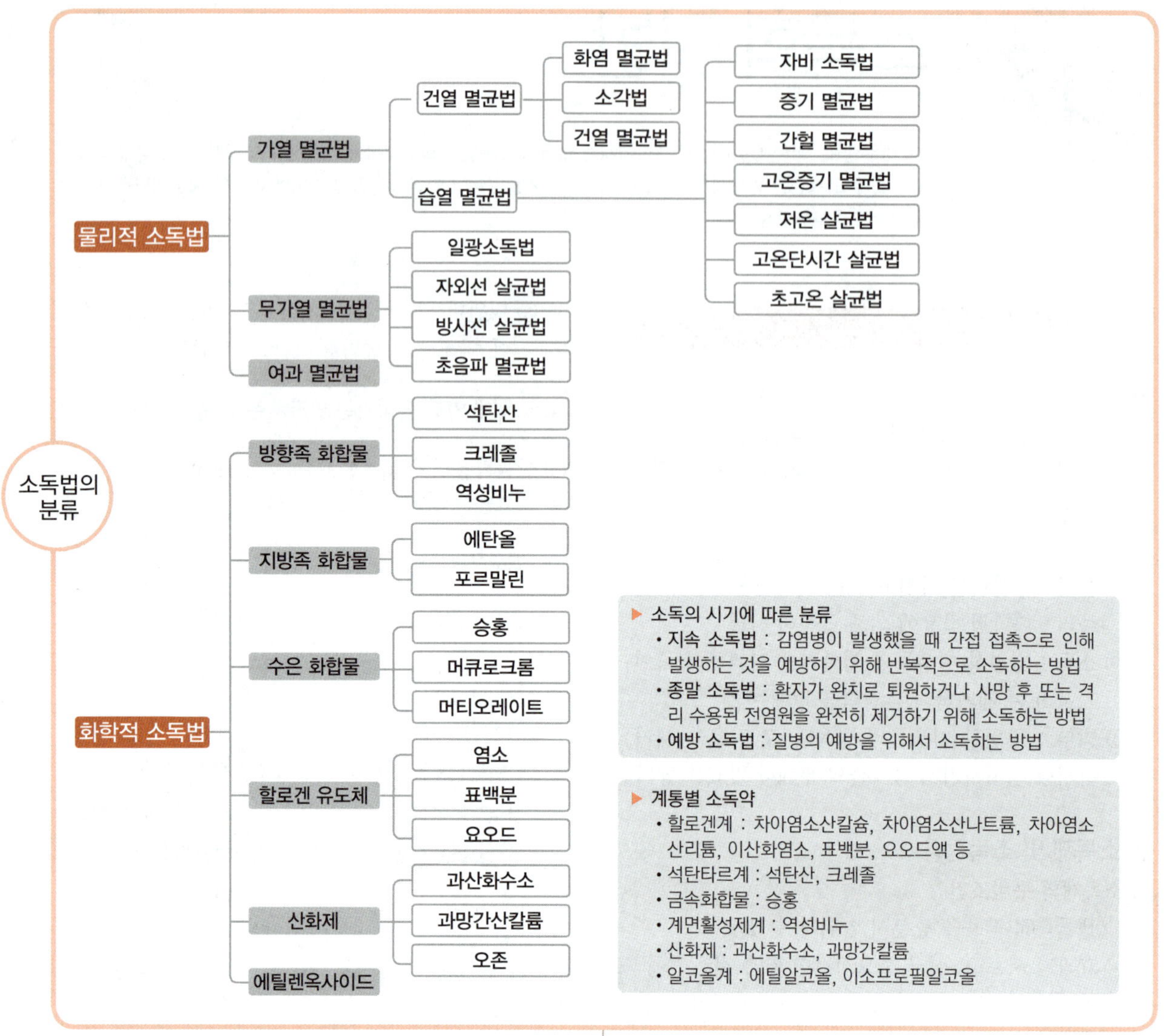

③ 이 · 미용업소에서 손님으로부터 나온 객담이 묻은 휴지 등을 소독하는 방법

(3) 건열멸균법

① 건열멸균기(dry oven)에서 고온으로 멸균

② 165~170℃의 건열멸균기에 1~2시간 동안 멸균하는 방법

③ 유리기구, 금속기구, 자기제품, 주사기, 분말 등의 멸균에 이용

④ 습기가 침투하기 어려운 바세린, 글리세린 등의 멸균도 효과

② 습열멸균법

(1) 자비(열탕)소독법

① 100℃의 끓는 물속에서 20~30분간 가열하는 방법

② 물에 탄산나트륨 1~2%를 넣으면 살균력이 강해진다.

③ 유리제품, 소형기구, 스테인리스 용기, 도자기, 수건 등의 소독법으로 적합

④ 끝이 날카로운 금속기구 소독 시 날이 무뎌질 수 있으므로 거즈나 소독포에 싸서 소독

⑤ 금속제품은 물이 끓기 시작한 후, 유리제품은 찬물에 투입

⑥ 보조제 : 탄산나트륨, 붕산, 크레졸액, 석탄산

⑦ 아포형성균, B형 간염 바이러스에는 부적합

(2) 간헐멸균법

① 100℃의 유통증기 속에서 30~60분간 멸균시킨 다음 20℃ 이상의 실온에서 24시간 방치하는 방법을 3회 반복하는 멸균법
② 코흐멸균기 사용
③ 아포를 형성하는 미생물 멸균 시 사용

(3) 증기멸균법

① 물이 끓을 때 생기는 수증기를 이용하여 병원균을 멸균시키는 방법
② 100℃에서 30분간 처리

(4) 고압증기 멸균법

① 고압증기 멸균기를 이용하여 소독하는 방법
② 소독 방법 중 완전 멸균으로 가장 **빠르고 효과적**인 방법
③ 포자를 형성하는 세균을 멸균
④ 수증기가 통과하므로 용해되는 물질은 멸균할 수 없다.

> **열원으로 수증기를 사용하는 이유**
> • 일정 온도에서 쉽게 열을 방출하기 때문
> • 미세한 공간까지 침투성이 높기 때문
> • 열 발생에 소요되는 비용이 저렴하기 때문

⑤ 의료기구, 유리기구, 금속기구, 의류, 고무제품, 미용기구, 무균실 기구, 약액 등에 사용
⑥ 소독 시간

> • 10LBs(파운드) : 115℃에서 30분간
> • 15LBs(파운드) : 121℃에서 20분간
> • 20LBs(파운드) : 126℃에서 15분간

(5) 저온살균법

① 62~63℃에서 30분간 실시
② 우유 속의 결핵균 등의 오염 방지 목적
③ 파스퇴르가 발명

(6) 초고온살균법

① 130~150℃에서 0.75~2초간 가열 후 급랭
② 우유의 내열성 세균의 포자를 완전 사멸

3 여과멸균법

① 열이나 화학약품을 사용하지 않고 여과기를 이용하여 세균을 제거하는 방법
② 혈청이나 약제, 백신 등 열에 불안정한 액체의 멸균에 주로 이용되는 멸균법
③ Chamberland 여과기, Barkefeld 여과기, Seiz 여과기, 세균여과막 사용

4 무가열 멸균법

일광 소독법	• 태양광선 중의 자외선을 이용하는 방법 • 결핵균, 페스트균, 장티푸스균 등의 사멸에 사용
자외선 살균법	• 무균실, 실험실, 조리대 등의 표면적 멸균 효과를 얻기 위한 방법 • 자외선은 260~280nm에서 살균력이 가장 강함
방사선 살균법	• 코발트나 세슘 등의 감마선을 이용한 방법 • 포장 식품이나 약품의 멸균 등에 이용 • 단점 : 시설비가 비싸다.
초음파 멸균법	• 8,800cycle 음파의 강력한 교반작용을 이용한 미생물 살균 방법

03 화학적 소독법

1 석탄산(페놀)

(1) 특성

① 승홍수 1,000배의 살균력
② 조직에 독성이 있어서 인체에는 잘 사용되지 않고 **소독제의 평가기준으로 사용**
③ 고온일수록 소독력이 우수
④ 유기물에 약화되지 않고 취기와 독성이 강함
⑤ 안정성이 높고 화학적 변화가 적음
⑥ 금속 부식성이 있음
⑦ 단백질 응고작용으로 살균기능
⑧ 삼투압 변화 작용
⑨ 효소의 불활성화 작용
⑩ 소독의 원리 : 균체 원형질 중의 단백질 변성

(2) 용도

① 고무제품, 의류, 가구, 배설물 등의 소독에 적합
② 넓은 지역의 방역용 소독제로 적합
③ 세균포자나 바이러스에는 작용력이 없음

(3) 사용 방법

① 3% 농도의 석탄산에 97%의 물을 혼합하여 사용
② 소독력 강화를 위해 식염이나 염산 첨가

> ▶ 석탄산 계수
> • 5% 농도의 석탄산을 사용하여 장티푸스균에 대한 살균력과 비교하여 각종 소독제의 효능을 표시
> • 어떤 소독약의 석탄산 계수가 2.0이면 살균력이 석탄산의 2배를 의미
> • 석탄산 계수 = $\dfrac{\text{소독액의 희석배수}}{\text{석탄산의 희석배수}}$

2 크레졸

① 페놀화합물로 3%의 수용액을 주로 사용 (손 소독에는 1~2%)
② 석탄산에 비해 2배의 소독력을 가짐
③ 물에 잘 녹지 않음
④ 용도 : 손, 오물, 배설물 등의 소독 및 이·미용실의 실내소독용으로 사용

3 역성비누

① 양이온 계면활성제의 일종으로 세정력은 거의 없으며 살균작용이 강하다.
② 냄새가 거의 없고 자극이 적다.
③ 물에 잘 녹고 흔들면 거품이 난다.
④ 일반비누와 혼용할 경우 살균력이 없어진다.
⑤ 용도 : 수지·기구·식기 및 손 소독

4 에탄올(에틸알코올)

① 70%의 에탄올이 살균력이 가장 강력
② 포자 형성 세균에는 살균효과가 없음
③ 탈수 및 응고작용에 의한 살균작용
④ 용도 : 칼, 가위, 유리제품 등의 소독에 사용

5 포르말린

① 포름알데히드 36% 수용액으로 약물소독제 중 유일한 가스 소독제
② 수증기를 동시에 혼합하여 사용
③ 온도가 높을수록 소독력이 강함

④ 용도 : 무균실, 병실, 거실 등의 소독 및 금속제품, 고무제품, 플라스틱 등의 소독에 적합

6 승홍(염화제2수은)

① 1,000배(0.1%)의 수용액을 사용
② 수용액 온도가 높을수록 살균력이 강함
③ 금속 부식성이 있어 금속류의 소독에는 적당하지 않음
④ 상처가 있는 피부에는 적합하지 않음
⑤ 유기물에 대한 완전한 소독이 어려움
⑥ 피부점막에 자극성이 강함
⑦ 염화칼륨 첨가 시 자극성 완화
⑧ 무색의 결정 또는 백색의 결정성 분말이므로 적색 또는 청색으로 착색하여 보관
⑨ 무색, 무취이며, 맹독성이 강하므로 보관에 주의
⑩ 조제법 – 승홍(1) : 식염(1) : 물(998)
⑪ 염화칼륨 또는 식염을 첨가하면 용액이 중성으로 변하여 자극성이 완화됨
⑫ 용도 : 손 및 피부 소독

7 염소

① 살균력은 강하며, 자극성과 부식성이 강해 상수 또는 하수의 소독에 주로 이용
② 잔류효과가 크며 소독력이 강함
③ 음용수 소독에 사용 시 : 잔류염소가 0.1~0.2ppm이 되게 한다.
④ 과일, 채소, 기구 등에 사용 시 : 유효염소량 50~100ppm으로 2분 이상 소독
⑤ 세균 및 바이러스에도 작용
⑥ 저렴하다.
⑦ 자극적인 냄새가 난다.

8 과산화수소

① 3%의 과산화수소 수용액 사용
② 피부 상처 부위나 구내염, 인두염 및 구강세척제 등에 사용
③ 살균·탈취 및 표백에 효과
④ 일반 세균, 바이러스, 결핵균, 진균, 아포에 모두 효과

9 생석회

① 산화칼슘을 98% 이상 함유한 백색의 분말
② 용도 : 화장실 분변, 하수도 주위의 소독

⑩ 에틸렌옥사이드(Ethylene Oxide, EO)

① 50~60℃의 저온에서 멸균하는 방법

② 멸균시간이 비교적 길다.

③ 고압증기 멸균법에 비해 보존기간이 길다.

④ 비용이 비교적 많이 듦

⑤ 가열로 인해 변질되기 쉬운 것들을 대상으로 함

⑥ 일반세균은 물론 아포까지 불활성화 가능

⑦ 폭발 위험을 감소하기 위해 이산화탄소 또는 프레온을 혼합하여 사용

⑧ 용도 : 플라스틱 및 고무제품 등의 멸균에 이용

⑪ 오존

① 반응성이 풍부하고 산화작용이 강하여 물의 살균에 이용

② 습도가 높은 공기보다 건조한 공기에서 안정적임

⑫ 요오드 화합물

① 세균, 포자, 곰팡이, 원충류 및 조류 등과 같이 광범위한 미생물에 대해 살균력을 가짐

② 페놀에 비해 강한 살균력을 갖는 반면, 독성은 훨씬 적음

⑬ 대상물에 따른 소독 방법

대상물 종류	소독법
대소변, 배설물, 토사물	소각법, 석탄산, 크레졸, 생석회 분말
침구류, 모직물, 의류	석탄산, 크레졸, 일광소독, 증기소독, 자비소독
초자기구, 목죽제품, 사기류	석탄산, 크레졸, 승홍, 포르말린, 증기소독, 자비소독
모피, 칠기, 고무·피혁제품	석탄산, 크레졸, 포르말린
병실	석탄산, 크레졸, 포르말린
환자	석탄산, 크레졸, 승홍, 역성비누

① 시술용 테이블 : 70% 에탄올로 깨끗이 닦는다.

② 가위

• 70% 에탄올 사용

• 고압증기 멸균기 사용 시에는 소독 전에 수건으로 이물질을 제거한 후 거즈에 싸서 소독

③ 니퍼, 랩가위, 메탈 푸셔 : 70%의 에탄올에 20분간 담갔다가 흐르는 물에 헹구고 마른 수건으로 닦은 후 자외선 소독기에 보관하면서 사용

④ 핑거볼 : 1회용을 사용하거나 소독 후 사용

⑤ 타월 : 1회용을 사용하거나 소독 후 사용

⑥ 가운 : 사용 후 세탁 및 일광 소독 후 사용

⑦ 시술 전후 시술자와 고객의 손을 70% 알코올로 소독

⑧ 바닥에 떨어진 도구는 반드시 소독 후 사용한다.

▶ 농도 표시 방법

❶ 퍼센트(%) : 용액 100g(ml) 속에 포함된 용질의 양을 표시한 수치

$$\% \text{ 농도} = \frac{\text{용질량}}{\text{용액량}} \times 100(\%) = \frac{\text{원액}}{\text{물+원액}} \times 100(\%)$$

❷ 피피엠(ppm) : 용액 100만g(ml) 속에 포함된 용질의 양을 표시한 수치

$$\text{ppm 농도} = \frac{\text{용질량}}{\text{용액량}} \times 10^6 (\text{ppm})$$

• **용액** : 두 종류 이상의 물질이 섞여있는 혼합물
• **용질** : 용액 속에 용해되어 있는 물질

01. 소독 일반

1 ★★★
소독과 멸균에 관련된 용어의 설명 중 틀린 것은?

① 살균 : 생활력을 가지고 있는 미생물을 여러 가지 물리·화학적 작용에 의해 급속히 죽이는 것을 말한다.
② 방부 : 병원성 미생물의 발육과 그 작용을 제거하거나 정지시켜서 음식물의 부패나 발효를 방지하는 것을 말한다.
③ 소독 : 사람에게 유해한 미생물을 파괴시켜 감염의 위험성을 제거하는 비교적 강한 살균작용으로 세균의 포자까지 사멸하는 것을 말한다.
④ 멸균 : 병원성 또는 비병원성 미생물 및 포자를 가진 것을 전부 사멸 또는 제거하는 것을 말한다.

> 소독은 비교적 약한 살균력을 작용시켜 병원 미생물의 생활력을 파괴하여 감염의 위험성을 없애는 방법이다.

2 ★★★★★
소독의 정의로서 옳은 것은?

① 모든 미생물 일체를 사멸하는 것
② 모든 미생물을 열과 약품으로 완전히 죽이거나 또는 제거하는 것
③ 병원성 미생물의 생활력을 파괴하여 죽이거나 또는 제거하여 감염력을 없애는 것
④ 균을 적극적으로 죽이지 못하더라도 발육을 저지하고 목적하는 것을 변화시키지 않고 보존하는 것

> 병원성 또는 비병원성 미생물을 사멸하는 것은 멸균에 해당되며, 소독은 병원성 미생물을 죽이거나 제거하여 감염력을 없애는 것을 말한다.

3 ★★★★★
미생물을 대상으로 한 작용이 강한 것부터 순서대로 옳게 배열된 것은?

① 멸균 > 소독 > 살균 > 청결 > 방부
② 멸균 > 살균 > 소독 > 방부 > 청결
③ 살균 > 멸균 > 소독 > 방부 > 청결
④ 소독 > 살균 > 멸균 > 청결 > 방부

4 ★★★
비교적 약한 살균력을 작용시켜 병원 미생물의 생활력을 파괴하여 감염의 위험성을 없애는 조작은?

① 소독
② 고압증기멸균
③ 방부처리
④ 냉각처리

> 비교적 약한 살균력으로 병원 미생물의 감염 위험을 없애는 것은 소독에 해당하며, 병원성 또는 비병원성 미생물 및 포자를 가진 것을 전부 사멸 또는 제거하는 것을 멸균이라 한다.

5 ★★★
소독에 대한 설명으로 가장 옳은 것은?

① 감염의 위험성을 제거하는 비교적 약한 살균작용이다.
② 세균의 포자까지 사멸한다.
③ 아포형성균을 사멸한다.
④ 모든 균을 사멸한다.

> 소독은 병원성 또는 비병원성 미생물 및 포자까지 사멸하는 멸균보다 약한 살균작용이다.

6 ★★★
병원성 또는 비병원성 미생물 및 아포를 가진 것을 전부 사멸 또는 제거하는 것을 무엇이라 하는가?

① 멸균(Sterilization)
② 소독(Disinfection)
③ 방부(Antiseptic)
④ 정균(Microbiostasis)

> 멸균은 병원성 또는 비병원성 미생물 및 포자를 가진 것을 전부 사멸 또는 제거하는 무균 상태를 의미한다.

7 ★★★★
소독에 대한 설명으로 가장 적합한 것은?

① 병원 미생물의 성장을 억제하거나 파괴하여 감염의 위험성을 없애는 것이다.
② 소독은 무균상태를 말한다.
③ 소독은 병원 미생물의 발육과 그 작용을 제지 및 정지시키며 특히 부패 및 발효를 방지시키는 것이다.
④ 소독은 포자를 가진 것 전부를 사멸하는 것을 말한다.

> ②, ④는 멸균, ③은 방부에 대한 설명이다.

정답 ▶ **1** 1 ③ 2 ③ 3 ② 4 ① 5 ① 6 ① 7 ①

8 ★★★ 멸균의 의미로 가장 옳은 표현은?

① 병원성 균의 증식억제
② 병원성 균의 사멸
③ 아포를 포함한 모든 균의 사멸
④ 모든 세균의 독성만의 파괴

9 ★★★★★ 소독약의 구비조건으로 틀린 것은?

① 값이 비싸고 위험성이 없다.
② 인체에 해가 없으며 취급이 간편하다.
③ 살균하고자 하는 대상물을 손상시키지 않는다.
④ 살균력이 강하다.

> 소독약은 값이 저렴해야 한다.

10 ★★★★★ 소독약품으로서 갖춰야 할 구비조건이 아닌 것은?

① 안전성이 높을 것   ② 독성이 낮을 것
③ 부식성이 강할 것   ④ 용해성이 높을 것

11 ★★★ 미생물의 발육과 그 작용을 제거하거나 정지시켜 음식물의 부패나 발효를 방지하는 것은?

① 방부   ② 소독
③ 살균   ④ 살충

> • **소독** : 병원성 미생물의 생활력을 파괴하여 죽이거나 또는 제거하여 감염력을 없애는 것
> • **살균** : 생활력을 가지고 있는 미생물을 여러 가지 물리·화학적 작용에 의해 급속히 죽이는 것

12 ★★★★★ 이상적인 소독제의 구비조건과 거리가 먼 것은?

① 생물학적 작용을 충분히 발휘할 수 있어야 한다.
② 빨리 효과를 내고 살균 소요시간이 짧을수록 좋다.
③ 독성이 적으면서 사용자에게도 자극성이 없어야 한다.
④ 원액 혹은 희석된 상태에서 화학적으로는 불안정된 것이라야 한다.

> 소독제는 화학적으로 안정된 것이어야 한다.

13 ★★★★★ 화학적 약제를 사용하여 소독 시 소독약품의 구비조건으로 옳지 않은 것은?

① 용해성이 낮아야 한다.
② 살균력이 강해야 한다.
③ 부식성, 표백성이 없어야 한다.
④ 경제적이고 사용방법이 간편해야 한다.

> 소독약품은 용해성이 높아야 한다.

14 ★★★★★ 화학적 소독제의 조건으로 잘못된 것은?

① 독성 및 안전성이 약할 것
② 살균력이 강할 것
③ 용해성이 높을 것
④ 가격이 저렴할 것

15 ★★★ 소독약의 보존에 대한 설명 중 부적합한 것은?

① 직사일광을 받지 않도록 한다.
② 냉암소에 둔다.
③ 사용하다 남은 소독약은 재사용을 위해 밀폐시켜 보관한다.
④ 식품과 혼돈하기 쉬운 용기나 장소에 보관하지 않도록 한다.

> 소독약은 시간이 지나면 변질의 우려가 있기 때문에 희석 즉시 사용하고 남은 소독약은 보관하지 않는다.

16 ★★★★ 소독약에 대한 설명 중 적합하지 않은 것은?

① 소독시간이 적당한 것
② 소독 대상물을 손상시키지 않는 소독약을 선택할 것
③ 인체에 무해하며 취급이 간편할 것
④ 소독약은 항상 청결하고 밝은 장소에 보관할 것

> 소독약은 밀폐시켜 햇빛이 들지 않는 냉암소에 보관해야 한다.

17 소독법의 구비 조건에 부적합한 것은?

① 장시간에 걸쳐 소독의 효과가 서서히 나타나야 한다.
② 소독대상물에 손상을 입혀서는 안 된다.
③ 인체 및 가축에 해가 없어야 한다.
④ 방법이 간단하고 비용이 적게 들어야 한다.

> 소독은 즉시 효과를 낼 수 있어야 한다.

18 소독에 영향을 미치는 인자가 아닌 것은?

① 온도 ② 수분
③ 시간 ④ 풍속

> **소독에 영향을 주는 인자**
> 온도, 시간, 수분, 열, 농도, 자외선

19 살균작용 기전으로 산화작용을 주로 이용하는 소독제는?

① 오존 ② 석탄산
③ 알코올 ④ 머큐로크롬

> 산화작용 : 과산화수소, 오존, 염소 및 그 유도체, 과망간산칼륨

20 알코올 소독의 미생물 세포에 대한 주된 작용기전은?

① 할로겐 복합물 형성
② 단백질 변성
③ 효소의 완전 파괴
④ 균체의 완전 융해

21 석탄산의 소독작용과 관계가 가장 먼 것은?

① 균체 단백질 응고작용
② 균체 효소의 불활성화 작용
③ 균체의 삼투압 변화작용
④ 균체의 가수분해작용

> 균체의 가수분해작용 : 강산, 강알칼리, 중금속염

22 석탄산, 알코올, 포르말린 등의 소독제가 가지는 소독의 주된 원리는?

① 균체 원형질 중의 탄수화물 변성
② 균체 원형질 중의 지방질 변성
③ 균체 원형질 중의 단백질 변성
④ 균체 원형질 중의 수분 변성

살균작용의 기전

구분	종류
산화작용	과산화수소, 오존, 염소 및 그 유도체, 과망간산칼륨
균체의 단백질 응고작용	석탄산, 크레졸, 승홍, 알코올, 포르말린, 생석회
균체의 효소 불활성화 작용	석탄산, 알코올, 역성비누, 중금속염
균체의 가수분해작용	강산, 강알칼리, 중금속염
탈수작용	알코올, 포르말린, 식염, 설탕
중금속염의 형성	승홍, 머큐로크롬, 질산은
핵산에 작용	자외선, 방사선, 포르말린, 에틸렌옥사이드
균체의 삼투성 변화작용	석탄산, 역성비누, 중금속염

23 반응성이 풍부하고 산화작용이 강하여 수년 동안 물의 소독에 사용되어 왔던 소독기제는 무엇인가?

① 과산화수소 ② 오존
③ 메틸브로마이드 ④ 에틸렌옥사이드

24 각종 살균제와 그 기전을 연결하였다. 틀린 항은?

① 과산화수소(H_2O_2) − 가수분해
② 생석회(CaO) − 균체 단백질 변성
③ 알코올(C_2H_5OH) − 대사저해 작용
④ 페놀(C_5H_5OH) − 단백질 응고

> 과산화수소 − 산화작용

25 다음 중 세균의 단백질 변성과 응고작용에 의한 기전을 이용하여 살균하고자 할 때 주로 이용되는 방법은?

① 가열 ② 희석 ③ 냉각 ④ 여과

> 단백질은 열을 가하거나 양이온 용액을 넣으면 응고되어 세균의 기능이 상실된다.

1 다음 중 물리적 소독법에 해당하는 것은?
① 승홍소독
② 크레졸소독
③ 건열소독
④ 석탄산소독

> 건열소독은 물체 표면의 미생물을 화염으로 직접 태워 살균하는 방법으로 물리적 소독법에 해당한다.

2 다음 중 물리적 소독법에 속하지 않는 것은?
① 건열멸균법
② 고압증기멸균법
③ 크레졸 소독법
④ 자비소독법

> 크레졸 소독법은 화학적 소독법에 속한다.

3 물리적 소독법으로 사용하는 것이 아닌 것은?
① 알코올
② 초음파
③ 일광
④ 자외선

> 알코올은 화학적 소독법에 해당한다.

4 다음 중 화학적 소독법에 해당되는 것은?
① 알코올 소독법
② 자비소독법
③ 고압증기멸균법
④ 간헐멸균법

> 알코올 소독법은 화학적 소독법에 속한다.

5 다음 중 건열멸균법이 아닌 것은?
① 화염멸균법
② 자비소독법
③ 건열멸균법
④ 소각소독법

> 자비소독법은 습열멸균법에 해당한다.

6 다음 중 화학적 소독법은?
① 건열 소독법
② 여과세균 소독법
③ 포르말린 소독법
④ 자외선 소독법

7 다음 중 화학적 소독 방법이라 할 수 없는 것은?
① 포르말린
② 석탄산
③ 크레졸 비누액
④ 고압증기

> 고압증기를 이용한 소독 방법은 물리적 소독 방법이다.

8 다음 중 할로겐계에 속하지 않는 것은?
① 차아염소산나트륨
② 표백분
③ 석탄산
④ 요오드액

> 할로겐계 살균제 : 차아염소산칼슘, 차아염소산나트륨, 차아염소산리튬, 이산화염소, 표백분, 요오드액 등

9 다음 중 건열멸균에 관한 내용이 아닌 것은?
① 화학적 살균 방법이다.
② 주로 건열멸균기(dry oven)를 사용한다.
③ 유리기구, 주사침 등의 처리에 이용된다.
④ 160℃에서 1시간 30분 정도 처리한다.

> 건열멸균은 물리적 소독 방법이다.

10 유리제품의 소독방법으로 가장 적합한 것은?
① 끓는 물에 넣고 10분간 가열한다.
② 건열멸균기에 넣고 소독한다.
③ 끓는 물에 넣고 5분간 가열한다.
④ 찬물에 넣고 75℃까지만 가열한다.

> 건열멸균법은 유리기구, 금속기구, 자기제품, 주사기, 분말 등의 멸균에 이용된다.

chapter 06

정답 ❷ 1 ③ 2 ③ 3 ① 4 ① 5 ② 6 ③ 7 ④ 8 ③ 9 ① 10 ②

11 병원에서 감염병 환자가 퇴원 시 실시하는 소독법은?

① 반복소독 ② 수시소독
③ 지속소독 ④ 종말소독

12 다음 중 습열멸균법에 속하는 것은?

① 자비소독법
② 화염멸균법
③ 여과멸균법
④ 소각소독법

13 다음 중 이·미용업소에서 손님에게서 나온 객담이 묻은 휴지 등을 소독하는 방법으로 가장 적합한 것은?

① 소각소독법
② 자비소독법
③ 고압증기멸균법
④ 저온소독법

14 이·미용업소에서 일반적 상황에서의 수건 소독법으로 가장 적합한 것은?

① 석탄산 소독
② 크레졸 소독
③ 자비소독
④ 적외선 소독

15 자비소독법에 대한 설명 중 틀린 것은?

① 아포형성균에는 부적당하다.
② 물에 탄산나트륨 1~2%를 넣으면 살균력이 강해진다.
③ 금속기구 소독 시 날이 무디어질 수 있다.
④ 물리적 소독법에서 가장 효과적이다.

16 금속성 식기, 면 종류의 의류, 도자기의 소독에 적합한 소독방법은?

① 화염멸균법 ② 건열멸균법
③ 소각소독법 ④ 자비소독법

17 일반적으로 자비소독법으로 사멸되지 않는 것은?

① 아포형성균
② 콜레라균
③ 임균
④ 포도상구균

18 이·미용업소에서 사용하는 수건의 소독방법으로 적합하지 않은 것은?

① 건열소독 ② 자비소독
③ 역성비누소독 ④ 증기소독

19 금속제품의 자비소독 시 살균력을 강하게 하고 금속의 녹을 방지하는 효과를 나타낼 수 있도록 첨가하는 약품은?

① 1~2%의 염화칼슘
② 1~2%의 탄산나트륨
③ 1~2%의 알코올
④ 1~2%의 승홍수

20 자비소독 시 살균력 상승과 금속의 상함을 방지하기 위해서 첨가하는 물질(약품)로 알맞은 것은?

① 승홍수　　　　　② 알코올
③ 염화칼슘　　　　④ 탄산나트륨

> 자비소독 시 살균력을 높이기 위해 탄산나트륨, 붕산, 크레졸액 등의 보조제를 사용한다.

21 자비소독 시 살균력을 강하게 하고 금속기자재가 녹스는 것을 방지하기 위하여 첨가하는 물질이 아닌 것은?

① 2% 중조　　　　② 2% 크레졸 비누액
③ 5% 승홍수　　　④ 5% 석탄산

> 승홍수는 강력한 살균력이 있어 기물(器物)의 살균이나 피부 소독에는 0.1% 용액, 매독성 질환에는 0.2% 용액을 쓰며, 점막이나 금속 기구를 소독하는 데는 적당하지 않다.

22 자비소독 시 금속제품이 녹스는 것을 방지하기 위하여 첨가하는 물질이 아닌 것은?

① 2% 붕소　　　　② 2% 탄산나트륨
③ 5% 알코올　　　④ 2~3% 크레졸 비누액

> 자비소독 시 보조제로서 탄산나트륨, 붕산, 크레졸액을 사용한다.

23 다음 중 자비소독에서 자비효과를 높이고자 일반적으로 사용하는 보조제가 아닌 것은?

① 탄산나트륨　　　② 붕산
③ 크레졸액　　　　④ 포르말린

> 자비소독의 효과를 높이기 위해 탄산나트륨, 붕산, 크레졸액 등을 사용한다.

24 금속제품을 자비소독할 경우 언제 물에 넣는 것이 가장 좋은가?

① 가열 시작 전　　　② 가열시작 직후
③ 끓기 시작한 후　　④ 수온이 미지근할 때

> 금속제품은 물이 끓기 시작한 후, 유리제품은 찬물에 투입한다.

25 내열성이 강해서 자비소독으로는 멸균이 되지 않는 것은?

① 이질 아메바 영양형　　② 장티푸스균
③ 결핵균　　　　　　　　④ 포자형성 세균

26 다음 중 열에 대한 저항력이 커서 자비소독법으로 사멸되지 않는 균은?

① 콜레라균
② 결핵균
③ 살모넬라균
④ B형 간염 바이러스

> B형 간염 바이러스의 예방을 위해서는 고압증기 멸균법을 이용한 살균이 효과적이다.

27 100℃의 유통증기 속에서 30분 내지 60분간 멸균시킨 다음 20℃ 이상의 실온에서 24시간 방치하는 방법을 3회 반복하는 멸균법은?

① 열탕소독법
② 간헐멸균법
③ 건열멸균법
④ 고압증기멸균법

> 간헐멸균법은 100℃의 유통증기 속에서 30~60분간 멸균시킨 다음 20℃ 이상의 실온에서 24시간 방치하는 방법을 3회 반복하는 멸균법으로 아포를 형성하는 미생물의 멸균에 적합하다.

28 코흐(koch) 멸균기를 사용하는 소독법은?

① 간헐멸균법
② 자비소독법
③ 저온살균법
④ 건열멸균법

29 100℃ 이상 고온의 수증기를 고압상태에서 미생물, 포자 등과 접촉시켜 멸균할 수 있는 것은?

① 자외선 소독기
② 건열 멸균기
③ 고압증기 멸균기
④ 자비소독기

30 고압증기 멸균법을 실시할 때 온도, 압력, 소요시간으로 가장 알맞은 것은?

① 71℃에 10 lbs 30분간 소독
② 105℃에 15 lbs 30분간 소독
③ 121℃에 15 lbs 20분간 소독
④ 211℃에 10 lbs 10분간 소독

> **소독 시간**
> • 10LBs : 115℃에 30분간
> • 15LBs : 121℃에 20분간
> • 20LBs : 126℃에 15분간

31 다음 중 아포를 형성하는 세균에 대한 가장 좋은 소독법은?

① 적외선 소독
② 자외선 소독
③ 고압증기멸균 소독
④ 알코올 소독

32 다음 소독 방법 중 완전 멸균으로 가장 빠르고 효과적인 방법은?

① 유통증기법
② 간헐살균법
③ 고압증기법
④ 건열 소독

> **고압증기법**은 고압증기 멸균기를 이용하여 소독하는 방법으로 가장 빠르고 효과적인 소독 방법이며, 포자를 형성하는 세균을 멸균하는 데 적합하다.

33 고압증기 멸균법에 있어 20LBs, 126.5C의 상태에서 몇 분간 처리하는 것이 가장 좋은가?

① 5분
② 15분
③ 30분
④ 60분

34 고압증기 멸균법의 압력과 처리시간이 틀린 것은?

① 10LB(파운드)에서 30분
② 15LB(파운드)에서 20분
③ 20LB(파운드)에서 15분
④ 30LB(파운드)에서 3분

35 고압증기 멸균법에서 20파운드(Lbs)의 압력에서는 몇 분간 처리하는 것이 가장 적절한가?

① 40분
② 30분
③ 15분
④ 5분

36 고압증기 멸균법의 대상물로 가장 부적당한 것은?

① 의료기구
② 의류
③ 고무제품
④ 음용수

> **고압증기 멸균법**은 의료기구, 유리기구, 금속기구, 의류, 고무제품, 미용기구, 무균실 기구, 약액 등에 사용된다.

37 고압멸균기를 사용하여 소독하기에 가장 적합하지 않은 것은?

① 유리기구
② 금속기구
③ 약액
④ 가죽제품

38 고압증기 멸균기의 열원으로 수증기를 사용하는 이유가 아닌 것은?

① 일정 온도에서 쉽게 열을 방출하기 때문
② 미세한 공간까지 침투성이 높기 때문
③ 열 발생에 소요되는 비용이 저렴하기 때문
④ 바세린(vaseline)이나 분말 등도 쉽게 통과할 수 있기 때문

> 고압증기 멸균기의 수증기는 용해되는 물질은 멸균할 수 없다.

39 AIDS나 B형 간염 등과 같은 질환의 전파를 예방하기 위한 이·미용기구의 가장 좋은 소독방법은?

① 고압증기 멸균기
② 자외선 소독기
③ 음이온계면활성제
④ 알코올

> 고압증기 멸균기를 이용한 소독은 완전 멸균으로 가장 빠르고 효과적인 방법이다.

40 고압증기 멸균법에 해당하는 것은?

① 멸균 물품에 잔류독성이 많다.
② 포자를 사멸시키는 데 멸균시간이 짧다.
③ 비경제적이다.
④ 많은 물품을 한꺼번에 처리할 수 없다.

41 무균실에서 사용되는 기구의 가장 적합한 소독법은?

① 고압증기 멸균법　　② 자외선 소독법
③ 자비 소독법　　　　④ 소각 소독법

42 고압증기 멸균기의 소독대상물로 적합하지 않은 것은?

① 금속성 기구　　　　② 의류
③ 분말제품　　　　　　④ 약액

43 고압증기 멸균법의 단점은?

① 멸균비용이 많이 든다.
② 많은 멸균 물품을 한꺼번에 처리할 수 없다.
③ 멸균물품에 잔류독성이 있다.
④ 수증기가 통과하므로 용해되는 물질은 멸균할 수 없다.

44 최근에 많이 이용되고 있는 우유의 초고온 순간멸균법으로 140℃에서 가장 적절한 처리시간은?

① 1~3초　　　　　　② 30~60초
③ 1~3분　　　　　　④ 5~6분

45 파스퇴르가 발명한 살균방법은?

① 저온살균법　　　　② 증기살균법
③ 여과살균법　　　　④ 자외선 살균법

46 저온소독법(Pasteurization)에 이용되는 적절한 온도와 시간은?

① 50~55℃, 1시간
② 62~63℃, 30분
③ 65~68℃, 1시간
④ 80~84℃, 30분

47 일광소독법은 햇빛 중의 어떤 영역에 의해 소독이 가능한가?

① 적외선　　　　　　② 자외선
③ 가시광선　　　　　④ 감마선

48 자외선의 파장 중 가장 강한 범위는?

① 200~220nm　　　② 260~280nm
③ 300~320nm　　　④ 360~380nm

49 다음 중 일광소독법의 가장 큰 장점인 것은?

① 아포도 죽는다.
② 산화되지 않는다.
③ 소독효과가 크다.
④ 비용이 적게 든다.

정답　40 ②　41 ①　42 ③　43 ④　44 ①　45 ①　46 ②　47 ②　48 ②　49 ④

50 ★★★ 자외선의 인체에 대한 작용으로 관계가 없는 것은?

① 비타민D 형성
② 멜라닌 색소 침착
③ 체온상승
④ 피부암 유발

51 ★★★ 코발트나 세슘 등을 이용한 방사선 멸균법의 단점이라 할 수 있는 것은?

① 시설설비에 소요되는 비용이 비싸다.
② 투과력이 약해 포장된 물품에 소독효과가 없다.
③ 소독에 소요되는 시간이 길다.
④ 고온하에서 적용되기 때문에 열에 약한 기구소독이 어렵다.

> **방사선 멸균법**
> • 코발트나 세슘 등의 감마선을 이용한 방법
> • 포장 식품이나 약품의 멸균 등에 이용
> • 시설비가 비싼 단점이 있다.

52 ★★★ 결핵환자가 사용한 침구류 및 의류의 가장 간편한 소독 방법은?

① 일광 소독
② 자비소독
③ 석탄산 소독
④ 크레졸 소독

53 ★★★ 자외선의 살균에 대한 설명으로 가장 적절한 것은?

① 투과력이 강해서 매우 효과적인 살균법이다.
② 직접 쪼여져 노출된 부위만 소독된다.
③ 짧은 시간에 충분히 소독된다.
④ 액체의 표면을 통과하지 못하고 반사한다.

> 자외선 살균은 효과적인 살균 방법은 아니며 표면적인 멸균 효과를 얻기 위한 방법이다.

54 ★★★★ 당이나 혈청과 같이 열에 의해 변성되거나 불안정한 액체의 멸균에 이용되는 소독법은?

① 저온살균법
② 여과멸균법
③ 간헐멸균법
④ 건열멸균법

> 여과멸균법은 열이나 화학약품을 사용하지 않고 여과기를 이용하여 세균을 제거하는 방법이다.

1 ★★★ 소독약을 사용하여 균 자체에 화학반응을 일으켜 세균의 생활력을 빼앗아 살균하는 것은?

① 물리적 멸균법
② 건열 멸균법
③ 여과 멸균법
④ 화학적 살균법

> **화학적 살균법**은 화학적 반응을 이용하는 방법이며, 석탄산, 크레졸, 역성비누, 포르말린, 승홍 등이 주로 사용된다.

2 ★★★ 화학적 소독법에 가장 많은 영향을 주는 것은?

① 순수성
② 융접
③ 빙점
④ 농도

> 일반적으로 소독제의 농도가 높을수록 소독제의 효과도 높아진다.

3 ★★★ 소독제로서 석탄산에 관한 설명이 틀린 것은?

① 유기물에도 소독력은 약화되지 않는다.
② 고온일수록 소독력이 커진다.
③ 금속 부식성이 없다.
④ 세균단백에 대한 살균작용이 있다.

> 석탄산은 금속 부식성이 있다.

4 ★★★ 다음 중 방역용 석탄산수의 알맞은 사용 농도는?

① 1%
② 3%
③ 5%
④ 70%

> 석탄산수 = 석탄수 3% + 물 97%

5 ★★★ 소독약으로서의 석탄산에 관한 내용 중 틀린 것은?

① 사용농도는 3% 수용액을 주로 쓴다.
② 고무제품, 의류, 가구, 배설물 등의 소독에 적합하다.
③ 단백질 응고작용으로 살균기능을 가진다.
④ 세균포자나 바이러스에 효과적이다.

> 석탄산은 고무제품, 의류, 가구, 배설물 등의 소독에 적합하며, 세균포자나 바이러스에는 작용력이 없다.

6 소독제의 살균력을 비교할 때 기준이 되는 소독약은?

① 요오드　　　　　② 승홍
③ 석탄산　　　　　④ 알코올

7 소독제의 살균력 측정검사의 지표로 사용되는 것은?

① 알코올　　　　　② 크레졸
③ 석탄산　　　　　④ 포르말린

8 다음 중 넓은 지역의 방역용 소독제로 적당한 것은?

① 석탄산　　　　　② 알코올
③ 과산화수소　　　④ 역성비누액

> **석탄산의 용도**
> • 고무제품, 의류, 가구, 배설물 등의 소독에 적합
> • 넓은 지역의 방역용 소독제로 적합

9 다음 소독약 중 할로겐계의 것이 아닌 것은?

① 표백분　　　　　② 석탄산
③ 차아염소산나트륨　④ 요오드

> 석탄산은 방향족 화합물이다. 할로겐계 소독약에는 염소, 표백분, 요오드 등이 있다.

10 석탄산 계수가 2인 소독약 A를 석탄산 계수 4인 소독약 B와 같은 효과를 내려면 그 농도를 어떻게 조정하면 되는가?(단, A, B의 용도는 같다)

① A를 B보다 2배 묽게 조정한다.
② A를 B보다 4배 묽게 조정한다.
③ A를 B보다 2배 짙게 조정한다.
④ A를 B보다 4배 짙게 조정한다.

> 소독약 A는 석탄산보다 살균력이 2배 높고, 소독약 B는 석탄산보다 4배 높으므로 소독약 A를 B보다 2배 짙게 조정해야 한다.

11 다음 중 석탄산 소독의 장점은?

① 안정성이 높고 화학변화가 적다.
② 바이러스에 대한 효과가 크다.
③ 피부 및 점막에 자극이 없다.
④ 살균력이 크레졸 비누액보다 높다.

> ② 세균포자나 바이러스에는 작용력이 없다.
> ③ 조직에 독성이 있어 인체에 잘 사용하지 않는다.
> ④ 크레졸 비누액은 석탄산에 비해 2배의 소독력을 가진다.

12 다음 중 석탄산의 설명으로 가장 거리가 먼 것은?

① 저온일수록 소독효과가 크다.
② 살균력이 안정하다.
③ 유기물에 약화되지 않는다.
④ 취기와 독성이 강하다.

> 석탄산은 고온일수록 소독효과가 크다.

13 석탄산 계수(페놀 계수)가 5일 때 의미하는 살균력은?

① 페놀보다 5배 높다.
② 페놀보다 5배 낮다.
③ 페놀보다 50배 높다.
④ 페놀보다 50배 낮다.

> 석탄산 계수가 5라는 의미는 살균력이 삭탄산의 5배라는 의미이다.

14 어떤 소독약의 석탄산 계수가 2.0이라는 것은 무엇을 의미하는가?

① 석탄산의 살균력이 2이다.
② 살균력이 석탄산의 2배이다.
③ 살균력이 석탄산의 2%이다.
④ 살균력이 석탄산의 120%이다.

15 석탄산의 희석배수 90배를 기준으로 할 때 어떤 소독약의 석탄산 계수가 4이었다면 이 소독약의 희석배수는?

① 90배　　　　　② 94배
③ 360배　　　　　④ 400배

> 어떤 소독약의 석탄산 계수가 4라면 살균력이 석탄산의 4배라는 의미이므로, 90×4배 = 360배이다.

정답 6 ③ 7 ③ 8 ① 9 ② 10 ③ 11 ① 12 ① 13 ① 14 ② 15 ③

16 ★★★★ 이·미용실 바닥 소독용으로 가장 알맞은 소독약품은?

① 알코올 ② 크레졸
③ 생석회 ④ 승홍수

크레졸은 손, 오물, 배설물 등의 소독 및 이·미용실의 실내소독용으로 사용된다.

17 ★★★ 어느 소독약의 석탄산 계수가 1.5이었다면 그 소독약의 적당한 희석배율은 몇 배인가? (단, 석탄산의 희석배율은 90배이었다)

① 60배 ② 135배
③ 150배 ④ 180배

$$1.5 = \frac{x}{90}, \quad x = 1.5 \times 90 = 135$$

18 ★★★ 다음 중 크레졸의 설명으로 틀린 것은?

① 3%의 수용액을 주로 사용한다.
② 석탄산에 비해 2배의 소독력이 있다.
③ 손, 오물 등의 소독에 사용된다.
④ 물에 잘 녹는다.

크레졸은 물에 잘 녹지 않는다.

19 ★★★★ 3%의 크레졸 비누액 900 mL를 만드는 방법으로 옳은 것은?

① 크레졸 원액 270 mL에 물 630 mL를 가한다.
② 크레졸 원액 27 mL에 물 873 mL를 가한다.
③ 크레졸 원액 300 mL에 물 600 mL를 가한다.
④ 크레졸 원액 200 mL에 물 700 mL를 가한다.

- 크레졸 원액 = 900 mL의 3% = 900 × 0.03 = 27mL
- 물 = 900 mL − 27 mL = 873mL

크레졸
비누액
900 mL
물 (비누액의 97%) = 873 mL
크레졸 원액 (비누액의 3%) = 27 mL

20 ★★★ 객담 등의 배설물 소독을 위한 크레졸 비누액의 가장 적합한 농도는?

① 0.1% ② 1%
③ 3% ④ 10%

크레졸은 페놀화합물로 3%의 수용액을 주로 사용하며, 손 소독에는 1~2%의 수용액을 사용한다.

21 ★★★ 다음 중 배설물의 소독에 가장 적당한 것은?

① 크레졸 ② 오존
③ 염소 ④ 승홍

크레졸은 손, 오물, 배설물 등의 소독 및 이·미용실의 실내소독용으로 사용된다.

22 ★★★ 다음 소독제 중에서 페놀화합물에 속하는 것은?

① 포르말린
② 포름알데히드
③ 이소프로판올
④ 크레졸

23 ★★★ 역성비누액에 대한 설명으로 틀린 것은?

① 냄새가 거의 없고 자극이 적다.
② 소독력과 함께 세정력이 강하다.
③ 수지·기구·식기소독에 적당하다.
④ 물에 잘 녹고 흔들면 거품이 난다.

역성비누는 소독력은 강하지만 세정력은 약하다.

24 ★★★★ 이·미용업 종사자가 손을 씻을 때 많이 사용하는 소독약은?

① 크레졸 수
② 페놀 수
③ 과산화수소
④ 역성비누

역성비누는 수지·기구·식기 및 손 소독에 주로 사용된다.

25 다음 중 소독 실시에 있어 수증기를 동시에 혼합하여 사용할 수 있는 것은?

① 승홍수 소독
② 포르말린수 소독
③ 석회수 소독
④ 석탄산수 소독

26 일반적으로 사용하는 소독제로서 에탄올의 적정 농도는?

① 30% 　② 50%
③ 70% 　④ 90%

> 70%의 에탄올이 살균력이 가장 강력하다.

27 다음 소독약 중 가장 독성이 낮은 것은?

① 석탄산 　② 승홍수
③ 에틸알코올 　④ 포르말린

> 에틸알코올은 독성이 약하며 칼, 가위, 유리제품 등의 소독에 사용된다.

28 비교적 가격이 저렴하고 살균력이 있으며 쉽게 증발되어 잔여량이 없는 살균제는?

① 알코올 　② 요오드
③ 크레졸 　④ 페놀

> 알코올은 탈수 및 응고작용에 의한 살균작용을 하며 쉽게 증발되는 성질이 있다.

29 다음 중 에탄올에 의한 소독 대상물로서 가장 적합한 것은?

① 유리제품 　② 셀룰로이드 제품
③ 고무제품 　④ 플라스틱 제품

> 에탄올은 칼, 가위, 유리제품 등의 소독에 사용된다.

30 포르말린 소독법 중 올바른 설명은?

① 온도가 낮을수록 소독력이 강하다.
② 온도가 높을수록 소독력이 강하다.
③ 온도가 높고 낮음에 관계없다.
④ 포르말린은 가스상으로는 작용하지 않는다.

> 포르말린은 가스 소독제로서 온도가 높을수록 소독력이 강하다.

31 다음 중 포르말린수 소독에 가장 적합하지 않은 것은?

① 고무제품 　② 배설물
③ 금속제품 　④ 플라스틱

> 포르말린은 무균실, 병실, 거실 등의 소독 및 금속제품, 고무제품, 플라스틱 등의 소독에 적합하다. 배설물 소독은 크레졸이 적합하다.

32 훈증소독법으로도 사용할 수 있는 약품인 것은?

① 포르말린 　② 과산화수소
③ 염산 　④ 나프탈렌

33 훈증소독법에 대한 설명 중 틀린 것은?

① 분말이나 모래, 부식되기 쉬운 재질 등을 멸균할 수 있다.
② 가스(gas)나 증기(fume)를 사용한다.
③ 화학적 소독방법이다.
④ 위생해충 구제에 많이 이용된다.

> 훈증소독법은 식품에 살균가스를 뿌려 미생물과 해충을 죽이는 방법으로 과일을 오래 보관하기 위해 주로 사용한다.

34 승홍에 관한 설명으로 틀린 것은?

① 액 온도가 높을수록 살균력이 강하다.
② 금속 부식성이 있다.
③ 0.1% 수용액을 사용한다.
④ 상처 소독에 적당한 소독약이다.

> 상처 소독에는 과산화수소가 주로 사용된다.

35 다음 중 소독약품과 적정 사용농도의 연결이 가장 거리가 먼 것은?

① 승홍수 - 1% ② 알코올 - 70%
③ 석탄산 - 3% ④ 크레졸 - 3%

36 승홍을 희석하여 소독에 사용하고자 한다. 경제적 희석 배율은 어느 정도로 되는가? (단, 아포살균 제외)

① 500배 ② 1,000배
③ 1,500배 ④ 2,000배

37 다음 소독제 중 상처가 있는 피부에 가장 적합하지 않은 것은?

① 승홍수 ② 과산화수소
③ 포비돈 ④ 아크리놀

38 다음 중 금속제품 기구소독에 가장 적합하지 않은 것은?

① 알코올 ② 역성비누
③ 승홍수 ④ 크레졸수

39 승홍수의 설명으로 틀린 것은?

① 금속을 부식시키는 성질이 있다.
② 피부소독에는 0.1%의 수용액을 사용한다.
③ 염화칼륨을 첨가하면 자극성이 완화된다.
④ 살균력이 일반적으로 약한 편이다.

40 소독제로서 승홍수의 장점인 것은?

① 금속의 부식성이 강하다.
② 냄새가 없다.
③ 유기물에 대한 완전한 소독이 어렵다.
④ 피부점막에 자극성이 강하다.

41 다음 중 음료수 소독에 사용되는 소독 방법과 가장 거리가 먼 것은?

① 염소소독 ② 표백분 소독
③ 자비소독 ④ 승홍액 소독

42 승홍에 소금을 섞었을 때 일어나는 현상은?

① 용액이 중성으로 되고 자극성이 완화된다.
② 용액의 기능을 2배 이상 증대시킨다.
③ 세균의 독성을 중화시킨다.
④ 소독대상물의 손상을 막는다.

43 음용수 소독에 사용할 수 있는 소독제는?

① 요오드 ② 페놀
③ 염소 ④ 승홍수

44 살균력은 강하지만 자극성과 부식성이 강해서 상수 또는 하수의 소독에 주로 이용되는 것은?

① 알코올 ② 질산은
③ 승홍 ④ 염소

정답 35 ① 36 ② 37 ① 38 ③ 39 ④ 40 ② 41 ④ 42 ① 43 ③ 44 ④

45 보통 상처의 표면에 소독하는 데 이용하며 발생기 산소가 강력한 산화력으로 미생물을 살균하는 소독제는?

① 석탄산 ② 과산화수소수
③ 크레졸 ④ 에탄올

> **과산화수소의 소독 효과**
> • 피부 상처 부위나 구내염, 인두염 및 구강세척제 등에 사용
> • 살균·탈취 및 표백에 효과
> • 일반세균, 바이러스, 결핵균, 진균, 아포에 모두 효과

46 3% 수용액으로 사용하며, 자극성이 적어서 구내염, 인두염, 입안세척, 상처 등에 사용되는 소독약은?

① 승홍수 ② 과산화수소
③ 석탄산 ④ 알코올

47 다음 소독제 중 피부 상처 부위나 구내염 소독 시에 가장 적당한 것은?

① 과산화수소 ② 크레졸수
③ 승홍수 ④ 메틸알코올

48 다음 중 피부 자극이 적어 상처 표면의 소독에 가장 적당한 것은?

① 10% 포르말린 ② 3% 과산화수소
③ 15% 염소화합물 ④ 3% 석탄산

> 과산화수소는 피부 상처 부위나 구내염, 인두염 및 구강세척제 등에 사용된다.

49 살균 및 탈취뿐만 아니라 특히 표백의 효과가 있어 구발 탈색제와도 관계가 있는 소독제는?

① 알코올 ② 석탄수
③ 크레졸 ④ 과산화수소

50 살균력과 침투성은 약하지만 자극이 없고 발포작용에 의해 구강이나 상처 소독에 주로 사용되는 소독제는?

① 페놀 ② 염소
③ 과산화수소수 ④ 알코올

51 에틸렌 옥사이드가스(Ethylene Oxide : E.O) 멸균법에 대한 설명 중 틀린 것은?

① 고압증기 멸균법에 비해 장기보존이 가능하다.
② 50~60℃의 저온에서 멸균된다.
③ 경제성이 고압증기 멸균법에 비해 저렴하다.
④ 가열에 변질되기 쉬운 것들이 멸균대상이 된다.

> 에틸렌 옥사이드는 비용이 비교적 많이 든다.

52 구내염, 입안 세척 및 상처 소독에 발포작용으로 소독이 가능한 것은?

① 알코올 ② 과산화수소
③ 승홍수 ④ 크레졸 비누액

53 생석회 분말소독의 가장 적절한 소독 대상물은?

① 감염병 환자실 ② 화장실 분변
③ 채소류 ④ 상처

> 생석회는 산화칼슘을 98% 이상 함유한 백색의 분말로 화장실 분변, 하수도 주위의 소독에 주로 사용된다.

54 에틸렌 옥사이드(Ethylene Oxide) 가스의 설명으로 적합하지 않은 것은?

① 50~60℃의 저온에서 멸균된다.
② 멸균 후 보존기간이 길다.
③ 비용이 비교적 비싸다.
④ 멸균 완료 후 즉시 사용 가능하다.

> 에틸렌 옥사이드 가스는 독성가스이므로 소독 후 허용치 이하로 떨어질 때까지 장시간 공기에 노출시킨 후 사용해야 한다.

55 E.O 가스의 폭발 위험성을 감소시키기 위하여 흔히 혼합하여 사용하게 되는 물질은?

① 질소 ② 산소
③ 아르곤 ④ 이산화탄소

> E.O 가스는 폭발 위험성을 감소시키기 위해 이산화탄소 또는 프레온을 혼합하여 사용한다.

정답 45 ② 46 ② 47 ① 48 ② 49 ④ 50 ③ 51 ③ 52 ② 53 ② 54 ④ 55 ④

56 E.O(Ethylene Oxide) 가스 소독이 갖는 장점이라 할 수 있는 것은?

① 소독에 드는 비용이 싸다.
② 일반세균은 물론 아포까지 불활성화시킬 수 있다.
③ 소독 절차 및 방법이 쉽고 간단하다.
④ 소독 후 즉시 사용이 가능하다.

> E.O 가스 소독은 멸균시간이 비교적 길고 비용이 많이 드는 소독 방법이다.

57 고무장갑이나 플라스틱의 소독에 가장 적합한 것은?

① E.O 가스 살균법
② 고압증기 멸균법
③ 자비 소독법
④ 오존 멸균법

> E.O 가스 살균법은 50~60℃의 저온에서 멸균하는 방법으로 가열로 인해 변질되기 쉬운 플라스틱 및 고무제품 등의 멸균에 이용되며, 일반세균은 물론 아포까지 불활성화시킬 수 있는 방법이다.

58 플라스틱. 전자기기, 열에 불안정한 제품들을 소독하기에 가장 효과적인 방법은?

① 열탕소독
② 건열소독
③ 가스소독
④ 고압증기 소독

59 오존(O_3)을 살균제로 이용하기에 가장 적절한 대상은?

① 밀폐된 실내 공간
② 물
③ 금속기구
④ 도자기

> 오존은 반응성이 풍부하고 산화작용이 강하여 물의 살균에 이용된다.

60 다음 중 섭씨 100도에서도 살균되지 않는 균은?

① 결핵균
② 장티푸스균
③ 대장균
④ 아포형성균

> 섭씨 100도에서는 일반 균은 살균할 수 있지만 아포형성균이나 B형 간염 바이러스 살균에는 부적합하다.

61 다음 내용 중 틀린 것은?

① 식기 소독에는 크레졸수가 적당하다.
② 승홍은 객담이 묻은 도구나 기구류 소독에는 사용할 수 없다.
③ 역성비누는 세정력은 강하지만 살균작용은 하지 못한다.
④ 역성비누는 보통비누와 병용해서는 안 된다.

> 역성비누는 세정력은 거의 없으며 살균작용이 강하다.

62 살균력이 좋고 자극성이 적어서 상처소독에 많이 사용되는 것은?

① 승홍수   ② 과산화수소
③ 포르말린   ④ 석탄산

63 다음 중 소독방법과 소독대상이 바르게 연결된 것은?

① 화염멸균법 – 의류나 타월
② 자비소독법 – 아마인유
③ 고압증기멸균법 – 예리한 칼날
④ 건열멸균법 – 바세린(vaseline) 및 파우더

> ① 화염멸균법 – 금속기구, 유리기구, 도자기 등
> ② 자비소독법 – 수건, 소형기구, 용기 등
> ③ 고압증기멸균법 – 의료기구, 의류, 고무제품, 미용기구, 무균실 기구 등

1 이·미용업소에서 B형 간염의 전염을 방지하려면 다음 중 어느 기구를 가장 철저히 소독하여야 하는가?

① 수건   ② 머리빗
③ 면도칼   ④ 클리퍼(전동형)

> B형 간염은 면도칼이나 손톱깎기 등 상처가 날 수 있는 기구 사용 시 감염의 위험이 있기 때문에 특별히 사용에 주의해야 한다.

2 이·미용업소에서 종업원이 손을 소독할 때 가장 보편적이고 적당한 것은?

① 승홍수   ② 과산화수소
③ 역성비누   ④ 석탄수

> 역성비누는 수지·기구·식기 및 손 소독에 주로 사용된다.

3 이·미용실의 기구(가위, 레이저) 소독으로 가장 적당한 약품은?

① 70~80%의 알코올
② 100~200배 희석 역성비누
③ 5% 크레졸 비누액
④ 50%의 페놀액

> 에탄올은 칼, 가위, 유리제품 등의 소독에 사용되며 약 70%의 에탄올이 살균력이 가장 강력하다.

4 미용용품이나 기구 등을 일차적으로 청결하게 세척하는 것은 다음의 소독방법 중 어디에 해당되는가?

① 희석   ② 방부
③ 정균   ④ 여과

5 이·미용실에 사용하는 타월류는 다음 중 어떤 소독법이 가장 좋은가?

① 포르말린 소독
② 석탄산 소독
③ 건열소독
④ 증기 또는 자비소독

6 다음 중 플라스틱 브러시의 소독방법으로 가장 알맞은 것은?

① 0.5%의 역성비누에 1분 정도 담근 후 물로 씻는다.
② 100℃의 끓는 물에 20분 정도 자비소독을 행한다.
③ 세척 후 자외선 소독기를 사용한다.
④ 고압증기 멸균기를 이용한다.

> 플라스틱 브러시의 경우 세척 후 자외선 소독기를 사용해서 소독하는 것이 가장 좋다.

7 유리제품의 소독방법으로 가장 적당한 것은?

① 끓는 물에 넣고 10분간 가열한다.
② 건열멸균기에 넣고 소독한다.
③ 끓는 물에 넣고 5분간 가열한다.
④ 찬물에 넣고 75℃까지만 가열한다.

> 건열멸균법은 유리기구, 금속기구, 자기제품, 주사기, 분말 등의 멸균에 이용된다.

8 레이저(Razor) 사용 시 헤어살롱에서 교차 감염을 예방하기 위해 주의할 점이 아닌 것은?

① 매 고객마다 새로 소독된 면도날을 사용해야 한다.
② 면도날을 매번 고객마다 갈아 끼우기 어렵지만, 하루에 한 번은 반드시 새것으로 교체해야만 한다.
③ 레이저 날이 한 몸체로 분리가 안 되는 경우 70% 알코올을 적신 솜으로 반드시 소독 후 사용한다.
④ 면도날을 재사용해서는 안 된다.

> 면도날을 재사용할 경우 감염의 우려가 있으므로 반드시 매 고객마다 갈아 끼우도록 한다.

9 다음 중 올바른 도구 사용법이 아닌 것은?

① 시술도중 바닥에 떨어뜨린 빗을 다시 사용하지 않고 소독한다.
② 더러워진 빗과 브러시는 소독해서 사용해야 한다.
③ 에머리보드는 한 고객에게만 사용한다.
④ 일회용 소모품은 경제성을 고려하여 재사용한다.

일회용 소모품은 사용 후 반드시 버리도록 한다.

10 소독액을 표시할 때 사용하는 단위로 용액 100ml 속에 용질의 함량을 표시하는 수치는?

① 푼   ② 퍼센트
③ 퍼밀리   ④ 피피엠

퍼센트는 용액 100ml 속에 용질의 함량을 표시하는 수치로 $\dfrac{용질량}{용액량} \times 100$ 의 식으로 구한다.

11 소독액의 농도표시법에 있어서 소독액 1,000,000 ml 중에 포함되어 있는 소독약의 양을 나타내는 단위는?

① 밀리그램(mg)
② 피피엠(ppm)
③ 퍼릴리(0/00)
④ 퍼센트(%)

피피엠은 용액 100만g(ml) 속에 포함된 용질의 양을 표시한 수치로 $\dfrac{용질량}{용액량} \times 10^6$ 의 식으로 구한다.

12 다음 중 일회용 면도기를 사용함으로써 예방 가능한 질병은? (단, 정상적인 사용의 경우를 말한다)

① 옴(개선)병
② 일본뇌염
③ B형 간염
④ 무좀

B형 간염은 바이러스에 감염된 혈액 등의 체액, 성적 접촉, 수혈, 오염된 주사기 등의 재사용 등을 통해 감염된다.

13 이·미용업소에서 소독하지 않은 면체용 면도기로 주로 전염될 수 있는 질병에 해당되는 것은?

① 파상풍   ② B형 간염
③ 트라코마   ④ 결핵

14 다음 중 중량 백만분율을 표시하는 단위는?

① ppm   ② ppt
③ ppb   ④ ‰

ppm은 Parts Per Million의 약자로 백만분율을 표시하는 단위로 쓰인다.

15 소독약이 고체인 경우 1% 수용액이란?

① 소독약 0.1g을 물 100ml에 녹인 것
② 소독약 1g을 물 100ml에 녹인 것
③ 소독약 10g을 물 100ml에 녹인 것
④ 소독약 10g을 물 990ml에 녹인 것

16 무수알코올(100%)을 사용해서 70%의 알코올 1,800 mL를 만드는 방법으로 옳은 것은?

① 무수알코올 700mL에 물 1,100mL를 가한다.
② 무수알코올 70mL에 물 1,730mL를 가한다.
③ 무수알코올 1,260mL에 물 540mL를 가한다.
④ 무수알코올 126mL에 물 1,674mL를 가한다.

1,800mL의 70%는 1,260mL이므로 무수알코올 1,260mL에 물 540mL를 첨가해서 만든다.
$1,800 \times 0.7 = 1,260$
$1,800 - 1,260 = 540$

17 소독약 10mL를 용액(물) 40mL에 혼합시키면 몇 %의 수용용액이 되는가?

① 2%   ② 10%
③ 20%   ④ 50%

$농도(\%) = \dfrac{용질량(소독약)}{용액량(물+소독약)} \times 100(\%)$
$= \dfrac{10}{10+40} \times 100(\%) = 20\%$

18 용질 6g이 용액 300㎖에 녹아 있을 때 이 용액은 몇 % 용액인가?

① 500% ② 50%
③ 20% ④ 2%

$$\text{농도(\%)} = \frac{\text{용질량}}{\text{용액량}} \times 100(\%) = \frac{6}{300} \times 100(\%) = 2\%$$

19 순도 100% 소독약 원액 2mL에 증류수 98mL를 혼 합하여 100mL의 소독약을 만들었다면 이 소독약의 농도는?

① 2% ② 3%
③ 5% ④ 98%

$$\text{농도(\%)} = \frac{\text{용질량(소독약)}}{\text{용액량(물+소독약)}} \times 100(\%) = \frac{2}{100} \times 100(\%) = 2\%$$

20 3% 소독액 1,000mL를 만드는 방법으로 옳은 것은? (단, 소독액 원액의 농도는 100%이다)

① 원액 300mL에 물 700mL를 가한다.
② 원액 30mL에 물 970mL를 가한다.
③ 원액 3mL에 물 997mL를 가한다.
④ 원액 3mL에 물 1,000mL를 가한다.

1,000mL의 3%는 $1,000 \times 0.03 = 30$mL이므로 여기에 물 970mL를 섞으면 된다.

21 100%의 알코올을 사용해서 70%의 알코올 400mL를 만드는 방법으로 옳은 것은?

① 물 70mL와 100% 알코올 330mL 혼합
② 물 100mL와 100% 알코올 300mL 혼합
③ 물 120mL와 100% 알코올 280mL 혼합
④ 물 330mL와 100% 알코올 70mL 혼합

400mL의 70%는 280mL이므로 알코올 280mL에 물 120mL를 첨가한다.
- 알코올 : $400 \times 0.7 = 280$mL
- 물 : $400 - 280 = 120$mL

22 70%의 희석 알코올 2L를 만들려면 무수알코올(알코올 원액) 몇 mL가 필요한가?

① 700 mL
② 1,400 mL
③ 1,600 mL
④ 1,800 mL

농도란 물(용액)에 알코올 원액(용질)을 희석시켰을 때, 이 혼합물에서 알코올 원액이 얼마만큼인지를 나타낸다.
희석 알코올이란 '알코올 원액+물'을 의미한다.

$$\text{농도(\%)} = \frac{\text{용질량(원액)}}{\text{용액량(물+원액)}} \times 100(\%)\text{에서}$$
$$70 = \frac{\alpha}{2} \times 100 = 1.4L,\ \text{'1L} = 1,000 \text{ mL'이므로 } 1,400 \text{ mL이다.}$$

23 95% 농도의 소독약 200mL가 있다. 이것을 70% 정도로 농도를 낮추어 소독용으로 사용하고자 할 때 얼마의 물을 더 첨가하면 되는가?

① 약 25 mL
② 약 50 mL
③ 약 70 mL
④ 약 140 mL

$$\text{농도(\%)} = \frac{\text{용질량(원액)}}{\text{용액량(물+원액)}} \times 100(\%)\text{에서}$$

먼저 소독약 원액의 용량을 먼저 구하면,
$$95(\%) = \frac{\alpha}{200} \times 100 \text{ 이므로 소독약 원액}(\alpha)\text{은 190 mL이다.}$$

따라서, 물은 $200 - 190 = 10$ mL이다.

그리고 70%의 소독약에 필요한 물(β) 용량을 구하면
$$70(\%) = \frac{190}{\beta+190} \times 100,\ \beta = 81.428\text{이다.}$$

따라서 첨가되어야 할 물의 용량은
70%의 물 용량 $-$ 90%의 물 용량 $= 81.428-10 \fallingdotseq 71.428$ ml 이다.

chapter 06

SECTION 08 미생물 총론

[출제문항수 : 0~1문제] 이 섹션에서는 호기성 세균, 혐기성 세균, 통성혐기성균의 의미와 해당 세균들을 구분할 수 있도록 합니다. 아울러 병원성 미생물의 특징과 미생물의 구조에 대해서도 학습하도록 합니다.

01 미생물의 분류

1 비병원성 미생물과 병원성 미생물

구분	의미	종류
비병원성 미생물	인체 내에서 병적인 반응을 일으키지 않는 미생물	발효균, 효모균, 곰팡이균, 유산균 등
병원성 미생물	인체 내에서 병적인 반응을 일으키며 증식하는 미생물	세균(구균, 간균, 나선균), 바이러스, 리케차, 진균 등

▶ **미생물의 정의**
- 미생물이란 육안의 가시한계를 넘어선 0.1mm 이하의 미세한 생물체를 총칭하는 것
- 단일세포 또는 균사로 구성되어 있다.
- 최초 발견 : 레벤후크

2 병원성 미생물의 종류 및 특징

(1) 세균

① 구균 : 둥근 모양의 세균

종류	특징
포도상구균	• 손가락 등의 화농성 질환의 병원균 • 식중독의 원인균
연쇄상구균	• 편도선염 및 인후염의 원인균
임균	• 임질의 병원균
수막염균	• 유행성 수막염의 병원균

② 간균 : 긴 막대기 모양의 세균
- 종류 : 탄저균, 파상풍균, 결핵균, 나균, 디프테리아균 등

▶ **결핵균의 특징**
- 지방성분이 많은 세포벽에 둘러싸여 있는데, 이 세포벽이 보호막 구실을 하므로 건조한 상태에서도 살아남을 수 있다.
- 강산성이나 알칼리에도 잘 견딘다.
- 햇볕이나 열에 약하다.

③ 나선균 : S자 또는 나선 모양의 세균
- 종류 : 매독균, 렙토스피라균, 콜레라균 등

(2) 바이러스

① 가장 작은 크기의 미생물
② 주요 질환 : 홍역, 뇌염, 폴리오, 인플루엔자, 간염 등

(3) 리케차

① 바이러스와 세균의 중간 크기
② 주로 진핵생물체의 세포 내에 기생
③ 벼룩, 진드기, 이 등의 절지동물과 공생
④ 주요 질환 : 큐열, 참호열, 티푸스열 등

(4) 진균

① 종류 : 곰팡이, 효모, 버섯 등
② 무좀, 백선 등의 피부병 유발

▶ **미생물의 크기 비교**
곰팡이 > 효모 > 스피로헤타 > 세균 > 리케차 > 바이러스

02 미생물의 생장에 영향을 미치는 요인

1 온도

① 미생물의 성장과 사멸에 가장 큰 영향을 미치는 환경요인
② 분류

구분	온도	종류
저온균	15~20℃	해양성 미생물
중온균	28~45℃	곰팡이, 효모 등
고온균	50~80℃	토양 및 온천에 증식하는 미생물

2 산소

호기성 세균	미생물의 생장을 위해 반드시 산소가 필요한 균(결핵균, 백일해, 디프테리아 등)
혐기성 세균	산소가 없어야만 증식할 수 있는 균 (파상풍균, 보툴리누스균 등)
통성혐기성균	산소가 있으면 증식이 더 잘 되는 균 (대장균, 포도상구균, 살모넬라균 등)

3 수소이온농도(pH)

가장 증식이 잘되는 pH 범위 : 6.5~7.5(중성)

4 수분

미생물의 생육에 필요한 수분량은 40% 이상이며, 40% 미만이면 증식이 억제됨

5 영양

미생물의 생장을 위해 탄소, 질소원, 무기염류 등의 영양이 충분히 공급되어야 한다.

> ▶ 미생물 증식의 3대 조건
> 영양소, 수분, 온도

기출문제 | 단원별 구성의 문제 유형 파악!

1 다음 (   ) 안에 알맞은 것은? ★★★

> 미생물이란 일반적으로 육안의 가시 한계를 넘어선 (   )mm 이하의 미세한 생물체를 총칭하는 것이다.

① 0.01 ② 0.1 ③ 1 ④ 10

2 일반적인 미생물의 번식에 가장 중요한 요소로만 나열된 것은? ★★★★

① 온도, 적외선, pH
② 온도, 습도, 자외선
③ 온도, 습도, 영양분
④ 온도, 습도, 시간

> 미생물의 번식에 가장 큰 영향을 미치는 요인은 온도이며 수분, 영양, 산소, 수소이온농도 등이 중요한 요인이다.

3 다음 미생물 중 크기가 가장 작은 것은? ★★★

① 세균 ② 곰팡이
③ 리케차 ④ 바이러스

> 바이러스는 가장 작은 크기의 미생물로 홍역, 뇌염, 폴리오, 인플루엔자, 간염 등의 질환을 일으킨다.

4 미생물의 종류에 해당하지 않는 것은? ★★★

① 벼룩 ② 효모
③ 곰팡이 ④ 세균

5 미생물의 성장과 사멸에 주로 영향을 미치는 요소로 가장 거리가 먼 것은? ★★★

① 영양 ② 빛
③ 온도 ④ 호르몬

6 다음 중 미생물의 종류에 해당하지 않는 것은? ★★★

① 편모 ② 세균
③ 효모 ④ 곰팡이

> 편모는 가늘고 긴 돌기 모양의 세포 소기관이다.

7 병원성 미생물이 일반적으로 증식이 가장 잘 되는 pH의 범위는? ★★★★

① 3.5~4.5 ② 4.5~5.5
③ 5.5~6.5 ④ 6.5~7.5

정 답 1 ② 2 ③ 3 ④ 4 ① 5 ④ 6 ① 7 ④

8 세균 증식에 가장 적합한 최적 수소이온농도는?

① pH 3.5~5.5　　　② pH 6.0~8.0
③ pH 8.5~10.0　　　④ pH 10.5~11.5

> 세균은 중성인 pH 6~8의 농도에서 가장 잘 번식한다.

9 다음 중 세균이 가장 잘 자라는 최적 수소이온(pH) 농도에 해당되는 것은?

① 강산성　　　　　② 약산성
③ 중성　　　　　　④ 강알칼리성

10 세균의 형태가 S자형 혹은 가늘고 길게 만곡되어 있는 것은?

① 구균　　　　　　② 간균
③ 구간균　　　　　④ 나선균

> 나선균은 S자 또는 나선 모양의 세균으로 매독균, 렙토스피라균, 콜레라균 등이 이에 속한다.

11 손가락 등의 화농성 질환의 병원균이며 식중독의 원인균으로 될 수 있는 것은?

① 살모넬라균　　　② 포도상구균
③ 바이러스　　　　④ 곰팡이독소

> 포도상구균은 식중독, 피부의 화농·중이염 등 화농성질환을 일으키는 원인균이다.

12 빌딩이나 건물의 냉온방 및 환기시스템을 통해 전파 가능한 질환은?

① 레지오넬라증　　② B형간염
③ 농가진　　　　　④ AIDS

> 레지오넬라증은 물에서 서식하는 레지오넬라균으로 인해 발생하는데, 에어컨의 냉각수나 공기가 세균에 의해 오염되어 분무입자의 형태로 호흡기를 통해 감염될 수 있다.

13 다음의 병원성 세균 중 공기의 건조에 견디는 힘이 가장 강한 것은?

① 장티푸스균　　　② 콜레라균
③ 페스트균　　　　④ 결핵균

> 결핵균은 긴 막대기 모양의 간균으로 지방성분이 많은 세포벽에 둘러싸여 있는데, 이 세포벽이 보호막 구실을 하므로 건조한 상태에서도 살아남을 수 있다.

14 다음 중 호기성 세균이 아닌 것은?

① 결핵균　　　　　② 백일해균
③ 보툴리누스균　　④ 녹농균

> • 호기성 세균 : 미생물의 생장을 위해 반드시 산소가 필요한 균으로 결핵균, 백일해, 디프테리아, 녹농균 등이 이에 해당한다.
> • 보툴리누스균은 산소가 없어야만 증식할 수 있는 혐기성 세균이다.

15 다음 중 산소가 없는 곳에서만 증식을 하는 균은?

① 파상풍균　　　　② 결핵균
③ 디프테리아균　　④ 백일해균

> 산소가 없어야만 증식할 수 있는 균을 혐기성 세균이라 하며 파상풍균, 보툴리누스균 등이 이에 속한다.

16 다음 중 100℃에서도 살균되지 않는 균은?

① 대장균　　　　　② 결핵균
③ 파상풍균　　　　④ 장티푸스균

> 곰팡이, 탄저균, 파상풍균, 기종저균, 아포균 등은 100℃에서도 살균되지 않는다.

17 산소가 있어야만 잘 성장할 수 있는 균은?

① 호기성균　　　　② 혐기성균
③ 통기혐기성균　　④ 호혐기성균

> • 호기성 세균 : 미생물의 생장을 위해 반드시 산소가 필요한 균(결핵균, 백일해, 디프테리아 등)
> • 혐기성 세균 : 산소가 없어야만 증식할 수 있는 균(파상풍균, 보툴리누스균 등)
> • 통성혐기성균 : 산소가 있으면 증식이 더 잘 되는 균(대장균, 포도상구균, 살모넬라균 등)

18 다음 중 이·미용실에서 사용하는 수건을 철저하게 소독하지 않았을 때 주로 발생할 수 있는 감염병은?

① 장티푸스 　　　　② 트라코마
③ 페스트 　　　　　④ 일본뇌염

> 트라코마는 환자의 안분비물 접촉, 환자가 사용하던 타월 등을 통해 전파되므로 위험지역에서는 손과 얼굴을 자주 씻고, 더러운 손가락으로 눈을 만지지 않아야 한다.

19 다음 중 이·미용업소에서 시술과정을 통하여 전염될 수 있는 가능성이 가장 큰 질병 2가지는?

① 뇌염, 소아마비 　　② 피부병, 발진티푸스
③ 결핵, 트라코마 　　④ 결핵, 장티푸스

> 결핵은 호흡기를 통해 감염되며, 트라코마는 환자가 사용한 수건, 세면기 등을 통해 감염된다.

20 다음 중 여드름 짜는 기계를 소독하지 않고 사용했을 때 감염 위험이 가장 큰 질환은?

① 후천성면역결핍증 　② 결핵
③ 장티푸스 　　　　　④ 이질

> 후천성면역결핍증은 환자의 혈액이나 체액을 통해 감염될 수 있는 질환이다.

21 음식물을 냉장하는 이유가 아닌 것은?

① 미생물의 증식억제 　② 자기소화의 억제
③ 신선도 유지 　　　　④ 멸균

> 음식물을 냉장하는 것으로 멸균의 효과를 가질 수는 없다.

22 이·미용업소에서 공기 중 비말전염으로 가장 쉽게 옮겨질 수 있는 감염병은?

① 인플루엔자 　　　　② 대장균
③ 뇌염 　　　　　　　④ 장티푸스

> 인플루엔자는 비말을 통한 호흡기 감염병으로 오한, 근육통, 두통, 기침이 동반된다.

23 세균들은 외부환경에 대하여 저항하기 위해서 아포를 형성하는데 다음 중 아포를 형성하지 않는 세균은?

① 탄저균 　　　　　　② 젖산균
③ 파상풍균 　　　　　④ 보툴리누스균

> 아포를 형성하는 균에는 탄저균, 파상풍균, 보툴리누스균, 기종저균 등이 있다.

24 세균이 영양부족, 건조, 열 등의 증식 환경이 부적당한 경우 균의 저항력을 키우기 위해 형성하게 되는 형태는?

① 섬모 　　　　　　　② 세포벽
③ 아포 　　　　　　　④ 핵

> 세균은 증식 환경이 적당하지 않을 경우 아포를 형성함으로써 강한 내성을 지니게 된다.

25 균(菌)의 내성을 가장 잘 설명한 것은?

① 균이 약에 대하여 저항성이 있는 것
② 균이 다른 균에 대하여 저항성이 있는 것
③ 인체가 약에 대하여 저항성을 가진 것
④ 약이 균에 대하여 유효한 것

> 세균이 약제에 대하여 저항성이 강한 균주로 변했을 경우 그 세균은 내성을 가졌다고 한다.

26 자신이 제작한 현미경을 사용하여 미생물의 존재를 처음으로 발견한 미생물학자는?

① 파스퇴르
② 히포크라테스
③ 제너
④ 레벤후크

> 현미경을 발명해서 미생물의 존재를 처음으로 발견한 사람은 네덜란드의 직물 상인이었던 안톤 판 레벤후크이다.

정답　18 ②　19 ③　20 ①　21 ④　22 ①　23 ②　24 ③　25 ①　26 ④

공중위생관리법

Esthetic Technician Certification

[출제문항수 : 7문제] 가장 까다롭게 느껴지는 과목이지만 최대한 학습하기 편하도록 정리했으므로 관련 용어 정의 및 법령 내용은 가급적 모두 암기하도록 합니다. 신고의 주체에 대해서는 별도로 정리했으니 혼동하지 않도록 하고, 과태료와 벌금은 모두 암기하기 어렵다면 출제문제 위주로 학습하기 바랍니다.

01 공중위생관리법의 목적 및 정의

1 목적

공중이 이용하는 영업의 위생관리 등에 관한 사항을 규정함으로써 위생수준을 향상시켜 국민의 건강증진에 기여

2 정의

① 공중위생영업 : 다수인을 대상으로 위생관리서비스를 제공하는 영업으로서 숙박업·목욕장업·이용업·미용업·세탁업·건물위생관리업을 말한다.
② 공중이용시설 : 다수인이 이용함으로써 이용자의 건강 및 공중위생에 영향을 미칠 수 있는 건축물 또는 시설로서 대통령령이 정하는 것
③ 이용업 : 손님의 머리카락(수염)을 깎거나 다듬는 등의 방법으로 손님의 용모를 단정하게 하는 영업
④ 미용업 : 손님의 얼굴·머리·피부 및 손톱·발톱 등을 손질하여 손님의 외모를 아름답게 꾸미는 영업
⑤ 건물위생관리업 : 공중이 이용하는 건축물·시설물 등의 청결유지와 실내공기정화를 위한 청소 등을 대행하는 영업

02 영업신고 및 폐업신고

1 영업신고 (주체 : 시장·군수·구청장)

① 공중위생영업의 종류별 시설 및 설비기준에 적합한 시설을 갖춘 후 신고서에 다음 서류를 첨부하여 시장·군수·구청장(자치구의 구청장을 말함)에게 제출

> ▶ 첨부서류 : 영업시설 및 설비개요서, 교육수료증 (미리 교육을 받은 사람만 해당)

② 신고서를 제출받은 시장·군수·구청장은 행정정보의 공동이용을 통하여 건축물대장, 토지이용계획확인서, 면허증을 확인
③ 신고인이 확인에 동의하지 않을 경우에는 그 서류를 첨부
④ 신고를 받은 시장·군수·구청장은 즉시 영업신고증을 교부하고, 신고관리대장을 작성·관리
⑤ 신고를 받은 시장·군수·구청장은 해당 영업소의 시설 및 설비에 대한 확인이 필요 시 영업신고증을 교부한 후 30일 이내에 확인
⑥ 재교부 신청
  • 영업신고증의 분실 또는 훼손 시
  • 신고인의 성명이나 생년월일이 변경 시

※ 면허증을 잃어버린 후 재교부받은 자가 그 잃어버린 면허증을 찾은 때에는 지체없이 반납

2 변경신고

① 변경신고 사항

> ▶ 보건복지부령이 정하는 중요사항
> • 영업소의 명칭 또는 상호
> • 영업소의 소재지
> • 신고한 영업장 면적의 3분의 1 이상의 증감
> • 대표자의 성명 또는 생년월일
> • 미용업 업종 간 변경

② 변경신고 시 제출서류
영업신고사항 변경신고서에 다음의 서류를 첨부하여 시장·군수·구청장에게 제출
  • 영업신고증(신고증을 분실하여 영업신고사항 변경신고서에 분실 사유를 기재하는 경우에는 첨부하지 않음)
  • 변경사항을 증명하는 서류
③ 시장·군수·구청장이 확인해야 할 서류
  • 건축물대장, 토지이용계획확인서, 면허증
  • 전기안전점검확인서(신고인이 동의하지 않는 경우 서류 첨부)

④ 신고를 받은 시장·군수·구청장은 영업신고증을 고쳐 쓰거나 재교부하여야 한다.

⑤ 미용업 업종 간 변경인 경우의 확인 기간 : 영업소의 시설 및 설비 등의 변경신고를 받은 날부터 30일 이내

❸ 폐업 신고

폐업한 날부터 20일 이내에 시장·군수·구청장에게 신고

---

❶ 승계 가능한 사람

① 양수인 : 미용업을 양도한 때

② 상속인 : 미용업 영업자가 사망한 때

③ 법인 : 합병 후 존속하는 법인 또는 합병에 의해 설립되는 법인

④ 경매, 환가, 압류재산의 매각 그 밖에 이에 준하는 절차에 따라 미용업 영업 관련시설 및 설비의 전부를 인수한 자

❷ 승계의 제한 및 신고

① 제한 : 이용업과 미용업의 경우 면허를 소지한 자에 한하여 승계 가능

② 신고 : 공중위생영업자의 지위를 승계한 자는 1월 이내에 시장·군수 또는 구청장에게 신고

> ▶ 제출서류 : 영업자지위승계신고서에 다음 서류를 첨부한다.
> • 영업양도의 경우 : 양도·양수를 증명할 수 있는 서류사본 및 양도인의 인감증명서
> ※ 예외) 양도인의 행방불명 등으로 양도인의 인감증명서를 첨부하지 못할 경우, 시장·군수·구청장이 사실확인 등을 통한 양도·양수가 인정된 경우 또는 양도인과 양수인이 신고관청에 함께 방문하여 신고할 경우
> • 상속의 경우 : 가족관계증명서 및 상속인 증명 서류
> • 기타의 경우 : 해당 사유별로 영업자의 지위를 승계하였음을 증명 서류

> ▶ 공중위생 영업자단체의 설립
> 공중위생영업자는 공중위생과 국민보건의 향상을 기하고 그 영업의 건전한 발전을 도모하기 위하여 영업의 종류별로 전국적인 조직을 가지는 영업자단체를 설립할 수 있다.

❶ 면허 발급 대상자

① 전문대학 또는 이와 동등 이상의 학력이 있다고 교육부장관이 인정하는 학교에서 미용에 관한 학과를 졸업한 자

② 대학 또는 전문대학을 졸업한 자와 동등 이상의 학력이 있는 것으로 인정되어 미용에 관한 학위를 취득한 자

③ 고등학교 또는 교육부장관이 인정하는 학교에서 미용에 관한 학과를 졸업한 자

④ 특성화고등학교, 고등기술학교나 고등학교 또는 고등기술학교에 준하는 각종학교에서 1년 이상 미용에 관한 소정의 과정을 이수한 자

⑤ 국가기술자격법에 의해 미용사의 자격을 취득한 자

❷ 면허 결격 사유자

① 피성년후견인(질병, 장애, 노령 등의 사유로 인한 정신적 제약으로 사무처리 능력이 지속적으로 결여된 사람)

② 정신질환자(전문의가 미용사로서 적합하다고 인정하는 사람은 예외)

③ 공중의 위생에 영향을 미칠 수 있는 감염병환자로서 결핵환자(비감염성 제외)

④ 약물 중독자

⑤ 공중위생관리법의 규정에 의한 명령 위반 또는 면허증 불법 대여의 사유로 면허가 취소된 후 1년이 경과되지 않은 자

❸ 면허 신청 절차 (시장·군수·구청장)

(1) 서류 제출

면허 신청서에 다음의 서류를 첨부하여 시장·군수·구청장에게 제출

구분	종류
전문대학 또는 이와 동등 이상의 학력이 있다고 교육부장관이 인정하는 학교에서 미용에 관한 학과를 졸업한 자	
대학 또는 전문대학을 졸업한 자와 동등 이상의 학력이 있는 것으로 인정되어 미용에 관한 학위를 취득한 자	• 졸업증명서 또는 학위증명서 1부
고등학교 또는 이와 동등의 학력이 있다고 교육부장관이 인정하는 학교에서 미용에 관한 학과를 졸업한 자	

특성화고등학교, 고등기술학교나 고등학교 또는 고등기술학교에 준하는 각종 학교에서 1년 이상 미용에 관한 소정의 과정을 이수한 자	• 이수증명서 1부

- 정신질환자가 아님을 증명하는 최근 6개월 이내의 의사 또는 전문의의 진단서 1부
- 감염병 환자 또는 약물중독자가 아님을 증명하는 최근 6개월 이내의 의사의 진단서 1부
- 최근 6개월 이내에 찍은 가로 3cm, 세로 4cm의 탈모 정면 상반신 사진 2매

(2) 서류 확인 (주체 : 시장·군수·구청장)

행정정보의 공동이용을 통하여 다음의 서류를 확인
(신청인이 확인에 동의하지 않는 경우 해당 서류를 첨부)

- 학점은행제학위증명(해당하는 사람만)
- 국가기술자격취득사항확인서(해당하는 사람만)

(3) 면허증 교부 (주체 : 시장·군수·구청장)

신청내용이 요건에 적합하다고 인정되는 경우 면허증을 교부하고, 면허등록관리대장을 작성·관리해야 한다.

4 면허증의 재교부

(1) 재교부 신청 요건

① 면허증의 기재사항 변경 시
② 면허증 분실 또는 훼손 시

(2) 서류 제출

① 면허증 원본(기재사항 변경 또는 훼손 시)
② 최근 6월 이내에 찍은 3×4cm의 사진 1매

> ▶ 미용업에 종사하고 있는 자는 영업소를 관할하는 시장·군수·구청장에게, 미용업에 종사하고 있지 않은 자는 면허를 받은 시장·군수·구청장에게 서류를 제출한다.

5 면허 취소 (시장·군수·구청장)

다음의 경우 면허를 취소하거나 6월 이내의 기간을 정하여 그 면허의 정지를 명할 수 있다.

① '2 면허 결격 사유자' 중 ①~④에 해당하게 된 때
② 국가기술자격법에 따라 자격이 취소된 때
③ 이중으로 면허를 취득한 때(나중에 발급받은 면허를 말함)
④ 면허정지처분을 받고도 그 정지 기간 중에 업무를 한 때

⑤ 면허증을 다른 사람에게 대여한 때
⑥ 국가기술자격법에 따라 자격정지처분을 받은 때 (자격정지처분 기간에 한정)
⑦ 「성매매알선 등 행위의 처벌에 관한 법률」이나 「풍속영업의 규제에 관한 법률」을 위반하여 관계 행정기관의 장으로부터 그 사실을 통보받은 때

※ ①~④ : 면허취소에만 해당

6 면허증의 반납

면허 취소 또는 정지명령을 받을 시 : 관할 시장·군수·구청장에게 면허증 반납

※ 면허 정지명령을 받은 자가 반납한 면허증은 그 면허정지기간 동안 관할 시장·군수·구청장이 보관

05 영업자 준수사항

1 위생관리의무

공중위생영업자는 영업관련 시설 및 설비를 위생적이고 안전하게 관리해야 한다.

2 미용업 영업자의 준수사항(보건복지부령)

① 의료기구와 의약품을 사용하지 않는 순수한 화장 또는 피부미용을 할 것
② 미용기구는 소독을 한 기구와 소독을 하지 않은 기구로 분리하여 보관할 것
③ 면도기는 1회용 면도날만을 손님 1인에 한하여 사용할 것
④ 영업소 내부에 미용업 신고증 및 개설자의 면허증 원본을 게시할 것
⑤ 피부미용을 위해 의약품 또는 의료기기를 사용하지 말 것
⑥ 점빼기·귓볼뚫기·쌍꺼풀수술·문신·박피술 등의 의료행위를 하지 말 것
⑦ 영업장 안의 조명도는 75룩스 이상이 되도록 유지
⑧ 영업소 내부에 최종지불요금표를 게시 또는 부착

> ▶ **영업소 외부에도 부착하는 경우**
> - 영업장 면적이 66m² 이상인 영업소인 경우
> - 요금표에는 일부항목만 표시 가능(5개 이상)
>
> ▶ **영업소 내에 게시해야 할 사항**
> 미용업 신고증, 개설자의 면허증 원본, 최종지불요금표

❸ 시설 및 설비기준

(1) 미용업 공통

① 미용기구는 소독을 한 기구와 소독을 하지 않은 기구를 구분하여 보관할 수 있는 용기를 비치

② 소독기·자외선살균기 등 미용기구를 소독하는 장비를 구비

③ 공중위생영업장은 독립된 장소이거나 공중위생영업 외의 용도로 사용되는 시설 및 설비와 분리(벽이나 층 등으로 구분하는 경우) 또는 구획(칸막이·커튼 등으로 구분하는 경우)되어야 한다.

④ 다음에 해당하는 경우에는 공중위생영업장을 별도로 분리 또는 구획하지 않아도 된다.
미용업을 2개 이상 함께 하는 경우(해당 미용업자의 명의로 각각 영업신고를 하거나 공동신고를 하는 경우 포함)로서 각각의 영업에 필요한 시설 및 설비기준을 모두 갖추고 있으며, 각각의 시설이 선·줄 등으로 서로 구분될 수 있는 경우

(2) 이용업

① 이용기구는 소독을 한 기구와 소독을 하지 아니한 기구를 구분하여 보관할 수 있는 용기를 비치하여야 한다.

② 소독기·자외선살균기 등 이용기구를 소독하는 장비를 갖추어야 한다.

③ 영업소 안에는 별실 그 밖에 이와 유사한 시설을 설치하여서는 안 된다.

> ▶ 이·미용기구의 소독기준 및 방법(보건복지부령)
> (1) 일반기준
> ① 자외선소독 : 1cm2당 85㎼ 이상의 자외선을 20분 이상 쬐임
> ② 건열멸균소독 : 100℃ 이상의 건조한 열에 20분 이상 쬐임
> ③ 증기소독 : 100℃ 이상의 습한 열에 20분 이상 쬐임
> ④ 열탕소독 : 100℃ 이상의 물속에 10분 이상 끓임
> ⑤ 석탄산수소독 : 석탄산수(석탄산 3%, 물 97%의 수용액)에 10분 이상 담가둔다.
> ⑥ 크레졸소독 : 크레졸수(크레졸 3%, 물 97%의 수용액)에 10분 이상 담가둔다.
> ⑦ 에탄올소독 : 에탄올수용액(에탄올이 70%인 수용액)에 10분 이상 담가두거나 에탄올수용액을 머금은 면 또는 거즈로 기구의 표면을 닦아준다.
> (2) 개별기준
> 이용기구 및 미용기구의 종류, 재질 및 용도에 따른 구체적인 소독기준 및 방법은 보건복지부장관이 정하여 고시한다.

❹ 위생관리기준

(1) 공중이용시설의 실내공기 위생관리기준(보건복지부령)

① 24시간 평균 실내 미세먼지의 양이 $150\mu g/m^3$을 초과하는 경우에는 실내공기정화시설(덕트) 및 설비를 교체 또는 청소를 해야 한다.

② 청소를 해야 하는 실내공기정화시설 및 설비
- 공기정화기(이에 연결된 급·배기관)
- 중앙집중식 냉·난방시설의 급·배기구
- 실내공기의 단순배기관
- 화장실용 또는 조기실용 배기관

(2) 오염물질의 종류와 오염허용기준(보건복지부령)

오염물질의 종류	오염허용기준
미세먼지(PM-10)	24시간 평균치 $150\mu g/m^3$ 이하
일산화탄소(CO)	1시간 평균치 25ppm 이하
이산화탄소(CO_2)	1시간 평균치 1,000ppm 이하
포름알데이드(HCHO)	1시간 평균치 $120\mu g/m^3$ 이하

06 미용사의 업무

❶ 업무범위

① 미용업을 개설하거나 그 업무에 종사하려면 반드시 면허를 받아야 한다.

> ▶ 미용사의 감독을 받아 미용 업무의 보조를 행하는 경우에는 면허가 없어도 된다.

② 영업소 외의 장소에서 행할 수 없다(보건복지부령이 정하는 특별한 사유가 있는 경우에는 예외).

> ▶ 보건복지부령이 정하는 특별한 사유
> - 질병이나 그 밖의 사유로 영업소에 나올 수 없는 자에 대하여 미용을 하는 경우
> - 혼례나 그 밖의 의식에 참여하는 자에 대하여 그 의식 직전에 미용을 하는 경우
> - 사회복지시설에서 봉사활동으로 미용을 하는 경우
> - 방송 등의 촬영에 참여하는 사람에 대하여 그 촬영 직전에 이용 또는 미용을 하는 경우
> - 기타 특별한 사정이 있다고 시장·군수·구청장이 인정하는 경우

③ 이용사 및 미용사의 업무범위에 관하여 필요한 사항은 **보건복지부령**으로 정한다.

② 구체적 업무

미용에 관한 학과를 졸업한 자 및 학위를 받은 자와 2007년 12월 31일 이전에 국가기술자격법에 따라 미용사 자격을 취득한 자로서 미용사면허를 받은 자 : 미용업(종합)에 해당하는 업무

③ 미용업의 세분

세분	업무
미용업(일반)	파마, 머리카락 자르기, 머리카락 모양내기, 머리피부 손질, 머리카락 염색, 머리감기, 의료기기나 의약품을 사용하지 않는 눈썹손질을 하는 영업
미용업(피부)	의료기기나 의약품을 사용하지 않은 피부상태분석 · 피부관리 · 제모 · 눈썹손질을 하는 영업
미용업 (손톱 · 발톱)	손톱과 발톱을 손질 · 화장하는 영업
미용업 (화장 · 분장)	얼굴 등 신체의 화장, 분장 및 의료기기나 의약품을 사용하지 않는 눈썹손질을 하는 영업
미용업(종합)	위의 업무를 모두 하는 영업

07 행정지도감독

① 보고 및 출입·검사

(주체 : 시·도지사 또는 시장·군수·구청장)

① 공중위생영업자 및 공중이용시설의 소유자 등에 대하여 필요한 보고를 하게 함

② 소속공무원으로 하여금 영업소·사무소 등에 출입하여 공중위생영업자의 위생관리의무이행 등에 대하여 검사하게 하거나 필요에 따라 공중위생영업장부나 서류를 열람하게 함

② 검사 의뢰

소속 공무원이 공중위생영업소 또는 공중이용시설의 위생관리실태를 검사하기 위하여 검사대상물을 수거한 경우에는 수거증을 공중위생영업자 또는 공중이용시설의 소유자·점유자·관리자에게 교부하고 검사를 의뢰하여야 한다.

▶ 검사의뢰 기관
  • 특별시·광역시·도의 보건환경연구원
  • 국가표준기본법의 규정에 의하여 인정을 받은 시험·검사기관
  • 시·도지사 또는 시장·군수·구청장이 검사능력이 있다고 인정하는 검사기관

③ 영업의 제한 (주체 : 시·도지사)

공익상 또는 선량한 풍속 유지를 위해 필요 시 영업시간 및 영업행위에 관해 제한 가능

④ 위생지도 및 개선명령

(주체 : 시·도지사 또는 시장·군수·구청장)

(1) 개선명령

다음에 해당하는 자에 대해 보건복지부령으로 정하는 바에 따라 그 개선을 명할 수 있다.

① 공중위생영업의 종류별 시설 및 설비기준을 위반한 공중위생영업자

② 위생관리의무 등을 위반한 공중위생영업자

③ 위생관리의무를 위반한 **공중위생시설의 소유자**

(2) 개선기간

공중위생영업자 및 공중이용시설의 소유자 등에게 개선명령 시 : 위반사항의 개선에 소요되는 기간 등을 고려하여 즉시 또는 6개월의 범위 내에서 기간을 정하여 개선을 명하여야 한다.

※ 연장을 신청한 경우 6개월의 범위 내에서 개선기간을 연장할 수 있다.

(3) 개선명령 시의 명시사항

① 위생관리기준

② 발생된 오염물질의 종류

③ 오염허용기준을 초과한 정도

④ 개선기간

⑤ 영업소 폐쇄 (주체 : 시장·군수·구청장)

(1) 폐쇄 명령

① 다음에 해당하는 공중위생영업자에게 6월 이내의 기간을 정하여 영업의 정지 또는 일부 시설의 사용중지를 명하거나 영업소폐쇄 등을 명할 수 있다.

  • 공중위생 영업신고를 하지 않거나 시설과 설비기준을 위반한 경우

  • 보건복지부령이 정하는 중요사항의 변경신고를 하지 않은 경우

- 공중위생영업자의 지위승계 신고를 하지 않은 경우
- 공중위생영업자의 위생관리의무 등을 지키지 않은 경우
- 영업소 외의 장소에서 이용 또는 미용 업무를 한 경우
- 공중위생관리상 필요한 보고를 하지 않거나 거짓으로 보고한 경우 또는 관계 공무원의 출입, 검사 또는 공중위생영업 장부 또는 서류의 열람을 거부·방해하거나 기피한 경우
- 위생관리에 관한 개선명령을 이행하지 않은 경우
- 성매매알선 등 행위의 처벌에 관한 법률, 풍속영업의 규제에 관한 법률, 청소년 보호법 또는 의료법을 위반하여 관계 행정기관의 장으로부터 그 사실을 통보받은 경우

② 영업정지처분을 받고도 영업정지 기간에 영업을 한 경우에는 영업소 폐쇄를 명할 수 있다.

③ 영업소 폐쇄를 명할 수 있는 경우
  - 공중위생영업자가 정당한 사유 없이 6개월 이상 계속 휴업하는 경우
  - 공중위생영업자가 관할 세무서장에게 폐업신고를 하거나 관할 세무서장이 사업자 등록을 말소한 경우

④ 위 ①에 따른 행정처분의 세부기준은 그 위반행위의 유형과 위반 정도 등을 고려하여 보건복지부령으로 정한다.

(2) 폐쇄를 위한 조치

영업소 폐쇄 명령을 받고도 계속하여 영업을 한 공중위생영업자에게 영업소 폐쇄를 위해 다음의 조치를 하게 할 수 있다.

① 간판 기타 영업표지물의 제거

② 위법한 영업소임을 알리는 게시물 등의 부착

③ 영업을 위하여 필수불가결한 기구 또는 시설물을 사용할 수 없게 하는 봉인

(3) 영업소 폐쇄 봉인 해제 가능한 경우

① 영업소 폐쇄를 위한 봉인을 한 후 봉인을 계속할 필요가 없다고 인정되는 때

② 영업자 등이나 그 대리인이 당해 영업소를 폐쇄할 것을 약속하는 때

③ 정당한 사유를 들어 봉인의 해제를 요청하는 때
  ※ 위법 영업소임을 알리는 게시물 등의 제거를 요청하는 경우도 같다.

6 공중위생감시원

(1) 공중위생감시원의 설치

관계 공무원의 업무를 행하게 하기 위하여 특별시·광역시·도 및 시·군·구(자치구에 한함)에 공중위생감시원을 둔다.

(2) 공중위생감시원의 자격·임명(대통령령)

① 자격 및 임명 : 시·도지사 또는 시장·군수·구청장은 아래의 소속 공무원 중에서 임명한다.
  - 위생사 또는 환경기사 2급 이상의 자격증이 있는 자
  - 대학에서 화학·화공학·환경공학 또는 위생학 분야를 전공하고 졸업한 자 또는 이와 동등 이상의 자격이 있는 자
  - 외국에서 위생사 또는 환경기사 면허를 받은 자
  - 1년 이상 공중위생 행정에 종사한 경력이 있는 자

② 추가 임명 : 공중위생감시원의 인력 확보가 곤란하다고 인정되는 때에는 공중위생 행정에 종사하는 자 중 공중위생 감시에 관한 교육훈련을 2주 이상 받은 자를 공중위생 행정에 종사하는 기간 동안 공중위생감시원으로 임명할 수 있다.

(3) 공중위생감시원의 업무범위

① 관련 시설 및 설비의 확인 및 위생상태 확인·검사

② 공중위생영업자의 위생관리의무 및 영업자준수사항 이행 여부의 확인

③ 공중이용시설의 위생관리상태의 확인·검사

④ 위생지도 및 개선명령 이행 여부의 확인

⑤ 공중위생영업소의 영업의 정지, 일부 시설의 사용중지 또는 영업소 폐쇄명령 이행 여부의 확인

⑥ 위생교육 이행 여부의 확인

(4) 명예공중위생감시원(주체 : 시·도지사)

① 공중위생의 관리를 위한 지도·계몽 등을 행하게 하기 위하여 명예공중위생감시원을 둘 수 있다.

② 명예공중위생감시원의 자격
  - 공중위생에 대한 지식과 관심이 있는 자
  - 소비자단체, 공중위생관련 협회 또는 단체의 소속직원 중에서 당해 단체 등의 장이 추천하는 자

chapter 06

③ 명예감시원의 업무
- 공중위생감시원이 행하는 검사대상물의 수거 지원
- 법령 위반행위에 대한 신고 및 자료 제공
- 그 밖에 공중위생에 관한 홍보·계몽 등 공중위생관리업무와 관련하여 시·도지사가 따로 정하여 부여하는 업무

08 업소 위생등급 및 위생교육

1 위생서비스수준의 평가

(1) 평가 목적 (주체 : 시·도지사)

공중위생영업소의 위생관리수준 향상을 위해 위생서비스평가계획을 수립하여 시장·군수·구청장에게 통보

(2) 평가 방법 (주체 : 시장·군수·구청장)

① 평가계획에 따라 관할지역별 세부평가계획을 수립한 후 평가
② 관련 전문기관 및 단체로 하여금 위생서비스평가를 실시 가능

(3) 평가 주기 : 2년마다 실시

※ 공중위생영업소의 보건·위생관리를 위하여 필요한 경우 공중위생영업의 종류 또는 위생관리등급별로 평가 주기를 달리할 수 있다.

(4) 위생관리등급의 구분(보건복지부령)

구분	등급
최우수업소	녹색등급
우수업소	황색등급
일반관리대상 업소	백색등급

▶ 위생서비스평가의 주기·방법, 위생관리등급의 기준, 기타 평가에 관하여 필요한 사항은 보건복지부령으로 정한다.

(5) 위생등급관리 공표 (주체 : 시장·군수·구청장)

① 보건복지부령이 정하는 바에 의하여 위생서비스평가의 결과에 따른 위생관리등급을 해당 공중위생영업자에게 통보 및 공표
② 공중위생영업자는 통보받은 위생관리등급의 표지를 영업소의 명칭과 함께 영업소의 출입구에 부착 가능

(6) 위생 감시 (주체 : 시·도지사 또는 시장·군수·구청장)

① 위생서비스평가의 결과에 따른 위생관리등급별로 영업소에 대한 위생 감시를 실시
② 영업소에 대한 출입·검사와 위생 감시의 실시 주기 및 횟수 등 위생관리등급별 위생감시기준은 보건복지부령으로 정함

2 위생교육

(1) 교육 횟수 및 시간 : 매년 3시간

(2) 교육 대상 및 시기

① 영업 신고를 하려면 미리 위생교육을 받아야 한다.

▶ 이·미용업 종사자는 위생교육 대상자가 아니다.

② 영업개시 후 6개월 이내에 위생교육을 받을 수 있는 경우
- 천재지변, 본인의 질병·사고, 업무상 국외출장 등의 사유로 교육을 받을 수 없는 경우
- 교육을 실시하는 단체의 사정 등으로 미리 교육을 받기 불가능한 경우

(3) 교육내용

① 공중위생관리법 및 관련 법규
② 소양교육(친절 및 청결에 관한 사항 포함)
③ 기술교육
④ 기타 공중위생에 관하여 필요한 내용

(4) 교육 대체

위생교육 대상자 중 보건복지부장관이 고시하는 도서·벽지지역에서 영업을 하고 있거나 하려는 자에 대하여는 교육교재를 배부하여 이를 익히고 활용하도록 함으로써 교육에 갈음할 수 있다.

(5) 영업장별 교육

위생교육을 받아야 하는 자 중 영업에 직접 종사하지 않거나 2 이상의 장소에서 영업을 하는 자는 종업원 중 영업장별로 공중위생에 관한 책임자를 지정하고 그 책임자로 하여금 위생교육을 받게 하여야 한다.

(6) 교육기관

보건복지부장관이 허가한 단체 또는 공중위생영업자 단체

▶ 위생교육 실시단체의 업무
- 교육 교재를 편찬하여 교육 대상자에게 제공
- 위생교육을 수료한 자에게 수료증 교부 : 위생교육 실시단체의 장
- 교육실시 결과를 교육 후 1개월 이내에 시장·군수·구청장에게 통보
- 수료증 교부대장 등 교육에 관한 기록을 2년 이상 보관·관리

(7) 교육의 면제

위생교육을 받은 자가 위생교육을 받은 날부터 2년 이내에 위생교육을 받은 업종과 같은 업종의 영업을 하려는 경우에는 해당 영업에 대한 위생교육을 받은 것으로 본다.

09 위임 및 위탁 (주체 : 보건복지부장관)

1 권한 위임

권한의 일부를 대통령령이 정하는 바에 의하여 시·도지사 또는 시장·군수·구청장에게 위임할 수 있다.

2 업무 위탁

대통령령이 정하는 바에 의하여 관계전문기관 등에 그 업무의 일부를 위탁할 수 있다.

▶ 주체별 주요업무

주체	업무
시·도지사	• 영업시간 및 영업행위 제한 • 위생서비스 평가계획 수립
시장·군수·구청장	• 영업신고, 변경신고, 폐업신고 및 영업신고증 교부 • 면허 신청·취소 및 면허증 교부·반납, 폐쇄명령 • 위생서비스평가 • 위생등급관리 공표 • 과태료 및 과징금 부과·징수 • 청문
보건복지부장관	• 업무 위탁
보건복지부령	• 위생기준 및 소독기준 • 미용사의 업무범위 • 위생서비스 수준의 평가주기와 방법, 위생관리등급
대통령령	공중위생감시원의 자격·임명·업무·범위

10 행정처분, 벌칙, 양벌규정 및 과태료

1 면허취소·정지처분의 세부기준

위반사항	행정처분기준			
	1차 위반	2차 위반	3차 위반	4차 위반
미용사의 면허에 관한 규정을 위반한 때				
① 국가기술자격법에 따라 미용사자격 취소 시	면허취소			
② 국가기술자격법에 따라 미용사자격정지처분을 받을 시	면허정지	(국가기술자격법에 의한 자격정지처분기간에 한한다)		
③ 금치산자, 정신질환자, 결핵환자, 약물중독자에 의한 결격사유에 해당한 때	면허취소			
④ 이중으로 면허 취득 시	면허취소	(나중에 발급받은 면허를 말한다)		
⑤ 면허증을 타인에게 대여 시	면허정지 3월	면허정지 6월	면허취소	
⑥ 면허정지처분을 받고 그 정지기간중 업무를 행한 때	면허취소			

chapter 06

위반사항	행정처분기준			
	1차 위반	2차 위반	3차 위반	4차 위반
법 또는 법에 의한 명령에 위반한 때				
① 시설 및 설비기준을 위반 시	개선명령	영업정지 15일	영업정지 1개월	영업장 폐쇄명령
② 신고를 하지 않고 영업소의 명칭 및 상호 또는 영업장 면적의 1/3 이상 변경 시	경고 또는 개선명령	영업정지 15일	영업정지 1개월	영업장 폐쇄명령
③ 신고를 하지 않고 영업소의 소재지 변경 시	영업정지 1개월	영업정지 2개월	영업장 폐쇄명령	
④ 영업자의 지위를 승계한 후 1월 이내에 신고하지 않을 시	경고	영업정지 10일	영업정지 1개월	영업장 폐쇄명령
⑤ 소독한 기구와 소독하지 않은 기구를 각기 다른 용기에 보관하지 않거나 1회용 면도날을 2인 이상의 손님에게 사용 시	경고	영업정지 5일	영업정지 10일	영업장 폐쇄명령
⑥ 피부미용을 위하여 「약사법」에 따른 의약품 또는 「의료기기법」에 따른 의료기기를 사용 시	영업정지 2월	영업정지 3월	영업장 폐쇄명령	
⑦ 점빼기 · 귓볼뚫기 · 쌍꺼풀수술 · 문신 · 박피술 그 밖에 유사한 의료행위를 할 시	영업정지 2월	영업정지 3월	영업장 폐쇄명령	
⑧ 미용업 신고증 및 면허증 원본을 게시하지 않거나 업소내 조명도를 준수하지 않을 시	경고 또는 개선명령	영업정지 5일	영업정지 10일	영업장 폐쇄명령
⑨ 영업소 외의 장소에서 업무를 행할 시	영업정지 1개월	영업정지 2개월	영업장 폐쇄명령	
⑩ 시 · 도지사, 시장 · 군수 · 구청장이 하도록 한 필요한 보고를 하지 아니하거나 거짓으로 보고한 때 또는 관계공무원의 출입 · 검사를 거부 · 기피하거나 방해 시	영업정지 10일	영업정지 20일	영업정지 1개월	영업장 폐쇄명령
⑪ 시 · 도지사 또는 시장 · 군수 · 구청장의 개선명령을 이행하지 않을 시	경고	영업정지 10일	영업정지 1개월	영업장 폐쇄명령
⑫ 영업정지처분을 받고 그 영업정지기간 중 영업 시	영업장 폐쇄명령			
「성매매알선 등 행위의 처벌에 관한 법률」·「풍속영업의 규제에 관한 법률」·「의료법」에 위반하여 관계행정기관의 장의 요청이 있는 때				
① 손님에게 성매매알선등행위(또는 음란행위)를 하게 하거나 이를 알선 또는 제공 시				
ㆍ영업소	영업정지 3개월	영업장 폐쇄명령		
ㆍ미용사(업주)	면허정지 3개월	면허취소		
② 손님에게 도박 그 밖에 사행행위를 하게 할 시	영업정지 1개월	영업정지 2개월	영업장 폐쇄명령	
③ 음란한 물건을 관람 · 열람하게 하거나 진열 또는 보관 시	경고	영업정지 15일	영업정지 1월	영업장 폐쇄명령
④ 무자격 안마사로 하여금 안마 행위를 하게 할 시	영업정지 1월	영업정지 2월	영업장 폐쇄명령	

② 벌칙(징역 또는 벌금)

(1) 1년 이하의 징역 또는 1천만원 이하의 벌금
① 영업신고를 하지 않을 시
② 영업정지명령(또는 일부 시설의 사용중지명령)을 받고도 그 기간 중에 영업을 하거나 그 시설을 사용 시
③ 영업소 폐쇄명령을 받고도 계속하여 영업 시

(2) 6월 이하의 징역 또는 500만원 이하의 벌금
① 변경신고를 하지 않을 시
② 공중위생영업자의 지위를 승계한 경우 지위승계 신고를 하지 않을 시
③ 건전한 영업질서를 위하여 공중위생영업자가 준수하여야 할 사항을 준수하지 않을 시

(3) 300만원 이하의 벌금
① 다른 사람에게 미용사 면허증을 빌려주거나 빌린 사람
② 미용사 면허증을 빌려주거나 빌리는 것을 알선한 사람
③ 면허의 취소 또는 정지 중에 미용업을 한 사람
④ 면허를 받지 않고 미용업을 개설하거나 그 업무에 종사한 사람

③ 양벌규정
법인의 대표자나 법인 또는 개인의 대리인, 사용인, 그 밖의 종업원이 그 법인(또는 개인)의 업무에 관하여 위 벌칙에 해당하는 행위 위반 시 그 행위자 외에 법인(또는 개인)에게도 해당 조문의 벌금형을 부과한다.
※ 법인(또는 개인)이 그 위반행위를 방지하기 위해 주의와 감독을 게을리하지 않은 경우에는 벌금형을 과하지 않음

④ 과태료
(1) 300만원 이하의 과태료
① 공중위생 관리상 필요한 보고를 하지 않거나 관계공무원의 출입·검사 기타 조치를 거부·방해 또는 는 기피 시
② 위생관리의무에 대한 개선명령 위반 시
③ 시설 및 설비기준에 대한 개선명령 위반 시

(2) 200만원 이하의 과태료
① 영업소 외의 장소에서 미용업무를 행한 자
② 위생교육을 받지 않은 자

③ 다음의 위생관리의무를 지키지 않은 자
- 의료기구와 의약품을 사용하지 아니하는 순수한 화장 또는 피부미용을 할 것
- 미용기구는 소독을 한 기구와 소독을 하지 아니한 기구로 분리하여 보관하고, 면도기는 1회용 면도날만을 손님 1인에 한하여 사용할 것
- 미용사면허증을 영업소안에 게시할 것

(3) 과태료의 부과·징수
과태료는 대통령령으로 정하는 바에 따라 보건복지부장관 또는 시장·군수·구청장이 부과·징수

> ▶ 과태료 부과기준
> ㉠ 일반기준 : 시장·군수·구청장은 위반행위의 정도, 위반 횟수, 위반행위의 동기와 그 결과 등을 고려하여 그 해당 금액의 2분의 1의 범위에서 경감하거나 가중할 수 있다.
> ㉡ 개별기준
>
> | 위반행위 | 과태료 |
> | --- | --- |
> | 미용업소의 위생관리 의무 불이행 시 | 80만원 |
> | 영업소 외의 장소에서 미용업무를 행할 시 | 80만원 |
> | 공중위생 관리상 필요한 보고를 하지 않거나 관계공무원의 출입·검사, 기타 조치를 거부·방해 또는 기피 시 | 150만원 |
> | 위생관리업무에 대한 개선명령 위반 시 | 150만원 |
> | 위생교육 미수료시 | 60만원 |

⑤ 과징금 처분
(1) 과징금 부과(주체 : 시장·군수·구청장)
영업정지가 이용자에게 심한 불편을 주거나 그 밖에 공익을 해할 우려가 있는 경우에는 영업정지 처분에 갈음하여 1억원 이하의 과징금을 부과할 수 있다
(예외 : 성매매알선 등 행위의 처벌에 관한 법률, 풍속영업의 규제에 관한 법률 또는 이에 상응하는 위반행위로 인하여 처분을 받게 되는 경우).

(2) 과징금을 부과할 위반행위의 종별과 과징금의 금액
① 과징금의 금액은 위반행위의 종별·정도 등을 감안하여 보건복지부령이 정하는 영업정지기간에 과징금 산정기준을 적용하여 산정한다.

> ▶ 과징금 산정기준
> - 영업정지 1월은 30일로 계산
> - 과징금 부과의 기준이 되는 매출금액은 처분일이 속한 연도의 전년도의 1년간 총 매출금액을 기준
> - 신규사업·휴업 등으로 인하여 1년간의 총 매출금액을 산출할 수 없거나 1년간의 매출금액을 기준으로 하는 것이 불합리하다고 인정되는 경우에는 분기별·월별 또는 일별 매출금액을 기준으로 산출 또는 조정

② 시장·군수·구청장(자치구 구청장)은 공중위생영업자의 사업규모·위반행위의 정도 및 횟수 등을 참작하여 과징금 금액의 1/2 범위 안에서 가중 또는 감경할 수 있다.

※ 가중하는 경우에도 과징금의 총액이 1억원을 초과할 수 없다.

(3) 과징금 납부

통지를 받은 날부터 20일 이내에 시장·군수·구청장이 정하는 수납기관에 납부

※ 천재지변 및 부득이한 사유가 있는 경우 : 사유가 없어진 날부터 7일 이내

(4) 과징금 징수

① 과징금 미납부시 시장·군수·구청장은 과징금 부과 처분을 취소하고, 영업정지 처분을 하거나 지방세외수입금의 징수 등에 관한 법률에 따라 징수
② 부과·징수한 과징금은 당해 시·군·구에 귀속됨
③ 과징금의 징수를 위하여 필요한 경우 다음 사항을 기재한 문서로 관할 세무관서의 장에게 과세정보의 제공을 요청할 수 있다.
- 납세자의 인적사항
- 사용 목적
- 과징금 부과기준이 되는 매출금액

④ 과징금의 징수절차에 관하여는 국고금관리법 시행규칙을 준용한다. 이 경우 납입고지서에는 이의신청의 방법 및 기간 등을 함께 적어야 한다.

(5) 청문

보건복지부장관 또는 시장·군수·구청장이 청문을 실시해야 하는 처분
① 면허취소·면허정지
② 공중위생영업의 정지
③ 일부 시설의 사용중지
④ 영업소폐쇄명령
⑤ 공중위생영업 신고사항의 직권 말소

▶ 참고 : 벌금, 과태료, 과징금의 차이

구분	의미
벌금	재산형 형벌(금전 박탈)로 미부과 시 노역 유치 가능
과료	벌금과 같은 재산형으로 일정한 금액의 지불의무를 강제하지만 경범죄처벌법과 같이 벌금형에 비해 주로 경미한 범죄에 대해 부과
과태료	행정법상 의무 위반(불이행)에 대한 제재로 부과 징수하는 금전부담(형벌의 성질을 가지지 않음)
과징금	행정법상 의무 위반(불이행) 시 발생된 경제적 이익에 대해 징수하는 금전부담(형벌의 성질을 가지지 않음)

※ 부과주체 : 벌금과 과료는 판사, 과태료와 과징금은 해당 행정관청이 부과

기출문제 | 단원별 구성의 문제 유형 파악!

01. 공중위생관리법의 목적 및 정의

★★★★
1 다음은 법률상에서 정의되는 용어이다. 바르게 서술된 것은 다음 중 어느 것인가?

① 건물위생관리업이란 공중이 이용하는 시설물의 청결유지와 실내공기정화를 위한 청소 등을 대행하는 영업을 말한다.
② 미용업이란 손님의 얼굴과 피부를 손질하여 모양을 단정하게 꾸미는 영업을 말한다.
③ 이용업이란 손님의 머리, 수염, 피부 등을 손질하여 외모를 꾸미는 영업을 말한다.
④ 공중위생영업이란 미용업, 숙박업, 목욕장업, 수영장업, 유기영업 등을 말한다.

- **미용업** : 손님의 얼굴·머리·피부 및 손톱·발톱 등을 손질하여 손님의 외모를 아름답게 꾸미는 영업
- **이용업** : 손님의 머리카락 또는 수염을 깎거나 다듬는 등의 방법으로 손님의 용모를 단정하게 하는 영업
- **공중위생영업** : 다수인을 대상으로 위생관리서비스를 제공하는 영업으로서 숙박업·목욕장업·이용업·미용업·세탁업·건물위생관리업을 말한다.

★★★★★
2 다음 중 공중위생관리법의 궁극적인 목적은?

① 공중위생영업 종사자의 위생 및 건강관리
② 공중위생영업소의 위생 관리
③ 위생수준을 향상시켜 국민의 건강증진에 기여
④ 공중위생영업의 위상 향상

정답 **1** 1 ① 2 ③

3 공중위생관리법상 ( ) 속에 가장 적합한 것은?

> 공중위생관리법은 공중이 이용하는 영업의 ( ) 등에 관한 사항을 규정함으로써 위생수준을 향상시켜 국민의 건강증진에 기여함을 목적으로 한다.

① 위생
② 위생관리
③ 위생과 소독
④ 위생과 청결

4 공중위생관리법의 목적을 적은 아래 조항 중 ( ) 속에 알맞은 말은?

> 제1조(목적) 이 법은 공중이 이용하는 ( )의 위생관리 등에 관한 사항을 규정함으로써 위생수준을 향상시켜 국민의 건강증진에 기여함을 목적으로 한다.

① 영업소
② 영업장
③ 위생영업소
④ 영업

5 다음 중 공중위생관리법에서 정의되는 공중위생영업을 가장 잘 설명한 것은?
① 공중에게 위생적으로 관리하는 영업
② 다수인을 대상으로 위생관리서비스를 제공하는 영업
③ 다수인에게 공중위생을 준수하여 시행하는 영업
④ 공중위생서비스를 전달하는 영업

6 공중위생관리법에서 공중위생영업이란 다수인을 대상으로 무엇을 제공하는 영업으로 정의되고 있는가?
① 위생관리서비스
② 위생서비스
③ 위생안전서비스
④ 공중위생서비스

7 이용업 및 미용업은 다음 중 어디에 속하는가?
① 공중위생영업
② 위생관련영업
③ 위생처리업
④ 건물위생관리업

8 다음 중 ( ) 안에 가장 적합한 것은?

> 공중위생관리법상 "미용업"의 정의는 손님의 얼굴, 머리, 피부 및 손톱·발톱 등을 손질하여 손님의 ( )를(을) 아름답게 꾸미는 영업이다.

① 모습
② 외양
③ 외모
④ 신체

9 공중위생영업에 해당하지 않는 것은?
① 세탁업
② 위생관리업
③ 미용업
④ 목욕장업

10 공중위생영업에 속하지 않는 것은?
① 식당조리업
② 숙박업
③ 이·미용업
④ 세탁업

11 공중위생관리법상 미용업의 정의로 가장 올바른 것은?
① 손님의 얼굴 등에 손질을 하여 손님의 용모를 아름답고 단정하게 하는 영업
② 손님의 머리를 손질하여 손님의 용모를 아름답고 단정하게 하는 영업
③ 손님의 머리카락을 다듬거나 하는 등의 방법으로 손님의 용모를 단정하게 하는 영업
④ 손님의 얼굴·머리·피부 및 손톱·발톱 등을 손질하여 손님의 외모를 아름답게 꾸미는 영업

정 답 3 ② 4 ④ 5 ② 6 ① 7 ① 8 ③ 9 ② 10 ① 11 ④

12 공중위생관리법상에서 미용업이 손질할 수 있는 손님의 신체범위를 가장 잘 나타낸 것은?

① 얼굴, 손, 머리
② 손, 발, 얼굴, 머리
③ 머리, 피부
④ 얼굴, 피부, 머리, 손톱, 발톱

미용업 : 손님의 얼굴 · 머리 · 피부 및 손톱 · 발톱 등을 손질하여 손님의 외모를 아름답게 꾸미는 영업

13 "공중위생 영업자는 그 이용자에게 건강상 (   )이 발생하지 아니하도록 영업 관련 시설 및 설비를 안전하게 관리해야 한다." (   ) 안에 들어갈 단어는?

① 질병　　　　　　② 사망
③ 위해요인　　　　④ 감염병

02. 영업신고 및 폐업신고

1 공중위생영업을 하고자 하는 자가 필요로 하는 것은?

① 통보　　　　　　② 인가
③ 신고　　　　　　④ 허가

공중위생영업을 하고자 하는 자는 공중위생영업의 종류별로 보건복지부령이 정하는 시설 및 설비를 갖추고 시장·군수·구청장에게 신고하여야 한다. 보건복지부령이 정하는 중요사항을 변경하고자 하는 때에도 또한 같다.

2 공중위생영업자가 중요사항을 변경하고자 할 때 시장, 군수, 구청장에게 어떤 절차를 취해야 하는가?

① 통보　　　　　　② 통고
③ 신고　　　　　　④ 허가

3 이·미용업의 신고에 대한 설명으로 옳은 것은?

① 이·미용사 면허를 받은 사람만 신고할 수 있다.
② 일반인 누구나 신고할 수 있다.
③ 1년 이상의 이·미용업무 실무경력자가 신고할 수 있다.
④ 미용사 자격증을 소지하여야 신고할 수 있다.

4 다음 중 이·미용업을 개설할 수 있는 경우는?

① 이·미용사 면허를 받은 자
② 이·미용사의 감독을 받아 이·미용을 행하는 자
③ 이·미용사의 자문을 받아서 이·미용을 행하는 자
④ 위생관리 용역업 허가를 받은 자로서 이·미용에 관심이 있는 자

이·미용사 면허를 받은 사람만 이·미용업을 개설할 수 있다.

5 이·미용 영업을 개설할 수 있는 자의 자격은?

① 자기 자금이 있을 때
② 이·미용의 면허증이 있을 때
③ 이·미용의 자격이 있을 때
④ 영업소 내에 시설을 완비하였을 때

6 공중위생영업을 하고자 하는 자가 시설 및 설비를 갖추고 다음 중 누구에게 신고해야 하는가?

① 보건복지부장관
② 안전행정부장관
③ 시·도지사
④ 시장·군수·구청장(자치구의 구청장)

7 이·미용사가 되고자 하는 자는 누구의 면허를 받아야 하는가?

① 보건복지부장관
② 시·도지사
③ 시장·군수·구청장
④ 대통령

8 다음 중 이·미용사의 면허를 발급하는 기관이 아닌 것은?

① 서울시 마포구청장
② 제주도 서귀포시장
③ 인천시 부평구청장
④ 경기도지사

면허 발급은 시장, 군수, 구청장이 한다.

9 이·미용업의 영업신고를 하려는 자가 제출하여야 하는 첨부서류로 옳게 짝지어진 것은?

> ㉠ 영업시설 및 설비개요서
> ㉡ 교육수료증(법 제17조제2항에 따라 미리 교육을 받은 경우에만 해당한다.)
> ㉢ 면허증 원본
> ㉣ 위생서비스수준의 평가계획서

① ㉡, ㉢, ㉣   ② ㉠, ㉡, ㉣
③ ㉠, ㉡, ㉢, ㉣   ④ ㉠, ㉡

면허증은 제출하지 않고 담당자가 확인만 한다.

10 공중위생관리법상 이·미용업자의 변경신고사항에 해당되지 않는 것은?

① 영업소의 명칭 또는 상호변경
② 영업소의 소재지 변경
③ 영업정지 명령 이행
④ 대표자의 성명 또는 생년월일

변경신고사항
• 영업소의 명칭 또는 상호
• 영업소의 소재지
• 신고한 영업장 면적의 3분의 1 이상의 증감
• 대표자의 성명 또는 생년월일
• 미용업 업종 간 변경

11 다음 중 이·미용업 영업자가 변경신고를 해야 하는 것을 모두 고른 것은?

> ㉠ 영업소의 소재지
> ㉡ 영업소 바닥면적의 3분의 1 이상의 증감
> ㉢ 종사자의 변동사항
> ㉣ 영업자의 재산변동사항

① ㉠   ② ㉠, ㉡
③ ㉠, ㉡, ㉢   ④ ㉠, ㉡, ㉢, ㉣

12 이·미용업자가 신고한 영업장 면적의 ( ) 이상의 증감이 있을 때 변경신고를 하여야 하는가?

① 5분의 1   ② 4분의 1
③ 3분의 1   ④ 2분의 1

03. 영업의 승계

1 이·미용업을 승계할 수 있는 경우가 아닌 것은?
(단, 면허를 소지한 자에 한함)

① 이·미용업을 양수한 경우
② 이·미용업 영업자의 사망에 의한 상속에 의한 경우
③ 공중위생관리법에 의한 영업장폐쇄명령을 받은 경우
④ 이·미용업 영업자의 파산에 의해 시설 및 설비의 전부를 인수한 경우

이·미용업 승계 가능한 사람
• 양수인 : 이·미용업 영업자가 이·미용업을 양도한 때
• 상속 : 이·미용업 영업자가 사망한 때
• 법인 : 합병 후 존속하는 법인 또는 합병에 의해 설립되는 법인
• 경매, 환가, 압류재산의 매각 그 밖에 이에 준하는 절차에 따라 이·미용업 영업 관련시설 및 설비의 전부를 인수한 자

2 이·미용사 영업자의 지위를 승계 받을 수 있는 자의 자격은?

① 자격증이 있는 자   ② 면허를 소지한 자
③ 보조원으로 있는 자   ④ 상속권이 있는 자

이용업과 미용업의 경우 면허를 소지한 자에 한하여 승계 가능하다.

3 이·미용업의 상속으로 인한 영업자 지위승계 신고 시 구비서류가 아닌 것은?

① 영업자 지위승계 신고서
② 가족관계증명서
③ 양도계약서 사본
④ 상속자임을 증명할 수 있는 서류

양도계약서 사본은 영업양도인 경우 필요한 서류이다.

4 ★★★★★ 이·미용업 영업자의 지위를 승계한 자는 얼마의 기간 이내에 관계기관장에게 신고해야 하는가?

① 7일 이내
② 15일 이내
③ 1월 이내
④ 2월 이내

> 공중위생영업자의 지위를 승계한 자는 1월 이내에 시장·군수 또는 구청장에게 신고해야 한다.

5 ★★★★★ 다음 ( ) 안에 적합한 것은?

> 법이 준하는 절차에 따라 공중영업 관련시설을 인수하여 공중위생영업자의 지위를 승계한 자는 ( )월 이내에 보건복지부령이 정하는 바에 따라 시장 · 군수 또는 구청장에게 신고하여야 한다.

① 1
② 2
③ 3
④ 6

6 ★★★ 영업자의 지위를 승계한 후 누구에게 신고하여야 하는가?

① 보건복지부장관
② 시·도지사
③ 시장·군수·구청장
④ 세무서장

04. 면허 발급 및 취소

1 ★★★★ 다음 중 이·미용사의 면허를 받을 수 없는 자는?

① 전문대학의 이·미용에 관한 학과를 졸업한 자
② 교육부장관이 인정하는 고등기술학교에서 1년 이상 미용에 관한 소정의 과정을 이수한 자
③ 국가기술자격법에 의해 미용사의 자격을 취득한 자
④ 외국의 유명 이·미용학원에서 2년 이상 기술을 습득한 자

2 ★★★★ 다음 중 이·미용사 면허를 받을 수 있는 자가 아닌 것은?

① 고등학교에서 이용 또는 미용에 관한 학과를 졸업한 자
② 국가기술자격법에 의한 이용사 또는 미용사 자격을 취득한자
③ 보건복지부장관이 인정하는 외국의 이용사 또는 미용사 자격 소지자
④ 전문대학에서 이용 또는 미용에 관한 학과 졸업자

3 ★★★★ 이용사 또는 미용사의 면허를 받을 수 없는 자는?

① 전문대학 또는 이와 동등 이상의 학력이 있다고 교육부장관이 인정하는 학교에서 미용에 관한 학과를 졸업한 자
② 고등학교 또는 이와 동등의 학력이 있다고 교육부장관이 인정하는 학교에서 미용에 관한 학과를 졸업한 자
③ 교육부장관이 인정하는 고등기술학교에서 6월 이상 미용에 관한 소정의 과정을 이수한 자
④ 국가기술자격법에 의해 미용사의 자격을 취득한 자

> **면허 발급 대상자**
> • 전문대학 또는 이와 동등 이상의 학력이 있다고 교육부장관이 인정하는 학교에서 미용에 관한 학과를 졸업한 자
> • 대학 또는 전문대학을 졸업한 자와 동등 이상의 학력이 있는 것으로 인정되어 미용에 관한 학위를 취득한 자
> • 고등학교 또는 이와 동등의 학력이 있다고 교육부장관이 인정하는 학교에서 미용에 관한 학과를 졸업한 자
> • 특성화고등학교, 고등기술학교나 고등학교 또는 고등기술학교에 준하는 각종학교에서 1년 이상 미용에 관한 소정의 과정을 이수한 자
> • 국가기술자격법에 의해 미용사의 자격을 취득한 자

4 ★★★ 다음 중 이·미용사의 면허를 받을 수 있는 사람은?

① 공중위생영업에 종사자로 처음 시작하는 자
② 공중위생영업에 6개월 이상 종사자
③ 공중위생영업에 2년 이상 종사자
④ 공중위생영업을 승계한 자

5 다음 중 이용사 또는 미용사의 면허를 취소할 수 있는 대상에 해당되지 않는 자는?

① 정신질환자
② 감염병 환자
③ 피성년후견인
④ 당뇨병 환자

당뇨병환자는 이용사 또는 미용사 영업을 할 수 있다.

6 이·미용사의 면허는 누가 취소할 수 있는가?

① 대통령
② 보건복지부장관
③ 시장·군수·구청장
④ 시·도지사

7 이·미용사 면허증을 분실하였을 때 누구에게 재교부 신청을 하여야 하는가?

① 보건복지부장관
② 시·도지사
③ 시장·군수·구청장
④ 협회장

8 이·미용사가 면허증 재교부 신청을 할 수 없는 경우는?

① 면허증을 잃어버린 때
② 면허증 기재사항의 변경이 있는 때
③ 면허증이 못쓰게 된 때
④ 면허증이 더러운 때

재교부 신청을 할 수 있는 경우
• 신고증 분실 또는 훼손 시
• 신고인의 성명이나 생년월일이 변경된 때

9 이·미용사의 면허증을 재교부 신청할 수 없는 경우는?

① 국가기술자격법에 의한 이·미용사 자격증이 취소된 때
② 면허증의 기재사항에 변경이 있을 때
③ 면허증을 분실한 때
④ 면허증이 못쓰게 된 때

10 미용사 면허증의 재교부 사유가 아닌 것은?

① 성명 또는 주민등록번호 등 면허증의 기재사항에 변경이 있을 때
② 영업장소의 상호 및 소재지가 변경될 때
③ 면허증을 분실했을 때
④ 면허증이 헐어 못쓰게 된 때

11 이·미용사 면허증을 분실하여 재교부를 받은 자가 분실한 면허증을 찾았을 때 취하여야 할 조치로 옳은 것은?

① 시·도지사에게 찾은 면허증을 반납한다.
② 시장·군수에게 찾은 면허증을 반납한다.
③ 본인이 모두 소지하여도 무방하다.
④ 재교부 받은 면허증을 반납한다.

면허증 분실 후 재교부받으면 그 잃어버린 면허증을 찾은 경우 지체없이 재교부 받은 시장·군수·구청장에게 반납해야 한다.

12 이·미용사의 면허증을 재교부 받을 수 있는 자는 다음 중 누구인가?

① 공중위생관리법의 규정에 의한 명령을 위반한 자
② 간질병자
③ 면허증을 다른 사람에게 대여한 자
④ 면허증이 헐어 못쓰게 된 자

13 다음 중 이용사 또는 미용사의 면허를 받을 수 있는 자는?

① 약물 중독자 　　② 임환사
③ 정신질환자 　　④ 금치산자

암환자도 이용사 또는 미용사의 면허를 받을 수 있다.

14 다음 중 이·미용사의 면허를 받을 수 있는 사람은?

① 전과기록이 있는 자
② 금치산자
③ 마약, 기타 대통령령으로 정하는 약물중독자
④ 정신질환자

전과기록이 있는 자는 결격사유에 해당하지 않는다.

15 ******* 다음 중 이·미용사 면허를 취득할 수 없는 자는?

① 면허 취소 후 1년 경과자
② 독감환자
③ 마약중독자
④ 전과기록자

> 약물 중독자는 면허 결격 사유자에 해당된다.

16 ******* 이·미용사의 면허가 취소되었을 경우 몇 개월이 경과되어야 또 다시 그 면허를 받을 수 있는가?

① 3개월   ② 6개월
③ 9개월   ④ 12개월

17 ******* 다음 중 이용사 또는 미용사의 면허를 받을 수 있는 경우는?

① 금치산자   ② 벌금형이 선고된 자
③ 정신병자   ④ 간질병자

> 벌금형이 선고되었더라도 이용사 또는 미용사의 면허를 받을 수 있다.

18 ******* 이·미용사가 간질병자에 해당하는 경우의 조치로 옳은 것은?

① 이환기간 동안 휴식하도록 한다.
② 3개월 이내의 기간을 정하여 면허정지 한다.
③ 6개월 이내의 기간을 정하여 면허정지 한다.
④ 면허를 취소한다.

> 정신질환자(전문의가 미용사로서 적합하다고 인정하는 사람은 예외)는 면허 결격 사유자에 해당한다.

19 ******* 다음 중 이·미용사의 면허정지를 명할 수 있는 자는?

① 안전행정부장관   ② 시·도지사
③ 시장·군수·구청장   ④ 경찰서장

> 시장·군수·구청장은 면허 취소 또는 정지 사유가 있는 경우 면허를 취소하거나 6월 이내의 기간을 정하여 그 면허의 정지를 명할 수 있다.

20 ******* 면허의 정지명령을 받은 자는 그 면허증을 누구에게 제출해야 하는가?

① 보건복지부장관
② 시·도지사
③ 시장·군수·구청장
④ 이미용 협회회장

> 면허가 취소되거나 면허의 정지명령을 받은 자는 지체없이 관할 시장·군수·구청장에게 면허증을 반납해야 한다.

05. 영업자 준수사항

1 ******** 공중위생관리법규에서 규정하고 있는 이·미용영업자의 준수사항이 아닌 것은?

① 소독을 한 기구와 소독을 하지 아니한 기구는 각각 다른 용기에 넣어 보관하여야 한다.
② 손님의 피부에 닿는 수건은 악취가 나지 않아야 한다.
③ 이·미용 요금표를 업소 내에 게시하여야 한다.
④ 이·미용업 신고중 개설자의 면허증 원본 등은 업소 내에 게시하여야 한다.

> 이·미용영업자의 준수사항에 수건의 악취에 대한 내용은 없다.

2 ******** 이·미용업자의 준수사항 중 옳은 것은?

① 업소 내에서는 이·미용 보조원의 명부만 비치하고 기록·관리하면 된다.
② 업소 내 게시물에는 준수사항이 포함된다.
③ 면도기는 1회용 면도날을 손님 1인에게 사용해야 한다.
④ 손님이 사용하는 앞가리개는 반드시 흰색이어야 한다.

> **영업소 내부에 게시해야 할 사항**
> 이·미용업 신고증, 개설자의 면허증 원본, 최종지불요금표

3 이·미용업자가 준수하여야 하는 위생관리기준에 대한 설명으로 틀린 것은?

① 영업장 안의 조명도는 100룩스 이상이 되도록 유지해야 한다.
② 업소 내에 이·미용업 신고증, 개설자의 면허증 원본 및 이·미용 요금표를 게시하여야 한다.
③ 1회용 면도날은 손님 1인에 한하여 사용하여야 한다.
④ 이·미용 기구 중 소독을 한 기구와 소독을 하지 아니한 기구는 각각 다른 용기에 넣어 보관하여야 한다.

> 영업장 안의 조명도는 75룩스 이상이 되도록 유지해야 한다.

4 이·미용업 영업자가 준수하여야 하는 위생관리기준으로 틀린 것은?

① 손님이 보기 쉬운 곳에 준수사항을 게시하여야 한다.
② 이·미용요금표를 게시하여야 한다.
③ 영업장 안의 조명도는 75룩스 이상이어야 한다.
④ 일회용 면도날은 손님 1인에 한하여 사용하여야 한다.

> 이·미용영업자의 준수사항을 영업장 내에 게시할 필요는 없다.

5 이·미용업소에 반드시 게시하여야 할 것은?

① 이·미용 요금표
② 이·미용업소 종사자 인적사항표
③ 면허증 사본
④ 준수 사항 및 주의사항

> 영업소 내에 게시해야 할 사항
> 이·미용업 신고증, 개설자의 면허증 원본, 최종지불요금표

6 이·미용 업소 내에 게시하지 않아도 되는 것은?

① 이·미용업 신고증
② 개설자의 면허증 원본
③ 근무자의 면허증 원본
④ 이·미용요금표

7 이·미용업소 내 반드시 게시하여야 할 사항으로 옳은 것은?

① 요금표 및 준수사항만 게시하면 된다.
② 이·미용업 신고증만 게시하면 된다.
③ 이·미용업 신고증 및 면허증사본, 요금표를 게시하면 된다.
④ 이·미용업 신고증, 면허증원본, 요금표를 게시하여야 한다.

8 공중이용시설의 위생관리 기준이 아닌 것은?

① 소독을 한 기구와 소독을 하지 아니한 기구를 각각 다른 용기에 보관한다.
② 1회용 면도날을 손님 1인에 한하여 사용하여야 한다.
③ 업소 내에 요금표를 게시하여야 한다.
④ 업소 내에 화장실을 갖추어야 한다.

> 업소 내 화장실의 유무는 위생관리기준이 아니다.

9 이·미용업소에 손님이 보기 쉬운 곳에 게시하지 않아도 되는 것은?

① 면허증 원본
② 신고필증
③ 요금표
④ 사업자등록증

10 미용업소의 시설 및 설비 기준으로 적합한 것은?

① 소독을 한 기구와 소독을 하지 아니한 기구를 구분하여 보관할 수 있는 용기를 비치하여야 한다.
② 소독기, 적외선 살균기 등 기구를 소독하는 장비를 갖추어야 한다.
③ 미용업(피부)의 경우 작업장소 내 베드와 베드 사이에는 칸막이를 설치할 수 없다.
④ 작업장소와 응접장소, 상담실, 탈의실 등을 분리하여 칸막이를 설치하려는 때에는 각각 전체 벽면적의 2분의 1이상은 투명하게 하여야 한다.

> ② 소독기, 자외선 살균기 등 기구를 소독하는 장비를 갖추어야 한다(적외선이 아니라 자외선).
> ③ 작업장소 내 베드와 베드 사이에 칸막이를 설치할 수 있다.
> ④ 관련 규정이 삭제되어 칸막이 기준에 대한 제한이 없다.

정답   **3** ①   **4** ①   **5** ①   **6** ③   **7** ④   **8** ④   **9** ④   **10** ①

11 ★★★★ 미용업(손톱, 발톱)을 하는 영업소의 시설과 설비기준에 적합하지 않은 것은?

① 탈의실, 욕실, 욕조 및 샤워기를 설치해야 한다.
② 소독기, 자외선 살균기 등 기구를 소독하는 장비를 갖춘다.
③ 미용기구는 소독을 한 기구와 소독을 하지 않은 기구를 구분하여 보관할 수 있는 용기를 비치한다.
④ 작업장소, 응접장소, 상담실 등을 분리하기 위해 칸막이를 설치할 수 있다.

> 탈의실, 욕실, 욕조 등은 목욕장업의 시설기준에 해당한다.

12 ★★★ 이·미용업소에서의 면도기 사용에 대한 설명으로 가장 옳은 것은?

① 매 손님마다 소독한 정비용 면도기 교체 사용
② 정비용 면도기를 소독 후 계속 사용
③ 정비용 면도기를 손님 1인에 한하여 사용
④ 1회용 면도날만을 손님 1인에 한하여 사용

> 면도기는 1회용 면도날만을 손님 1인에 한하여 사용해야 한다.

13 ★★★ 이용사 또는 미용사의 업무 등에 대한 설명 중 맞는 것은?

① 이용사 또는 미용사의 업무범위는 보건복지부령으로 정하고 있다.
② 이용 또는 미용의 업무는 영업소 이외 장소에서도 보편적으로 행할 수 있다.
③ 미용사의 업무범위는 파마, 면도, 머리피부 손질, 피부미용 등이 포함된다.
④ 이용사 또는 미용사의 면허를 받은 자가 아닌 경우, 일정기간의 수련과정을 마쳐야만 이용 또는 미용업무에 종사할 수 있다.

> ② 이용 또는 미용의 업무는 영업소 이외 장소에서는 행할 수 없다(보건복지부령이 정하는 특별한 사유가 있는 경우에는 예외).
> ③ 면도는 미용사의 업무에 포함되지 않는다.
> ④ 면허를 받은 자가 아닌 경우 이용 또는 미용업무에 종사할 수 없다.

14 ★★★ 다음 중 미용업자가 갖추어야 할 시설 및 설비, 위생관리 기준에 관련된 사항이 아닌 것은?

① 이·미용사 및 보조원이 착용해야 하는 깨끗한 위생복
② 소독기, 자외선 살균기 등 미용기구 소독장비
③ 면도기는 1회용 면도날만을 손님 1인에 한하여 사용할 것
④ 영업장 안의 조명도는 75룩스 이상이 되도록 유지할 것

> 위생관리기준에 위생복에 관한 기준은 없다.

15 ★★★ 미용업소의 시설 및 설비기준으로 적당한 것은?

① 소독을 한 기구와 소독을 하지 아니한 기구를 구분하여 보관할 수 있는 용기를 비치하여야 한다.
② 적외선 살균기를 갖추어야 한다.
③ 작업 장소 및 탈의실의 출입문은 투명하게 해야 한다.
④ 먼지, 일산화탄소, 이산화탄소를 측정하는 측정장비를 갖추어야 한다.

> ② 소독기, 자외선 살균기 등의 소독장비를 갖추어야 한다.
> ③ 탈의실의 출입문은 투명하게 해서는 안 된다.
> ④는 위생관리용역업의 시설 및 설비기준에 해당한다.

16 ★★★ 영업소 안에 면허증을 게시하도록 위생관리 기준으로 명시한 경우는?

① 세탁업을 하는 자
② 목욕장업을 하는 자
③ 미·이용업을 하는 자
④ 위생관리용역업을 하는 자

> 미·이용업을 하는 자는 영업소 내에 미용업 신고증, 개설자의 면허증 원본, 최종지불요금표를 게시해야 한다.

17 이·미용업자의 준수사항 중 틀린 것은?

① 소독한 기구와 하지 아니한 기구는 각각 다른 용
  기에 넣어 보관할 것
② 조명은 75룩스 이상 유지되도록 할 것
③ 신고증과 함께 면허증 사본을 게시할 것
④ 1회용 면도날은 손님 1인에 한하여 사용할 것

> 영업장 내에 신고증과 함께 면허증 원본을 게시해야 한다.

18 이·미용소의 조명시설은 얼마 이상이어야 하는가?

① 50룩스　　　　② 75룩스
③ 100룩스　　　　④ 125룩스

19 이·미용기구의 소독기준 및 방법을 정한 것은?

① 대통령령　　　　② 보건복지부령
③ 환경부령　　　　④ 보건소령

20 이·미용 업소의 위생관리기준으로 적합하지 않은
것은?

① 소독한 기구와 소독을 하지 아니한 기구를 분리
  하여 보관한다.
② 1회용 면도날을 손님 1인에 한하여 사용한다.
③ 피부 미용을 위한 의약품은 따로 보관한다.
④ 영업장 안의 조명도는 75룩스 이상이어야 한다.

> 피부미용을 위해 의약품 또는 의료기기를 사용하면 안 된다.

21 공중위생영업자가 준수하여야 할 위생관리기준은
다음 중 어느 것으로 정하고 있는가?

① 대통령령　　　　② 국무총리령
③ 고용노동부령　　　　④ 보건복지부령

22 다음 이·미용기구의 소독기준 중 잘못된 것은?

① 열탕소독은 100℃ 이상의 물속에 10분 이상 끓
  여준다.
② 자외선소독은 1㎠당 85㎼ 이상의 자외선을 20분
  이상 쐬어준다.

③ 건열멸균소독은 100℃ 이상의 건조한 열에 20분
  이상 쐬어준다.
④ 증기소독은 100℃ 이상의 습한 열에 10분 이상
  쐬어준다.

> 증기소독은 100℃ 이상의 습한 열에 20분 이상 쐬어준다.

23 이·미용 기구 소독 시의 기준으로 틀린 것은?

① 자외선 소독 : 1㎠당 85㎼ 이상의 자외선을 10분
  이상 쐬어준다.
② 석탄산수소독 : 석탄산 3% 수용액에 10분 이상
  담가둔다.
③ 크레졸소독 : 크레졸 3% 수용액에 10분 이상 담
  가둔다.
④ 열탕소독 : 100℃ 이상의 물속에 10분 이상 끓
  여준다.

> 자외선소독 : 1㎠당 85㎼ 이상의 자외선을 20분 이상 쐬어준다.

24 공중위생관리법 시행규칙에 규정된 이·미용기구의
소독기준으로 적합한 것은?

① 1㎠ 당 85㎼ 이상의 자외선을 10분 이상 쐬어준
  다.
② 100℃ 이상의 건조한 열에 10분 이상 쐬어준다.
③ 석탄산수(석탄산 3%, 물 97%)에 10분 이상 담가둔다.
④ 100℃ 이상의 습한 열에 10분 이상 쐬어준다.

> ① 1㎠ 당 85㎼ 이상의 자외선을 20분 이상 쐬어준다.
> ② 100℃ 이상의 건조한 열에 20분 이상 쐬어준다.
> ④ 100℃ 이상의 습한 열에 20분 이상 쐬어준다.

25 다음 중 공중이용시설의 위생관리 항목에 속하는
것은?

① 영업소 실내공기
② 영업소 실내 청소상태
③ 영업소 외부 환경상태
④ 영업소에서 사용하는 수돗물

> 공중이용시설의 위생관리 항목에는 실내공기 기준과 오염물질
> 허용기준이 있다.

정답　17 ③　18 ②　19 ②　20 ③　21 ④　22 ④　23 ①　24 ③　25 ①

1 영업소 외의 장소에서 이·미용 업무를 행할 수 있는 경우가 아닌 것은?

① 질병으로 영업소에 나올 수 없는 경우
② 결혼식 등의 의식 직전인 경우
③ 손님의 간곡한 요청이 있을 경우
④ 시장·군수·구청장이 인정하는 경우

> **영업소 외의 장소에서 이·미용 업무를 행할 수 있는 경우**
> • 질병 등의 이유로 영업소에 방문할 수 없는 자에게 미용을 하는 경우
> • 혼례나 그 밖의 행사(의식) 참여자에게 행사 직전 미용을 하는 경우
> • 사회복지시설에서 봉사활동으로 미용을 하는 경우
> • 방송 등의 촬영에 참여하는 사람에 대하여 그 촬영 직전에 이용 또는 미용을 하는 경우
> • 기타 특별한 사정이 있다고 시장·군수·구청장이 인정하는 경우

2 다음 중 이용사 또는 미용사의 업무범위에 관한 필요한 사항을 정한 것은?

① 대통령령
② 국무총리령
③ 보건복지부령
④ 노동부령

> 이용사 및 미용사의 업무범위에 관하여 필요한 사항은 보건복지부령으로 정한다.

3 이용사 또는 미용사의 면허를 받지 아니한 자 중 이용사 또는 미용사 업무에 종사할 수 있는 자는?

① 이·미용 업무에 숙달된 자로 이·미용사 자격증이 없는 자
② 이·미용사로서 업무정지 처분 중에 있는 자
③ 이·미용업소에서 이·미용사의 감독을 받아 이·미용업무를 보조하고 있는 자
④ 학원 설립·운영에 관한 법률에 의하여 설립된 학원에서 3월 이상 이용 또는 미용에 관한 강습을 받은 자

> 미용사의 감독을 받아 미용 업무의 보조를 행하는 경우에는 면허가 없어도 된다.

4 이·미용업무의 보조를 할 수 있는 자는?

① 이·미용사의 감독을 받는 자
② 이·미용사 응시자
③ 이·미용학원 수강자
④ 시·도지사가 인정한 자

> 미용사의 감독을 받아 미용 업무의 보조를 행하는 경우에는 면허가 없어도 된다.

5 영업소 외의 장소에서 이용 및 미용의 업무를 할 수 있는 경우가 아닌 것은?

① 질병으로 영업소에 나올 수 없는 경우
② 혼례 직전에 이용 또는 미용을 하는 경우
③ 야외에서 단체로 이용 또는 미용을 하는 경우
④ 사회복지시설에서 봉사활동으로 이용 또는 미용을 하는 경우

6 영업소 외에서의 이용 및 미용업무를 할 수 없는 경우는?

① 관할 소재 동지역 내에서 주민에게 이·미용을 하는 경우
② 질병, 기타의 사유로 인하여 영업소에 나올 수 없는 자에 대하여 미용을 하는 경우
③ 혼례나 기타 의식에 참여하는 자에 대하여 그 의식의 직전에 미용을 하는 경우
④ 특별한 사정이 있다고 인정하여 시장·군수·구청장이 인정하는 경우

7 이·미용사는 영업소 외의 장소에서는 이·미용업무를 할 수 없다. 그러나 특별한 사유가 있는 경우에는 예외가 인정되는데 다음 중 특별한 사유에 해당하지 않는 것은?

① 질병으로 영업소까지 나올 수 없는 자에 대한 이·미용
② 혼례 기타 의식에 참여하는 자에 대하여 그 의식 직전에 행하는 이·미용
③ 긴급히 국외에 출타하려는 자에 대한 이·미용
④ 시장·군수·구청장이 특별한 사정이 있다고 인정하는 경우에 행하는 이·미용

8 보건복지부령이 정하는 특별한 사유가 있을 시 영업소 외의 장소에서 이·미용업무를 행할 수 있다. 그 사유에 해당하지 않는 것은?

① 기관에서 특별히 요구하여 단체로 이·미용을 하는 경우

② 질병으로 인하여 영업소에 나올 수 없는 자에 대하여 이·미용을 하는 경우

③ 혼례에 참여하는 자에 대하여 그 의식 직전에 이·미용을 하는 경우

④ 시장·군수·구청장이 특별한 사정이 있다고 인정한 경우

9 다음 중 신고된 영업소 이외의 장소에서 이·미용 영업을 할 수 있는 곳은?

① 생산 공장　　　② 일반 가정
③ 일반 사무실　　④ 거동이 불가한 환자 처소

10 미용사의 업무가 아닌 것은?

① 파마
② 면도
③ 머리카락 모양내기
④ 손톱의 손질 및 화장

07. 행정지도감독

1 영업소 출입·검사 관련공무원이 영업자에게 제시해야 하는 것은?

① 주민등록증　　　② 위생검사 통지서
③ 위생감시 공무원증　④ 위생검사 기록부

출입·검사하는 관계공무원은 그 권한을 표시하는 증표를 지녀야 하며, 관계인에게 이를 내보여야 한다.

2 위생지도 및 개선을 명할 수 있는 대상에 해당하지 않는 것은?

① 공중위생영업의 종류별 시설 및 설비기준을 위반한 공중위생영업자

② 위생관리의무 등을 위반한 공중위생영업자

③ 공중위생영업의 승계규정을 위반한 자

④ 위생관리의무를 위반한 공중위생시설의 소유자

3 공중위생업자에게 개선명령을 명할 수 없는 것은?

① 보건복지부령이 정하는 공중위생업의 종류별 시설 및 설비기준을 위반한 경우

② 공중위생업자는 그 이용자에게 건강상 위해 요인이 발생하지 아니하도록 영업 관련 시설 및 설비를 위생적이고 안전하게 관리해야 하는 위생관리 의무를 위반한 경우

③ 면도기는 1회용 면도날만을 손님 1인에 한하여 사용한 경우

④ 이·미용용기구는 소독을 한 기구와 소독을 하지 아니한 기구로 분리하여 보관해야 하는 위생관리 의무를 위반한 경우

4 공익상 또는 선량한 풍속유지를 위하여 필요하다고 인정하는 경우에 이·미용업의 영업시간 및 영업행위에 관한 필요한 제한을 할 수 있는 자는?

① 관련 전문기관 및 단체장
② 보건복지부장관
③ 시·도지사
④ 시장·군수·구청장

시·도지사는 공익상 또는 선량한 풍속을 유지하기 위하여 필요하다고 인정하는 때에는 공중위생영업자 및 종사원에 대하여 영업시간 및 영업행위에 관한 필요한 제한을 할 수 있다.

5 공중위생영업자가 위생관리 의무사항을 위반한 때의 당국의 조치사항으로 옳은 것은?

① 영업정지
② 자격정지
③ 업무정지
④ 개선명령

시·도지사 또는 시장·군수·구청장은 다음에 해당하는 자에 대하여 보건복지부령으로 정하는 바에 따라 그 개선을 명할 수 있다.
• 공중위생영업의 종류별 시설 및 설비기준을 위반한 공중위생영업자
• 위생관리의무 등을 위반한 공중위생영업자
• 위생관리의무를 위반한 공중위생시설의 소유자 등

chapter 06

6 공중 이용시설의 위생관리 규정을 위반한 시설의 소유자에게 개선명령을 할 때 명시하여야 할 것에 해당되는 것은? (모두 고를 것)

> ㉠ 위생관리기준 ㉡ 개선 후 복구 상태
> ㉢ 개선기간 ㉣ 발생된 오염물질의 종류

① ㉠, ㉢ ② ㉡, ㉣
③ ㉠, ㉢, ㉣ ④ ㉠, ㉡, ㉢, ㉣

> **개선명령 시의 명시사항**
> 위생관리기준, 발생된 오염물질의 종류, 오염허용기준을 초과한 정도, 개선기간

7 공중위생업소가 의료법을 위반하여 폐쇄명령을 받았다. 최소한 어느 정도의 기간이 경과되어야 동일 장소에서 동일 영업이 가능한가?

① 3개월 ② 6개월
③ 9개월 ④ 12개월

> **같은 종류의 영업 금지**
> ① 영업소 불법카메라 설치 조항, 성매매알선 등 행위의 처벌에 관한 법률, 아동·청소년의 성보호에 관한 법률, 풍속영업의 규제에 관한 법률, 청소년 보호법을 위반하여 영업소 폐쇄명령을 받은 자는 2년 경과 후 같은 종류의 영업 가능
> ② 위 ① 외의 법률을 위반하여 영업소 폐쇄명령을 받은 자는 1년 경과 후 같은 종류의 영업 가능
> ③ 위 ①의 법률을 위반하여 영업소 폐쇄명령을 받은 영업장소에서는 1년 경과 후 같은 종류의 영업 가능
> ④ 위 ① 외의 법률을 위반하여 영업소 폐쇄명령을 받은 영업장소에서는 6개월 경과 후 같은 종류의 영업 가능

8 이·미용 영업소 폐쇄의 행정처분을 받고도 계속하여 영업을 할 때에는 당해 영업소에 대하여 어떤 조치를 할 수 있는가?

① 폐쇄 행정처분 내용을 재통보한다.
② 언제든지 폐쇄 여부를 확인만 한다.
③ 당해 영업소 출입문을 폐쇄하고, 벌금을 부과한다.
④ 당해 영업소가 위법한 영업소임을 알리는 게시물 등을 부착한다.

> **영업소 폐쇄 조치**
> • 당해 영업소의 간판 기타 영업표지물의 제거
> • 당해 영업소가 위법한 영업소임을 알리는 게시물 등의 부착
> • 영업을 위하여 필수불가결한 기구 또는 시설물을 사용할 수 없게 하는 봉인

9 다음 ( ) 안에 알맞은 내용은?

> 이·미용업 영업자가 공중위생관리법을 위반하여 관계 행정기관의 장의 요청이 있는 때에는 ( ) 이내의 기간을 정하여 영업의 정지 또는 일부시설의 사용중지 혹은 영업소 폐쇄 등을 명할 수 있다.

① 3개월 ② 6개월
③ 1년 ④ 2년

10 영업소의 폐쇄명령을 받고도 계속하여 영업을 하는 때에 관계공무원으로 하여금 영업소를 폐쇄할 수 있도록 조치를 하게 할 수 있는 자는?

① 보건복지부장관
② 시·도지사
③ 시장·군수·구청장
④ 보건소장

> 시장·군수·구청장은 공중위생영업자가 영업소 폐쇄 명령을 받고도 계속하여 영업을 하는 때에는 관계공무원으로 하여금 당해 영업소를 폐쇄하기 위하여 조치를 하게 할 수 있다.

11 영업소의 폐쇄명령을 받고도 계속하여 영업을 하는 때에 영업소를 폐쇄하기 위해 관계공무원이 행할 수 있는 조치가 아닌 것은?

① 영업소의 간판 기타 영업표지물의 제거
② 위법한 영업소임을 알리는 게시물 등의 부착
③ 영업을 위하여 필수불가결한 기구 또는 시설물을 사용할 수 없게 하는 봉인
④ 출입문의 봉쇄

12 영업소 폐쇄명령을 받고도 계속하여 영업을 하는 경우 해당 공무원으로 하여금 당해 영업소를 폐쇄하기 위하여 할 수 있는 조치가 아닌 것은?

① 당해 영업소의 간판 기타 영업표지물의 제거
② 당해 영업소가 위법한 것임을 알리는 게시물 등의 부착
③ 영업을 위하여 필수불가결한 기구 또는 시설물을 이용할 수 없게 하는 봉인
④ 영업시설물의 철거

정답 6 ③ 7 ② 8 ④ 9 ② 10 ③ 11 ④ 12 ④

13 영업허가 취소 또는 영업장 폐쇄명령을 받고도 계속하여 이·미용 영업을 하는 경우에 시장, 군수, 구청장이 취할 수 있는 조치가 아닌 것은?

① 당해 영업소의 간판 기타 영업표지물의 제거 및 삭제
② 당해 영업소가 위법한 것임을 알리는 게시물 등의 부착
③ 영업을 위하여 필수불가결한 기구 또는 시설물 봉인
④ 당해 영업소의 업주에 대한 손해 배상 청구

14 이·미용 영업소 폐쇄의 행정처분을 한 때에는 당해 영업소에 대하여 어떻게 조치하는가?

① 행정처분 내용을 통보만 한다.
② 언제든지 폐쇄 여부를 확인만 한다.
③ 행정처분 내용을 행정처분 대장에 기록, 보관만 하게 된다.
④ 영업소 폐쇄의 행정처분을 받은 업소임을 알리는 게시물 등을 부착한다.

15 대통령령이 정하는 바에 의하여 관계전문기관 등에 공중위생관리 업무의 일부를 위탁할 수 있는 자는?

① 시·도지사
② 시장·군수·구청장
③ 보건복지부장관
④ 보건소장

16 위생서비스 평가의 전문성을 높이기 위하여 필요하다고 인정하는 경우에 관련 전문기관 및 단체로 하여금 위생 서비스 평가를 실시하게 할 수 있는 자는?

① 시장·군수·구청장
② 대통령
③ 보건복지부장관
④ 시·도지사

17 공중위생영업소의 위생관리수준을 향상시키기 위하여 위생서비스 평가계획을 수립하는 자는?

① 대통령
② 보건복지부장관
③ 시·도지사
④ 공중위생관련협회 또는 단체

18 공중위생감시원의 자격·임명·업무·범위 등에 필요한 사항을 정한 것은?

① 법률
② 대통령령
③ 보건복지부령
④ 당해 지방자치단체 조례

> 공중위생감시원의 자격·임명·업무범위 기타 필요한 사항은 대통령령으로 정한다.

19 이·미용업 영업소에 대하여 위생관리의무 이행검사 권한을 행사할 수 없는 자는?

① 도 소속 공무원
② 국세청 소속 공무원
③ 시·군·구 소속 공무원
④ 특별시·광역시 소속 공무원

> 시·도지사 또는 시장·군수·구청장이 소속 공무원 중에서 임명한다.

20 이용 또는 미용의 영업자에게 공중위생에 관하여 필요한 보고 및 출입·검사 등을 할 수 있게 하는 자가 아닌 것은?

① 보건복지부장관
② 구청장
③ 시·도지사
④ 시장

21 시·도지사 또는 시장·군수·구청장은 공중위생관리상 필요하다고 인정하는 때에 공중위생영업자 등에 대하여 필요한 조치를 취할 수 있다. 이 조치에 해당하는 것은?

① 보고
② 청문
③ 감독
④ 협의

> **시·도지사 또는 시장·군수·구청장의 권한**
> • 공중위생관리상 필요하다고 인정하는 때에는 공중위생영업자 및 공중이용시설의 소유자 등에 대하여 필요한 보고를 하게 함
> • 소속공무원으로 하여금 영업소·사무소·공중이용시설 등에 출입하여 공중위생영업자의 위생관리의무이행 및 공중이용시설의 위생관리실태 등에 대하여 검사하게 함
> • 필요에 따라 공중위생영업장부나 서류의 열람 가능

chapter 06

정답 13 ④ 14 ④ 15 ③ 16 ① 17 ③ 18 ② 19 ② 20 ① 21 ①

22 공중위생영업소의 위생관리수준을 향상시키기 위하여 위생 서비스 평가계획을 수립하여야 하는 자는?

① 안전행정부장관
② 보건복지부장관
③ 시·도지사
④ 시장·군수·구청장

23 공중위생감시원의 자격에 해당되지 않는 자는?

① 위생사 자격증이 있는 자
② 대학에서 미용학을 전공하고 졸업한 자
③ 외국에서 환경기사의 면허를 받은 자
④ 1년 이상 공중위생 행정에 종사한 경력이 있는 자

24 공중위생감시원에 관한 설명으로 틀린 것은?

① 특별시·광역시·도 및 시·군·구에 둔다.
② 위생사 또는 환경기사 2급 이상의 자격증이 있는 소속 공무원 중에서 임명한다.
③ 자격·임명·업무범위, 기타 필요한 사항은 보건복지부령으로 정한다.
④ 위생지도 및 개선명령 이행 여부의 확인 등의 업무가 있다.

25 다음 중 법에서 규정하는 명예공중위생감시원의 위촉대상자가 아닌 것은?

① 공중위생관련 협회장이 추천하는 자
② 소비자 단체장이 추천하는 자
③ 공중위생에 대한 지식과 관심이 있는 자
④ 3년 이상 공중위생 행정에 종사한 경력이 있는 공무원

26 다음 중 공중위생감시원의 업무범위가 아닌 것은?

① 공중위생 영업 관련 시설 및 설비의 위생상태 확인 및 검사에 관한 사항
② 공중위생영업소의 위생서비스 수준평가에 관한 사항
③ 공중위생영업소 개설자의 위생교육 이행여부 확인에 관한 사항
④ 공중위생영업자의 위생관리의무 영업자준수 사항 이행여부의 확인에 관한 사항

27 공중위생감시원 업무범위에 해당되지 않는 것은?

① 시설 및 설비의 확인
② 시설 및 설비의 위생상태 확인·검사
③ 위생관리의무 이행여부 확인
④ 위생관리 등급 표시 부착 확인

28 공중위생감시원을 둘 수 없는 곳은?

① 특별시　　　　② 광역시·도
③ 시·군·구　　　④ 읍·면·동

29 공중위생의 관리를 위한 지도, 계몽 등을 행하게 하기 위하여 둘 수 있는 것은?

① 명예공중위생감시원
② 공중위생조사원
③ 공중위생평가단체
④ 공중위생전문교육원

30 *** 공중위생영업자 단체의 설립에 관한 설명 중 관계가 먼 것은?

① 영업의 종류별로 설립한다.
② 영업의 단체이익을 위하여 설립한다.
③ 전국적인 조직을 갖는다.
④ 국민보건 향상의 목적을 갖는다.

> 공중위생영업자는 공중위생과 국민보건의 향상을 기하고 그 영업의 건전한 발전을 도모하기 위하여 영업의 종류별로 전국적인 조직을 가지는 영업자단체를 설립할 수 있다.

31 *** 위생영업단체의 설립 목적으로 가장 적합한 것은?

① 공중위생과 국민보건 향상을 기하고 영업종류별 조직을 확대하기 위하여
② 국민보건의 향상을 기하고 공중위생 영업자의 정치·경제적 목적을 향상시키기 위하여
③ 영업의 건전한 발전을 도모하고 공중위생 영업의 종류별 단체의 이익을 옹호하기 위하여
④ 공중위생과 국민보건 향상을 기하고 영업의 건전한 발전을 도모하기 위하여

> 공중위생영업자는 공중위생과 국민보건의 향상을 기하고 그 영업의 건전한 발전을 도모하기 위하여 영업의 종류별로 전국적인 조직을 가지는 영업자단체를 설립할 수 있다.

32 *** 공중위생감시원의 업무범위에 해당하는 것은?

① 위생서비스 수준의 평가계획 수립
② 공중위생 영업자와 소비자 간의 분쟁조정
③ 공중위생 영업소의 위생관리상태의 확인
④ 위생서비스 수준의 평가에 따른 포상실시

33 *** 다음 중 공중위생감시원의 직무가 아닌 것은?

① 시설 및 설비의 확인에 관한 사항
② 영업자의 준수사항 이행 여부에 관한 사항
③ 위생지도 및 개선명령 이행 여부에 관한 사항
④ 세금납부의 적정 여부에 관한 사항

08. 업소 위생등급 및 위생교육

1 *** 위생서비스평가의 결과에 따른 위생관리 등급은 누구에게 통보하고 이를 공표하여야 하는가?

① 해당 공중위생영업자
② 시장·군수·구청장
③ 시·도지사
④ 보건소장

> 시장·군수·구청장은 보건복지부령이 정하는 바에 의하여 위생서비스평가의 결과에 따른 위생관리등급을 해당 공중위생영업자에게 통보하고 이를 공표하여야 한다.

2 **** 다음의 위생서비스 수준의 평가에 대한 설명 중 맞는 것은?

① 평가의 전문성을 높이기 위해 관련 전문기관 및 단체로 하여금 평가를 실시하게 할 수 있다.
② 평가주기는 3년마다 실시한다.
③ 평가주기와 방법, 위생관리등급은 대통령령으로 정한다.
④ 위생관리 등급은 2개 등급으로 나뉜다.

> ② 평가주기는 2년마다 실시한다.
> ③ 평가주기와 방법, 위생관리등급은 보건복지부령으로 정한다.
> ④ 위생관리 등급은 3개 등급으로 나뉜다.

3 *** 위생관리 등급 공표사항으로 틀린 것은?

① 시장·군수·구청장은 위생서비스 평가결과에 따른 위생 관리등급을 공중위생영업자에게 통보하고 공표한다.
② 공중위생영업자는 통보받은 위생관리등급의 표지를 영업소 출입구에 부착할 수 있다.
③ 시장, 군수, 구청장은 위생서비스 결과에 따른 위생 관리등급 우수업소에는 위생감시를 면제할 수 있다.
④ 시장, 군수, 구청장은 위생서비스평가의 결과에 따른 위생관리등급별로 영업소에 대한 위생감시를 실시하여야 한다.

> 시·도지사 또는 시장·군수·구청장은 위생서비스평가의 결과 위생서비스의 수준이 우수하다고 인정되는 영업소에 대하여 포상을 실시할 수 있다.

정답 30 ② 31 ④ 32 ③ 33 ④ 🔟 1 ① 2 ① 3 ③

4 위생서비스 평가의 결과에 따른 조치에 해당되지 않는 것은?

① 이·미용업자는 위생관리 등급 표지를 영업소 출입구에 부착할 수 있다.
② 시·도지사는 위생서비스의 수준이 우수하다고 인정되는 영업소에 대한 포상을 실시할 수 있다.
③ 시장·군수는 위생관리 등급별로 영업소에 대한 위생 감시를 실시할 수 있다.
④ 구청장은 위생관리 등급의 결과를 세무서장에게 통보할 수 있다.

> 위생관리 등급의 결과는 해당 공중위생영업자에게 통보한다.

5 공중위생영업소 위생관리 등급의 구분에 있어 최우수 업소에 내려지는 등급은 다음 중 어느 것인가?

① 백색등급　　② 황색등급
③ 녹색등급　　④ 청색등급

위생관리등급의 구분(보건복지부령)	
구분	등급
최우수업소	녹색등급
우수업소	황색등급
일반관리대상 업소	백색등급

6 공중위생영업소의 위생서비스수준의 평가는 몇 년마다 실시하는가?

① 4년　　② 2년　　③ 6년　　④ 5년

7 공중위생서비스평가를 위탁받을 수 있는 기관은?

① 보건소
② 동사무소
③ 소비자단체
④ 관련 전문기관 및 단체

> 시장·군수·구청장은 위생서비스평가의 전문성을 높이기 위하여 필요하다고 인정하는 경우에는 관련 전문기관 및 단체로 하여금 위생서비스평가를 실시하게 할 수 있다.

8 위생서비스평가의 결과에 따른 위생관리등급별로 영업소에 대한 위생 감시를 실시할 때의 기준이 아닌 것은?

① 위생교육 실시 횟수
② 영업소에 대한 출입·검사
③ 위생 감시의 실시 주기
④ 위생 감시의 실시 횟수

> 위생 감시의 기준
> • 영업소에 대한 출입·검사
> • 위생 감시의 실시 주기 및 횟수 등

9 보건복지부장관은 공중위생관리법에 의한 권한의 일부를 무엇이 정하는 바에 의해 시·도지사에게 위임할 수 있는가?

① 대통령령
② 보건복지부령
③ 공중위생관리법 시행규칙
④ 안전행정부령

10 부득이한 사유가 없는 한 공중위생영업소를 개설할 자는 언제 위생교육을 받아야 하는가?

① 영업개시 후 2월 이내
② 영업개시 후 1월 이내
③ 영업개시 전
④ 영업개시 후 3월 이내

11 관련법상 이·미용사의 위생교육에 대한 설명 중 옳은 것은?

① 위생교육 대상자는 이·미용업 영업자이다.
② 위생교육 대상자에는 이·미용사의 면허를 가지고 이·미용업에 종사하는 모든 자가 포함된다.
③ 위생교육은 시·군·구청장만이 할 수 있다.
④ 위생교육 시간은 매년 4시간이다.

> ② 위생교육 대상자는 이·미용업에 종사하는 자가 아니라 신고하고자 하는 영업자이다.
> ③ 위생교육은 보건복지부장관이 허가한 단체 또는 공중위생 영업자단체가 실시할 수 있다.
> ④ 위생교육 시간은 매년 3시간이다.

정답　4 ④　5 ③　6 ②　7 ④　8 ①　9 ①　10 ③　11 ①

12 ★★★★★ 이·미용업의 업주가 받아야 하는 위생교육 기간은 몇 시간인가?

① 매년 3시간　　② 분기별 3시간
③ 매년 6시간　　④ 분기별 6시간

13 ★★★ 위생교육을 실시한 전문기관 또는 단체가 교육에 관한 기록을 보관·관리하여야 하는 기간은?

① 1월　　② 6월
③ 1년　　④ 2년

14 ★★★ 공중위생관리법상의 위생교육에 대한 설명 중 옳은 것은?

① 위생교육 대상자는 이·미용업 영업자이다.
② 위생교육 대상자는 이·미용사이다.
③ 위생교육 시간은 매년 8시간이다.
④ 위생교육은 공중위생관리법 위반자에 한하여 받는다.

> ②, ④ 위생교육 대상자는 영업을 위해 신고를 하고자 하는 자이다. ③ 위생교육 시간은 매년 3시간이다.

15 ★★★★ 보건복지부령으로 정하는 위생교육을 반드시 받아야 하는 자에 해당되지 않는 것은?

① 공중위생관리법에 의한 명령을 위반한 영업소의 영업주
② 공중위생영업의 신고를 하고자 하는 자
③ 공중위생영업소에 종사하는 자
④ 공중위생영업을 승계한 자

> 공중위생영업소에 종사하는 자는 위생교육 대상자가 아니다.

16 ★★★★ 이·미용업 종사자로 위생교육을 받아야 하는 자는?

① 공중위생 영업에 종사자로 처음 시작하는 자
② 공중위생 영업에 6개월 이상 종사자
③ 공중위생 영업에 2년 이상 종사자
④ 공중위생 영업을 승계한 자

> 위생교육 대상자는 이·미용업 종사자가 아니라 영업을 하기 위해 신고하려는 자이다.

17 ★★★★ 위생교육 대상자가 아닌 것은?

① 공중위생영업의 신고를 하고자 하는 자
② 공중위생영업을 승계한 자
③ 공중위생영업자
④ 면허증 취득 예정자

18 ★★★ 위생교육에 대한 설명으로 틀린 것은?

① 공중위생 영업자는 매년 위생교육을 받아야 한다.
② 위생교육 시간은 3시간으로 한다.
③ 위생교육에 관한 기록을 1년 이상 보관·관리하여야 한다.
④ 위생교육을 받지 아니한 자는 200만원 이하의 과태료에 처한다.

> 위생교육에 관한 기록을 2년 이상 보관·관리하여야 한다.

19 ★★★ 위생교육에 대한 내용 중 틀린 것은?

① 위생교육을 받은 자가 위생교육을 받은 날부터 1년 이내에 위생교육을 받은 업종과 같은 업종의 변경을 하려는 경우에는 해당 영업에 대한 위생교육을 받은 것으로 본다.
② 위생교육의 내용은 공중위생관리법 및 관련법규, 소양교육, 기술교육, 그 밖에 공중위생에 관하여 필요한 내용으로 한다.
③ 영업신고 전에 위생교육을 받아야 하는 자 중 천재지변, 본인의 질병, 사고, 업무상 국외출장 등의 사유로 교육을 받을 수 있다.
④ 위생교육실시 단체는 교육교재를 편찬하여 교육대상자에게 제공해야 한다.

> 위생교육을 받은 자가 위생교육을 받은 날부터 2년 이내에 위생교육을 받은 업종과 같은 업종의 영업을 하려는 경우에는 해당 영업에 대한 위생교육을 받은 것으로 본다.

chapter 06

정답　12 ①　13 ④　14 ①　15 ③　16 ④　17 ④　18 ③　19 ①

1 ★★★
이·미용사 면허가 일정기간 정지되거나 취소되는 경우는?

① 영업하지 아니한 때
② 해외에 장기 체류 중일 때
③ 다른 사람에게 대여해주었을 때
④ 교육을 받지 아니한 때

> 면허증을 다른 사람에게 대여한 때의 행정처분기준
> • 1차 위반 : 면허정지 3개월
> • 2차 위반 : 면허정지 6개월
> • 3차 위반 : 면허취소

2 ★★★
이·미용 영업소에서 1회용 면도날을 손님 2인에게 사용한 때의 1차 위반 시 행정처분은?

① 시정명령
② 개선명령
③ 경고
④ 영업정지 5일

> • 1차 위반 : 경고
> • 2차 위반 : 영업정지 5일
> • 3차 위반 : 영업정지 10일
> • 4차 위반 : 영업장 폐쇄명령

3 ★★★
행정처분사항 중 1차 처분이 경고에 해당하는 것은?

① 귓볼 뚫기 시술을 한 때
② 시설 및 설비기준을 위반한 때
③ 신고를 하지 아니하고 영업소 소재를 변경한 때
④ 위생교육을 받지 아니한 때

> ① 영업정지 2개월, ② 개선명령, ③ 영업정지 1개월

4 ★★★★★
신고를 하지 않고 영업소 명칭(상호)을 바꾼 경우에 대한 1차 위반 시의 행정처분은?

① 주의
② 경고 또는 개선명령
③ 영업정지 15일
④ 영업정지 1개월

> • 1차 위반 : 경고 또는 개선명령
> • 2차 위반 : 영업정지 15일
> • 3차 위반 : 영업정지 1개월
> • 4차 위반 : 영업장 폐쇄명령

5 ★★★
이·미용업 영업자가 업소 내 조명도를 준수하지 않았을 때에 대한 1차 위반 시 행정처분 기준은?

① 개선명령 또는 경고
② 영업정지 5일
③ 영업정지 10일
④ 영업정지 15일

> • 1차 위반 : 경고 또는 개선명령
> • 2차 위반 : 영업정지 5일
> • 3차 위반 : 영업정지 10일
> • 4차 위반 : 영업장 폐쇄명령

6 ★★★★
1회용 면도날을 2인 이상의 손님에게 사용한 때에 대한 1차 위반 시 행정처분 기준은?

① 시정명령
② 경고
③ 영업정지 5일
④ 영업정지 10일

> • 1차 위반 : 경고
> • 2차 위반 : 영업정지 5일
> • 3차 위반 : 영업정지 10일
> • 4차 위반 : 영업장 폐쇄명령

7 ★★★
이·미용 영업소 안에 면허증 원본을 게시하지 않은 경우 1차 행정처분 기준은?

① 개선명령 또는 경고
② 영업정지 5일
③ 영업정지 10일
④ 영업정지 15일

> • 1차 위반 : 경고 또는 개선명령
> • 2차 위반 : 영업정지 5일
> • 3차 위반 : 영업정지 10일
> • 4차 위반 : 영업장 폐쇄명령

8 ★★★
소독을 한 기구와 소독을 하지 아니한 기구를 각각 다른 용기에 넣어 보관하지 아니한 때에 대한 2차 위반 시의 행정처분 기준에 해당하는 것은?

① 경고
② 영업정지 5일
③ 영업정지 10일
④ 영업장 폐쇄명령

> • 1차 위반 : 경고
> • 2차 위반 : 영업정지 5일
> • 3차 위반 : 영업정지 10일
> • 4차 위반 : 영업장 폐쇄명령

정답 **10** 1 ③ 2 ③ 3 ④ 4 ② 5 ① 6 ② 7 ① 8 ②

9 ^{★★★} 1회용 면도날을 2인 이상의 손님에게 사용한 때에 대한 2차 위반 시 행정처분 기준은?

① 시정명령   ② 경고
③ 영업정지 5일   ④ 영업정지 10일

- 1차 위반 : 경고
- 2차 위반 : 영업정지 5일
- 3차 위반 : 영업정지 10일
- 4차 위반 : 영업장 폐쇄명령

10 ^{★★★} 신고를 하지 않고 이·미용업소의 면적을 3분의 1이상 변경한 때의 1차 위반 행정처분 기준은?

① 경고 또는 개선명령
② 영업정지 15일
③ 영업정지 1개월
④ 영업장 폐쇄명령

- 1차 위반 : 경고 또는 개선명령
- 2차 위반 : 영업정지 15일
- 3차 위반 : 영업정지 1개월
- 4차 위반 : 영업장 폐쇄명령

11 ^{★★★} 이·미용업 영업소에서 손님에게 음란한 물건을 관람·열람하게 한 때에 대한 1차 위반 시 행정처분 기준은?

① 영업정지 15일   ② 영업정지 1개월
③ 영업장 폐쇄명령   ④ 경고

- 1차 위반 : 경고
- 2차 위반 : 영업정지 15일
- 3차 위반 : 영업정지 1개월
- 4차 위반 : 영업장 폐쇄명령

12 ^{★★★★} 미용사가 손님에게 도박을 하게 했을 때 2차 위반 시 적절한 행정처분 기준은?

① 영업정지 15일   ② 영업정지 1개월
③ 영업정지 2개월   ④ 영업장 폐쇄명령

- 1차 위반 : 영업정지 1개월
- 2차 위반 : 영업정지 2개월
- 3차 위반 : 영업장 폐쇄명령

13 ^{★★★} 영업소에서 무자격 안마사로 하여금 손님에게 안마행위를 하였을 때 1차 위반 시 행정처분은?

① 경고   ② 영업정지 15일
③ 영업정지 1개월   ④ 영업장 폐쇄

- 1차 위반 : 영업정지 1개월
- 2차 위반 : 영업정지 2개월
- 3차 위반 : 영업장 폐쇄명령

14 ^{★★★} 이·미용사가 이·미용업소 외의 장소에서 이·미용을 했을 때 1차 위반 행정처분 기준은?

① 영업정지 1개월   ② 개선 명령
③ 영업정지 10일   ④ 영업정지 20일

- 1차 위반 : 영업정지 1개월
- 2차 위반 : 영업정지 2개월
- 3차 위반 : 영업장 폐쇄명령

15 ^{★★★★} 이·미용업소에서 음란행위를 알선 또는 제공 시 영업소에 대한 1차 위반 행정처분 기준은?

① 경고
② 영업정지 1개월
③ 영업정지 3개월
④ 영업장 폐쇄명령

구분	1차 위반	2차 위반
영업소	영업정지 3월	영업장 폐쇄명령
미용사(업주)	면허정지 3월	면허취소

16 ^{★★★} 미용업자가 점빼기, 귓볼뚫기, 쌍꺼풀수술, 문신, 박피술 기타 이와 유사한 의료행위를 하여 1차 위반했을 때의 행정처분은 다음 중 어느 것인가?

① 면허취소
② 경고
③ 영업장 폐쇄명령
④ 영업정지 2개월

- 1차 위반 : 영업정지 2개월
- 2차 위반 : 영업정지 3개월
- 3차 위반 : 영업장 폐쇄명령

정답   9 ③   10 ①   11 ④   12 ③   13 ③   14 ①   15 ③   16 ④

17 이·미용사의 면허증을 대여한 때의 1차 위반 행정 처분 기준은?

① 면허정지 3개월　　② 면허정지 6개월
③ 영업정지 3개월　　④ 영업정지 6개월

- 1차 위반 : 면허정지 3개월
- 2차 위반 : 면허정지 6개월
- 3차 위반 : 면허취소

18 면허증을 다른 사람에게 대여한 때의 2차 위반 행정처분 기준은?

① 면허정지 6개월
② 면허정지 3개월
③ 영업정지 3개월
④ 영업정지 6개월

19 이·미용업에 있어 위반행위의 차수에 따른 행정처분 기준은 최근 어느 기간 동안 같은 위반행위로 행정처분을 받은 경우에 적용하는가?

① 6개월　　　　　② 1년
③ 2년　　　　　　④ 3년

20 1차 위반 시의 행정처분이 면허취소가 아닌 것은?

① 국가기술자격법에 의하여 이·미용사 자격이 취소된 때
② 공중의 위생에 영향을 미칠 수 있는 감염병환자로서 보건복지부령이 정하는 자
③ 면허정지처분을 받고 그 정지 기간 중 업무를 행한 때
④ 국가기술자격법에 의하여 미용사자격 정지처분을 받을 때

국가기술자격법에 의하여 미용사자격 정지처분을 받을 때 1차 위반 시 면허정지의 행정처분을 받게 된다.

21 공중위생영업자가 풍속관련법령 등 다른 법령에 위반하여 관계 행정기관장의 요청이 있을 때 당국이 취할 수 있는 조치사항은?

① 개선명령

② 국가기술자격 취소
③ 일정기간 동안의 업무정지
④ 6월 이내 기간의 영업정지

22 이·미용사가 면허정지 처분을 받고 업무 정지 기간 중 업무를 행한 때 1차 위반 시 행정처분 기준은?

① 면허정지 3월　　② 면허정지 6월
③ 면허취소　　　　④ 영업장 폐쇄

1차 위반 시 면허취소가 되는 경우
- 국가기술자격법에 따라 미용사 자격이 취소된 때
- 결격사유에 해당한 때
- 이중으로 면허를 취득한 때
- 면허정지처분을 받고 그 정지기간 중 업무를 행한 때

23 국가기술자격법에 의하여 이·미용사 자격이 취소된 때의 행정처분은?

① 면허취소　　　　　　② 업무정지
③ 50만원 이하의 과태료　④ 경고

24 이중으로 이·미용사 면허를 취득한 때의 1차 행정처분 기준은?

① 영업정지 15일
② 영업정지 30일
③ 영업정지 6월
④ 나중에 발급받은 면허의 취소

25 미용업 영업소에서 영업정지처분을 받고 그 영업정지 중 영업을 한 때에 대한 1차 위반 시의 행정처분 기준은?

① 영업정지 1개월　　② 영업정지 3개월
③ 영업장 폐쇄 명령　　④ 면허취소

26 영업신고를 하지 아니하고 영업소의 소재지를 변경한 때 3차 위반 행정처분 기준은?

① 경고　　　　　　② 면허정지
③ 면허취소　　　　④ 영업장 폐쇄명령

27 이·미용사가 이·미용업소 외의 장소에서 이·미용을 한 경우 3차 위반 행정처분 기준은?

① 영업장 폐쇄명령   ② 영업정지 10일
③ 영업정지 1월   ④ 영업정지 2월

> • 1차 위반 : 영업정지 1개월
> • 2차 위반 : 영업정지 2개월
> • 3차 위반 : 영업장 폐쇄명령

28 일부시설의 사용중지 명령을 받고도 그 기간 중에 그 시설을 사용한 자에 대한 벌칙은?

① 3년 이하의 징역 또는 3천만원 이하의 벌금
② 2년 이하의 징역 또는 2백만원 이하의 벌금
③ 1년 이하의 징역 또는 1천만원 이하의 벌금
④ 5백만원 이하의 벌금

29 다음 위법사항 중 가장 무거운 벌칙기준에 해당하는 자는?

① 신고를 하지 아니하고 영업한 자
② 변경신고를 하지 아니하고 영업한 자
③ 면허정지처분을 받고 그 정지 기간 중 업무를 행한 자
④ 관계 공무원 출입, 검사를 거부한 자

위법사항에 따른 벌칙 및 과태료	
구분	벌칙 및 과태료
신고하지 않고 영업한 자	1년 이하의 징역 또는 1천만원 이하의 벌금
변경신고를 하지 않고 영업한 자	6월 이하의 징역 또는 500만원 이하의 벌금
면허정지처분을 받고 그 징지 기간 중 업무를 행한 자	300만원 이하의 벌금
관계 공무원 출입, 검사를 거부한 자	300만원 이하의 과태료

30 이·미용 영업의 영업정지 기간 중에 영업을 한 자에 대한 벌칙은?

① 2년 이하의 징역 또는 1,000만원 이하의 벌금
② 2년 이하의 징역 또는 300만원 이하의 벌금
③ 1년 이하의 징역 또는 1,000만원 이하의 벌금
④ 1년 이하의 징역 또는 300만원 이하의 벌금

31 공중위생관리법에 규정된 벌칙으로 1년 이하의 징역 또는 1천만원 이하의 벌금에 해당하는 것은?

① 영업정지명령을 받고도 그 기간 중에 영업을 행한 자
② 변경신고를 하지 아니한 자
③ 공중위생영업자의 지위를 승계하고도 변경신고를 아니한 자
④ 건전한 영업질서를 위반하여 공중위생영업자가 지켜야 할 사항을 준수하지 아니한 자

> ②, ③, ④ 6월 이하의 징역 또는 500만원 이하의 벌금

32 이·미용사의 면허증을 다른 사람에게 대여한 때의 법적 행정저분 조치 사항으로 옳은 것은?

① 시·도지사가 그 면허를 취소하거나 6월 이내의 기간을 정하여 업무정지를 명할 수 있다.
② 시·도지사가 그 면허를 취소하거나 1년 이내의 기간을 정하여 업무정지를 명할 수 있다.
③ 시장, 군수, 구청장은 그 면허를 취소하거나 6월 이내의 기간을 정하여 업무정지를 명할 수 있다.
④ 시장, 군수, 구청장은 그 면허를 취소하거나 1년 이내의 기간을 정하여 업무정지를 명할 수 있다.

33 건전한 영업질서를 위하여 공중위생영업자가 준수하여야 할 사항을 준수하지 아니한 자에 대한 벌칙 기준은?

① 1년 이하의 징역 또는 1천만원 이하의 벌금
② 6월 이하의 징역 또는 500만원 이하의 벌금
③ 3월 이하의 징역 또는 300만원 이하의 벌금
④ 300만원의 과태료

34 영업소의 폐쇄명령을 받고도 영업을 하였을 시에 대한 벌칙기준은?

① 2년 이하의 징역 또는 3천만원 이하의 벌금
② 1년 이하의 징역 또는 1천만원 이하의 벌금
③ 200만원 이하의 벌금
④ 100만원 이하의 벌금

35* 다음 사항 중 1년 이하의 징역 또는 1천만원 이하의 벌금에 처할 수 있는 것은?

① 이·미용업 허가를 받지 아니하고 영업을 한 자
② 이·미용업 신고를 하지 아니하고 영업을 한 자
③ 음란행위를 알선 또는 제공하거나 이에 대한 손님의 요청에 응한 자
④ 면허 정지 기간 중 영업을 한 자

④ 300만원 이하의 벌금
③ 면허정지 또는 취소

36* 영업자의 지위를 승계한 자로서 신고를 하지 아니하였을 경우 해당하는 처벌기준은?

① 1년 이하의 징역 또는 1천만원 이하의 벌금
② 6월 이하의 징역 또는 500만원 이하의 벌금
③ 200만원 이하의 벌금
④ 100만원 이하의 벌금

37* 이용사 또는 미용사가 아닌 사람이 이용 또는 미용의 업무에 종사할 때에 대한 벌칙은?

① 1년 이하의 징역 또는 1천만원 이하의 벌금
② 6월 이하의 징역 또는 5백만원 이하의 벌금
③ 300만원 이하의 벌금
④ 100만원 이하의 벌금

38* 이용 또는 미용의 면허가 취소된 후 계속하여 업무를 행한 자에 대한 벌칙사항은?

① 6월 이하의 징역 또는 300만원 이하의 벌금
② 500만원 이하의 벌금
③ 300만원 이하의 벌금
④ 200만원 이하의 벌금

39* 이용사 또는 미용사의 면허를 받지 아니한 자가 이·미용 영업업무를 행하였을 때의 벌칙사항은?

① 6월 이하의 징역 또는 500만원 이하의 벌금
② 300만원 이하의 벌금
③ 500만원 이하의 벌금
④ 400만원 이하의 벌금

40* 법인의 대표자나 법인 또는 개인의 대리인, 사용인 기타 총괄하여 그 법인 또는 개인의 업무에 관하여 벌금형에 행하는 위반행위를 한 때에 행위자를 벌하는 외에 그 법인 또는 개인에 대하여도 동조의 벌금형을 과하는 것을 무엇이라 하는가?

① 벌금   ② 과태료
③ 양벌규정   ④ 위암

41* 이·미용업자에게 과태료를 부과·징수할 수 있는 처분권자에 해당되지 않는 자는?

① 행정자치부장관   ② 시장
③ 군수   ④ 구청장

과태료는 시장·군수·구청장이 부과·징수한다.

42* 과태료는 누가 부과 징수하는가?

① 행정자치부장관
② 시·도지사
③ 시장·군수·구청장
④ 세무서장

43** 관계공무원의 출입·검사 기타 조치를 거부·방해 또는 기피했을 때의 과태료 부과기준은?

① 300만원 이하   ② 200만원 이하
③ 100만원 이하   ④ 50만원 이하

44* 다음 중 과태료 처분 대상에 해당되지 않는 자는?

① 관계공무원의 출입·검사 등 업무를 기피한 자
② 영업소 폐쇄명령을 받고도 영업을 계속한 자
③ 이·미용업소 위생관리 의무를 지키지 아니한 자
④ 위생교육 대상자 중 위생교육을 받지 아니한 자

영업소 폐쇄명령을 받고도 계속하여 영업을 한 자는 1년 이하의 징역 또는 1천만원 이하의 벌금에 처한다.

45 *** 이·미용 영업자가 이·미용사 면허증을 영업소 안에 게시하지 않아 당국으로부터 개선명령을 받았으나 이를 위반한 경우의 법적 조치는?

① 100만원 이하의 벌금
② 100만원 이하의 과태료
③ 200만원 이하의 벌금
④ 300만원 이하의 과태료

46 *** 이·미용사의 면허를 받지 않은 자가 이·미용의 업무를 하였을 때의 벌칙기준은?

① 100만원 이하의 벌금
② 200만원 이하의 벌금
③ 300만원 이하의 벌금
④ 500만원 이하의 벌금

47 **** 공중위생영업에 종사하는 자가 위생교육을 받지 아니한 경우에 해당되는 벌칙은?

① 300만원 이하의 벌금
② 300만원 이하의 과태료
③ 200만원 이하의 벌금
④ 200만원 이하의 과태료

48 *** 이·미용의 업무를 영업장소 외에서 행하였을 때 이에 대한 처벌기준은?

① 3년 이하의 징역 또는 1천만원 이하의 벌금
② 500만원 이하의 과태료
③ 200만원 이하의 과태료
④ 100만원 이하의 벌금

49 *** 영업정지에 갈음한 과징금 부과의 기준이 되는 매출금액은?

① 처분일이 속한 연도의 전년도의 1년간 총 매출액
② 처분일이 속한 연도의 전년 2년간 총 매출액
③ 처분일이 속한 연도의 전년 3년간 총 매출액
④ 처분일이 속한 연도의 전년 4년간 총 매출액

50 *** 시장·군수·구청장이 영업정지가 이용자에게 심한 불편을 주거나 그 밖에 공익을 해할 우려가 있는 경우에 영업정지처분에 갈음한 과징금을 부과할 수 있는 금액기준은?

① 1천만원 이하
② 2천만원 이하
③ 1억원 이하
④ 4천만원 이하

51 *** 공중위생관리법령에 따른 과징금의 부과 및 납부에 관한 사항으로 틀린 것은?

① 과징금을 부과하고자 할 때에는 위반행위의 종별과 해당 과징금의 금액을 명시하여 이를 납부할 것을 서면으로 통지하여야 한다.
② 통지를 받은 자는 통지를 받은 날부터 20일 이내에 과징금을 납부해야 한다.
③ 과징금액이 클 때는 과징금의 2분의 1 범위에서 각각 분할 납부가 가능하다.
④ 과징금의 징수절차는 보건복지부령으로 정한다.

> 시장·군수·구청장은 공중위생영업자의 사업규모·위반행위의 정도 및 횟수 등을 참작하여 과징금 금액의 2분의 1의 범위 안에서 이를 가중 또는 감경할 수 있다.

52 **** 다음 중 청문을 실시하는 사항이 아닌 것은?

① 공중위생영업의 정지처분을 하고자 하는 경우
② 정신질환자 또는 간질병자에 해당되어 면허를 취소하고자 하는 경우
③ 공중위생영업이 일부시설의 사용중지 및 영업소 폐쇄처분을 하고자 하는 경우
④ 공중위생영업의 폐쇄처분 후 그 기간이 끝난 경우

> 청문을 실시하는 사항
> ① 면허취소·면허정지
> ② 공중위생영업의 정지
> ③ 일부 시설의 사용중지
> ④ 영업소 폐쇄명령
> ⑤ 공중위생영업 신고사항의 직권 말소

chapter 06

53 행정처분 대상자 중 중요처분 대상자에게 청문을 실시할 수 있다. 그 청문대상이 아닌 것은?

① 면허정지 및 면허취소
② 영업정지
③ 영업소 폐쇄 명령
④ 자격증 취소

54 이·미용 영업과 관련된 청문을 실시하여야 할 경우에 해당되는 것은?

① 폐쇄명령을 받은 후 재개업을 하려 할 때
② 공중위생영업의 일부 시설의 사용중지처분을 하고자 할 때
③ 과태료를 부과하려 할 때
④ 영업소의 간판 기타 영업표지물을 제거 처분하려 할 때

55 이·미용업에 있어 청문을 실시하여야 하는 경우가 아닌 것은?

① 면허취소 처분을 하고자 하는 경우
② 면허정지 처분을 하고자 하는 경우
③ 일부시설의 사용중지 처분을 하고자 하는 경우
④ 위생교육을 받지 아니하여 1차 위반한 경우

56 다음 (   ) 안에 알맞은 것은?

> 시장 · 군수 · 구청장은 공중위생영업의 정지 또는 일부 시설의 사용중지 등의 처분을 하고자 하는 때에는 (   )을(를) 실시하여야 한다.

① 위생서비스 수준의 평가
② 공중위생감사
③ 청문
④ 열람

57 법령 위반자에 대해 행정처분을 하고자 하는 때는 청문을 실시하여야 하는데 다음 중 청문대상이 아닌 것은?

① 면허를 취소하고자 할 때
② 면허를 정지하고자 할 때
③ 영업소 폐쇄명령을 하고자 할 때
④ 벌금을 책정하고자 할 때

58 다음 중 미용사의 청문을 실시하는 경우가 아닌 것은?

① 영업의 정지
② 일부 시설의 사용중지
③ 영업소 폐쇄명령
④ 위생등급 결과 이의

59 이·미용 영업에 있어 청문을 실시하여야 할 대상이 되는 행정처분 내용은?

① 시설개수   ② 경고
③ 시정명령   ④ 영업정지

60 다음 중 청문을 거치지 않아도 되는 행정처분은?

① 영업장의 개선명령
② 이·미용사의 면허취소
③ 공중위생영업의 정지
④ 영업소 폐쇄명령

61 이·미용 영업상 잘못으로 관계기관에서 청문을 하고자 하는 경우 그 대상이 아닌 것은?

① 면허취소
② 면허정지
③ 영업소 폐쇄
④ 1,000만원 이하 벌금

62 다음 중 청문을 실시하여야 할 경우에 해당되는 것은?

① 영업소의 필수불가결한 기구의 봉인을 해제하려 할 때
② 폐쇄명령을 받은 후 폐쇄명령을 받은 영업과 같은 종류의 영업을 하려 할 때
③ 벌금을 부과 처분하려 할 때
④ 영업소 폐쇄명령을 처분하고자 할 때

정답 53 ④ 54 ② 55 ④ 56 ③ 57 ④ 58 ④ 59 ④ 60 ① 61 ④ 62 ④

Esthetic

Esthetic Technician Certification

CHAPTER

07

CBT 상시시험
실전모의고사

최근 상시시험 출제 문제를 분석하여, 출제빈도와 출제가능성이 높은 예상문제를
엄선한 실전모의고사를 수록하였습니다.

CBT 상시시험 실전모의고사 제1회

▶ 정답은 382쪽에 있습니다.

01 의료급여대상자로 옳지 않은 것은?

① 북한이탈 주민
② 국가유공자
③ 의상자 및 의사자 유족
④ 해외근로자 중 질병으로 후송된 자

02 "블루밍 효과"의 설명으로 가장 적합한 것은?

① 보송보송하고 화사하게 피부를 표현하는 것
② 파운데이션의 색소침착을 방지하는 것
③ 피부색을 고르게 보이도록 하는 것
④ 밀착성을 높여 화장의 지속성을 높게 하는 것

03 크림의 유화 형태의 특성으로 틀린 것은?

① W/O형 에멀젼 – 겨울에 살이 트는 것을 방지할 수 있다.
② O/W형 에멀젼 – W/O 크림에 비해 촉촉함의 지속성이 우수하다.
③ W/O형 에멀젼 – 사용할 때에 뻑뻑하며 퍼짐성이 낮다.
④ O/W형 에멀젼 – W/O 크림에 비해 시원함과 촉촉함을 느낀다.

04 다음 중 기관을 이루는 근육이 평활근이 아닌 것은?

① 위장
② 소장
③ 심장
④ 자궁

05 공중보건에 대한 설명으로 가장 적절한 것은?

① 사회의학을 대상으로 한다.
② 개인을 대상으로 한다.
③ 예방의학을 대상으로 한다.
④ 집단 또는 지역사회를 대상으로 한다.

06 우리나라 피부미용의 역사 중 백분, 비누, 향수 등과 같은 화장품이 처음 수입되었던 시기는?

① 고려시대
② 통일신라시대
③ 삼국시대
④ 개화기(조선시대)

01 의료급여법에 따른 의료급여 수급권자
- 「국민기초생활 보장법」에 의한 수급자
- 「재해구호법」에 의한 이재민
- 의상자(義傷者) 및 의사자(義死者)의 유족
- 국내에 입양된 18세 미만의 아동
- 독립유공자, 국가유공자와 그 가족
- 중요무형문화재의 보유자 및 그 가족
- 북한이탈주민과 그 가족
- 5·18 민주화운동 보상 대상자
- 그 밖에 생활유지의 능력이 없거나 생활이 어려운 자로서 대통령령이 정하는 자

02 블루밍(blooming) 효과는 피부에 생기를 주고, 화사하게 피어나는 느낌을 주는 것을 말한다.

03 O/W형 에멀젼은 친수성(수중유적형)으로 피부흡수가 빠르고 수분증발이 빨라 시원하고 가볍지만 지속성은 낮다.

04 보통 내장을 이루는 기관의 근육은 평활근(민무늬근)이나, 심장은 가로무늬근(횡문근)이며, 불수의근이다.

05 공중보건의 대상은 개인이 아닌 인간집단 또는 지역사회이다.

06 우리나라의 삼국시대에 백분, 화장품 등이 전래되어 제조하였고, 불교문화의 발달로 향이, 목욕문화의 발달로 비누 등의 입욕제가 발달하였다.

07 이·미용업자가 1회용 면도날을 2인 이상의 손님에게 사용한 경우의 1차 위반 시 행정처분기준은?

① 영업정지 10일　　② 폐쇄명령
③ 영업정지 5일　　④ 경고

08 적혈구를 등장액 속에 넣었을 때 현상은?

① 아무런 변화가 없다.
② 부풀어 오른다.
③ 용혈현상이 일어난다.
④ 쭈글어든다.

09 심장에 대한 설명 중 틀린 것은?

① 심장은 심방중격에 의해 좌·우심방, 심실은 심실중격에 의해 좌·우심실로 나누어진다.
② 성인 심장은 무게가 평균 250~300g 정도이다.
③ 심장은 2/3가 흉골 정중선에서 좌측으로 치우쳐 있다.
④ 심장 근육은 심실보다는 심방에서 매우 발달되어 있다.

10 미생물의 종류에 해당하지 않는 것은?

① 세균　　② 효모
③ 벼룩　　④ 곰팡이

11 이·미용업자가 준수하여야 하는 위생관리기준에 해당하지 않는 것은?

① 피부미용을 위하여 약사법에 따른 의약품을 사용하여서는 아니 된다.
② 발한실안에는 온도계를 비치하고 주의사항을 게시하여야 한다.
③ 영업소 내부에 개설자의 면허증 원본을 게시하여야 한다.
④ 영업장안의 조명도는 75룩스 이상이 되도록 유지하여야 한다.

12 림프 드레니지의 주된 작용은?

① 노폐물과 독소물질을 림프절로 운반
② 림프순환 저하
③ 피부조직 강화
④ 혈액순환과 신진대사 저하

13 호흡기계 감염병이 아닌 것은?

① 백일해　　② 풍진
③ 세균성이질　　④ 홍역

---

07 1회용 면도날을 2인 이상의 손님에게 사용한 경우 1차 위반 시 행정처분은 경고이다.
※ 2차위반(영업정지5일), 3차위반(영업정지10일), 4차위반(영업장 폐쇄명령)

08 등장액은 삼투압이 같은 2개 이상의 용액을 말하는 것으로, 적혈구를 등장액에 넣으면 적혈구와 등장액의 삼투압이 같기 때문에 적혈구는 아무런 변화가 일어나지 않는다.
　• 삼투압이 낮은 저장액에 넣으면 적혈구로 물이 들어와 부풀어 터진다.(용혈현상)
　• 삼투압이 높은 고장액에 넣으면 적혈구의 물이 빠져나가 수축한다.(쭈그러든다.)

09 심장근육은 들어오는 피를 받는 심방보다 피를 온몸과 폐로 보내는 심실이 더 발달되어 있다. 좌심실의 벽은 온몸으로 피를 보내기 위해 강한 펌프질을 해야 하므로 우심실보다 더 두껍다.

10 미생물은 0.1mm 이하의 육안으로 볼 수 없는 미세한 생물체를 말하며, 주로 단일세포 또는 균사로 이루어져 있다. 세균, 바이러스, 효모, 곰팡이, 원생동물류 등을 말한다.

11 ①, ③, ④ 외 미용업 영업자가 준수할 사항
　• 소독한 미용기구와 소독하지 않은 미용기구의 분리보관
　• 1회용 면도날을 손님 1인에 한하여 사용할 것
　• 점빼기, 문신 등의 의료행위를 하지 말 것
　• 영업소 내부에 최종지불요금표를 게시 또는 부착할 것

12 림프 드레니지는 림프가 흐르는 방향으로 마사지하여 노폐물과 독소물질을 림프절로 운반하여 조직의 대사를 원활하게 해주는 마사지법이다.

13 호흡기계 감염병

세균	디프테리아, 백일해, 결핵, 한센병, 성홍열 등
바이러스	홍역, 유행성이하선염, 수두, 인플루엔자, 풍진 등

※ 세균성이질은 소화기계 감염병이다.

14 위생교육 대상자가 아닌 자는?

① 면허증 취득 예정자
② 공중위생영업의 신고를 하고자 하는 자
③ 공중위생영업을 승계한 자
④ 공중위생업자

14 위생교육 대상자는 영업을 하거나 승계한 자, 영업을 하기 위해 신고를 하고자 하는 자이다. 영업 종사자 또는 면허취득예정자는 위생교육 대상자가 아니다.

15 피부 관리 작업단계가 옳은 것은?

① 피부분석 – 클렌징 – 매뉴얼 테크닉 – 딥클렌징 – 팩 – 마무리
② 클렌징 – 딥클렌징 – 팩 – 매뉴얼 테크닉 – 마무리 – 피부분석
③ 클렌징 – 피부분석 – 딥클렌징 – 매뉴얼 테크닉 – 팩 – 마무리
④ 피부분석 – 클렌징 – 딥클렌징 – 매뉴얼 테크닉 – 팩 – 마무리

15 **피부관리의 시술단계**
클렌징 – 피부분석 – 딥클렌징 – 매뉴얼 테크닉 – 팩 – 마무리

16 하수오염 척도 중에서 물속에 용해되어 있는 산소의 양을 통해 오염도를 측정하는 지표는?

① 오니처리법(Sludge Disposal Method : SDM)
② 화학적 산소요구량(Chemical Oxygen Demand : COD)
③ 용존산소량(Dissolved Oxygen : DO)
④ 생물학적 산소요구량(Biochemical Oxygen Demand : BOD)

16 용존산소량(DO)은 물속에 녹아있는 산소의 양으로 오염도를 측정하는 지표로 DO가 낮을수록 오염이 심하다.

17 100℃의 유통증기 속에서 30분 내지 60분간 멸균시킨 후, 20℃ 이상의 실온에서 24시간 방치하는 방법을 3회 반복하는 멸균법은?

① 건열멸균법　　　　② 열탕소독법
③ 간헐멸균법　　　　④ 고압증기멸균법

17 **간헐멸균법**에 대한 설명이며, 간헐멸균법은 아포를 형성하는 미생물의 멸균에 적합한 소독법이다.

18 다음 소독 방법 중 완전 멸균으로 가장 빠르고 효과적인 방법은?

① 유통증기법　　　　② 건열소독
③ 간헐살균법　　　　④ 고압증기법

18 **고압증기법**은 고압증기 멸균기를 이용하여 소독하는 방법으로, 특히 포자를 형성하는 세균을 멸균하는 데 가장 빠르고 효과적인 소독 방법이다.

19 다음 설명 중 틀린 것은?

① 전류는 전압에 비례하고 저항에 반비례한다.
② 직류는 한쪽 방향으로만 지속적으로 흐르는 전류를 말한다.
③ 인체에서 수분양이 많을수록 전기 저항이 많아진다.
④ 교류는 방향과 크기가 시간의 흐름에 따라 변하는 전류를 말한다.

19 인체의 **수분량이 많을수록** 전기 저항이 적어져 전기가 잘 흐르게 된다.

20 원발진(primary lesions)에 해당하는 피부질환은?

① 면포　　　　② 반흔
③ 가피　　　　④ 미란

20 • **원발진** : 반점, 홍반, 농포, 팽진, 구진, 수포, 결절, 면포, 종양, 낭종
 • **속발진** : 인설, 찰상, 가피, 미란, 균열, 궤양, 반흔, 위축, 태선화

21 공중위생감시원의 업무에 해당하지 않는 것은?

① 공중위생영업 관련 시설 및 설비의 위생상태 확인 검사
② 위생교육 이행 여부의 확인
③ 이·미용업의 개선 향상에 필요한 조사 연구 및 지도
④ 공중이용시설의 위생관리상태의 확인 검사

22 나이가 들어가면서 자연적으로 발생되는 피부노화는?

① 내인성 노화
② 자외선 노화
③ 환경노화
④ 광노화

23 매뉴얼 테크닉 방법 중 두드리기에 관련된 명칭이 아닌 것은?

① 처킹(Chucking)
② 비팅(Beating)
③ 해킹(Hacking)
④ 컵핑(Cupping)

24 우드램프 사용 시 지성 부위와 코메도(comedo)를 나타내는 색은?

① 노랑 또는 오렌지
② 자주색 형광
③ 밝은 보라
④ 흰색 형광

25 피부유형에 대한 설명 중 틀린 것은?

① 노화피부 – 미세하거나 선명한 주름이 보인다.
② 지성피부 – 모공이 크고 표면이 굴껍질같이 보이기 쉽다.
③ 정상피부 – 유·수분 균형이 잘 잡혀있다.
④ 민감성피부 – 각질이 드문드문 보인다.

26 척주(vertebral column)에 대한 설명이 아닌 것은?

① 경추 5개, 흉추 11개, 요추 7개, 천골 1개, 미골 2개로 구성되어 있다.
② 성인의 척주를 옆에서 보면 4개의 만곡이 존재한다.
③ 척수를 뼈로 감싸면서 보호한다.
④ 머리와 몸통을 움직일 수 있게 한다.

27 태닝 시 사용하는 화장품으로 가장 적합한 것은?

① 미백 화장품
② 자외선 차단 화장품
③ 각질 제거용 화장품
④ 선탠 화장품

28 의복에서 함기량이 가장 높은 것은?

① 마직
② 무명
③ 모피
④ 모직

---

21 공중위생감시원의 업무범위
- 관련 시설 및 설비의 확인
- 관련 시설 및 설비의 위생상태 확인·검사, 공중위생영업자의 위생관리의무 및 영업자준수사항 이행여부의 확인
- 공중이용시설의 위생관리상태의 확인·검사
- 위생지도 및 개선명령 이행 여부의 확인
- 공중위생영업소의 영업의 정지, 일부 시설의 사용중지 또는 영업소 폐쇄명령 이행 여부의 확인
- 위생교육 이행 여부의 확인

22 내인성 노화는 생리적 노화로서 나이가 들어가면서 피부의 구조와 생리기능이 감퇴하는 노화를 말한다.

23 처킹(chucking)은 매뉴얼 테크닉의 기본 동작 중 주무르기(페트리사지)의 한 방법으로 피부를 상하로 움직여주는 동작이다.

24 우드램프 사용 시 지성피부와 코메도(면포)는 오렌지색 또는 노란색을 나타낸다.

25 민감성피부는 각화 과정의 이상으로 일정 두께의 각질층을 이루지 못하는 피부이다.

26 척주는 경추 7개, 흉추 12개, 요추 5개, 천골 1개, 미골 1개로 구성되어 있다.

27 태닝 시에는 선탠 화장품을 사용한다.

28 의복의 함기량이 높을수록 밖의 차가운 공기를 효과적으로 차단하여 따뜻하다.
함기량 순서 : 모피 > 모직 > 무명 > 견직 > 마직

chapter 07

29 폐흡충(폐디스토마)의 제2중간 숙주에 해당되는 것은?

① 모래무지　　　　② 다슬기

③ 잉어　　　　　　④ 가재

30 피부의 각질층에 존재하는 세포간지질 중 가장 많이 함유된 것은?

① 콜레스테롤(cholesterol)　　② 세라마이드(ceramide)

③ 왁스wax)　　　　　　④ 스쿠알렌(squalene)

31 석고 마스크를 사용하기에 가장 거리가 먼 것은?

① 정상 피부

② 건성 피부

③ 노화 피부

④ 여드름이 있는 민감한 피부

32 브러싱 머신(brushing machine)을 사용하는 목적이 아닌 것은?

① 피부표면의 먼지와 오염물질을 없앤다.

② 가벼운 각질 제거와 자극을 준다.

③ 죽은 세포를 제거한다.

④ 모든 피부에 사용가능하다.

33 다음 중 건조에 가장 저항력이 강한 세균은?

① 대장균　　　　　② 결핵균

③ 임질균　　　　　④ 이질균

34 건강한 손톱상태의 조건으로 틀린 것은?

① 단단하고 탄력이 있어야 한다.

② 조상에 강하게 부착되어 있어야 한다.

③ 수분과 유분이 정상적으로 유지되어야 한다.

④ 매끄럽게 윤이 흐르고 푸른빛을 띠어야 한다.

35 금속제품에 대한 열탕소독 시 살균력을 강하게 하고 금속의 녹을 방지하기 위해 첨가하는 것은?

① 1~2%의 탄산나트륨　　② 1~2%의 알코올

③ 1~2%의 승홍수　　　　④ 1~2%의 염화칼슘

36 감염병 유행조건에 해당되지 않는 것은?

① 감염경로　　　　② 예방인자

③ 감수성 숙주　　　④ 감염원

---

29 폐흡충의 제1중간숙주는 다슬기, 제2중간숙주는 가재, 게이다.

30 피부의 각질층에 존재하는 세포간지질은 콜레스테롤, 지방산, 세라마이드 등으로 구성되며, 이 중 세라마이드가 가장 많이 함유되어 있다.

31 석고마스크는 열을 발생시켜 노화피부, 건성피부에 영양흡수를 돕는데 적당하며, 여드름이 있거나 민감한 피부에는 피하는 것이 좋다.

32 브러싱 머신은 화농성 여드름 피부와 모세혈관확장 피부 등은 사용을 피하는 것이 좋다.

33 결핵균은 지방성분이 많은 세포벽에 둘러싸여 있어 건조에 대한 저항력이 강한 세균이다. 열이나 빛에는 약하다.

34 건강한 손톱은 매끄러운 광택이 흐르며, 연한 핑크빛을 띠고 투명하다.

35 자비소독(열탕소독)법은 금속제품 및 유리제품 등의 살균에 적합하며, 1~2%의 탄산나트륨을 넣으면 살균력이 더 강해진다.

36 감염병의 유행조건 : 감염원(병인), 감염경로(환경), 감수성 숙주

37 바이브레이터 진동기기의 올바른 사용법이 아닌 것은?

① 관리 시 안전을 위하여 헤드부분을 잘 고정한다.
② 압력을 최대한 주고 효과를 극대화 시킨다.
③ 항상 깨끗한 헤드를 사용하도록 유의한다.
④ 관리 시 기기의 지속적인 연결이 되도록 한다.

38 환자나 보균자의 분뇨 또는 음식물이나 식수, 개달물을 매개로 하여 경구감염 되는 감염병은?

① 장티푸스, 세균성 이질
② 뇌염, 공수병
③ 유행성이하선염, 결핵
④ 유행성이하선염, 간염

39 바이러스성 질환으로 연령이 높은 층에 발생빈도가 높고 심한 통증을 유발하는 것은?

① 태선　　　　　② 단순포진
③ 대상포진　　　④ 습진

40 네일 폴리시의 구비 요건 중 틀린 것은?

① 안료가 균일하게 분산되고 일정한 색조와 광택을 유지할 것
② 손톱에 바르기 적당한 점도가 있을 것
③ 일상생활에서 및 네일 폴리시 리무버에 의해 잘 지워질 것
④ 가능한 신속히 건조하고 균일한 막을 형성할 것

41 신경계에 관련된 설명이 옳게 연결된 것은?

① 수상돌기 - 단백질을 합성
② 시냅스 - 신경조직의 최소단위
③ 축삭돌기 - 수용기 세포에서 자극을 받아 세포체에 전달
④ 신경초 - 말초신경섬유의 재생에 중요한 부분

42 다음 중 영구 제모 방법이 아닌 것은?

① 왁싱
② 단파법
③ 갈바닉(직류방법)
④ 단일 또는 다중 바늘 이용법

43 골격근의 기능이 아닌 것은?

① 체중의 지탱　　② 조혈 작용
③ 자세 유지　　　④ 수의적 운동

---

37 바이브레이터는 피부상태에 맞추어 적당한 압력으로 조절하며 사용하여야 한다.

38 뇌염은 모기, 공수병은 개가 매개하는 감염병이며, 유행성 이하선염과 결핵은 호흡기를 통해 감염되는 감염병이다.

39 대상포진은 바이러스성 피부질환으로 연령이 높은 층에서 발생빈도가 높고, 심한 통증을 유발한다.

40 네일 폴리시는 손톱에 광택을 부여하고 아름답게 할 목적으로 사용하는 화장품으로 일상생활에서 잘 지워지지 않아야 한다.

41 ① 수상돌기는 다른 뉴런이나 감각기로부터 자극을 받아들이는 부분이다.
② 시냅스는 뉴런의 신경돌기 말단으로 다른 신경세포와 접합하여 정보를 상호 교환한다.
③ 축삭돌기는 수상돌기에서 받은 자극을 다른 뉴런이나 반응기로 전달한다.
④ 신경초는 말초신경의 축삭을 둘러싸고 있어 뉴런을 지지하고 보호하며, 말초신경섬유의 재생에 중요한 역할을 한다.

42 왁스를 이용하여 제모를 하는 왁싱은 일시적 제모 방법이다.

43 조혈작용은 뼈의 기능이다.

44 고주파기의 효과에 대한 설명으로 틀린 것은?

① 살균 · 소독 효과로 박테리아 번식을 예방한다.
② 색소침착부위의 표백효과가 있다.
③ 피부의 활성화로 노폐물 배출의 효과가 있다.
④ 내분비선의 분비를 활성화한다.

45 캐리어 오일이 아닌 것은?

① 스위트아몬드 ② 그레이프씨드
③ 로즈마리 ④ 아보카도

46 공중위생영업자가 관계공무원의 출입·검사를 거부·기피하거나 방해한 때의 1차 위반 행정처분은?

① 영업정지 10일 ② 영업정지 5일
③ 영업정지 20일 ④ 영업정지 15일

47 딥클렌징에 대한 설명으로 옳은 것은?

① 피부결 정돈, 모공의 살균 및 소독에는 클렌징크림이 가장 효과적이다.
② 효소는 판크레아틴, 세라마이드, 아밀라아제 등을 함유하여 케라틴을 분해시켜주는 필링제이다.
③ 갈바닉기기를 이용해 피부모공속의 노폐물을 딥클렌징 한다.
④ 스크럽제 같은 클렌징제품은 과다한 각질을 제거하기 위해 여드름 피부에만 사용하는 것이 좋다.

48 화장수에 대한 설명으로 가장 거리가 먼 것은?

① 피부표면의 pH를 맞추어 준다.
② 피부에 남아있는 잔여물을 닦아준다.
③ 피부의 각질을 제거한다.
④ 피부의 각질층에 수분을 공급한다.

49 온습포에 대한 설명으로 틀린 것은?

① 피지 분비선을 자극해준다.
② 여드름 및 모세혈관 확장 피부에는 주의가 필요하다.
③ 혈액순환을 촉진시킨다.
④ 모공을 축소시켜 노폐물, 불순물 등을 깨끗이 닦아낸다.

50 살균방법 중 소독력이 강한 순서로 나열된 것은?

① 소독 – 방부 – 멸균 ② 멸균 – 소독 – 방부
③ 멸균 – 방부 – 소독 ④ 소독 – 멸균 – 방부

---

44 고주파의 주된 효과
- 방부 및 살균으로 구진, 농포 등의 여드름 치유
- 혈액순환 촉진, 피부조직 재생력 향상
- 노폐물 배출, 내분비선의 분비 활성화, 피지샘 분비에 활력 제공

45 캐리어 오일은 아로마 오일을 피부에 효과적으로 침투시키기 위해 사용하는 식물성 오일로 호호바, 아보카도, 아몬드, 윗점(wheatgerm), 포도씨, 살구씨, 코코넛 오일 등이 있다.
※ 로즈마리는 에센셜 오일이다.

46 관계공무원의 출입 · 검사를 거부 · 기피하거나 방해한 때의 1차 위반 행정처분은 영업정지 10일이다.
※ 2차위반 : 영업정지 20일
  3차위반 : 영업정지 1개월
  4차위반 : 영업장 폐쇄명령

47 ① 클렌징크림은 클렌징을 위한 제품이다.
② 효소 딥클렌징은 단백질을 분해하는 효소(파파인, 브로멜린, 펩신, 트립신 등)를 이용하여 각질과 노폐물을 분해하여 제거한다.
④ 스크럽제와 같은 클렌징제품은 염증성 여드름피부, 민감성피부, 모세혈관확장피부 등에는 사용하지 않는 것이 좋다.

48 화장수는 피부의 각질을 제거하지는 않는다.
화장수는 ①, ②, ④ 외에 피부에 청량감 부여, 피부 진정 또는 쿨링작용 등을 한다.

49 온습포는 모공을 이완 또는 확장시킨다.

50 소독력 비교 (멸살소방)
멸균 > 살균 > 소독 > 방부

51 신체 각 부위별 관리의 목적으로 거리가 먼 것은?

① 의학적 측면 – 튼살 제거

② 내적 측면 – 혈액 및 림프 순환 촉진

③ 외적 측면 – 아름다운 체형 유지, 셀룰라이트 완화

④ 정신적 측면 – 심리적 안정감, 스트레스 완화

52 필수아미노산에 속하지 않는 것은?

① 알라닌 ② 트립토판

③ 트레오닌 ④ 발린

53 적외선램프에 대한 설명으로 가장 적합한 것은?

① 온열작용을 통해 화장품의 흡수를 도와준다.

② 주로 UVA를 방출하고 UVB, UVC는 흡수한다.

③ 주로 소독·멸균의 효과가 있다.

④ 색소침착을 일으킨다.

54 다음에서 설명하는 화장품 성분은?

【보기】

오일, 지방, 당의 분해에 의해 형성되는 단맛·무색·무향의 시럽상 피부유연제이며, 큐티클 오일, 크림, 로션의 주요 성분이다.

① 글리세린(glycerin) ② 에센셜 오일(essential oil)

③ 윤활제(lubricants) ④ 콜라겐(collagen)

55 태양광선에 피부를 곱게 그을리는 것은?

① 선블록(sun-block) ② 선스크린(sun-screen)

③ 선번(sun burn) ④ 선탠(sun-tan)

56 피부 분식의 방법인 문진법을 적용하기에 가장 거리가 먼 것은?

① 고객의 피부 배열 상태, 모공의 크기, 피부 투명도

② 고객의 알레르기 유무, 피부 당김 현상, 가려움증, 여드름 발생 여부와 그 빈도, 과거에 경험한 피부 문제

③ 고객의 건강상태와 진통제, 항생제 등의 장기복용 및 호르몬에 영향을 주는 의약품 복용 여부

④ 고객의 연령, 직업, 결혼 유무, 취미(생활 환경)

57 컬러테라피기 사용 시 생명력을 자극하고 혈액순환을 자극하여 에너지를 활성화 시키는 색은?

① 보라 ② 빨강

③ 노랑 ④ 주황

---

51 튼살을 제거하거나 관리하는 것은 의학적 측면보다는 외적 측면에 더 가깝다.

52 필수아미노산은 이소루신, 루신, 라이신, 발린, 메티오닌, 페닐알라닌, 트레오닌, 트립토판, 알기닌, 히스티딘이다.

53 ②, ③, ④는 자외선 기기의 특성이다.

54 글리세린(글리세롤)에 대한 설명이다.
글리세린은 공기 중의 수분과 결합하고 또 고정하는 역할이 있어 보습제로 사용되며 각종 화장품의 주요 구성성분으로 많이 사용된다.

55 선블록과 선스크린은 자외선을 차단하는 방법이며, 선번은 자외선이 강한 곳에 오래 노출되어 화상을 입는 것을 말한다.

56 고객의 피부 배열 상태, 모공의 크기, 피부 투명도 등은 문진법으로 알기 어려운 부분이다.

57 빨강은 에너지, 열정, 생명력 등을 나타내는 색이다.
컬러테라피기에서 빨강은 생명력을 자극하고 혈액순환을 증진시킨다.

58 다음 중 이·미용업 영업자가 변경신고를 해야 하는 것을 모두 고른 것은?

【보기】
ㄱ. 영업소의 소재지
ㄴ. 영업소 바닥 면적의 3분의 1 이상의 증감
ㄷ. 종사자의 변동사항
ㄹ. 영업자의 재산변동사항

① ㄱ, ㄴ
② ㄱ, ㄴ, ㄷ
③ ㄱ
④ ㄱ, ㄴ, ㄷ, ㄹ

59 소화선(소화샘)으로써 소화액을 분비하는 동시에 호르몬을 분비하는 혼합선(내·외분비선)에 해당하는 것은?

① 췌장
② 타액선
③ 담낭
④ 간

60 이용사 또는 미용사의 면허를 받을 수 없는 자가 아닌 것은?

① 마약 중독자
② 전과자
③ 정신질환자
④ 감염성 결핵환자

---

58 이·미용업 영업자 변경신고사항
- 영업소의 명칭 또는 상호
- 영업소의 소재지
- 영업장 면적의 3분의 1 이상의 증감
- 대표자의 성명 또는 생년월일
- 미용업 업종 간 변경

59 췌장(이자)의 기능
- 외분비선 : 소화효소인 이자액을 분비
- 내분비선 : 당대사에 관여하는 호르몬인 인슐린과 글루카곤을 분비하여 혈당량을 조절

60 전과자는 이·미용사의 면허를 받을 수 있다.

【 CBT 상시시험 실전모의고사 제1회 】

정답									
01 ④	02 ①	03 ②	04 ③	05 ④	06 ③	07 ④	08 ①	09 ④	10 ③
11 ②	12 ①	13 ③	14 ①	15 ③	16 ③	17 ③	18 ④	19 ③	20 ①
21 ③	22 ①	23 ①	24 ①	25 ④	26 ①	27 ④	28 ③	29 ④	30 ②
31 ④	32 ④	33 ②	34 ④	35 ①	36 ②	37 ②	38 ①	39 ③	40 ③
41 ④	42 ①	43 ②	44 ②	45 ③	46 ①	47 ③	48 ③	49 ④	50 ②
51 ①	52 ①	53 ①	54 ①	55 ④	56 ①	57 ②	58 ①	59 ①	60 ②

CBT 상시시험 실전모의고사 제2회

▶ 정답은 391쪽에 있습니다.

01 이·미용업 영업소에서 손님에게 성매매알선 등 행위 또는 음란행위를 하게 하거나 이를 알선 또는 제공한 때의 영업소에 대한 1차 위반 시 행정처분기준은?

① 영업장 폐쇄명령
② 영업정지 2월
③ 면허취소
④ 영업정지 3월

02 과산화수소에 대한 설명으로 옳지 않은 것은?

① 발생기 산소가 강력한 산화력을 나타낸다.
② 표백, 탈취, 살균 등의 작용이 있다.
③ 발포작용에 의해 상처의 표면을 소독한다.
④ 침투성과 지속성이 우수하다.

03 브러싱 머신의 사용에 관한 설명으로 틀린 것은?

① 브러싱은 피부에 부드러운 마찰을 주므로 혈액순환을 촉진시키는 효과가 있다.
② 건성 및 민감성 피부의 경우는 회전속도를 느리게 해서 사용하는 것이 좋다.
③ 농포성 여드름 피부에는 사용하지 않아야 한다.
④ 모세혈관 확장피부는 석고 재질의 브러싱이 권장된다.

04 소화기관에 대한 설명 중 틀린 것은?

① 위는 강알칼리의 위액을 분비한다.
② 이자(췌장)는 당 내사호르몬의 내분비선이다.
③ 소장은 영양분을 소화·흡수한다.
④ 대장은 수분을 흡수하는 역할을 한다.

05 일반적인 화장품의 피부 흡수에 관한 설명으로 옳은 것은?

① 수분이 많을수록 피부흡수율이 높다.
② 크림류 < 로션류 < 화장수류 순으로 피부흡수력이 높다.
③ 동물성오일 < 식물성 오일 < 광물성오일 순으로 피부흡수력이 높다.
④ 분자량이 적을수록 피부흡수율이 좋다.

---

01 성매매알선등의 행위에 대한 행정처분

구분	1차위반	2차위반
영업소	영업정지 3월	영업장폐쇄명령
미용사(업주)	면허정지 3월	면허취소

02 과산화수소는 **침투성과 지속성은 약하지만** 자극이 없어 구강이나 상처 소독에 많이 사용되는 소독제이다.

03 브러싱 머신은 농포성 여드름피부, 모세혈관 확장피부에는 사용하지 않아야 한다.

04 위는 **강한 산성**의 위액을 분비한다.

05 화장품의 피부흡수율은 제형에 따라 달라지며, 분자량이 적을수록 피부흡수율이 높다. 광물성오일, 동물성오일, 식물성오일 순으로 피부흡수력이 높다.

06 O/W(Oil in Water) emulsion의 주성분은?

① Liquid paraffin　　② Oil
③ Water　　④ Silicone

06 O/W 에멀전(수중유형)은 물속에 기름이 분산되어 있는 형태로 물(water)이 주성분이다.

07 감염병 유행의 요인 중 전파경로와 가장 관계가 깊은 것은?

① 영양상태　　② 인종
③ 환경요인　　④ 개인의 감수성

07 환경요인은 기상, 계절, 전파경로, 사회환경, 경제적 수준 등을 말한다.

08 마스크와 관련한 설명 중 틀린 것은?

① 석고마스크는 적용 시 너무 뜨거울 수 있으므로 눈과 입술 등은 반드시 패드를 사용하여 보호한다.
② 콜라겐 벨벳마스크는 효과를 배가하기 위하여 적용 전에 유분이 풍부한 에센스를 도포하는 것이 좋다.
③ 파라핀마스크 적용 시 파라핀이 얼굴에 직접적으로 닿지 않도록 거즈를 올린 후 도포한다.
④ 알긴마스크는 해초파우더와 용액을 혼합하여 사용하는 것으로 일종의 고무마스크이다.

08 콜라겐 벨벳마스크 적용 시 효과를 높이기 위해서 사용하는 영양액은 유분이 없는 것을 사용하여야 침투가 잘 된다.

09 세계보건기구에서 보건수준 평가방법으로 종합건강지표로 제시한 내용이 아닌 것은?

① 보통사망률　　② 평균수명
③ 비례사망지수　　④ 의료봉사자수

09 보건수준을 나타내는 지표로 보통사망률(조사망률), 평균수명, 비례사망지수, 영아사망률, 모성사망률 등이 있다.

10 다음 중 제2급 감염병이 아닌 것은?

① 폴리오　　② 브루셀라증
③ 백일해　　④ 성홍열

10 브루셀라증은 제3급 감염병에 속한다.

11 일반적으로 식품의 부패(Putrefaction)란 무엇이 변질된 것인가?

① 단백질　　② 비타민
③ 탄수화물　　④ 지방

11 일반적으로 부패는 단백질이 미생물에 의하여 변질되는 것을 말한다.
 • 변패 : 단백질 외 당질이나 지질 등의 변질
 • 산패 : 지방의 산화에 의한 변질

12 진피의 주요 구성성분이 아닌 것은?

① 케라틴　　② 기질
③ 콜라겐　　④ 엘라스틴

12 진피는 피부의 주체를 이루는 층으로 무정형의 기질과 콜라겐, 엘라스틴 등의 섬유성 단백질로 이루어져 있다.

13 금속제품을 자비소독 할 경우 언제 물에 넣는 것이 가장 좋은가?

① 가열 시작 전　　② 가열 시작 직후
③ 수온이 미지근할 때　　④ 끓기 시작한 후

13 금속제품은 물이 끓기 시작한 후, 유리제품은 찬물에 투입한다.

14 갈바닉 전류의 음극에서 생성되는 알칼리를 이용하여 피부 표면의 피지와 모공 속의 노폐물을 세정하는 방법은?

① 이온토포레시스
② 리프팅 트리트먼트
③ 디스인크러스테이션
④ 고주파 트리트먼트

15 일반적으로 인체 내 수분의 배출량이 많은 것부터 나열한 것은?

① 폐와 피부 – 소변 – 땀 – 대변
② 소변 – 대변 – 땀 – 폐와 피부
③ 소변 – 땀 – 대변 – 폐와 피부
④ 소변 – 폐와 피부 – 땀 – 대변

16 갑상선의 기능과 관계있으며 모세혈관 기능을 정상화시키는 것은?

① 철분　　　　　　② 요오드
③ 인　　　　　　　④ 칼슘

17 아로마 오일에 대한 설명으로 가장 적합한 것은?

① 아로마 오일은 공기 중의 산소나 빛에 안정하기 때문에 주로 투명용기에 보관하여 사용한다.
② 아로마 오일은 베이스노트(base note)이다.
③ 아로마 오일은 주로 향기식물의 줄기나 뿌리 부위에서만 추출된다.
④ 수증기 증류법에 의해 얻어진 아로마 오일이 주로 사용되고 있다.

18 우리 몸의 대사 과정에서 배출되는 노폐물, 독소 등이 배설되지 못하고 피부조직에 남아 비만으로 보이며 림프 순환이 원인인 피부 현상은?

① 쿠퍼로제　　　　② 켈로이드
③ 알레르기　　　　④ 셀룰라이트

19 다음 중 산성비를 증가시키는 주원인은?

① 메탄가스(CH_2)　　　② 황산화물질(SO_x)
③ 일산화탄소(CO)　　　④ 이산화탄소(CO_2)

20 세균이 가장 잘 자라는 최적의 수소이온(pH) 농도는?

① 강산성　　　　　② 약산성
③ 강알카리성　　　④ 중성

14 디스인크러스테이션(전기세정법)은 갈바닉 전류 중 음극(–)에서 생성되는 알칼리를 이용하여 모공에 있는 피지를 분해하고 각질세포, 노폐물을 배출시켜 세정효과를 주는 딥클렌징 방법으로 '아나포레시스'라고도 한다.

15 인체 내의 수분은 하루 2,300~2,500mL 정도가 배출되며 다음과 같다.
 • 소변　　　 : 약 1,500 mL
 • 폐(호흡)　 : 약 400 mL
 • 피부와 땀 : 300~400 mL
 • 대변　　　 : 100~200 mL

16 요오드는 갑상선 호르몬의 성분으로 모세혈관의 기능을 정상화시키고, 탈모예방, 과잉지방의 연소촉진 등의 효과가 있다.

17 ① 아로마 오일은 갈색 용기에 보관하여 사용한다.
② 아로마 오일은 주로 미들 노트이다.
③ 아로마 오일은 허브의 꽃, 잎, 줄기, 열매 등에서 추출한다.

18 • 쿠퍼로제 : 모세혈관확장 피부
• 켈로이드 : 진피 내 섬유조식의 과성상으로 켈질 형태로 튀어나오는 현상으로 흉터가 아물면서 우둘두둘하게 솟아오르는 것
• 알레르기 : 특정의 항원에 의해 항체가 생산된 결과 항원에 대한 이상한 병적반응을 나타내는 현상

19 대기오염의 1차오염물질로는 황산화물, 질소산화물, 일산화탄소 등이 있는데, 산성비를 유발하는 물질은 황산화물질이다.

20 세균이 가장 잘 번식하는 pH는 중성(pH 6.5~7.5)이다.

21 클렌징 시술 시 포인트 메이크업 리무버제의 사용 목적은?

① 묵은 각질을 제거하기 위해서

② 피부에 진정작용을 주기 위해서

③ 모공 속 노폐물을 제거하기 위해서

④ 눈이나 입술의 색조화장을 자극 없이 부드럽게 제거하기 위해서

21 포인트 메이크업 리무버제는 전체 클렌징을 하기 전에 민감한 부위인 눈이나 입술의 색조화장을 자극없이 부드럽게 제거하기 위하여 사용한다.

22 위생서비스 평가의 결과에 따른 위생관리 등급별로 영업소에 대한 위생감시를 실시하여야 하는 자는?

① 고용노동부장관

② 시 · 도지사 또는 시장 · 군수 · 구청장

③ 안전행정부장관

④ 보건복지부장관

22 위생서비스 평가의 결과에 따른 위생관리 등급별로 영업소에 대한 위생감시를 실시하는 자는 시 · 도지사 또는 시장 · 군수 · 구청장이다.

23 다음의 유화 제품 중 O/W형(수중유형) 에멀전은?

① 헤어 크림

② 나이트 크림

③ 클렌징 크림

④ 모이스처라이징 로션

23 O/W형 에멀전은 물에 기름이 분산되어 있는 형태(물＞기름)로 주로 로션류이며, 크림류는 대부분 W/O(유중수형)이다.

24 다음 피부 유형에 대한 설명 중 옳은 것은?

① 지성피부는 잔주름이 잘 나타나지 않으며 피지분비량이 많고 메이크업이 쉽게 잘 지워진다.

② 건성피부는 모세혈관벽을 강화시켜주고 피부건강을 개선시켜 주어야 한다.

③ 주사비(Rosacea)는 주로 입이나 턱 주위에 발생한다.

④ 복합성 피부는 가장 이상적인 피부로 적당한 촉촉함이 있고 피부결도 섬세하고 매끄럽다.

24 ② 모세혈관확장피부는 모세혈관을 강화시키고 자극적인 관리는 하지 않아야 한다.
③ 주사비는 코나 뺨 등의 얼굴 중심부로 많이 나타난다.
④ 복합성피부는 서로 다른 피부유형 2가지 이상이 나타나는 피부유형으로 유수분의 균형을 잘 맞추는 것에 중점을 둔다.

25 다음 중 화장수의 역할이 아닌 것은?

① 피부의 pH 균형을 유지시킨다.

② 피부 노폐물의 분비를 촉진시킨다.

③ 피부의 수렴작용을 한다.

④ 각질층에 수분을 공급한다.

25 화장수의 기능
• 피부의 각질층에 수분 공급
• 피부에 청량감 부여
• 피부에 남은 클렌징 잔여물 제거 작용
• 피부의 pH 밸런스 조절 작용
• 피부 진정 또는 쿨링 작용

26 확대경의 사용방법 중 틀린 것은?

① 어두운 곳에서 사용한다.

② 고객의 눈에 아이패드를 한다.

③ 고객에게 적용할 때 눈에 직접 닿지 않게 한다.

④ 불을 끈 후 고객 얼굴로 옮긴다.

26 확대경은 육안으로 관찰하기 어려운 부분을 확대하여 피부분석을 하는 기기로 어두운 곳에서는 피부분석이 어려울 수 있다.

27 영업소 폐쇄 명령을 받고도 계속하여 영업을 하는 때에 당해 영업소를 폐쇄하기 위하여 취하는 조치에 해당하지 않는 것은?

① 출입자 검문 및 통제
② 당해 영업소가 위법한 영업소임을 알리는 게시물 부착
③ 영업을 위하여 필수불가결한 기구 또는 시설물을 사용할 수 없게 하는 봉인
④ 영업소의 간판 기타 영업표지물의 제거

28 전기장치에서 퓨즈(fuse)의 역할은?

① 전압을 바꾸어 준다.
② 전류의 세기를 조절한다.
③ 부도체에 전기가 잘 통하도록 한다.
④ 전선의 과열을 막아 주는 안전장치 역할을 한다.

29 핸드 케어 사용 시 물을 사용하지 않고 피부 청결 및 소독효과를 위해 사용하는 것은?

① 핸드 워시(hand wash)
② 비누(soap)
③ 핸드 새니타이저(hand sanitizer)
④ 핸드로션(hand lotion)

30 근육계의 주요 기능은?

① 운동 기능
② 흡수 작용
③ 자극 전달
④ 보호 기능

31 피부분석 방법 중 문진법에 해당하는 것은?

① 피지분비 상태
② 모공의 크기
③ 병력 사항
④ 모세혈관 상태

32 다음 중 감염병 환자의 분뇨 및 토사물 소독으로 가장 적절한 것은?

① 알코올
② 승홍수
③ 역성비누
④ 크레졸

33 영업소 출입·검사 시 관계공무원의 권한이 아닌 것은?

① 건강진단서 유·무 점검
② 위생관리의무이행 점검
③ 영업관련서류 열람
④ 시설의 관리실태 점검

---

27 영업소 폐쇄 조치
• 당해 영업소의 간판 기타 영업표지물의 제거
• 당해 영업소가 위법한 영업소임을 알리는 게시물 등의 부착·영업을 위하여 필수불가결한 기구 또는 시설물을 사용할 수 없게 하는 봉인

28 퓨즈는 과도한 전류가 흐르면 녹아 끊어짐으로 전류를 차단한다.
①은 변압기, ②는 저항의 역할이다.

29 핸드 새니타이저는 알코올을 주 베이스로 하여, 물을 사용하지 않고 손에 직접 발라 피부청결 및 소독효과를 얻는 제품이다.

30 근육계의 주요기능은 운동 기능, 자세유지 기능, 체열생산 기능, 배뇨·배변 기능, 소화기능 등이다.

31 문진은 질문을 통하여 피부유형을 분석하는 방법으로 고객의 병력사항, 연령, 알레르기 유무, 사용화장품 등을 질문하여 판단한다.

32 분뇨 및 토사물 등의 소독은 석탄산, 크레졸, 생석회 등이 적절하다.

33 관계공무원은 영업소·사무소 등에 출입하여 공중위생영업자의 위생관리의무이행 등에 대하여 검사하게 하거나 필요에 따라 공중위생영업장부나 서류를 열람하게 할 수 있다.
※ 시설의 관리실태 점검은 위생관리의무에 포함된다.

chapter 07

34 알레르기성 접촉피부염에 관한 설명으로 틀린 것은?

① 원인물질은 보통 알레르겐이나 항원이라 부른다.

② 머리 염색약 중 파라페닐렌디아민은 알레르기성 접촉피부염을 일으킨다고 알려져 있다.

③ 알레르기를 유발하는 성분은 사람마다 같다.

④ 화장품에 의해 따가운 증세가 나타나며 접촉피부염이 유발될 수도 있다.

34 알레르기를 유발하는 성분은 사람마다 다르다.

35 화장품과 의약품의 차이로 옳은 것은?

① 의약품의 사용대상은 정상적인 상태인 자로 한정되어 있다.

② 의약품은 지정성분, 화장품은 유효성분 표시제이다.

③ 의약품은 전문가의 처방이 필요하다.

④ 화장품은 특정부위만 사용 가능하다.

35 의약품은 전문가의 처방이 있어야 사용할 수 있다.

36 이·미용영업자가 매년 위생교육을 받지 아니한 경우의 과태료 부과 기준은?

① 300만원 이하   ② 100만원 이하

③ 200만원 이하   ④ 500만원 이하

36 위생교육을 받지 아니한 자는 **200만원 이하**의 과태료에 처한다.

37 이·미용현장에서 사용되는 날이 있는 금속제품의 소독에 적당한 것은?

① 승홍수   ② 요오드

③ 크레졸   ④ 염소

37 날이 있는 금속제품의 경우 **크레졸, 포르말린** 등을 이용해 소독한다.

38 제모를 하는 목적으로 가장 적합한 것은?

① 피부의 주름을 방지하기 위해서 행한다.

② 윤택한 피부를 만들기 위해서 행한다.

③ 불필요한 털을 제거하고자 할 때 행한다.

④ 피부를 부드럽게 하기 위해서 행한다.

38 제모는 신체의 털이 미용적으로 저해요소가 될 때, 털을 제거함으로써 미용의 욕구를 상승시키기 위한 방법이다.

39 이·미용사 면허를 받을 수 없는 자는?

① 향정신성의약품 중독자

② 고혈압환자

③ 비감염성 결핵환자

④ 비감염성 피부질환자

39 **이·미용사 면허를 받을 수 없는 자**
 ① 피성년후견인
 ② 정신질환자
 ③ 비감염성을 제외한 결핵환자
 ④ **약물 중독자**
 ⑤ 면허가 취소된 후 1년이 경과되지 않은 자

40 영업자의 지위를 승계한 후 누구에게 신고하여야 하는가?

① 시·도지사   ② 보건복지부장관

③ 세무서장   ④ 시장·군수·구청장

40 법이 준하는 절차에 따라 공중영업 관련시설을 인수하여 공중위생영업자의 지위를 승계한 자는 1월 이내에 **시장·군수 또는 구청장**에게 신고하여야 한다.

41 갈바닉기 관리 시 주의사항이 아닌 것은?

① 침투 물질을 골고루 바른다.
② 모든 금속 액세서리는 제거한다,
③ 뺨 부위, 뼈마디 부위는 전류를 약하게 한다.
④ 기기를 작동 시킨 후 전극봉을 피부에 접착시킨다.

42 셀룰라이트(cellulite)에 대한 설명 중 틀린 것은?

① 주로 여성에게 많이 나타난다.
② 주로 허벅지, 둔부, 상완 등에 많이 나타나는 경향이 있다.
③ 스트레스가 주원인이다.
④ 오렌지 껍질 피부모양으로 표현된다.

43 혈액 중 혈액응고에 주로 관여하는 세포는?

① 백혈구 ② 적혈구
③ 혈소판 ④ 헤마토크리트

44 감염병의 관리에 관한 법률상 7일 이내에 관할 보건소에 신고해야 할 감염병은?

① 콜레라 ② 인플루엔자
③ 디프테리아 ④ 파상풍

45 신경계에 관한 내용 중 틀린 것은?

① 뇌와 척수는 중추신경계이다.
② 대뇌의 주요 부위는 뇌간, 간뇌, 중뇌, 교뇌 및 연수이다.
③ 척수로부터 나오는 31쌍의 척수신경은 말초신경을 이룬다.
④ 척수의 전각에는 운동신경세포가 그리고 후각에는 감각신경세포가 분포한다.

46 골격근에 대한 설명으로 틀린 것은?

① 인체의 약 60%를 차지한다.
② 횡문근이라고도 한다.
③ 수의근이라고도 한다.
④ 대부분이 골격에 부착되어 있다.

47 심근이 골격근과 가장 다른 점은?

① 자동성이 있다.
② 횡문근이다.
③ 수축 시 젖산이 발생한다.
④ 핵이 있다.

---

41 갈바닉 기기의 전극봉이 피부 표면에 접착된 상태에서 기기를 작동(전원 켬)시켜야 한다.

42 셀룰라이트는 신진대사, 혈액순환, 림프순환이 원활하지 않아 피하지방이 축적되어 피부층 전체가 부풀어 오르는 것을 말한다. 스트레스와는 관련이 없다.

43 지혈과 혈액응고에 관여하는 세포는 혈소판이다.

44 7일 이내에 신고해야 하는 감염병은 제4급 감염병이며, 인플루엔자가 여기에 해당한다.

45 뇌와 척수는 중추신경계이며, 대뇌는 전두엽, 두정엽, 후두엽, 측두엽으로 구성되어 있다. 뇌신경 12쌍과 척수신경 31쌍은 말초신경을 이룬다. 척수의 전각에는 운동신경세포가 후각에는 감각신경세포가 분포한다.

46 골격근은 골격에 부착해 있는 뼈를 움직이는 수의근으로 체중의 약 40%를 차지한다.

47 심근은 스스로의 의지로 움직일 수 없는 불수의근으로 자동성이 있다.
자동성 : 의지와 상관없이 자발적으로 운동하는 성질(호흡이나 심장박동)을 말한다.

chapter 07

48 홍역의 병원체는 어느 종류에 속하는가?

① 세균　　　　　　　② 진균
③ 바이러스　　　　　④ 리케차

48 홍역의 병원체는 바이러스이다.

49 바이러스성 피부질환은?

① 절종　　　　　　　② 모낭염
③ 용종　　　　　　　④ 단순포진

49 바이러스성 피부질환에는 단순포진, 대상포진, 사마귀 등이 있다.

50 피부 노화인자 중 외부 인자가 아닌 것은?

① 산화　　　　　　　② 나이
③ 자외선　　　　　　④ 건조

50 피부노화인자 중 나이는 노화의 내부인자이다.

51 지각신경에 쾌감을 주는 동시에 혈액순환을 촉진하고 경련 마비에 가장 효과적인 방법은?

① 프릭션　　　　　　② 바이브레이션
③ 타포트먼트　　　　④ 에플라지

51 바이브레이션은 피부근육의 지각신경에 쾌감을 주고 혈액순환을 촉진하여 피부의 생리기능을 높이고 경련마비에 효과적이다.

52 컬러테라피 기기에서 빨강 색광의 효과와 가장 거리가 먼 것은?

① 근조직 이완, 셀룰라이트 개선
② 소화기계 기능강화, 신경자극, 신체 정화작용
③ 지루성 여드름 피부 개선, 혈액순환 저하피부 개선
④ 혈액순환 증진, 세포의 활성화, 세포 재생활동

52 소화기계 기능강화, 신경자극, 신체 정화작용은 노랑 색광의 효과이다.

53 홍반, 피부 자극 상태에 바르면 좋은 화장품 성분은?

① 탈크(talc)
② 페놀(phenol)
③ 위치 하젤(witch hazel)
④ 아세트산(acetic acid)

53 위치 하젤은 항염증 및 진정 효과가 있어 피부 자극이나 홍반 상태를 완화하는 데 도움이 된다.

54 딥클렌징의 효과로 가장 거리가 먼 것은?

① 기미를 옅어지게 한다.
② 피부관리 시 영양의 침투를 도와준다.
③ 묵은 각질 제거를 도와준다.
④ 피부의 재생이 잘 되도록 유도한다.

54 딥클렌징이 기미를 옅어지게 하지는 못한다.

55 사회보장의 종류에 따른 내용의 연결이 옳은 것은?

① 공적부조 – 기초생활보장
② 사회보험 – 기초생활보장, 의료보장
③ 소득보장 – 의료보장
④ 공적부조 – 의료보장, 사회복지서비스

55 사회보장제도에서 공적부조에는 기초생활보장(최저생활보장)과 의료급여가 있다.
사회보험에는 소득보장(국민연금, 고용보험, 산재보험)과 의료보장(건강보험, 산재보험)이 있다.

56 다음 중 피부의 면역기능에 관계하는 세포는?

① 머켈 세포　　　　② 말피기 세포
③ 랑게르한스 세포　　④ 각질형성 세포

57 다음 중 고주파기기의 효능이 아닌 것은?

① 살균효과　　　　② 노폐물 배출
③ 혈액순환 촉진　　④ 근육수축 이완

58 기초 화장품의 사용 효과에 해당하지 않는 것은?

① 피부트러블 치료　　② 피부 세정
③ 건조 방지　　　　④ 피부활력 강화

59 다음과 같은 관리법이 소개되어 있는 『규합총서(閨閤叢書)』는 어느 시대의 서적인가?

【보기】

『규합총서(閨閤叢書)』의 내용 중에 면지법(面脂法)을 보면 몸을 향기롭게 하는 방법과 머리카락을 검고 윤기나게 하는 법, 목욕법, 겨울철 피부관리법 등이 소개되어 있다.

① 대한제국시대　　　② 삼국시대
③ 고려시대　　　　　④ 조선시대

60 일광 소독은 햇빛 중 어떠한 광선의 역할에 의한 소독인가?

① 자외선　　　　　② 감마선
③ 적외선　　　　　④ 가시광선

---

56 랑게르한스 세포는 표피의 유극층에 존재하며 피부의 면역기능을 담당한다.

57 고주파기기의 효과
- 피부의 활성화로 노폐물 배출
- 내분비선의 분비를 활성화
- 살균, 소독 효과로 박테리아 번식 예방
- 혈액순환 촉진, 피부 재생력 향상, 여드름 치료 등

58 기초화장품은 세안 및 피부정돈과 피부보호를 위하여 사용하는 제품으로 피부트러블을 치료하기 위한 제품이 아니다.

59 규합총서는 조선시대의 사대부 가정백과라고 할 수 있는 서적이다.

60 일광에서 소독력을 갖는 광선은 자외선이며, 260~280nm의 파장에서 가장 강한 살균력을 가진다.

【 CBT 상시시험 실전모의고사 제2회 】

정답									
01 ④	02 ④	03 ④	04 ①	05 ④	06 ③	07 ④	08 ②	09 ④	10 ②
11 ①	12 ①	13 ④	14 ③	15 ④	16 ②	17 ④	18 ④	19 ②	20 ④
21 ④	22 ②	23 ④	24 ①	25 ②	26 ①	27 ①	28 ④	29 ③	30 ①
31 ③	32 ④	33 ①	34 ③	35 ③	36 ③	37 ③	38 ④	39 ①	40 ④
41 ④	42 ③	43 ③	44 ②	45 ②	46 ①	47 ①	48 ③	49 ④	50 ②
51 ②	52 ②	53 ③	54 ①	55 ①	56 ③	57 ④	58 ①	59 ④	60 ①

CBT 상시시험 실전모의고사 제3회

▶ 정답은 400쪽에 있습니다.

01 다음 중 공중위생관리법의 궁극적인 목적은?

① 공중위생영업 종사자의 위생 및 건강관리
② 공중위생영업소의 위생 관리
③ 위생수준을 향상시켜 국민의 건강증진에 기여
④ 공중위생영업의 위상 향상

01 **공중위생관리법의 목적**
공중이 이용하는 영업의 위생관리 등에 관한 사항을 규정함으로써 위생수준을 향상시켜 국민의 건강증진에 기여함을 목적으로 한다.

02 서양 피부미용의 역사에 대한 설명으로 틀린 것은?

① 중세의 목욕문화는 거대한 공중탕 건물로 남탕과 여탕이 따로 있었다.
② 이집트인은 청결을 효과 있는 미용법으로 생각하여 체계적인 목욕법을 만들었다.
③ 로마인은 스팀미용법과 한증미용법을 생활화하였으며, 흰 피부를 권위의 상징으로 여겼다.
④ 그리스인은 머리를 치장하고 피부와 손톱을 손질하는 방법을 개발했다.

02 공중목욕탕은 로마시대에 가장 발전했으나, 중세에는 쇠퇴하였다.

03 클렌징의 목적 및 효과에 속하지 않는 것은?

① 트리트먼트의 기본단계
② 유효성분의 배출
③ 혈액순환 촉진
④ 피부청결

03 클렌징은 피부관리의 첫 단계로 피부를 청결히하고, 신진대사와 혈액순환을 촉진하며, 피부관리 시 사용하는 유효성분이 잘 흡수되도록 돕는다.

04 다음 중 딥클렌징의 주된 효과가 아닌 것은?

① 혈색을 맑게 한다.
② 피부의 불필요한 각질을 제거한다.
③ 면포를 연화시킨다.
④ 상처부위의 피부조직의 재생을 돕는다.

04 **딥클렌징의 효과**
• 노화된 각질이나 모낭의 피지 · 면포 · 여드름 등의 불순물을 인위적으로 배출시켜 피부를 매끈하게 함
• 영양물질의 흡수 및 침투력을 향상시킴
• 혈액순환을 촉진시킴
※ 딥클렌징이 피부조직의 재생을 돕지는 않는다.

05 건성피부의 관리 방법이 아닌 것은?

① 영양 및 보습에 중점을 두고 에센스나 오일을 사용한다.
② 유황이 함유된 로션타입을 사용한다.
③ 미지근한 물로 세안한다.
④ 보습효과가 높은 pack을 해준다.

05 유황은 살균 및 각질제거 작용이 있어 지성피부나 여드름 피부에 사용하는 것이 좋다.

06 골격근에 관한 설명으로 옳은 것을 모두 고른 것은?

【보기】

a. 의지에 따라 움질일 수 있기 때문에 수의근이라고 한다.
b. 우리 몸에는 400여개의 골격근이 있다.
c. 근육의 명칭은 기능이나 위치, 모양을 토대로 불리어진다.
d. 본인의 의지와 상관없는 불수의근이다.

① a, b, c
② b, d
③ a, c
④ d

07 다음 중 병원성 미생물의 증식이 가장 잘 되는 pH범위는?

① 4.5~5.5
② 5.5~6.0
③ 6.5~7.5
④ 3.5~4.0

08 다음 중 법에서 규정하는 명예공중위생감시원의 업무에 해당하는 것은?

① 공중위생 영업 관련 시설 및 설비의 위생상태 확인 및 검사
② 공중위생 영업소 위생교육 이행여부 확인
③ 공중위생 관리를 위한 지도, 계몽 등
④ 공중위생 영업자의 위생관리 의무 영업자 준수사항 이행여부의 확인

09 컬러테라피의 색상 중 활력, 세포재생, 신경긴장완화, 호로몬대사 조절 효과를 나타내는 것은?

① 주황색
② 노란색
③ 보라색
④ 초록색

10 성층권의 오존층을 파괴시키는 대표적인 가스는?

① 이산화탄소(CO_2)
② 일산화탄소(CO)
③ 아황산가스(SO_2)
④ 염화불화탄소(CFC)

11 관련법상 이·미용사의 위생교육에 대한 설명 중 옳은 것은?

① 위생교육 대상자는 이·미용업 영업자이다.
② 위생교육 대상자에는 이·미용사의 면허를 가지 고 이·미용업에 종사하는 모든 자가 포함된다.
③ 위생교육은 시·군·구청장만이 할 수 있다.
④ 위생교육 시간은 매년 4시간이다.

12 헤모글로빈의 생성과 가장 관계있는 것은?

① 칼슘
② 인
③ 철분
④ 요오드

---

06 b. 인체에는 약 600여개의 골격근이 있다.
　　d. 골격근은 의지로 움직일 수 있는 수의근이다.

07 병원성 미생물은 pH 6.5~7.5의 중성에서 가장 잘 증식한다.

08 공중위생의 관리를 위한 지도·계몽 등을 행하게 하기 위하여 명예공중위생감시원을 둘 수 있다.

09 컬러테라피에서 주황색은 활력, 세포재생, 신경긴장완화, 신진 대사 촉진, 호르몬대사 조절 등의 효과가 있다.

10 성층권의 오존층을 파괴시키는 대표적인 가스는 프로엔 가스로 알려진 염화불화탄소이다.

11 ② 위생교육 대상자는 이·미용업에 종사하는 자가 아니라 신고 하고자 하는 영업자이다.
　　③ 위생교육은 보건복지부장관이 허가한 단체 또는 공중위생영업자단체가 실시할 수 있다.
　　④ 위생교육 시간은 매년 3시간이다.

12 철분(Fe)은 헤모글로빈의 구성 성분으로 신체의 각 조직에 산소를 운반한다.

13 다음에서 설명하고 있는 기기는?

【보기】

> 벤토우즈(ventouse)라 불리는 다양한 컵을 가지고 있으며, 림프액과 혈액의 흐름을 빠르게 하고 기초 대사량을 높이는 효과가 있다.

① 초음파기기 ② 진공흡입기기
③ 고타진동기기 ④ 고주파기기

14 실핏선 피부(couperose)의 특징이라고 볼 수 없는 것은?

① 피부가 대체로 얇다.
② 모세혈관의 수축으로 혈액의 흐름이 원활하지 못하다.
③ 혈관의 탄력이 떨어져 있는 상태이다.
④ 지나친 온도 변화에 쉽게 붉어진다.

15 인공조명을 할 때 고려 사항 중 틀린 것은?

① 균등한 조도를 위해 직접조명이 되도록 해야 한다.
② 광색은 주광색에 가깝고, 유해 가스의 발생이 없어야 한다.
③ 충분한 조도를 위해 빛이 좌상방에서 비춰줘야 한다.
④ 열의 발생이 적고, 폭발이나 발화의 위험이 없어야 한다.

16 적외선에 대한 설명으로 틀린 것은?

① 열을 발생한다.
② 400~800nm의 파장이다.
③ 장파장으로 태양광선 중 약 42%를 차지한다.
④ 혈액순환을 자극하여 대사를 촉진한다.

17 S자형으로 가늘고 길게 굽은 형태의 세균은?

① 나선균(spirillum) ② 쌍구균(diplococcus)
③ 구균(coccus) ④ 간균(bacillus)

18 테트로도톡신(tetrodotoxin)은 다음 중 어느 것에 있는 독소인가?

① 감자 ② 조개
③ 복어 ④ 버섯

19 기능성 화장품의 정의로 틀린 것은?

① 피부의 미백에 도움을 주는 제품
② 피부의 주름 개선에 도움을 주는 제품
③ 피부를 자외선으로부터 보호하는 데 도움을 주는 제품
④ 피부의 흡수력에 도움을 주는 제품

---

13 진공흡입기는 벤토우즈(유리관이나 사용컵 등)를 피부에 밀착시켜 진공 상태의 흡입력에 의해 피지와 노폐물 제거, 혈액 및 림프순환을 촉진시키는 기기이다.

14 실핏선 피부(couperose)는 모세혈관확장피부를 말하는 것으로 모세혈관이 약해되거나 확장되어 붉은 실핏줄이 보이는 피부를 말한다.

15 직접조명은 조명효율이 좋아 경제적이나 눈이 피로하고 불쾌감을 주기 때문에 간접조명이 더 바람직하다.

16 400~780nm의 파장을 갖는 광선은 가시광선이며, 적외선은 780nm 이상의 파장을 갖는다.

17 나선균은 S자 또는 나선 모양의 세균으로 매독균, 렙토스피라균, 콜레라균 등이 이에 속한다.

18 테트로도톡신은 복어가 가지고 있는 치명적인 독소이다.

19 기능성 화장품은 ①, ②, ③ 외에 모발의 색상 변화·제거 또는 영양공급에 도움을 주는 제품, 피부나 모발의 기능 약화로 인한 건조함, 갈라짐, 빠짐, 각질화 등을 방지하거나 개선하는 데에 도움을 주는 제품을 말한다.

20 태양광선의 살균작용으로 옳지 않은 것은?

① 빛의 파장에 따라서 살균력이 다르다.
② 살균력은 적외선이 자외선이나 가시광선보다 강하나 열을 발생시키므로 사용하지 않는다.
③ 태양광선의 살균작용은 2600~2800 Å의 범위에서 가장 강하다.
④ 살균은 자외선을 주로 이용한다.

20 적외선은 열을 운반하여 **열선**이라고 하며, 살균작용은 없다.

21 티오글리콜산(Thioglycolic acid)과 암모니아(Ammonia) 같은 화학물질 등으로 오염된 실내 공기 환경을 개선하기 위해 필요한 것은?

① 환풍, 환기
② 조명
③ 청결
④ 수질

21 실내 공기 환경을 개선하기 위해서는 환풍 및 환기가 필요하다.

22 모공이 넓은 사람에게 갈바닉 전류를 이용하여 모공수축관리를 하려고 할 때 가장 적합한 방법은?

① 음극(-극) 전기로 수렴효과를 준다.
② 음극(-극) 전기로 이완효과를 준다.
③ 양극(+극) 전기로 수렴효과를 준다.
④ 양극(+극) 전기로 이완효과를 준다.

22 갈바닉기기의 양극과 음극효과의 비교

양극(+)	음극(-)
• 산성반응	• 알칼리성 반응
• 산성물질 침투	• 알칼리성물질 침투
• 신경안정 및 피부진정	• 신경자극 및 피부 활성화
• 혈관 · 모공 · 한선 수축	• 혈관 · 모공 · 한선 확장
• 혈액공급 감소	• 혈액공급 증가
• 피부조직 강화	• 피부조직의 연화
• 이온영동법	• 전기세정법

※ 수렴효과는 수축, 이완효과는 확장의 의미이다.

23 손톱을 보호하고 아름답게 가꾸는 화장품이 아닌 것은?

① 네일 에센스
② 네일 폴리시
③ 네일 트리트먼트
④ 네일 폴리시 리무버

23 네일 폴리시 리무버는 네일 폴리시를 지우는 데 사용되는 제품이다.

24 손바닥과 발바닥 등에 주로 분포되어 있으며 수분 침투를 방지해주는 표피층은?

① 투명층
② 유두층
③ 망상층
④ 각질층

24 **투명층**은 주로 손바닥과 발바닥 등 피부층이 두터운 부위에 주로 분포되어 있으며, 수분침투를 방지하고 피부를 윤기있게 해주는 표피세포층이다.

25 소독 약품의 부작용 조치사항에 대한 내용 중 틀린 것은?

① 과민반응으로 홍반, 가려움증, 부종이 동반된다.
② 조직 자극성이 있어 상처나 점막자극이 있다.
③ 과민반응 시 일정 시간 동안 소량 사용하고, 적응 후 양을 늘리면서 사용한다.
④ 피부 과민반응이 일어나면 즉시 증류수 세척 후 전문적 치료를 받는다.

25 소독약품 과민반응 시에는 사용을 멈추고 세척 후 치료를 받아야 한다.

26 고형의 파라핀을 녹이는 파라핀기의 적용범위가 아닌 것은?

① 혈액순환 촉진
② 팩 관리
③ 살균
④ 손 관리

26 **파라핀기**는 손이나 발을 파라핀 팩으로 관리를 할 수 있게 하는 기기로 피부의 혈액순환을 촉진하고, 습윤작용을 한다.
※ 파라핀기는 살균작용을 하지는 않는다.

27 감염병의 예방 및 관리에 관한 법률이 규정한 필수예방접종에 해당하지 않는 것은?

① B형 간염 ② 파상풍
③ 백일해 ④ 유행성출혈열

28 다음 중 부종이 있거나 셀룰라이트, 알레르기 피부 등에 사용하면 가장 큰 효과를 볼 수 있는 관리방법은?

① 림프드레니지 ② 스웨디시
③ 경락 ④ 아로마

29 혈액의 작용에 대한 설명으로 틀린 것은?

① 영양소, 호르몬의 운반작용
② 신경계로 정보전달
③ 체온조절 및 pH조절
④ 식균작용, 지혈작용

30 공중보건사업의 대상자로 가장 적합하게 분류된 것은?

① 개인, 사회, 국가 혹은 인간집단
② 저소득층 가족으로 분류된 인구집단
③ 감염성 질환에 노출된 인구집단
④ 공중보건사업의 혜택이 필요한 주민단체

31 다음 중 소화기관이 아닌 것은?

① 인두 ② 기도
③ 간 ④ 구강

32 적외선 램프의 효과가 아닌 것은?

① 혈류의 증가를 촉진시킨다.
② 피부에 생성물을 흡수되도록 역할을 한다.
③ 노화를 촉진시킨다.
④ 피부에 열을 가하여 피부를 이완시키는 역할을 한다.

33 단백질 합성이 일어나는 세포소기관(organelles)은?

① 리소좀(lysosome) ② 골지체(golgi apparatus)
③ 리보솜(ribosome) ④ 사립체(mitochondria)

34 크레졸을 물에 잘 녹게 하는 pH 상태는?

① 알칼리성 ② 산성
③ 강산성 ④ 중성

---

27 예방접종을 통하여 예방 및 관리가 가능하여 국가예방접종사업의 대상이 되는 감염병에는 B형간염, 파상풍, 백일해 등이 있다.

28 **림프 드레니지**는 여드름, 모세혈관확장증, 각종 부종, 셀룰라이트 관리, 알레르기 피부, 피부면역력이 저하된 경우 등에 사용하는 관리기법이다.

29 **혈액의 기능**

운반작용	산소, 이산화탄소, 영양소, 노폐물, 호르몬 등을 운반
조절작용	체온, 삼투압, pH, 수분 및 전해질 조절
방어작용	식균작용 및 감염으로부터 방어
지혈작용	혈소판의 혈액응고작용

30 공중보건사업의 대상은 개인이나 특정 집단, 특정 계층에 제한되지 않고 지역사회 전체주민을 대상으로 한다.
※ 이 문제의 답은 없다고 보이나, 지역사회의 구성원이 개인이라는 것을 감안하면 ①이 가장 정답에 가깝다.

31 기도는 호흡으로 들어온 공기가 폐로 통하는 통로는 말하는 것으로 호흡기계이다.
※ 인두 : 입(구강)과 식도 사이에 있는 소화기관으로 공기와 음식물이 통과하는 통로

32 지나친 조사 시 노화를 촉진시킬 수 있는 광선은 자외선이다.

33 리보솜은 RNA와 단백질로 이루어진 복합체로 세포질 속에서 단백질을 합성한다.

34 크레졸은 물에 잘 녹지 않기 때문에 알칼리성의 비누와 혼합하여 크레졸 비누액으로 만들어 사용한다.

35 테슬라 전류(Tesla current)가 사용되는 기기는?

① 고주파기기 ② 전기분무기
③ 갈바닉기 ④ 스팀기

35 테슬라 전류는 교류를 말하며, 고주파기기는 테슬라 전류를 사용한다.
※갈바닉기는 직류를 사용한다.

36 왁스를 이용한 제모에 대한 설명으로 틀린 것은?

① 모근까지 제거할 수 있는 방법이다.
② 부직포 적용 후 털이 난 반대방향으로 뜯어낸다.
③ 부직포는 왁스를 적용하고자 하는 부위에 사용한다.
④ 왁스는 털이 난 반대방향으로 도포한다.

36 왁스를 이용한 제모 시 왁스는 털이 난 방향으로 바르고, 부직포를 제거할 때는 털이 난 반대방향으로 뜯어낸다.

37 주름 개선 기능성 화장품의 효과와 가장 거리가 먼 것은?

① 피부탄력 강화
② 콜라겐 합성 촉진
③ 표피 신진대사 촉진
④ 섬유아세포 분해 촉진

37 주름개선 기능성 화장품은 섬유아세포의 생성을 촉진한다.

38 매뉴얼테크닉 동작 중 진동하기의 주 효과에 해당되는 것은?

① 진정효과 및 근육 이완효과로 손동작은 말초에서 심장 쪽으로 한다.
② 심층자극으로 근육을 이완시키고 피부조직 향상, 노폐물과 피지 배출을 증진시킨다.
③ 섬세한 자극으로 말초신경이나 작은 근육에 대하여 영향을 주고 혈액과 림프순환을 증진시킨다.
④ 깊은 조직에 영향을 주고 탄력성증진과 선분비운동을 활발하게 한다.

38 진동하기(떨기, 바이브레이션)는 피부근육의 지각신경(말초신경)에 쾌감을 주고 혈액과 림프순환을 촉진하여 피부의 생리기능을 높인다.

39 다음 중 실내 공기의 오염 지표로 쓰이는 것은?

① NO_2 ② CO
③ CO_2 ④ SO_2

39 실내 공기의 오염 지표로 사용되는 것은 이산화탄소이다.

40 크림의 유화형태의 설명으로 틀린 것은?

① W/O형 : 기름 중에 물이 분산된 형태이다.
② W/O형 : 수분손실이 많아 지속성이 낮다.
③ O/W형 : 물중에 기름이 분산된 형태이다.
④ O/W형 : 사용감이 산뜻하고 퍼짐성이 좋다.

40 W/O형은 지속성이 높다.

41 가족계획사업의 효과 판정상 가장 유력한 지표는?

① 평균여명년수 ② 인구증가율
③ 남여출생비 ④ 조출생율

41 조출생률
• 1년간의 총 출생아수를 당해연도의 총인구로 나눈 수치를 1,000분비로 나타낸 것
• 한 국가의 출생수준을 표시하는 지표

42 화장품의 정의에 대한 설명으로 틀린 것은?

① 인체를 아름답게 하고 매력을 더하게 한다.
② 인체를 청결하게 하기 위하여 사용한다.
③ 피부의 건강을 유지하기 위하여 사용한다.
④ 비만 관리 후 건강을 회복하기 위하여 사용한다.

43 스파테라피(spa-therapy)에 대한 설명으로 옳은 것은?

① 손가락을 이용하여 인체의 특정기관과 연결되는 경혈을 눌러준다.
② 물의 수압을 이용해 혈액순환을 촉진시켜 체내의 독소배출, 세포재생 등의 효과를 증진시킨다.
③ 약리효과가 있는 오일을 이용하는 방법이다.
④ 열전도율이 높은 현무암을 이용하여 인체에 적용시키는 방법이다.

44 피부의 생물학적 노화 현상과 거리가 먼 것은?

① 피부의 색소침착이 증가된다.
② 표피두께가 줄어든다.
③ 피부의 저항력이 떨어진다.
④ 엘라스틴의 양이 늘어난다.

45 근육운동에 필요한 에너지 형태는?

① ADP　　　　　② ATP
③ DNA　　　　　④ RNA

46 모발 구조에서 영양을 관장하는 혈관과 신경이 들어있는 부분은?

① 모근　　　　　② 입모근
③ 모유두　　　　④ 모구

47 우리나라 법정 감염병 중 가장 많이 발생하는 감염병으로 대개 1~5년을 간격으로 많은 유행을 하는 것은?

① 홍역　　　　　② 유행성 이하선염
③ 백일해　　　　④ 폴리오

48 마스크 적용 시 거즈를 사용하는 주목적에 해당되는 것은?

① 유효성분 흡수 촉진
② 사용 시 내용물이 흘러내리는 것 방지
③ 온도 유지
④ 노폐물 제거

---

42 "화장품"이란 인체를 청결·미화하여 매력을 더하고 용모를 밝게 변화시키거나 피부·모발의 건강을 유지 또는 증진하기 위하여 인체에 바르고 문지르거나 뿌리는 등 이와 유사한 방법으로 사용되는 물품으로서 인체에 대한 작용이 경미한 것을 말한다.

43 물의 수압을 이용하여 건강을 증진시키는 전신관리법을 스파테라피(수요법)라 한다.

44 피부의 생물학적 노화(내인성 노화)가 진행되면, 교원섬유(콜라겐)와 탄력섬유(엘라스틴)의 양이 줄어든다.

45 인체의 에너지는 ATP형태로 저장되었다가 필요할 때 가수분해하여 에너지를 방출한다.

46 모유두에는 털의 영양을 관장하는 혈관이나 신경이 들어있어 모발에 영양을 공급한다.

47 우리나라에서 가장 많이 발생하는 감염병은 홍역이다.

48 마스크 적용 시 거즈를 사용하는 목적은 피부자극의 감소 및 재료가 흘러내리는 것을 방지하기 위함이다.

49 뼈의 기능이 아닌 것은?

① 혈구생성을 하는 조혈기능이 있다.
② 인체의 장기를 보호한다.
③ 인체를 지지하는 기능이 있다.
④ 열을 생산하여 인체에 필요한 에너지를 공급한다.

49 뼈의 기능
- 지지기능 : 형태유지, 체중지지, 외형결정
- 보호기능 : 인체의 장기를 보호
- 조혈기능 : 적혈구, 백혈구, 혈소판 생성
- 운동기능 : 뼈, 관절, 골격근의 연결로 운동이 가능
- 저장기능 : 뼈의 세포간질에서 칼슘과 인을 저장

50 팩의 목적 및 효과가 아닌 것은?

① 모공 이완작용
② 피부 보습작용
③ 유효성분 흡수 촉진작용
④ 피부의 진정작용

50 팩은 모공과 모낭을 수축시켜 피부에 긴장감을 주는 효과가 있다.

51 위생교육의 내용과 가장 거리가 먼 것은?

① 시사 · 상식 교육
② 친절 및 청결에 관한 교육
③ 기술교육
④ 공중위생관리법 및 관련 법규

51 위생교육의 내용
- 공중위생관리법 및 관련 법규
- 소양교육(친절 및 청결에 관한 교육)
- 기술교육
- 기타 공중위생에 관하여 필요한 내용

52 두드러기의 특징으로 틀린 것은?

① 급성과 만성이 있다.
② 주로 여자보다는 남자에게 많이 나타난다.
③ 국부적 혹은 전신적으로 나타난다.
④ 크기가 다양하며 소양증을 동반하기도 한다.

52 두드러기(팽진, 담마진)는 피부발진의 일종이며, 급성은 주로 알레르기 반응으로 일어나며 만성은 자가면역의 원인인 경우가 많다. 성별에 따른 차이는 없다.

53 에센셜 오일의 추출법으로 틀린 것은?

① 응고법　　　　② 압축법
③ 용매 추출법　　④ 증류법

53 에센셜 오일의 추출법에는 압축법, 용매 추출법, 증류법, 냉침법, 온침법 등이 있다.

54 이용사 또는 미용사의 면허를 받을 수 없는 자가 아닌 것은?

① 전과자　　　　② 정신질환자
③ 감염성 결핵환자　　④ 마약중독자

54 전과자는 면허 결격 사유에 해당되지 않는다.

55 영업정지 처분을 받고 그 영업정지 기간 중 영업을 한 때에 대한 1차 위반 시 행정처분 기준은?

① 영업정지 10일　　② 영업정지 20일
③ 영업정지 1월　　④ 영업장 폐쇄명령

55 영업정지 기간 중 영업을 하였을 경우 1차 위반 시 행정처분은 영업장 폐쇄명령이다.

56 여드름 원인으로 가장 거리가 먼 것은?

① 에스트로겐의 과잉분비　　② 변비
③ 유전　　　　④ 스트레스

56 여드름의 원인은 유전, 스트레스, 내장질환 및 남성호르몬인 테스토스테론의 과다분비 등이 원인이다.
※ 에스트로겐은 여성호르몬으로 여드름의 원인이 아니다.

chapter 07

57 교감신경의 작용으로 옳은 것은?

① 심장박동 저하
② 혈관 확장
③ 소화운동 촉진
④ 침분비 억제

58 고주파기기 사용 시 금기 및 주의사항이 아닌 것은?

① 전극봉은 고객과 접촉되어 있도록 한다.
② 지성 및 복합성 피부는 사용을 피해야 한다.
③ 알코올 성분이 있는 토너의 사용은 금해야 한다.
④ 관리 시 고객에게서 금속을 제거한다.

59 세균, 포자, 곰팡이, 원충류 및 조류 등과 같이 광범위한 미생물에 대한 살균력을 갖고 페놀에 비해 강한 살균력을 갖는 반면, 독성은 훨씬 적은 소독제는?

① 유기염소 화합물
② 요오드 화합물
③ 무기염소 화합물
④ 수은 화합물

60 이·미용업의 신고에 대한 설명으로 옳은 것은?

① 이 · 미용사 면허를 받은 사람만 신고할 수 있다.
② 일반인 누구나 신고할 수 있다.
③ 1년 이상의 이 · 미용업무 실무경력자가 신고할 수 있다.
④ 미용사 자격증을 소지하여야 신고할 수 있다.

---

57 교감신경과 부교감신경의 작용

구분	교감신경	부교감신경
심장박동	증가	저하
혈관	수축	확장
소화운동	억제	촉진
침분비	억제	촉진
땀분비	촉진	억제
부신호르몬(흥분)	촉진	억제

58 지성 및 복합성 피부, 여드름 피부 등에 사용하면 효과가 좋다.
  ※ 고주파기기의 부적용 대상 : 임산부, 인공심장 박동기 등 인체 내 금속을 착용한 사람, 수술 직후, 심장병, 혈전증 등

59 요오드 화합물은 세균, 포자, 곰팡이, 원충류 및 조류 등과 같이 광범위한 미생물에 대한 살균력을 가진다.

60 이 · 미용사 면허를 받은 사람만이 이 · 미용업을 개설할 수 있다.

[CBT 상시시험 실전모의고사 제3회]

정답

01 ③	02 ①	03 ②	04 ④	05 ②	06 ③	07 ③	08 ③	09 ①	10 ④
11 ①	12 ③	13 ②	14 ②	15 ①	16 ②	17 ①	18 ③	19 ④	20 ②
21 ①	22 ③	23 ④	24 ①	25 ③	26 ③	27 ④	28 ①	29 ②	30 ①
31 ②	32 ③	33 ①	34 ①	35 ①	36 ④	37 ③	38 ③	39 ③	40 ②
41 ④	42 ④	43 ②	44 ④	45 ②	46 ③	47 ①	48 ②	49 ④	50 ①
51 ①	52 ②	53 ①	54 ①	55 ④	56 ①	57 ④	58 ②	59 ②	60 ①

CBT 상시시험 실전모의고사 제4회

▶ 정답은 410쪽에 있습니다.

01 피부상담의 목적으로 틀린 것은?

① 고객의 방문 목적 확인
② 고객의 사생활 파악으로 심리적인 안정감 유도
③ 피부관리 계획
④ 피부문제의 원인 유형 파악

02 피부 면역에 관련된 설명으로 옳은 것은?

① 표피에서는 랑게르한스 세포가 항원을 인식하여 림프구로 전달한다.
② 미생물은 피부로 침투하지 못한다.
③ 피부의 각질층도 피부면역작용을 한다.
④ 우리 몸의 모든 면역세포는 기억능력이 있어서 기억에 의해 반응한다.

03 이용사 또는 미용사의 면허를 받지 아니한 자가 이·미용 영업업무를 행하였을 때의 벌칙사항은?

① 6월 이하의 징역 또는 500만원 이하의 벌금
② 300만원 이하의 벌금
③ 500만원 이하의 벌금
④ 400만원 이하의 벌금

04 전류에 대한 내용이 틀린 것은?

① 전하량의 단위는 쿨롱으로 1쿨롱은 도선에 1V 의 전압이 걸렸을 때 1초 동안 이동하는 전하의 양이다.
② 교류전류란 전류흐름의 방향이 시간에 따라 주기 적으로 변하는 전류이다
③ 전류의 세기는 도선의 단면을 1초 동안 흘러간 전 하의 양으로서 단위는 A(암페어)이다.
④ 직류전동기는 속도조절이 자유롭다.

05 탄수화물의 최종 분해산물은?

① 포도당　　　　　② 글리세롤
③ 아미노산　　　　④ 지방산

---

01 피부상담을 위하여 고객의 사생활을 깊이 파악할 이유는 없다.

02 표피의 유극층에 존재하는 랑게르한스 세포는 피부의 면역기능을 담당하는 세포로, 항원을 인식하여 림프구로 전달한다.

03 무면허인 자가 미용 업무를 행할 시 벌칙사항은 300만원 이하의 벌금에 해당한다.

04 전하량의 단위는 쿨롱(C)이며 1쿨롱은 1암페어(A)의 전류가 흐를 때 1초 동안 이동하는 전하의 양이다.

05 탄수화물(당질)의 최종 분해산물은 포도당(glucose)이다.

06 소독제의 보존에 대한 설명으로 틀린 것은?

① 직사광선을 받지 않도록 한다.
② 식품과 혼동하기 쉬운 용기나 장소에 보관하지 않도록 한다.
③ 냉암소에 둔다.
④ 사용하다 남은 소독약은 재사용을 위해 밀폐시켜 보관한다.

07 외인성 피부질환의 원인과 가장 거리가 먼 것은?

① 유전인자　　　　　② 산화
③ 피부건조　　　　　④ 자외선

08 소화관의 구성 중 식도 다음에 있는 기관은?

① 소장 및 대장　　　② 인두
③ 항문　　　　　　　④ 위

09 다음 질병의 잠복기에 대한 설명으로 옳은 것은?

【보기】
콜레라, 장티푸스, 천연두, 나병, 이질, 디프테리아

① 잠복기가 가장 긴 것은 콜레라 – 천연두 순이다.
② 잠복기가 가장 짧은 것은 세균성 이질 – 콜레라 순이다.
③ 잠복기가 가장 긴 것은 나병 – 장티푸스 순이다.
④ 잠복기가 가장 짧은 것은 장티푸스 – 나병 – 디프테리아 순이다.

10 자율신경의 지배를 받는 민무늬근은?

① 승모근(trapezius muscle)　② 심근(cardiac muscle)
③ 골격근(skeletal muscle)　④ 평활근(smooth muscle)

11 자외선램프의 사용에 대한 내용으로 틀린 것은?

① 고객으로부터 1m 이상의 거리에서 사용한다.
② 주로 UVA를 방출하는 것을 사용한다.
③ 눈 보호를 위해 패드나 선글라스를 착용하게 한다.
④ 살균이 강한 화학선이므로 사용 시 주의를 해야 한다.

12 왁스 제모방법에 대한 설명으로 옳은 것은?

① 왁스를 털이 자란 방향으로 도포한다.
② 제거 시 털이 자란 방향으로 천천히 당기며 떼어낸다.
③ 제모부위는 땀과 유분기를 제거하지 않고 작업한다.
④ 모근의 제거가 되지 않아 제모효과가 1~2주 정도로 짧게 지속된다.

---

06 사용하다 남은 소독약은 재사용하지 않는다.

07 유전인자는 외인성 질환과는 거리가 멀다.

08 소화관은 음식이 지나가는 통로를 말하며, 입(구강) → 인두 → 식도 → 위 → 소장 → 대장 → 항문으로 연결된다.

09 • 콜레라 : 6시간~5일
• 장티푸스 : 3~60일
• 천연두 : 7~17일
• 나병 : 수년~십수년
• 이질 : 12시간~7일
• 디프테리아 : 2~5일

10 평활근은 민무늬근을 말하며, 자율신경계의 지배를 받는 불수의근이다.
승모근, 심근, 골격근은 가로무늬근(횡문근)이다.

11 고객으로부터 5~6cm 정도 떨어진 거리에서 사용한다.

12 ② 제거 시 털이 자란 반대방향으로 빠르게 떼어낸다.
③ 왁스 도포 전에 파우더를 이용하여 피부의 수분과 유분을 제거한다.
④ 모근을 제거하는 방법으로 제모효과가 4~5주 정도 지속된다.

13 건열멸균소독에 사용하는 온도로 가장 적합한 것은?(단 공중위생관리법 상의 기준으로 한다.)

① 80~90℃
② 50~70℃
③ 100~180℃
④ 15~30℃

14 팩의 적용방법 중 틀린 것은?

① 팩은 피부유형에 따라 적합한 것으로 사용하고, 한 종류만 사용해야 한다.
② 특별히 민감한 피부는 사용 전에 테스트를 먼저 실시한다.
③ 팩 붓을 이용하여 일정한 두께로 바르고 볼-턱-코-이마-목 순으로 바른다.
④ 팩제의 사용법에 따라 건조되는 팩은 입술, 눈 가까이에는 바르지 않는다.

15 질병발생의 원인이 되는 속성이나 요인에 폭로됨으로써 질병에 이환될 정도를 측정하는 방법을 뜻하는 것은?

① 타당도
② 신뢰도
③ 정확도
④ 위험도(비교, 기여)

16 경피흡수의 경로가 아닌 것은?

① 모세혈관을 통과하는 경로
② 세포와 세포사이를 통과하는 경로
③ 각질층을 통과하는 경로
④ 모공이나 한공을 통과하는 경로

17 흉곽에 관한 설명으로 틀린 것은?

① 7쌍의 진성늑골은 흉추와 흉골에 관절한다.
② 호흡의 흡기 시에는 늑골이 아래로 당겨져 폐가 팽창된다.
③ 흉곽의 구성은 흉골 1개와 늑골 12쌍, 흉추 12개로 구성된다.
④ 2쌍의 부유늑골은 오직 흉추와 관절한다.

18 다음 중 이·미용업 시설의 위생관리 항목에 해당하는 것은?

① 실내공기
② 수돗물
③ 실내바닥 청소상태
④ 영업소 외부 환경상태

19 소독에 대한 설명으로 옳은 것은?

① 미생물이나 병원균이 없는 상태
② 모든 미생물의 생활력은 물론 미생물 자체를 없애는 것
③ 병원 미생물의 발육과 그 작용을 제지 또는 정지시키는 것
④ 병원 미생물의 생활력을 파괴하여 감염력을 없애는 것

---

13 건열멸균소독 : 100℃ 이상의 건조한 열에 20분 이상 쐬어준다.

14 팩이나 마스크는 피부유형에 따라 적합한 것을 사용하며, 두 종류 이상을 사용할 때는 수분흡수가 좋은 것을 먼저 적용한다.

15 질병발생의 원인이 되는 속성이나 요인에 폭로됨으로써 질병에 이환될 정도를 측정하는 방법을 뜻하는 것은 위험도이다.

16 경피흡수의 경로는 각질층을 통과하는 경로, 모공이나 한공(땀샘)을 통과하는 경로가 있으며, 피부의 방어막을 통과하지 못하는 성분은 모공으로 들어가 모세혈관을 통과하여 흡수된다.

17 호흡의 흡기 시 늑골이 위로 들려 흉강의 부피를 늘린다.
※ 흉곽은 흉부를 바구니처럼 싸서 폐, 심장, 기관지, 식도 등을 보호하고 동시에 호흡작용에 관여하는 부위로 ①, ③, ④의 특징을 가진다.

18 법개정으로 삭제된 부분이나 출제될 경우 정답은 ①이다.

19 소독이란 병원성 미생물의 생활력을 파괴하여 죽이거나 또는 제거하여 감염력을 없애는 것을 말한다.

20 이·미용실에서 레이저(razor) 사용 시 교차감염을 예방하기 위해 주의할 점이 아닌 것은?

① 소독된 것과 소독되지 아니한 것을 분리하여야 한다.
② 면도날을 재사용해서는 안 된다.
③ 면도날을 매번 고객마다 갈아 끼우기 어렵지만, 하루에 한 번은 반드시 새것으로 교체해야만 한다.
④ 매 고객마다 새로 소독된 면도날을 사용해야 한다.

20 면도날을 재사용할 경우 감염의 우려가 있으므로 반드시 매 고객마다 갈아 끼우도록 한다.

21 물사마귀로도 불리우며 황색 또는 분홍색의 반투명성 구진(2~3mm 크기)을 가지는 피부 양성종양으로 땀샘관의 개출구 이상으로 피지분비가 막혀 생성되는 것은?

① 한관종　　　　② 혈관종
③ 섬유종　　　　④ 지방종

21 한관종은 사춘기 이후의 여성의 눈 주위, 뺨, 이마에 주로 발생한다.

22 겨드랑이의 냄새를 유발하는 분비물과 관련이 깊은 피부 부속기관은?

① 아포크린선　　　② 에크린선
③ 콜레스테롤　　　④ 스테로이드

22 아포크린선(대한선)은 분비되는 양은 소량이나 나쁜 냄새의 원인이 되어 체취선이라고도 한다.

23 염료(dye)와 안료(pigment)의 특징과 관련한 설명으로 틀린 것은?

① 염료는 메이크업 화장품을 만드는 데 주로 사용된다.
② 무기안료는 커버력이 우수하고 유기안료는 빛, 산, 알칼리에 약하다.
③ 안료는 물과 오일에 모두 녹지 않는다.
④ 염료는 물이나 오일에 녹는다.

23 메이크업 화장품을 만드는 데 주로 사용되는 것은 안료이다.

24 적외선을 피부에 조사시킬 때 나타나는 생리적 영향의 설명으로 틀린 것은?

① 혈관을 확장시켜 순환에 영향을 미친다.
② 신진대사에 영향을 미친다.
③ 전신의 체온저하에 영향을 미친다.
④ 식균작용에 영향을 미친다.

24 적외선은 피부 깊숙이 침투하여 열을 발생시킨다.

25 우드램프에 의한 피부의 분석결과 중 틀린 것은?

① 흰색 : 죽은 세포와 각질층의 피부
② 연한 보라색 : 건조한 피부
③ 오렌지색 : 여드름, 피지, 지루성 피부
④ 암갈색 : 산화된 피지

25 우드램프는 자외선을 이용한 광학 피부 분석기로 피부상태가 색상으로 표현되며, 암갈색은 색소침착(기미)의 경우이다.

26 클렌징에 대한 설명으로 가장 거리가 먼 것은?

① 포인트메이크업 클렌징 후 클렌징 작업을 한다.

② 클렌징제는 피부유형에 상관없이 사용할 수 있다.

③ 피부의 피지막 및 산성막을 파괴해서는 안 된다.

④ 표피에 묻어나는 미세한 먼지, 피부 분비물, 메이크업 잔여물 등을 깨끗이 없애주는 것을 말한다.

27 중추신경계 부위와 그 기능에 관해 옳게 연결된 것은?

① 대뇌 – 안구운동과 동공수축 조절

② 중뇌 – 체온조절중추

③ 소뇌 – 평형운동

④ 연수 – 감각중추

28 공중위생관리법규상 위생관리등급의 구분이 바르게 짝지어진 것은?

① 관리미흡대상업소 : 적색등급

② 우수업소 : 백색등급

③ 최우수업소 : 녹색등급

④ 일반관리대상 업소 : 황색등급

29 SPF에 대한 설명으로 틀린 것은?

① 엄밀히 말하면 UV-B 방어효과를 나타내는 지수라고 볼 수 있다.

② 자외선 차단제를 바른 피부에 최소한의 홍반을 일어나게 하는 데 필요한 자외선 양을 바르지 않은 피부에 최소한의 홍반을 일어나게 하는데 필요한 자외선 양으로 나눈 값이다.

③ 오존층으로부터 자외선이 차단되는 정도를 알아보기 위한 목적으로 이용된다.

④ Sun Protection Factor의 약자로써 자외선 차단지수라 불리어 진다.

30 사용한 헤어브러시 소독방법으로 가장 거리가 먼 것은?

① 역성비누나 세제를 미온수에 풀어 담근 후 물로 잘 헹군 다음 자외선 소독기에 넣어 소독한다.

② 사용 도중 바닥에 떨어뜨린 경우 잘 털어서 사용한다.

③ 플라스틱제 브러시는 열소독을 하는 경우 녹아버릴 수 있기에 주의를 요한다.

④ 동물 섬유제 브러시는 염소계의 소독제를 사용하면 털 부분이 손상되기 쉬우므로 주의를 요한다.

---

26 클렌징에 사용하는 클렌징제는 피부유형에 적합한 제품을 선택하여 사용하여야 한다.

27 ① 안구운동 – 말초신경계, 동공수축 – 자율신경계
② 체온조절중추 – 간뇌의 시상하부
④ 감각중추 – 대뇌

28 위생관리등급의 구분
• 최우수업소 : 녹색등급
• 우수업소 : 황색등급
• 일반관리대상 업소 : 백색등급

29 자외선 차단지수는 피부로부터 자외선이 차단되는 정도를 알아보기 위한 목적으로 이용된다.

30 바닥에 떨어진 도구는 반드시 소독 후 사용하여야 한다.

31 립스틱과 같이 혼합물을 고형화하기 위하여 틀에 부어 만든 제품의 형태는?

① 연고형　　　　② 페이스트형
③ 젤형　　　　　④ 스틱형

32 딥 클렌징 방법이 아닌 것은?

① 브러싱　　　　② 디스인크러스테이션
③ 효소필링　　　④ 이온토포레시스

33 고주파 사용 방법으로 옳은 것은?

① 스파킹(sparking)을 할 때는 거즈를 사용한다.
② 스파킹을 할 때는 피부와 전극봉 사이의 간격을 7mm 이상으로 한다.
③ 스파킹을 할 때는 부도체인 합성섬유를 사용한다.
④ 스파킹을 할 때는 여드름용 오일은 면포에 도포한 후 사용한다.

34 다음 중 피부관리의 마지막 단계에서 사용하면 효과적인 미용기기는?

① 확대경　　　　② 갈바닉기기
③ 진공흡입기　　④ 냉온 마사지기

35 기초 화장품의 사용 효과에 해당하지 않는 것은?

① 건조 방지　　　② 피부 세정
③ 피부트러블 치료　④ 피부활력 강화

36 근육에 짧은 간격으로 자극을 주면 연축이 합쳐져서 단일 수축보다 큰 힘과 지속적인 수축을 일으키는 근 수축은?

① 강직(contraction)　　② 세동(fibrillation)
③ 긴장(tonus)　　　　　④ 강축(tetanus)

37 매뉴얼 테크닉의 기본 동작에 대한 설명이 틀린 것은?

① 떨기 – 바이브레이션
② 쓰다듬기 – 에플라지
③ 문지르기 – 페트리사지
④ 두드리기 – 타포트먼트

38 샤워코롱의 부향률로 가장 적합한 것은?

① 6~8%　　　　② 1~3%
③ 9~12%　　　④ 4~6%

---

31 혼합물을 고형화하기 위하여 틀에 부어 만든 제품의 형태는 스틱형이다.

32 이온토포레시스(이온관리법)는 갈바닉 전류를 이용하여 피부에 영양성분이 흡수되도록 돕는 관리법이다.

33 ② 피부와 전극봉 사이가 7mm 미만
③ 유리관을 사용
④ 무알콜 토너를 바르고 오일은 바르지 않는다.

34 냉온 마사지기는 피부 진정 효과가 있으므로 피부관리 마지막 단계에서 사용하면 효과적이다.

35 기초화장품은 세안 및 피부정돈과 피부보호를 위하여 사용하는 제품으로 피부트러블을 치료하기 위한 제품이 아니다.

36 강축은 짧은 간격으로 자극을 주면 연축이 합쳐져 단일 수축 보다 강한 힘과 지속적인 수축을 유발하는 근수축이다.

37 문지르기–프릭션, 주무르기–페트리사지

38 샤워코롱의 부향률은 1~3%이다.

39 공중위생관리법에 규정된 사항으로 옳은 것은? (단, 예외사항은 제외한다.)

① 일정기간의 수련과정을 거친 자는 면허가 없어도 이용 또는 미용업무에 종사할 수 있다.

② 미용사(일반)의 업무범위는 파마, 아이론, 면도, 머리피부 손질, 피부미용 등이 포함된다.

③ 이·미용사의 면허를 가진 자가 아니어도 이·미용업을 개설할 수 있다.

④ 이·미용사의 업무범위에 관하여 필요한 사항은 보건복지부령으로 정한다.

40 실내의 보건학적 조건으로 가장 거리가 먼 것은?

① 중성대는 천정 가까이에 형성한다.

② 기온은 18±2℃ 정도이다.

③ 기습은 40~70% 정도이다.

④ 기류는 5m/sec 정도이다.

41 바디 랩(body wrap)에 관한 설명으로 틀린 것은?

① 독소제거나 노폐물의 배출증진, 순환 증진을 위해서 사용한다.

② 적외선 조사기는 드라이 히트(dry heat), 수증기는 몸을 따뜻하게 하기 위해서 사용되기도 한다.

③ 비닐을 감쌀 때는 사이즈의 감소 효과를 위해 타이트하게 꽉 조이도록 한다.

④ 보통 사용되는 제품은 알개(algea)나 허브(herb), 슬리밍(slimming) 크림 등이다.

42 피부미용기기의 부적용과 가장 거리가 먼 경우는?

① 임산부

② 알레르기, 피부상처, 피부질병이 진행 중인 경우

③ 지성피부

④ 치아, 뼈, 보철 등 몸속에 금속장치를 지닌 경우

43 영업신고증을 재교부하는 경우에 해당하는 것은?

① 영업신고증을 잃어버렸을 때

② 영업장의 면적이 신고한 면적에 비해 4분의 1이 증가하였을 때

③ 대표자의 성명이 변경된 때

④ 대표자의 생년월일이 변경된 때

---

39 ① 면허가 없으면 이용 또는 미용업무에 종사할 수 없다.
② 미용사(일반)의 업무범위는 파마, 머리카락 자르기, 머리피부 손질, 머리카락 염색 등이다.
③ 이·미용사 면허가 없으면 이·미용업을 개설할 수 없다.

40 기류는 0.2~0.3m/sec 정도이다.

41 바디 랩을 감쌀 때 피부가 호흡할 수 있도록 너무 타이트하게 조이지 않도록 한다.

42 지성피부는 피부미용기기를 통해 피부상태를 개선시킬 수 있다.

43 영업신고증 재교부 신청 요건
- 영업신고증의 분실 또는 훼손 시
- 신고인의 성명이나 생년월일이 변경 시

44 행정의 관리과정 중 한 단계로서 「조직이나 기관의 공동목표 달성을 위한 조직원 또는 부서 간 협의, 회의, 토의 등을 통하여 행동통일을 가져오도록 집단적인 노력을 하게 하는 행정활동」을 뜻하는 것은?

① 기획(planning)
② 지휘(directing)
③ 조정(coordination)
④ 조직(organization)

44 • 기획 : 조직의 목표를 설정하고 그 목포에 도달하기 위해 필요한 단 계를 구성하고 설정하는 단계
• 지휘 : 행정관리에서 명령체계의 일원성을 위해 필요
• 조직 : 2명 이상이 공동의 목표를 달성하기 위해 노력하는 협동체

45 동일한 환경조건하에서 살균이 가장 어려운 균은?

① 포도상구균
② 아포형성균
③ 연쇄상구균
④ 대장균

45 아포형성균은 저항성이 아주 강한 균으로 살균이 가장 어려운 균이다.

46 세균 세포벽의 가장 외층을 둘러싸고 있는 물질로 백혈구의 식균작용에 대항하여 세균의 세포를 보호하는 것은?

① 편모
② 아포
③ 협막
④ 섬모

46 ① 편모 : 단세포생물의 이동을 위한 운동기관
② 아포 : 세균위 체내에 생성되는 원형 또는 타원형의 구조
④ 섬모 : 원생동물의 이동수단

47 이·미용업의 업주가 받아야 하는 위생교육 기간은 몇 시간인가?

① 매년 3시간
② 분기별 3시간
③ 매년 6시간
④ 분기별 6시간

47 이·미용업의 업주는 매년 3시간의 위생교육을 받아야 한다.
※이·미용업의 종사자는 위생교육 대상자가 아니다.

48 우리나라 피부미용사의 업무영역과 관계하여 피부미용의 기능적 영역이 아닌 것은?

① 심리적 피부미용
② 보호적 피부미용
③ 장식적 피부미용
④ 의학적 피부미용

48 의약품이나 의료기기 사용으로 치료하는 것으로, 피부미용사의 업무영역에 포함되지 않는다.

49 실내 공기오염에 대한 설명으로 옳지 않은 것은?

① CO_2를 실내공기 오염의 지표로 한다.
② 일반인의 CO_2의 서한량(허용제한량)은 0.1%이다.
③ 실내에서 호흡에 의하여 배출된 CO_2의 농도가 증가될 때 중독이나 신체의 장애가 생긴다.
④ CO_2는 다수인이 밀집해 있을 때 농도가 증가한다.

49 실내에서 호흡에 의해 배출되는 이산화탄소의 농도로는 중독이나 신체 장애가 생기지는 않는다.

50 입술 점막에 사용하는 제품은?

① 아이섀도우
② 화장수
③ 에센스
④ 립스틱

50 입술에는 립스틱을 사용한다.

51 박하(peppermint)에 함유된 시원한 느낌의 혈액순환 촉진 성분은?

① 알코올(alcohol)
② 마조람 오일(majoram oil)
③ 자이리톨(xylitol)
④ 멘톨(menthol)

51 멘톨은 박하의 주성분이다.

52 다음 중 리프팅기기에 대한 설명으로 맞지 않는 것은?

① 피부에 유효 성분을 침투시키는 목적으로 사용한다.
② 고객의 피부가 전극이 된다.
③ 피부에 탄력과 리프팅을 준다.
④ 치아 보철기 등의 금속착용자는 시술을 하지 않아야 한다.

52 리프팅기는 근육의 노화로 주름지고 탄력이 없는 피부에 인위적으로 동일한 인체 전류를 넣어주어 신진대사의 기능 강화, 피부처짐을 방지한다. 피부에 유효성분 침투를 목적으로 하지 않는다.

53 다음 ( )에 맞는 내용으로 짝지어진 것은?

【보기】

식품위생이란 식품, 식품첨가물, ( ) 또는 ( )·( )을 대상으로 하는 음식에 관한 위생이다.
[식품위생법 제2조 제11호]

① 유통, 저장, 가공　　　② 재료, 기계, 용기
③ 기계, 기구, 용기　　　④ 기구, 용기, 포장

53 식품위생법상 '식품위생'이란 식품, 식품첨가물, 기구 또는 용기·포장을 대상으로 하는 음식에 관한 위생을 말한다.

54 각 피부 유형에 대한 설명으로 틀린 것은?

① 유성 지루피부 – 과잉 분비된 피지가 피부 표면에 기름기를 만들어 항상 번질거리는 피부
② 표피 수분부족 건성피부 – 피부 자체의 내적 원인에 의해 피부 자체의 수화기능에 문제가 되어 생기는 피부
③ 건성 지루피부 – 피지분비기능의 상승으로 피지는 과다 분비되어 표피에 기름기가 흐르나 보습기능이 저하되어 피부표면의 당김 현상이 일어나는 피부
④ 모세혈관 확장피부 – 코와 뺨 부위의 피부가 항상 붉거나 피부 표면에 붉은 실핏줄이 보이는 피부

54 표피 수분부족 건성피부는 자외선, 찬바람. 냉난방, 일광욕, 알맞지 않은 화장품 사용 및 잘못된 피부관리 습관 등으로 표정주름이 쉽게 나타나지 않거나 피부 조직에 가는 주름이 형성되는 경우이다.

55 팩과 마스크의 사용 목적으로 옳은 것은?

① 노화한 각질층의 탈락을 유도하여 재생을 돕는다.
② 공기유입을 일시적으로 막아 긴장을 주어 혈액순환을 촉진한다.
③ 흡착작용에 의해 피지나 화장품 성분을 효과적으로 녹인다.
④ 피지 분비를 정상화하여 번들거림을 근본적으로 막아준다.

55 팩과 마스크는 노화된 각질층 및 노폐물의 제거, 수분과 영양의 공급, 신진대사 및 혈액순환 촉진, 피부의 진정 및 수렴작용 등의 효과를 얻기 위하여 사용한다.

56 동물 세포에 없는 소기관은?

① 미토콘드리아　　　② 핵
③ 세포벽　　　　　　④ 리보솜

56 세포벽은 식물세포의 가장 바깥층을 둘러싸고 있는 막으로 동물세포에는 없는 세포소기관이다.

57 혈액 성분 중 칼슘이 필요한 주된 이유는?

① 이산화탄소 배출　　　② 혈액 응고
③ 호르몬 분비　　　　　④ 영양 운반

57 칼슘은 혈액의 응고작용을 돕는다.

58 림프 드레니지를 적용할 수 있는 경우에 해당되는 것은?

① 림프절이 심하게 부어있는 경우

② 열이 있는 감기 환자

③ 감염성의 문제가 있는 피부

④ 여드름이 있는 피부

59 급성감염병 중 수인성으로 전파되는 질병을 모두 고른 것은?

【보기】

ㄱ. 장티푸스   ㄴ.콜레라   ㄷ. 파라티푸스   ㄹ.세균성이질

① ㄱ, ㄴ, ㄷ   ② ㄱ, ㄷ
③ ㄴ, ㄹ   ④ ㄱ, ㄴ, ㄷ, ㄹ

60 공중위생관리법령상 명예공중위생감시원의 업무범위에 해당되지 않는 것은?

① 공중위생관련 시설의 위생상태 확인 · 검사

② 법령 위반행위에 대한 자료 제공

③ 공중위생감시원이 행하는 검사대상물의 수거 지원

④ 법령 위반행위에 대한 신고

58 림프 드레니지는 여드름피부, 모세혈관확장피부, 부종이 있는 셀룰라이트, 알레르기 등에 적용하면 효과가 좋다.

59 장티푸스, 콜레라, 파라티푸스, 세균성이질 모두 수인성 감염병에 해당한다.

60 공중위생관련 시설의 위생상태 확인 · 검사는 공중위생감시원의 업무에 해당한다.

【 CBT 상시시험 실전모의고사 제4회 】

정답									
01 ②	02 ①	03 ②	04 ①	05 ①	06 ④	07 ①	08 ④	09 ③	10 ④
11 ①	12 ①	13 ③	14 ①	15 ④	16 ②	17 ②	18 ①	19 ④	20 ③
21 ①	22 ①	23 ①	24 ③	25 ④	26 ②	27 ③	28 ③	29 ③	30 ②
31 ④	32 ④	33 ①	34 ④	35 ③	36 ④	37 ③	38 ②	39 ④	40 ④
41 ③	42 ③	43 ①	44 ③	45 ②	46 ③	47 ①	48 ④	49 ③	50 ④
51 ④	52 ①	53 ④	54 ②	55 ①	56 ③	57 ②	58 ④	59 ④	60 ①

CBT 상시시험 실전모의고사 제5회

▶ 정답은 419쪽에 있습니다.

01 미생물의 증식요인과 거리가 먼 것은?

① 태양광선　　　　② 온도
③ 수분　　　　④ 영양분

02 이·미용업의 시설 및 설비기준 중 틀린 것은?

① 소독을 한 기구와 소독을 하지 아니한 기구를 구분하여 보관할 수 있는 용기를 비치하여야 한다.
② 소독기, 자외선 살균기 등 미용기구를 소독하는 장비를 갖추어야 한다.
③ 이용실에는 별실 또는 이와 유사한 시설을 설치할 수 있다.
④ 미용업(종합)의 경우, 피부미용업무에 필요한 매트(온열장치포함), 미용기구, 화장품, 수건, 온장고, 사물함 등을 갖추어야 한다.

03 인체의 골격은 약 몇 개의 뼈(골)로 이루어져 있는가?

① 316개　　　　② 216개
③ 206개　　　　④ 305개

04 우리나라에서 가장 높은 감염률을 나타내는 기생충은?

① 조충　　　　② 회충
③ 요충　　　　④ 편충

05 피부 미백제 성분 중의 하나로 티록신이 멜라닌으로 대사되는 과정에 참여하는 티로시나아제라는 효소의 작용을 억제하여 멜라닌 합성을 막아주는 성분은?

① 비타민 A
② 코직산
③ 비타민 D
④ 비타민 E

06 중추신경계가 아닌 것은?

① 대뇌　　　　② 척수
③ 뇌신경　　　　④ 소뇌

---

01 태양광선은 미생물을 사멸시키므로 증식요인과 거리가 멀다.

02 이용실에는 별실 또는 이와 유사한 시설을 설치할 수 없다.
※ ④의 내용은 2018년 삭제된 내용이지만, 실제 시험문제에는 반영이 되지 않을 수 있으므로 이 점을 감안해서 문제 풀이를 해야 한다.

03 인체의 골격(206개)
두개골(22개), 이소골(6개), 설골(1개), 척추(26개), 흉골(1개), 늑골(24개), 상지골(64개), 하지골(62개)

04 우리나라에서 가장 높은 감염률을 나타내는 기생충은 요충과 간흡충이며, 토양매개기생충인 회충, 편충, 동양모양선충 등은 거의 퇴치된 수준이다.

05 코지산에 대한 설명이며, 이 외에 피부미백제 성분으로는 알부틴, 비타민 C 유도체, 닥나무 추출물, 뽕나무 추출물, 감초 추출물 등이 있다.

06 중추신경계는 뇌(대뇌, 간뇌, 중뇌, 교뇌, 소뇌, 연수)와 척수이다

07 청문 실시 대상이 되는 처분이 아닌 것은?

① 경고 또는 개선명령　　② 영업정지명령
③ 면허정지　　④ 영업소 폐쇄명령

07 경고, 개선명령은 청문 실시 대상이 되는 처분에 해당되지 않는다.

08 자외선 B는 자외선 A보다 홍반 발생능력이 약 몇 배인가?

① 100배　　② 10000배
③ 1000배　　④ 10배

08 자외선 B는 자외선 A보다 1,000배의 홍반 발생능력을 가진다.

09 피부노화를 억제하는 성분으로 가장 거리가 먼 것은?

① 베타 - 카로틴　　② 왁스
③ 비타민 E　　④ 비타민 C

09 비타민 C와 비타민 E는 대표적인 항산화물질로 노화를 억제하고, 비타민 A(레티놀)는 손상된 콜라겐과 엘라스틴의 회복을 촉진해준다. 베타-카로틴은 비타민 A의 전구물질이다.

10 감염병의 예방 및 관리에 관한 법률상 즉시 신고해야 하는 감염병이 아닌 것은?

① 두창　　② 중증급성호흡기증후군(SARS)
③ 디프테리아　　④ 말라리아

10 즉시 신고해야 하는 감염병은 제1급 감염병이며, 두창, 디프테리아, 중증급성호흡기증후군은 여기에 해당된다. 말라리아는 제3급 감염병으로 24시간 이내에 신고해야 한다.

11 다음 중 엔자임 필링이 적합하지 않은 피부는?

① 각질이 두껍고 피부 표면이 건조하여 당기는 피부
② 비립종을 가진 피부
③ 개방면포, 닫힌면포를 가지고 있는 지성피부
④ 자외선에 의해 홍반된 피부

11 엔자임(효소) 필링은 단백질을 분해하는 효소를 이용하여 도포 후 문지르는 동작없이 각질과 노폐물을 분해시키는 딥클렌징의 한 방법이다. 모세혈관확장 피부, 자외선에 의해 홍반된 피부, 민감한 피부, 염증성 여드름 피부 등에는 딥클렌징을 피한다.

12 다음 중 가위를 끓이거나 증기소독한 후 처리방법으로 가장 적합하지 않은 것은?

① 소독 후 수분을 잘 닦아낸다.
② 자외선 소독기에 넣어 보관한다.
③ 수분제거 후 엷게 기름칠을 한다.
④ 소독 후 탄산나트륨을 발라둔다.

12 자비소독법으로 소독 시 물에 탄산나트륨 1~2%를 넣으면 살균력을 강하게 하고 금속의 녹을 방지한다. 소독 후 바르는 것은 의미없다.

13 「감염병의 예방 및 관리에 관한 법률」상 필수예방접종 질병이 아닌 것은?

① 파상풍
② 콜레라
③ B형간염
④ 백일해

13 필수예방접종 질병 : 결핵, 수두, 홍역, 장티푸스, 백일해, 파상풍, 인플루엔자, 유행성이하선염, 폴리오, 풍진, 디프테리아, 신증후군출혈열, 일본뇌염, A형간염, B형간염, b형헤모필루스인플루엔자, 폐렴구균, 사람유두종바이러스 감염증, 그룹 A형 로타바이러스 감염증

14 표피의 가장 바깥층으로 각질이 되어 탈락하는 피부층은?

① 각질층　　② 기저층
③ 투명층　　④ 과립층

14 표피의 가장 바깥층은 각질층이다.

15 염소 소독의 장점이 아닌 것은?

① 잔류효과가 크다.　　② 조작이 간편하다.
③ 냄새가 없다.　　④ 소독력이 강하다.

15 염소는 자극적인 냄새를 가진다.

16 피지가 과다한 분비에 의한 피부염으로 지성피부인 사람에게서 잘 발생하는 피부병변은?

① 지루성 피부염　　② 습진
③ 사마귀　　④ 무좀

16 지루성 피부염은 피지가 과다분비되는 지성피부인 사람에게 잘 발생하는 피부병변으로 기름기가 있는 비듬이 특징이다.

17 석고마스크에 관련된 설명으로 틀린 것은?

① 피부유형에 맞는 앰플이나 에센스를 도포한 후 적용한다.
② 열이 식으면 가볍게 흔들어 얼굴에서 떼어낸다.
③ 머리카락이 삐져나오지 않게 헤어밴드를 잘 정리해 준다.
④ 모세혈관 확장 피부에 효과적이다.

17 석고마스크는 시술 시 열이 발생하여 피부에 자극을 줄 수 있으므로 모세혈관확장피부나 민감성피부에는 좋지 않다.

18 엔더몰로지 사용방법으로 틀린 것은?

① 시술 전 용도에 맞는 오일을 바른 후 시술한다.
② 지성의 경우 탈크 파우더를 약간 바른 후 시술 한다.
③ 전신 체형관리 시 10~20분 정도 적용한다.
④ 말초에서 심장방향으로 밀어 올리듯 시술한다.

18 엔더몰로지는 진공압을 사용하여 림프순환을 촉진하는 것으로 전신 체형관리 시 40~50분 정도 적용한다.

19 매뉴얼 테크닉 동작 중 근육 이완 효과가 가장 큰 동작은?

① 두드리기　　② 문지르기
③ 쓰다듬기　　④ 반죽하기

19 반죽하기(petrissage)는 근육을 쥐고 손가락 전체를 이용하여 반죽하듯이 주물러 부드럽게 하는 방법으로 근육 이완 효과 가장 크다.

20 인체에서 방어 작용에 관여하는 세포는?

① 백혈구　　② 혈소판
⑨ 항원　　④ 적혈구

20 백혈구는 식균작용을 하여 인체를 방어한다.

21 다음 중 청문을 실시하는 사항이 아닌 것은?

① 공중위생영업의 정지처분을 하고자 하는 경우
② 정신질환자 또는 간질병자에 해당되어 면허를 취소하고자 하는 경우
③ 공중위생영업의 일부시설의 사용중지 및 영업소 폐쇄처분을 하고자 하는 경우
④ 공중위생영업의 폐쇄처분 후 그 기간이 끝난 경우

21 청문을 실시하는 사항
① 면허취소 · 면허정지
② 공중위생영업의 정지
③ 일부 시설의 사용중지
④ 영업소 폐쇄명령
⑤ 공중위생영업 신고사항의 직권 말소

22 피부의 산성도가 파괴되어 본래의 피부로 환원시키는 표피의 능력을 의미하는 것은?

① 카르복실 중화능력　　② 아미노산 중화능력
③ 알칼리 중화능력　　④ 피부 중화능력

22 피부는 pH 4.5~6.5 사이의 약산성이며, 비누 등을 이용한 세안으로 잠시 알칼리성으로 되었다가 다시 약산성으로 환원되는데 이를 피부의 중화능력이라 한다.

23 갈바닉(galvanic) 기기의 음극 효과로 틀린 것은?

① 신경의 자극
② 모공의 수축
③ 피부의 연화
④ 혈액공급의 증가

24 다음 감염병 중 감수성(접촉감염) 지수가 가장 큰 것은?

① 디프테리아
② 성홍열
③ 백일해
④ 홍역

25 산소가 있어야만 잘 성장할 수 있는 균은?

① 호기성균
② 통성혐기성균
③ 호혐기성균
④ 혐기성근

26 피부관리를 위한 피부유형분석의 시기로 가장 적합한 것은?

① 매뉴얼 테크닉 후
② 트리트먼트 후
③ 클렌징이 끝난 후
④ 피부 상담 전

27 제모 시 온왁스를 바르는 방법으로 옳은 것은?

① 털이 자라는 오른쪽 방향
② 털이 자라는 왼쪽 방향
③ 털이 자라는 반대 방향
④ 털이 자라는 방향

28 담즙을 만들어 포도당을 글리코겐으로 저장하는 소화 기관은?

① 간
② 위
③ 충수
④ 췌장

29 여드름 피부의 특징이 아닌 것은?

① 수분과 피지가 부족하여 잔주름 형성이 빨라진다.
② 검은 여드름(black head)은 피부가 손상되지 않는 한 추출해 내는 것이 좋다.
③ 면포, 구진, 농포, 결절, 낭종 등 다양한 양상으로 나타난다.
④ 피지선의 만성 염증성 질환이다.

30 향수의 종류 중 부향률이 가장 높은 것은?

① 샤워 코롱
② 오데토일렛
③ 퍼퓸
④ 오데 코롱

---

23 갈바닉의 효과

양극 효과	산성물질 침투, 신경안정 및 진정작용, 혈관·모공·한선 수축, 피부조직 강화
음극 효과	알칼리성 물질침투, 신경자극 및 활성화, 혈관·모공·한선 확장, 피부조직 이완

24 두창·홍역(95%), 백일해(60∼80%), 성홍열(40%), 디프테리아(10%), 폴리오(0.1%)

25 산소가 있어야만 잘 성장할 수 있는 균은 호기성균이다.

26 피부유형분석을 위한 가장 좋은 단계는 클렌징이 끝난 후이다.

27 제모용 왁스는 바를 때는 털이 자라는 방향으로, 제거할 때는 털이 자라는 반대방향으로 한다.

28 간은 소화액인 담즙을 분비하며 탄수화물대사에 관여하여 포도당을 글리코겐 형태로 저장하는 소화기관이다.

29 수분과 피지가 부족하여 잔주름이 많이 생기는 피부는 건성피부이다.

30 향수의 부향률 순서
퍼퓸 > 오데퍼퓸 > 오데토일렛 > 오데코롱 > 샤워코롱

31 유연화장수의 작용으로 가장 거리가 먼 것은?

① 피부의 모공을 넓혀준다.

② 각질층에 수분을 공급해준다.

③ 피부에 남아있는 피부의 알칼리 성분을 중화시킨다.

④ 피부에 보습을 주고 윤택하게 해준다.

32 이·미용 작업 시 시술자의 손 소독 방법으로 가장 거리가 먼 것은?

① 흐르는 물에 비누로 깨끗이 씻는다.

② 세척액을 넣은 미온수와 솔을 이용하여 깨끗하게 닦는다.

③ 시술 전 70% 농도의 알코올을 적신 솜으로 깨끗이 닦는다.

④ 락스액에 충분히 담갔다가 깨끗이 헹군다.

33 보건행정에 대한 설명으로 가장 적합한 것은?

① 개인보건의 목적을 달성하기 위해 공공의 책임하에 수행하는 행정활동

② 공중보건의 목적을 달성하기 위해 개인의 책임하에 수행하는 행정활동

③ 공중보건의 목적을 달성하기 위해 공공의 책임하에 수행하는 행정활동

④ 국가 간의 질병교류를 막기 위해 공공의 책임하에 수행하는 행정활동

34 매우 낮은 전압의 직류를 이용하여 이온영동법과 디스인크러스테이션의 두 가지 중요한 기능을 하는 기기는?

① 갈바닉기기 ② 저주파기기
③ 초음파기기 ④ 고주파기기

35 에센셜 오일에 관한 설명 중 틀린 것은?

① 좋은 품질의 에센셜 오일을 선별하기 위해서는 원산지와 라틴학명(botanical name) 등을 확인하는 것이 좋다.

② 일반적으로 에센셜 오일의 사용기간은 2년 정도이며 감귤류에서 추출한 것은 더 짧다.

③ 쓰다가 남은 에센셜 오일은 산화방지를 위해서 작은 용기에 보관하는 것이 좋다.

④ 물에 떨어 뜨려 봤을 때 물에 잘 섞이지 않는 것이 좋다.

36 화장품의 4대 요건에서 "보습, 노화지연, 자외선 차단, 세정 효과가 있어야 한다"는 것은?

① 유효성 ② 사용성
③ 안정성 ④ 안전성

---

31 유연화장수는 피부에 수분을 공급하고 피부를 유연하게 해주는 기능을 하는데, 피부의 모공을 넓혀주는 것은 아니다.

32 이·미용 작업 시 손 소독은 흐르는 물에 비누로 씻거나 70% 농도의 알코올로 소독한다.

33 보건행정이란 공중보건의 목적을 달성하기 위해 공공의 책임하에 수행하는 행정활동을 말한다.

34 갈바닉 기기는 갈바닉 직류의 같은 극끼리 밀어내고 다른 극끼리 끌어당기는 성질을 이용한 것으로, 이온영동법(영양관리 방법)과 디스인크러스테이션(딥 클렌징 방법)의 기능을 한다.

35 에센셜 오일은 물에 잘 섞이는 것이 좋다.

36 보습, 수렴, 세정, 미백, 주름개선, 자외선 차단 등의 효과는 유효성에 관한 내용이다.

37 고주파에 대한 설명으로 가장 거리가 먼 것은?

① 100000Hz 이상의 높은 진폭에 의해 분류되는 교류전류이다.

② 직접 전류 방식과 간접 전류 방식의 종류로 구분된다.

③ 신경 및 근육의 전기적 자극으로 통증을 완화시킨다.

④ 이온 운동 없이 진동 전류 에너지가 열에너지로 빨리 전환된다.

37 고주파는 10만Hz 이상 주파수의 교류전류로 생체 분자(이온)의 마찰에 의한 작용으로 조직을 부분적으로 온도를 상승시켜 신경과 근육의 긴장완화, 혈액순환 촉진 등의 효과를 나타낸다. 직접법과 간접법이 있다.

38 다음에서 설명하는 기능성 화장품은?

【보기】

비타민 A와 관련된 화합물의 총칭이며, 이들은 피부세포의 증식과 분화에 영향을 주고 손상된 콜라겐과 엘라스틴의 회복을 촉진해 준다. 또한 여드름 치유 및 주름을 개선하는 효과가 있다.

① 리보솜 화장품　　　　② 여드름 화장품

③ 레티노이드 화장품　　④ 자외선 차단 화장품

38 비타민 A를 레티놀(retinol)이라 하며, 비타민 A와 관련된 화합물의 총칭을 '레티노이드'라고 한다.

39 불소가 너무 많은 식수(물)를 계속 장기간 마시면 어떤 현상이 발생될 수 있는가?

① 이질　　　　② 충치

③ 설사　　　　④ 반상치

39 반상치는 치아에 하얀 반점이 생기는 증상인데, 불소를 장기간 섭취할 경우 생길 수 있다.

40 다음 중 혐기성 세균에 가장 효과가 있는 소독제는?

① 알코올　　　　② 머큐로크롬

③ 염소　　　　④ 과산화수소수

40 과산화수소는 순간적으로 많은 양의 산소를 발생시키므로 혐기성 세균의 살균에 효과적이다.

41 영업소 폐쇄명령을 받고도 계속하여 영업을 한 자에게 적용되는 벌칙 기준은?

① 3월 이하의 징역 또는 500만원 이하의 벌금

② 1년 이하의 징역 또는 1천만원 이하의 벌금

③ 3월 이하의 징역 또는 300만원 이하의 벌금

④ 6월 이하의 징역 또는 1천만원 이하의 벌금

41 영업소 폐쇄명령을 받고도 계속하여 영업을 한 자에 대해서는 1년 이하의 징역 또는 1천만원 이하의 벌금에 처한다.

42 우리나라의 피부미용이 도입된 시기는?

① 1980년대　　　　② 1970년대

③ 1960년대　　　　④ 1950년대

42 우리나라에서 본격적인 피부미용은 1971년 명동에 최초의 피부관리실이 문을 열며 시작되었다고 볼 수 있다.

43 하반신 비만에 대한 설명으로 틀린 것은?

① 정맥류의 증상이 올 수 있고 셀룰라이트 증세가 많다.

② 주로 남성에게 많고 성인병 발병률이 높다.

③ 지방의 세포수가 많아 체중조절이 매우 어렵다.

④ 전신에 피로감이 쉽게 오고 손발이 자주 저린다.

43 셀룰라이트는 피하지방이 비대해져 정체되어 있는 상태로 하반신 비만을 가져올 수 있으며, 주로 여성에게 많이 발생한다.

44 감염병 중 오염수를 통하여 감염될 수 있는 가능성이 가장 큰 것은?

① 풍진　　　　　② 한센병
③ 백일해　　　　④ 이질

44 이질은 오염된 물이나 음식을 섭취할 경우 감염될 수 있다.

45 pH측정기의 사용방법으로 가장 거리가 먼 것은?

① 탐침을 피부에 45° 각도에서 가볍게 누른다.
② 측정기의 탐침을 증류수에 씻어 물기를 제거한다.
③ 피부 표피의 pH가 알칼리성에 가까울수록 건조하다.
④ 측정 전에 피부를 깨끗이 클렌징하고 측정한다.

45 pH측정기는 무알콜 클렌징 제품으로 세안 후 2시간 정도 경과한 후 측정한다.

46 건성피부에 사용하는 화장품 사용법으로 틀린 것은?

① 알코올이 다량 함유되어 있는 토너를 사용한다.
② 영양, 보습 성분이 있는 오일이나 에센스를 사용한다.
③ 토닉으로 보습기능이 강화된 제품을 사용한다.
④ 밀크타입이나 유분기가 있는 크림타입의 클렌저를 사용한다.

46 건성피부는 피부에 유분과 수분의 분비량이 적은 피부로 알코올이 다량 함유되어 있는 제품은 피부의 수분을 증발시키므로 사용하지 않는 것이 좋다.

47 가용화(solubilization) 기술을 적용하여 만들어진 것은?

① 크림　　　　　② 마스카라
③ 립스틱　　　　④ 향수

47 가용화 기술을 적용해서 만들어진 것에는 화장수, 에센스, 향수, 헤어토닉, 헤어리퀴드 등이 있다.

48 향수의 유형별에서 15~30%의 향료를 함유하고 지속시간이 6~7시간인 것은?

① 오데 코롱
② 오데 퍼퓸
③ 퍼퓸
④ 오데 토일렛

48 희석 정도에 따라 향수를 분류할 때 부향률이 15~30%이고, 6~7시간의 지속시간을 가진 것은 퍼퓸이다.

49 셀룰라이트에 대한 설명이 틀린 것은?

① 노폐물 등이 정체되어 있는 상태
② 근육이 경화되어 딱딱하게 굳어 있는 상태
③ 소성결합조직이 경화되어 뭉쳐져 있는 상태
④ 피하지방이 비대해져 정체되어 있는 상태

49 셀룰라이트는 과도한 체액과 지방이 피하부위에 침투함으로써 지방과 결합조직이 경화되어 뭉쳐지는 상태로 근육이 경화된 것은 아니다.

50 이용사 또는 미용사 면허를 받을 수 있는 자는?
(단, 법률상 예외는 제외함)

① 감염성 결핵환자
② 정신질환자
③ 마약중독자
④ 성인병환자

50 성인병환자는 면허 결격 사유자가 아니다.

51 불쾌지수를 산출하는데 고려하는 요소는?

① 기온과 습도　　② 기온과 기압
③ 기압과 복사열　　④ 기류와 복사열

52 골격계의 기능이 아닌 것은?

① 저장기능
② 열 생산기능
③ 지지기능
④ 보호기능

53 세포 소기관 중에서 세포 내의 소화 장치 역할을 하며 자가 용해하는 기관은?

① 리소좀　　② 리보솜
③ 골지체　　④ 미토콘드리아

54 건강한 성인의 안정 시 1분 심장 박동수는?

① 약 60회　　② 약 85회
③ 약 77회　　④ 약 80회

55 스티머 사용 시 주의사항이 아닌 것은?

① 스팀 분사방향은 코로 향하도록 한다.
② 피부에 따라 적정 시간을 다르게 한다.
③ 물통을 일반세제로 씻는 것은 고장의 원인이 될 수 있으므로 사용을 금한다.
④ 스티머 물통에 물을 2/3정도 적당량 넣는다.

56 클렌징 제품의 종류와 특징에 대한 설명으로 틀린 것은?

① 젤타입 – 피지분비가 많은 지성피부에 적합하다.
② 크림타입 – 끈적임 없이 촉촉하다.
③ 워터타입 – 산뜻하고 시원한 느낌을 준다.
④ 오일타입 – 유분과 수분이 적절히 함유되어 피부에 자극을 주지 않는다.

57 소장에 대한 설명으로 틀린 것은?

① 소화물을 미즙상태로 만들어 십이지장으로 내보낸다.
② 소화와 흡수가 마무리되는 부분이다.
③ 소장의 소화흡수는 소장운동과 장액에 의해 소화 · 흡수 · 이동된다.
④ 최종 소화흡수된 영양물질은 융모의 모세혈관에서 흡수한다.

---

51 불쾌지수란 **기온과 기습**을 이용하여 사람이 느끼는 불쾌감의 정도를 수치로 나타낸 것을 말한다.

52 골격계의 기능

지지기능	형태유지, 체중지지, 외형결정
보호기능	인체의 장기를 보호
조혈기능	적혈구, 백혈구, 혈소판 생성
운동기능	뼈, 관절, 골격근의 연결로 운동이 가능
저장기능	뼈의 세포간질에서 칼슘과 인을 저장

53 리소좀은 가수분해효소를 많이 지니고 있어 노폐물과 이물질을 처리하는 세포 내 소화기관이다.

54 건강한 성인의 안정 시 **1분 심장 박동수**는 약 60회 정도이다.
　※ 일반적으로는 60~80 정도는 건강한 심박수로 평가한다.

55 얼굴과 스팀의 거리는 30~50cm 정도 유지하며 스팀이 나오면 턱 선을 따라 얼굴에 퍼지도록 한다.

56 오일타입은 유분이 많이 함유되어 피부에 자극을 주는 편이지만 세정력이 우수하다.

57 소화물을 미즙상태로 만들어 십이지장(소장)으로 보내는 소화기관은 위이다.

58 피부 상태를 분석할 때 사용되는 기기가 아닌 것은?

① 우드램프

② 확대경

③ 유분 측정기

④ 체지방 분석기

59 이·미용 영업자가 일정한 법률을 위반한 경우 관계행정기관의 장의 요청으로 시장·군수·구청장은 영업소 폐쇄 등을 명할 수 있다. 이에 해당하는 법률이 아닌 것은?

① 공중위생관리법

② 청소년 보호법

③ 근로기준법

④ 성매매알선등 행위의 처벌에 관한 법률

60 다음 감염병 중 생균 백신제제로 주로 예방접종하는 것은?

① 파상풍

② 디프테리아

③ 장티푸스

④ 결핵

---

58 피부상태를 분석하는 기기로는 우드램프, 확대경, 유·수분 측정기, pH 측정기, 피부분석기 등이 있다.

59 공중위생관리법, 성매매알선등 행위의 처벌에 관한 법률, 풍속영업의 규제에 관한 법률, 청소년 보호법, 의료법을 위반하여 관계 행정기관의 장으로부터 그 사실을 통보받은 경우 영업소 폐쇄 등을 명할 수 있다.

60 인공능동면역
- 생균백신 : 결핵, 홍역, 폴리오(경구)
- 사균백신 : 장티푸스, 콜레라, 백일해, 폴리오(경피)
- 순화독소 : 파상풍, 디프테리아

에듀웨이 카페(자료실)에서 **최신경향을 반영한 추가 모의고사**(상세한 해설 포함)를 확인하세요!

스마트폰을 이용하여 아래 QR코드를 확인하거나, 카페에 방문하여 '카페 메뉴 > 자료실 > 미용사(피부)'에서 다운로드할 수 있습니다.

【 CBT 상시시험 실전모의고사 제5회 】

정답

01 ①	02 ③	03 ③	04 ③	05 ②	06 ③	07 ①	08 ③	09 ②	10 ④
11 ④	12 ④	13 ②	14 ①	15 ③	16 ①	17 ④	18 ③	19 ④	20 ①
21 ④	22 ④	23 ②	24 ④	25 ①	26 ③	27 ④	28 ①	29 ①	30 ③
31 ①	32 ④	33 ③	34 ①	35 ④	36 ①	37 ④	38 ③	39 ④	40 ④
41 ②	42 ②	43 ②	44 ④	45 ④	46 ①	47 ④	48 ③	49 ②	50 ④
51 ①	52 ②	53 ①	54 ①	55 ①	56 ④	57 ①	58 ④	59 ③	60 ④

Esthetic

Esthetic

Esthetic Technician Certification

CHAPTER

08

최신경향 핵심 120제

– 시험 전 반드시 체크해야 할 최신빈출 120제 –

1 우리나라의 피부미용과 관련 없는 것은?

① 조선시대에는 화장기 없는 깨끗한 피부가 선호되었다.
② 단군신화에는 미백을 위해 쑥과 마늘을 사용하였다는 기록이 있다.
③ 삼국시대에는 박가분이 제조·판매 되었다.
④ 영육일치사상으로 인하여 신체를 깨끗이 하기 위한 목욕이 성행하였다.

2 피부미용을 설명한 내용으로 틀린 것은?

① 피부와 관련된 과학적 지식을 습득해야 올바른 피부미용을 할 수 있다.
② 피부 외관만을 가꾸는 학문이다.
③ 에스테틱, 코스메틱이라고도 불린다.
④ 피부 내 신진대사와 관련이 있다.

3 피부 분석의 방법 중 가장 객관적인 분석에 해당하는 것은?

① 기기법
② 견진법
③ 촉진법
④ 문진법

4 정상 피부의 얼굴 관리 시 가장 민감한 부분은?

① 입 주위
② 목 주위
③ 볼 주위
④ 눈 주위

5 민감성피부의 모세혈관 확장을 위한 관리 방법이 아닌 것은?

① 심하게 민감하면 림프 테크닉을 행한다.
② 적외선램프로 제품의 흡수를 돕는다.
③ 각질제거제는 자극이 적은 효소를 사용한다.
④ 제품의 흡수 시 손바닥으로 가볍게 눌러서 침투를 돕는다.

6 복합 지성 피부에 관한 설명으로 틀린 것은?

① 화장 시 유분감이 있는 화장품을 사용하는 것이 좋다.
② 단순 지성 피부와는 달리 피부에 쉽게 염증이 생기고 외부 자극에도 민감한 편이다.
③ 세안 시 자극이 없는 제품을 사용하고, 심하게 문지르지 말아야 한다.
④ 보통 여드름이나 지루성 피부염이 동반되어 있는 경우가 많다.

7 피부유형별 설명이 틀린 것은?

① 정상 피부는 피부의 모든 상태와 생리적 기능이 정상적인 상태로 피부 표면에 색소침착이나 잡티 등을 찾아보기 힘든 피부 상태이다.
② 건성 피부는 수분공급 기능과 피지분비 기능이 균형을 이루지 못한 피부로 수분을 많이 섭취하여야 한다.
③ 민감성 피부는 피부조직이 얇고 섬세하며 쉽게 붉어지고 소양증을 일으키기도 한다.
④ 지성 피부는 피지 분비량이 많기 때문에 수시로 알칼리성 비누로 닦아 내야 한다.

8 노화피부의 설명으로 **틀린** 것은?

① 광노화의 경우 각질층의 두께가 증가한다.
② 콜라겐과 엘라스틴이 감소한다.
③ 모공이 섬세하며, 탄력성이 좋다.
④ 광노화는 색소가 증가하며, 면역기능은 감소한다.

9 클렌징크림에 대한 설명 중 **틀린** 것은?

① 지성피부에는 부적절하다.
② 함유 성분상 화장을 두껍게 하는 사람에게 좋다.
③ 이중 세안이 필요 없다.
④ 유성의 더러움을 잘 용해시켜 준다.

10 딥클린징제의 관리법에 대한 설명으로 **틀린** 것은?

① 효소 제품 도포 시 눈을 제외하고 도포해야 한다.
② 아주 민감한 피부라도 피부 청력을 위해서 딥클렌징 단계를 무조건 실시해야 한다.
③ 고마쥐 타입의 경우 민감한 피부는 문지르지 않고 그대로 닦아낼 수도 있다.
④ 스크럽제는 알갱이가 눈에 들어가지 않도록 주의해서 사용한다.

11 습포에 대한 설명 중 가장 거리가 **먼** 것은?

① 습포에 사용되는 타월은 항상 삶아서 사용하는 것이 좋다.
② 뜨거운 상태의 온습포를 말한다.
③ 젖은 상태의 타월을 말한다.
④ 관리에서는 닦아내는 방법으로 사용한다.

12 샴푸제가 일반적으로 갖추어야 할 요건으로 가장 거리가 **먼** 것은?

① 세발 후 모발이 부드럽고 윤기가 있으며, 사용하기 쉬워야 한다.
② 두피, 모발의 지나친 탈지는 억제하여야 한다.
③ 거품이 섬세하고 풍부하며 지속성을 가져야 한다.
④ pH 9~10 정도가 가장 적당하다.

13 신체 각 부의 관리에서 매뉴얼 테크닉의 효과와 거리가 가장 **먼** 것은?

① 피부의 염증과 홍반 증상의 예방
② 근육의 이완 및 강화
③ 심리적 안정감을 통한 스트레스 해소
④ 혈액순환 및 림프 순환 촉진

14 매뉴얼 테크닉(massage)의 효과가 **아닌** 것은?

① 피지선의 활성화
② 혈액순환 촉진
③ 심리적인 안정
④ 근육통증 치료

15 다음 팩의 성분과 효과는 어떤 피부유형에 가장 적합한 것인가?

【보기】
– 성분 : 라벤더, 로즈마리, 카오린, 티트리
– 효과 : 수분공급, 청정효과

① 지성, 여드름 피부
② 색소침착피부
③ 노화, 건성피부
④ 민감성피부

16 온열 석고 마스크의 효과 중 <u>틀린 것은</u>?

① 열을 내어 피부에 도포된 유효성분을 피부 깊숙이 흡수시킨다.
② 자극받은 피부에 진정 효과를 준다.
③ 혈액순환을 촉진시켜 피부에 탄력을 준다.
④ 피지 및 노폐물 배출을 촉진한다.

17 피지분비가 많은 지성, 여드름성 피부의 노폐물 제거에 가장 <u>효과적인</u> 팩은?

① 석고팩
② 머드팩
③ 오이팩
④ 알로에젤팩

18 팩의 제거 방법에 따른 종류가 <u>아닌 것은</u>?

① 워시 오프 타입(wash off type)
② 필 오프 타입(peel off type)
③ 크림 타입(cream type)
④ 티슈 오프 타입(tissue off type)

19 신체 각 부위 관리 시 안전 및 유의사항으로 <u>옳은 것은</u>?

① 신체 각 부위 관리 중 관리 부위가 아닌 곳도 노출하여 고객이 불편을 느끼지 않도록 한다.
② 신체 각 부위 관리 부적용 대상자인지를 확인하여 관리 유무부터 정한다.
③ 신체 각 부위 관리 중 뼈 부위에 자극을 주어서 관리해야 한다.
④ 근육과 관절의 가동 범위는 중요하지 않다.

20 일시적인 제모법에 사용되지 <u>않는 것은</u>?

① 면도기
② 가위
③ 핀셋(족집게)
④ 바늘

21 화학적 제모와 관련된 설명이 <u>틀린 것은</u>?

① 제모 후 산성화장수를 바르고 진정로션이나 크림을 흡수시킨다.
② 사용 전 패치테스트를 실행하고 피부를 깨끗이 건조시킨 후 적정량을 바른다.
③ 화학성분이 털을 연화시켜 모간 부분의 털을 제거하는 방법이다.
④ 제품 도포 후 일정 시간(5~10분)이 지나면 제모제와 털을 냉수로 씻어낸다.

22 림프액의 순환을 촉진시켜 과도한 체액이나 노폐물과 독소 등을 제거하는 매뉴얼 테크닉 기법은?

① 림프 스웨디시
② 림프 딸라소
③ 림프 드레니지
④ 림프 타포트먼트

23 지방의 분해효소는?

① 글리세롤
② 리파아제
③ 프로테아제
④ 아밀라아제

24 피부 내 멜라닌 형성세포의 <u>주요한 기능</u>은?

① 저장의 기능
② 흡수의 기능
③ 보호의 기능
④ 배설의 기능

25 갑상선의 기능과 관련이 있으며, 모세혈관 기능을 정상화시키는 것은?

① 요오드
② 칼슘
③ 철분
④ 인

26 무열광선이면서 살균작용이 있으며 비타민 D의 형성을 <u>돕는 것</u>은?

① 형광선
② 가시광선
③ 자외선
④ 적외선

27 항산화성 비타민으로 불리는 지용성 비타민은?

① 비타민 E
② 비타민 A
③ 비타민 C
④ 비타민 B

28 자외선에 의한 피부 반응이 <u>아닌 것</u>은?

① 색소침착
② 아토피 피부염
③ 광노화
④ 홍반반응

29 피지선과 한선에서 나온 분비물이 피부에 윤기를 주어서 건강과 아름다움을 지니게 해주는 피부의 생리작용은?

① 분비작용
② 조절작용
③ 흡수작용
④ 침투작용

30 피부의 면역반응에 대한 설명 중 <u>틀린 것</u>은?

① 면역과 다양한 염증반응을 매개하는 화학물질을 사이토카인(cytokine)이라 한다.
② 각질형성세포(keratinocyte)는 외부 항원을 탐식하여 처리하는 중요한 세포이다.
③ 피부에는 랑게르한스 세포, 대식세포, 조직구 등 다양한 면역세포가 존재한다.
④ 피부는 다양한 면역반응이 일어나는 면역 기관의 하나이다.

31 기미의 유형이 <u>아닌 것</u>은?

① 피하조직형 기미
② 혼합형 기미
③ 진피형 기미
④ 표피형 기미

32 강한 자외선에 노출될 때 생길 수 있는 현상과 가장 거리가 <u>먼 것</u>은?

① 홍반반응
② 색소침착
③ 아토피 피부염
④ 비타민 D 합성

33 표피의 각화 이상 증상으로 거친 살결이라고도 불리며, 비늘 같은 인설이 축적된 상태인 피부병변은?

① 아토피성 피부염
② 어린선
③ 지루성 피부염
④ 좌창

34 피부표면 피지막의 정상적인 pH 정도는?

① 약알칼리성
② 강알칼리성
③ 약산성
④ 산성

35 눈 밑에 볼록한 주머니(eye sacs)에 대한 설명과 관리 방법으로 틀린 것은?

① 체액의 정체 즉 체액의 불균형 현상에 의해 발생한다.
② 체액의 배출이 원활하게 하는 림프 드레니지를 적용할 수 있다.
③ 정체된 체액 배출을 위해 눈 밑 부위는 딥클렌저로 순환을 촉진시켜 준다.
④ 눈 밑을 3부위로 나눠 내측에서 외측방향으로 정지상태의 원동작으로 관리한다.

36 간의 기능이 아닌 것은?

① 해독작용
② 요소의 배설
③ 글루코겐의 합성
④ 담즙의 배설

37 중추신경계의 구성으로 옳은 것은?

① 중뇌와 대뇌
② 뇌간과 척수
③ 교감 신경과 뇌간
④ 뇌와 척수

38 뇌, 척수를 보호하는 뼈가 아닌 것은?

① 흉골(복장뼈)
② 척추
③ 측두골(관자뼈)
④ 두정골(마루뼈)

39 골격계의 기능이 아닌 것은?

① 열생산기능
② 지지기능
③ 보호기능
④ 저장기능

40 저작근 중 내측익돌근(안쪽날개근)의 작용으로 가장 적합한 것은?

① 하악골을 끌어올림
② 하악골을 올림, 후방으로 당김
③ 하악골을 올림, 전방으로 당김
④ 하악골을 내림, 전방으로 당김

41 머리뼈에 해당되지 않는 것은?

① 마루뼈
② 이마뼈
③ 보습뼈
④ 관자뼈

42 늑골에 대한 설명으로 가장 적합한 것은?

① 흉곽대의 쇄골과 견갑골이다.
② 늑연골에 의해 흉골에 직접 연결되어 있다.
③ 두 팔을 지지하고 보호한다.
④ 12쌍으로 척추를 구성한다.

43 뇌에서 배뇨 억제 중추가 있는 곳으로 나열된 것으로 옳은 것은?

① 연수, 소뇌
② 중뇌, 척수
③ 뇌교, 시상하부
④ 대뇌피질, 중뇌

44 다음 보기의 사항에 해당되는 것은?

【보기】
㉠ 제 7 뇌신경 　　㉡ 혀 앞 2/3 미각담당
㉢ 안면근육운동 　　㉣ 뇌신경 중 하나

① 안면신경
② 설인신경
③ 부신경
④ 3차 신경

45 대장에 대한 설명으로 틀린 것은?

① 수분을 흡수하고 효소에 의한 소화는 일어나지 않는다.
② 내부에 많은 주름이 있고 융털이 돋아나 있다.
③ 대장은 맹장, 결장, 직장으로 구분된다.
④ 많은 세균들이 음식찌꺼기를 분해하면서 살아간다.

46 조직을 돌아 산소가 부족한 혈액을 처음으로 받는 곳은?

① 좌심실
② 우심방
③ 우심실
④ 좌심방

47 복부근의 설명 중 옳은 것은?

① 배곧은근은 중간중간의 건획이 존재하여 복근을 만들 수 있으며 척추를 굽힘하는 운동에 관여한다.
② 복사근은 복부에 가장 심부에 존재하는 근육이며 복부 내장을 압박한다.
③ 배가로근은 몸통을 돌림시켜 몸을 옆으로 굽힐 수 있도록 한다.
④ 배속빗근은 복압을 높이고 복사근을 돕는다.

48 피부관리에 사용되는 미용기기가 아닌 것은?

① 고주파기
② 우드램프
③ 진공흡입기
④ 레이저기

49 이온토포레시스(Iontophoresis)의 실명으로 옳은 것은?

① 피부 속으로 침투하기 어려운 수용액을 이온화시켜 흡수시킨다.
② 모낭 내의 노폐물을 세정하는 것이다.
③ 피부 표면에 살균효과를 주어 여드름을 치료하는 것이다.
④ 리프팅 작용을 위해 근육을 단력시키는 것이다.

50 스티머의 효과가 아닌 것은?

① 혈액순환 촉진효과

② 피부분석효과

③ 각질 연화효과

④ 노폐물 배출효과

51 건조하고 당기는 피부에 수분을 공급하기 위하여 사용할 수 있는 기기는?

① 리프팅기

② 스티머

③ 고주파

④ 갈바닉

52 적외선의 특징이 아닌 것은?

① 림프순환을 촉진한다.

② 피부를 차갑게 식힌다.

③ 혈액순환을 촉진한다.

④ 발한을 촉진한다.

53 고주파 직접 적용 방법에 대한 설명으로 틀린 것은?

① 피부관리사가 적용하는 동안 고객이 전극을 쥐고 있다.

② 크림이나 마스크 위에 직접 전극을 사용한다.

③ 신진대사율을 증가시킨다.

④ 진정, 살균 효과가 있다.

54 전동브러시기기(frimator)의 주된 사용 목적은?

① 영양물질의 침투

② 피부 진정

③ 지방의 분해

④ 노화된 각질의 제거

55 후리마돌 브러시(frimator brush)의 사용법으로 틀린 것은?

① 화농성 여드름 피부와 모세혈관 확장 피부 등은 사용을 피하는 것이 좋다.

② 회전하는 브러시를 피부와 45° 각도로 하여 사용한다.

③ 피부 상태에 따라 브러시의 회전 속도를 조절한다.

④ 브러시 사용 후 중성세제로 세척한다.

56 적외선램프의 사용을 삼가야 할 피부유형은?

① 색소침착 피부

② 노화 피부

③ 지성 피부

④ 화농성 여드름 피부

57 적외선의 적용 방법으로 가장 거리가 먼 것은?

① 피부로부터 30cm 내에 위치해 1시간 이상 조사한다.

② 램프가 몹시 뜨거워지므로 램프에 손을 대지 않는다.

③ 위치하젤 용액으로 적신 화장솜을 눈두덩 위에 놓는다.

④ 전구의 전력에 따라 평균 안전거리를 두고 사용한다.

58 스프레이 분무기(Spray) 사용 시 주의사항으로 가장 거리가 먼 것은?

① 미세 입자가 분무되어 건조한 피부에 보습 효과와 얼굴에 청량감을 부여한다.

② 초음파 전달물질인 젤이나 화장수를 바른다.

③ 눈, 코, 입에 들어가지 않도록 주의해서 분무한다.

④ 분무를 원하지 않는 부위는 타월이나 티슈로 가려준 후 흐르지 않도록 주의한다.

59 피부분석 시 사용되는 기기에 대한 설명으로 틀린 것은?

① 유분 측정기 – 특수한 측정지를 이용해 피지의 빛 투과도를 측정하여 분석한다.
② 더마스코프 – 피부와 두피, 모발 상태를 30~800배율로 확대해서 비교 분석한다.
③ 우드램프 – 피부의 보습 상태, 색소침착, 피지 상태, 여드름 등을 알 수 있다.
④ 확대경 – 피부의 상태를 5~30배율로 확대하여 피부 상태를 분석한다.

60 진공 흡입기의 적용 방법이 틀린 것은?

① 얼굴 작업 시에는 림프절 방향으로 약한 압력으로 적용한다.
② 같은 부위를 너무 지나치게 오래 적용하는 것은 좋지 않다.
③ 정맥류가 있어도 흡입 강도만 세지 않으면 자주 사용해도 좋다.
④ 피부 자극 최소화를 위하여 적절하게 오일을 도포하고 적용하는 것이 좋다.

61 화장품 원료로 심해 상어의 간유에서 추출한 성분은?

① 레시틴
② 스쿠알렌
③ 파라핀
④ 라놀린

62 자외선 차단제와 관련한 설명으로 틀린 것은?

① 자외선의 강약에 따라 차단제의 효과시간이 변한다.
② 기초제품 마무리단계 시 차단제를 사용하는 것이 좋다.
③ SPF라 한다.
④ SPF 1 이란 대략 1시간을 의미한다.

63 자외선 차단 성분의 기능이 아닌 것은?

① 미백작용 활성화
② 일광화상 방지
③ 노화방지
④ 과색소 침착방지

64 화장품을 선택할 때에 검토해야 하는 조건이 아닌 것은?

① 보존성이 좋아서 잘 변질되지 않는 것
② 피부나 점막, 모발 등에 손상을 주거나 알레르기 등을 일으킬 염려가 없는 것
③ 사용 중이나 사용 후에 불쾌감이 없고 사용감이 산뜻한 것
④ 구성 성분이 균일한 성상으로 혼합되어 있지 않은 것

65 에탄올이 화장품 원료로 사용되는 이유가 아닌 것은?

① 에탄올은 유기용매로서 물에 녹지 않는 비극성 물질을 녹이는 성질이 있다.
② 탈수 성질이 있어 건조 목적이 있다.
③ 공기 중의 습기를 흡수해서 피부 표면 수분을 유지시켜 피부나 털의 건조 방지를 한다.
④ 소독작용이 있어 수렴화장수, 스킨로션, 남성용 애프터쉐이브 등으로 쓰인다.

66 화장품에서 요구되는 4대 품질 특성의 설명으로 옳은 것은?

① 안전성 : 미생물 오염이 없을 것
② 보습성 : 피부표면의 건조함을 막아줄 것
③ 안정성 : 독성이 없을 것
④ 사용성 : 사용이 편리해야 할 것

67 화장품의 정의로 <u>옳은 것은?</u>

① 인체를 청결·미화하여 인체의 질병 치료를 위해 인체에 사용되는 물품으로서 인체에 대해 작용이 강력한 것을 말한다.
② 인체를 청결·미화하여 인체의 질병 치료를 위해 인체에 사용되는 물품으로서 인체에 대해 작용이 경미한 것을 말한다.
③ 인체를 청결·미화하여 인체의 질병 진단을 위해 인체에 사용되는 물품으로서 인체에 대해 작용이 경미한 것을 말한다.
④ 인체를 청결·미화하여 피부·모발 건강을 유지 또는 증진하기 위하여 인체에 사용되는 물품으로서 인체에 대해 작용이 경미한 것을 말한다.

68 화장품의 피부 흡수에 대한 설명으로 <u>옳은 것은?</u>

① 세포간지질에 녹아 흡수되는 경로가 가장 중요한 흡수경로이다.
② 피지선이나 모낭을 통한 흡수는 시간이 지나면서 점차 증가하게 된다.
③ 분자량이 높을수록 피부 흡수가 잘 된다.
④ 피지에 잘 녹는 지용성 성분은 피부 흡수가 안 된다.

69 자외선 차단제의 성분이 <u>아닌 것은?</u>

① 벤조페논-3
② 파라아미노안식향산
③ 알파하이드록시산
④ 옥틸디메틸파바

70 피지분비의 과잉을 억제하고 피부를 수축시켜 주는 것은?

① 영양 화장수
② 수렴 화장수
③ 소염 화장수
④ 유연 화장수

71 일반적으로 여드름의 발생 가능성이 가장 <u>적은 것은?</u>

① 코코바 오일
② 호호바 오일
③ 라눌린
④ 미네랄 오일

72 메이크업 화장품에서 색상의 커버력을 조절하기 위해 주로 배합하는 것은?

① 체질 안료
② 펄 안료
③ 백색 안료
④ 착색 안료

73 기능성 화장품의 정의에 <u>해당되지 않는 것은?</u>

① 피부를 곱게 태워주거나 자외선으로부터 피부를 보호하는데 도움을 주는 제품
② 피부의 미백에 도움을 주는 제품
③ 피부, 모발의 건강을 유지 또는 증진시키는 제품
④ 피부의 주름 개선에 도움을 주는 제품

74 우리나라의 건강보험제도의 성격으로 가장 적합한 것은?

① 의료비의 과중 부담을 경감하는 제도
② 공공기관의 의료비 부담
③ 의료비를 면제해 주는 제도
④ 의료비의 전액 국가 부담

75 인구의 사회증가를 나타낸 것은?

① 고정인구 - 전출인구
② 출생인구 - 사망인구
③ 전입인구 - 전출인구
④ 생산인구 - 소비인구

76 인구 구성 중 14세 이하가 65세 이상 인구의 2배 정도이며 출생률과 사망률이 모두 낮은 형은?

① 피라미드형(pyramid form)
② 별형(accessive form)
③ 종형(bell form)
④ 항아리형(pot form)

77 Winslow가 정의한 공중보건학의 학습내용에 포함되는 것으로만 구성된 것은?

① 환경위생향상 – 개인위생교육 – 질병예방 – 생명연장
② 환경위생향상 – 전염병 치료 – 질병치료 – 생명연장
③ 환경위생향상 – 개인위생교육 – 질병치료 – 생명연장
④ 환경위생향상 – 개인위생교육 – 생명연장 – 사후처치

78 일산화탄소(CO)에 대한 설명으로 틀린 것은?

① 헤모글로빈과의 결합능력이 뛰어나다.
② 물체가 불완전 연소할 때 많이 발생된다.
③ 확산성과 침투성이 강하다.
④ 공기보다 무겁다.

79 보건행정의 특성과 거리가 먼 것은?

① 과학성과 기술성
② 조장성과 교육성
③ 독립성과 독창성
④ 공공성과 사회성

80 보건지표와 그 설명의 연결이 잘못된 것은?

① 비례사망지수(PMI)는 총 사망자수에 대한 50세 이상의 사망자수의 백분율을 나타내는 것이다.
② 총재생산율은 15~49세까지 1명의 여자 당 낳은 여아의 수이다.
③ α-index가 1에 가까울수록 건강수준이 낮다는 것을 나타낸다.
④ 조사망률은 보통 사망률이라고도 하며 인구 1000명당 1년간의 발생 사망수로 표시하는 것이다.

81 성층권의 오존층을 파괴시키는 대표적인 가스는?

① 이산화탄소(CO_2)
② 일산화탄소(CO)
③ 아황산가스(SO_2)
④ 염화불화탄소(CFC)

82 다음 중 물의 일시경도를 나타내는 원인 물질은?

① 염화물
② 중탄산염
③ 황산염
④ 질산염

83 다음 중 이·미용업소의 실내 바닥을 닦을 때 가장 적합한 소독제는?

① 크레졸수　　② 과산화수소
③ 알코올　　④ 염소

84 소독약의 검증 혹은 살균력의 비교에 가장 흔하게 이용되는 방법은?

① 석탄산계수 측정법
② 최소 발육저지농도 측정법
③ 시험관 희석법
④ 균수 측정법

85 고압증기멸균기의 소독대상물로 <u>적합하지 않은</u> 것은?

① 의류
② 분말 제품
③ 약액
④ 금속성 기구

86 할로겐계에 <u>속하지 않는</u> 소독제는?

① 표백분
② 염소 유기화합물
③ 석탄산
④ 차아염소산 나트륨

87 대기 중의 고도가 상승함에 따라 기온도 상승하여 상부의 기온이 하부보다 높게 되는 현상을 무엇이라 하는가?

① 열섬 현상
② 기온 역전
③ 지구 온난화
④ 오존층 파괴

88 석탄산 90배 희석액과 어느 소독제 135배 희석액이 같은 살균력을 나타낸다면 이 소독제의 석탄산계수는?

① 2.0
② 1.5
③ 0.5
④ 1.0

89 공중위생관리법상 이·미용기구 소독 방법의 일반 기준에 <u>해당하지 않는</u> 것은?

① 방사선소독
② 증기소독
③ 크레졸소독
④ 자외선소독

90 세균, 포자, 곰팡이, 원충류 및 조류 등과 같이 광범위한 미생물에 대한 살균력을 갖고 페놀에 비해 강한 살균력을 갖는 반면, 독성은 훨씬 적은 소독제는?

① 수은 화합물
② 무기염소 화합물
③ 유기염소 화합물
④ 요오드 화합물

91 석탄산계수가 2인 소독제 A 를 석탄산계수 4인 소독제 B와 같은 효과를 내게 하려면 그 농도를 어떻게 조정하면 되는가? (단, A, B의 용도는 같다)

① A를 B보다 4배 짙게 조정한다.
② A를 B보다 50% 묽게 조정한다.
③ A를 B보다 2배 짙게 조정한다.
④ A를 B보다 25% 묽게 조정한다.

92 환자 및 병원체 보유자와 직접 또는 간접접촉을 통해서 혹은 균에 오염된 식품, 바퀴벌레, 파리 등을 매개로 하는 경구감염으로 전파되는 것은?

① 이질
② B형 간염
③ 결핵
④ 파상풍

93 다음 중 투베르쿨린 반응이 양성인 경우는?

① 건강 보균자
② 나병 보균자
③ 결핵 감염자
④ AIDS 감염자

94 우리나라에서 일반적으로 세균성 식중독이 가장 많이 발생할 수 있는 때는?

① 5~9월
② 9~11월
③ 1~3월
④ 계절과 관계없음

95 미생물의 증식을 억제하는 영양의 고갈과 건조 등의 불리한 환경 속에서 생존하기 위하여 세균이 생성하는 것은?

① 점질층
② 세포벽
③ 아포
④ 협막

96 감염병 유행조건에 해당되지 않는 것은?

① 감염경로
② 감염원
③ 감수성숙주
④ 예방인자

97 세균성 식중독의 특성이 아닌 것은?

① 감염병보다 잠복기가 길다.
② 다량의 균에 의해 발생한다.
③ 수인성 전파는 드물다.
④ 2차 감염률이 낮다.

98 감염병의 예방 및 관리에 관한 법률상 즉시 신고해야 하는 감염병이 아닌 것은?

① 두창
② 디프테리아
③ 중증급성호흡기증후군(SARS)
④ 말라리아

99 다음 감염병 중 감수성(접촉감염) 지수가 가장 큰 것은?

① 디프테리아
② 성홍열
③ 백일해
④ 홍역

100 이·미용업소에서 공기 중 비말전염으로 가장 쉽게 옮겨질 수 있는 감염병은?

① 장티푸스
② 인플루엔자
③ 뇌염
④ 대장균

101 개인(또는 법인)의 대리인, 사용인 기타 종업원이 그 개인의 업무에 관하여 벌칙에 해당하는 위반행위를 한 때에 행위자를 벌하는 외에 그 개인에 대하여도 동조의 벌금형을 과할 수 있는 제도는?

① 양벌규정 제도
② 형사처벌 규정
③ 과태료처분 제도
④ 위임제도

102 공중위생감시원의 업무 중 <u>틀린</u> 것은?

① 공중위생영업 관련시설 및 설비의 위생 상태 확인 · 검사
② 위생교육 이행 여부의 확인
③ 이 · 미용업의 개선 향상에 필요한 조사 연구 및 지도
④ 위생지도 및 개선명령 이행 여부의 확인

103 이 · 미용사가 되고자 하는 자는 <u>누구의 면허</u>를 받아야 하는가?

① 고용노동부장관
② 시 · 도지사
③ 시장 · 군수 · 구청장
④ 보건복지부장관

104 이 · 미용사가 면허정지 처분을 받고 정지 기간 중 업무를 한 경우 <u>1차 위반</u> 시 행정처분 기준은?

① 면허정지 3월
② 면허취소
③ 영업장 폐쇄
④ 면허정지 6월

105 위생서비스 평가 결과 위생서비스의 수준이 우수하다고 인정되는 영업소에 포상을 실시할 수 있는 자로 <u>틀린 것</u>은?

① 보건소장
② 군수
③ 구청장
④ 시 · 도지사

106 공중위생영업에 관한 설명으로 <u>맞는</u> 것은?

① 공중위생영업이라 함은 숙박업, 목욕장업, 미용업, 이용업, 세탁업, 위생관리용역업, 의료용품관련업 등을 말한다.
② 공중위생영업의 양수인 상속인 또는 합병에 의하여 설립되는 법인 등은 공중위생영업자의 지위를 승계하지 못한다.
③ 공중위생영업을 하고자 하는 자는 시장 · 군수 · 구청장에게 신고 후 시장 등이 지정하는 시설 및 설비를 구비해도 된다.
④ 공중위생영업을 위한 설비와 시설은 물론 신고의 방법 및 절차는 보건복지부령으로 정한다.

107 이 · 미용업자가 준수하여야 하는 위생관리 기준 중 거리가 가장 먼 것은?

① 피부미용을 위하여 약사법에 따른 의약품을 사용하여서는 아니 된다.
② 영업소 내부에 개설자의 면허증 원본을 게시하여야 한다.
③ 발한실 안에는 온도계를 비치하고 주의사항을 게시하여야 한다.
④ 영업장 안의 조명도는 75럭스 이상이 되도록 유지하여야 한다.

108 이 · 미용업을 하는 자가 지켜야 하는 사항으로 <u>맞는 것</u>은?

① 이 · 미용사면허증을 영업소 안에 게시하여야 한다.
② 부작용이 없는 의약품을 사용하여 순수한 화장과 피부미용을 하여야 한다.
③ 이 · 미용기구는 소독하여야 하며 소독하지 않은 기구와 함께 보관하는 때에는 반드시 소독한 기구라고 표시하여야 한다.
④ 1회용 면도날은 사용 후 정해진 소독기준과 방법에 따라 소독하여 재사용하여야 한다.

109 이·미용 영업소 폐쇄명령을 받고도 계속 영업을 할 때 관계공무원으로 하여금 조치하는 사항이 아닌 것은?

① 이·미용사 면허증을 부착할 수 없게 하는 봉인
② 해당 영업소의 간판 기타 영업표지물의 제거
③ 해당 영업소가 위법한 영업소임을 알리는 게시물의 부착
④ 영업을 위하여 필수불가결한 기구 또는 시설물을 사용할 수 없게 하는 봉인

110 공중위생감시원의 자격으로 틀린 것은?

① 위생사 이상의 자격증이 있는 사람
② 「고등교육법」에 따른 대학에서 화학·화공학·환경공학 또는 위생학 분야를 전공하고 졸업한 사람
③ 6개월 이상 공중위생 행정에 종사한 경력이 있는 사람
④ 외국에서 환경기사의 면허를 받은 사람

111 명예공중위생감시원의 위촉대상자가 아닌 자는?

① 소비자단체장이 추천하는 소속직원
② 공중위생관련 협회장이 추천하는 소속지원
③ 공중위생에 대한 지식과 관심이 있는 자
④ 3년 이상 공중위생 행정에 종사한 경력이 있는 공무원

112 공중위생관리법상 이용업과 미용업은 다룰 수 있는 신체범위가 구분이 되어 있다. 다음 중 법령상에서 미용업이 손질할 수 있는 손님의 신체 범위를 가장 잘 정의한 것은?

① 머리, 피부, 손톱, 발톱
② 얼굴, 손, 머리
③ 얼굴, 머리, 피부 및 손톱, 발톱
④ 손, 발, 얼굴, 머리

113 영업소 이외의 장소라 하더라도 이·미용의 업무를 행할 수 있는 경우 중 맞는 것은?

① 학교 등 단체의 인원을 대상으로 할 경우
② 영업상 특별한 서비스가 필요할 경우
③ 혼례에 참석하는 자에 대하여 그 의식 직전에 행할 경우
④ 일반 가정에서 초청이 있을 경우

114 공중위생 영업소의 위생서비스 평가 계획을 수립하는 자는?

① 대통령
② 시·도지사
③ 행정자치부장관
④ 시장·군수·구청장

115 이용 또는 미용의 면허가 취소된 후 계속하여 업무를 행한 자에 대한 벌칙으로 맞는 것은?

① 300만원 이하의 벌금
② 200만원 이하의 벌금
③ 6월 이하의 징역 또는 500만원 이하의 벌금
④ 500만원 이하의 벌금

116 이·미용 영업소에서 소독한 기구와 소독하지 아니한 기구를 각각 다른 용기에 보관하지 아니한 때의 1차 위반 행정처분기준은?

① 개선명령
② 경고
③ 영업정지 5일
④ 시정명령

117 공중위생영업자가 관계공무원의 출입·검사를 거부·기피하거나 방해한 때의 <u>1차 위반 행정처분</u>은?

① 영업정지 20일

② 영업정지 10일

③ 영업정지 15일

④ 영업정지 5일

118 다음 중 이·미용업 영업자가 변경신고를 해야 하는 것을 <u>모두 고른 것</u>은?

【보기】
⊙ 영업소의 주소
㉡ 신고한 영업소 면적의 3분의 1 이상의 증감
㉢ 종사자의 변동사항
㉣ 영업자의 재산변동사항

① ㉠

② ㉠, ㉡, ㉢

③ ㉠, ㉡, ㉢, ㉣

④ ㉠, ㉡

119 공중위생영업자는 공중위생영업을 폐업한 날로부터 며칠 이내에 신고해야 하는가?

① 20일

② 15일

③ 30일

④ 7일

120 위생교육에 관한 설명으로 <u>틀린 것</u>은?

① 위생교육 실시단체의 장은 위생교육을 수료한 자에게 수료증을 교부하고, 교육실시 결과를 교육 후 즉시 시장·군수·구청장에게 통보하여야 하며, 수료증 교부대장 등 교육에 관한 기록을 1년 이상 보관·관리하여야 한다.

② 위생교육의 내용은 「공중위생관리법」 및 관련 법규, 소양교육(친절 및 청결에 관한 사항을 포함한다.), 기술교육, 그 밖에 공중위생에 관하여 필요한 내용으로 한다.

③ 위생교육을 받아야 하는 자 중 영업에 직접 종사하지 아니하거나 2 이상의 장소에서 영업을 하는 자는 종업원 중 영업장별로 공중위생에 관한 책임자를 지정하고 그 책임자로 하여금 위생교육을 받게 하여야 한다.

④ 위생교육 대상자 중 보건복지부장관이 고시하는 섬·벽지 지역에서 영업을 하고 있거나 하려는 자에 대하여는 위생교육 실시단체가 편찬한 교육교재를 배부하여 이를 익히고 활용하도록 함으로써 교육에 갈음할 수 있다.

1 정답 ③

박가분은 근대에 최초로 기업화되어 판매된 화장품이다.

2 정답 ②

피부미용은 안면 및 전신피부의 모든 기능을 정상적으로 유지시키기 위하여 다양한 방법을 동원하여 피부를 건강하고 아름답게 유지하고 개선시키는 것이다.

3 정답 ①

피부 분석용 기기를 이용한 방법은 가장 객관적인 분석을 할 수 있다.

4 정답 ④

얼굴 관리 시 가장 민감한 부분은 눈과 입술이며, 그중 눈 주위를 좀 더 주의하여 관리하여야 한다.

5 정답 ②

모세혈관 피부는 온도 변화에 민감하기 때문에 급격한 온도변화를 피해야 한다.

6 정답 ①

복합성 피부는 T존은 피지분비가 왕성하여 번들거리고, U존은 수분이 부족하여 건조한 피부이므로, T존 부위는 유분감이 없는 화장품을 사용하는 것이 좋다.

7 정답 ④

지성피부는 피지 분비량이 많지만 과도하게 세안할 경우 좋은 성분까지 제거될 수 있기 때문에, 과도하지 않은 횟수와 약산성의 세안제로 부드럽게 세안하는 것이 좋다.

8 정답 ③

노화피부는 피부의 노화로 인하여 콜라겐과 엘라스틴이 감소하여 피부탄력이 떨어지고 건조해지며 주름이 생기는 피부이다. 광노화의 경우는 각질층의 두께가 증가하고, 색소침착이 발생하며, 면역기능은 떨어진다.

9 정답 ③

클렌징크림은 친유성 제품으로 짙은 메이크업에 세정력이 뛰어나며, 유성성분이 많아 잔여물이 많이 남을 수 있으므로 이중세안을 하여야 한다. 중성, 건성, 노화피부에 적당하며 지성피부에는 사용을 피한다.

10 정답 ②

민감한 피부, 흉터나 개방된 상처, 모세혈관확장피부 등 딥클렌징이 부적합한 피부에는 딥클렌징을 실시하지 않는다.

11 정답 ③

습포는 피부에 적절한 온도와 습도를 제공하여 피부관리에 효용을 높여주는 것으로 온습포와 냉습포가 있다. 단순히 젖은 상태의 타월을 말하는 것은 아니다.

12 정답 ④

일반적으로 알칼리성 샴푸제는 pH 7.5~8.5, 산성 샴푸제는 pH 4.5 정도를 사용한다.

13 정답 ①

매뉴얼 테크닉은 손을 이용하여 마사지 동작을 하는 방법으로 혈액순환 및 림프 순환을 촉진하며, 근육의 이완 및 강화, 심리적 안정감을 통한 스트레스 해소 등의 효과를 가진다.

14 정답 ④

매뉴얼 테크닉은 신진대사와 혈행을 촉진시키고 피로를 풀어주는 효과를 가진 손 마사지 테크닉을 말한다. 근육통증을 완화하나 치료의 목적을 달성하지는 못한다.

15 정답 ①

라벤더, 로즈마리, 카오린, 티트리 등은 여드름 및 지성피부에 적합한 에센셜오일로 수분공급 및 청정효과를 준다.

16 정답 ②

석고마스크는 시술 시 열이 발생해 피부에 자극을 줄 수 있다.

17 정답 ②

머드팩은 흡착 능력이 있어 피지와 노폐물 제거가 뛰어나므로 지성 및 여드름 피부에 효과적이다.

18 정답 ③

팩의 제거 방법에 따른 종류는 필 오프 타입, 워시 오프 타입, 티슈 오프 타입이 있다.

19 정답 ②

신체 각 부위를 관리할 때 신체 각 부위 관리 부적용 대상자인지 확인하여 관리 유무부터 정해야 한다.

20 정답 ④

일시적 제모는 모간이나 모근만 제거하는 방법으로 면도기나 가위를 이용한 커팅법, 핀셋(족집게)을 이용한 제모법, 화학적 제모법 등이 있다.

21 정답 ④

제모 제품 도포 후 5~10분이 지나면 세모제와 털을 흐르는 미온수에서 씻어낸다.

22 정답 ③

림프 드레니지는 림프가 흐르는 방향으로 마사지하여 노폐물과 독소 물질을 림프절로 운반하여 조직의 대사를 원활하게 해주는 마사지법이다.

23 정답 ②

지방을 분해하는 효소는 리파아제이다.
프로테아제(단백질 분해효소), 아밀라아제(탄수화물 분해효소)

24 정답 ③

멜라닌 색소를 생산하는 멜라닌 형성세포는 표피의 기저층에 위치하여 자외선을 흡수·산란시켜 피부를 보호하는 기능을 한다.

25 정답 ①

요오드는 갑상선 호르몬의 성분으로 모세혈관 기능 정상화, 탈모 예방 등의 효과를 지닌 영양소이다.

26 정답 ③

자외선은 살균작용이 있고, 비타민 D의 형성을 돕지만, 일광화상, 홍반반응, 색소침착, 노화촉진 등의 부정적 영향도 준다.

27 정답 ①

항산화성을 가진 비타민은 비타민 C와 E가 있으며, 이 중 지용성 비타민은 비타민 E(토코페롤)이다.

28 정답 ②

자외선에 노출될 때 홍반반응, 색소침착, 광노화 등의 부정적 효과와 살균, 비타민 D 합성 등의 긍정적 효과가 발생한다.

29 정답 ①

피부의 분비작용은 피지선과 한선으로부터 피지와 땀이 분비되어 피부의 생리작용을 도와주는 기능을 말한다.

30 정답 ②

외부 항원을 탐식하여 처리하는 세포는 랑게르한스 세포이다.

31 정답 ①

기미의 종류에는 표피형, 진피형, 혼합형이 있다.

32 정답 ③

자외선에 노출될 때 홍반반응, 색소침착, 광노화 등의 부정적 효과와 살균, 비타민 D 합성 등의 긍정적 효과가 발생한다.

33 정답 ②

어린선은 표피의 각질층이 지나치게 성장하여 피부를 건조하게 하고 비늘 같은 각질을 만들어내는 유전적 질환이다.
※어린선(魚鱗蘚) : 물고기 비늘과 같다는 의미

34 정답 ③

피부표면의 피지막의 산도는 pH 4.5∼6.5의 약산성이다.

35 정답 ③

눈 밑에 볼록한 주머니(eye sacs, eye bag)는 눈 밑으로 늘어진 피부 사이의 공간에 지방이 쌓여 주머니처럼 되는 것을 말한다. 눈 마사지를 안쪽에서 바깥쪽으로 굴리면서 부종과 혈액을 빼주면 좋다. 딥클렌저를 사용하지는 않는다.

36 정답 ②

간은 담즙을 생성·분비하고, 포도당을 글리코겐으로 합성하여 저장하며, 해독작용 및 면역, 물질대사, 호르몬 조절 등에 관여한다.

37 정답 ④

뇌와 척수로 구성되는 중추신경계는 신경계의 중추를 이루는 부분으로 신경정보를 통합 및 제어한다.

38 정답 ①

뇌를 보호하는 두개골은 전두골, 두정골, 측두골, 접형골, 사골 등이 있으며, 척수는 뇌와 함께 중추신경계를 구성하는 것으로 척추를 포함한 척주골이 척수를 감싸면서 보호한다.

39 정답 ①

골격계는 지지, 보호, 조혈, 운동, 저장기능을 한다.

40 정답 ①

저작근은 교근, 측두근, 외측익돌근, 내측익돌근이 있다.
- 교근 : 아래턱을 위로 당겨 깨무는 근육
- 측두근 : 아래턱을 들어 올리고 아래턱뼈를 뒤로 당기는 근육
- 내측익돌근 : 하악골을 위로 당기는 근육
- 외측익돌근 : 입을 벌리고 아래턱을 앞으로 내미는 근육

41 정답 ③

머리뼈(뇌두개골)는 전두골(이마뼈), 두정골(마루뼈), 후두골(뒤통수뼈), 접형골(나비뼈), 측두골(관자뼈), 사골(벌집뼈)로 구성되어 있다.

42 정답 ②

늑골은 늑연골에 의해 흉골에 직접 연결되어 흉곽을 구성하여 심장과 폐 등의 주요장기와 혈관을 보호한다. 보통 갈비뼈라고도 한다.

43 정답 ④

뇌에서 배뇨 억제 중추가 있는 곳은 대뇌피질과 중뇌이다.
배뇨 촉진 중추는 시상하부 및 뇌교에 있다.

44 정답 ①

안면신경은 얼굴의 피부에 분포하여 얼굴의 근육운동, 표정 등을 조절하며, 미각과 관련된 감각신경이 섞인 혼합신경이다.

45 정답 ②

소장은 내부 벽에 많은 주름이 있고, 융털이 돋아나 있어 영양소를 흡수하는 면적을 넓혀준다.

46 정답 ②

온몸을 돌아 산소가 부족한 혈액은 대정맥으로 모여 우심방으로 들어온다.

47 정답 ①

②, ④ 복부 근육 중 가장 심부에 있는 근은 배가로근(복횡근)으로 배 안의 압력을 높여 숨을 쉬게 된다.
③, ④ 배속빗근(내복사근)은 배바깥빗근(외복사근)과 서로 길항작용을 하여 몸통이 좌우 어느 한쪽으로 틀어지지 않고, 몸통을 돌려 몸을 옆으로 굽힐 수 있도록 한다.

48 정답 ④

레이저기기는 의료용으로 피부미용의 영역이 아니다.

49 정답 ①

갈바닉 기기를 이용한 이온토포레시스(이온영동법)는 피부 속으로 침투가 어려운 수용성 화장품의 유효성분을 이온화시켜 흡수시키는 방법이다.

50 정답 ②

스티머는 피부를 분석하는 기기는 아니다.

51 정답 ②

건조한 피부에 수분을 공급하기 위하여 사용하는 기기는 스티머(베이퍼라이저)이다.

52 정답 ②

적외선은 열을 운반하여 열선이라고도 불리며, 피부 깊숙이 침투하여 온열효과를 준다.

53 정답 ①

고객이 전극을 잡고 피부관리사가 손을 이용하여 관리하는 방법은 고주파기기의 간접법이다.

54 정답 ④

후리마돌은 전동회전브러시를 이용하여 모공의 피지와 죽은 각질을 제거하기 위하여 사용하는 기기이다.

55 정답 ②

브러시는 피부와 90° 각도로 세워서 가볍게 누르듯이 사용한다.

56 정답 ④

적외선램프는 적외선이 피부에 침투하여 온열자극을 주는 미용기기로 화농성 여드름 피부에는 사용을 삼가야 한다.

57 정답 ①

적외선 기기를 사용할 때 고객과 램프의 거리는 50~90cm로 유지하며, 고객의 피부 민감도에 따라 거리와 시간을 조절하여 사용한다.

58 정답 ②

초음파 전달물질인 젤이나 화장수를 발라 피부미용에 사용되는 기기는 초음파기기이다.

59 정답 ④

확대경은 피부의 상태를 5~10배율로 확대하여 피부 상태를 분석한다.

60 정답 ③

정맥류는 정맥 내부의 판막이 혈액을 항상 심장 쪽으로 흐르게해야 하는데 이 판막이 손상되어 정맥 쪽으로 압력이 높아져서 피부에 정맥이 도드라져 보이는 증상이다. 이런 증상에는 진공흡입기를 적용하지 않아야 한다.
※ 모세혈관확장피부도 정맥류의 일종이며 진공흡입기 부적용 대상이다.

61 정답 ②

스쿠알렌은 심해 상어의 간유에서 추출한 불포화탄화수소로 피부에 대한 항산화 효과가 있어 화장품의 원료로 많이 사용된다.

62 정답 ④

SPF 뒤의 숫자는 자외선 차단지수를 말하며, 수치가 높을수록 자외선 차단지수가 높은 것을 의미한다.

63 ①

자외선 차단 성분이 미백작용을 활성화시키지는 않는다.

64 정답 ④

구성 성분이 균일한 성상으로 혼합되어 있을 것

65 정답 ③

공기 중의 습기를 흡수해서 피부표면 수분을 유지시켜 피부나 털의 건조 방지를 하는 성분은 글리세린이다.

66 정답 ④

▶ 화장품에서 요구되는 4대 품질 특성
• 안전성 : 피부에 대한 자극, 알레르기, 독성이 없을 것
• 안정성 : 변색, 변취, 미생물의 오염이 없을 것
• 사용성 : 피부에 사용감이 좋고 잘 스며들 것, 사용이 편리할 것
• 유효성 : 미백, 주름개선, 자외선 차단 등의 효과가 있을 것

67 정답 ④

"화장품"이란 인체를 청결·미화하여 매력을 더하고 용모를 밝게 변화시키거나 피부·모발의 건강을 유지 또는 증진하기 위하여 인체에 바르고 문지르거나 뿌리는 등 이와 유사한 방법으로 사용되는 물품으로서 인체에 대한 작용이 경미한 것을 말한다.

68 정답 ①

② 피지선이나 모낭을 통한 흡수는 시간이 지나면서 점차 줄어들게 된다.
③ 분자량이 작을수록 피부흡수가 잘 된다.
④ 지용성 성분은 피부 흡수가 잘 된다.

69 정답 ③

알파하이드록시산은 자외선 차단 성분이 아니다.

70 정답 ②

수렴 화장수는 피부에 수분을 공급하고 모공 수축 및 피지 과잉 분비를 억제한다.

71 정답 ②

호호바 오일은 보습 및 피지 조절 효과가 뛰어난 천연캐리어 오일로 여드름 치료, 습진, 건선피부 등에 사용된다.

72 정답 ③

색상의 커버력을 조절하기 위해 주로 배합하는 것은 백색 안료이다.

73 정답 ③

기능성 화장품의 기능은 미백, 주름개선과 완화, 선탠, 자외선 차단 등의 기능을 하는 화장품을 말한다.
③은 일반적인 화장품의 정의이다.

74 정답 ①

우리나라의 건강보험제도는 의료비의 과중 부담을 경감하는 제도이다.

75 정답 ③

• 자연증가 = 출생인구 − 사망인구
• 사회증가 = 전입인구 − 전출인구

76 정답 ③

14세 이하가 65세 이상 인구의 2배 정도이며 출생률과 사망률이 모두 낮은 형은 종형이다.

77 정답 ①

질병치료 및 사후처치는 공중보건학의 목적이 아니다.

78 정답 ④

일산화탄소는 공기보다 가볍다.

79 정답 ③

보건행정의 특성 : 공공성, 사회성, 교육성, 과학성, 기술성, 봉사성, 조장성 등

80 정답 ③

α-index는 영아 사망률 / 신생아 사망률로 계산하는데, 1에 가까우면 영아 사망의 대부분이 신생아 사망이고, 신생아 이후의 영아 사망률은 낮다는 것을 의미하므로 그 지역의 건강수준이 높다는 것을 나타낸다.

81 정답 ④

성층권의 오존층을 파괴시키는 대표적인 가스는 프레온 가스로 알려진 염화불화탄소이다.

82 정답 ②

- 일시경도의 원인물질 : 탄산염, 중탄산염 등
- 영구경수의 원인물질 : 황산염, 질산염, 염화염 등

83 정답 ①

크레졸은 손, 오물, 배설물 등의 소독 및 이·미용실의 실내소독용으로 사용된다.

84 정답 ①

소독약의 검증 혹은 살균력의 비교에 가장 흔하게 이용되는 방법은 석탄산계수 측정법이다.

85 정답 ②

고압증기 멸균기는 의료기구, 유리기구, 금속기구, 의류, 고무제품, 미용기구, 무균실 기구, 약액 등에 사용된다.

86 정답 ③

석탄산은 페놀계 소독제에 해당한다.

87 정답 ②

기온역전 현상 : 고도가 높은 곳의 기온이 하층부보다 높은 경우 주로 발생하는 대기오염현상

88 정답 ②

$$석탄산 \; 계수 = \frac{소독액의 \; 희석배수}{석탄산의 \; 희석배수} = \frac{135}{90} = 1.5$$

89 정답 ①

이·미용기구 소독방법의 일반기준에 해당하는 소독방법은 자외선소독, 건열멸균소독, 증기소독, 열탕소독, 석탄산수소독, 크레졸소독, 에탄올소독이다.

90 정답 ④

요오드 화합물은 세균, 포자, 곰팡이, 원충류 및 조류 등과 같이 광범위한 미생물에 대한 살균력을 가진다.

91 정답 ③

소독제 A를 B보다 2배 짙게 조정해야 한다.

92 정답 ①

이질은 바퀴벌레, 파리 등을 매개로 하는 경구 감염으로 전파되며, 적은 양의 세균으로도 감염될 수 있어 환자 및 병원체 보유자와 직접 또는 간접접촉을 통해서도 감염 가능하다.

93 정답 ③

투베르쿨린 반응은 결핵 감염유무를 검사하는 방법이다.

94 정답 ①

세균성 식중독은 세균 증식에 알맞은 여름철에 많이 발생한다.

95 정답 ③

세균은 증식 환경이 적당하지 않을 경우 아포를 형성함으로써 강한 내성을 지니게 된다.

96 정답 ④

감염병의 유행조건 : 감염원(병인), 감염경로(환경), 감수성 숙주

97 정답 ①

세균성 식중독은 잠복기가 아주 짧다.

98 정답 ④

즉시 신고해야 하는 감염병은 제1급 감염병이며, 두창, 디프테리아, 중증급성호흡기증후군은 여기에 해당된다. 말라리아는 제3급 감염병으로 24시간 이내에 신고해야 한다.

99 정답 ④

두창·홍역(95%), 백일해(60~80%), 성홍열(40%), 디프테리아(10%), 폴리오(0.1%)

100 정답 ②

인플루엔자는 바이러스로 인한 호흡기계 감염병으로 공기 중 비말전염으로 쉽게 감염될 수 있다.

101 정답 ①

양벌규정에 대한 설명이다.

102 정답 ③

▶ 공중위생감시원의 업무범위
- 관련시설 및 설비의 확인 및 위생 상태 확인·검사
- 공중위생 영업자의 위생관리의무 및 영업자준수사항 이행 여부의 확인
- 공중이용시설의 위생관리상태의 확인·검사
- 위생지도 및 개선명령 이행 여부의 확인
- 공중위생영업소의 영업의 정지, 일부 시설의 사용중지 또는 영업소 폐쇄명령 이행 여부의 확인
- 위생교육 이행 여부의 확인

103 정답 ③

이용사 또는 미용사가 되고자 하는 자는 시장·군수·구청장의 면허를 받아야 한다.

104 정답 ②

▶ 1차 위반 시 면허취소가 되는 경우
- 국가기술자격법에 따라 미용사 자격이 취소된 때
- 결격사유에 해당한 때
- 이중으로 면허를 취득한 때
- 면허정지처분을 받고 그 정지기간 중 업무를 행한 때

105 정답 ①

시·도지사 또는 시장·군수·구청장은 위생서비스평가의 결과 위생서비스의 수준이 우수하다고 인정되는 영업소에 대하여 포상을 실시할 수 있다.

106 정답 ④

① 공중위생영업이라 함은 숙박업·목욕장업·이용업·미용업·세탁업·건물위생관리업을 말한다.
② 공중위생영업의 양수인 상속인 또는 합병에 의하여 설립되는 법인 등은 공중위생영업자의 지위를 승계할 수 있다.
③ 시설 및 설비를 갖추고 신고한다.

107 정답 ③

발한실에 관한 기준은 목욕장업에 적용되는 기준이다.

108 정답 ①

① 영업소 내부에 미용업 신고증 및 개설자의 면허증 원본을 게시할 것
② 이·미용실에서는 의약품을 사용할 수 없다.
③ 미용기구는 소독을 한 기구와 소독을 하지 아니한 기구를 구분하여 보관하여야 한다.
④ 1회용 면도날은 손님 1인에 한하여 사용할 것

109 정답 ①

이·미용사 면허증을 부착할 수 없게 하는 봉인은 관계공무원의 조치사항이 아니다.

110 정답 ③

6개월이 아닌 1년 이상 공중위생 행정에 종사한 경력이 있는 사람이 공중위생감시원의 자격에 해당한다.

111 정답 ④

명예공중위생감시원의 위촉대상자
- 공중위생에 대한 지식과 관심이 있는 자
- 소비자단체, 공중위생관련 협회 또는 단체의 소속직원 중에서 당해 단체 등의 장이 추천하는 자

112 정답 ③

"미용업"이라 함은 손님의 얼굴, 머리, 피부 및 손톱·발톱 등을 손질하여 손님의 외모를 아름답게 꾸미는 영업을 말한다.

113 정답 ③

혼례나 그 밖의 의식에 참여하는 자에 대하여 그 의식 직전에 미용을 하는 경우 영업소 외의 장소에서 이·미용 업무를 행할 수 있다.

114 정답 ②

시·도지사는 공중위생영업소의 위생관리수준을 향상시키기 위하여 위생서비스평가계획을 수립하여 시장·군수·구청장에게 통보하여야 한다.

115 정답 ①

면허가 취소된 후 계속하여 업무를 행한 자에 대한 벌칙은 300만원 이하의 벌금이다.

116 정답 ②

- 1차 위반 : 경고
- 2차 위반 : 영업정지 5일
- 3차 위반 : 영업정지 10일
- 4차 위반 : 영업장 폐쇄명령

117 정답 ②

- 1차 : 영업정지 10일
- 2차 : 영업정지 20일
- 3차 : 영업정지 1개월
- 4차 : 영업장 폐쇄명령

118 정답 ④

변경신고 사항
- 영업소의 명칭 또는 상호
- 영업소의 소재지
- 영업장 면적의 3분의 1 이상의 증감
- 대표자의 성명 또는 생년월일
- 미용업 업종 간 변경

119 정답 ①

공중위생영업자는 공중위생영업을 폐업한 날부터 20일 이내에 시장·군수·구청장에게 신고하여야 한다.

120 정답 ①

위생교육 실시단체의 장은 위생교육을 수료한 자에게 수료증을 교부하고, 교육실시 결과를 교육 후 1개월 이내에 시장·군수·구청장에게 통보하여야 하며, 수료증 교부대장 등 교육에 관한 기록을 2년 이상 보관·관리하여야 한다.

| 제1장 **피부미용의 이해와 위생관리** |

01 피부미용의 정의

① 피부 : 두피를 제외한 얼굴 및 전신의 피부를 말함
② 피부미용 : 의약품이나 의료기기를 사용하지 않고 미용사의 손, 화장품, 피부미용기기를 이용하여 피부를 관리하는 기법
③ 국가별로 Cosmetic(영국,독일), Esthetic(미국), Esthetique(프랑스) 등으로 불린다.
④ Cosmetic : 그리스어인 Kosmos에서 유래
⑤ Esthetique : 화장품과 피부관리를 구별하기 위해 사용
⑥ 바움가르텐 : 피부미용의 명칭을 최초로 사용한 독일의 미학자

02 피부 미용업의 정의(공중위생법)

① 의료기구나 의약품을 사용하지 않는 피부 상태의 분석, 피부 관리, 제모, 눈썹손질을 행하는 영업
② 미용업의 정의 : 손님의 얼굴, 머리, 피부 등에 손질을 통하여 손님의 외모를 아름답게 꾸미는 영업

03 피부미용의 목적

① 노화 예방을 통하여 건강하고 아름다운 피부 유지
② 심리적, 정신적 안정을 통해 피부를 건강한 상태로 유지
③ 관리를 통해 피부 개선(질환적 피부는 제외)

04 피부관리의 시술단계

클렌징 → 피부분석 → 딥클렌징 → 매뉴얼테크닉 → 팩 → 마무리

• 클렌징 : 피부관리 과정중 가장 중요한 단계
• 피부관리는 매뉴얼 테크닉이 주를 이룸
• 피부관리의 목적 : 피부의 정상상태 유지 및 개선 (치료가 아님)

05 피부미용의 영역

기능적 영역	관리적(보호적) 기능, 장식적 기능, 심리적 기능
실제적 영역	실제적인 피부관리 영역 (안면ㆍ전신 피부관리, 몸매관리, 손발관리, 제모 등)
방법적 영역	피부관리의 방법적 영역(매뉴얼테크닉ㆍ피부미용기기 이용 등)

06 피부미용사의 자세 및 위생관리

① 상담 시 고객 의견을 경청하고 요구를 정확히 파악하여 신뢰감 부여
② 관리 전 충분한 지식을 갖춘 설명으로 고객에게 안정감 부여
③ 복장, 언어, 표정 등 청결, 단정한 이미지 유지
④ 구취나 체취가 나지 않도록 청결 유지
⑤ 관리 전ㆍ후 수시로 손을 씻고 소독하여 청결 유지
⑥ 손톱은 짧고 끝이 매끄럽게 정돈, 유색의 네일 에나멜을 바르지 말 것
⑦ 관리 중 전화를 받거나 다른 물건(자신의 머리카락 포함)을 만지는 경우 반드시 소독 후 관리할 것
⑧ 편안한 흰색 신발을 착용, 소리내지 말 것
⑨ 긴 머리는 단정하게 묶어 올리고, 자연스러운 화장
⑩ 관리 중 장신구는 착용하지 말 것

07 이ㆍ미용업소(피부관리실)의 적정 조명과 습도

① 조명 : 75룩스 이상
② 습도 : 40~70%

08 피부미용의 역사

① 서양

고대 이집트	• 고대 미용의 발상지 • 천연재료(올리브오일, 아몬드오일, 꿀, 우유, 진흙, 난황, 양모왁스 등) 사용
그리스	• 식이요법, 운동, 마사지, 목욕 등을 통하여 건강유지
로마	• 다양한 목욕법 및 공중목욕문화 발달(청결중시) • 향수, 오일, 화장품이 생활필수품으로 등장
중세	• 약초 스팀법의 개발-현대 아로마 요법의 기초 • 약초추출 에센스와 알코올이 발명
르네상스	• 향수문화 발달 – 신체, 의복의 악취제거 • 정제된 화장수와 알코올을 사용한 화장품 개발
근대	• 비누 사용 보편화 • 화장품이 일반인에게 보편화 됨
현대	• 마사지(매뉴얼 테크닉) 크림 개발 • 화장품과 향수의 종류가 다양해지고 대중화 됨 • 생화학, 생리학, 전기학 등 과학기술을 이용한 피부미용 기술이 발달

② 우리나라

상고 시대	• 단군신화에서의 쑥과 마늘
조선 시대	• 규합총서(사대부 가정백과)에 면지법과 목욕법 등 미용법에 대한 기록이 있음
근대	• 다양한 화장품 유입 • '박가분'이 최초로 상품화되어 판매
현대	• 20세기 후반부터 피부미용이 전문화되기 시작함

09 피부유형 분석 방법

문진(問診)	질문을 통하여 고객의 피부 분석
견진(見診)	눈으로 직접 보고 고객의 피부를 분석
촉진(觸診)	• 손으로 직접 만지거나 눌러서 고객의 피부를 분석 • 유·수분정도, 각질화 상태, 탄력성 등을 판별
기기 판독법	우드램프, 확대경, 피부분석기, 유·수분 측정기, pH 측정기 등의 기기를 이용하여 고객의 피부 분석
패치 테스트 (patch test)	화장품에 의한 알레르기 반응을 확인하기 위해 일정 시간 테스트용 패치를 붙여 민감도를 분석

10 고객 상담

① 방문 동기를 파악하여 방문 목적 유도
② 피부 상태 및 생활환경 등의 조사로 피부의 문제 원인 파악
③ 효율적인 관리계획 수립
④ 피부관리의 필요성을 인식시킴
⑤ 고객에게 신뢰감과 만족감 부여

11 클렌징의 목적 및 효과

① 피부의 청결·위생적인 상태로 유지
② 피부호흡과 신진대사를 원활, 혈액순환 촉진
③ 제품 흡수를 도와 건강한 피부유지

12 클렌징 제품의 선택조건

① 클렌징이 잘 되어야 한다.
② 피부유형에 따라 적절한 제품을 선택해야 한다.
③ 피부의 산성막을 손상시키지 않아야 한다.

13 클렌징 제품

① 씻어내는 타입(계면활성제형)

비누	• 보통 알칼리성으로 피부 표면의 pH를 상승시킴 → 약산성 화장수로 pH 정상화 • 탈수, 탈지가 강하여 피부를 건조하게 만듦 • 민감성, 건성 피부는 약산성 비누 권장
클렌징 폼	• 약산성으로 비누보다 자극이 적은 세안용 • 보습성분 함유하여 피부당김과 자극을 제거 • 저자극으로 민감성, 약한 피부에 적당

② 닦아내는 타입(용제형)

클렌징 크림(밀크)	• 친유성(W/O)의 크림상태 • 세정력이 뛰어나 짙은 메이크업 세정에 사용 • 유분이 많아 이중세안을 해야 함 • 중성과 건성피부에 적합
클렌징 로션	• 친수성(O/W)의 로션상태 • 클렌징 크림보다 세정력 약함 • 이중 세안이 필요 없음 • 모든 피부에 적합

클렌징 오일	• 물에 용해가 잘되는 수용성 오일 • 짙은 화장이나 눈과 입술의 메이크업 제거용으로 적합 • 건성, 노화, 수분부족 지성피부 및 민감한 피부에 적합
클렌징 젤	• 오일 성분이 전혀 함유되지 않은 제품 • 세정력 우수, 이중세안 필요없음 • 지성, 여드름, 알레르기성 피부에 적합
클렌징 워터	• 세정용 화장수의 일종 • 가벼운 화장을 지우거나 피부를 닦아낼 때 • 눈, 입술, 메이크업 제거용으로 사용

14 클렌징의 단계

1차 (포인트 메이크업 클렌징)	• 눈과 입술부위의 메이크업부터 클렌징 • 전용리무버를 이용하여 부드럽게 클렌징 • 입술 화장은 바깥쪽에서 안쪽으로 닦아준다.
2차 (안면 클렌징)	• 근육결의 방향으로 시술한다. • 동작은 근육이 처지지 않도록 하고, 일정한 속도와 리듬감을 유지한다.

3차
(화장수 도포)
	• 화장수의 기능
	  − 각질층에 수분을 공급(각질 제거 아님)
	  − 남아있는 잔여물을 제거 및 청량감 부여
	  − 피부의 산도를 약산성으로 회복
	  − 다음 단계에 사용할 화장품의 흡수를 도움
	  (영양물질의 직접적 공급 아님)

15 클렌징 순서

포인트 메이크업 클렌징 → 클렌징 제품 도포 → 클렌징 손동작 → 화장품 제거 → 습포

16 습포의 종류

온습포	• 모공확장, 피지 분비선 자극 − 피지, 면포 등 제거 • 혈액순환 촉진 − 조직의 영양공급을 도움 • 근육 이완 • 민감성, 모세혈관 확장, 여드름피부는 피함
냉습포	• 피부관리의 마지막 단계에서 주로 사용 • 모공수축, 수렴효과, 신생효과

17 딥 클렌징

① 각질층의 죽은 세포 및 노폐물을 인위적으로 제거하여 피부를 맑고 매끄럽게 함
② 모낭의 피지, 면포 등 불순물의 배출을 도움
③ 피부의 영양물질 흡수를 용이하게 하여 피부재생 및 노화 방지 작용을 도움
④ 스크럽 형태의 제품은 혈액순환을 촉진시킴
⑤ 과도한 딥클렌징은 하지 않는 것이 좋음
  (일반 − 1회/주, 건성이나 민감성 − 1회/2주)
⑥ 모세혈관확장 피부, 민감한 피부, 염증성 여드름 피부는 딥 클렌징을 피하는 것이 좋음

18 딥 클렌징의 종류

물리적	• 스크럽제, 고마쥐제, 손, 기기 등을 이용하여 노화된 각질을 물리적으로 제거 • 예민한 피부, 염증성 피부, 모세혈관확장 피부는 절대 피해야 함 • 스크럽, 고마쥐, 브러시(후리마돌) 등
생물학적 (효소)	• 단백질을 분해하는 효소로 문지르는 동작 없이 각질과 노폐물을 분해시켜 제거 • 효소가 활동하기 좋은 온도와 습도(30℃, 70%)를 주면 효과가 커진다.(스티머 사용) • 피부에 자극이 없어 거의 모든 피부에 가능 • 파파인(파파야), 브로멜린(파인애플), 펩신, 트립신 등
화학적	• 화학적으로 합성된 화학물질과 천연물질을 이용하여 각질을 제거하는 방법 • 표피의 하층까지 클렌징할 수 있음 • 액체 상태의 산으로 알맞은 농도로 사용함 • AHA, BHA가 있음
복합적	• 물리적·효소·화학적 딥클렌징을 복합적으로 이용하여 두 가지 이상의 효과를 가짐

- 스크럽 : 알갱이가 있는 세안제를 이용하여 문지르는 동작으로 각질을 제거(스티머 사용 시 효과 증가)
- 고마쥐 : 고마쥐제 도포 후 약간 덜 말랐을 때 근육결 방향으로 밀어 각질을 제거
- AHA(α-Hydroxy Acid)
  - 주로 과일에서 추출한 천연 과일산
  - 글리콜릭산(사탕수수), 주석산(포도), 사과산(사과), 젖산(발효유), 구연산(감귤류) 등
  - 글리콜릭산 등을 각질층에 침투시켜 각질세포의 응집력을 약화시키며, 자연탈피를 유도시키는 필링제
  - AHA를 이용한 딥클렌징에는 스티머를 사용하지 않음

19 피부유형별 특징과 관리목적

피부유형	특징과 관리목적
중성	• 유·수분 균형을 이룬 이상적인 피부 • 현재 상태를 유지하기 위한 관리
건성	• 유·수분량이 적어 건조한 유형(수분10% 이하) • 모공이 작고, 표피가 얇으며, 외관상 피부결이 섬세해 보이며, 피부가 손상되기 쉬움 • 피부 당김, 탄력저하, 잔주름, 화장이 들뜸 • 유·수분을 공급하여 건조함과 잔주름 개선
지성	• 과다한 피지분비로 트러블이 발생되기 쉬움 • 모공이 크며, 피부가 두꺼우며, 피부결이 곱지 못하며, 피부의 번들거림이 심함 • 피지제거 및 분비 조절
복합성	• 2가지 이상의 피부유형을 가짐 • 부위에 따른 차별 관리로 유·수분의 균형을 맞춤

민감성	• 작은 자극에도 예민하게 반응하는 유형 • 자극의 최소화, 진정, 안정 유지 및 보호
여드름	• 피지분비가 많고, 피부가 두껍고 거친 편임 • 가급적 메이크업을 하지 않는 것이 좋음 • 피지조절 및 제거, 항균, 소독, 소염에 중점을 둔 여드름 전용제품 사용
노화	• 노화현상이 일어난 피부 • 유·수분 공급, 자외선 등의 자극에 대처하여 피부를 보호
모세혈관 확장	• 모세혈관이 약화되거나 파열, 확장되어 붉은 실핏줄이 보이는 피부 • 피부자극을 줄이고 진정·강화·보호하는 관리

20 피부유형에 따른 적합한 영양물질(화장품) 성분

건성	• 유분과 수분이 많이 함유된 화장품 • 콜라겐, 엘라스틴, 히알루론산, 솔비톨, 아미노산, 세라마이드, Sodium P.C.A.
노화	• 주름완화, 결체조직 강화, 새로운 세포 형성 촉진 및 피부보호 성분 • 비타민 E, 레티놀, SOD, 프로폴리스, 플라센타, AHA, 은행추출물
지성 여드름	• 유분이 적고, 피지조절제가 함유된 화장품 • 살리실산, 글리시리진산, 아줄렌, 클레이, 유황, 캄퍼
민감성	• 향, 색소, 방부제를 함유하지 않거나 소량 함유된 저자극성 화장품 • 아줄렌, 위치하젤, 비타민 P, K, 판테놀, 클로로필
미백용	• 미백작용을 가진 화장품 • 알부틴, 비타민 C, 닥나무 추출물, 감초, 코직산

21 매뉴얼 테크닉의 기본 5 동작

① 내분비기능의 조절(혈액 및 림프순환 촉진)
② 결체조직에 긴장과 탄력성 부여
③ 피부결의 연화 및 개선(노폐물·각질 제거)
④ 심리적 안정감(근육의 긴장완화, 스트레스 해소)
⑤ 화장품의 흡수율 제고

22 매뉴얼 테크닉의 기본 5 동작(시술순서)

쓰다듬기 (에플라지)	• 무찰법, 경찰법 • 손바닥을 이용해 부드럽게 쓰다듬는 동작 • 시작과 마무리 및 연결 시에 사용하는 동작으로 가장 많이 사용
문지르기 (프릭션)	• 마찰법, 강찰법 • 쓰다듬기 보다 강하게 문지르는 동작
반죽하기 (페트리사지)	• 유찰법, 유연법 • 근육을 횡단하듯이 반죽하는 동작

두드리기 (타포트먼트)	• 고타법, 경타법, 타진법 • 손가락을 이용하여 두드리는 동작 • 피부탄력성 증가에 가장 좋은 효과
떨기 (바이브레이션)	• 흔들기, 진동법 • 손이나 손가락에 힘을 주어 진동을 주는 동작

23 닥터 자켓법

① 엄지와 검지로 꼬집듯이 비틀거나 튕겨주는 동작
② 모낭 내 피지를 모공 밖으로 배출시킴
③ 지성피부, 여드름 피부에 효과

24 팩과 마스크의 형태에 따른 분류

파우더(분말)	팩의 재료를 분말(파우더)형태로 만든 타입
크림	크림타입으로 가장 보편적으로 사용
젤	젤의 형태로 피막을 형성하는 타입과 건조되지 않는 타입이 있음
점토(클레이)	진흙이나 점토 광물을 이용한 팩으로, 흡착력이 뛰어나 지성 및 여드름 피부에 좋으며, 건성피부에는 적합하지 않음
종이(시트)	종이 형태의 팩
모델링(고무)	해초에서 추출한 알긴산이 주성분으로 고무팩, 모델링팩이라 부르며, 차단막 효과로 영양성분을 효과적으로 흡수시킨다.

25 팩과 마스크의 제거 방법에 따른 분류

필 오프 타입 (Peel off type)	• 필름막 제거 방식 • 석고마스크, 고무마스크
워시 오프 타입 (Wash off type)	• 물로 씻어내는 방식 • 크림, 젤, 클레이, 분말, 거품
티슈 오프 타입 (Tissue off type)	• 흡수 후 여분 닦아내는 방식 • 크림, 젤

26 기능성 특수 마스크

석고 마스크	• 열(40℃ 이상)을 발산하며 굳고, 발산된 열은 혈액 순환을 촉진시킴 • 영양액 성분이 피부 깊숙이 흡수됨 • 노화피부, 건성피부
콜라겐 벨벳 마스크	• 천연콜라겐을 냉동건조시켜 만든 시트타입 • 피부표피에 수분공급, 잔주름 예방, 피부진정 • 기포가 형성되지 않도록 하며, 영양액에 유분이 없는 것을 사용
파라핀 마스크	• 열과 오일이 모공을 열어주고, 피부를 코팅하는 과정에서 발한작용을 함
젤라틴 마스크	• 천연 용해성 콜라겐의 침투가 이루어지도록 기포를 형성시켜 공기층의 순환이 되도록 함

※ 열이 발생하는 팩이나 마스크는 피부에 자극이 심하여 모세 혈관확장 피부 및 민감성 피부 등에는 적용하지 않는다.

27 제모의 종류

일시적 제모	• 모간이나 모근을 제거하는 방법으로 털이 다시 자라는 일시적 제모법 • 면도기, 핀셋을 이용한 제모, 화학적 제모, 왁스를 이용한 제모
영구적 제모	• 모유두나 모모세포를 파괴하여 털이 나지 않도록 시술하는 방법 • 전기분해법, 전기응고술, 레이저 제모 등

28 화학적 제모(일시적 제모)

① 강알칼리성의 화학성분이 함유된 크림을 이용한 제모
② 털의 모간 부분만 제거되어 3~4일 후면 다시 털이 자라는 일시적 제모법
③ 사용 전에 첩포 시험(패치 테스트)을 실시
④ 넓은 부위의 털을 통증 없이 제거하는 방법

29 왁스를 이용한 제모(일시적 제모)

① 가장 널리 이용되는 제모법
② 모근을 제거(털이 다시 자라는 시간 4~5주)
③ 광범위한 부위(겨드랑이 및 다리의 털 등)를 짧은 시간에 효과적으로 제거(즉각적인 결과)
④ 피부나 모낭 등에 화학적 해를 미치지 않음
⑥ 빈번한 왁싱은 모유두의 모모세포를 퇴행시킴

30 왁스를 이용한 제모 방법

① 제모 전 피부의 유분과 수분 제거
② 제모하기에 적당한 털 길이 : 1cm 정도
③ 왁스는 털이 자라는 방향으로 바르고, 떼어낼 때는 반대방향으로 재빨리 떼어냄
④ 머슬린천(부직포)를 이용할 때는 털이 자란 반대방향으로 눕혀서(수평으로) 떼어냄
⑤ 제모 후 남은 왁스는 오일 리무버로 제거한 후 냉습포를 이용하여 시술부위를 진정시킴

31 왁스의 종류

온왁스 (warm)	하드 왁스	• 녹인 왁스를 피부에 바르고 굳혀서 왁스자체를 떼어내는 방법(눈, 입술, 겨드랑이)
	소프트 왁스	• 유동상태의 왁스를 피부에 바른 후, 면 패드를 부착시켜 한 번에 떼어내는 방법(등, 다리) • 가장 널리 이용되는 제모 방법
냉왁스 (cold)		실내에서 유동상태로 데우지 않고 바로 사용할 수 있으나 굵고 거센 털은 온왁스에 비해 잘 제거되지 않음

32 림프 관리(림프 드레니지, Lymph Drainage)

① 덴마크의 에밀 보더가 창안한 매뉴얼테크닉 방법
② 림프 순환을 촉진시켜 세포의 대사물질과 노폐물의 배출을 도와주어 조직의 대사를 원활하게 해준다.
③ 림프가 흐르는 방향으로 마사지하여 노폐물과 독소 물질을 림프절로 운반한다.

④ 적용 피부 : 여드름, 모세혈관 확장, 민감성, 알레르기성 피부, 셀룰라이트, 부종, 수술 후 상처 회복 등에 좋음
⑤ 부적용 피부 : 림프절이 심하게 부어있거나 열이 있는 경우, 결핵, 알레르기 등 감염성이 있는 경우, 악성 종양, 급성 또는 만성적 염증성 질환, 혈전증, 심장 질환, 천식 등

33 셀룰라이트(Cellulite)
① 신진대사, 혈액순환, 림프 순환이 원활하지 않아 피하지방이 축적되고 뭉치며 피부층 전체가 부풀어 오르는 현상
② 노폐물 등이 정체되어 있는 상태
③ 소성결합조직이 경화되어 뭉쳐져 있는 상태
④ 피하지방이 비대해져 정체되어 있는 상태
⑤ 주원인 : 유전적 요인, 내분비계의 불균형, 정맥울혈과 림프정체 등
⑥ 해소법 : 림프드레니지를 정기적으로 실행

※ 셀룰라이트는 지방세포 크기가 증가하는 것이며, 지방세포 수가 증가하는 것은 아니다.

34 하반신 비만
① 지방의 세포 수가 많아 체중조절이 매우 어려움
② 정맥류의 증상이 올 수 있고 셀룰라이트 증세가 많음
③ 주로 여성에게 많고 성인병 발병률이 높음
④ 전신에 피로감이 쉽게 오고 손발이 자주 저림

35 스웨디시 마사지
① 스웨덴 의사 헨리 링(Pehr Henrik Ling)이 창시
② 서양의 대표적인 수기요법으로 혈관을 자극하여 혈액순환 촉진, 노폐물 제거 등의 효과가 있음
③ 일반적으로 '마사지'는 스웨디시 마사지를 말함
④ 매뉴얼테크닉의 기본 5동작을 사용

36 수요법(Water therapy, Hydrotherapy)
① 물의 수압을 이용하는 전신 마사지법
② 혈액순환 촉진, 독소배출, 세포재생 등의 효과
③ 수요법 시행 시 지켜야 할 사항
  • 약 5~30분 정도 시행
  • 식사 직후 바로 시행은 피함
  • 수요법 전 휴식하고, 수요법 후 수분 보충

37 전신관리 마무리
① 전신관리가 끝난 후 정리하는 단계
② 토닉으로 몸매 피부의 pH를 조정하고 낮과 밤의 화장품을 선별하여 해당 부위에 맞게 도포한 후 가벼운 동작을 이용하여 부위별 몸매 피부 이완
③ 관리 후 몸매 이완 시 고객마다 몸매의 컨디션이나 관절의 가동범위가 다르므로 불편함이 없는지 확인하며 관리
④ 관리 후 상담 : 몸매·피부의 상태를 고객에게 알려주고, 사후 보습 케어 권장할 것

| 제2장 **피부학** |

38 피부 일반
① 인체에서 피부가 차지하는 비중 : 체중의 15~17% 정도(성인)
② 신체를 둘러싸고 있는 피부의 두께 : 1.4~2.5mm
③ 피부의 pH
  • 이상적인 pH : 5.2~5.8(5.5 정도)
  • 일반적으로 건강한 성인의 pH : 4.5~6.5
④ 피부표면의 pH를 약산성으로 유지시키는 중요한 요소는 땀(pH 3.8~5.6)이다.
⑤ 손톱, 발톱, 모발은 피부의 변성물이다.

39 피부의 기능

보호	• 충격, 열, 추위, 미생물, 자외선 등에 대한 보호
체온조절	• 외부 열차단, 내부 열발산 방지로 온도변화에 적응
감각	• 통각, 촉각, 온각, 냉각, 압각이 있음 • 통각은 가장 많이 분포하는 가장 예민한 감각이고, 온각이 가장 둔감 • 촉각은 발바닥이 가장 둔감
분비·배출	• 한선과 피지선을 통하여 땀과 피지를 분비하며, 노폐물을 배출함
흡수	• 세포, 세포간극, 모공을 통하여 영양분 흡수
호흡	• 산소 흡수, 이산화탄소 방출 → 에너지 생산
비타민 D 합성	• 자외선을 받아 비타민 D 생성 • 비타민 D는 구루병, 골다공증 등 예방
저장	• 수분, 영양분, 혈액 등을 저장
면역	• 표피의 랑게르한스 세포는 면역에 관계

40 피부의 구조

피부	표피, 진피, 피하조직
피부부속기관	한선, 피지선, 모발, 손톱

41 표피의 구조 및 기능
① 피부의 가장 표면에 있는 층으로 외배엽에서 시작
② 표피의 구조 및 기능

각질층	• 표피를 구성하는 세포층 중 가장 바깥층 • 각화가 완전히 된 세포들로 구성 • 비듬이나 때처럼 박리현상을 일으키는 층 • 외부자극으로부터 피부보호, 이물질 침투방어 • 세라마이드 : 각질층에 존재하는 세포간지질 중 가장 많이 차지(40% 이상) • 천연보습인자(NMF) : 아미노산(40%), 젖산, 요소, 암모니아 등으로 구성
투명층	• 손바닥과 발바닥 등 비교적 피부층이 두터운 부위에 주로 분포 • 생명력이 없는 상태의 무색, 무핵층 • 엘라이딘이 피부를 윤기있게 해줌

과립층	• 각화유리질(Keratohyalin)과립이 존재하는 층 • 투명층과 과립층 사이에 레인방어막이 존재 • 피부의 수분 증발을 방지하는 층 • 지방세포 생성
유극층	• 표피 중 가장 두꺼운 층 • 세포 표면에 가시 모양의 돌기가 세포 사이를 연결 • 케라틴의 성장과 분열에 관여
기저층	• 표피의 가장 아래층으로 진피의 유두층으로부터 영양분을 공급받는 층 • 각질형성세포와 색소형성세포가 가장 많이 존재 (10 : 1 비율) • 피부의 새로운 세포를 형성하는 층 • 털의 기질부(모기질)는 기저층에 해당한다.

42 표피의 구성세포

각질형성 세포 (기저층)	• 표피의 각질(케라틴)을 만들어 내는 세포 • 표피의 주요 구성성분(표피세포의 80% 정도) • 각화과정의 주기 : 약 4주(28일)
색소형성 세포 (기저층)	• 피부의 색을 결정하는 멜라닌 색소 생성 (멜라닌 세포의 수는 피부색에 상관없이 일정) • 표피세포의 5~10%를 차지 • 자외선을 흡수(또는 산란)시켜 피부의 손상을 방지
랑게르한스 세포	• 피부의 면역기능 담당 • 외부로부터 침입한 이물질을 림프구로 전달 • 내인성 노화가 진행되면 세포수 감소
머켈 세포 (촉각세포)	• 신경세포와 연결되어 촉각을 감지

43 진피

① 피부의 주체를 이루는 층으로 피부의 90%를 차지
② 유두층과 망상층으로 이루어져 있음

유두층	• 표피의 경계 부위에 유두 모양의 돌기를 형성 하고 있는 진피의 상단 부분 • 다량의 수분을 함유하고 있으며, 혈관을 통해 기저층에 영양분 공급 • 혈관과 신경이 존재
망상층	• 진피의 4/5를 차지하며 유두층의 아래에 위치 • 피하조직과 연결되는 층 • 옆으로 길고 섬세한 섬유가 그물모양으로 구성 • 혈관, 신경관, 림프관, 한선, 유선, 모발, 입모근 등의 부속기관이 분포

44 진피의 구성물질

콜라겐 (교원섬유)	• 진피의 70~80%를 차지하는 단백질 • 3중 나선형구조로 보습력이 뛰어남 • 엘라스틴과 그물모양으로 서로 짜여 있어 피부에 탄력성과 신축성을 주며, 상처를 치유함 • 콜라겐의 양이 감소하면 피부탄력감소 및 주름형성의 원인이 됨
엘라스틴 (탄력섬유)	• 교원섬유보다 짧고 가는 단백질 • 신축성과 탄력성이 좋음 • 피부이완과 주름에 관여
뮤코다당체 (기질)	• 진피의 결합섬유(콜라겐, 엘라스틴)와 세포 사이를 채우고 있는 젤 상태의 친수성 다당체

45 한선(땀샘)

① 진피와 피하지방 조직의 경계부위에 위치
② 체온조절, 분비물 배출, 피부습도유지 및 피지막과 산성막 형성

에크린선 (소한선)	• 입술과 생식기를 제외한 전신 분포 (특히 손 · 발바닥, 이마, 겨드랑이에 많이 분포) • 진피 내에 존재(실밥을 둥글게 한 모양) • 무색, 무취의 맑은 액체를 분비(냄새의 원인이 아님)
아포크린선 (대한선)	• 겨드랑이, 유두, 배꼽, 생식기, 항문 주변 분포 • 에크린선보다 크고 모공을 통하여 분비 • 사춘기 이후에 주로 발달하며, 갱년기 이후는 퇴화되어 분비 감소(성호르몬의 영향) • 분비되는 땀의 양은 소량이나 나쁜 냄새의 원인으로 체취선이라고도 함 • 성과 인종에 따라 분비량이 달라진다. (여성〉남성, 흑인〉백인〉동양인)

46 피지선

① 피지를 분비하는 선으로, 진피의 망상층에 위치
② 손바닥과 발바닥을 제외한 전신에 분포
③ 피지생성 : 사춘기 남성에게 많이 생성됨
  • 촉진 : 안드로겐(남성 호르몬)
  • 억제 : 에스트로겐(여성 호르몬)
④ 피부의 항상성 유지, 피부와 털의 보호, 노폐물 배출, 땀과 함께 산성 보호막 생성
⑤ 성인의 피지 1일 분비량은 약 1~2g이며, 피지가 외부로 분출이 안 되면 면포로 발전함
⑥ 피지선의 노화현상 : 피지 분비 감소, 피부의 중화능력 하락, 피부의 산성도 약해짐

47 모발의 특징

① 외부로부터의 충격에 대한 완충작용으로 피부 보호
② 모발의 구성 : 단백질인 케라틴이 주성분이며, 멜라닌, 지질, 수분 등으로 이뤄짐
③ 성장 속도 : 하루에 0.2~0.5mm 성장
④ 수명 : 3~6년
⑤ 건강한 모발의 기준 : 단백질 70~80%, 수분 10~15%, pH 4.5~5.5
⑥ 케라틴은 시스틴, 글루탐산, 알기닌 등의 아미노산으로 이루어져 있으며 이 중 시스틴의 함량이 가장 높음
⑦ 시스틴은 황을 함유하여 모발을 태웠을 때 노린내의 원인임
⑧ 모발은 자외선, 염색, 탈색 등에 의하여 손상을 입으며, 특히 알칼리에 약함
⑨ 멜라닌 : 모발의 색을 결정하는 색소

유멜라닌	갈색-검정색 중합체, 입자형 색소 (흑색에서 적갈색까지의 어두운 색의 모발)
페오멜라닌	적색-갈색 중합체 (적색에서 밝은 노란색까지의 밝은 색의 모발)

48 모발의 구조

모간부	모간	피부 밖으로 나와 있는 부분
	모표피	모발의 가장 바깥부분
	모피질	모표피의 안쪽 부분으로 멜라닌 색소를 가장 많이 함유
	모수질	모발의 중심부
모근부	모근	두부의 표피 밑에 모낭 안에 들어 있는 모발
	모낭	모근을 싸고 있는 부분
	모구	모낭의 아랫부분
	모유두	모낭 끝에 있는 작은 돌기 조직으로 혈관과 림프관이 분포되어 있어 모발에 영양을 공급
	모모(毛母)세포	모유두에 접한 모모세포는 분열과 증식작용을 통해 새로운 머리카락을 생성
입모근		모근에 붙어있는 근육으로 피부가 추위를 감지하면 근육을 수축시켜 털을 세워 체온 조절을 한다.

49 영양소

① 3대 영양소 : 탄수화물, 지방, 단백질(열량 영양소)
② 5대 영양소 : 3대영양소 + 비타민, 무기질
        └(조절 영양소)

50 3대 영양소

탄수화물	• 에너지 공급원으로 1g당 4kcal의 에너지 공급 • 혈당유지, 중추신경계를 움직이는 에너지원 • 많이 섭취하면 근육과 간에 글리코겐으로 저장 • 소화 흡수율 : 99%에 가까움 • 과잉섭취 시 산성체질을 만듦
지방	• 에너지 공급원으로 1g당 9kcal의 에너지 공급 • 지용성 비타민의 흡수를 촉진 • 혈액 내 콜레스테롤의 축적을 방해 • 체온조절 및 장기보호 • 필수지방산은 식물성유에 더 많이 들어있음
단백질	• 에너지 공급원으로, 1g 당 4kcal의 에너지 공급 • 피부, 모발, 근육 등 신체조직의 구성 성분 • pH 평형유지, 효소와 호르몬 합성 • 면역세포와 항체를 형성 • 필수아미노산인 트립토판으로부터 나이아신(비타민 B_3)합성 → 부족 시 펠라그라병 발생

51 수용성 비타민

비타민 B_3 (나이아신)	• 체내에서 필수아미노산인 트립토판으로부터 합성된다. • 결핍증 : 펠라그라
비타민 C (아스코르브산)	• 멜라닌색소의 형성 억제 및 침착방지작용으로 미백효과를 가짐 • 기미, 주근깨 등의 치료에 사용 • 교원질(콜라겐)형성에 중요한 역할 • 항산화제로 작용 • 모세혈관을 간접적으로 튼튼하게 함 • 결핍증 : 괴혈병, 빈혈, 잇몸출혈
비타민 P	• 모세혈관 강화 및 피부병 치료에 도움 • 바이오플라보노이드라고도 한다. • 결핍증 : 피하출혈

52 지용성 비타민

비타민 A (레티놀)	• 눈의 망막세포구성, 피부의 상피세포 유지, 면역기능 강화, 주름·각질 예방 • 레티노이드(Retinoid)는 비타민 A를 통칭하는 용어이다. • 결핍증 : 야맹증, 안구 건조증, 피부 건조증 등
비타민 D (칼시페롤)	• 칼슘(Ca)과 인(P)의 흡수를 도와 뼈를 튼튼하게 유지시켜준다. • 자외선에 의해 체내에서 합성된다. • 결핍증 : 구루병, 골다공증, 골연화증
비타민 E (토코페롤)	• 항산화 기능으로 노화방지 및 혈액순환 촉진 • 호르몬 생성 및 생식기능의 유지 • 결핍증 : 불임증, 피부의 건조와 노화, 혈액세포 및 신경체계 손상
비타민 K	• 혈액의 응고에 관여(지혈작용) • 결핍증 : 혈액응고지연

53 무기질

칼슘(Ca)	• 골격과 치아의 구성성분 • 혈액 응고, 근육 수축 및 이완, 신경전달
인(P)	• 칼슘과 함께 골격과 치아를 구성 • 신체를 구성하는 무기질의 1/4을 차지
나트륨(Na)	• 삼투압 유지, 산 · 알칼리 평형유지, 신경자극전달
칼륨(K)	• 삼투압 조절, 항알레르기 작용, 노폐물 배설 촉진
마그네슘(Mg)	• 삼투압 조절, 근육 활성 조절
철분(Fe)	• 헤모글로빈의 구성 성분
아연(Zn)	• 성장, 면역, 생식, 식욕 촉진, 상처 회복
요오드(I)	• 갑상선 호르몬의 성분, 모세혈관 기능 정상화, 탈모 예방, 과잉지방 연소를 촉진 • 결핍증 : 갑상선종, 크레틴병

식염(NaCl)
• 체액의 삼투압조절, 근육 및 신경의 자극전도, 식욕과 깊은 관계를 가진다.
• 결핍증 : 피로감, 식욕부진, 노동력 저하

54 원발진 및 속발진

원발진	• 피부장애의 1차적 증상의 피부질환 • 종류 : 반점, 홍반, 구진, 농포, 팽진, 소수포, 대수포, 결절, 면포, 종양, 낭종
속발진	• 원발진에 2차적 증상이 더해진 병변 • 종류 : 인설, 찰상, 가피, 미란, 균열, 궤양, 반흔, 위축, 태선화

55 여드름(심상성 좌창)

① 피지 분비 과다, 여드름균 증식, 모공 폐쇄에 의해 형성되는 모공 내의 염증 상태
② 사춘기의 지성피부는 피지가 많이 분비되어 모낭구가 막혀 여드름이 많이 나타남
③ 여드름의 발생과정
　면포 → 구진 → 농포 → 결절 → 낭종

56 감염성 피부질환

세균성 피부질환	농가진, 절종(종기), 봉소염 등
바이러스성 피부질환	단순포진, 대상포진, 사마귀, 수두, 홍역, 풍진 등
진균성 피부질환	칸디다증, 백선(무좀), 어루러기 등

57 색소이상 증상

과색소 침착	• 멜라닌 색소의 증가로 발생 • 기미, 주근깨, 검버섯, 벌록 피부염 등
저색소 침착	• 멜라닌 색소의 감소로 발생 • 백반증, 백피증

58 기계적 손상에 의한 피부질환

굳은살	• 외부의 압력으로 인해 각질층이 두꺼워지는 현상
티눈	• 피부에 계속적인 압박으로 생기는 각질층의 증식 현상인 원추형의 국한성 비후증 • 경성과 연성이 있음
욕창	• 반복적인 압박으로 인해 혈액순환이 안 되어 조직이 죽어서 발생한 궤양

59 화상에 의한 피부질환

제1도 화상	• 피부가 붉게 변하면서 국소 열감과 동통 수반
제2도 화상	• 진피층까지 손상되어 수포가 발생한 피부 • 홍반, 부종, 통증 동반
제3도 화상	• 피부 전층 및 신경이 손상된 상태 • 피부색이 흰색 또는 검은색으로 변함
제4도 화상	• 피부 전층, 근육, 신경 및 뼈 조직이 손상된 상태

60 기타 피부질환

아토피 피부염	• 소아습진이라고도 함 • 유전적 소인, 알레르기, 면역력, 환경요인 등을 원인으로 봄 • 가을과 겨울에 심해지며 천식, 알레르기성 비염과 동반하기도 함
주사	• 피지선과 관련된 질환 • 혈액의 흐름이 나빠져 모세혈관이 파손되어 코를 중심으로 뺨에 나비 형태로 붉어진 증상 • 주로 40~50내에 발생
한관종	• 물사마귀알이라고도 함 • 2~3mm 크기의 황색 또는 분홍색의 반투명성 구진을 가지는 피부양성종양 • 땀샘관의 개출구 이상으로 피지 분비가 막혀 생성
비립종	• 직경 1~2mm의 둥근 백색 구진 • 눈 아래 모공과 땀구멍에 주로 발생
하지 정맥류	다리의 혈액순환 이상으로 피부 밑에 형성되는 검푸른 상태
흉터	세포 재생이 더 이상 되지 않으며 기름샘과 땀샘이 없는 것

61 자외선의 종류

구분	파장	특징
UV-A (장파장)	320~400 nm	• 진피층까지 침투 • 피부탄력 감소, 잔주름 유발, 색소침착 • 광독성, 광알레르기 반응
UV-B (중파장)	290~320 nm	• 기저층, 진피상부까지 도달 • 기미, 주근깨, 홍반, 수포생성, 일광화상의 원인 • 홍반 발생 능력이 자외선 A의 1,000배 • 각질세포 변형(각질층을 두껍게 함)
UV-C (단파장)	200~290 nm	• 대기 중 오존층에 대부분 흡수되나 오존층의 파괴로 피부에 영향을 미침 • 가장 강한 자외선으로 피부암의 원인 • 살균, 소독 작용

62 자외선의 영향

장점	단점
• 혈액순환촉진 및 강장효과 • 살균 및 소독기능 • 비타민 D 합성 (구루병 예방, 면역력 강화)	• 일광 화상 • 홍반 반응 및 색소침착 • 광노화 • 피부암

63 적외선

① 650~1,400nm의 장파장으로 보이지 않는 광선
② 피부 깊숙이 침투하여 열을 전달(열선)
③ 적외선의 온열작용을 이용하여 화장품의 흡수를 도움
④ 건성피부, 주름진 피부, 비듬성 피부에 효과적
⑤ 시술 시 보안경, 아이패드 등을 사용한다.

64 적외선의 효과

① 신진대사 촉진
② 근육 및 피부의 이완
③ 혈관확장 및 혈액순환 촉진
④ 통증완화 및 진정효과
⑤ 피부에 영양분 흡수 촉진

65 피부면역 – 특이성 면역

B림프구	• 체액성 면역 • 특정 면역체에 대해 면역글로불린이라는 항체 생성
T림프구	• 세포성 면역 • 혈액 내 림프구의 70~80% 차지 • 세포 대 세포의 접촉을 통해 직접 항원을 공격

66 피부면역 – 비특이성 면역

제 1 방어계	• 기계적 방어벽 : 피부 각질층, 점막, 코털 • 화학적 방어벽 : 위산, 소화효소 • 반사작용 : 재채기, 섬모운동
제 2 방어계	• 식세포 작용 : 대식세포, 단핵구 • 염증 및 발열 : 히스타민 • 방어 단백질 : 보체, 인터페론 ※자연살해세포 : 작은 림프구 모양의 세포로 종양 세포나 바이러스에 감염된 세포를 자발적으로 죽이는 세포

67 피부노화 현상

비교	자연노화	광노화
개요	• 나이가 들면서 피부가 노화되는 현상	• 햇빛, 바람, 추위, 공해 등에 피부가 노화되는 현상
피부 상태	• 표피 및 진피의 두께가 얇아짐 • 각질층의 두께 증가 • 망상층이 얇아짐 • 건조해지고 잔주름이 늘어남	• 진피 내의 모세혈관 확장 • 표피의 두께가 두꺼워짐 • 피부가 건조해지고 거칠어짐 • 주름이 비교적 깊고 굵음
특징	• 피지선의 크기의 증가 • 피지 생성기능은 감소 • 피하지방세포, 멜라닌 세포, 랑게르한스 세포의 수 감소 • 한선의 수 감소 • 땀의 분비가 감소	• 멜라닌 세포의 수 증가 • 과색소침착증이 나타남 • 섬유아세포 수의 양 감소 • 점다당질 증가 • 콜라겐의 변성 및 파괴가 일어남

| 제3장 해부학 |

68 인체의 구조적 단계

세포 → 조직 → 기관 → 계통 → 인체

69 세포(Cell)

① 모든 생물체의 구조적, 기능적 기본단위이다.
② 세포는 세포막, 세포질, 핵으로 이루어져 있다.
③ 세포 내의 핵은 핵막에 의해 둘러싸여 있다.
④ 기능이나 소속된 조직에 따라 원형, 아메바, 타원 등 다양한 모양을 하고 있다.

70 세포의 구성

세포막	• 세포의 외부경계를 형성하고 형태를 유지시키는 두겹의 단위막 • 세포기질과 조직핵 사이에서 영양분 및 이온의 통로 • 세포막을 통한 물질의 이동

능동수송	세포 내 대부분의 물질이동
수동수송	확산, 여과, 삼투

핵	• 유전자를 복제하거나 유전정보를 전달(RNA, DNA) • 세포분열 및 단백질 합성에 관여 • 핵막, 인, 염색질, 핵질로 구성
세포질	• 핵과 세포막 사이에 있는 반유동성 액체로 세포 구조물이 존재 • 세포의 성장과 재생에 필요한 세포 소기관이 있음

71 세포 소기관

미토콘드리아 (사립체)	• 세포 내 호흡생리에 관여 • **세포 내 발전소** : 이화작용 및 동화작용에 의하여 에너지를 생산
골면형질내세망 (활면소포체)	• 지질과 콜레스테롤의 대사 및 해독 작용 • 스테로이드 호르몬 합성
조면형질내세망 (조면소포체)	• 리보솜에 의한 단백질 합성
골지체	• 단백질 및 점액성 선세포의 분비물 형성 • 당의 리소좀 형성, 지방흡수 기능
리소좀 (용해소체)	• **세포 내 소화기관** : 가수분해효소를 많이 지니고 있어 노폐물과 이물질을 처리
리보솜	• RNA와 단백질로 이루어진 복합체 • **단백질을 합성**

72 인체 4대 조직과 특징

결합조직	• 인체에 가장 많은 양을 차지하는 조직 • 세포, 기관 등을 결합, 보호, 충전하는 역할 • 연골조직, 골조직, 지방조직, 혈액조직 등
근육조직	• 근육과 내장기관을 형성하여 운동을 담당 • 심근, 골격근, 평활근(내장근)
신경조직	• 뉴런(신경세포)과 이를 지탱하는 신경교세포로 구성
상피조직	• 상피를 이루는 조직으로 체표면, 체강, 관의 내강 등의 표면을 싸고 있는 세포조직 • 말초신경 분포, 혈관 미분포 • 보호(방어), 분비, 흡수, 감각 기능 • 중층편평상피 : 피부, 구강, 항문 등

73 골격계의 기능

지지기능	인체의 형태 유지, 체중 지지, 외형 결정
보호기능	내부 장기를 외부의 충격으로부터 보호
조혈작용	적혈구, 혈소판, 백혈구 생산(적색골수)
운동기능	뼈와 관절, 골격근의 연결로 운동이 일어남
저장기능	뼈의 세포간질에서 칼슘과 인을 저장

> • 정상적인 성인의 뼈 : 약 206개
> • 골단연골, 골단판(성장판) : 성장기 뼈의 길이 성장이 일어나며 성장을 주도함

74 골의 구성

골막	• 뼈의 바깥면을 덮는 두꺼운 결합조직층 • 신진대사와 성장이 이루어짐 • 기능 : 뼈의 보호, 뼈의 영양, 뼈의 성장, 골절 시 재생 등

골조직	• 뼈의 단단한 부분을 이루는 실질조직 • 뼈의 표면 : 튼튼한 치밀골 • 뼈의 중심부 : 다공성 구조의 해면골
골수강	• 치밀골 내부의 골수로 차 있는 공간 • 골수 : 적혈구, 백혈구, 혈소판 등을 생성하는 조혈기관

75 골의 형태에 따른 분류

장골 (긴뼈)	• 관모양의 긴뼈로 골단(뼈끝)과 골간(뼈의 몸통)으로 구분 • 상완골(위팔뼈), 요골(노뼈), 척골(자뼈), 대퇴골(넙다리뼈), 경골(정강뼈), 비골(종아리뼈) 등
단골 (짧은뼈)	• 넓이와 길이가 비슷한 짧은 뼈 • 골단과 골간의 구별 없음 • 수근골, 족근골
편평골	• 납작한 모양의 뼈로 치밀하며 얇음 • 두개골, 견갑골(어깨뼈), 늑골(갈비뼈), 흉골
불규칙골	• 모양이 불규칙 함 • 척주골, 두개골에 있는 접형골, 이소골
함기골	• 골체 내에 공기가 차 있어 크기에 비해 가벼움 • 두개골의 일부(상악골, 전두골, 측두골, 사골 등)
종자골	• 건(腱)* 속에 있는 작은 골로 건의 마찰을 방지 • 슬개골(무릎뼈)

*건(腱) : 근육을 뼈에 부착하기 위한 중개역할을 하는 섬유속

76 척추와 두개골

척주골	• 척추를 이루는 뼈 • 경추(7), 흉추(12), 요추(5), 천골(1), 미골(1)의 26개로 구성
두개골	• 전두골, 후두골, 두정골, 접형골, 측두골, 사골로 구성되어 뇌와 척수를 보호함

※ 뇌(Brain) : 대뇌, 소뇌, 중간뇌, 다리뇌(교뇌), 숨뇌(연수)로 구성

77 관절과 연골

관절	• 둘 이상의 뼈가 기능적으로 연결되는 부분 • 섬유성 관절, 연골성 관절, 활막성 관절
연골	• 골격계통의 결합조직으로 연골세포와 연골기질로 구성되어 대개 관절의 일부를 이룸 • 연골세포 : 탄력성있는 유연한 단백질 • 골과 골 사이의 충격을 흡수

78 근육의 기능

① 운동기능 ② 자세유지 기능
③ 체열생산 기능 ④ 배뇨, 배변 기능
⑤ 음식물의 이동 기능

79 근육의 분류

기능적	수의근	• 스스로의 의지대로 움직일 수 있는 근육 • 대부분의 골격근
	불수의근	• 자율신경의 지배를 받아 스스로의 의지대로 움직일 수 없는 근육 • 대부분의 평활근
구조적	횡문근	• 가로무늬근으로 급격한 수축이 가능 • 골격근 등의 수의근
	평활근	• 민무늬근으로 자율신경이 분포 • 규칙적이고 지속적인 움직임 • 내장근 등의 불수의근
위치적	골격근	• 골격에 부착되어 운동에 관여 • 자세유지, 운동기능을 하는 수의근
	심장근	• 심장벽을 형성하는 근육 • 횡문근이면서 불수의근
	내장근	• 내장기관을 형성하는 평활근 • 불수의근

80 신경계의 분류

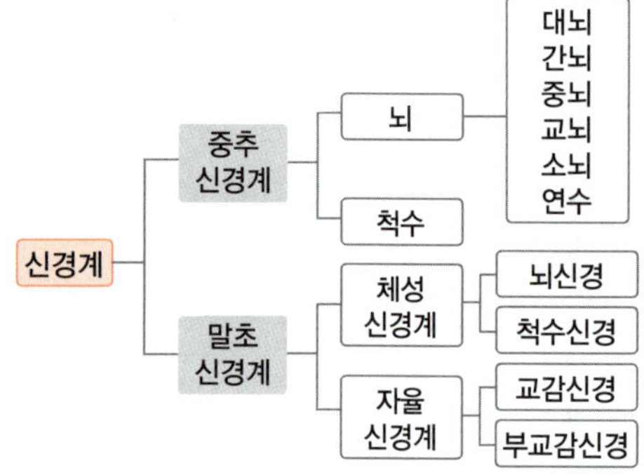

81 신경계의 구조

뉴런	신경계의 기본 세포이며, 신경계를 이루는 기본 단위
신경돌기	신경세포체에서 나온 돌기 • 수상돌기(가지돌기) : 다른 뉴런이나 감각기로부터 자극을 받아들이는 부분 • 축색돌기(축삭돌기) : 자극을 다른 뉴런이나 반응기로 전달하는 부분
시냅스	뉴런과 뉴런의 접속부위

82 중추신경계의 구성

뇌와 척수로 구성되어 신경계의 통합과 제어를 함

뇌	• 대뇌, 간뇌, 소뇌, 중간뇌, 다리뇌, 숨뇌로 구성
척수	• 척추 내에 존재하는 중추신경의 일부분으로 감각과 운동신경을 모두 포함 • 뇌와 말초신경 사이에서 감각 전달의 통로역할 • 척수의 전각(앞뿔)에는 운동신경세포가, 후각(뒷뿔)에는 감각신경세포가 분포

83 말초신경계

체성 신경계	• 의식적인 활동 담당 • 골격근의 수의적인 운동 및 감각기의 감각 지배 • 구성 : 뇌신경 12쌍, 척수신경 31쌍
자율 신경계	• 무의식적, 무의지적인 활동 • 내장, 혈관, 선(腺) 등에 분포하여 기관의 기능을 반사적, 무의식적으로 조절 • 주로 생명유지(소화 · 순환 · 호흡 등)에 관련된 기능 • 구성 : 교감신경, 부교감 신경

84 자율신경계의 작용

구분	교감신경	부교감신경
동공, 기관지	확대	축소
침샘	분비억제	분비촉진
심장 박동	증가	감소
소화 (소화액 분비) (소화연동운동)	억제 (감소) (억제)	촉진 (증가) (촉진)
부신호르몬(흥분)	촉진	억제
한선(땀)	촉진	억제
입모근, 혈관	수축	확장
모양체근, 방광배뇨근	이완	수축

85 심장의 기능과 구조

① 혈액순환계의 중심
② 동맥피를 온몸의 모세혈관으로 보냄(산소와 영양분 공급)
③ 온몸을 돌고나온 정맥피를 폐로 보냄(폐에서 산소와 이산화탄소를 교환)

좌심방	폐에서 가스 교환된 피가 폐정맥을 통해 좌심방으로 들어옴
좌심실	좌심방에서 들어온 피를 대동맥을 통해 전신으로 보냄(근육이 가장 발달하고 두터움)
우심방	온몸을 돌고 나온 피가 대정맥으로 모여 우심방으로 들어옴
우심실	우심방에서 온 피를 폐로 보냄

86 심장의 혈액순환계

체순환(대순환)	좌심실→ 동맥→모세혈관→정맥→우심방
폐순환(소순환)	우심실→폐동맥→폐→폐정맥→좌심방

87 혈액의 기능

운반작용	산소와 이산화탄소의 운반 • 영양소, 노폐물, 호르몬 운반 등
조절작용	• 체내의 수분 및 전해질 조절 • 삼투압과 체액의 pH 조절 및 체온조절

방어 및 식균작용	• 백혈구 : 식균작용 • 혈장 : 항체가 있어 감염으로 부터 방어
지혈작용	혈소판이 파괴되며 혈액응고가 일어남

- 혈액의 양은 몸무게의 8% 정도임
- 백혈구 : 면역체계를 구성하는 세포(항체생산 및 감염조절)
- 적혈구 : 헤모글로빈 포함(철분함유) – 붉은색
- 혈소판 : 지혈작용에 중요한 역할

88 림프 순환계의 기능

체액순환	혈액에서 유출된 액체(림프)를 순환시켜 혈류의 일부로 되돌림
면역기능 (항원반응)	림프절에서 만들어진 백혈구 등의 면역세포가 림프계를 순환하며 몸을 방어
운반기능	장에서 흡수한 지방성분들의 운반통로 역할

89 소화부속기관

간	• 담즙을 생성하고 분비 • 포도당을 글리코겐(Glycogen)으로 저장 • 해독과 면역, 물질대사, 호르몬 조절 등 우리 몸에서 일어나는 대부분의 일에 관여
담낭 (쓸개)	• 간에서 생성된 담즙을 저장하고 분비 • 담즙은 지방의 유화작용, 해독작용, 산의 중화작용 등을 하지만 효소는 아님
췌장 (이자)	• 췌액 : 아밀롭신(당질분해), 트립신(단백질분해), 리파아제(지질분해) 등 3대영양소를 분해하는 소화효소 포함 • 인슐린과 글루카곤을 분비하여 혈당량을 조절 • 내분비(호르몬 분비)와 외분비(소화액 분비)를 겸한 혼합성 기관

| 제4장 피부미용기기학 |

90 전기 용어

전류	전자들이 전도체를 따라 한 방향으로 흐르는 것(단위 A, 암페어)
전압	전류를 흐르게 하는 압력(단위 V, 볼트)
저항	전류의 흐름을 방해(기호 R, 단위 Ω, 옴)
전력	일정 시간 동안 사용된 전류의 양(단위 W, 와트)
주파수	1초 동안 반복하는 진동의 횟수(사이클수)(단위 Hz, 헤르츠)
쿨롱	• 전하량의 단위를 나타낸다. • 1쿨롱 : 도선에 1A의 전류가 흐를 때 1초 동안 이동하는 전하의 양(단위 C)
방전	전류가 흘러 전기 에너지가 소비되는 것
변환기	직류를 교류로 바꿈

정류기	교류를 직류로 바꿈
퓨즈 (Fuse)	전선에 전류가 과하게 흐르는 것을 방지

91 피부분석기기

확대경	• 피부를 확대하여 작은 결점도 확인 가능 • 고객에게 아이패드 착용시킴 • 면포를 제거할 때 효과적
우드램프	• 특수한 자외선 파장을 이용한 광학분석기 • 피부상태에 따라 다른 색을 나타냄 • 암실 등 빛을 차단한 장소에서 사용 • 아이패드로 고객의 눈을 보호
스킨스코프	• 고객과 관리사가 동시에 피부를 보면서 분석할 수 있는 진단기기
기타	• 피부수분측정기, 유분측정기, 피부 pH측정기, 모니터 피부분석기 등

92 우드램프에 나타난 피부상태

청백색	정상피부
오렌지색	지성피부, 피지, 지루성피부, 면포
흰색(백색)	두꺼운 각질화 피부
연보라	건성피부, 수분부족 피부
진보라	민감성피부, 모세혈관 확장피부
담황색	산화된 피지, 여드름
노란색	비립종
암갈색	색소침착피부

93 스티머(Steamer) = 베이퍼라이저(Vaporizer)

① 안면에 스팀(수증기)을 분사해 모공을 열어 노폐물을 제거하기 위하여 수분을 공급하는 기기
② 얼굴과 분사구의 거리는 30~40cm 정도로 하며, 민감한 피부는 거리를 더 멀게 한다.
③ 피부에 따라 적정시간을 달리함
④ 증기가 나오기 전에 분사구를 고객의 얼굴로 향하게 하지 않음
⑤ 물통은 2/3 정도 채우고, 세척은 물과 식초를 사용
⑥ 상처 · 일광에 손상 · 알레르기 피부, 감염된 피부, 모세혈관 확장피부 등에는 사용하지 않음

> **오존 발생기가 부착된 경우**
> • 살균, 소독효과 있음
> • 고객에게 아이패드 착용시킴
> • 스팀이 나오기 시작하면 오존을 킴(수분없이 오존을 쬐어주지 않음)

94 브러시(후리마돌)

① 브러시는 미지근한 물에 적신 후 사용
② 세안제는 적당량 사용하며, 회전 중 세안제가 고객의 눈과 입에 들어가지 않도록 주의
③ 브러시는 피부에 대해 수직방향(90°)으로 사용
④ 브러시 사용 시 손목에 힘을 빼고 가볍게 원을 그리듯 굴곡을 따라 이동하며 사용 → 손목에 힘을 주어 브러시 끝을 눌러가며 돌리지 않는다.
⑤ 피부상태에 따라 브러시의 회전속도를 조절
⑥ 화농성 여드름 피부, 모세혈관확장 피부 등에는 사용을 피한다.

95 진공흡입기(Vaccum Suction, 석션기)

① 벤토즈(유리관이나 사용컵 등)를 피부에 밀착시켜 진공상태의 흡입력을 이용하는 기기
② 피부에 적절한 자극을 주어 피부기능을 왕성하게 함
③ 효과
　• 혈액순환, 림프순환을 촉진
　• 한선과 피지선의 기능을 활성화시킴
　• 노폐물(불순물) 배출, 면포나 피지의 제거
　※지성피부의 면포 추출에 가장 적합하다.
④ 모세혈관확장 피부, 알레르기성 피부, 지나치게 탄력이 저하된 피부, 예민하거나 노화된 피부 등에는 사용을 피한다.

96 갈바닉(galvanic) 기기 – 직류

① 매우 낮은 전압의 갈바닉 직류를 이용
② 같은 극끼리 밀어내고, 다른 극끼리 끌어당기는 성질을 이용한 기기
③ 극에 따라 서로 다른 효과(극의 효과)

97 갈바닉 기기의 극의 효과

양극(+)	음극(−)
• 산성반응	• 알칼리성 반응
• 산성물질 침투	• 알칼리성물질 침투
• 신경안정 및 피부진정	• 신경자극 및 피부 활성화
• 혈관 · 모공 · 한선 수축	• 혈관 · 모공 · 한선 확장
• 혈액공급 감소	• 혈액공급 증가
• 피부조직 강화	• 피부조직의 연화
• 이온영동법(이온토포레스트)	• 전기세정법(아나포레스트)

98 이온영동법과 전기세정법

이온영동법 (Iontophoresis, 이온토포레시스)	• 갈바닉 전류 중 양극(+)을 이용하여 피부 침투가 어려운 수용성 화장품(겔, 앰플, 에센스 등)의 고농축 유효성분을 피부 깊숙이 스며들게 하는 영양관리법 → 딥클렌징법이 아님 • 재생력향상, 혈액 및 림프 순환 촉진

전기세정법 (Desincrustation, 디스인크러스테이션)	• 아나포레시스(Anaphoresis)라고도 함 • 갈바닉 전류 중 음극(−)에서 생성되는 알칼리를 이용하여 모공에 있는 피지를 분해하고 각질세포, 노폐물을 배출시켜 세정효과를 주는 딥클렌징 방법 → 주 1회 정도 시술 • 모세혈관확장피부, 민감성피부, 건성피부는 가급적 피하는 것이 좋음

99 고주파 기기 – 교류

① 테슬라 전류(Tesla current, 교류)를 사용
② 10만Hz(헤르츠) 이상의 고주파를 사용
③ 고주파는 파동 주기가 짧아 근육에 수축을 일으키지 않고 열을 발생시킴
④ 효과
　• 노폐물 배출 촉진, 내분비선 분비 촉진
　• 살균, 소독 효과, 혈액순환촉진, 피부 재생력향상, 여드름 치료 등
⑤ 사용법

직접법	고객의 피부에 직접 전극봉을 접촉하여 관리
간접법	고객의 손으로 전극봉을 잡고, 관리사의 손을 이용하여 관리

⑥ 유의사항
　• 고객의 비적용증 검토 및 금속물질 제거
　• 클렌징 후 무알콜 토너를 바름
　• 임산부, 인공심박기 부착자, 금속착용자, 고혈압 등은 시술을 피함

100 기타 안면관리 기기

초음파 기기	• 초음파를 이용하여 미세한 진동과 온열을 만들어 신진대사를 촉진 • 각질제거 및 피부정화 효과가 있음
리프팅기	• 근육의 노화로 주름지고 탄력이 없는 피부에 인위적으로 동일한 인체 전류를 넣어주어 신진대사의 기능 강화, 피부 처짐을 방지
분무기	• 수용성의 입자를 최소화하여 피부표면에 분무하는 기기

101 전신관리 기기

진공흡입기	림프순환, 혈액순환, 신진대사 촉진
바이브레이터기	• 혈액순환 촉진, 신진대사 증진효과 • 적당한 압력으로 조절하여 사용
엔더몰로지	• 강한 진공의 압력을 이용하여 피부에 탄력을 주고 신진대사 및 혈액순환을 촉진함 • 전신체형관리 시 40~50분 적용 • 셀룰라이트 치료, 지방분해, 부종치료

고주파기	• 10만 헤르츠 이상의 교류전류를 이용하여 특정 부위에 열효과를 줌
스파테라피 기기	• 수압을 이용하여 수천개의 기포로 하는 바디마사지

102 컬러테라피 기기의 색상별 효과

빨강	• 생명력을 자극하고 에너지를 활성화 • 혈액순환 증진, 세포조직 활성화, 세포재생활동 • 지루성 여드름, 혈액순환 불량 피부관리 • 근조직 이완, 셀룰라이트 개선
주황	• 활력, 세포재생, 신경긴장완화, 호르몬 대사 조절 • 알레르기성, 예민성피부, 건성피부, 튼살, 조기노화에 효과
노랑	• 소화기계 기능강화, 신경자극, 신체 정화작용 • 간 기능강화, 콜라겐과 엘라스틴 생성 증가
녹색	• 심리적 안정, 신경안정, 신체 평형유지, 면역강화, 뼈 생성강화, 심장과 순환기능 강화에 효과
파랑	• 근육 및 혈관 수축, 염증 및 열의 진정효과, 부종완화, 피부과민반응의 진정, 방부작용 • 염증성여드름, 습진, 홍반, 일광화상, 모세 혈관확장증, 헤르페스 등에 효과적
보라	• 림프순환 촉진, 면역성증진 • 건조성각질피부, 셀룰라이트 등에 효과적

| 제5장 **화장품학** |

103 화장품의 정의

① 인체를 청결 · 미화하여 매력을 더하고 용모를 밝게 변화 시키기 위해 사용하는 물품
② 피부 혹은 모발을 건강하게 유지 또는 증진하기 위한 물품
③ 인체에 바르고 문지르거나 뿌리는 등의 방법으로 사용되는 물품
④ 인체에 사용되는 물품으로 인체에 대한 작용이 경미한 것
⑤ 의약품이 아닐 것

104 화장품에서 요구되는 4대 품질 특성

구분	의미
안전성	피부에 대한 자극, 알레르기, 독성이 없을 것
안정성	변색, 변취, 미생물의 오염이 없을 것
사용성	피부에 사용감이 좋고 잘 스며들 것
유효성	미백, 주름개선, 자외선 차단 등의 효과가 있을 것

105 화장품의 분류

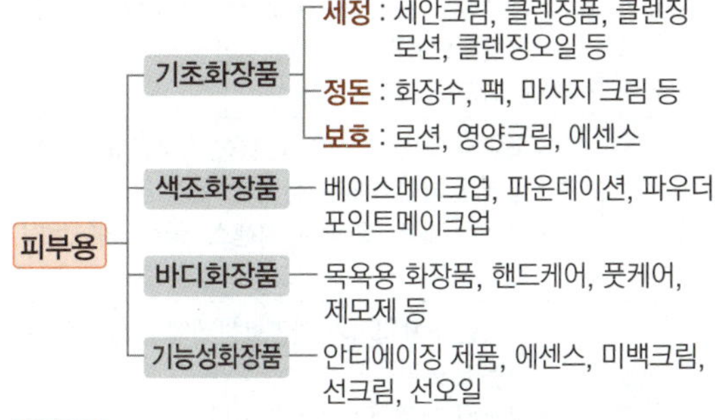

106 기능성 화장품

① 피부의 미백에 도움을 주는 제품
② 피부의 주름개선에 도움을 주는 제품
③ 피부를 곱게 태워주거나 자외선으로부터 피부를 보호하는 데에 도움을 주는 제품
④ 모발의 색상 변화 · 제거 또는 영양공급에 도움을 주는 제품
⑤ 피부나 모발의 기능 약화로 인한 건조함, 갈라짐, 빠짐, 각질화 등을 방지하거나 개선하는 데에 도움을 주는 제품

107 계면활성제

한 분자 내에 친수성기(둥근 머리 모양)와 친유성기(막대 모양)를 함께 가지고 있는 물질로, 물과 기름의 경계면인 계면의 성질을 변화시킬 수 있다.

108 계면활성제의 분류

양이온성	• 살균 및 소독작용이 우수 • 용도 : 헤어린스, 헤어트리트먼트 등
음이온성	• 세정 작용 및 기포 형성 작용이 우수 • 용도 : 비누, 샴푸, 클렌징 폼 등
비이온성	• 피부에 대한 자극이 적음 • 용도 : 화장수의 가용화제, 크림의 유화제, 클렌징 크림의 세정제 등
양쪽성	• 친수기에 양이온과 음이온을 동시에 가짐 • 세정 작용이 우수하고 피부 자극이 적음 • 용도 : 베이비 샴푸 등

※자극의 세기 : 양이온성 > 음이온성 > 양쪽성 > 비이온성

109 계면활성제의 작용원리

유화	• 제품의 오일 성분이 계면활성제에 의해 물에 우윳빛으로 불투명하게 섞인 상태 • 유화제품 : 크림, 로션
가용화	• 소량의 오일 성분이 계면활성제에 의해 물에 투명하게 용해되어 있는 상태 • 가용화 제품 : 화장수, 에센스, 향수, 헤어토닉, 헤어리퀴드 등
분산	• 미세한 고체입자가 계면활성제에 의해 물이나 오일 성분에 균일하게 혼합된 상태 • 분산된 제품: 립스틱, 아이섀도, 마스카라, 아이라이너, 파운데이션 등

110 보습제의 종류

구분	구성 성분
천연보습인자(NMF)	아미노산(40%), 젖산(12%), 요소(7%), 지방산 등
고분자 보습제	가수분해 콜라겐, 히아루론산염 등
폴리올	글리세린, 폴리에틸렌글리콜, 부틸렌글리콜 프로필렌글리콜, 솔비톨

111 보습제 및 방부제가 갖추어야 할 조건

보습제	• 적절한 보습능력이 있을 것 • 보습력이 환경의 변화(온도, 습도 등)에 쉽게 영향을 받지 않을 것 • 피부 친화성이 좋을 것 • 다른 성분과의 혼용성이 좋을 것 • 응고점이 낮을 것 • 휘발성이 없을 것
방부제	• pH의 변화에 대해 항균력의 변화가 없을 것 • 다른 성분과 작용하여 변화되지 않을 것 • 무색 · 무취이며, 피부에 안정적일 것

112 색재류

염료	물, 오일, 알코올 등의 용제에 녹는 색소로 화장품의 색상을 나타낸다.
안료	물과 오일에 모두 녹지 않는 색소로 주로 메이크업 화장품에 많이 사용 • 무기안료 : 천연광물을 파쇄하여 사용(마스카라) • 유기안료 : 물 · 오일에 용해되지 않는 유색분말 (립스틱) • 레이크 : 립스틱, 브러시, 네일 에나멜에 사용
펄안료	진주광택 안료, 금속의 광택을 줌, 광화학적 효과
천연색소	• 식물(헤나, 카르타민, 클로로필 등)에서 추출 • 안전성이 높으나 대량생산 불가능

113 팩의 분류

필오프 (Peel-off) 타입	• 팩이 건조된 후 형성된 투명한 피막을 떼어내는 형태 • 노폐물 및 죽은 각질 제거 작용
워시오프 (Wash-off) 타입	• 팩 도포 후 일정 시간이 지나 미온수로 닦아내는 형태
티슈오프 (Tissue-off) 타입	• 티슈로 닦아내는 형태 • 피부에 부담이 없어 민감성 피부에 적합
시트(Sheet) 타입	시트를 얼굴에 올려놓았다가 제거하는 형태
패치(Patch) 타입	패치를 부분적으로 붙인 후 떼어내는 형태

114 피부유형에 따른 화장품 유효성분

건성용	콜라겐, 엘라스틴, 솔비톨, Sodium P.C.A 알로에, 레시틴, 해초, 세라마이드, 아미노산, 히알루론산염
노화방지용	비타민 E(토코페롤), 레티놀, AHA, 레티닐팔미테이트, SOD, 프로폴리스, 플라센타, 알란토인, 인삼추출물, 은행추출물
민감성용	아줄렌, 위치하젤, 비타민 P · K, 판테놀, 리보플라빈, 클로로필
지성, 여드름용	살리실산, 클레이, 유황, 캄퍼
미백용	알부틴, 하이드로퀴논, 비타민 C, 닥나무추출물, 감초

115 유화형태에 따른 크림의 특성

O/W형 에멀전 (수중유형)	• 물＞오일 • 흡수가 빠름 • 시원하고 가벼움 • 지속성이 낮음	로션류 : 보습로션, 선텐로션
W/O형 에멀전 (유중수형)	• 오일＞물 • 흡수가 느림 • 사용감이 무거움 • 지속성이 높음	크림류 : 영양크림, 헤어크림, 클렌징크림, 선크림
W/O/W, O/W/O 형 에멀전	• 물/오일/물 또는 오일/물/오일의 3층 구조 • 영양물질과 활성물질의 안정한 상태의 보존이 가능	각종 영양크림과 보습크림의 제조에 이용

116 자외선 차단제

자외선 산란제	• 성분 : 티타늄디옥사이드, 징크옥사이드 • 무기물질을 이용한 물리적 산란작용으로 자외선의 침투를 막음 • 피부에 자극을 주지 않고 비교적 안전하나 백탁현상이나 메이크업이 밀릴 수 있음

자외선 흡수제	• 성분 : 올틸디메칠 파바, 옥틸메톡시 신나메이트 • 유기물질을 이용한 화학적 방법으로 자외선을 흡수와 소멸 • 사용감이 우수하나 피부에 자극을 줄 수 있다.

117 자외선차단지수(SPF, Sun Protection Factor)

$$① SPF = \frac{자외선\ 차단제를\ 사용했을\ 때의\ 최소\ MED}{자외선\ 차단제를\ 사용하지\ 않았을\ 때의\ 최소\ MED}$$

(SPF는 숫자가 높을수록 차단기능이 높다)

② MED : 홍반을 일으키는 최소한의 자외선량

118 농도에 따른 향수의 분류

구분(부향률)	지속시간	특징
퍼퓸(15~30%)	6~7시간	향이 오래 지속되며, 가격이 비쌈
오데퍼퓸(9~12%)	5~6시간	퍼퓸보다는 지속성이나 부향률이 떨어지지만 경제적
오데토일렛(6~8%)	3~5시간	일반적으로 가장 많이 사용하는 향수
오데코롱(3~5%)	1~2시간	향수를 처음 사용하는 사람에게 적합
샤워코롱(1~3%)	약 1시간	샤워 후 가볍게 뿌려주는 향수

※부향률 : 향수에 향수의 원액이 포함되어 있는 비율 (순서 암기)

119 발산속도에 따른 향수의 단계

탑노트	향수의 첫 느낌, 휘발성이 강한 향료
미들노트	변화된 중간 향, 알코올이 날아간 다음의 향
베이스노트	마지막까지 은은하게 유지되는 향, 휘발성이 낮은 향료

120 아로마 오일의 추출 방법

증류법	• 가장 오래된 방법 • 뜨거운 물이나 수증기를 이용하는 것으로 증발되는 향기물질을 냉각시켜 액체 상태로 얻을 수 있는 방법 • 단시간에 대량 추출할 수 있어 경제적 • 고온추출이므로 열에 약한 성분은 파괴됨
용매 추출법	• 유기용매(벤젠이나 헥산)를 이용해 식물에 함유된 매우 적은 양의 정유, 수증기에 녹지 않는 정유, 수지에 포함된 정유를 추출 • 로즈, 네롤리, 재스민 추출시 이용

121 아로마오일의 사용법

입욕법	전신욕, 반신욕, 좌욕, 수욕, 족욕 등 몸을 담그는 방법
흡입법	손수건, 티슈 등에 1~2방울 떨어뜨리고 심호흡을 하는 방법
확산법	아로마 램프, 스프레이 등을 이용하는 방법
습포법	온수 또는 냉수 1리터 정도에 5~10방울을 넣고, 수건을 담궈 적신 후 피부에 붙이는 방법

122 아로마오일의 사용 시 주의사항

① 반드시 희석해서 사용(원액을 점막이나 점액 부위에 직접 사용×)
② 사용하기 전에 첩포 테스트를 해야 함
③ 갈색 유리병에 넣고 밀봉 보관(공기와 빛에 쉽게 분해되므로)
④ 직사광선을 피하고 서늘하고 어두운 곳에 보관
⑤ 개봉한 정유는 1년 이내에 사용해야 함
⑥ 임산부, 고혈압, 간질 환자는 금지된 특정정유에 주의

123 캐리어 오일(베이스 오일)

① 식물의 씨를 압착하여 추출한 식물유
② 아로마 오일을 효과적으로 피부에 침투시키기 위해 사용
③ 순수한 식물성 오일로 섭취해도 안정적이며, 마사지할 경우 흡수를 도와준다.
④ 아로마 오일과 블렌딩하여 사용하면 시너지 효과를 볼 수 있다.

| 제6장 공중위생관리학 |

124 공중보건학의 정의(윈슬로우)

공중보건학이란 조직화된 지역사회의 노력으로 질병을 예방하고 수명을 연장하며 신체적 · 정신적 효율을 증진시키는 기술이며 과학이다.

125 공중보건의 3대 요소

수명연장, 감염병 예방, 건강과 능률의 향상

126 예방의학과 공중보건

	예방의학	공중보건
목적	질병예방, 수명연장, 육체적 · 정신적 건강의 향상	
대상	개인, 가족	집단, 지역사회
내용	질병예방, 건강증진	건강에 유해한 사회적요인 제거, 집단건강의 향상 도모
책임소재	개인, 가족	공공조직
진단방법	임상적 진단	지역사회의 보건통계 지료

127 질병 발생의 3요인과 생성과정 6요소

병원체 요인	① 병원체 → ② 병원소 →
환경 요인	③ 병원소에서 병원체 탈출 → ④ 전파 → ⑤ 새로운 숙주의 침입 →
숙주 요인	⑥ 감수성 있는 숙주의 감염

① 병원체 요인

생물학적 요인	선천적	성별, 연령, 유전 등
	후천적	영양상태
사회적 요인	경제적	직업, 거주환경, 작업환경
	생활양식	흡연, 음주, 운동

② 병인적 요인

생물학적 요인	세균, 곰팡이, 기생충, 바이러스 등
물리적 병인	열, 햇빛, 온도 등
화학적 병인	농약, 화학약품 등
정신적 병인	스트레스, 노이로제 등

③ 환경적 요인
기상, 계절, 매개물, 사회환경, 경제적 수준 등

128 인구의 구성 형태

구분	유형	특징
피라미드형	후진국형 (인구증가형)	출생률은 높고 사망률은 낮은 형
종형	이상형 (인구정지형)	출생률과 사망률이 낮은 형(14세 이하가 65세 이상 인구의 2배 정도)
항아리형	선진국형 (인구감소형)	평균수명이 높고 인구가 감퇴하는 형(14세 이하 인구가 65세 이상 인구의 2배 이하)
별형	도시형 (인구유입형)	생산층 인구가 증가되는 형(15~49세 인구가 전체 인구의 50% 초과)
기타형	농촌형 (인구유출형)	생산층 인구가 감소하는 형(15~49세 인구가 전체 인구의 50% 미만)

129 보건지표

① 인구통계

| 조출생률 | • 1년간의 총 출생아수를 당해연도의 총인구로 나눈 수치를 1,000분비로 나타낸 것
• 한 국가의 출생수준을 표시하는 지표 |
| 일반출생률 | • 15~49세의 가임여성 1,000명당 출생률 |

② 사망통계

조사망률	• 인구 1,000명당 1년 동안의 사망자 수
영아사망률	• 한 국가의 보건수준을 나타내는 지표 • 생후 1년 안에 사망한 영아의 사망률
신생아사망률	• 생후 28일 미만의 유아의 사망률
비례사망지수	• 한 국가의 건강수준을 나타내는 지표 • 총 사망자 수에 대한 50세 이상의 사망자 수를 백분율로 표시한 지수

130 비교지표

① 한 국가나 지역사회 간의 보건수준을 비교하는 데 사용되는 3대 지표 : 영아사망률, 비례사망지수, 평균수명
② 한 나라의 건강수준을 다른 국가들과 비교할 수 있는 지표로 세계보건기구가 제시한 지표 : 비례사망자수, 조사망률, 평균수명

131 병원체의 종류

① 세균 및 바이러스

구분	세균	바이러스
호흡기계	결핵, 디프테리아, 백일해, 한센병, 폐렴, 성홍열, 수막구균성수막염	홍역, 유행성 이하선염, 인플루엔자, 두창
소화기계	콜레라, 장티푸스, 파상열, 파라티푸스, 세균성 이질,	폴리오, 유행성 간염, 소아마비, 브루셀라증
피부점막계	파상풍, 페스트, 매독, 임질	AIDS, 일본뇌염, 공수병, 트라코마, 황열

② 리케차 : 발진티푸스, 발진열, 쯔쯔가무시병, 록키산 홍반열
③ 수인성(물) 감염병 : 콜레라, 장티푸스, 파라티푸스, 이질, 소아마비, A형간염 등
④ 기생충 : 말라리아, 사상충, 아메바성 이질, 회충증, 간흡충증, 폐흡충증, 유구조충증, 무구조충증 등
⑤ 진균 : 백선, 칸디다증 등
⑥ 클라미디아 : 앵무새병, 트라코마 등
⑦ 곰팡이 : 캔디디아시스, 스포로티코시스 등

132 병원소

① 인간 병원소 : 환자, 보균자 등
② 동물 병원소 : 개, 소, 말, 돼지 등
③ 토양 병원소 : 파상풍, 오염된 토양 등

133 후천적 면역

구분		의미
능동면역	자연능동면역	감염병에 감염된 후 형성되는 면역
	인공능동면역	예방접종을 통해 형성되는 면역
수동면역	자연수동면역	모체로부터 태반이나 수유를 통해 형성되는 면역
	인공수동면역	항독소 등 인공제제를 접종하여 형성되는 면역

134 인공능동면역

① 생균백신 : 결핵, 홍역, 폴리오(경구)
② 사균백신 : 장티푸스, 콜레라, 백일해, 폴리오(경피)
③ 순화독소 : 파상풍, 디프테리아

135 검역 감염병 및 감시기간

감염병 종류	감시기간
콜레라	120시간(5일)
페스트	144시간(6일)
황열	144시간(6일)
중증급성호흡기증후군(SARS)	240시간(10일)
조류인플루엔자인체감염증	240시간(10일)
신종인플루엔자	최대 잠복기

136 법정감염병의 분류

분류	종류
제1급 감염병	에볼라바이러스병, 마버그열, 라싸열, 크리미안콩고 출혈열, 남아메리카출혈열, 리프트밸리열, 두창, 페스트, 탄저, 보툴리눔독소증, 야토병, 신종감염병증후군, 중증급성호흡기증후군(SARS), 중동호흡기증후군(MERS), 동물인플루엔자인체감염증, 신종인플루엔자, 디프테리아
제2급 감염병	결핵, 수두, 홍역, 콜레라, 장티푸스, 파라티푸스, 세균성이질, 장출혈성대장균감염증, A형간염, 백일해, 유행성이하선염, 풍진, 폴리오, 수막구균 감염증, b형헤모필루스인플루엔자, 폐렴구균 감염증, 한센병, 성홍열, 반코마이신내성황색포도알균(VRSA)감염증, 카바페넴내성장내세균속균종(CRE)감염증, E형간염, 코로나바이러스감염증-19
제3급 감염병	파상풍, B형간염, 일본뇌염, C형간염, 말라리아, 레지오넬라증, 비브리오패혈증, 발진티푸스, 발진열, 쯔쯔가무시증, 렙토스피라증, 브루셀라증, 공수병, 신증후군출혈열, 후천성면역결핍증(AIDS), 크로이츠펠트-야콥병(CJD) 및 변종크로이츠펠트-야콥병(vCJD), 황열, 뎅기열, 큐열, 웨스트나일열, 라임병, 진드기매개뇌염, 유비저, 치쿤구니야열, 중증열성혈소판감소증후군(SFTS), 지카바이러스감염증, 매독, 엠폭스(MPOX)
제4급 감염병	인플루엔자, 회충증, 편충증, 요충증, 간흡충증, 폐흡충증, 장흡충증, 수족구병, 임질, 클라미디아감염증, 연성하감, 성기단순포진, 첨규콘딜롬, 반코마이신내싱장알균(VRE) 감염증, 메티실린내성황색포도알균(MRSA) 감염증, 다제내성녹농균(MRPA) 감염증, 다제내성아시네토박터바우마니균(MRAB) 감염증, 장관감염증, 급성호흡기감염증, 해외유입기생충감염증, 엔테로바이러스감염증, 사람유두종바이러스 감염증

137 감염병 신고

① 제1급감염병 : 즉시
② 제2,3급감염병 : 24시간 이내
③ 제4급감염병 : 7일 이내

138 매개체별 감염병의 종류

구분	매개체	종류
곤충	모기	말라리아, 뇌염, 사상충, 황열, 댕기열
	파리	콜레라, 장티푸스, 이질, 파라티푸스
	바퀴벌레	콜레라, 장티푸스, 이질
	진드기	신증후군출혈열, 쯔쯔가무시병
	벼룩	페스트, 발진열, 재귀열
	이	발진티푸스, 재귀열, 참호열
동물	쥐	페스트, 살모넬라증, 발진열, 신증후군출혈열, 쯔쯔가무시병, 발진열, 재귀열, 렙토스피라증
	소	결핵, 탄저, 파상열, 살모넬라증
	돼지	일본뇌염, 탄저, 렙토스피라증, 살모넬라증
	양	큐열, 탄저
	말	탄저, 살모넬라증
	개	공수병, 톡소프라스마증
	고양이	살모넬라증, 톡소프라스마증
	토끼	야토병

139 기후

기후의 3대 요소	기온, 기습, 기류
4대 온열 인자	기온, 기습, 기류, 복사열
인간이 활동하기 좋은 온도와 습도	• 온도 : 18±2℃ • 습도 : 40~70%

140 대기오염현상

기온역전	• 고도가 높은 곳의 기온이 하층부보다 높은 경우 • 바람이 없는 맑은 날, 춥고 긴 겨울밤, 눈이나 얼음으로 덮인 경우 주로 발생 • 태양이 없는 밤에 지표면의 열이 대기 중으로 복사되면서 발생
열섬현상	도심 속의 온도가 대기오염 또는 인공열 등으로 인해 주변지역보다 높게 나타나는 현상
온실효과	복사열이 지구로부터 빠져나가지 못하게 막아 지구가 더워지는 현상
산성비	• 원인 물질 : 아황산가스, 질소산화물, 염화수소 • pH 5.6 이하의 비

141 수질오염지표

용존산소(DO)	• 물 속에 녹아있는 유리산소량 • BOD가 높으면 DO는 낮아지고, 온도가 하강하면 DO는 증가
생물화학적 산소요구량 (BOD)	• 하수 중의 유기물이 호기성 세균에 의해 산화·분해될 때 소비되는 산소량 • BOD가 높으면 오염정도가 심함

화학적 산소 요구량(COD)	• 물 속의 유기물을 화학적으로 산화시킬 때 화학적 으로 소모되는 산소의 양을 측정하는 방법 • ppm으로 표시, 숫자가 클수록 수질오염이 심함

142 상 · 하수 처리과정

상수	침전 → 여과 → 소독 → 급수
하수	예비처리 → 본처리(혐기성, 호기성 처리) → 오니처리

143 음용수의 일반적인 오염지표 : 대장균 수

144 직업병의 종류

발생 요인	종류
고열 · 고온	열경련증, 열허탈증, 열사병, 열쇠약증, 열중증 등
이상저온	전신 저체온, 동상, 참호족, 침수족 등
이상기압	감압병(잠함병), 이상저압
방사선	조혈지능장애, 백혈병, 생식기능장애, 정신장애, 탈모, 피부건조, 수명단축, 백내장 등
진동	레이노병
분진	허파먼지증(진폐증), 규폐증, 석면폐증
불량조명	안정피로, 근시, 안구진탕증

145 식중독의 분류

세균성	감염형	살모넬라균, 장염비브리오균, 병원성대장균
	독소형	포도상구균, 보툴리누스균, 웰치균 등
	기타	장구균, 알레르기성 식중독, 노로 바이러스 등
자연독	식물성	버섯독, 감자 중독, 맥각균 중독, 곰팡이류 중독
	동물성	복어 식중독, 조개류 식중독 등
곰팡이독		황변미독, 아플라톡신, 루브라톡신 등
화학물질		불량 첨가물, 유독물질, 유해금속물질

146 자연독

구분	종류	독성물질
식물성	독버섯	무스카린, 팔린, 아마니타톡신
	감자	솔라닌, 셉신
	매실	아미그달린
	목화씨	고시풀
	독미나리	시큐톡신
	맥각	에르고톡신
동물성	복어	테트로도톡신
	섭조개, 대합	색시톡신
	모시조개, 굴, 바지락	베네루핀

147 보건행정

① 보건행정의 특성 : 공공성, 사회성, 교육성, 과학성, 기술성, 봉사성, 조장성 등
② 보건소 : 우리나라 지방보건행정의 최일선 조직으로 보건행정의 말단 행정기관

148 소독법의 분류

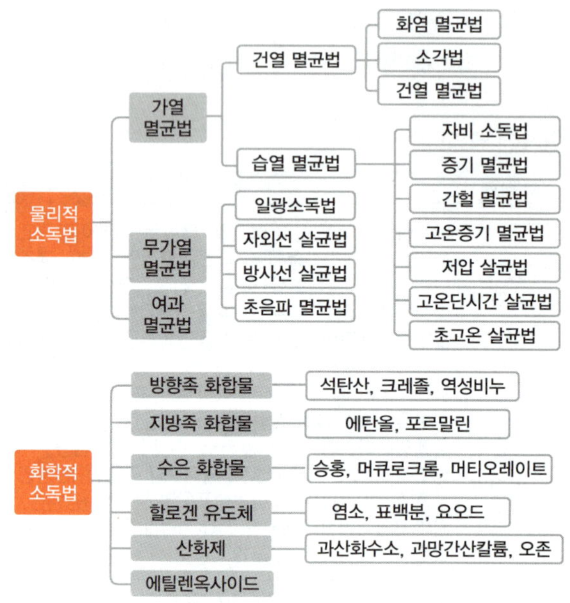

149 소독 관련 용어

소독	병원성 미생물의 생활력을 파괴하여 죽이거나 또는 제거하여 감염력을 없애는 것
멸균	병원성 또는 비병원성 미생물 및 포자를 가진 것을 전부 사멸 또는 제거하는 것(무균 상태)
살균	생활력을 가지고 있는 미생물을 여러가지 물리 · 화학적 작용에 의해 급속히 죽이는 것
방부	병원성 미생물의 발육과 그 작용을 제거하거나 정지 시켜서 음식물의 부패나 발효를 방지하는 것

※ 소독력 비교 : 멸균 〉 살균 〉 소독 〉 방부

150 소독제의 구비조건

① 생물학적 작용을 충분히 발휘할 수 있을 것
② 빨리 효과를 내고 살균 소요시간이 짧을 것
③ 독성이 적으면서 사용자에게도 자극성이 없을 것
④ 원액 혹은 희석된 상태에서 화학적으로 안정할 것
⑤ 살균력이 강하고, 용해성이 높을 것
⑥ 경제적이고 사용방법이 간편할 것
⑦ 부식성 및 표백성이 없을 것

151 석탄산 계수

① 5%의 석탄산을 사용하여 장티푸스균에 대한 살균력과 비교하여 각종 소독제의 효능을 표시

② 석탄산 계수 = $\dfrac{\text{소독액의 희석배수}}{\text{자석탄산의 희석배수}}$

③ 석탄산 계수 2.0은 살균력이 석탄산의 2배를 의미함

152 소독작용에 영향을 미치는 요인

① 온도가 높을수록 소독 효과가 크다.
② 접속시간이 길수록 소독 효과가 크다.
③ 농도가 높을수록 소독 효과가 크다.
④ 유기물질이 많을수록 소독 효과가 작다.

153 소독에 영향을 미치는 인자 : 온도, 수분, 시간

154 살균작용의 기전

① 산화작용
② 균체의 단백질 응고작용
③ 균체의 효소 불활성화 작용
④ 균체의 가수분해작용
⑤ 탈수작용
⑥ 중금속염의 형성
⑦ 핵산에 작용
⑧ 균체의 삼투성 변화작용

155 주요 소독법의 특징

자비(열탕) 소독법	• 100℃의 끓는 물속에서 20~30분간 가열하는 방법 • 아포형성균, B형 간염 바이러스에는 부적합

고압증기 멸균법	• 고압증기 멸균기를 이용하여 소독하는 방법
	• 소독 방법 중 완전 멸균으로 가장 빠르고 효과적인 방법
	• 포자를 형성하는 세균을 멸균
	• 소독 시간
	   – 10LBs(파운드) : 115℃에서 30분간
	   – 15LBs(파운드) : 121℃에서 20분간
	   – 20LBs(파운드) : 126℃에서 15분간

석탄산 (페놀)	• 승홍수 1,000배의 살균력 • 조직에 독성이 있어서 인체에는 잘 사용되지 않고 소독제의 평가기준으로 사용
승홍	• 1,000배(0.1%)의 수용액을 사용 • 조제법 : 승홍(1) : 식염(1) : 물(998) • 용도 : 손 및 피부 소독

156 대상물에 따른 소독 방법

① 대소변, 배설물, 토사물 : 소각법, 석탄산, 크레졸, 생석회분말
② 침구류, 모직물, 의류 : 석탄산, 크레졸, 일광소독, 증기소독, 자비소독
③ 초자기구, 목죽제품, 자기류 : 석탄산, 크레졸, 포르말린, 승홍, 증기소독, 자비소독
④ 모피, 칠기, 고무 · 피혁제품 : 석탄산, 크레졸, 포르말린
⑤ 병실 : 석탄산, 크레졸, 포르말린
⑥ 환자 : 석탄산, 크레졸, 승홍, 역성비누

157 세균 증식이 가장 잘되는 pH 범위 : 6.5~7.5(중성)

158 미생물의 생장에 영향을 미치는 요인

온도, 산소, 수소이온농도, 수분, 영양

159 공중위생관리법의 목적

공중이 이용하는 영업의 위생관리 등에 관한 사항을 규정함으로써 위생수준을 향상시켜 국민의 건강증진에 기여

160 용어 정의

① 공중위생영업 : 다수인을 대상으로 위생관리서비스를 제공하는 영업으로서 숙박업 · 목욕장업 · 이용업 · 미용업 · 세탁업 · 건물위생관리업을 말한다.
② 공중이용시설 : 다수인이 이용함으로써 이용자의 건강 및 공중위생에 영향을 미칠 수 있는 건축물 또는 시설로서 대통령령이 정하는 것
③ 이용업 : 손님의 머리카락 또는 수염을 깎거나 다듬는 등의 방법으로 손님의 용모를 단정하게 하는 영업
④ 미용업 : 손님의 얼굴 · 머리 · 피부 및 손톱 · 발톱 등을 손질하여 손님의 외모를 아름답게 꾸미는 영업

161 영업신고

① 공중위생영업의 종류별로 보건복지부령이 정하는 시설 및 설비를 갖추고 시장 · 군수 · 구청장(자치구 구청장에 한함)에게 신고
② 제출서류 : 영업시설 및 설비개요서, 교육수료증

162 변경신고 사항

① 영업소의 명칭 또는 상호
② 영업소의 소재지
③ 신고한 영업장 면적의 3분의 1 이상의 증감
④ 대표자의 성명(법인의 경우만 해당)
⑤ 미용업 업종 간 변경

163 변경신고 시 시장 · 군수 · 구청장이 확인해야 할 서류

① 건축물대장
② 토지이용계획확인서
③ 전기안전점검확인서(신고인이 동의하지 않는 경우 서류 첨부)
④ 면허증

164 폐업 신고 : 폐업한 날부터 20일 이내에 시장 · 군수 · 구청장에게 신고

165 영업의 승계가 가능한 사람

① 양수인 : 미용업을 양도한 때
② 상속인 : 미용업 영업자가 사망한 때
③ 법인 : 합병 후 존속하는 법인 또는 합병에 의해 설립되는 법인
④ 경매, 환가, 압류재산의 매각 그 밖에 이에 준하는 절차에 따라 미용업 영업 관련시설 및 설비의 전부를 인수한 자

166 면허 발급 대상자

① 전문대학 또는 이와 동등 이상의 학력이 있다고 교육부장관이 인정하는 학교에서 미용에 관한 학과를 졸업한 자
② 대학 또는 전문대학을 졸업한 자와 동등 이상의 학력이 있는 것으로 인정되어 미용에 관한 학위를 취득한 자
③ 고등학교 또는 이와 동등의 학력이 있다고 교육부장관이 인정하는 학교에서 미용에 관한 학과를 졸업한 자
④ 특성화고등학교, 고등기술학교나 고등학교 또는 고등기술학교에 준하는 각종학교에서 1년 이상 미용에 관한 소정의 과정을 이수한 자
⑤ 국가기술자격법에 의해 미용사의 자격을 취득한 자

167 면허 결격 사유자

① 금치산자, 약물 중독자, 정신질환자(전문의가 미용사로서 적합하다고 인정하는 사람은 예외)
② 공중의 위생에 영향을 미칠 수 있는 감염병환자로서 결핵환자(비감염성 제외)
③ 공중위생관리법의 규정에 의한 명령 위반 또는 면허증 불법 대여의 사유로 면허가 취소된 후 1년이 경과되지 않은 자

168 면허증 재교부 신청 요건

① 면허증의 기재사항에 변경이 있는 때
② 면허증을 잃어버린 때
③ 면허증이 헐어 못쓰게 된 때

169 면허 취소 사유

① 공중위생관리법 또는 공중위생관리법의 규정에 의한 명령을 위반한 때
② 금치산자, 약물 중독자, 정신질환자(전문의가 미용사로서 적합하다고 인정하는 사람은 예외)
③ 공중의 위생에 영향을 미칠 수 있는 감염병환자로서 결핵환자(비감염성 제외)

170 미용업 영업자의 준수사항(보건복지부령)

① 의료기구와 의약품을 사용하지 않는 순수한 화장 또는 피부미용을 할 것
② 미용기구는 소독을 한 기구와 소독을 하지 않은 기구로 분리하여 보관할 것
③ 면도기는 1회용 면도날만을 손님 1인에 한하여 사용할 것
④ 영업소 내부에 미용업 신고증 및 개설자의 면허증 원본을 게시할 것
⑤ 피부미용을 위해 의약품 또는 의료기기를 사용하지 말 것
⑥ 점빼기·귓볼뚫기·쌍꺼풀수술·문신·박피술 등의 의료행위를 하지 말 것
⑦ 영업장 안의 조명도는 75룩스 이상이 되도록 유지할 것
⑧ 영업소 내부에 최종지불요금표를 게시 또는 부착할 것

171 영업소 내에 게시해야 할 사항

미용업 신고증, 개설자의 면허증 원본, 최종지불요금표

172 이·미용기구의 소독기준 및 방법

① 자외선소독 : $1cm^2$당 $85\mu W$ 이상의 자외선을 20분 이상 쬐어준다.
② 건열멸균소독 : 100℃ 이상의 건조한 열에 20분 이상 쐬어준다.
③ 증기소독 : 100℃ 이상의 습한 열에 20분 이상 쐬어준다
④ 열탕소독 : 100℃ 이상의 물속에 10분 이상 끓여준다.
⑤ 석탄산수소독 : 석탄산수(석탄산 3%, 물 97%의 수용액)에 10분 이상 담가둔다.
⑥ 크레졸소독 : 크레졸수(크레졸 3%, 물 97%의 수용액)에 10분 이상 담가둔다.
⑦ 에탄올소독 : 에탄올수용액(에탄올이 70%인 수용액)에 10분 이상 담가두거나 에탄올수용액을 머금은 면 또는 거즈로 기구의 표면을 닦아준다.

173 오염물질의 종류와 오염허용기준(보건복지부령)

오염물질의 종류	오염허용기준
미세먼지(PM-10)	24시간 평균치 $150\mu g/m^3$ 이하
일산화탄소(CO)	1시간 평균치 25ppm 이하
이산화탄소(CO_2)	1시간 평균치 1,000ppm 이하
포름알데이드(HCHO)	1시간 평균치 $120\mu g/m^3$ 이하

174 미용업의 세분

미용업 (일반)	파마, 머리카락 자르기, 머리카락 모양내기, 머리 피부 손질, 머리카락 염색, 머리감기, 의료기기나 의약품을 사용하지 않는 눈썹손질을 하는 영업
미용업 (피부)	의료기기나 의약품을 사용하지 않는 피부 상태 분석·피부관리·제모·눈썹손질을 행하는 영업
미용업 (네일)	손톱과 발톱을 손질·화장하는 영업
미용업 (화장·분장)	얼굴 등 신체의 화장, 분장 및 의료기기나 의약품을 사용하지 않는 눈썹손질을 하는 영업
미용업 (종합)	위의 업무를 모두 하는 영업

175 영업소 외의 장소에서 미용업무를 할 수 있는 경우

① 질병이나 그 밖의 사유로 영업소에 나올 수 없는 자에 대하여 미용을 하는 경우
② 혼례나 그 밖의 의식에 참여하는 자에 대하여 그 의식 직전에 미용을 하는 경우
③ 사회복지시설에서 봉사활동으로 미용을 하는 경우
④ 방송 등의 촬영에 참여하는 사람에 대하여 그 촬영 직전에 이용 또는 미용을 하는 경우
⑤ 기타 특별한 사정이 있다고 시장·군수·구청장이 인정하는 경우

176 개선명령 대상
① 공중위생영업의 종류별 시설 및 설비기준을 위반한 공중위생 영업자
② 위생관리의무 등을 위반한 공중위생영업자
③ 위생관리의무를 위반한 공중위생시설의 소유자 등

177 개선명령 시의 명시사항
시·도지사 또는 시장·군수·구청장은 개선명령 시 다음 사항을 명시해야 한다.
① 위생관리기준
② 발생된 오염물질의 종류
③ 오염허용기준을 초과한 정도
④ 개선기간

178 공중위생감시원의 자격
① 위생사 또는 환경기사 2급 이상의 자격증이 있는 자
② 대학에서 화학·화공학·환경공학 또는 위생학 분야를 전공하고 졸업한 자 또는 이와 동등 이상의 자격이 있는 자
③ 외국에서 위생사 또는 환경기사의 면허를 받은 자
④ 1년 이상 공중위생 행정에 종사한 경력이 있는 자

179 공중위생감시원의 업무범위
① 관련 시설 및 설비의 확인
② 관련 시설 및 설비의 위생상태 확인·검사, 공중위생영업자의 위생관리의무 및 영업자준수사항 이행 여부의 확인
③ 공중이용시설의 위생관리상태의 확인·검사
④ 위생지도 및 개선명령 이행 여부의 확인
⑤ 공중위생영업소의 영업의 정지, 일부 시설의 사용중지 또는 영업소 폐쇄명령 이행 여부의 확인
⑥ 위생교육 이행 여부의 확인

180 명예공중감시원의 업무
① 공중위생감시원이 행하는 검사대상물의 수거 지원
② 법령 위반행위에 대한 신고 및 자료 제공
③ 그 밖에 공중위생에 관한 홍보·계몽 등 공중위생관리업무아 관렵하여 시·도지사가 따로 정하여 부여하는 업무

181 위생서비스수준의 평가 주기 : 2년마다 실시

182 위생관리등급의 구분(보건복지부령)

최우수업소	녹색등급
우수업소	황색등급
일반관리대상 업소	백색등급

183 위생교육 횟수 및 시간 : 매년 3시간

184 위생교육의 내용
① 공중위생관리법 및 관련 법규
② 소양교육(친절 및 청결에 관한 사항 포함)
③ 기술교육
④ 기타 공중위생에 관하여 필요한 내용

185 과징금 납부기간 : 통지를 받은 날부터 20일 이내

186 청문을 실시해야 하는 처분
① 면허취소·면허정지
② 공중위생영업의 정지
③ 일부 시설의 사용중지
④ 영업소폐쇄명령
⑤ 공중위생영업 신고사항의 직권말소

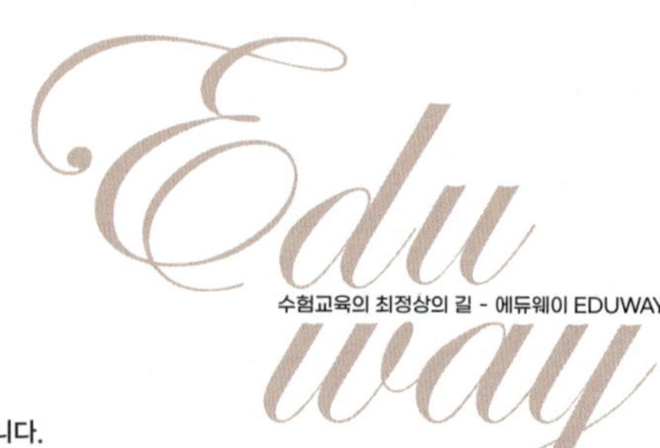

(주)에듀웨이는 자격시험 전문출판사입니다.
에듀웨이는 독자 여러분의 자격시험 취득을 위한 교재 발간을 위해 노력하고 있습니다.

기분파
피부미용사 필기

2026년 03월 20일 12판 2쇄 인쇄
2026년 03월 31일 12판 2쇄 발행

지은이 | 에듀웨이 R&D 연구소(미용부문) · 김효정
펴낸이 | 송우혁

펴낸곳 | (주)에듀웨이
주 소 | 경기도 부천시 소향로13번길 28-14, 8층 808호(상동, 맘모스타워)
대표전화 | 032) 329-8703
팩 스 | 032) 329-8704
등 록 | 제387-2013-000026호
홈페이지 | www.eduway.net

기획,진행 | 에듀웨이 R&D 연구소
북디자인 | 디자인동감
교정교열 | 김미순, 정상일
인 쇄 | 미래피앤피

ISBN 979-11-94328-36-0

이 도서의 국립중앙도서관 출판시도서목록(CIP)은 서지정보유통지원시스템 홈페이지
(http://seoji.nl.go.kr)와 국가자료공동목록시스템(http://www.nl.go.kr/kolisnet)에서 이
용하실 수 있습니다.